水质分析实用手册 第二版

WATER QUALITY ANALYSIS HANDBOOK

哈希公司 ◎ 编译

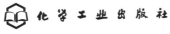

化学工业出版社

·北京·

本书是一本综合了水样采集、保存，到分析操作、精度检查、方法原理的水质分析综合指导书。本书主要包括三大部分。第一部分是实验室基本操作理论，包括各种实验操作技术、水样的采集与保存、水样的预处理、哈希公司实验室仪器及预制试剂的基本使用方法等。第二部分是国内在使用的哈希分析方法的详细介绍，包括操作流程、干扰、精度检查等。第三部分为附录，列举了各国标准限值以及哈希分析方法解释等内容。

　　本书修订了第一版的内容，增补了新的分析方法，系统地阐明了哈希水质分析仪器的使用、分析方法流程以及原理，可作为哈希实验室产品的使用指导书，也可作为一本通用水质分析读物，对广大水质分析人员参考价值较大。

图书在版编目（CIP）数据

水质分析实用手册/哈希公司编译．—2版．—北京：化学工业出版社，2016.8（2019.5重印）

ISBN 978-7-122-27200-3

Ⅰ．①水…　Ⅱ．①哈…　Ⅲ．①水质分析-手册　Ⅳ．①O661.1-62

中国版本图书馆 CIP 数据核字（2016）第 120765 号

责任编辑：徐　娟　　　　　　　　　装帧设计：关　飞
责任校对：程晓彤

出版发行：化学工业出版社（北京市东城区青年湖南街 13 号　邮政编码 100011）
印　　装：涿州市京南印刷厂
787mm×1092mm　1/16　印张 35　字数 1105 千字　2019 年 5 月北京第 2 版第 3 次印刷

购书咨询：010-64518888　　　　　　售后服务：010-64518899
网　　址：http://www.cip.com.cn
凡购买本书，如有缺损质量问题，本社销售中心负责调换。

定　　价：138.00 元

前言

从 1978 年改革开放以来，我国用了近 40 年的时间基本上完成了发达国家近百年的工业和城市化进程。在经济上，我们取得了举世瞩目的成就。然而经济的发展需要与之相匹配的环境承载能力。近些年来，我国政府一直积极有效地寻求平衡经济发展和环境保护乃至和谐并进的方法以解决日益严峻的环境问题。

世界上许多发达国家也同样走过了解决环境问题的历程，如美国在 1970 年底成立了美国环保署（EPA），并在 1970～1980 年间，陆续通过了《清洁空气法》（CAA，1970 年）、《联邦水污染控制修正法》（1972 年）、《超级基金法》（1980 年），使美国环境污染控制进入了一个新的历史时期。经过近半个世纪的治理，才得以实现绿水青山和万里晴空。可见，环境的修复和治理，是一项艰巨而漫长的任务。

唯其艰巨而漫长，才需要一代代环境守护者不懈的坚持与努力。所幸的是，"十二五"以来，我国政府把生态文明建设和环境保护摆上更加重要的战略位置，做出了一系列重大决策部署。2015 年，与我们专注并从事的水治理业务相关的《水污染防治行动计划》发布实施，并修订了《水污染防治法》。由此可见我国政府通过立法完善和计划落实全力推进水污染治理的坚定决心和扎实的行动力。

作为水质分析领域的技术领导者，哈希公司积极响应国家环境领域的规划与政策，立足中国市场现状，不断研发新技术新产品，给国内各行业的水质守护者带来了领先的水质分析工具、分析方法乃至分析理念：在线 COD、氨氮等监测仪，为国家总量减排计划提供了可靠稳定的管理数据；超过 250 多种的分析方法，为分析人员提供了快速准确的解决方案；而以预制试剂产品及芯片式试剂为代表的绿色分析理念，更是为国内化学分析方法引导了新的方向。

同时，哈希公司整合旗下各个水质分析领域的知名品牌，如 Trojan、Polymetron、Orbisphere、BioTector、XOS、Hydrolab、OTT、Sea Bird 等，形成了一个庞大的水质分析平台。国家"十三五"计划提出的工业污染源全面达标排放，设立了对水环境保护和治理更加严格的宏伟目标，我们将以更多新产品和新技术，与各行业水质守护者一起，为改善中国的环境，贡献自己的力量！

值此"十三五"开局之际，我们将凝聚了哈希研究人员 70 年经验、涵盖了实验室基本操作理论、基于最新仪器的哈希分析方法以及哈希分析方法理论和国家标准的《水质分析实用手册》（原著第五版）修订再版，希望为广大水质守护者在提供可靠的分析仪器和优质客户服务的同时，更能提供准确、简单的测试方法，把大家从繁杂的操作中解放出来，有更多的时间进行数据的分析和工艺的管理与改进。

谨以此书献给奋斗在环境监测、市政水处理、工业水处理、教育科研等各行业的水质守护者们！

李林 Jeff Li

哈希公司/丹纳赫水平台副总裁兼总经理

2016 年 6 月

第一版前言

　　随着中国经济的飞速发展和城镇化进程的加速，水环境保护和饮用水安全保障事业得到政府和人民的高度关注。在水环境污染控制和治理以及饮用水处理的过程中我们发现，水质监测的技术、设备和人才是其中非常关键的制约因素。中国的水质监测经历了改革开放 30 年的发展，已经有了长足的进步；建立、健全水质监测体系，提高水质监测技术，改善水质监测仪器已经成为国内水工业行业工作者的共识；与此同时，培养更多掌握先进水质监测方法、能够熟练使用各类水质监测仪器，并对水处理技术和管理有深刻了解的专门人才也势在必行。

　　哈希公司一直致力于使水质分析过程更方便、更迅捷、更可靠：各种类型的实验室、便携式及在线水质分析仪器，以其高效、先进的检测技术，在为数众多的水分析实验室、科研院所、高校中得到广泛的使用；各类包装的即开即用型化学试剂包，不仅为精确的化学分析提供了可靠的质量保障，也为用户节约了宝贵的时间和人力资源。

　　除了不断研发新技术、改善水质监测仪器和试剂，我们在与水质分析从业人员的交流中得到启示和经验，不断优化我们的产品和技术。受惠于多年来中国的产品用户和技术人员对我们的指导和帮助，我们迫切希望能够以这本《水质分析实用手册》作为回报，帮助广大读者在使用监测仪器的过程中能够方便快捷地查询各种实用性强的水质分析测量方法，改善水质监测的准确度，提高分析速度和效率。

　　"Water Analysis Handbook（Fifth Edition）"是一本凝聚了哈希研究人员 60 多年的研究经验和方法发展，内容详实、步骤清晰的操作手册。本手册既可以作为哈希产品的使用指南，也可以作为业内人士通用的水质分析指导用书。哈希工程师们经过多年的不断研究、与用户的交流和改善，使得这本手册成为从水样采集、保存，到分析操作、精度检查、方法原理的水质分析综合性参考书。该手册的中文版更是增加了各国标准限值对比、哈希分析方法解释、常用水质国家标准速查等功能。

　　我们的目标是在为广大用户提供可靠的仪器和优质的客户服务的同时，更能提供准确的测试方法和简单的操作步骤，不断地提高产品的质量以满足客户需求不断变化的需要。通过努力，传播先进技术和最新信息，致力于与从事水处理行业和水质监测工作领域的技术和管理人员的相互沟通，共同促进业内人士的交流和提高。

　　仅以此书献给奋斗在环境监测、市政水处理、工业水处理、教育科研等各行业的水质分析工作者们！

周祥德
哈希公司亚洲高级副总裁

目　录

第1章 缩写和换算

1.1 操作流程中使用到的缩写

在本手册操作流程中出现的缩写见表 1-1。

表 1-1　缩写表

缩　写	定　　义	缩　写	定　　义
℃	摄氏度（温度）	MDL	method detection limit 方法检出限
℉	华氏温度	MDS	marked dropping bottle 带刻度滴瓶
ACS	美国化学学会试剂纯度规格	mg/L	毫克/升
APHA 标准方法	美国公众卫生协会（APHA）、美国用水工程协会（AWWA）和水环境联合会（WEF）共同出版的《水和废水检验标准方法》，是水质分析的标准参考著作。本书可以从哈希公司（目录号 22708-00），或从 APHA 所属出版社订购。本手册中的许多操作流程基于该标准方法	μg/L	微克/升
		mL	毫升——10^{-3} 升，它等于立方厘米（也称"cc"）
		MR	中量程
AV	AccuVac® 安瓿瓶	NIPDWR	National Interim Primary Drinking Water Regulations 国家饮用水暂行规定
Bicn	bicinchoninate 双喹啉		
conc	concentrated 浓缩的	NPDES	National Pollutant Discharge Elimination System 国家污染物减排系统
DB	droping bottle 滴瓶		
DBP	disinfection by-product 消毒副产物	PCB	poly chlorinated biphenyl 多氯联苯
CFR	Code of Federal Regulations 联邦法规	pk	包装
EDL	estimated detection limit 估计检出限	ppb	十亿分之一（10^{-9}）
EPA	Environmental Protection Agency 环保局	ppm	百万分之一（10^{-6}）
F&T	free and total 自由和总	RL	快速流体™（哈希公司的一种测试方法）
FM	FerroMo®（一种分析方法）	SCDB	自滴滴瓶
FV	FerroVer®（一种分析方法）	THM	总三卤甲烷
FZ	FerroZine®（一种分析方法）	TNT	Test'N Tube™（哈希公司的一种预制试剂规格）
g	克		
Gr/gal	格令/加仑（1gr/gal＝17.12mg/L）	TOC	总有机碳
HR	高量程	TPH	总石油烃
L	升	TPTZ	2,4,6-三(2-吡啶)-1,3,5-三嗪
LR	低量程	USEPA	美国环保署
		ULR	超低量程

1.2 换算

1.2.1 化学形式

同样一种参数，可有多种化学形式表达，比如磷酸盐浓度，可以以 PO_4^{3-} 表达，也可以以 P 表达。本手册操作流程中常见化学形式转化关系见表 1-2。

表 1-2　化学形式换算系数

从……转换	转换到……	乘以……
mg/L Al	mg/L Al_2O_3	1.8895
mg/L B	mg/L H_3BO_3	5.7
mg/L Ca-$CaCO_3$	mg/L Ca^{2+}	0.4004
mg/L $CaCO_3$	mg/L Ca^{2+}	0.4004
mg/L $CaCO_3$	mg/L Mg^{2+}	0.2428
μg/L Carbo.	μg/L Hydro.	1.92
μg/L Carbo.	μg/L ISA	2.69
μg/L Carbo.	μg/L MEKO	3.15
mg/L Cr^{6+}	mg/L CrO_4^{2-}	2.231
mg/L Cr^{6+}	mg/L Na_2CrO_4	3.115
mg/L Cr^{6+}	mg/L $Cr_2O_7^{2-}$	2.077
mg/L Mg-$CaCO_3$	mg/L Mg^{2+}	0.2428
mg/L Mn	mg/L $KMnO_4$	2.876
mg/L Mn	mg/L MnO_4^-	2.165
mg/L Mo^{6+}	mg/L MoO_4^{2-}	1.667
mg/L Mo^{6+}	mg/L Na_2MoO_4	2.146
mg/L N	mg/L NH_3	1.216
mg/L N	mg/L NO_3^-	4.427
mg/L Cl_2	mg/L NH_2Cl	0.726
mg/L Cl_2	mg/L N	0.197
mg/L NH_3-N	mg/L NH_3	1.216
mg/L NH_3-N	mg/L NH_4^+	1.288
mg/L NO_2^-	mg/L $NaNO_2$	1.5
mg/L NO_2^-	mg/L NO_2^--N	0.3045
mg/L NO_2^--N	mg/L $NaNO_2$	4.926
μg/L NO_2^--N	μg/L $NaNO_2$	4.926
mg/L NO_2^--N	mg/L NO_2^-	3.284
μg/L NO_2^--N	μg/L NO_2^-	3.284
mg/L NO_3^--N	mg/L NO_3^-	4.427
mg/L PO_4^{3-}	mg/L P	0.3261
μg/L PO_4^{3-}	μg/L P	0.3261
mg/L PO_4^{3-}	mg/L P_2O_5	0.7473
μg/L PO_4^{3-}	μg/L P_2O_5	0.7473
mg/L SiO_2	mg/L Si	0.4674
μg/L SiO_2	μg/L Si	0.4674

1.2.2 硬度

表 1-3 列出了硬度从一种单位到另一种单位的换算系数。举例来说，将 mg/L $CaCO_3$ 转换成德制单位/100000 CaO，就是将 mg/L 的数值乘以 0.056。

表 1-3 硬度换算系数

度量单位	mg/L $CaCO_3$	英制°Clark 格令/加仑 $CaCO_3$	美制 格令/加仑 $CaCO_3$	法国度 /100000 $CaCO_3$	德制°DH /100000 CaO	meq/L[①] 毫克当量 /升	g/L CaO	lbs/ft³ $CaCO_3$
mg/L $CaCO_3$	1.0	0.07	0.058	0.1	0.056	0.02	5.6×10^{-4}	6.23×10^{-5}
英制°Clark $CaCO_3$	14.3	1.0	0.83	1.43	0.83	0.286	8.0×10^{-3}	8.9×10^{-4}
美制 $CaCO_3$	17.1	1.2	1.0	1.72	0.96	0.343	9.66×10^{-3}	1.07×10^{-3}
法国度 $CaCO_3$	10.0	0.7	0.58	1.0	0.56	0.2	5.6×10^{-3}	6.23×10^{-4}
德制°DH CaO	17.9	1.25	1.04	1.79	1.0	0.358	1×10^{-2}	1.12×10^{-3}
meq/L	50.0	3.5	2.9	5.0	2.8	1.0	2.8×10^{-2}	3.11×10^{-2}
g/L CaO	1790.0	125.0	104.2	179.0	100.0	35.8	1.0	0.112
lbs/ft³ $CaCO_3$	16100.0	1123.0	935.0	1610.0	900.0	321.0	9.0	1.0

① epm/L 或 mval/L，meq/L＝N×1000。

第2章 实验室操作规范

2.1 温度

当样品的温度介于 20~25℃（68~77℉）时，本手册中的许多测试结果最为精确。如有特殊的温度要求，在操作流程中将会注明。

2.2 混合

旋转 在量筒或锥形瓶中混合样品时，推荐涡旋法。涡旋法是一种最温和的样品混合方法，当分析水中二氧化碳或其他气体浓度时，该方法可以将样品被大气污染的程度降到最小。

(1) 用拇指、食指和中指的指尖牢牢抓住量筒或烧瓶［见图 2-1(a)］；

(2) 使量筒呈 45°，然后利用手腕使量筒进行圆周运动；

(3) 量筒内的液体在几圈内即产生足够的涡旋来完成混合。

在方形样品瓶中进行混合：

(1) 用拇指和食指抓住方形样品瓶的颈部，用另一只手的食指顶住样品瓶底部［见图2-1(b)］；

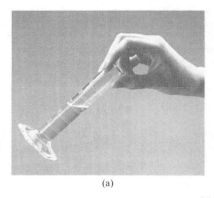

(a)　　　　　　　　　　(b)　　　　　　　　　　(c)

图 2-1　样品混合方法

(2) 先在水平面上朝一个方向旋转，然后迅速朝另一个方向旋转，达到混合的目的。

倒置 可用于在一个带盖的样品瓶或混合圆筒中进行彻底的混合。

(1) 盖好样品瓶或混合量筒的盖子，竖直拿好；

(2) 倒置，使其盖子在底部，再返回到原来的位置［见图 2-1(c)］，如需要可再重复以上操作。

2.3 消解

一些分析流程需要进行样品消解。消解是利用化学试剂和高温使待测参数分解转化成容易被分析的成分的一种方法。这里先简单介绍三种消解的方法。

　　哈希 Digesdahl 消解系统适合为金属、总磷和总凯氏氮（TKN）的测试提供消解流程。该系统可快速、方便、有效地将有机物消解。

　　如果测试数据需要向 USEPA 汇报，需要采用 USEPA 认可的消解方法。对于金属成分分析，USEPA 提供两种消解方法（温和方法和剧烈方法）。而对于汞、砷、总磷、总凯氏氮等参数，需要特殊的消解方法。

　　可参考本书第 4 章，以获得更多信息。

2.4　蒸馏

　　蒸馏是将需分析的各种化学品组分进行分离的一种简单、安全、有效的方法。哈希公司提供下列设备用于蒸馏：通用的蒸馏装置（目录号 22653-00，见图 2-2）；砷蒸馏器（目录号 22654-00）；氰化物蒸馏器（目录号 22655-00）；通用的加热器和支撑装置（目录号 22775-00，230VAC，50Hz）。

图 2-2　通用的蒸馏装置

　　注意：当定购氰化物或砷蒸馏器时，常与通用蒸馏器、加热器和支撑装置一起定购。

　　哈希蒸馏器适合于需要通过蒸馏对样品进行预处理的水和废水。通用的装置的应用对象包括氰化物、蛋白性氮、氨氮、酚类、硒和挥发酸。通用加热器和支撑装置起到了有效的加热和固定玻璃器具的作用。

2.5　过滤

　　过滤可把颗粒物从液体样品中分离。它利用多孔介质使颗粒物留在介质上而液体通过，它可以有效地去除浊度对分析的影响（浊度会干扰比色法分析）。

　　经常用到的两种过滤方法是真空过滤和常压过滤。

2.5.1　真空过滤

　　真空过滤是利用抽气和重力使液体通过过滤器。利用抽滤器或真空泵抽气产生负压（见图 2-3）。真空过滤比常压过滤快。

真空过滤的步骤如下：（1）用镊子将滤纸放置在过滤器底上；（2）将过滤器安装到过滤瓶上，用去离子水将滤纸润湿使其紧贴到过滤器底上；（3）将漏斗外罩放置在过滤器上；（4）一边对过滤瓶抽真空，一边将样品倒入过滤器中；（5）慢慢释放过滤瓶内真空，然后将过滤瓶内液体转移到别的容器中。

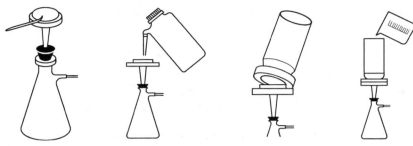

图 2-3 真空过滤

真空过滤所需的器材见表 2-1。

表 2-1 真空过滤所需器材

描　　述	包　　装	订　货　号
滤纸,玻璃纤维,47mm	100 个	253000
过滤器,47mm	1 个	1352900
过滤瓶,500mL	1 个	54649
以下抽滤泵任选一种		
手动真空泵	1 个	2824800
便携式电动真空泵	1 个	2824801
真空泵管	1 根	2074145

2.5.2 常压过滤

本手册中的许多操作使用的是常压过滤。常压过滤仅需要滤纸、一个锥形漏斗和一个接收瓶（见图 2-4）。常压过滤更加有利于含有细微粒子的水样过滤。过滤速度随着漏斗锥体内液体体积的增加而增加，但锥体内液体体积绝不能超过锥体总体积的 3/4。

> **注意**：对于金属含量分析，用酸和加热进行预处理通常是必要的。滤纸不能承受这种水体的过滤，因此，这时就要采用具有玻璃纤维过滤圆盘的真空过滤法。并且，玻璃纤维盘不像滤纸那样易截留有色物质。

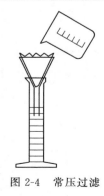

常压过滤的步骤如下：①将折叠好的滤纸放置到漏斗中；②用去离子水将滤纸润湿使其黏附在漏斗壁上；③将漏斗放置到锥形瓶或量筒中；④将样品倒入漏斗中。

常压过滤所需的器材见表 2-2。

表 2-2 常压过滤所需器材

描　　述	包　　装	订　货　号
量筒,100mL	1 个	50842
漏斗,65mm	1 个	108367
滤纸,12.5mm	100 个	189457
锥形瓶,125mL	1 个	50543

图 2-4 常压过滤

2.6 试剂

2.6.1 试剂和标样的稳定性

通常而言，当储存在一个阴凉、避光、干燥的环境时，哈希预制试剂和标准溶液可以有很长的有效期。产品标签上详细说明任何特殊的储存需要。

标记试剂的收到日期，最好优先使用较早收到的化学试剂。当不知道试剂是否还在有效期内或对试剂是否有效存有疑问时，可使用标样来检验试剂的有效性。

吸收了水分、二氧化碳或大气中的其他气体，细菌作用，高温或光（与光敏性化合物）都会影响试剂的有效期。在某些情况下，试剂也可能与储存容器发生反应或试剂成分之间也可能发生交叉反应。

2.6.2 试剂空白

在一些测试中，试剂对最后测试结果的影响很大，因此需要在测试时进行补偿。试剂空白是指试剂单独产生的那部分测试结果。试剂空白导致测试结果出现正误差。

哈希公司尽量生产具有最低可能空白的试剂，大多数试剂都少于 0.009 个吸光度单位。但有时候生产具有最低空白的试剂是不可能的或不切实际的。当使用这样的试剂时，最好是用高质量的水（去离子水、蒸馏水等）代替样品运行程序来测定试剂空白。试剂空白的结果用浓度单位表达并且从使用同一批试剂的每个样品测试中减去。哈希的分光光度计可以保存试剂空白值并在每次样品分析时自动扣除。只有在第一次测试，或者新到了一批次的试剂，或者怀疑试剂受到污染的时候才需要进行试剂空白检查。

在大多数哈希的测试中，试剂空白很小，因此只需要采用原水样或者蒸馏水调零。这不会明显降低测试的准确性，除非是测试一种含量非常低的成分，那么最好是做如上所述的试剂空白检查。

2.7 样品稀释

大多数的哈希比色法测试需用 10mL 和 25mL 的样品。但是在一些测试中，由于被分析物含量过高，导致产生的颜色可能太深而无法测量，或由于干扰物质的存在产生意想不到的颜色。那么，就需要稀释原样品并重新测试来获得准确的结果或确定是否有干扰物质存在。

稀释样品的流程如下：①用移液管定量地将待稀释的样品移入一干净的量筒中（为了稀释更加准确，也可用容量瓶）；②在量筒（或容量瓶）中加去离子水到预定体积；③充分混合，使用稀释后的样品进行测试。

表 2-3 中的样品稀释体积，是使用 25mL 量筒进行稀释时取样量和放大系数之间的关系。原

表 2-3　样品稀释的体积

样品体积/mL	加到体积为 25mL 所用的去离子水的体积/mL	放大系数	样品体积/mL	加到体积为 25mL 所用的去离子水的体积/mL	放大系数
25.0	0.0	1	2.5①	22.5	10
12.5	12.5	2	1.0①	24	25
10.0①	15.0	2.5	0.250①	24.75	100
5.0①	20.0	5			

① 样品量等于或少于 10mL 时，用一个移液管移取样品至量筒或容量瓶中。

样品的待测参数浓度等于稀释后样品待测参数的浓度乘以放大系数。

使用一支移液管和100mL的容量瓶可以进行较准确的稀释（见表2-4）。

表 2-4　稀释至 100mL 的放大系数

样品体积/mL	放大系数	样品体积/mL	放大系数
1	100	10	10
2	50	25	4
5	20	50	2

（1）用移液管吸取样品到容量瓶中，并用去离子水稀释到预定体积。

（2）用塞子塞住容量瓶并且反转混合。

样品稀释可能影响一种物质干扰的程度。如果稀释倍数增加，则干扰的影响减少。换句话说，如果原始样品在分析之前被稀释，在原始样品中的一种较高含量的干扰物质可能可以被忽略。

举个例子：对于 25mL 的样品，等于或小于 100mg/L 的铜不会对该样品的测试产生干扰。如果用相同体积的水稀释样品，多少浓度的铜将不会产生干扰？

$$稀释因子 = \frac{总体积}{样品体积} = \frac{25}{12.5} = 2$$

$$样品中的干扰浓度 = 干扰浓度 \times 稀释因子 = 100 \times 2 = 200mg/L$$

即被稀释的样品中，铜等于或小于 200mg/L 将不发生干扰。

2.8　AccuVac® 安瓿瓶

AccuVac 安瓿瓶是真空包装有定量粉末或液态预制试剂的一个具有光学质量的玻璃瓶。

AccuVac 安瓿瓶的使用方法如下。

（1）用一个烧杯或其他敞口容器收集样品。

（2）通过下述两种方法之一打断安瓿瓶的尖端。

- 使用 AccuVac 安瓿瓶开瓶器（订货号：2405200），使用方法见图 2-5 及说明。
- 将安瓿瓶的尖端孔插入样品液面下，并在烧杯壁上折断尖端（见图 2-6）。一定要保证在样品表面下面足够深处折断，以避免空气进入。

图 2-5　AccuVac 安瓿瓶
开瓶器的使用

（3）在安瓿瓶尖端折断处盖上瓶盖，反转安瓿瓶几次以溶解试剂。瓶盖可以作为取放安瓿瓶到光度计样品池的手捏位置，以防止破碎的玻璃割伤手。用干净的软抹布擦安瓿瓶以除去指纹等。

（4）将安瓿瓶插入仪器中的样品池中并且直接读出结果。

安瓿瓶开瓶器的使用方法如下。

（1）大开口朝上拿好开瓶器。

（2）尖端朝下，轻慢地将安瓿瓶插入到开瓶器中，直到安瓿瓶尖端部位碰到开瓶器的斜面。

（3）用食指和中指夹住开瓶器，慢慢地将安瓿瓶和开瓶器放入到装有样品的容器中，要保证样品浸没安瓿瓶的肩部。

（4）用拇指推安瓿瓶的尾部，直至尖头折断。保证水样充满安瓿瓶，然后取出安瓿瓶和开瓶器。

（5）如果有必要，用清水洗一下安瓿瓶和开瓶器被样品浸湿的部位，然后从开瓶器中取出安瓿瓶。

（6）将折断的玻璃扔到垃圾箱中。

图 2-6　AccuVac 安瓿瓶的使用

2.9　PermaChem® 粉枕包

哈希公司尽可能使用粉枕包包装的粉末状试剂，这可以防止试剂变质，减少试剂损耗。
PermaChem 粉枕包的使用方法（见图 2-7）如下。

(1) 在一个硬的表面上轻敲枕包，使粉末状的试剂聚集在底部。

(2) 找到粉枕包上开口的位置，沿着这个开口横向撕开（或者剪开）粉枕包。

(3) 用两只手将两边向彼此推形成一个大开口。

(4) 将粉枕包内的物质倒入样品池中，并且依照操作流程继续操作。

注意：PermaChem 枕包内的粉末略微过量。如果枕包内残余了少量粉末，将不影响结果。

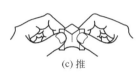

(a) 轻敲　　　　　　(b) 撕破　　　　　　(c) 推　　　　　　(d) 倒

图 2-7　PermaChem 粉枕包的使用

2.10　比色皿

每台哈希光度计都有一套标配的比色皿。在两个比色皿中相同的溶液将会给出相同的吸光度（在 ±0.002Abs 之内）。较多的介绍，见第 2.10.4 比色皿的匹配。

为了得到准确的测试结果，建议使用操作流程中要求的比色皿。因为不同的比色皿可能有不同的光程，这会导致分析结果出现偏差。例如 1in（1in＝0.0254m）方形比色皿的光程要比 1in 圆形比色皿长大约 8%，假如用圆形比色皿代替方形比色皿进行分析，就会有偏差。

2.10.1　比色皿的定位

当使用一个特定的比色皿时，为了减少测量数据的波动，建议每次测量时比色皿以相同的方向放置到光度计比色槽中，在比色皿上的标记可作为放置比色皿的定位。

2.10.2　比色皿的保养

当不使用的时候，将比色皿放到盒子里储存以防止刮擦和破损。在使用之后，要及时倒空并且清洗比色皿，避免有色溶液长时间留在比色皿中。

2.10.3　比色皿的清洁

大多数的实验室洗涤剂都能在推荐的浓度下使用。中性洗涤剂，如 Liquinox 无磷清洁剂，可以在日常工作中安全地使用。可通过提高温度或使用超声波更快速地清洗。最后用去离子水冲洗几次并在空气中晾干。

样品池也可用酸清洗，然后用去离子水彻底地冲洗。

> **注意：** 一般酸清洗用于低含量金属测试的比色皿。

个别的操作可能需要特别的清洁方法。当使用刷子清洁比色皿时，要特别小心防止比色皿内壁被刷子刮擦出刮痕。

2.10.4 比色皿的匹配

虽然随仪器运送来的比色皿不会变形，但拿放比色皿过程中的刻痕和刮擦可能使两个比色皿的光学性能不匹配，从而导致测试结果出现偏差。这类偏差通常可通过比色皿光学匹配的工作来避免。

> **注意：** 请参考分光光度计操作手册进行以下操作。
> (1) 打开仪器。在仪器设置中，关上显示锁，或者选择持续读数模式。
> (2) 选择 510nm 波长，或者分析参数的工作波长。
> (3) 在两个比色皿中分别倒入 10mL 去离子水（对于 25mL 比色皿，倒入 25mL 去离子水）。
> (4) 将其中一个比色皿放到光度计比色槽中，刻度线面向用户。
> (5) 调零。
> (6) 将另一个比色皿放到光度计比色槽中，刻度线面向用户。
> (7) 等到数据稳定，记录吸光度值。
> (8) 将这个比色皿转 180°并重复步骤 (6)，如果是圆形的比色皿，可以连续转动一定角度，直至与第一个比色皿的吸光度差少于 ± 0.002Abs。标记这个比色皿的方向。如果反复尝试，始终不能使两个比色皿之间的吸光度偏差小于 ± 0.002Abs，也能通过其他办法来补偿。例如，假如第二个比色皿比第一个比色皿的吸光度大 0.003Abs，在以后的分析过程中（使用这两个比色皿），扣除掉 0.003Abs 或者该吸光度相应的浓度。同样的，如果第二个比色皿比第一个吸光度小 0.003Abs，那么就要加上 0.003Abs 或相应的浓度。

2.11 其他装置

沸腾辅助物 在一些操作中需要将样品煮沸。在某些情况下暴沸可能引起样品损失或破坏。在加热过程中，水转变为蒸汽的极快的、近乎爆炸现象就是暴沸。使用沸腾辅助物，如沸石（订货号 1483531），可减少暴沸。确定沸腾辅助物不会污染样品。不要重复使用沸腾辅助物（除了玻璃珠，订货号 259600）。在煮沸期间盖住样品（不密封）可以避免样品飞溅，减少污染，使样品损失减到最少。

个别的操作将会推荐使用特定的沸腾辅助物。

2.12 提高分析准确性

2.12.1 移液管和量筒

当样品用量较小的时候，取样的准确性就变得愈加重要。图 2-8 说明了使用移液管和量筒时正确读取样品体积的方法。

在取样之前，用待测水样清洗移液管或量筒 2～3 次。使用移液球或洗耳球将样品吸进移液管内。

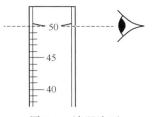
图 2-8　读凹液面

注意： 禁止用嘴将化学试剂溶液或样品吸入移液管。

在移液时，要保持移液管的尖端在样品的液面以下。

一次性移液管有指示被移取的液体体积的刻度。刻度可能扩展到吸管的尖端或只到管的直筒部分。如果刻度只在移液管的直筒部分，则将样品充满到移液管的零位线，然后排出样品直到凹液面与预期的刻度水平。如果移液管的刻度扩展到尖端，吸取样品到移液管的预期体积并排出管内所有样品。然后用一个洗耳球从尾部将样品吹出移液管以得到精确的样品体积。

普通移液管是可以重复使用的带有刻度线的移液管。使用时将样品充满到移液管零位线，然后排出样品直到凹液面与预期的刻度水平。如果要完全排出样品，则要根据移液管上的标记，确定是否需要用洗耳球将样品完全吹出移液管以得到精确的体积。一般而言，如果要求采用吹出，会在移液管上标注"吹"。

胖肚移液管是在中间有一个球形容积的移液管，在球形上面有一标线来标明填充到这个标线时液体的体积。从胖肚移液管排放样品时，握住吸管顶部以一个小角度靠在容器壁上进行排放。排放后，残留在吸管尖端中的液体不要吹出，因为设计胖肚移液管时就是要保留有微量样品在吸管尖端。

如果有样品的小滴黏附于移液管的壁上，移液管就是不干净的，不能正确地移取样品。用实验室洗洗剂或清洁溶液彻底地清洗移液管并用去离子水清洗几次。

2.12.2　倾倒流通池

倾倒流通池是一种采用快速液流技术以提高测试准确性并且使测试更方便的配件。部分使用 25mL 比色皿的分析流程可以采用倾倒流通池（具体参看分析操作手册），使用 10mL 比色皿的分析流程都不能采用倾倒流通池。不是所有的分析流程都允许使用这种池，因此使用前请详细阅读分析操作手册中的说明。

根据仪器操作手册安装倾倒流通池。

(1) 将样品溶液倒到安装好的倾倒流通池漏斗中。切勿将溶液溅到仪器上。

(2) 漏斗的高度和方向是可调的。漏斗的高度决定了溶液流经流通池的速度，漏斗安装得越高，流速越快。

(3) 为了减少气泡的产生，通过调整漏斗高度，使得溶液液面在漏斗尖端下方的管线 5cm 时不再流通。

(4) 在溶液停止流通时，进行读数。

(5) 每批样品测试完之后都要使用去离子水彻底清洗倾倒流通池，或者根据分析操作手册的特殊要求对流通池进行清洗。

要经常对累积在流通池壁上的污染物进行清洁。如果看到流通池壁上覆有一层膜状污染物，就要拆下流通池，浸泡在洗涤水中一段时间，然后使用去离子水彻底冲洗干净。

第3章 化学分析

3.1 样品的采集、保存和存储

正确的采样和存储对于测试的精确非常重要。采集样品的装置和容器一定要非常干净，以防残留前一个样品。要根据待测参数分析操作中要求的样品保存规定来保存样品。

3.1.1 采集水样

使用一个干净的容器。取样前，先用被采集的样品冲洗容器几次。把每个样品采集的位置和操作程序记录下来。

取自来水 尽可能从接近供水源头处采集样品。这可以减少管网系统对样品的影响。先放出足够自来水以清洗整个管路，然后慢慢充满样品容器以避免产生旋涡和气泡。

取井水 让泵运转足够时间以抽出新鲜的地下水进入系统。从系统的水龙头中收集样品。

取地表水 尽量在水域中央附近采集样品，至少要距离海岸或储水池的边缘几英尺，并采集水面以下的水样。如果你使用的是一有盖容器，先将容器浸入液面下再拔掉塞子。

(1) 容器的类型。表3-1列出了针对特定参数推荐使用的容器。包括：聚丙烯和聚乙烯；石英或TFE（四氟乙烯，特氟隆），质量更好，价格也更贵；玻璃，玻璃器皿是一种较好的通用容器，避免使用软质玻璃容器收集需分析毫克每升浓度范围金属含量的样品；当分析银含量的时候，样品应储存在琥珀或褐色玻璃这样的深色玻璃容器中。

使用前，要用酸彻底清洗样品容器。

(2) 酸洗。如果一个分析流程建议进行酸洗，按照下面的步骤进行。

① 用实验室清洁剂清洗玻璃器皿或塑料器具。推荐使用无磷洗涤剂（当测定磷酸盐的时候，必须使用无磷洗涤剂）。

② 用自来水充分冲洗，洗去洗涤剂。

③ 以1+1盐酸溶液或1+1硝酸溶液冲洗（当测试铅或其他的金属时，最好用硝酸）。

④ 用去离子水充分清洗。对于铬，需要12~15次清洗，对于氨或凯氏氮的测试，一定要用无氨水。

⑤ 晾干。存储玻璃器具时要注意避免气体或其他污染物的污染。

使用重铬酸或其他氧化剂彻底去除沉积在玻璃容器中的有机物。然后，用水冲洗，除去残留的铬或其他氧化剂。

避免往容器、蒸馏水或膜过滤装置等中引入金属污染物。

(3) 样品的分割。采集来的样品可能用于实验室内部或实验室之间的各项研究、确认、尝试不同分析技术的工作，或保留多余的样品作为参考，或进行稳定性研究，那么就需要将样品分割到不同的容器中。

正确地分割样品是非常重要的。分割时应注意如下事项。

① 采集大量的样品到一个容器中再分割到比较小的容器里，不要从水源处分别装入到较小的容器中。

② 在分割之前充分地混合包含微粒或固体的样品，以使每份都是均一的。

③ 如果样品在分析或储藏前需要过滤，在分割之前过滤全部的样品。

④ 使用相同类型的容器分装每份样品。

⑤ 如果要分析生物活性参数，尽可能同一天或接近同一天进行分析。

⑥ 用相同的方法保存所有的等分，否则必须完整地记录该样品所采用的方法。

⑦ 当测试挥发性的污染物时，将样品充满容器并小心地盖上盖子，不要在容器中留下任何的顶部空间或空气。

3.1.2 样品的保存和存储

因为在样品采集之后，样品中进行的化学和生物反应仍在进行，所以应尽可能快地分析样品。这可以减少误差并减少工作量。当样品不能立即分析时，一定要保存样品。保存方法包括pH值控制、化学添加剂、冷藏和冰冻等。

对比国际饮用水协会和FDA瓶装水指导后，我们归纳了常见水样的保存方法、存储时间以及处理流程，见表3-1。

表 3-1　需要的容器、保存技术和保存期[①]

参 数 名 称	容 器[②]	保 存[③,④]	最大保存期[⑤]
细菌测试			
大肠杆菌,粪大肠杆菌和总大肠杆菌	P,G	冷藏,4℃,0.008% $Na_2S_2O_3$	6h
粪链球菌	P,G	冷藏,4℃,0.008% $Na_2S_2O_3$	6h
水体毒性测试			
毒性,急性和慢性	P,G	冷藏,4℃	36h
化学测试			
酸度	P,G	冷藏,4℃	14 天
碱度	P,G	冷藏,4℃	14 天
氨	P,G	冷藏,4℃,加硫酸使 pH<2	28 天
硼	P,PFTE 或石英	加硝酸使 pH<2	6 个月
溴化物	P,G	不需要任何处理	28 天
生化需氧量	P,G	冷藏,4℃	48h
化学需氧量	P,G	冷藏,4℃,加硫酸使 pH<2	28 天
氯化物	P,G	不需要任何处理	28 天
总余氯	P,G	不需要任何处理	立即分析
色度	P,G	冷藏,4℃	48h
氰化物,总氰和可氯化的氰	P,G	冷藏,4℃,加 NaOH 使 pH>12 0.6g 抗坏血酸[⑥]	14 天[⑦]
氟化物	P	不需要任何处理	28 天
硬度	P,G	加硝酸使 pH<2,加硫酸使 pH<2	6 个月
pH 值	P,G	不需要	立即分析
凯氏氮和有机氮	P,G	冷藏,4℃,加硫酸使 pH<2	28 天
金属[⑧]			
六价铬	P,G	冷藏,4℃	24h
水银	P,G	加硝酸使 pH<2	28 天
除硼、六价铬和汞外的金属	P,G	加硝酸使 pH<2	6 个月

参 数 名 称	容 器②	保 存③，④	最大保存期⑤
其他			
硝酸盐	P,G	冷藏,4℃	48h
硝酸盐-亚硝酸盐	P,G	冷藏,4℃,加硫酸使 pH<2	28 天
亚硝酸盐	P,PFTE 或石英	冷藏,4℃	48h
油和油脂	P,G	冷藏,4℃,加盐酸或硫酸使 pH<2	28 天
有机碳	P,G	冷藏,4℃,加盐酸或硫酸或磷酸使 pH<2	28 天
正磷酸盐	P,G	冷藏,4℃,立即过滤	48h
溶解氧,电化学法	G,灌满	不需要任何处理	立即分析
氧,滴定法	G,灌满	储藏在暗处	8h
酚	只有 G	冷藏,4℃,加硫酸使 pH<2	28 天
元素磷	P,G	冷藏,4℃	48h
总磷	P,G	冷藏,4℃,加硫酸使 pH<2	28 天
总残渣	P,G	冷藏,4℃	7 天
可过滤残渣	P,G	冷藏,4℃	7 天
不可过滤残渣	P,G	冷藏,4℃	7 天
可沉淀残渣	P,G	冷藏,4℃	48h
挥发性残渣	P,G	冷藏,4℃	7 天
硅	P,PFTE 或石英	冷藏,4℃	28 天
电导率	P,G	冷藏,4℃	28 天
硫酸盐	P,G	冷藏,4℃	28 天
硫化物	P,G	冷藏,4℃,加醋酸锌和氢氧化钠使 pH>9	7 天
亚硫酸盐	P,G	不需要任何处理	立即分析
表面活性剂	P,G	冷藏,4℃	48h
温度	P,G	不需要任何处理	立即分析
浊度	P,G	冷藏,4℃	48h

① 本表是由 2000 年 7 月 1 日所颁布的联邦法案（Code of Federal Regulations）中的表Ⅱ［参见联邦法案第 40 章的 136.3 章节（23～25 页）］改编而来的。大部分的有机测试不包含在其中。

② 表中 P 表示聚乙烯，G 表示玻璃，PTFE 表示特氟隆，聚四氟乙烯材料。

③ 样品采集后应该立即进行样品的保存处理。化学复合样品的每个部分都应该在样品采集的同时进行样品保存处理。在使用自动采样器时也应该保证样品每个部分，并且化学试剂和样品反应完全之前也应保存在 4℃的环境中。

④ 如任何样品需要通过公用运输渠道进行运输或者通过美国邮件邮寄，都必须遵守美国交通运输部的《危险材料运输条例（Hazardous Material Regulations）》（参见联邦法案第 49 章 172 章节）。提供这种材料运输服务的个人要保证对这些规定负责。对于表Ⅱ中所做出的保存要求，危险材料办事处、材料运输办公署、交通运输部还做出了以下规定。《危险材料运输条例》并不适用于以下物质：质量分数小于或等于 0.04%的氯化氢水溶液（即 pH 值大于或约等于 1.96 的盐酸溶液）；质量分数小于或等于 0.15%的硝酸溶液（即 pH 值大于或约等于 1.62 的硝酸溶液）；质量分数小于或等于 0.35%的硫酸溶液（即 pH 值大于或约等于 1.15 的硫酸溶液）；质量分数小于或等于 0.080%的氢氧化钠溶液（即 pH 值小于或等于 12.30 的氢氧化钠溶液）。

⑤ 样品采集后应该尽快测试。表中所列出的时间为样品采集保存后进行有效分析的最大时间限度。否则，只有在实验室许可的情况下，或者实验室有数据或文件方法能够证明这种具体的样品在长期保存的条件下仍然能够维持稳定并且分析的差异在地区监督机构允许的范围以内［参见联邦法案第 136.3(e)］。另外，有些样品可能在表中所列的最长时间限制以内也不能够维持稳定。如果有资料或者文献显示保存时间可能会影响测试的稳定性时，监测实验室有义务使样品保存的时间尽可能短。细节请参见联邦法案第 136.3(e)。"立即分析"通常指在样品采集后的 15min 以内进行分析。

⑥ 应用于只有余氯存在时。

⑦ 当硫化物存在时，最大保存时间是 24h。在调整 pH 值之前，所有的样品都应该选择性地使用醋酸铅试纸检测是否有硫化物存在。如果有硫化物存在，可以加入硝酸镉粉末去除，直至醋酸铅试纸检测中显示无硫化物存在。然后过滤样品并加入氢氧化钠调整 pH 值至 12。

⑧ 为了溶解态重金属的检测，样品应在加入防腐剂之前在现场立即过滤。

对于分析铝、镉、铬、钴、铜、铁、铅、镍、钾、银和锌的样品，如果需要存储24h以上，则需要进行如下操作：

(1) 每升样品中加入一包硝酸溶液枕剂（订货号254098）；

(2) 使用pH试纸或者pH计测定样品的pH值，确保pH<2，如果有必要，再加入一包硝酸溶液枕剂；

(3) 在样品分析前使用1mol/L或5mol/L NaOH溶液将样品的pH值调节到4.5。

3.1.3 体积修正

如果使用大量的保存剂或中和剂，必须要考虑到为保存样品而加入的酸液以及为调节pH值到分析范围而加入的碱液对样品的稀释作用。那么需要进行修正：测定原始样品的体积、加入的酸液和碱液的体积以及样品最后的总体积；用总体积除以原始体积；得到的因子乘以测试结果。

［例3-1］ 1L的样品用2mL的硝酸保存，然后由5mL的5mol/L氢氧化钠中和。分析操作的结果是10.00mg/L，体积修正因子和正确的结果分别是多少？

(1) 总体积＝1000mL＋2mL＋5mL＝1007mL

(2) 体积修正因子＝$\dfrac{1007}{1000}$＝1.007

(3) 正确的结果＝10.0mg/L×1.007＝10.07mg/L

3.2 准确度和精密度检查

准确度定义为一个测试结果与真值的接近程度。精密度定义为多次测量值之间的接近程度。精密的测试结果并不意味着是准确的结果（如图3-1所示）。测试结果的准确度和精密度可通过加标或标准溶液检查实验进行评估。

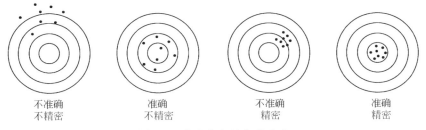

不准确　　　准确　　　不准确　　　准确
不精密　　　不精密　　　精密　　　精密

图3-1 准确度和精密度示意

3.2.1 标准溶液

标准溶液可作为现成的试剂定购或在实验室中配制。它是一种已知组成和浓度的溶液。分析系统的准确性可以通过在操作中用标准溶液代替样品进行检查。

3.2.2 标准溶液添加实验

标准溶液添加实验是检查测试结果的通用技术。该方法又称为加标实验和已知浓度加入法。通过该技术能判断干扰的存在与否、试剂是否失效、仪器是否工作正常、操作是否正确。

加标实验是在样品中加入少量的标准溶液并重复测试，使用相同的试剂、仪器和技术，应该得到大约100％的回收率，如果没有，就确认有问题。

如果要进行加标实验，可以选择仪器中的准确度检查菜单下的标准溶液添加功能，按照仪器操作说明书进行操作。

如果加标实验得到大约100％的回收率，表明实验正确，结果准确。

如果加标实验不能得到100%的回收率，表明分析过程存在问题，可以通过进一步的工作确定是否有干扰存在。用去离子水作为样品重复加标实验，如果加标实验得到大约100%的回收率，就证明有干扰存在。

如果用去离子水仍得不到好的收率，采用下列各项检查找出问题。

(1) 检查是否按照正确的操作流程操作：①使用的试剂和加入顺序是否正确；②是否达到显色必需的时间了；③是否使用了正确的玻璃器皿；④玻璃器皿是否干净；⑤测试对样品温度有无特殊要求；⑥样品的 pH 值是否在合适的范围。

请参考哈希的分析操作说明回答上面的问题。

(2) 按照仪器操作说明书中的方法检查仪器性能。

(3) 检查试剂。使用新的试剂重复加标实验，如果得到的结果很好，那么就表明原来的试剂是不合格的。

(4) 如果没有别的错误，则几乎可以判定标样是不合格的。用一个新的标样重复加标实验。

3.2.3　实验结果存在疑问时的解决方案

如果对分析实验的结果存有疑问，按照下面的流程解决问题。

(1) 进行准确度检查。准备一个已知浓度的标准溶液，进行与样品一样的操作步骤，可以的话包括样品采集、保存、消解和光度法测定。如果标准溶液检查的结果是准确的，跳到步骤(4)。如果和预期的结果有偏差，进行步骤(2)检查。

(2) 如果标准溶液检查实验结果与预期的不同，按下面的步骤检查仪器的设置及方法流程。

① 确认为分析方法选择了正确的程序号。

② 确认使用的标准溶液浓度单位与仪器显示的浓度单位一致（被分析物的某一种浓度单位会显示在仪器屏幕上），例如钼（Mo）可以以 Mo 或 MoO_4 两种浓度单位表达。

③ 确认使用了分析手册中要求的样品池进行操作。

④ 确认使用了正确的分析试剂。

⑤ 确认仪器中存储的试剂空白是当前批次的试剂。不同批次试剂的试剂空白是不同的。

⑥ 确认所使用的标准曲线经过调整（标准调整），建议采用出厂默认标准曲线进行标准溶液检查。

⑦ 确认稀释系数正确。

如果仪器的设置和方法流程都是正确的，进行步骤(3)的检查。

(3) 如果标准溶液检查实验结果与预期的不同，按下面的步骤检查分析过程中使用的试剂和技术。

① 检查分析过程中使用试剂的已使用时间。有很多因素会影响试剂的保质期（如存储温度、存储条件、微生物污染等）。用新的试剂替换可能变质的试剂进行标准溶液检查。

② 使用去离子水或蒸馏水进行一次完整的分析流程，以确定空白，包括样品的采集、保存、消解和光度法测定。一些化学试剂会引入一些颜色，这是正常的。但是，如果该颜色变化导致空白超过测试量程的10%，就说明某种化学试剂或稀释水存在问题。

③ 一步一步地排除操作流程中存在的问题。首先，使用标准溶液，不进行样品的保存和存储，只进行消解和光度法测定。假如分析结果准确，检查一下样品保存和存储过程是否正确。确认所采用的保存、存储方法适合于待测参数；假如样品需要酸化保存，确认使用了正确的酸液，并在分析前将 pH 值调整到分析范围。

如果标准溶液检查仍然不准确，直接使用标准溶液进行光度法分析。如果结果正确，那么检查消解过程。确保试剂用量，以及消解后的 pH 值在分析范围内（具体见分析操作说明书）。

(4) 假如标准溶液检查给出准确的结果，但样品的分析结果依然值得怀疑，可能是由干扰引起的。按下面的步骤检查可能存在的干扰。

① 进行样品加标实验。采用加标实验替代标准溶液实验，这样包含了所有干扰因素。

② 在两个样品池中加入新鲜的待测水样，在其中一个样品池中加入一定量的标准溶液。

③ 使用相同的试剂、仪器和分析技术分析这两个样品。加标样的测试结果对样品测试结果的增加量，应该等同于标准溶液加入量。

④ 采用下面的方法计算回收率。理想状态下，应该得到100%的回收率。实际上，90%～110%的回收率都在可接受的范围。如果回收率不在这个范围，参考分析操作说明书中的干扰物质说明及排除方法，排除可能存在的干扰物质。

⑤ 对样品进行稀释，得到一系列不同稀释梯度的样品。确保稀释后的样品浓度在分析范围之内。不在分析范围浓度之内的样品，会由于样品显色不足或显色过度、过高的浊度或样品具有漂白能力而造成分析结果错误。通过分析这一系列的稀释样品，检查是否存在这个可能性。

⑥ 因为要明确知道样品中存在的干扰不太可能，稀释样品，以使样品中的干扰物质浓度低于干扰上限，是准确分析含干扰物质的样品既经济又有效的方法。如果在保证稀释后样品的浓度在分析范围之内的前提下，没办法将样品中干扰物质的浓度稀释到干扰上限以下，那么只能通过其他测试方法，比如其他化学方法或离子选择性电极法来尝试分析这些参数。

回收率的计算方法如下。

(1) 分析未知样品的浓度。

(2) 使用下式计算加标后的理论浓度。

$$理论浓度 = \frac{C_u V_u + C_s V_s}{V_u + V_s}$$

式中，C_u 为未知样品的浓度；V_u 为未知样品的体积；C_s 为加入标样的浓度；V_s 为加入标样的体积。

(3) 分析加标后样品的浓度。

(4) 加标后样品的浓度除以理论浓度再乘以100。

［例3-2］ 一个样品用于测试锰，结果是4.5mg/L。97mL这样的样品加入3mL 100mg/L锰的标准溶液。被加标的样品再使用相同的方法测试锰，结果是7.1mg/L。计算其回收率。

$$被加标的样品的理论浓度 = \frac{4.5 \times 97 + 100 \times 3}{97 + 3} = 7.4 \text{mg/L}$$

$$回收率 = \frac{7.1}{7.4} \times 100\% = 96\%$$

USEPA的计算方法如下。USEPA对回收率的计算公式更加严格。只计算标准溶液加入到样品中的回收率，得到的回收率会低于上面的计算方法。该方法的完整解释见USEPA出版的"SW-846"中。计算公式如下：

$$R(\%) = \frac{100 \times (X_s - X_u)}{K}$$

式中，X_s 为加标后的样品浓度；X_u 为样品的浓度，并用加标体积修正稀释引起的浓度变化；K 为标样在加标溶液中的浓度。

［例3-3］ 一个样品测量值为10mg/L。在100mL样品中加入5mL 100mg/L的标准溶液。被加标的样品使用与原始样品相同的方法测试，结果是13.7mg/L。求其回收率。

$$X_s = 13.7 \text{mg/L}, \quad X_u = \frac{10 \times 100}{105} = 9.5 \text{mg/L}, \quad K = \frac{5 \times 100}{105} = 4.8 \text{mg/L}。于是$$

$$R = \frac{100 \times (X_s - X_u)}{K} = \frac{100 \times (13.7 - 9.5)}{4.8} = 88\%$$

使用USEPA计算方法，可接受的回收率值是80%～120%。

3.2.4 调整校准曲线

一般而言，哈希的分光光度计的内存中永久存储了很多预制程序。每个预制程序包含了一条校准曲线。这些校准曲线都是在理想的条件下制作的，适合于绝大多数用户的日常分析。当使用了变质的分析试剂和有瑕疵的样品池，采取了错误的操作流程、技术和其他需要修正的因素时，会导致校准曲线的偏离。

在一些情况下，使用预制程序可能不太合适，因为分析方法所用到的试剂，不同批次之间有很大的差别；一些分析方法要求频繁地进行校准曲线检查；所分析的样品始终存在固定的干扰。

在进行校准曲线调整之前，请考虑以下几个问题：校准曲线调整之后，分析结果会更加准确吗？所有的样品中是否存在固定的干扰？预制程序的预估检出线（estimated detection limit）、灵敏度、精确度、量程等不一定适用于调整后的校准曲线。

在分析操作说明书中可以找到调整校准曲线的方法，一般是通过在空白和标准溶液中加入分析试剂来实现的。调整过程中一定要仔细。调整后的校准曲线，需要使用标准溶液法来验证校准后的曲线是否令人满意，也可以采用样品的加标实验来验证。

分析结果的调整是通过两个步骤来实现的。首先仪器会根据预制程序的校准曲线给出分析结果，然后这个分析结果乘上校正因子。校正因子是通过标准曲线调整得到的，适用于所有浓度。显示在屏幕上的读数是经过调整的，在读数边上会出现一个校正的图标。

3.3　干扰

干扰是样品中能够引起显色、浊度的变化或产生异常的颜色和气味从而使结果产生误差的污染物。在每个分析操作说明书中都会有一张干扰物列表。哈希的预制试剂的配方可以消除许多干扰，其他的干扰可根据分析操作说明书中的指导对样品进行预处理来除去。

许多常见的干扰物质可以通过试纸来检测。这些试纸有助于筛选出那些存在干扰物质的样品。

如果觉得得到的测试结果不准确，或得到的不是预期的颜色，或发现出现异常的气味或浊度，那么就需要用去离子水稀释样品重新测试（见"2.7 样品稀释"）。根据稀释倍数修正测试结果，并和原始水样的测试结果进行比较。如果存在明显的差别，进行第二次稀释并和第一次稀释的结果进行比较。重复稀释直到得到相同的结果（在体积修正之后）。

更多关于干扰的资料见"3.2.2　标准溶液添加实验"。在《APHA标准方法》一书"概述"中也讲到了干扰。

pH值干扰　化学反应经常与pH值相关。哈希的预制试剂中通常含有调整样品pH值到适当范围的缓冲剂。然而，对那些缓冲能力较强或者极端pH值的样品，缓冲剂的调节能力可能不够。

每个分析操作说明书的"样品的采集、保存和存储"给出了分析时样品合适的pH值范围。在测试前，按照分析操作说明书里的指导调节样品的pH值，或参照以下步骤。

（1）用pH计测量样品的pH值。

> **注意：** 当分析氯化物、钾或银时，使用pH试纸以避免污染。

（2）用去离子水作为样品准备试剂空白。加入操作说明里要求的全部试剂。可忽略定时器程序等。均匀混合。

（3）用pH计测量试剂空白的pH值。

（4）比较样品的pH值与试剂空白的pH值。

（5）如果样品与试剂空白之间的pH值差别很小，那么pH值干扰就不是问题。按照分析操作说明中的"准确度检查"可以得到更加明确的结论。

（6）如果样品和试剂空白的pH值差别很大，则应将样品pH值调节到试剂空白的pH值。在分析前，要将所有待测样品pH值都调节到这个pH值。使用适当的酸，通常是硝酸，降低

pH 值。使用适当的碱，通常是氢氧化钠，提高 pH 值。对加酸或加碱引起的稀释要进行修正，具体查看本书"3.1.3 体积修正"。

（7）按照分析操作说明书分析调节 pH 值之后的样品。

（8）一些购买的标样可能酸性过强而不适合直接使用哈希分析方法进行测试。按上面描述的流程调节这些标样的 pH 值，由于稀释作用，要对结果进行体积修正。在操作说明书中推荐使用的哈希标准溶液不需进行 pH 值调整。

3.4 方法性能

3.4.1 预估检出限（EDL）

化学分析的范围是有极限的。下限很重要，因为它决定一个测量结果是否和零点有区别。许多专家对于这个检出限的定义有不同的意见，而且确定这个检出限是很困难的。联邦法规（40CFR，136 部分，附录 B）提供了一个确定方法检出限（MDL）的流程。方法检出限是指在 99% 置信度下分析结果不同于零的最低浓度。一个低于方法检出限的测试结果是值得高度怀疑的。

方法检出限是不确定的。它随试剂、仪器、分析人员及样品类型等而改变。因此，已标明的方法检出限可以作为有用的指导，但是只对于某一种特定情况才是准确的。即使使用相同的仪器、试剂和标样，每位分析人员也必须针对特定的样品确定更准确的方法检出限。

单位 0.010Abs 作为每个测试的预估检出限。为了确定方法检出限，灵敏度可当作预估检出限。为了确定方法检出限，它可被当作一个适宜的起始浓度。不要把预估检出限当作方法检出限。确定方法检出限的条件一定要完全与分析条件相同。在确定方法检出限方面，预估检出限作为一个样品起始浓度点对分析者可能是有用的。低于预估检出限的测量值也可能是有价值的，因为它们代表了一种趋势，为被分析物的存在与否提供统计数据。但是，这些数据有很大的不确定度。

3.4.2 方法检出限（MDL）

这个方法符合 USEPA 在 40CFR 136 部分，附录 B（7-1-94）中的定义。USEPA 定义方法检出限（MDL）在 99% 置信度下分析结果不同于零的最低浓度。由于方法检出限随分析人员的不同而变化，在实际操作情况下确定方法检出限是很重要的。

确定方法检出限的流程是基于对位于 1～5 倍预估检出限浓度间的样品进行平行样分析。计算平行样测定结果的标准偏差，然后乘以 99% 置信度的 t 值得到方法检出限。根据这个定义，方法检出限不考虑样品组分的变化，并只能在理想条件下达到。

（1）预估检出限。分析操作说明书中"方法性能"部分有该方法的灵敏度值。

（2）准备被分析物的标样，配制浓度是预估检出限 1～5 倍的标准溶液。用不含被分析物的去离子水稀释标准溶液配制标准溶液。

（3）分析至少 7 个平行样，并记录每个结果。

（4）计算分析结果的平均值和标准偏差（s）。

（5）利用 t 值（见下）和标准偏差计算 MDL：

$$MDL = ts$$

平行样数目	t 值	平行样数目	t 值
7	3.143	9	2.896
8	2.998	10	2.821

[**例 3-4**]　使用 FerroZine® 方法测试铁的 EDL 值是 0.003mg/L。准确地用不含铁的去离子水稀释 10mg/L 铁标准溶液，配制了 1L 0.010mg/L（大约 3 倍的 EDL）标准溶液。

依照 FerroZine 方法测试了 8 份标准溶液，结果如下：

样　品　号	结果/(mg/L)	样　品　号	结果/(mg/L)
1	0.009	5	0.008
2	0.010	6	0.011
3	0.009	7	0.010
4	0.010	8	0.009

计算得到，平均浓度＝0.010mg/L，标准偏差（s）＝0.0009mg/L。

根据 USEPA 的定义：

$$\text{FerroZine 方法的 MDL}＝ts＝2.998 \times 0.0009＝0.003\text{mg/L（与最初的估计一致）}$$

注意：有时候计算的 MDL 可能与哈希的估计检测限差别很大。为检验计算的 MDL 的合理程度，用一个接近计算得到的 MDL 浓度的标样重复操作，计算得到的第二个 MDL 应与第一个一致。确定 MDL 的详细操作请参考 40CFR 136 部分附录 B（7-1-94）（第 635～637 页）。

用不含被分析物的去离子水进行一次空白实验，确保空白实验结果小于计算得到的方法检出限。如果空白实验结果接近计算得到的方法检出限，需要重新进行 MDL 确认实验，对于每份标准溶液，都要单独进行空白实验。平行样的结果要减去空白实验的平均值，使用修正后的平行样结果计算平均值和标准偏差，得到方法检出限。

3.4.3　精密度

任何化学分析都有一定程度的不确定度。整条校准曲线的质量决定了精密度。

化学分析的误差可能是系统误差或随机误差造成的。系统误差是对每次测量都产生相同的误差。比如，一个含有某种成分的空白加到每一个样品中，每个样品的分析结果都得到一致的偏高结果（一个正误差）。随机误差对每个测试是不同的，产生正偏差或负偏差都有可能。随机误差一般是由分析技术的变化引起的。尽管使用哈希的预制试剂可以很大程度地减少由试剂引入的系统误差，但是在每次化学分析过程中始终会有一些其他因素的改变。

3.4.4　估计精密度（estimating precision）

分析操作说明书中的"方法性能"部分给出了该方法估计的精密度。大部分方法基于实际样品平行样分析数据进行估计。据报道，以这种方式确定的精密度有 95% 的置信度。

在平行样分析过程中，哈希的分析师用去离子水稀释配制了特定浓度的被分析物标准溶液，然后在同一台仪器上分析标准溶液七次。计算这组数据的标准偏差，于是就能得到该方法在 95% 置信区间内的浓度分布。这个估计的精密度，提供了实际测量值与标准曲线上的某点之间的离散度。

值得注意的是，这个估计的精密度是基于去离子水作为基体（稀释液）。不同基体的实际样品的精密度可能与估计精密度相差很大。

如果使用标准溶液得到的浓度不在预期的精密度范围内，请参照"3.2.3　实验结果存在疑问时的解决方案"。

3.4.5 灵敏度

哈希将方法的灵敏度定义为在吸光度改变 0.010ΔAbs 时相应的浓度变化。

不同的分析方法可以使用灵敏度来比较。例如哈希提供三种铁的分析方法：

铁 分 析 方 法	曲 线 区 间	ΔAbs	浓 度 变 化
FerroVer	整个量程	0.010	0.022mg/L
FerroZine	整个量程	0.010	0.009mg/L
TPTZ	整个量程	0.010	0.012mg/L

可以发现，三种方法中 FerroZine 方法具有最高的灵敏度，因为它能测量出浓度的最小变化。灵敏度的定义在技术上源于以吸光度为单位的 X 轴和以浓度为单位的 Y 轴组成的校准曲线：

（1） 如果校正曲线是一条直线，灵敏度等于直线斜率乘以 0.010；

（2） 如果校正曲线是一条曲线，灵敏度等于曲线上所关注的浓度点的切线斜率乘以 0.010。

灵敏度值也被当作预估的分析检出限。在确定方法检出限时，该值可被当作一个初始浓度使用。

3.5 制作校准曲线

注意：当使用一个非哈希仪器或法规要求时，推荐自己制作校准曲线。

（1） 准备 5 个以上全量程范围内的标准溶液。按照分析操作说明所述对每个标准溶液进行操作。然后取一定体积的操作后标准溶液倒入仪器指定的干净样品池中。

（2） 选择适当的波长。按照分析操作说明书，使用未经处理的原始样品或试剂空白对仪器进行调零。

（3） 在分析操作说明书中要求的时间内测量并且记录这些标准溶液的吸光度。绘制吸光度对浓度的标准曲线。见下面吸光度对浓度的校准曲线的绘制方法"。

吸光度对浓度的校准曲线绘制的方法如下。

（1）测出吸光度之后，将结果绘制在坐标纸上。纵坐标是吸光度值，横坐标是浓度值。

（2）从下到上吸光度值递增，从左到右浓度值递增。坐标左下角的交叉点代表 0.000 吸光度和 0 浓度。从得到的曲线可以得到一张校正表，也可以直接从曲线上读出某吸光度对应的浓度值。还可以通过拟合得到的斜率和截距获得校准曲线方程。

另外，也可以利用哈希分光光度计里的用户自建程序功能，或曲线拟合软件（如 Excle）来计算校准曲线。

3.6 使用其他分光光度计的操作流程

如果其他分光光度计的校准曲线也可以将吸光度转换为浓度，那么也可使用哈希的操作程序。不管什么型号的分光光度计，按照哈希操作程序准备样品和标准溶液，使用分析操作说明书中给出的最佳分析波长即可。

为给定的分析物制作校准曲线，需要准备和测量一系列的标准溶液。在坐标纸上绘制吸光度对浓度曲线（如前面吸光度对浓度的标准曲线的绘制方法）。用一条平滑的线连接曲线图上的点

（弯或直线）。如果需要，利用曲线做一张校正表。

当开发新的分析流程，或使用对波长敏感的操作时，要选择仪器给出最佳吸收波长（见图 3-2）。如果使用哈希公司的仪器和分析方法，通常不需要选择波长，因为哈希公司的预制程序一般选择了最佳分析波长进行分析。

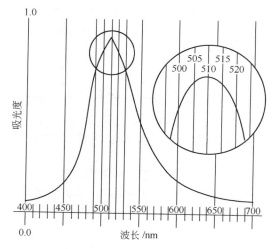

图 3-2　选择最佳分析波长

在分光光度计上选择最佳分析波长的步骤如下。

> **注意**：如果有条件，使用波长扫描程序是获得最佳分析波长最方便的方法。

（1） 参考仪器操作手册中关于波长调整的方法。
（2） 选择单波长。
（3） 输入一个合适的波长。

> **注意**：样品的颜色是选择合适波长很好的参考。黄色的溶液吸收 400～500nm 波长的光。红色的溶液吸收 500～600nm 波长的光。蓝色的溶液吸收 600～700nm 波长的光。

（4） 准备样品和空白进行分析。将空白和反应后的样品溶液分别加入到合适的样品池中。
（5） 把空白放到样品室中，调零。
（6） 把准备好的样品放到样品室中，读取吸光度值。
（7） 调整波长，至少增加 100nm。按照步骤 5 再次调零，测量并且记录样品的吸光度值。
（8） 重复调整波长，每次减少 50nm。调零，测量并且记录每个波长下样品的吸光度值。在整个波长范围内进行以上重复步骤，记录吸收最大处的波长（参见表 3-2）。

表 3-2　例子（一）

波　长	吸　光　度	波　长	吸　光　度
550nm	0.477	450nm	0.355
500nm	0.762	400nm	0.134

（9） 调整波长到比步骤（8）中得到的最佳分析波长增加 50nm。按照步骤（5）再调零，测量并记录样品的吸光度值。然后以 5nm 步进减少波长重新测试。再调零，测量并记录每个波长下样品的吸光度。直到整个所关注的量程都进行了测量（见表 3-3 和图 3-2）。

表 3-3   例子（二）

波　　长	吸　光　度	波　　长	吸　光　度
520nm	0.748	500nm	0.771
515nm	0.759	495nm	0.651
510nm	0.780	490nm	0.590
505nm	0.771		

　　选择最佳分析波长，测量含有低浓度和高浓度的两种样品溶液，检查确定这两种浓度的样品之间有足够的吸光度差异。由浓度的增加/减少所引起的吸光度变化取决于该分析方法的灵敏度。吸光度变化小的分析方法是不灵敏的，但是拥有较大的分析量程。吸光度变化大的分析方法是灵敏的，但是分析量程较小。

第4章 样品的消解

在分析总金属含量之前，有些分析操作流程需要对样品进行消解。消解是一种利用酸和热的作用来破坏金属和有机物之间的化学键，使金属离子游离出来进行分析的方法。

4.1 USEPA认可的消解方法

如果分析数据需要提交给当地环保部门，就需要采用当地环保部门认可的消解技术。针对不同的重金属，有不同的方法进行消解。USEPA提供了两种通用的金属消解方法：温和的消解和剧烈的消解。

4.1.1 温和消解法

(1) 在样品采集时每升样品中加入5mL浓硝酸酸化保存样品。

(2) 取100mL混合均匀的样品到一个烧杯或烧瓶中，加入5mL 1＋1盐酸（HCl）。

(3) 用蒸汽浴或加热板加热样品，直到样品体积减少到15～20mL，不要煮沸。

(4) 过滤样品除去所有不溶物。

(5) 逐滴加入5.0mol/L氢氧化钠溶液调节消解后样品的pH＝4，每次滴加后要彻底混合均匀并检验pH值。

(6) 将样品转移到100mL的容量瓶中，用去离子水稀释到刻度线，继续进行分析操作。

(7) 使用去离子水，也经过步骤（1）～（6），进行试剂空白的测试。

4.1.2 剧烈消解法

对于一些样品来讲，温和消解是不够的，需要使用剧烈消解以保证所有的有机金属键断裂。

(1) 使用重蒸过的1＋1硝酸溶液将全部样品酸化至pH<2，在消解之前不要过滤样品。

(2) 转移适当体积的样品（见表4-1）到烧杯内并且加3mL重蒸过的浓硝酸。

(3) 将烧杯放在电热板上加热至近乎蒸干，要确保样品不沸腾。

(4) 烧杯冷却后再加入3mL浓硝酸。

(5) 表面皿盖住烧杯并放回到电热板上。提高电热板的温度使出现温和的回流。如果需要，就再加一些硝酸，直到完全消解（完全消解通常是指当消解液澄清或者颜色不再随着回流而发生变化时）。

(6) 再一次加热到近乎蒸干（不要完全干）后，冷却烧杯。如果蒸发过程中有悬浮物或沉淀物产生，加入1＋1的盐酸（每100mL最终体积加5mL盐酸）。最终体积参考见表4-1。

表4-1　剧烈消解的建议体积

预期的金属浓度	建议消解的样品体积	建议1＋1盐酸的体积	建议消解后的最后体积	修 正 系 数
1mg/L	50mL	10mL	200mL	4
10mg/L	5mL	10mL	200mL	40
100mg/L	1mL	25mL	500mL	500

(7) 加热烧杯。逐滴加入 5.0mol/L 氢氧化钠溶液调整样品 pH＝4，每次滴加后，要彻底混合并检验 pH 值。

(8) 将样品转移到容量瓶中并用去离子水稀释到最终体积。最终体积参考见表 4-1。

(9) 分析结果要乘以表 4-1 中的修正系数，得到原始样品的结果。

(10) 使用去离子水，也经过步骤（1）～（8），进行试剂空白的测试。

4.2 Digesdahl 通用消解器

许多样品可以采用哈希公司的 Digestdahl 消解器（订货号 2313020）进行消解。该装置用于消解油、污水、污泥、颗粒物、电镀液、食品、土壤等样品。在消解过程中，样品被硫酸和过氧化氢的混合溶液氧化。消解一个固体样品只需要不到 10min 的时间，液体样品大概是 1min/mL。整个消解器由一个特殊的电热板、100mL 的蒸馏瓶组成。样品（或部分样品）在进行分光光度法分析之前，采用消解器进行消解。

Digesdahl 消解器可以简单方便地对重金属、总磷、总凯氏氮等样品进行消解，在获得同样的准确度和精确度的前提下，速度要大大快于传统的消解方法，可以很好地配合光度计、浊度仪、滴定仪等进行后续分析。

根据不同的样品，查看 Digesdahl 消解器说明书中的操作说明对样品进行消解。不同类型样品的消解流程稍有不同。样品类型包括：食品、颗粒物、污水、污泥、电镀液、植物组织、肥料、酒类、油类等。大多数流程为两步法，包括第一阶段浓硫酸和第二阶段 50％过氧化氢。浓硫酸将样品脱水并碳化，然后通过毛细漏斗加入过氧化氢彻底分解样品。

有些样品完全消解比较困难。防腐剂类或其他难熔物质，比如烟碱酸（又名尼古丁）需要在样品澄清后继续消解几分钟才能消解完全并得到 100％的氮回收率。为了保证样品完全消解，要根据样品量、样品温度、杂质等具体情况调整消解流程。具体参考 Digesdahl 消解器说明书。

4.2.1 常见问题

(1) 仪器上的读数显示超出量程应该怎么做？

消解器操作说明中的浓度量程表可以作为指导。取更少的样品重复之前的消解分析流程。记录这个样品量，用于计算原始样品浓度。

(2) 使用同一批号试剂时，每次都必须准备试剂空白吗？

首先用去离子水或蒸馏水对仪器进行调零，测定试剂空白。如果试剂空白的浓度读数可忽略不计而且你正在使用同一批号的试剂，就不需要每一次都准备试剂空白。如果试剂空白有一个读数，可以每天都分析一个试剂空白，或者从样品读数中减去这个读数。如果不是每天进行试剂空白，用去离子水对仪器调零。

(3) 必须按照操作流程给出的精确的取样品和分析用量进行操作吗？

每个操作的取样品和分析用量只是一个建议。消解水溶液或悬浮液样品量可达到 40mL。固体样或者有机溶液的样品量少于 0.5g（根据经验，0.25g 样品量足够用于分析）。

(4) 如何能改进消解需要的最初取样量和分析用量？

消解需要的最初取样量是消解的一个关键因素。消解后的样品用于分析的分析用量也是非常重要的。在每个方法中都提供了消解的最初取样量表。为了优化分析流程，可按照下列公式进行。在使用这些公式之前，请根据样品类型参考操作说明。

先确定样品的大概浓度（以 mg/L 或 mg/kg 表示），然后确定要采用的比色法分析的量程（比如 0～50mg/L）和量程的中点（量程中点是最佳的分析位置，但假如样品的浓度低于量程中点，就只能根据样品浓度选择更低的分析点）。量程的中点可通过用量程的上限减去量程的下限再除以 2 确定。

确定了以下各个因素之后，可使用公式计算：

$$A = \frac{BCD}{EF}$$

式中，A 为样品的大约浓度；B 为比色法的量程中点；C 为消解后的最后体积；D 为分析时最后样品总体积；E 为用于消解的原始样品量；F 为消解后样品用于分析的用量。

通过转换，可得到下列两式：

$$E = \frac{BCD}{AF} \tag{4-1}$$

$$F = \frac{BCD}{AE} \tag{4-2}$$

两个公式都包含两个未知量 E 和 F，需要用尝试法来得到最合适的值。

① 使用式(4-1)。如果使用 CuVer™方法分析含约 150mg/L Cu 的原始样品，用于消解的取样量和用于分析的用量可按如下方法确定。

确定测试量程。在这个例子中，测试量程被假定是 $0\sim5.0$mg/L，中点是 2.5。当使用 Digesdahl 消解器时，消解的最后体积是 100mL，操作要求最后的分析用量是 25mL。

那么：$A = 150$，$B = 2.5$，$C = 100$，$D = 25$，E 和 F 未知。

把以上数值代入式(4-1) 得出：

$$E = \frac{2.5 \times 100 \times 25}{150F} \quad \text{或} \quad E = \frac{41.7}{F}$$

因为 CuVer 铜试剂对 pH 值很敏感，因此希望采用很少的分析用量（0.5mL）以便不需要调 pH 值。

按这种思路，取 0.5mL 的分析用量会得出：

$$E = \frac{41.7}{0.5} = 83.4\text{mL} = \text{用于消解的取样量}$$

因为 Digesdahl 消解器的最大消解样品量是 40mL，0.5mL 的分析用量计算得到的消解取样量是不可接受的（这就是所谓的尝试法）。接下来，尝试 5.0mL 的分析用量，则：

$$E = \frac{41.7}{5.0} = 8.34 \approx 8\text{mL} = \text{用于消解的取样量}$$

（为分析方便，四舍五入到最接近的整数）

由计算得到，优化的消解-分析流程是：消解 8.0mL 的样品量，然后取 5.0mL 用于分析。在分析之前，必须进行 pH 值调节。

② 使用式(4-2)。当希望消解使用最小取样量或当样品为测某一个参数（例如铜）已经被消解而需要测量另外一个参数（例如锌）时，可能需要用式(4-2)。继续上面分析铜含量的例子，如果还需要测试锌，原始样品里大约含有 3mg/L 锌，使用 Zincon 方法测试。确定分析用量方法如下。

在这个例子中，Zincon 方法的测试量程假定是 $0\sim2.5$mg/L，量程中点是 1.25。那么 $A = 3$，$B = 1.25$，$C = 100$，$D = 50$，$E = 8$（如上面确定的），代入式(4-2) 得：

$$F = \frac{1.25 \times 100 \times 50}{3 \times 8} = 260\text{mL}$$

这是一个极端的例子，但是它说明了需要比较 D 和 F 值以保证分析用量体积（F）不超过最后的分析体积（D）。如果 F 超过 D，将不能进行分析，需要有更适当的分析量程或消解更多的样品（更大的 E）。同时也需要注意，保证用于分析的用量（F）大于 0.1mL，因为用移液管要准确地移取小于 0.1mL 的量是很困难的。

假设锌的浓度是 75mg/L（$A = 75$），再次代入将得到：

$$F = \frac{1.25 \times 100 \times 50}{75 \times 8} = 10.5\text{mL}$$

在这种情况下，分析用量的体积 F 小于最后的分析体积 D，则可按照操作说明所述进行分析。

(5) 为什么依据使用方法不同，计算步骤中的系数是 75、2500 或 5000，这些系数是怎么得来的？

在所有的情况下，系数是对样品稀释的一个修正。举例来说，在某个测试中的 Digesdahl 消解后样品最后体积是 100mL，分析时最后样品总体积是 25mL，$100 \times 25 = 2500$。单位 mL 不包含在系数里，是因为它们在公式中会被消掉。

(6) 分析浆液样品时如何将结果转换成干重的浓度？

样品必须经过水含量分析，具体见图 4-1。

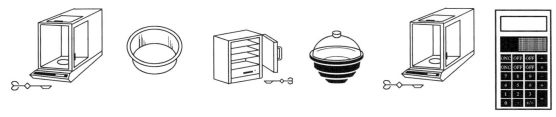

图 4-1　确定干重

由图 4-1 可得具体步骤如下。

(1) 准备一个铝皿，称量，记为 A。

(2) 称大约 2g 样品到铝皿上，总质量记为 B。

(3) 将铝皿放到一个烘箱中（103～105℃）2h。

(4) 在干燥器中将样品冷却到室温。

(5) 再次称量烘干后的铝皿，记为 C。

(6) 根据下式计算干重比例：

$$\frac{C-A}{B-A}$$

将所得到测试结果除以以上的干重比例，即为原始干重样品的浓度。

4.2.2　pH 值调节

(1) 金属分析的 pH 值调节

注：假如消解后样品用于分析的用量少于 0.5mL，那么就不需要 pH 值调节。

① 参考消解操作说明，根据"样品和分析体积表"确定分析所需样品的体积。用移液管移取此体积到一个混合量筒中。

注意：一些方法需要用移液管将样品移入容量瓶或规定的量筒中。

② 用去离子水稀释到大约 20mL。

③ 加入一滴 2,4-二硝基苯酚指示剂。

④ 逐滴加入 8mol/L 氢氧化钾（KOH）标准溶液，在每次滴加之间要充分摇晃，直到有黄色闪现（pH=3）。如果分析的是钾，改为使用 5mol/L 氢氧化钠。如果分析钾或银，不要使用 pH 计来测定溶液的 pH 值。

⑤ 加入一滴 1mol/L 氢氧化钾。用塞子塞住量筒并反转几次混合均匀。如果分析的是钾，改为使用 1mol/L 的氢氧化钠。

注意：使用 pH 试纸确定 pH=3。如果 pH 值高于 4，不要用酸调整，用一个新鲜的样品重复上述步骤。

⑥ 以步骤⑤的方式继续滴加 1mol/L 氢氧化钾直到黄色持久出现（pH＝3.5～4.0）。

⑦ 衬白色的背景从量筒的顶端观察，并与盛有相同体积的去离子水的量筒进行比较，确保 pH 调节后的样品未出现色度与浊度。

注意：铁含量高将会引起沉淀（褐色云状），这种沉淀将会与其他的金属发生共沉淀。减少样品重复以上操作。

⑧ 根据待测参数的操作流程要求，用去离子水加到要求的体积。

⑨ 继续比色法操作。

(2) 总凯氏氮分析的 pH 值调节。参考分光光度计或比色计的操作说明完成总凯氏氮（TKN）的分析。如果在操作说明书中没有，按照下面的步骤进行。

① 用移液管移取一定体积（参考 4.2.1 中的计算方法）的样品到混合量筒中。

② 加入一滴 TKN 指示剂。

③ 逐滴加入 8mol/L 氢氧化钾标准溶液，每次滴加要充分摇晃，直到有蓝色闪现（pH＝3）。

④ 加入一滴 1mol/L 氢氧化钾标准溶液。用塞子塞住量筒并反转几次混合均匀。

注意：使用 pH 试纸确定 pH＝3。如果 pH 值高于 4，不要用酸调整，用一个新鲜的样品重复上述步骤。

⑤ 以步骤④的方式继续滴加 1mol/L 氢氧化钾直到蓝色持久出现。

⑥ 根据总凯氏氮光度法分析流程，用去离子水加到规定的体积。

⑦ 继续比色法操作。

第5章 废弃物的管理安全

本章提供了实验室废弃物管理准则。这些准则只是 USEPA 基本要求的一个总结，并不能代替联邦法规（CFR）中对废弃物管理的全部法规。法规可能会改变，或增加说明和地方法律。废弃物产生者有义务熟悉并遵守所有适用于他们的法律法规。

5.1 减少废弃物的产生

减少废弃物的产生是减少废弃物管理问题和费用的最有效方法。因此，使用能得出正确结果的最少量的样品；如果可能，选择使用危害较小试剂的实验方法；购买小包装试剂，以免处理过期试剂；使用可生物降解的清洁剂清洗玻璃器具类和装置，除非明确指出需要某种溶剂或酸液。

5.2 法规概述

美国的《资源保护和回收法》（RCRA）规定了所有的固体废弃物，尤其是危险废弃物的处置。美国联邦法规（Code of Federal Regulation，CFR）第 40 章 260 款包含了根据 RCRA 发布的联邦危险废弃物处置规则。这个规则建立了一套危险废弃物的分类及全过程监控废物的产生、运输和最终处置的制度。除了符合条件的微量废弃物产生者，在危险废弃物管理中所有包含的装置必须在美国环保局（USEPA）登记。

联邦规则将废弃物产生者分为三类，并对那些大量废弃物的产生者进行严格控制。这三类是：微量废物产生者，少于 100kg/月；少量废物产生者，100～1000kg/月；大量废物产生者，大于 1000kg/月。

5.3 危险废弃物

5.3.1 定义

按照规定，危险废弃物是指那些在 40 CFR 261 中被 USEPA 特殊处置的物质。州或地方主管部门也可在他们的管辖区域内规定其他的物质为危险废弃物。

许多有毒的化合物没有被管制，但是对这些物质不恰当的管理和处理可能导致违反《综合环境反应、赔偿和责任法》（CERCLA）或其他违法行为。

根据 40 CFR 261 的定义，危险固体废物是那些没有被排除在规定之外的并符合下列一条或多条标准的固体废物。

(1) 废弃的商业化学产品、不合规格的产品、在 40 CFR 261.33（P-法规和 U-法规）明确列出的残渣或溢流物。

(2) 40 CFR 261.32（K-法规）中列出的特殊来源的废弃物。

(3) 40 CFR 261.31（F-法规）中列出的非特定来源的废弃物。

（4）具有下列任何一个危险废物特征的物质：可燃性、腐蚀性、活性、毒性。

这些规定里有些物质是例外的，可以查看规则确定某种废弃物是否被排除在外。

5.3.2　物品代码

危险废弃物通过在 40 CFR 261.20～261.33 中的特定代码来管理。这些代码可用于识别危险废弃物。产生者有责任进行废弃物代码的确定。

表 5-1 中给出了使用哈希水质分析方法时可能出现的危险化学品的代码。完整的代码表见 40 CFR 261.33～40 CFR 261.20。

表 5-1　危险废弃物代码

性　　　质	USEPA 代码	化学文摘服务社（CAS）登记号	法规标准/(mg/L)
腐蚀性	D002	na	na
可燃性	D001	na	na
反应性	D003	na	na
砷	D004	6440-38-2	5.0
钡	D005	6440-39-3	100.0
苯	D018	71-43-2	0.5
镉	D006	7440-43-9	1.0
氯仿	D022	67-66-3	6.0
铬	D007	7440-47-3	5.0
铅	D008	7439-92-1	5.0
水银	D009	7439-97-6	0.2
硒	D010	7782-49-2	1.0
银	D011	7440-22-4	5.0

5.3.3　如何确定废弃物是危险品

联邦法律不要求测试物质以确定它是否是危险废弃物。如果产品在 CFR 规定中没有被明确地列出，可以利用产品或生产商提供的信息来确定它是否是危险。通常，物质安全数据表（Material Safety Data Sheet）上有足够的信息可用来判定。查找一下危险废弃物的特征：

- 闪点低于 60℃，或它被美国交通运输部划分为氧化剂类（D001）；
- 物质的 pH 是≤2 或≥12.5（D002）；
- 不稳定的物质，与水剧烈反应，当和水混合时可能产生有毒气体（D003）；
- 有毒的（D004～D043）。

根据某种污染物的浓度（重金属和许多有机化合物），使用化学品组成数据确定物质是否有毒。如果废弃物是液体，将污染物的浓度与 40 CFR 26 中列出的浓度比较。如果是固体废弃物，采用毒性特性溶出实验（Toxicity Characteristic Leaching Procedure，TCLP）分析样品并将结果和 40 CFR 261.24 的浓度进行比较。高于临界值的可认为是危险废弃物。

关于使用 MSDS 的详细资料，查看"5.6　物质安全数据表"。

一些哈希分析方法使用或产生了许多化学物质，使得最终产生危险废弃物。例如，COD 测试和纳氏试剂。危险废弃物也可能来源于样品中存在的物质。

5.3.4　危险废弃物的处置

危险废弃物一定要依照联邦、州和地方法规进行管理和处置。废弃物的产生者有责任标记危险废弃物。分析人员应该根据当地环境保护部门的要求进行检查。

最危险废弃物应该由具有 USEPA 许可证的处理、储存、处置设施（treatment，storage and disposal facilities，TSDF）来处理。在 USEPA 或各州代表处允许的情况下，危险废弃物产生者也可以自行处理。实验室也必须遵守这些规定。如果属于"符合条件的微量废弃物产生者"，那么要遵守一些特殊的规定。对照 40 CFR 261 确定需要遵守哪些规定。

最通常的处理方式是中和。这种方法一般适用于那些仅仅具有腐蚀性的危险废弃物。通过加碱如氢氧化钠中和酸性溶液；通过加酸如盐酸中和碱性溶液。边搅拌边慢慢地加入中和剂。检测 pH 值，当 pH 等于或接近 7 时，物质呈中性并可排放流入下水道。许多废弃物可以用这种方式处理。

其他的化学或物理处理方法，如氰化物分解或蒸发可能需要得到许可证。咨询相关环境部门或地方法规确定哪种规定适用。

实验室化学品可以和在装置上产生的其他危险废弃物混合并一起处置，也可以根据 40 CFR 262.34 的附属条款积累起来处置。在收集废弃物之后可通过打包处理，许多环境和危险废弃物公司提供类似的废弃物打包处理服务。他们将会对有害废弃物进行清理、分类、包装，并采用适当方法进行处理。

5.4 特殊废弃物的管理

含氰废弃物的特殊处置　本书中的一些操作方法使用包含氰化物的试剂。这些物质作为具有活性的废弃物（D003）被联邦 RCRA 管制。在每个操作说明中提供了如何收集这些物质并进行适当处置的方法。安全地处理这些物质以免释放氰化氢气体（具有苦杏仁气味的剧毒物质）是非常有必要的。大多数氰化物是稳定的，可在高浓度的碱溶液（pH>11）如 2mol/L 氢氧化钠溶液中安全储存并进行处理。不要将这些废弃物和实验室其他的可能具有较低 pH 值的物质（如酸液）的废弃物混合。

如果有包含氰化物的物质溢出，要避免氰化氢气体的产生。紧急状况下采取下列步骤处理氰化物。

(1) 使用通风橱，并戴上可以提供空气的呼吸装置。

(2) 边搅动，边把废弃物加入到盛有浓氢氧化钠和次氯酸钙或次氯酸钠（家用消毒剂）溶液的烧杯中。

(3) 加入过量的氢氧化物和次氯酸盐，静置 24h。

(4) 中和溶液并与大量的水一起排入下水道。如果溶液包含其他被管制的物质，如氯仿或重金属，它仍然需要作为危险废弃物收集。不要将未经处理的危险废弃物倒入下水道。

5.5 安全

保证安全是每位分析人员的职责。本书的许多分析过程使用了具有潜在危险的化学品和仪器。通过安全的实验室操作避免发生意外事件是很重要的。下列各条例适用于水质分析，其他方面的安全问题也需要注意。

5.5.1 仔细阅读试剂标签

仔细阅读每种试剂的标签。特别要留意注意事项。当容器中还盛有试剂时，不要撕掉或盖住容器上的试剂标签。不要把试剂装入一个已有标签的容器中却不改变标签内容。当配制一种试剂或标准溶液的时候，要在容器上贴上清楚的标签。如果标签很难辨认，要马上根据危险品通报程序重贴标签。

在一些分析操作所使用的装置上也有警告标签。COD 反应器和 Digesdahl 消解装置的防护罩上的警告标签指出了潜在的危险。在装置使用过程中要保证防护罩在恰当的位置并按照注意事项上的标识进行操作。

5.5.2　防护装备

根据化学试剂和分析流程选择正确的防护装备。MSDS 包含这些信息。防护装备有以下几类。

(1) 保护眼睛的装备，如安全眼镜或护目镜，以防止飞溅的化学试剂对眼睛造成损害。

(2) 手套可保护皮肤免受有毒的或腐蚀的物质、锐利的物体、过热的或过冷的物质或碎玻璃的伤害。当转移热的装置时一定要使用钳子或手指套。

(3) 实验服或防溅板可保护皮肤和衣服免受飞溅的液体的损害。

(4) 鞋可以保护脚免于溅液的伤害。在分析工作时不应该穿露趾鞋。

(5) 如果没有适当的通风设备，如通风橱，就可能需要呼吸面罩。要按 MSDS 的推荐或操作的要求，使用通风橱。对许多操作来讲，如果有足够的新鲜空气和排气装置，普通的通风装置足以防止操作者暴露在化学试剂环境中。

5.5.3　急救设备的供给

大多数急救指导要求当化学试剂溅到眼睛或皮肤上时，要用水彻底地冲洗。实验室应该备有眼部冲淋器和淋浴装置。进行野外工作时，要携带一个轻便的眼部冲淋器。实验室也应该有适当的灭火器和通风橱。

5.5.4　安全通则

当工作中使用有毒和危险的化学试剂时，遵循以下规则。

(1) 绝对不要用嘴吸移液管移液，要使用一个移液器或洗耳球以防止吸入化学试剂。

(2) 仔细按照操作流程操作并且遵守所有的预防措施。在开始测试前阅读整个操作规程。

(3) 立即擦掉所有的溢出液。要进行适当的训练，准备正确的应急装备，以彻底清除溢出液。

(4) 在使用有毒的或刺激性的化学试剂的地方，不要吸烟、饮食。

(5) 按照分析操作说明使用试剂和仪器。

(6) 不要使用损坏的实验室器具和仪器。

(7) 减少在化学试剂中的暴露时间，不要吸入气体或让化学试剂接触到皮肤。在使用完化学试剂之后要洗手。

(8) 保持工作区域整洁、干净。

(9) 不要堵塞出口或取应急装备的通路。

5.6　物质安全数据表

物质安全数据表（MSDS）描述了化学产品的危险性质。本节的主要目的是介绍哈希试剂的 MSDS，并讲解如何在表上找到关于安全和废弃物处置的重要信息。

5.6.1　如何获得 MSDS

哈希的所有试剂都具有 MSDS，且免费向用户开放。用户可登陆哈希官方网站的 MSDS 表查询页面：http://app. hach. com/msdsweb/customer_msds_request. asp。

5.6.2　MSDS 的章节

在 MSDS 标题信息列出了生产商产品订货号、MSDS 日期、更改号、公司地址和电话号码以及紧急状况电话号码。MSDS 有十章。各章的内容如下。

（1）产品信息。本章包含：产品名称（product name）；化学文摘服务社（CAS）登记号；化学品名称；分子式（如果有）；化学品所属类别。

（2）组成。本章列出了产品的每个组成成分，并包含了这个组分的下列信息。

① PCT。即该组分的质量分数。

② CAS NO。即该组分在化学文摘服务（CAS）的登记号。

③ SARA（Superfund Amendments and Reauthorization Act），《非常基金修正及再授权法》。如果某一组分被列入 SARA 313 条宽，并且使用量超过了规定量，必须每年向 USEPA 报告。

④ TLV（Threshold Limit Value），即域限值。指美国政府工业卫生学家会议推荐的 8h 接触限值。

⑤ PEL（Permissible Exposure Limit），即允许暴露极限。美国职业安全和健康管理局（OSHA）规定的 8h 接触的最大浓度。

⑥ 危害。指组分对身体和健康的危害。

（3）物理性质。本章给出了产品的物理性质。包括物理状态、颜色、气味、可溶性、沸点、熔点、密度、pH 值、蒸气密度、蒸发速率、腐蚀性、稳定性和储藏注意事项。

（4）燃烧、爆炸、活性数据。本章包含了产品的闪点和爆炸极限，也包括了如果物质着火该如何灭火。本章的主要术语如下。

① 闪点。指可燃液体或固体能放出足量的蒸气并在所用容器内的液体或固体表面处与空气组成可燃混合物的最低温度。闪点通常说明了物质的易燃性和可燃性。

② 可燃下限（LFL 或 LEL）。指能够引起爆炸的可燃气体的最低含量燃烧下限。

③ 可燃上限（UFL 或 UEL）。指能够引起爆炸的可燃气体的最低含量燃烧上限。

④ NFPA（The National Fire Protection Association，美国国家消防协会）法规。美国国家消防协会有一个评定一种化学药品危险程度等级的系统。这个等级通常标记在一个彩色菱形标签上。等级从最小危险的 0 到为极端危险的 4。它们代表了以下几个危险程度：健康的（蓝色）、易燃的（红色）、有活性的（黄色）和特别危险的（白色）。

（5）健康危害资料。本章描述了化学品进入身体的可能途径（如咽下、吸入、皮肤接触），也给出了对健康短期和长期的影响。化学品会引发癌症或遗传基因损害的，也会在本章中标明。

（6）预防措施。本章包含危险物质的特别预防措施。其中包括特别的储藏方式、处理方式、避免接触和安全使用这些物质所需的保护性装备等。

（7）急救。本章给出了如果暴露于化学品时的急救措施。对受害人催吐之前一定要阅读本章。对于有些化学品催吐不一定是合适的方法。要使所有的化学品暴露者得到快速的医疗照顾。所有被化学试剂伤害的人员必须进行进一步的医疗救治。

（8）溢出物清除及处置流程。本章说明了如何安全清除和处置溢出物的操作。

（9）运输资料。本章提供了国内和国际的运输资料，给出了物流公司名称、危险等级和产品的 ID。

（10）参考资料。本章列出了编写本 MSDS 的参考资料。

在参考资料之后，尽可能地列出 SARA 313 所列化学品或加州第 65 号提案所列化学品。在这里也可以发现关于产品的特别信息。

5.6.3　OSHA 化学品卫生计划

美国职业安全和健康管理局（OSHA）执行控制暴露于实验室危险化学品的法律。这些法规被收录在 29 CFR 1910.1450 中。法规适用于所有使用危险化学品的雇主，并且要求雇主制定和使用化学品卫生计划并任命一个有资格的人作为化学品卫生计划官员。

第6章 分析操作流程

6.1 理化指标

6.1.1 色度，铂-钴比色法[1][2]，方法 8025

测量范围

15～500 单位。

应用范围

用于饮用水、废水及海水色度的测定；等同于适用于测试纸浆和造纸废水的 NCASI 方法 253（在 465nm 波长下测试，且要求调整 pH 值）。

测试准备工作

表 6.1.1-1　仪器详细说明

仪器	比色皿方向	比色皿
DR 6000 DR 3800 DR 2800 DR 2700 DR 1900	刻度线朝向右方	2495402  10mL
DR 5000 DR 3900	刻度线朝向用户	
DR 900	刻度线朝向用户	2401906 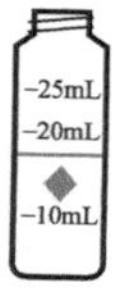 -25mL -20mL ◆ -10mL

（1）由于 NCASI 流程要求对 pH 值进行调整，所以请使用 1.0N[3] 盐酸或 1.0N 氢氧化钠将 pH 值调整至 7.6。当调整 pH 值时，如果总体积变化大于 1%，则请用更强的酸或碱再次调整。当执行 NCASI 程序时，使用 125 程序。

（2）当测试表色时，忽略测试流程（3）～（5）和测试流程（7），在测试流程（6）中使用未过滤的去离子水，在测试流程（8）中使用未过滤的样本溶液。

（3）对于低色度值试样，建议使用倾倒池。

---

[1] 根据饮用水、废水检测标准方法，NCASI，1971 年第 253 期 "Technical Bulletin" 杂志改编。

[2] 根据 1996 年的 Wat. Res. Vol 第 30 册，11 期，第 2771～2775 页改编。

[3] N 为当量浓度，过去表示溶液浓度的一种单位，1N＝1 克当量/升。本手册为了符合行业习惯和叙述方便，保留了这一单位。

表 6.1.1-2　准备的物品

名 称 及 描 述	数 量
1.0N 盐酸溶液(用于程序 125)	多瓶
1.00N 氢氧化钠(用于程序 125)	多瓶
去离子水	100mL
过滤设备:滤膜,过滤器,吸滤瓶,抽滤装置	1 套
比色皿(参照特定仪器信息)	2 个
7 号单孔橡胶塞	1 个
橡胶软管	1 根

注:订购请参阅"消耗和替代品信息"。

铂-钴标准法测试流程

(1)选择测试方法
NCASI:对 NC-ASI 测试使用 125 程序。比色计测试使用 122 程序。
根据特定仪器信息表,如有必要插入适配器。
请参阅用户使用手册。

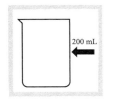

(2)用 400mL 烧杯收集 200mL 的样品溶液。
NCASI:按照测试准备工作中的要求调整 pH 值。

(3)组装过滤设备(0.45μm 滤膜,过滤固定器,吸滤瓶和吸气器)。
NCASI:NCASI 测试要求使用 0.8μm 过滤器。

(4)倒入 50mL 去离子水冲洗过滤器,然后倒掉冲洗水。

(5)向过滤器中再倒入 50mL 去离子水。

(6)空白样准备:取 10mL 步骤(5)中过滤后的水倒入比色管,然后倒掉多余的水。

(7)向过滤装置中倒入 50mL 的样品溶液。

(8)待测样品准备:另取一只比色管,向其倒入 10mL 过滤后的样品溶液。

(9)擦拭空白样品管外壁后,放入样品池中。

(10)调零:仪器显示 0 值,即零单位铂钴。

(11)擦拭待测样品管外壁后,放入样品池中。

(12)读数:仪器会显示样品溶液中铂钴含量,单位为 mg/L。

样品的采集、保存和存储

（1）用干净的塑料瓶或玻璃瓶采集样品。如果采集后立即做样品分析，测试结果会更为精确可信。如果没法立即做分析，请将样品溶液装满，然后盖紧瓶盖保存。

（2）避免不必要的摇晃、搅拌，或使溶液长时间与空气接触。

（3）在4℃（39℉）的温度条件下，样本可以储存24h。

（4）在对样品进行测试前，请将其温度恢复至室温。

准确度检查

标准试剂方法 按下列步骤准备250单位铂钴标值试剂。

（1）使用A级玻璃吸管吸取50mL 500铂钴单位标值试剂，放入100mL的容量瓶中，用去离子水稀释溶液至100mL。

（2）用前面读取的250单位标准试剂值来调整校准曲线，请参考软件中配备的标值调整法。

（3）开启进入标值调整栏，默认接受显示的浓度值，如果想要使用自定义浓度值，请输入自定义浓度值，并调整相应的校准曲线值。

> **注意：** 具体的程序选择操作过程请参见用户操作手册。

方法精确度

表6.1.1-3　方法精确度

程序	标值	精确度：95%置信区间分布	灵敏度：每0.010Abs单位变动下，浓度变动值
120/125	10单位铂钴值	7.2~12.8单位铂钴值	16单位铂钴值
120/125	250单位铂钴值	245~255单位铂钴值	16单位铂钴值

方法解释

（1）色度可以分为"表色"和"真色度"两种。表色主要来源于溶解的物质和悬浮颗粒物的颜色。通过过滤或者离心过滤悬浮颗粒物，真色就可以显现出来。该程序是对真色度进行分析，也可以采用未过滤的水样进行表色的分析。两种颜色分析都采用相同的储存程序。

（2）储存程序是基于APHA规定的标准对单位颜色进行校准。APHA规定1色度单位等同于1mg/L的氯铂酸盐中铂含量。120程序和125程序的测试结果分别是在455nm和465nm波长下读取的。

消耗品和替代品信息

表6.1.1-4　需要用到的试剂

试剂名称及描述	数量/每次测量	单　位	产品订货号
1.0N盐酸溶液	多瓶	1L	2321353
1.00N氢氧化钠溶液	多瓶	1000mL	104553
去离子水	100mL	4L	27256

表6.1.1-5　需要用到的仪器

仪器名称	数量/每次测量	单　位	产品订货号
真空泵	1	个	213100
滤膜,47mm,孔径0.8μm,用于程序125	1	100/pk	2640800
滤膜,47mm,孔径1.45μm,用于程序120	1	100/pk	1353000
烧瓶,过滤瓶,500mL	1	个	54649
7号单孔橡胶塞	1	6/pk	211907

仪 器 名 称	数量/每次测量	单　　位	产品订货号
7.9mm×2.4mm 橡皮管	多根	12ft	56019
300mL 带刻度过滤器,47mm	1	个	1352900
400mL 烧杯	1	个	50048

表 6.1.1-6　推荐使用的标准样品和仪器

名 称 及 描 述	单　　位	产品订货号
500 单位铂钴色度标准试剂	1L	141453
15 单位铂钴色度标准试剂	1L	2602853
500 单位铂钴色度标准试剂,10mL Voluette® 安瓿瓶	16/pk	141410
100mL A 级烧瓶和容量瓶	个	1457442
50mL A 级吸管和容量瓶	个	1451541
带安全管吸式漏斗	个	1465100

6.1.2　pH，USEPA 电极法，方法 8156（pH 计）

应用范围

饮用水❶、废水❷及工业处理水。

测试准备工作

表 6.1.2-1　仪器信息

仪器	电极
HQ11d 便携式,单通道,pH/ORP HQ30d 便携式,单通道,多参数 HQ40d 便携式,双通道,多参数 HQ411d 台式,单通道,pH/ORP HQ430d 台式,单通道,多参数 HQ440d 台式,双通道,多参数	数字智能电极 PHC101,PHC201,PHC281 或 PHC301

（1）仪器设置和操作请参考说明书。电极维护和储存请参考电极说明书。

（2）初次使用之前，需要准备电极，准备过程请参考电极说明书。

（3）当 IntelliCAL™ 智能电极连接到 HQd 主机时，主机可自动识别测量参数，并可随时待用。

（4）为了让电极有最佳的响应时间，请将电极置于和水样有类似 pH 值或离子强度的溶液中浸泡几分钟。

（5）初次使用之前，需要校准电极，校准过程请参考电极说明书。

（6）对于坚固性电极，在测量和校准前需要移去防护罩。

（7）探头顶端如果有气泡会引起响应时间偏慢或测量误差。轻摇电极以去除气泡。

（8）如需要自动保存数据，将仪器设置为"Press to read（即读模式）"或"Interval（间歇读数）"。如选择"Continuous（连续读数）"模式，则需要手动存储数据。

---

❶ 根据标准方法 4500－H＋B，ASTM 方法 D1293-95 及 USEPA 方法 150.1 改编。

❷ 根据标准方法 4500－H＋B，ASTM 方法 D1293-84（90）/（A or B）及 USEPA 方法 150.1 改编。

（9） 在不同的测量之间请润洗电极，以避免污染。

（10） 当不使用 pH 电极时，将电极储存在储存液里。请参考电极说明书。

（11） 请仔细阅读试剂的 MSDS，使用个人防护用具。

（12） 请根据当地政府要求处置废弃的试剂溶液，处置时请遵循当地环保部门，健康和危废品安全处理部门相关条例。

表 6.1.2-2　准备的物品

名称及描述	数量
烧杯或其他放置水样的容器	3
装有去离子水的洗瓶	1
pH 缓冲液(4.0,7.0,10.0)	3

注：订购信息请参见"消耗品和替代品信息"。

水样采集

（1） 立即分析水样。不可以将样品保存起来留后测量。

（2） 用干净的塑料瓶或玻璃瓶采集水样。立即分析水样，最好是现场测量。

pH 测试方法

 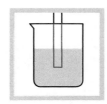  

（1）用去离子水先润洗电极，再用无毛布擦干。	（2）实验室测试：将电极放入存有水样的烧杯里。不要让电极碰到瓶壁或瓶底。去除气泡。缓慢或中速搅拌样品。 野外测试：将电极放入水样。上下移动以去除气泡。确保温度电极完全浸没在水样以下。	（3）按下"Read（读数）"。仪器会显示进度条。当测试稳定时，会锁定读数。	（4）用去离子水先润洗电极，再用无毛布擦干。

校准方法

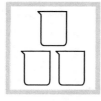   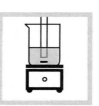 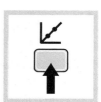

（1）在 2 个或 3 个烧杯内准备新配置的 pH 缓冲液。如果是两种缓冲液，使用 7.0 和 4.0 或 7.0 和 10.0 的 pH 缓冲液。	（2）在烧杯里放入磁力搅拌子，置于搅拌台上，以中速搅拌。	（3）用去离子水先润洗电极，再用无毛布擦干。	（4）将电极浸入水样，不要让电极碰到瓶壁或瓶底。去除底部气泡。	（5）按下"Calibrate(校准)"键，仪器显示标准值。

（6）按下"Read（读数）"键，仪器显示进度条。当测试稳定时，会锁定读数。

（7）按此流程测试其他 pH 缓冲液。

（8）按下"Done（完成）"键，仪器显示校准总结。

（9）按下"Store（保存）"键接受校准结果。

低离子强度（LIS）及高纯水测量方法

注意：请勿将电极长时间浸泡在纯水里，这样会减少电极寿命。测试完毕后需要将电极存放在电极储存液或 3M KCl 溶液中。

低离子强度溶液的缓冲能力较差，且极易吸收空气中的二氧化碳。当试样吸收了空气中的二氧化碳就会形成碳酸。碳酸会降低试样的 pH 值并提高其电导率导致读数不准确。针对这问题的一个解决方法是在小容量、密封的样品池中进行测量，比如：流通池。

使用填充液电极或铂电极来测量低离子强度的水或纯水。

初次使用

（1）在测试 LIS 样品前将电极置于与水样有相似离子强度和 pH 值的溶液中，浸泡 10～15min。

（2）用去离子水冲洗电极。

（3）用纸巾擦干。

测量间隔中，将电极留在水样里或相似 LIS 水里（如自来水），但最多只能放 2h。

干扰

钠差很低，但是当 pH 值大于 11 时，钠差会增大。酸误差可忽略不计。参阅仪器或电极使用手册以获得更多详细信息。

精确度检查

（1）斜率检查。斜率范围在（－58±3）mV（25℃）以内时，证明电极良好。

（2）校准准确度。将电极放入新的缓冲液测试 pH 值。如果测得的结果与已知缓冲液的 pH 值一致，证明电极良好。

清洗电极

下列情况需要清洗电极。

（1）当探头被污染或因储存不当而无法得到准确测量结果。

（2）因探头被污染而使响应时间明显变慢。

（3）因探头被污染而使校准斜率超过可接受范围。

对于普通的污染，可采取下列措施清洗。

（1）用去离子水清洗电极。用无毛布擦干。

（2）用哈希电极清洗液浸泡电极前方的玻璃泡 12～16h。

（3）用去离子水润洗 1min。

（4）将电极浸泡在 pH 值为 4.0 的缓冲液里，20min。然后用去离子水润洗。

（5）用无毛布擦干。

（6）如果电极被较脏的污染物附着，用软布擦拭电极以去除污染物。

（7）将电极浸泡在 pH 值为 4.0 的缓冲液里，20min。然后用去离子水润洗。

方法精确度

pH 测试的精确度取决于许多因素，包括 pH 计、选择的电极、pH 标准，即在校准时所使用的缓冲液。详情参阅 pH 计和电极适用手册。

方法解释

复合 pH 电极会在玻璃/液体界面处产生电势。恒温下,该电势与所测溶液的 pH 值线性相关。

pH 值是衡量溶液中氢离子活度的指标,定义为:$-\log_{10} a(H^+)$,其中,$a(H^+)$ 是氢离子的活度。当水样吸收了空气里的 CO_2,pH 值会产生变化。电导率相对较高的水,其缓冲能力也较大,因此 pH 值不会显著改变。

消耗品和替代品信息

表 6.1.2-3　需要用到的仪器和电极

描述	单位	产品订货号
HQ11d 便携式单通道 pH/ORP 测量仪	个	HQ11d53000000
HQ30d 便携式单通道多参数测量仪	个	HQ30d53000000
HQ40d 便携式双通道多参数测量仪	个	HQ40d53000000
HQ411d 台式单通道 pH/ORP 测量仪	个	HQ411D
HQ430d 台式单通道多参数测量仪	个	HQ430D
HQ440d 台式双通道多参数测量仪	个	HQ440D
pH 凝胶电极,标准,1m 电缆	根	PHC10101
pH 凝胶电极,标准,3m 电缆	根	PHC10103
pH 凝胶电极,坚固,5m 电缆	根	PHC10105
pH 凝胶电极,坚固,10m 电缆	根	PHC10110
pH 凝胶电极,坚固,15m 电缆	根	PHC10115
pH 凝胶电极,坚固,30m 电缆	根	PHC10130
pH 凝胶电极,标准,1m 电缆	根	PHC20101
pH 凝胶电极,标准,3m 电缆	根	PHC20103
pH 凝胶电极,ultra,1m 电缆	根	PHC28101
pH 凝胶电极,ultra,3m 电缆	根	PHC28103
pH 可填充电极,标准,1m 电缆	根	PHC30101
pH 可填充电极,标准,3m 电缆	根	PHC30103

表 6.1.2-4　推荐使用的标准样品

描述	单位	产品订货号
哈希试剂		
成套 pH 缓冲液,500mL 包括:	套	2947600
pH 4.01±0.02 pH 缓冲液(NIST)	500mL	2283449
pH 7.00±0.02 pH 缓冲液(NIST)	500mL	2283549
pH 10.01±0.02 pH 缓冲液(NIST)	500mL	2283649
粉枕包		
pH 4.01±0.02 pH 缓冲液粉枕包(NIST)	50/pk	2226966
pH 7.00±0.02 pH 缓冲液粉枕包(NIST)	50/pk	2227066
pH 10.01±0.02 pH 缓冲液粉枕包(NIST)	50/pk	2227166
认证标准(IUPAC)		
25℃ pH 1.679±0.010	500mL	S11M001
25℃ pH 4.005±0.010	500mL	S11M002
25℃ pH 7.000±0.010	500mL	S11M004
25℃ pH 10.012±0.010	500mL	S11M007
pH 缓冲液 1.09,专用	500mL	S11M009
pH 缓冲液 4.65,专用	500mL	S11M010
pH 缓冲液 9.23,专用	500mL	S11M011

表 6.1.2-5　可选择的试剂和仪器

描述	单位	产品订货号
聚丙烯烧杯,50mL	个	108041
聚丙烯烧杯,100mL	个	108042
洗瓶,500mL	个	62011
磁力搅拌子,2.2cm×0.5cm(7/8in×3/16in.)	个	4531500
磁力搅拌器,120V,带电极支架	台	4530001
磁力搅拌器,230V,带电极支架	台	4530002
带盖塑料瓶,500mL	个	2758101
去离子水	4L	27256

6.1.3　电导率，USEPA[1] 直接测试法[2]，方法8160（电导率仪）

测量范围

$0.01\mu S/cm \sim 200.00mS/cm$。

应用范围

用于饮用水与废水。

测试准备工作

表 6.1.3-1　仪器详细说明

仪器	电极
HQ14d 便携式,单通道,电导率 HQ30d 便携式,单通道,多参数 HQ40d 便携式,双通道,多参数 HQ430d 台式,单通道,多参数 HQ440d 台式,双通道,多参数	数字智能电极 CDC401

(1) 仪器设置和操作请参考说明书。电极维护和储存请参考电极说明书。

(2) 初次使用之前，需要准备电极，准备过程请参考电极说明书。

(3) 当 IntelliCAL™ 智能电极连接到 HQd 主机时，主机可自动识别测量参数，并可随时待用。

(4) 样品浓度的细微差别会影响电极稳定时间。确保电极处于良好状态。用不同的搅拌速率来测试所需稳定时间是否增长。

(5) 如果水样不是在推荐温度下测量，仪器会自动进行温度补偿。

(6) 如果没有选择适当的温度校正值，则会产生错误的测试结果。请参见温度校正表选择校正值。

(7) 不要碰触电极顶端。

(8) 电极常数得自校准测试。

(9) 不要对标准样品或水样进行稀释。

(10) 测试高电导水样之前，为了得到更准确的测试结果，校准电极常数或者用浓度为111.3mS/cm 的电导率标液来校准电极。

(11) 请仔细阅读试剂的 MSDS，使用个人防护用具。

(12) 请根据当地政府要求处置废弃的试剂溶液，处置时请遵循当地环保部门，健康和危废

---

[1]　USEPA 接受标准方法 2510-B。
[2]　该操作流程与检测废水的标准方法 2510-B 相同。

品安全处理部门相关条例。

表 6.1.3-2　准备的物品

描述	数量
塑料杯，100mL	1
装有去离子水的洗瓶	1
电导率标液（参阅"推荐使用的标准样品"）	1

注：订购信息请参见"消耗品和替代品信息"。

样品采集和保存

（1） 用干净的塑料瓶或玻璃瓶采集水样。

（2） 如果要将样品保存起来，留后测量，可将样品置于6℃（43℉）以下保存24h。

（3） 测量前让水样恢复至常温。

电导率测试流程

 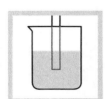 

（1）用去离子水先润洗电极，再用无毛布擦干。

（2）实验室测试：将电极放入存有水样的烧杯里。不要让电极碰到瓶壁或瓶底。去除气泡。缓慢或中速搅拌样品。

野外测试：将电极放入水样。上下移动以去除气泡。确保温度电极完全浸没在水样以下。

（3）按下"Read（读数）"。仪器会显示进度条。当测试稳定时，会锁定读数。

（4）用去离子水先润洗电极，再用无毛布擦干。

单位转换

表 6.1.3-3　单位转换

原始单位	转换至	使用如下转换等式
mS/cm	S/cm	mS/cm×1000
μS/cm	mS/cm	μS/cm×0.001
μS/cm	μmhos/cm	μS/cm×1
mS/cm	mmhos/cm	mS/cm×1
μS/cm	mg/L TDS	μS/cm×0.64[①]
g/L TDS	mg/L TDS	g/L TDS×1000
mS/cm	g/L TDS	mS/cm×0.64
mg/L TDS	g/L TDS	mg/L TDS×0.001
mg/L TDS	gpg TDS	mg/L TDS×0.05842
g/L TDS	gpg TDS	g/L TDS×58.42
μS/cm	ohms cm	1000000÷μS/cm
mS/cm	ohms cm	1000÷mS/cm

① TDS是电导率测试的经验值。如果考虑到简便或有大批量水样可选择0.5。

表 6.1.3-4 给出了所列溶液典型的温度校正值（使用线性温度校正选项）。

表 6.1.3-4　温度校正

溶液	%/℃
超纯水	4.55
盐（NaCl）	2.125
NaOH	1.72
稀氨水	1.8810
10% HCl	1.325
5%硫酸	0.9698

干扰物质

为了去除氢氧根的影响，需要调节样品的 pH 值，步骤如下。

(1) 向 50mL 水样中加入 4 滴酚酞指示剂溶液，水样变为粉红色。

(2) 缓慢加入五倍子酸直至水样变为无色。

(3) 检测电导率。

准确度检查方法

将氯化钠标准溶液（与试样的电导率值在同一量程）倒入烧杯中，进行上述电导率测试，如果校正无误所得结果应该与标准溶液表上所列的值一致（在允许的误差范围内）。也可用此标准溶液来进行校正。参阅仪器使用手册。

清洗电极

下列情况需要清洗电极。

(1) 当探头被污染或因储存不当而无法得到准确测量结果。

(2) 因探头被污染而使响应时间明显变慢。

(3) 因探头被污染而使校准斜率超过可接受范围。

对于普通的污染，可采取下列措施清洗。

(1) 用去离子水清洗电极。用无毛布擦干。

(2) 如果电极被较脏的污染物附着，用软布擦拭电极以去除污染物。

(3) 将电极在去离子水里浸泡 1min。

方法精确度

电导率值测试的准确度取决于整个系统中的许多因素，包括仪器、仪器的设定、选择的电极、校准时所使用的标准溶液。参阅所选的电极、仪器使用手册及标准的分析方法，使该测试方法性能更佳。

方法解释

电解液的电导率是指溶液中离子携带电流的能力，也是溶液电阻率的倒数。电流是由无机的溶解阴离子（如氯离子、硝酸根离子、硫酸根离子及磷酸根离子）和阳离子（钠离子、钙离子、镁离子、铁离子、铝离子）所携带的。有机物质，如油、酚、酒精和糖类不携带电流，因此对电导率的影响不大。

测试电导率是通过电极结构来测试溶液中某一区域的电阻。电压加在浸没在溶液中两电极之间，溶液的电阻所产生的电压降用来计算每厘米的电导率。电导率的基本单位是西门子（或姆欧），即电阻单位欧姆的倒数。由于水溶液的范围通常较小，单位普遍使用 mS/cm（或 10^{-3} S/cm）和 μm/cm（10^{-6} S/cm）。

消耗品和替代品信息

表 6.1.3-5　需要用到的仪器和电极

试剂名称及描述	单位	产品订货号
HQ14d 便携式单通道电导率测量仪	个	HQ14d53000000

试剂名称及描述	单位	产品订货号
HQ30d 便携式单通道多参数测量仪	个	HQ30d53000000
HQ40d 便携式双通道多参数测量仪	个	HQ40d53000000
HQ411d 台式单通道 pH/ORP 测量仪	个	HQ411D
HQ430d 台式单通道多参数测量仪	个	HQ430D
HQ440d 台式双通道多参数测量仪	个	HQ440D
IntelliCAL 电导率电极,标准,1m 电缆	根	CDC40101
IntelliCAL 电导率电极,标准,3m 电缆	根	CDC40103
IntelliCAL 电导率电极,坚固,5m 电缆	根	CDC40105
IntelliCAL 电导率电极,坚固,10m 电缆	根	CDC40110
IntelliCAL 电导率电极,坚固,15m 电缆	根	CDC40115
IntelliCAL 电导率电极,坚固,30m 电缆	根	CDC40130

表 6.1.3-6　推荐使用的标准样品

标准样品名称及描述	单位	产品订货号
哈希 NaCl 电导率标准溶液		
氯化钠标准溶液,(180 ± 10)mS/cm,(90 ± 1)mg/L TDS	100mL	2307542
氯化钠标准溶液,(1000 ± 10)mS/cm,(500 ± 5)mg/LTDS	100mL	1440042
氯化钠标准溶液,(1990 ± 20)mS/cm,(995 ± 10)mg/L TDS	100mL	210542
氯化钠标准溶液,(18000 ± 50)mS/cm,(9000 ± 25)mg/L TDS	100mL	2307442
认证标准		
KCl,1Demal,25℃时电导率为 111.3mS/cm$\pm0.5\%$	500mL	S51M001
KCl,0.1Demal,25℃时电导率为 12.85mS/cm$\pm0.35\%$	500mL	S51M002
KCl,0.01Demal,25℃时电导率为 1408 μS/cm$\pm0.5\%$	500mL	S51M003
NaCl,0.05%,25℃时电导率为 1015 μS/cm$\pm0.5\%$	500mL	S51M004
KCl 电导率标准溶液		
0.1mol KCl,25℃时电导率 12.88mS/cm	500mL	C20C250
0.01mol KCl,25℃时电导率 1413 μS/cm	500mL	C20C270
0.001mol KCl,25℃时电导率 148 μS/cm	500mL	C20C280

表 6.1.3-7　可选择的试剂与仪器

名称及描述	单位	产品订货号
100mL 聚乙烯烧杯	个	108042
5 倍子酸溶液	50mL SCDB	1442326
1:1 盐酸溶液	500mL	88449
酚酞指示剂溶液	15mL SCDB	16236
125mL 洗瓶	个	62014
去离子水	4L	27256

6.1.4　酸度,甲基橙酸度和酚酞(总)酸度,方法 8201 和 8202(数字滴定器)

测量范围

$10\sim4000$mg/L $CaCO_3$。

应用范围

用于水、废水及海水酸度的测定。

测试准备工作

(1) 在采样和混匀样品时应避免过多的搅动,防止 CO_2、H_2S、NH_3 等气体溢出样品。

(2) 可以用溴酚蓝指示剂粉枕包代替 6 滴溴酚蓝指示剂溶液❶。

(3) 可以用酚酞指示剂粉枕包代替 4 滴酚酞指示剂溶液。

(4) 可以用 pH 计代替指示剂，测甲基橙酸度滴定终点是 pH 3.7，测酚酞酸度滴定终点是 pH 8.3。

(5) 为方便起见，搅拌时可使用 TitraStir 搅拌器。

表 6.1.4-1　准备的物品

名　称　及　描　述	数　量	名　称　及　描　述	数　量
溴酚蓝指示剂粉枕包	1 包	数字滴定器	1 个
酚酞指示剂粉枕包	1 包	数字滴定器输液管	1 根
氢氧化钠滴定试剂（见"仪器量程说明"）	1 管	250mL 锥形瓶	1 个
量筒	1 个		

注：订购信息请参看"消耗品和替代品信息"。

甲基橙酸度（方法 8201）

（1）根据仪器量程说明表中信息选择样品的体积和适合的滴定剂。

（2）将洁净的输液管安装在滴定试剂管上，再将滴定试剂管安装到滴定器上。

（3）旋转滴定器旋钮排出空气和几滴试剂，将计数器归零，并擦去管上残余的液体。

（4）用量筒或移液管取适量体积的样品。

（5）将样品转移至一个干净的 250mL 锥形瓶中，若样品体积小于 100mL，则用去离子水稀释至约 100mL。

（6）加入一包溴酚蓝指示剂粉枕包，轻摇混匀。

（7）将输液管置于溶液中，边振荡锥形瓶边旋转滴定器的旋钮，将滴定试剂加入到溶液中。继续边振荡边滴定直至溶液从黄色转变为蓝紫色（pH＝3.7）。记录下计数器上的数字。

（8）用仪器量程说明表中的放大系数来计算酸度。

计数器上的数字×放大系数即为甲基橙酸度，单位 mg/L。

举例：样品体积为 100mL，使用的滴定剂为 0.1600N 硫酸，计数器上显示 250 单位，则酸度为 250 × 0.1 ＝ 25mg/L，以 $CaCO_3$ 计。

---

❶ 订购信息请参看"可选择的试剂与仪器"。

酚酞（总）酸度（方法8202）

（1）取适量体积的样品倒入一个干净的250mL锥形瓶中，若样品体积小于100mL，则用去离子水稀释至约100mL。

（2）加入一包酚酞指示剂粉枕包，轻摇混匀。

（3）将输液管置于溶液中，边振荡锥形瓶边旋转滴定器的旋钮，将滴定试剂加入到溶液中。继续边振荡边滴定直至溶液从无色转变为淡粉红色，且保持30s不退色。

记录下计数器上的数字。

（4）用"仪器量程说明表"中的放大系数来计算酸度。

计数器上的数字×系数即为酚酞酸度，单位mg/L。

举例：样品体积为100mL，使用的滴定剂为1.600N硫酸，计数器上显示250单位，则酸度为250×1.0＝250mg/L，以$CaCO_3$计。

表6.1.4-2　仪器量程说明

量程/(mg/L CaCO₃)	样品体积/mL	滴定试剂/(N NaOH)	系　数
10～40	100	0.1600	0.1
40～160	25	0.1600	0.4
100～400	100	1.600	1.0
200～800	50	1.600	2.0
500～2000	20	1.600	5.0
1000～4000	10	1.600	10.0

干扰物质

表6.1.4-3　干扰物质

干扰成分	抗干扰水平及处理方法
余氯	余氯会干扰指示剂。测试前向样品中加1滴0.1N的硫代硫酸钠，消除余氯的干扰
色度或浊度	色度或浊度会掩蔽滴定终点颜色的变化。使用pH计代替颜色变化的指示剂，测甲基橙酸度滴定到pH值为3.7，测酚酞酸度滴定到pH值为8.3
可水解的金属离子	含有可水解金属离子(铁、锰、铝)的样品在测酚酞总酸度前要进行预处理 ① 取适量体积的样品倒入锥形瓶中 ② 使用数字滴定器和测酸度时使用的硫酸滴定试剂，将样品pH值调至4或更低，记录下消耗的滴定试剂的体积 ③ 加5滴30%的过氧化氢溶液 ④ 煮沸溶液2～5min ⑤ 将样品溶液冷却至室温 ⑥ 加入酚酞指示剂，并滴定样品 ⑦ 将步骤⑥中滴定所消耗的体积减去步骤②中所消耗的体积，再将所得结果乘以"仪器量程说明"中的放大系数，得到样品的酚酞总酸度

样品的采集、保存与存储

（**1**）用干净的塑料瓶或玻璃瓶采集样品。将样品溶液装满并盖紧瓶盖。

（2）避免过多地摇晃、搅拌样品，或使溶液长时间与空气接触。

（3）采样后尽快完成测试以确保准确性。在 4℃（39℉）或更低的温度条件下，样本可以储存 24h。

（4）在测试前，请将样品温度恢复至室温。

准确度检查方法

（1）**终点确定法** 使用与指示剂滴定终点有相同 pH 值的缓冲液粉枕包来确定滴定终点是否正确。

① 甲基橙酸度——在锥形瓶中加入 50mL 去离子水。加入一包 pH 3.7 缓冲液粉枕包及一包溴酚蓝指示剂粉枕包，振荡混匀。在滴定时用该溶液与样品作比较以确定终点。

② 酚酞总酸度——在锥形瓶中加入 50mL 去离子水。加入一包 pH 8.3 缓冲液粉枕包及一包酚酞指示剂粉枕包，振荡混匀。在滴定时用该溶液与样品作比较以确定终点。

（2）**标准加入法（加标法）** 准确度检查所需试剂与仪器设备：0.500N 的硫酸标准溶液；安瓿瓶开口器；TenSette 0.1～1.0mL 移液枪及枪头。

① 打开标准溶液安瓿瓶。

② 用移液枪加 0.1mL 标准溶液至已滴定的样品中，搅拌混匀。

③ 滴定添加了标准液的样品至终点。记录下滴定达到终点所消耗试剂体积。

④ 用移液枪加 0.2mL 标准溶液至已滴定的样品中，搅拌混匀。

⑤ 滴定添加了标准液的样品至终点。记录下滴定达到终点所消耗试剂体积。

⑥ 用移液枪加 0.3mL 标准溶液至已滴定的样品中，搅拌混匀。

⑦ 滴定添加了标准液的样品至终点。记录下滴定达到终点所消耗试剂体积。

⑧ 每加入 0.1mL 标准液约消耗 25 单位 1.600N 的滴定试剂或 250 单位 0.1600N 的滴定试剂。若消耗得过多或过少，则说明有干扰或滴定剂的浓度已改变。

方法解释

以溴酚蓝、酚酞作指示剂，用氢氧化钠滴定样品，用比色来确定滴定终点。溴酚蓝的终点指示效果比甲基橙好。滴定到 pH 值 3.7 可以确定强的无机酸的浓度（即甲基橙酸度）。若以酚酞作指示剂滴定到 pH 值 8.3，则代表总酸度，包括弱酸。结果以 $CaCO_3$ 计，单位为 mg/L。

消耗品和替代品信息

表 6.1.4-4 需要用到的试剂

试剂名称及描述	数量/每次测量	单　位	产品订货号
酸度试剂组件(约可测试 100 次)			2272800
溴酚蓝指示剂粉枕包	1 包	100/pk	1455099
酚酞指示剂粉枕包	1 包	100/pk	94299
氢氧化钠滴定试剂 0.1600N	根据需要而定	管	1437701
氢氧化钠滴定试剂 1.600N	根据需要而定	管	1437901

表 6.1.4-5 需要用到的仪器设备

仪器名称及描述	数　量	单　位	产品订货号
数字滴定器	1	个	1690001
250mL 带刻度锥形瓶	1	个	50546
量筒——根据量程选择一个			
10mL 量筒	1	个	50838
25mL 量筒	1	个	50840
50mL 量筒	1	个	50841
100mL 量筒	1	个	50842

表 6.1.4-6 推荐使用的标准样品

标准样品名称及描述	单　位	产品订货号
10mL 0.500N 硫酸标准溶液	100mL	212132

表 6.1.4-7　可选择的仪器和试剂

名　称　及　描　述	单　位	产品订货号
pH 8.3 缓冲溶液粉枕包	25/pk	89868
pH 3.7 缓冲溶液粉枕包	25/pk	1455168
搅拌棒 28.6mm×7.9mm	个	2095352
0.1～1.0mL 移液枪	个	1970001
枪头	50/pk	2185696
去离子水	500mL	27249
Titra 搅拌器 230V	个	1940010
Titra 搅拌器 115V	个	1940000
500mL 采样瓶	个	2087079
pH 计	个	—
0.1600N 硫酸 DT 滴定试剂	管	1438801
1.600N 硫酸 DT 滴定试剂	管	1438901
10mL A 级移液管	根	1451538
20mL A 级移液管	根	1451520
输液管 180°挂钩	5/pk	1720500
溴酚蓝指示剂溶液	100mL MDB	1455232
酚酞指示剂溶液 5g/L	100mL MDB	16232

6.1.5　酸碱度，酸碱性确定，方法 8200 和 8233（数字滴定器）

测量范围

1～4000meq/L。

应用范围

用于水、废水及海水酸碱度的测定。

测试准备工作

(1) 将测试结果（meq/L）除以 1000，即可将单位 meq/L 换算为 N。

(2) 可以用溴酚蓝指示剂粉枕包代替 6 滴溴酚蓝指示剂溶液❶。

(3) 可以用 pH 计代替指示剂，滴定终点是 pH 8.3。

(4) 为方便起见，搅拌时可使用 TitraStir 搅拌器。

表 6.1.5-1　准备的物品

名　称　及　描　述	数　量	名　称　及　描　述	数　量
250mL 锥形瓶	1个	量筒	1个
酚酞指示剂粉枕包	1包	数字滴定器	1个
滴定试剂(见"仪器量程说明")	1管	数字滴定器输液管	1根

注：订购信息请看"消耗品和替代品信息"。

酸度确定（方法 8200）

(1)根据"仪器量程说明"中的信息选择样品的体积和浓度适合的氢氧化钠滴定剂。

(2)将洁净的输液管安装在滴定试剂管上，再将滴定试剂管安装到滴定器上。

(3)旋转滴定器旋钮排出空气和几滴试剂，将计数器归零，并擦去管上残余的液体。

(4)用量筒或移液管量取适量体积的样品。

(5)将样品转移至一个干净的 250mL 锥形瓶中，若样品体积小于 100mL，则用去离子水稀释至约 100mL。

---

❶ 订购信息请参看"可选择的试剂与仪器"。

（6）加入一包酚酞指示剂粉枕包,轻摇混匀。溶液呈无色。

（7）将输液管置于溶液中,边振荡锥形瓶边旋转滴定器的旋钮,将滴定试剂加入到溶液中。继续边振荡边滴定直至溶液转变为淡粉红色,且持续30s不退色。记录下计数器上的数字。

（8）用仪器量程说明表中的放大系数来计算酸度。

计数器上的数字×系数即为酸度,单位 meq/L。

举例:样品体积为100mL,使用的滴定剂为8.00N氢氧化钠,计数器上显示250单位,则酸度为250×0.1＝25meq/L。

碱度确定（方法8233）

（1）根据"仪器量程说明表"中的信息选择样品的体积和浓度适合的酸滴定剂。

（2）用量筒或移液管量取适量体积的样品。

（3）将洁净的输液管安装在滴定试剂管上,再将滴定试剂管安装到滴定器上。

（4）旋转滴定器旋钮排出空气和几滴试剂,将计数器归零,并擦去管上残余的液体。

（5）将样品转移至一个干净的250mL锥形瓶中,若样品体积小于100mL,则用去离子水稀释至约100mL。

（6）加入一包酚酞指示剂粉枕包,轻摇混匀。溶液呈粉红色。

（7）将输液管置于溶液中,边振荡锥形瓶边旋转滴定器的旋钮,将滴定试剂加入到溶液中。继续边振荡边滴定直至溶液转变为无色。记录下计数器上的数字。

（8）用"仪器量程说明表"中的放大系数来计算碱度。

计数器上的数字×放大系数即为碱度,单位 meq/L。

举例:样品体积为100mL,使用的滴定剂为8.00N的酸,计数器上显示250单位,则碱度为250×0.1＝25meq/L。

表 6.1.5-2　　仪器量程说明

量程/(meq/L)	样品体积/mL	滴定试剂[①]/N	系　　数
1～4	100	1.600	0.02

量程/(meq/L)	样品体积/mL	滴定试剂①/N	系　　数
4~10	50	1.600	0.04
10~40	100	8.00	0.1
20~80	50	8.00	0.2
50~200	20	8.00	0.5
100~400	10	8.00	1.0
200~800	5	8.00	2.0
500~2000	2	8.00	5.0
1000~4000	1	8.00	10.0

① 确定酸度，使用氢氧化钠滴定试剂；确定碱度，使用盐酸或硫酸滴定试剂。

干扰物质

色度或浊度会掩蔽滴定终点颜色的变化。可使用 pH 计代替颜色变化的指示剂，滴定到 pH 值为 8.3 即为滴定终点。

样品的采集、保存与存储

(1) 用干净的塑料瓶或玻璃瓶采集样品。请将样品溶液装满并盖紧瓶盖。

(2) 避免过多地摇晃、搅拌样品，或使溶液长时间与空气接触。

(3) 采样后尽快完成测试以确保准确性。在 4℃（39℉）或更低的温度条件下，样本可以储存 24h。

(4) 在测试前，请将样品温度恢复至室温。

准确度检查方法——标准溶液法

① 酸度确定——0.500N 的硫酸标准溶液；

② 碱度确定——碱度标准溶液，0.500N 的 Na_2CO_3。

根据以下步骤来确定滴定试剂的浓度是否准确。

准确度检查所需试剂与仪器设备如下。

(1) 向锥形瓶中加入标准溶液。

① 如果使用 1.600N 的滴定试剂，则量取 1.0mL 标准溶液，再用去离子水稀释至 100mL。

② 如果使用 8.00N 的滴定试剂，则量取 5.0mL 标准溶液，再用去离子水稀释至 100mL。

(2) 加入一包酚酞指示剂粉枕包，轻摇混匀。

(3) 按照上述流程滴定标准溶液，达到滴定终点一般消耗约 250 单位的滴定试剂。

方法解释

一定量体积的样品在酚酞指示剂存在的情况下，被强酸或强碱滴定至 pH 8.3。所消耗滴定试剂的量与样品中酸或碱的量呈正比例关系。滴定时也可用 pH 计代替颜色变化的指示剂。

消耗品和替代品信息

表 6.1.5-3　需要用到的试剂

试剂名称及描述	数量/每次测量	单　　位	产品订货号
盐酸滴定试剂 8.00N	根据需要而定	管	1439001
酚酞指示剂粉枕包	1 包	100/pk	94299
氢氧化钠滴定试剂 8.00N	根据需要而定	管	1438101
氢氧化钠滴定试剂 1.600N	根据需要而定	管	1437901
硫酸滴定试剂 1.600N	根据需要而定	管	1438901
硫酸滴定试剂 8.00N	根据需要而定	管	1439101

表 6.1.5-4　需要用到的仪器设备

仪器名称及描述	数　　量	单　　位	产品订货号
数字滴定器	1	个	1690001

仪器名称及描述	数　量	单　位	产品订货号
250mL 带刻度锥形瓶	1	个	50546
量筒——根据量程选择一个			
5mL 量筒	1	个	50837
10mL 量筒	1	个	50838
25mL 量筒	1	个	50840
50mL 量筒	1	个	50841
100mL 量筒	1	个	50842

表 6.1.5-5　推荐使用的标准样品

标准样品名称及描述	单　位	产品订货号
10mL 安瓿瓶装碱度标准溶液,0.500N 的 Na_2CO_3	16/pk	1427810
0.500N 硫酸标准溶液	100mL	212132

表 6.1.5-6　可选择的仪器和试剂

名称及描述	单　位	产品订货号	名称及描述	单　位	产品订货号
搅拌棒 28.6mm×7.9mm	个	2095352	输液管 180°挂钩	5/pk	1720500
0.1~1.0mL 移液枪	个	1970001	1mL A 级移液管	根	1451535
去离子水	500mL	27249	2mL A 级移液管	根	1451536
Titra 搅拌器 230V	个	1940010	5mL A 级移液管	根	1451537
Titra 搅拌器 115V	个	1940000	10mL A 级移液管	根	1451538
500mL 采样瓶	个	2087079	20mL A 级移液管	根	1451520
pH 计	个	—			

6.1.6　碱度，酚酞碱度和总碱度，方法 8203（数字滴定器）

测量范围

10~4000mg/L（以 $CaCO_3$ 计）。

应用范围

用于水、废水及海水碱度的测定。

测试准备工作

(1) 可用溴酚绿-甲基红指示剂粉枕包来代替 4 滴溴酚绿-甲基红指示剂溶液❶。

(2) 可用酚酞指示剂粉枕包来代替 4 滴酚酞指示剂。

(3) 为方便起见，搅拌时可使用 TitraStir 搅拌器。

$$meq/L\ 碱度＝mg/L(CaCO_3)÷50$$

表 6.1.6-1　准备的物品

名称及描述	数　量	名称及描述	数　量
溴酚绿-甲基红指示剂粉枕包	1	数字滴定器的输液管	1
酚酞指示剂粉枕包	1	量筒	1
硫酸滴定剂(请参见"仪器量程说明")	1	250mL 锥形瓶	1
数字滴定器	1		

注：订购信息请参看"消耗品和替代品信息"。

---

❶ 订购信息请参看"可选择的试剂与仪器"。

碱度测试流程

（1）根据表 6.1.6-2 中的信息选择样品的体积和适合的滴定试剂。

（2）将洁净的输液管安装在滴定试剂管上，再将滴定试剂管安装到滴定器上。

（3）旋转滴定器旋钮排出空气和几滴试剂，将计数器归零，擦掉滴定头外的滴液。

（4）用量筒或移液管测量样品的体积。

（5）将样品转移到干净的 250mL 锥形瓶中，如果样品的体积少于 100mL，则用去离子水稀释到 100mL。

（6）加入一包酚酞指示剂粉枕包，振荡混匀。

如果溶液呈粉红色，继续测试流程（7）。如果溶液无色，则酚酞碱度为 0，执行测试流程（9）。

（7）将输液管置于溶液中，边振荡锥形瓶边旋转滴定器的旋钮，将滴定试剂加入到溶液中。继续边振荡边滴定直至溶液从粉红色变为无色。

记录下计数器上显示的数字。

（8）用表 6.1.6-2 中的放大系数来计算浓度。

计数器上的数字×放大系数即为酚酞碱度，单位 mg/L，以 $CaCO_3$ 计。

举例：样品体积为 100mL，使用的滴定剂为 0.1600N 硫酸，计数器上显示 250 单位，则浓度为 250×0.1 = 25mg/L，以 $CaCO_3$ 计。

（9）加入一包溴酚绿-甲基红指示剂粉枕包，振荡混匀。

（10）继续用硫酸滴定至溶液呈淡粉红色。记录下计数器上显示的数字。

注：也可根据样品组成用 pH 计来确定滴定终点，详见表 6.1.6-3。

（11）用表 6.1.6-2 中的放大系数来计算浓度。

计数器上的数字×放大系数即为总碱度，单位 mg/L，以 $CaCO_3$ 计。

举例：样品体积为 100mL，使用的滴定剂为 0.1600N 硫酸，计数器上显示 250 单位，则总碱度为 250×0.1=25mg/L（$CaCO_3$）。

表 6.1.6-2　仪器量程说明

量程/(mg/L $CaCO_3$)	样品体积/mL	滴定试剂/N H_2SO_4	系　数
10～40	100	0.1600	0.1
40～160	25	0.1600	0.4
100～400	100	1.600	1.0
200～800	50	1.600	2.0
500～2000	20	1.600	5.0
1000～4000	10	1.600	10.0

表 6.1.6-3　滴定终点 pH 值

样 品 组 成	总碱度	酚酞碱度	样 品 组 成	总碱度	酚酞碱度
碱度约 30mg/L	pH 4.9	pH 8.3	有硅酸盐或磷酸盐存在	pH 4.5	pH 8.3
碱度约 150mg/L	pH 4.6	pH 8.3	工业废水或复杂体系	pH 4.5	pH 8.3
碱度约 500mg/L	pH 4.3	pH 8.3	常规分析或自动化分析	pH 4.5	pH 8.3

干扰物质

表 6.1.6-4　干扰物质

干扰成分	抗干扰水平及处理方法
氯	氯含量若高于 3.5mg/L,在加入溴酚绿-甲基红指示剂后,溶液会出现棕黄色。可以在测试前加一滴 0.1N 的硫代硫酸钠,以去除氯
色度或浊度	色度或浊度会遮蔽滴定终点颜色的变化。使用 pH 计代替颜色指示剂,测定酚酞碱度滴定到 pH 值为 8.3,总碱度的滴定终点 pH 值参见表 6.1.6-3

样品的采集、保存与存储

（1）用清洁的塑料瓶或玻璃瓶采集样品，并将样品溶液装满，盖紧瓶盖。

（2）避免过多地摇晃、搅拌样品，或使溶液长时间与空气接触。采样后尽快完成测试以确保准确性。

（3）在 4℃（39℉）或更低的温度条件下，样品可以储存 24h。

（4）在测试前，请将样品温度恢复至室温。

碱度关联表

总碱度主要包括氢氧化物、碳酸盐和碳酸氢盐。当已知总碱度和酚酞碱度时，样品中碱度各成分的浓度也可确定（见表 6.1.6-5）。

表 6.1.6-5　碱度关系

行号	样 品 结 果	氢氧化物碱度	碳酸盐碱度	碳酸氢盐碱度
1	酚酞碱度＝0	0	0	总碱度
2	酚酞碱度＝总碱度	总碱度	0	0
3	酚酞碱度＜总碱度半值	0	酚酞碱度×2	总碱度－酚酞碱度×2
4	酚酞碱度＝总碱度半值	0	总碱度	0
5	酚酞碱度＞总碱度半值	酚酞碱度×2－总碱度	（总碱度－酚酞碱度）×2	0

使用步骤如下。

（1）酚酞碱度是否为 0？如果是，使用第一行。

（2）酚酞碱度是否等于总碱度？如果是，使用第二行。

（3）将总碱度除以 2，得到总碱度半值。

（4）比较（3）的结果（总碱度半值）与酚酞碱度的大小，选择第 3、第 4 或第 5 行。

（5）如有必要进行相应的计算。

（6）检查结果，三种碱的浓度相加应当等于总碱度。

举例：有一样品的酚酞碱度为 170mg/L（CaCO$_3$），总碱度为 250mg/L（CaCO$_3$），那么其氢氧化物、碳酸盐和碳酸氢盐浓度分别是多少？

酚酞碱度并不等于 0，为 170mg/L。[步骤（1）]

酚酞碱度并不等于总碱度（170mg/L 对 250mg/L）。[步骤（2）]

总碱度（250mg/L）半值为 125mg/L。由于酚酞碱度（170mg/L）大于总碱度半值

（125mg/L），选择第 5 行。

  氢氧化物浓度为：$2 \times 170 = 340$mg/L，$340 - 250 = 90$mg/L。

  碳酸盐浓度为：$250 - 170 = 80$mg/L，$80 \times 2 = 160$mg/L。

  碳酸氢盐浓度为 0。

  检查：步骤（6）

  90mg/L 氢氧化物碱度 + 160mg/L 碳酸盐碱度 + 0mg/L 碳酸氢盐碱度 = 250mg/L

  上述答案正确。各项和为总碱度。

准确度检查方法

  (1) 终点确定法。 使用与指示剂滴定终点有相同 pH 值的缓冲液粉枕包来确定滴定终点是否正确。

  ① 酚酞碱度——在锥形瓶中加入 50mL 去离子水。加入一包 pH 8.3 缓冲液粉枕包及一包酚酞指示剂粉枕包，振荡混匀。在滴定时用该溶液与样品作比较以确定终点。

  ② 总碱度——在锥形瓶中加入 50mL 去离子水。加入一包 pH 4.5 缓冲液粉枕包及一包溴酚绿-甲基红指示剂粉枕包，振荡混匀。在滴定时用该溶液与样品作比较以确定终点。

  (2) 标准加入法（加标法） 准确度检查所需的试剂与仪器设备有：碱度 Voluette® 安瓿瓶标准试剂，0.500N；TenSette® 0.1～1.0mL 移液枪和枪头；安瓿瓶，锥形瓶。

  具体步骤如下。

  (1) 打开标准试剂安瓿瓶。

  (2) 用移液枪加 0.1mL 标准溶液至已滴定的样品中，振荡混匀。

  (3) 滴定添加了标准液的样品至终点。记录下滴定达到终点所消耗试剂体积。

  (4) 重复步骤（2）、（3）两次。分别加 0.2mL 和 0.3mL 标准溶液，然后滴定至终点。

  (5) 每加入 0.1mL 标准液约消耗 25 单位的 1.600N 滴定剂或 250 单位的 0.1600N 滴定剂。若消耗得过多或过少，则说明有干扰或滴定剂的浓度已改变。

方法解释

  用硫酸滴定样品，通过比色达到对应于特定 pH 值的终点。滴定至 pH 8.3（根据酚酞指示剂的变化）测酚酞碱度，酚酞碱度包括所有氢氧化物碱度和一半的碳酸盐碱度。滴定至 pH 4.3～4.9 之间测甲基橙碱度或总碱度。总碱度包括所有的氢氧化物碱度、碳酸盐碱度和碳酸氢盐碱度。另外，测总碱度时也可以根据样品组成用 pH 计来确定滴定终点。

消耗品和替代品信息

表 6.1.6-6 需要用到的试剂

试剂名称及描述	数量/每次测量	单　位	产品订货号
碱度试剂组件(100 次测试)	—	—	2271900
溴酚绿-甲基红粉枕包	1	100/pk	94399
酚酞指示剂粉枕包	1	100/pk	94299
硫酸滴定剂 0.1600N	根据需要而定	管	1438801
硫酸滴定剂 1.600N	根据需要而定	管	1438901

表 6.1.6-7 需要用到的仪器设备

设备名称及描述	数量/每次测量	单　位	产品订货号
数字滴定器		个	1690001
250mL 带刻度锥形瓶	1	个	50546
量筒——根据量程选择一个或多个			
10mL 量筒	1	个	50838
25mL 量筒	1	个	50840
50mL 量筒	1	个	50841
100mL 量筒	1	个	50842

表 6.1.6-8　推荐使用的标准样品

标准样品名称及描述	单　位	产品订货号
碱度标准溶液,10mL Voluette® 安瓿瓶装 0.500N Na_2CO_3	16/pk	1427810

表 6.1.6-9　可选择的试剂与仪器

名称及描述	单　位	产品订货号
pH 4.5 缓冲液粉枕包	25/pk	89568
pH 8.3 缓冲液粉枕包	25/pk	89868
搅拌棒 28.6mm×7.9mm	个	2095352
移液枪,TenSette®,量程为 0.1～1.0mL	个	1970001
去离子水	500mL	27249
移液管,A 级,10mL	根	1451538
移液管,A 级,20mL	根	1451520
500mL 试样瓶	个	2087079
溴酚绿-甲基红指示剂溶液	100mL MDB	2329232
酚酞指示剂溶液,5g/L	100mL MDB	16232
pH 计	个	—
Titra 搅拌器 115V	个	1940000
Titra 搅拌器 230V	个	1940010

6.1.7　二氧化碳，氢氧化钠滴定，方法 8205（数字滴定器）

测量范围

10～1000mg/L CO_2。

应用范围

用于水及海水中二氧化碳含量的测定。

测试准备工作

(1) 在采样和混匀样品时应避免过多的搅动，防止 CO_2 溢出样品溶液。样品直接放在锥形瓶中进行测试，以避免振荡。

(2) 为了得到准确的结果，要检查锥形瓶的刻度。将与样品等体积的去离子水倒入量筒，再将水倒入锥形瓶中，在准确的刻度处做上标记。

(3) 可用酚酞指示剂粉枕包代替 4 滴酚酞指示剂❶。

(4) 可用 pH 计代替指示剂，滴定终点是 pH 8.3。

(5) 为方便起见，搅拌时可使用 TitraStir 搅拌器。

表 6.1.7-1　准备的物品

名称及描述	数　量	名称及描述	数　量
酚酞指示剂粉枕包	1 包	数字滴定器导管	1 根
氢氧化钠滴定剂	1 管	250mL 锥形瓶	1 个
数字滴定器	1 个		

注：订购信息请参看"消耗品和替代品信息"。

❶ 订购信息请参看"可选择的试剂与仪器"。

二氧化碳测试流程

（1）根据"表 6.1.7-2"中信息选择样品的体积和适合的滴定剂。

（2）将洁净的输液管安装在滴定试剂管上，再将滴定试剂管安装到滴定器上。

（3）旋转滴定器旋钮排出空气和几滴试剂，将计数器归零，并擦干净输液管滴头。

（4）直接在锥形瓶中收集水样至标准刻度。

（5）加一包酚酞指示剂粉枕包，振荡混匀。

如果溶液呈粉红色，则说明不存在 CO_2。

（6）将输液管置于溶液中，边振荡锥形瓶边旋转滴定器的旋钮，将滴定试剂加入到溶液中。继续边振荡边滴定直至溶液从无色转变为淡粉红色，且保持 30s 不退色（pH 8.3）。

记录下计数器上的数字。

（7）用表 6.1.7-2 中的放大系数来计算 CO_2 的浓度。计数器上的数字×系数即为 CO_2 的浓度，单位 mg/L。

举例：样品体积为 100mL，使用的滴定剂为 0.3636N 氢氧化钠，计数器上显示 250 单位，则 CO_2 的浓度为 250×0.2＝50mg/L。

表 6.1.7-2　仪器量程说明

量程/(mg/L CO_2)	样品体积/mL	滴定试剂/(N NaOH)	系　数
10～50	200	0.3636	0.1
20～100	100	0.3636	0.2
100～400	200	3.636	1.0
200～1000	100	3.636	2.0

干扰物质

表 6.1.7-3 所列物质会对本测试产生干扰。

表 6.1.7-3　干扰物质

干扰成分	抗干扰水平及处理方法
其他酸	样品中的其他酸成分也参与滴定，直接干扰测试
色度或浊度	色度或浊度会遮蔽滴定终点颜色的变化。使用 pH 计代替颜色指示剂，滴定到 pH 值为 8.3

样品的采集、保存与存储

（1）用干净的塑料瓶或玻璃瓶采集样品。将样品溶液装满并盖紧瓶盖。

（2）避免过多地摇晃、搅拌样品，或使溶液长时间与空气接触。

（3）采样后尽快完成测试以确保准确性。

（4）在 4℃（39°F）或更低的温度条件下，样本可以储存 24h。

（5）在测试前，请将样品温度恢复至室温。

准确度检查方法——标准加入法（加标法）

准确度检查所需试剂与仪器设备有：Voluette® 安瓿瓶二氧化碳标准液，浓度为 10000mg/L CO_2；安瓿瓶开口器；TenSette 0.1～1.0mL 移液枪及枪头。

具体步骤如下。

（1）打开标准溶液安瓿瓶。

（2）用移液枪加 0.1mL 标准溶液至已滴定的样品中，搅拌混匀。

（3）滴定添加了标准液的样品至终点。记录下滴定达到终点所消耗试剂体积。

（4）用移液枪加 0.2mL 标准溶液至已滴定的样品中，搅拌混匀。

（5）滴定添加了标准液的样品至终点。记录下滴定达到终点所消耗试剂体积。

（6）用移液枪加 0.3mL 标准溶液至已滴定的样品中，搅拌混匀。

（7）滴定添加了标准液的样品至终点。记录下滴定达到终点所消耗试剂体积。

（8）每加入 0.1mL 标准液约消耗 50 单位的 0.3636N 滴定剂或 5 单位的 3.636N 滴定剂。若消耗得过多或过少，则说明有干扰或滴定剂的浓度已改变。

方法解释

以酚酞作指示剂，用氢氧化钠滴定样品中因 CO_2 所产生的碳酸。测试时认为样品中不存在其他强酸或其浓度可忽略不计。

消耗品和替代品信息

表 6.1.7-4　需要用到的试剂

试剂名称及描述	数量/每次测量	单　　位	产品订货号
测试二氧化碳的试剂组件(可测试 100 次)			2272700
酚酞指示剂粉枕包	1 包	100/pk	94299
氢氧化钠滴定剂 0.3636N	根据需要而定	管	1437801
氢氧化钠滴定剂 3.636N	根据需要而定	管	1438001

表 6.1.7-5　需要用到的仪器设备

设备名称及描述	数量/每次测量	单　　位	产品订货号
数字滴定器	1	个	1690001
125mL 带刻度锥形瓶	1	个	50543
250mL 带刻度锥形瓶	1	个	50546

表 6.1.7-6　推荐使用的标准样品

标准样品名称及描述	单　　位	产品订货号
10mL Voluette® 安瓿瓶装二氧化碳标准液, 10000mg/L CO_2	16/ pk	1427510

表 6.1.7-7　可选择的仪器和试剂

名称及描述	单　　位	产品订货号
酚酞指示剂溶液 5g/L	100mL MDB	16232
CO_2 标准溶液 100mg/L CO_2	100mL	226142
搅拌棒 28.6mm×7.9mm	个	2095352
0.1～1.0mL 移液枪	个	1970001
枪头	50/pk	2185696
去离子水	500mL	27249
250mL 量筒	个	108146
500mL 试样瓶	个	2087079
pH 计	个	—
温度计－10～220℃	个	2635700
安瓿瓶开口器	个	2196800
Titra 搅拌器 115V	个	1940000
Titra 搅拌器 230V	个	1940010
数字滴定器枪头	5/pk	1720500

6.2 无机阴离子

6.2.1 硫化物，USEPA[①]亚甲基蓝法[②]，方法8131

测量范围

5～800μg/L S^{2-}（光度计）；0.01～0.70mg/L S^{2-}（比色计）。

应用范围

用于测地下水、废水、卤水与海水中总硫化物、H_2S、HS^- 和某种金属硫化物的测定。

测试准备工作

表 6.2.1-1　仪器详细说明

仪器	比色皿方向	比色皿
DR 6000 DR 3800 DR 2800 DR 2700 DR 1900	刻度线朝向右方	2495402  10mL
DR 5000 DR 3900	刻度线朝向用户	
DR 900	刻度线朝向用户	2401906 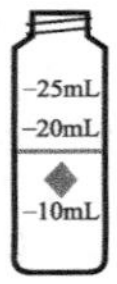 -25mL -20mL -10mL

（1）采样后立即分析样品。不要存储。

（2）不要过多地摇晃样品，以减少硫化物的损失。

（3）如有必要稀释样品的话，可能导致硫化物的损失。

（4）硫化物试剂 2 含有重铬酸钾，测试后溶液最终含有六价铬（D007），联邦 RCRA 要求将其作为危险废物处理。详情请参阅《MSDS 安全处理废弃物指导》。

表 6.2.1-2　准备的物品

名称及描述	数　量	名称及描述	数　量
硫化物试剂 1	1～2mL	10mL 移液管	1 根
硫化物试剂 2	1～2mL	比色皿（请参见"仪器详细说明"）	2 个
去离子水	10～25mL		

注：订购信息请看"消耗品和替代品信息"。

[①] 该法是 USEPA 认可的废水分析法。该测试流程与标准方法 4500-S^{2-} D 相同。

[②] 根据《水与废水标准检测方法》改编。

试剂法测试流程

（1）选择测试程序。参照"仪器详细说明"的要求插入适配器（插入方向请参见用户手册）。

（2）空白样准备：量取一定体积的去离子水，倒入比色皿中（具体体积请见"仪器详细说明"）。

（3）样品准备：用移液管吸取一定体积的样品，倒入另一比色皿中（请见"仪器详细说明"）。稍混匀即可，防止硫化物损失。

（4）用滴管向每一个比色皿中加入硫化物试剂1（请见"仪器详细说明"中试剂体积部分）。振荡混匀。

（5）再用滴管向每一个比色皿中加入硫化物试剂2（请见"仪器详细说明"中试剂体积部分）。

（6）立即盖上盖子，上下颠倒混匀。起初溶液会呈现粉红色，如果有硫化物存在，溶液会再变成蓝色。

（7）启动仪器定时器。计时反应5min。

（8）定时反应结束后，将装有空白样的比色皿擦拭干净，将其放入样品池中。

（9）调零：仪器会显示0μg/L S²⁻。

（10）将装有样品的比色皿擦拭干净，将其放入样品池中。

（11）读数。结果以 S^{2-} 计，单位：$\mu g/L$。

可溶性硫化物

根据以下步骤测定可溶性硫化物。

（1） 在试管中加满样品，盖上盖子，离心。

（2） 取上清液测试，方法同上述亚甲基蓝方法。

要计算不溶性硫化物浓度，从总的硫化物浓度中减去可溶性硫化物浓度即可。

干扰物质

表 6.2.1-3　干扰物质

干 扰 成 分	抗干扰水平及处理方法
强还原性物质，如：亚硫酸盐、硫代硫酸盐、连二亚硫酸盐	减弱蓝色或抑制蓝色形成
高浓度硫化物	高浓度硫化物会妨碍颜色形成，样品需要稀释。样品稀释时可能会损失某些硫化物
浊度	测试浑浊的样品时，根据以下步骤准备不含硫化物的空白样。在亚甲基蓝测试流程中用此空白样代替去离子水空白样 （1）量取25mL样品溶液，倒入50mL锥形瓶中 （2）边振荡边滴加溴水直到恰有黄色出现，且不退色 （3）再边振荡边滴加酚溶液直到黄色恰好消失。在测试流程（2）中用此溶液代替去离子水空白样 这一预处理过程将样品中的硫化物去除了，但浊度和色度仍保持不变。当用此溶液调零时，色度或浊度所引起的干扰就可排除

样品的采集、保存与存储

样品采集时应使用清洁的玻璃瓶或塑料瓶，并将样品溶液装满，盖紧瓶盖。避免过多地摇晃样品，或使溶液长时间与空气接触。采样后立即进行测试。

方法精确度

表 6.2.1-4 方法精确度

程序	标值	精确度： 95%置信区间分布	灵敏度： 每0.010Abs单位变动下,浓度变动值
690	520μg/L S^{2-}	504～536μg/L S^{2-}	5μg/L S^{2-}

方法解释

硫氢化合物、酸溶性金属硫化物与 N,N-二甲基对苯二胺反应，生成亚甲基蓝。颜色的深浅程度与溶液中的硫化物含量成正比例关系。在加入 AluVer® 3 铝试剂前所加入的抗坏血酸试剂可以去除铁对测试过程的干扰。为了建立空白值，在样品中加入 AluVer® 3 铝试剂后，将样品分为等量的两份。在代表空白值的那份样品中加入 Bleaching 3 试剂是为了漂白去除由铝和铝试剂反应生成的化合物的颜色。测试结果是在波长为 665nm 的可见光下读取的。

消耗品和替代品信息

表 6.2.1-5 需要用到的试剂

试剂名称及描述	数量/每次测量	单 位	产品订货号
硫化物试剂组件			2244500
硫化物试剂 1	1～2mL	100mL MDB	181632
硫化物试剂 2	1～2mL	100mL MDB	181732
去离子水	10～25mL	4L	27256

表 6.2.1-6 需要用到的仪器设备

设备名称及描述	数量/每次测量	单 位	产品订货号
10mL 移液管	1	个	53238
25mL 移液管	1	个	206640

表 6.2.1-7 可选择的试剂与仪器

名称及描述	单 位	产品订货号
溴水 30g/L	29mL	221120
酚溶液 30g/L	29mL	211220
50mL 锥形瓶	个	50541

6.2.2 氰化物，吡啶-吡唑啉酮法[1]，方法 8027（粉枕包）

测量范围

0.002～0.240mg/L CN$^-$。

应用范围

用于水、废水和海水中氰化物的测定。

---

[1] 根据 Epstein, Joseph, Anal. Chem. 19 (4)，272 (1947) 改编。

测试准备工作

表 6.2.2-1　仪器详细说明

仪器	比色皿方向	比色皿
DR 6000 DR 3800 DR 2800 DR 2700 DR 1900	刻度线朝向右方	2495402 10mL
DR 5000 DR 3900	刻度线朝向用户	
DR 900	刻度线朝向用户	2401906 −25mL −20mL −10mL

（1） 请参阅"仪器详细说明"选择正确的比色皿并正确安装适配器。

（2） 实验中使用水浴以保持最佳反应温度（25℃）。若样品温度低于 25℃ 反应时间需延长，若样品温度高于 25℃，检测结果会偏低。

（3） 为了测试结果更加准确，每批新的试剂都应该测定试剂空白值。试剂空白的测定同样按照测试步骤进行，只是把样品换成去离子水进行测试。从最后的测试结果中将试剂空白值扣除，或者调整仪器的试剂空白。

（4） 步骤（3）～（10）对时间要求严格。仅在开始每一步操作前，才打开该步骤要使用的试剂。

（5） 除非经验表明采用或不采用消解在结果中没有差异，所有检测氰化物的样品都应进行酸消解处理。请参见"酸蒸馏"部分。

（6） 请参见"污染防止和废弃物管理"，以正确处理含有氰化物的溶液。

表 6.2.2-2　准备的物品

名　称　及　描　述	数　量	名　称　及　描　述	数　量
CyaniVer®氰化物 3 试剂粉枕包	1 包	10mL 量筒	1 个
CyaniVer®氰化物 4 试剂粉枕包	1 包	1in 方形玻璃比色皿	2 个
CyaniVer®氰化物 5 试剂粉枕包	1 包		

注：订购信息请参看"消耗品和替代品信息"。

吡啶-吡唑啉酮法测试流程

（1）选择测试程序。如有必要插入适配器（详见"仪器详细说明"）。

（2）用量筒取10mL 样品倒入比色皿中。

（3）样品准备：加入一包 CyaniVer®氰化物 3 试剂粉枕包，盖上盖子。

（4）摇晃比色皿30s。

（5）静置比色皿30s。

（6）加入一包 Cy-aniVer® 氰化物 4 试剂粉枕包,盖上盖子。未完全溶解的试剂不会影响测试的精确度。

（7）摇晃比色皿 10s。立即操作步骤 (8)(若 CyaniVer® 氰化物 5 试剂粉枕包晚加超过 30s,会导致结果偏低)。

（8）加入一包 Cy-aniVer® 氰化物 5 试剂粉枕包,盖上盖子。

（9）剧烈摇晃比色皿。若有氰化物,溶液会出现粉红色。

（10）启动仪器定时器,计时反应 30min。溶液会从粉红色转变为蓝色。

若样品温度低于 25℃,反应时间需延长,若样品温度高于 25℃,检测结果会偏低。

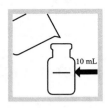   

（11）空白样准备:反应到时后,向另一比色皿中加入 10mL 样品。

（12）擦拭空白管并将其插入到样品池中。

（13）按下"Zero（零）"键进行仪器调零。这时屏幕将显示:0.000mg/L CN⁻。

（14）擦拭样品管并将其插入到样品池中。比色皿请注意方向。按"Read（读数）"键读数,结果以 mg/L CN⁻为单位。

污染防止和废弃物管理

对含有氢化物物质的特殊考虑　在本程序中分析的样品可能包含氰化物,这种氰化物属于美国联邦危险废物鉴别程序（RCRA）规定的活性废物（D003）。安全处理这类物质非常重要,并阻止相关的氰化氢气体（这是一种剧毒性气体,带有一种杏仁气味）逸出。大部分氰化物组分都是较稳定的,在强碱性溶液中（pH＞11）处理是安全的,例如 2N 的氢氧化钠溶液中。切勿将这类废弃物与其他 pH 值较低的实验室废弃物（如酸或水）混合在一起。

如果出现含氰化物试剂溢出的情况,必须采取特殊措施,以防止氰化氢气体释放。必要情况下可采取下列措施,以消除氰化物成分。

(1) 打开通风橱或其他通风设备。

(2) 搅拌溶液时,将废物倒入含有大量氢氧化钠和次氯酸钙或次氯酸钠（家用漂白粉）溶液的烧杯中。

(3) 保持超大剂量的氢氧化物和次氯酸盐。该溶液需存放 24h。

(4) 中和该溶液并用大量的水将溶液冲洗到下水道中。

注意:如果该溶液中含有其他危险物质,如氯仿或重金属,仍需收集后作为危险性废物处理。切勿将危险性废物倒入下水道中。

干扰物质

表 6.2.2-3　干扰物质

干扰物质	干扰水平及处理方法
氯	加入 CyaniVer® 5 试剂后,样品中若有大量的氯存在会产生乳白色的沉淀。如果已知有氯或其他氧化剂存在,在开始测试前,用本表中处理氧化剂的方法对样品进行预处理

干扰物质	干扰水平及处理方法
金属	镍和钴不会造成干扰的最高浓度是 1mg/L。对于含铜量高达 20mg/L 的样品及含铁量达 5mg/L 的样品,采取以下方法消除干扰:将一包 HexaVer 螯合试剂粉枕包加入到样品中,混匀,然后在测试流程(3)中加入 CyaniVer 3 氰化物试剂粉枕包。用去离子水作空白样,加入试剂后在测试流程(12)中将仪器设零
氧化剂	(1)用 2.5N 盐酸标准溶液将 25mL 的碱性样品的 pH 值调节到 7～9。记录所添加酸的滴数 (2)加两滴碘化钾溶液和两滴淀粉指示剂到样品中,充分摇晃混匀。如果有氧化剂存在,样品会变为蓝色 (3)逐滴加入亚砷酸钠溶液,直到样品变成无色。每加入一滴,请充分振荡样品。记录所加滴数 (4)另取 25mL 的样品,添加在步骤(1)中所记录的盐酸标准溶液的量 (5)步骤(3)中所使用的亚砷酸钠量减去 1 滴,将此量添加到样品中,并彻底混匀。继续根据氰化物测试流程的步骤(2)操作
还原剂	(1)用 2.5N 盐酸标准溶液将 25mL 碱性样品的 pH 值调节到 7～9。记录所添加酸的滴数 (2)加四滴碘化钾溶液和四滴淀粉指示剂到样品中,充分摇晃混匀。样品应无色 (3)逐滴添加溴水直到有蓝色出现。每加入一滴,请充分振荡样品。记录所加滴数 (4)另取 25mL 样品,添加在步骤(1)中所记录的盐酸标准溶液的量 (5)将步骤(3)中所记录的滴入溴水的量添加到样品中,并彻底混匀 (6)继续根据氰化物测试流程的步骤(2)操作
浊度	大量浑浊物会导致测试读数偏高。在测试流程(1)和(11)之前用滤纸和漏斗过滤浊度较高的样品。测试所得结果应被记录为可溶性氰化物

样品的采集、保存与存储

(1) 用玻璃瓶或塑料瓶采集样品。采样后尽快分析。

(2) 在样品存储期间,氧化剂、硫化物以及脂肪酸的存在会引起氰化物的损失。含有这些成分的样品在用氢氧化钠保存前必须按照下面的说明进行预处理。如果样品含有硫化物,且没有进行预处理,则必须在 24h 之内完成分析。

(3) 存储样品时向每升样品中加入 4.0mL 5.0N 氢氧化钠标准溶液。

(4) 检查样品的 pH 值。通常情况下 4mL 的氢氧化钠足以将大部分水和废水样品的 pH 值提高到 12。需要时可多加一些氢氧化钠溶液。

(5) 样品存储在 4℃ (39℉) 或更低温度条件下。以这种方式存储的样品最长可保存 14 天。

(6) 测试前,对于用 5.0N 的氢氧化钠保存的样品,或经过加氯消毒处理或经酸蒸馏处理因而变得高碱性的样品,需用 2.5N 的盐酸标准溶液将其 pH 值大约调节至 7。

(7) 若使用了大量的保护剂,则需进行体积修正。

氧化剂　氧化剂 (如氯) 在存储期间会分解氰化物。为检测其是否存在以及消除其影响,请按照下列方法对样品进行预处理。

(1) 取 25mL 样品,加 1 滴 10g/L 的 *m*-硝基苯酚指示剂。充分混合。

(2) 逐滴加入 2.5N 的盐酸标准溶液,直到颜色从黄色变为无色。每加入一滴,请充分振荡样品。

(3) 向样品中加入两滴 30g/L 的碘化钾溶液和两滴淀粉指示剂,充分摇晃混合。如果有氧化剂存在,溶液会变蓝色。

(4) 如果步骤 (3) 表明有氧化剂存在,向每升样品中加两匙 (约每匙 1g) 的抗坏血酸。

(5) 取经抗坏血酸处理的样品 25mL,重复步骤 (1)～(3)。如果样品仍然变蓝,则重复步骤 (4)～(5)。

(6) 如果 25mL 的样品保持无色,则用 5N 的氢氧化钠标准溶液将剩余的样品保存在 pH 值为 12 的条件下。

(7) 执行干扰成分和水平 (还原剂) 下给出的程序,以消除多余的抗坏血酸的影响。再根据氰化物测试流程操作。

硫化物　硫化物会快速地将氰化物转变为硫氰酸盐（SCN⁻）。为检测其是否存在以及消除其影响，请按照下列方法对样品进行预处理。

（1） 将硫化氢试纸用 pH 值为 4 的缓冲溶液湿润。再将一滴样品滴在试纸圆盘上。

（2） 如果试纸变暗，用药匙加 1g 醋酸铅到样品中。重复步骤（1）。

（3） 如果试纸继续变暗，继续添加醋酸铅，直到样品对硫化物的测试反应呈阴性。

（4） 用滤纸及漏斗将硫酸铅沉淀过滤掉。用 5N 的氢氧化钠标准溶液对样品进行保存或将其中和到 pH 值为 7 以供分析。

脂肪酸　当进行蒸馏时，脂肪酸会越过氰化物在碱性吸附条件下生成肥皂。如果不确定是否有脂肪酸存在，请在用氢氧化钠存储样品之前使用以下方法预处理样品。

注意： 在通风橱尽快完成如下操作。

（1） 用 4∶1 冰醋酸对 500mL 样品进行酸化处理，使 pH 值达到 6～7。

（2） 将样品倒入 1000mL 分液漏斗中并添加 50mL 的己烷。

（3） 塞上漏斗的塞子，充分摇晃 1min。静置分层。

（4） 打开活塞，让下面的液体（样品层）流出，加到 600mL 烧杯中。如果样品需要保存，请添加足够的 5N 氢氧化钠标准溶液，将 pH 值提高到 12 以上。

酸蒸馏　除非经验表明使用或不用蒸馏对结果没有差异，所有检测氰化物的样品都应进行酸消解处理。对于大部分化合物 1h 的回流就足够了。

如果原始样品中存在硫氰酸盐，则绝对需要进行蒸馏，因为硫氰酸盐会造成正干扰。高浓度的硫氰酸盐会在蒸馏液中形成大量的硫化物。如果硫化物存在，蒸馏过程中会有硫化氢的"臭鸡蛋"气味。在测试前必须从蒸馏物中除去硫化物。

如果没有氰化物，硫氰酸盐的量可被确定。样品不需进行蒸馏处理，最终测试结果乘以 2.2。结果以 mg/L SCN⁻ 计。

完成蒸馏程序的最后一步后，使用下列醋酸铅处理方法可对蒸馏液中的硫化物进行测试和处理。

（1） 先用 pH 值为 4.0 的缓冲溶液润湿硫化氢试纸，再滴一滴蒸馏液（已经稀释到 250mL）在硫化氢试纸圆盘上。

（2） 如果试纸变暗，请在蒸馏液中逐滴添加 2.5N 的盐酸标准溶液，直到 pH 值呈中性为止。

（3） 用药匙将 1g 的醋酸铅添加到蒸馏液中并混匀。重复步骤（1）。

（4） 如果试纸继续变暗，继续添加醋酸铅，直到蒸馏液对硫化物的测试反应呈阴性。用滤纸和漏斗过滤黑色的硫化铅沉淀。将滤液中和到 pH 值为 7，立即进行氰化物分析。

蒸馏程序如下。该过程中所使用的蒸馏仪器和氰化物玻璃仪器由生产商提供。

（1） 搭置蒸馏仪器重新接受氰化物，脱开长颈漏斗。参照蒸馏仪器使用手册。打开水龙头，确保水始终能通过冷凝器。

（2） 向蒸馏仪器中加入 0.25N 的氢氧化钠标准溶液直到 50mL 刻度处。

（3） 用清洁的 250mL 量筒量取 250mL 样品，将其倒入蒸馏烧瓶中。将搅拌棒插入烧瓶并装上长颈漏斗。

（4） 按照蒸馏仪器使用手册设置真空系统，打开水龙头，开到最大让液体充分流淌，将流量计调节到 0.5 SCFH。

（5） 将真空软管连接到发泡室，确保空气流量正常（检查流量计）并且空气源源不断地从长颈管和发泡室发出。

（6） 打开电源开关，将搅拌控制器设置到 5。用 50mL 量筒量取 50mL 19.2N 硫酸标准溶液通过长颈管加到蒸馏烧瓶中。

（7） 用少量的去离子水冲洗长颈管。

(8) 搅拌溶液 3min，然后通过长颈管添加 20mL 的氯化镁试剂并再次冲洗。再搅拌溶液 3min。

(9) 检查有恒定的水流流经冷凝器。

(10) 将加热控制器开到 10。

(11) 此时小心仔细地注视蒸馏烧瓶。一旦样品开始沸腾，慢慢地将气流下降到 0.3SCFH。如果蒸馏烧瓶中的溶液开始通过长颈管回流，请调节流量计以增加空气流量，直到蒸馏烧瓶中的溶液不再通过长颈管回流。样品煮沸 1h。

(12) 1h 后，关闭蒸馏器，但再保持气流 15min。

(13) 15min 后，除去 500mL 真空瓶上的橡胶塞，打破真空状态，关闭抽吸器的水龙头。关闭冷凝器的水龙头。

(14) 从蒸馏仪上取出气体发泡室/量筒组合。将气体发泡器从量筒上取下，将量筒中的溶液加到 250mL A 级容量瓶中。用去离子水清洗气体发泡室、量筒以及 J 形软管连接管，将洗涤液加入到容量瓶中。

(15) 向蒸馏烧瓶中加去离子水直到刻度线并彻底混合。中和烧瓶中的溶液，并进行氰化物分析。

准确度检查方法——标准溶液法

警告：氰化物及其溶液以及通过酸释放的氰化氢都有剧毒。溶液和气体都可通过皮肤被人体吸收。

注：具体的程序选择操作过程请参见用户操作手册。

准确度检查所需的试剂有氰化钾和去离子水。

每周按照下列方法配制浓度为 100mg/L 的氰化物储备液。

(1) 用去离子水溶解 0.2503g 氰化钾，并稀释至 1000mL。

(2) 临使用前准备浓度为 0.200mg/L 的氰化物工作溶液：取 2mL 100mg/L 的储备液，用去离子水稀释至 1000mL。

(3) 用 0.200mg/L 的氰化物标准溶液所测得的数据校准标准曲线，在仪器菜单中选择标准溶液校准程序。

(4) 打开标准调整界面，确认接受当前标准溶液浓度。如果使用了其他浓度的标准溶液，输入标准溶液的实际浓度。

方法精确度

表 6.2.2-4　方法精确度

程序	标值	精确度： 95% 置信区间分布	灵敏度:每 0.010Abs 单位变动下,浓度变动值
160	0.100mg/L CN$^-$	0.090~0.110mg/L CN$^-$	0.002mg/L CN$^-$

方法解释

当有游离氰化物存在时会产生强烈的蓝色。样品需要蒸馏以测定和过渡金属或重金属结合的氰化物。测试结果是在 612nm 波长下读取的。

消耗品和替代品信息

表 6.2.2-5　需要用到的试剂

试剂名称及描述	数量/每次测量	单　位	产品订货号
氰化物试剂组件	—	—	2430200
CyaniVer® 3 氰化物试剂粉枕包	1	100/pk	2106869

试剂名称及描述	数量/每次测量	单 位	产品订货号
CyaniVer® 4 氰化物试剂粉枕包	1	100/pk	2106969
CyaniVer® 5 氰化物试剂粉枕包	1	100/pk	2107069

表 6.2.2-6 需要用到的仪器设备

设备名称及描述	数量/每次测量	单 位	产品订货号
10mL 量筒	1	个	50838
空心多聚塞	—	6/pk	1448000

表 6.2.2-7 推荐使用的标准样品

标准样品名称及描述	单 位	产品订货号
氰化钾 ACS	125g	76714
去离子水	4L	27256

表 6.2.2-8 可选择的试剂与仪器

名称及描述	单 位	产品订货号
乙酸,ACS	500mL	10049
抗坏血酸	100g	613826
溴水 30g/L	29mL	221120
缓冲溶液 pH 4	500mL	1222349
滤纸 12.5cm	100/pk	189457
漏斗 65mm	个	108367
己烷溶液,ACS	500mL	1447849
HexaVer 螯合试剂粉枕包	100/pk	24399
盐酸标准溶液,2.5N	100mL MDB	141832
硫化氢试纸	100/pk	2537733
m-硝基苯酚指示剂,10g/L	100mL MDB	247632
氯化镁试剂	1L	1476253
碘化钾溶液,30g/L	100mL MDB	34332
亚砷酸钠溶液,5g/L	100mL	104732
氢氧化钠标准溶液 0.25N	1000mL	1476353
氢氧化钠标准溶液 5.0N	1L	245053
淀粉指示剂溶液	100mL MDB	34932
硫酸标准溶液 19.2N	500mL	203849
氰化物专用玻璃器皿	个	2265800
5mL 血清移液管	个	53237
pH 试纸	100/pk	2601300
药匙,1g	个	51000
温度计－10～225℃	个	2635700
蒸馏仪器套件	套	2265300
蒸馏仪 115V	个	2274400
蒸馏仪 230V	个	2274402

6.2.3　硫酸盐，USEPA[1]SulfaVer4 试剂浊度法[2]，方法 8051（粉枕包或安瓿瓶）

测量范围

$2 \sim 70 mg/L\ SO_4^{2-}$。

应用范围

用于水、废水与海水中硫酸盐的测定。

测试准备工作

表 6.2.3-1　仪器详细说明

仪器	比色皿方向	比色皿
DR 6000 DR 3800 DR 2800 DR 2700	刻度线朝向右方	2495402 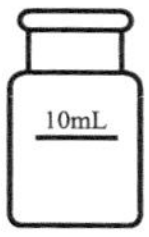
DR 5000 DR 3900	刻度线朝向用户	
DR 900	刻度线朝向用户	2401906 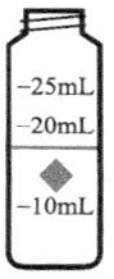

仪器	适配器	比色皿
DR 6000 DR 5000 DR 900	—	2427606 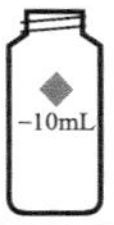
DR 3900	LZV846（A）	
DR 3800 DR 2800 DR 2700	LZV584（C）	2122800 

（1） 每次使用一组新的试剂时要调整标准曲线（标准溶液法）。

（2） 每次使用一组新的试剂时要校准仪器（参见校准）。

（3） 为了测试结果更加准确，每一批新的试剂都应该测定试剂空白值。试剂空白的测定同样按照测试步骤进行，只是把样品换成了去离子水进行测试。从最后的测试结果中将试剂空白值扣除，或者调整仪器的试剂空白。

（4） 高度有色或浑浊的样品要用滤纸和漏斗过滤。在步骤（2）和（5）中使用过滤的样品。

（5） 本测试方法不能使用倾倒池。

（6） SulfaVer4 试剂含有氯化钡，测试后溶液含有氯化钡（D005），联邦 RCRA 要求将其作为危险废物处理。详情请参阅《MSDS 安全处理废弃物指导》。

---

❶ 该法是 USEPA 认可的废水分析法。该测试流程与 USEPA 用于测废水的 375.4 方法。

❷ 根据《水与废水标准检测方法》改编。

（7）如有必要可在步骤（5）中用空白的安瓿瓶代替比色皿。

表 6.2.3-2　准备的物品

名称及描述	数　　量	名称及描述	数　　量
粉枕包方法 SulfaVer® 4 试剂粉枕包 比色皿（请参见"仪器详细说明"）	1 包 2 个	安瓿瓶法 SulfaVer® 4 试剂安瓿瓶 50mL 烧杯 比色皿（请参见"仪器详细说明"）	1 个 1 个 1 个

注：订购信息请参看"消耗品和替代品信息"。

SulfaVer4 试剂（粉枕包法）测试流程

（1）选择测试程序。参照"仪器详细说明"的要求插入适配器（详细介绍请参见用户手册）。

（2）准备样品：在一个比色皿中加入 10mL 样品。

（3）向比色皿中加入一包 SulfaVer 4 试剂粉枕包，摇晃使粉末充分溶解。

若有硫酸盐存在，将有白色沉淀产生。

（4）启动仪器定时器。计时反应 5min。在此期间请勿撼动比色皿。

注：若粉末未完全溶解不会影响测试的准确性。

（5）空白样准备：另取一个比色皿，加入 10mL 样品。

（6）计时时间 5min 到后，擦拭空白样管外部并将其插入样品池中（刻度线朝右）。

（7）清零：仪器会显示 0mg/L SO_4^{2-}。

（8）在样品反应到时后 5min 内，擦拭样品管外部并将其插入样品池中。读数，结果以 SO_4^{2-} 计，单位：mg/L。

比色皿用肥皂和试管刷清洗。

SulfaVer4 试剂（安瓿瓶）测试流程

（1）选择测试程序。参照"仪器详细说明"的要求插入适配器（详细介绍请参见用户手册）。

（2）准备样品：在 50mL 烧杯中收集至少 40mL 样品。将装有 SulfaVer 4 试剂的安瓿瓶倒置于烧杯中，折断安瓿瓶瓶颈，使水样虹吸进入瓶中，装满。此过程中安瓿瓶瓶颈一定要浸没在水样内。

（3）盖上塞子。快速上下颠倒以混匀溶液。

若有硫酸盐存在，将有白色沉淀产生。

（4）启动仪器定时器。计时反应 5min。在此期间请勿撼动比色皿。

注：若粉末未完全溶解不会影响测试的准确性。

（5）空白样准备：另取一个比色皿，加入 10mL 样品。

（6）计时时间5min到后，擦拭空白样管外部并将其插入样品池中。

清零：仪器会显示 0mg/L SO_4^{2-}。

（7）在样品反应到时后 5min 内，擦拭样品安瓿瓶外部并将其插入样品池中。读数，结果以 SO_4^{2-} 计，单位：mg/L。

干扰物质

表 6.2.3-3　干扰物质

干扰成分	产生干扰的浓度
钙	以 $CaCO_3$ 计，浓度大于 20000mg/L 时会产生干扰
氯化物	以 Cl^- 计，浓度大于 40000mg/L 时会产生干扰
镁	以 $CaCO_3$ 计，浓度大于 10000mg/L 时会产生干扰
二氧化硅	以 SiO_2 计，浓度大于 500mg/L 时会产生干扰

注：订购信息请参看"可选择的试剂与仪器"。

样品的采集、保存与存储

样品采集时应使用清洁的玻璃瓶或者塑料瓶。样品在 4℃（39℉）或更低的温度条件下，最长可以保存 7 天。在测试分析前，使样品恢复至室温。

准确度检查方法

（1）标准加入法（加标法）。加标法所需的试剂与仪器设备有：硫酸盐安瓿瓶标准溶液，浓度为 2500mg/L；安瓿瓶开口器；TenSette® 移液枪和枪头；25mL 和 50mL 混合量筒；50mL 烧杯。

具体步骤如下。

① 读取测试结果后，将装有样品的比色皿（尚未加入标准物质）留在仪器中。

② 在仪器菜单中选择标准添加程序：选择＞更多＞标准添加。

③ 确认标样浓度、样品体积和加标体积的默认值。当这些值确认好后，未加标的样品读数将显示在顶端的第一行。

④ 打开浓度为 2500mg/L 的硫酸盐安瓿瓶标准试剂。

⑤ 分别向三个量筒中加入 25mL 样品。使用 TenSette® 移液枪分别向三个量筒中依次加入 0.1mL、0.2mL 和 0.3mL 的标准溶液，混合均匀。从每个加标样品中取 10mL 至干净的比色皿中。

注：若是安瓿瓶法检查准确度，则向三个量筒中加入 50mL 样品，再分别加入 0.2mL、0.4mL 和 0.6mL 的标准溶液，混合均匀。从每个加标样品中取 40mL 至 50mL 烧杯中。

⑥ 从 0.1mL 的加标样开始，按照上述样品测试步骤（粉枕包法）依次对三个加标样品进行测试。测试每一个加标样品的值。每个加标样都应该达到约 100% 的加标回收率。

⑦ 测试结束后，按"Graph（图表）"键将显示结果。按"Ideal Line（理想曲线）"键将显示出样品加标与 100% 回收率的"理想曲线"之间的关系。

（2）标准溶液法。 标准溶液法所需的试剂与仪器设备有：硫酸盐标准溶液，浓度为 1000mg/L；100mL 容量瓶，A 级；TenSette® 移液枪（1～10mL）和枪头。

具体步骤如下。

① 按照下列方法配制浓度为 70mg/L 的硫酸盐标准溶液：移取 7.00mL 硫酸盐的标准样品，其中 SO_4^{2-} 浓度为 1000mg/L，加入到 100mL 的容量瓶中。用去离子水稀释到容量瓶的刻度线，混匀。临用时当场配制此标准溶液。

② 按照上述粉枕包法或安瓿瓶法测试流程进行测试。用 70mg/L 的硫酸盐标准溶液代替样品溶液。

③ 用当天配制的硫酸盐标准溶液校准标准曲线，在仪器菜单中选择标准溶液校准程序：选项/更多/标准调整，并确认接受当前标准溶液浓度。

校准

用 SulfaVer4 试剂法测硫酸盐浓度时建议进行校准。按照以下步骤向仪器输入新的校准曲线。每使用一组新的试剂都要进行校准。

所需的试剂与仪器设备有：硫酸盐标准溶液，浓度为 1000mg/L；7 个 100mL 容量瓶，A 级；TenSette® 移液管（1～10mL）。

具体步骤如下。

（1） 按照以下步骤准备 7 种不同浓度的校准液（10mg/L SO_4^{2-}，20mg/L SO_4^{2-}，30mg/L SO_4^{2-}，40mg/L SO_4^{2-}，50mg/L SO_4^{2-}，60mg/L SO_4^{2-}，70mg/L SO_4^{2-}）。

用移液管分别吸取 1mL，2mL，3mL，4mL，5mL，6mL，7mL 1000mg/L 硫酸盐标准溶液至 7 个 100mL 容量瓶中。

（2） 用去离子水稀释到容量瓶的刻度线，混匀。

（3） 按照上述粉枕包法或安瓿瓶法测试流程进行测试。用所配制的校准液代替样品溶液。

（4） 参阅用户使用手册选择仪器的用户程序：校准。

方法精确度

表 6.2.3-4　方法精确度

程序	标值	精确度： 95%置信区间分布	灵敏度：每 0.010Abs 单位变动下，浓度变动值
680	40mg/L SO_4^{2-}	30～50mg/L SO_4^{2-}	0.4mg/L SO_4^{2-}
685	40mg/L SO_4^{2-}	32～48mg/L SO_4^{2-}	0.7mg/L SO_4^{2-}

方法解释

样品中的硫酸根离子与 SulfaVer® 4 试剂中的钡离子反应，形成硫酸钡沉淀。溶液的浊度与其中硫酸盐含量成正比例关系。测试结果是在波长为 450 nm 的可见光下读取的。

消耗品和替代品信息

表 6.2.3-5　需要用到的试剂

试剂名称及描述	数量/每次测量	单　位	产品订货号
SulfaVer® 4 试剂粉枕包 或	1	100/pk	2106769
SulfaVer® 4 硫酸盐试剂安瓿瓶	1	25/pk	2509025

表 6.2.3-6　需要用到的仪器设备

设备名称及描述	数量/每次测量	单　　位	产品订货号
50mL 烧杯	1	个	50041H

表 6.2.3-7　推荐使用的标准样品

标准样品名称及描述	单　　位	产品订货号
硫酸盐标准溶液,浓度为 1000mg/L	500mL	2175749
硫酸盐标准溶液,浓度为 2500mg/L 10mL 安瓿瓶装	16/pk	1425210
硫酸盐、氟化物、硝酸盐、磷酸盐混合标准溶液	500mL	2833049

表 6.2.3-8　可选择的试剂与仪器

名称及描述	单　　位	产品订货号
混合用量筒 25mL	个	189640
混合用量筒 50mL	个	189641
空白的安瓿瓶	25/pk	2677825
安瓿瓶开口器	个	2196800
移液枪,TenSette®,量程为 0.1～1.0mL	个	1970001
与产品 1970001 配套的移液枪头	50/pk	2185696
移液枪,TenSette®,量程为 1～10mL	个	1970010
与产品 1970010 配套的移液枪头	50/pk	2199796
容量瓶,A 级,100mL	个	1457442

6.2.4　亚硫酸盐，碘量法，方法 8216（数字滴定器）

测量范围

大于 4mg/L。

应用范围

用于锅炉用水。

测试准备工作

(1) 立即分析样品。在测试前将样品降温至 50℃（122℉）或以下。

(2) 空气中的氧气极易破坏亚硫酸盐。剧烈的摇晃或振荡会导致测试结果偏低。在测试过程中避免不必要的搅动。

(3) 为了测试结果更加准确，请使用 Titra 搅拌器。

(4) 可以用 0.5mL 19.2N 的硫酸标准溶液代替溶解氧 3 试剂粉枕包。

(5) mg/L 亚硫酸盐（SO_3^{2-}）×1.01＝亚硫酸氢盐（HSO_3^-）。

(6) mg/L 亚硫酸盐（SO_3^{2-}）×1.30＝亚硫酸氢钠（$NaHSO_3$）。

(7) mg/L 亚硫酸盐（SO_3^{2-}）×2.37＝焦亚硫酸钠（$Na_2S_2O_5$）。

(8) mg/L 亚硫酸盐（SO_3^{2-}）×1.58＝亚硫酸钠（Na_2SO_3）。

表 6.2.4-1　准备的物品

名称及描述	数　量	名称及描述	数　量
亚硫酸盐试剂组件	1 套	125mL 锥形瓶	1 个
去离子水	视情况而定	10mL、25mL 或 50mL 量筒(基于样品浓度)	视情况而定
数字滴定器	1 个		

注：订购信息请参看"消耗品和替代品信息"。

碘酸钾-碘化钾法测试流程

（1）根据量程说明表中信息，选择与亚硫酸盐（SO_3^{2-}）浓度相对应的样品体积。用量筒量取一定体积的样品。

（2）将洁净的输液管安装在滴定试剂管（KIO_3-KI）上，再将滴定试剂管安装到滴定器上。

（3）旋转滴定器旋钮排出空气和几滴试剂，将计数器归零，并擦干滴管上残余的液体。

（4）将样品转移到干净的 125mL 锥形瓶中，用去离子水稀释到 50mL 刻度线。

（5）加入一包溶解氧 3 试剂粉枕包。轻轻混匀。

（6）加 1 滴淀粉指示剂溶液，混匀。

（7）将输液管置于溶液中，旋转滴定器的旋钮，将滴定试剂加入到溶液中。边振荡边滴定直至溶液变为蓝色，且不褪色。记录下计数器上显示的数字。

（8）计算：计数器上的数字×系数即为亚硫酸盐浓度，单位 mg/L，以 SO_3^{2-} 计。

表 6.2.4-2　量程说明

量程/（mg/L SO_3^{2-}）	样品体积/mL	滴定试剂/N KIO_3-KI	系　数
0~160	50	0.3998N	0.4
100~400	20	0.3998N	1.0
超过 400	5	0.3998N	4.0
200~800	10	0.3998N	2.0

干扰物质

（1）硫化物、有机物和其他可氧化的物质都会导致滴定时产生正误差。

（2）亚硝酸盐也会与亚硫酸盐反应，导致测试结果偏低。

（3）某些金属，尤其是铜，会催化亚硫酸盐被氧化为硫酸盐的反应。

（4）采样后立即向每升样品中加入 1 包溶解氧 3 试剂粉枕包能消除亚硝酸盐和铜的干扰。

准确度检查方法——标准加入法（加标法）

（1）折断亚硫酸盐 Voluette 标准溶液安瓿瓶，5000mg/L SO_3^{2-}。

（2）用 TenSette® 移液枪向已经滴定的样品中加入 0.1mL 标准溶液，继续滴定至终点，记录所消耗试剂的体积。

（3）重复，分别加 0.2mL 和 0.3mL 标准溶液至样品，然后滴定至终点。

（4）每加入 0.1mL 标准液约消耗 25 单位的滴定试剂，如果消耗的滴定试剂体积不对，要查找原因。

一瓶标准溶液相当于 40mg/L 的亚硫酸盐溶液，也可在 250mL 容量瓶里加 10.0mL 0.025N 的硫代硫酸钠，稀释至刻度线。滴定 50mL 样品可用上述办法。

方法解释

亚硫酸根离子在酸性条件下被碘酸钾-碘化钾标准溶液滴定，有碘生成，遇淀粉变为蓝色，指示滴定终点。所消耗滴定试剂的体积与其中亚硫酸根含量成正比例关系。

消耗品和替代品信息

表 6.2.4-3　需要用到的试剂

试剂名称及描述	单　位	产品订货号
亚硫酸盐试剂组套件(约 100 次测试)		2272300
溶解氧 3 试剂粉枕包	100/pk	98799
碘酸钾-碘化钾滴定试剂 0.3998N	个	1496101
淀粉指示剂溶液	100mL MDB	34932
去离子水	4L	27256

表 6.2.4-4　推荐使用的标准样品

标准样品名称及描述	单　位	产品订货号
硫代硫酸钠标准溶液,0.025N	1000mL	2409353
亚硫酸盐标准溶液,浓度为 5000mg/L 10mL 安瓶瓶装	16/pk	2267410
硫酸标准溶液,19.2N	100mL MDB	203832
亚硫酸盐标准溶液,15mg/L	500mL	2408449

表 6.2.4-5　需要用到的仪器

名称及描述	单　位	产品订货号
数字滴定器	个	1690001
输液管 w/180°挂钩	个	1720500
输液管 w/90°挂钩	个	4157800
125mL 锥形瓶	个	50543
量筒 10mL	个	50838
量筒 25mL	个	50840
量筒 50mL	个	50841
10mL 移液管	根	1451538
温度计－10~225℃	个	2635700
移液枪,TenSette®	个	1970001
与产品 1970001 配套的移液枪头	50/pk	2185696
与产品 1970001 配套的移液枪头	1000/pk	2185628
容量瓶,250mL	个	1457446

6.2.5　硼，胭脂红法[1]，方法 8015（粉枕包）

测量范围

0.2~14mg/L B。

应用范围

用于水与废水中硼的测定。

测试准备工作

表 6.2.5-1　仪器详细说明

仪器	比色皿方向	比色皿
DR 6000 DR 3800 DR 2800 DR 2700 DR 1900	刻度线朝向右方	2495402 10mL
DR 5000 DR 3900	刻度线朝向用户	

---

[1] 根据《水与废水标准检测方法》改编。

(1) 所有的实验室用具都必须干燥。过多的水会造成使测试结果偏低。

(2) 在通风橱内使用 BoroVer 3 试剂，详见"试剂准备"部分。

(3) 在测试过程中戴防护眼镜和手套。

(4) 在准备样品和样品反应期间都不要盖上比色皿或锥形瓶，在将样品放入仪器之前可以盖上盖子。

(5) 硫酸有残留水分，会导致测试结果偏低。

(6) 在测未知浓度的样品之前，先测已知浓度的硼标准溶液，以确保浓硫酸浓度适合。

表 6.2.5-2　准备的物品

名 称 及 描 述	数　量	名 称 及 描 述	数　量
BoroVer 3 试剂粉枕包	1 包	2mL 移液管	2 根
50mL 和 100mL 量筒	各 1 个	浓硫酸	75mL
125mL 锥形瓶	2 个	比色皿(请参见"仪器详细说明")	2 个
250mL 锥形瓶	1 个	去离子水	2mL

注：订购信息请看"消耗品和替代品信息"。

胭脂红法（粉枕包）测试流程

（1）选择测试程序。参照"仪器详细说明"的要求插入适配器（插入方向请参见用户手册）。

（2）用 100mL 量筒量取 75mL 浓硫酸。将浓硫酸倒入 250mL 锥形瓶中。

（3）加入一包 BoroVer® 3 试剂粉枕包。
振荡 5min 直至粉末完全溶解。

（4）空白样准备：精确地移取 2mL 去离子水至 125mL 锥形瓶中。

（5）样品准备：精确地移取 2mL 去离子水至另一 125mL 锥形瓶中。

（6）用 50mL 量筒取步骤（3）中准备的溶液 35mL，分别倒入两个锥形瓶中。

（7）启动仪器定时器。计时反应 25min。

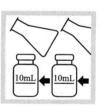

（8）反应到时后，从每个锥形瓶中倒出至少 10mL 溶液至 2 个方形比色皿中。

（9）擦干空白管外壁，置于样品池中。

（10）清零：仪器显示 0.0mg/L B。

（11）擦干样品管外壁，置于样品池中。

（12）读数：mg/L B。

样品的采集、保存与存储

采集样品时应使用清洁的聚乙烯或聚丙烯容器，耐碱的不含硼的玻璃容器也可。

试剂准备

边搅拌边向 75mL 浓硫酸里加入一包 BoroVer 3 试剂粉枕包，在准备此溶液的过程中会有 HCl 气体产生，请在通风橱或其他通风条件良好的实验室区域操作。该溶液可在塑料容器中稳定保存 48h。切勿在硼硅酸盐玻璃容器（Pyrex® 或 Kimax®）中放置超过 1h，溶液中的硼会残留在这类容器的内壁上。

BoroVer 3 试剂和浓硫酸的混合液是强酸性的，请将 pH 值中和至 6～9，并用水冲洗排放多余废液的管道，请参阅 MSDS 安全处理废弃物相关指导。

准确度检查方法

准确度检查所需的试剂与仪器有：①硼标准试剂，浓度为 1000mg/L B；②TenSette® 移液枪（0.1～1mL）和枪头；③5mL 移液管；④15mL 移液管；⑤25mL 混合用量筒。

（1）标准加入法（加标法）。步骤如下。

① 根据以下步骤准备 250mg/L 硼标准溶液：吸取 5mL 浓度为 1000mg/L 的硼标准试剂，加到混合用量筒中；向混合用量筒中加入 15mL 去矿物质的水，盖上盖子，彻底混匀。

② 读取测试结果后，将装有样品的比色皿（尚未加入标准溶液）留在仪器中。检查化学表达形式。

③ 在仪器菜单中选择标准添加程序。

④ 确认接受标样浓度、样品体积和加标体积的默认值，或修改这些默认值。当这些值确认好后，未加标的样品读数将显示在顶端的第一行（参见用户使用手册）。

⑤ 准备三个加标样。分别向三个量筒❶中加入 25mL 样品。使用 TenSette® 移液枪分别向三个量筒中依次加入 0.1mL、0.2mL 和 0.3mL 的标准溶液，充分混匀。

⑥ 从 0.1mL 的加标样开始，按照上述样品测试步骤依次对三个加标样品进行测试，每个加标样品取 2mL。按"Read（读数）"键确认接受每一个加标样品的测试值。每个加标样都应该达到约 100％的加标回收率。

⑦ 加标测试过程结束后，按"Graph（图表）"键将显示出根据加标数据计算得到的最佳拟合曲线，说明本底干扰的存在与否。按"Ideal Line（理想曲线）"键将显示出样品加标与 100％回收率的"理想曲线"之间的关系。

（2）标准溶液法。所需的试剂与仪器有：硼标准试剂，浓度为 1000mg/L B；200mL 容量瓶；A 级移液管；去离子水。

具体步骤如下。

① 按照下列步骤配制浓度为 10mg/L 的硼溶液。

a. 用 A 级移液管移取 2.00mL 浓度为 1000mg/L 的硼标准溶液，加入到 200mL 的容量瓶中。

b. 用去离子水稀释到容量瓶的刻度线。

c. 混匀。

② 用硼标准溶液所得的数据校准标准曲线，在仪器菜单中选择标准溶液校准程序。

③ 打开标准调整界面，确认接受当前标准溶液浓度。如果使用了其他浓度的标准溶液，输入标准溶液的实际浓度，并确认用此溶液浓度校准标准曲线。

方法精确度

表 6.2.5-3　方法精确度

程序	标值	精确度：95％置信区间分布	灵敏度：每 0.010Abs 单位变动下，浓度变动值
40	7.6mg/L B	7.5～7.7mg/L B	0.14(0.2mg/L B)；0.16(7mg/L B)；0.18(14mg/L B)

---

❶ 订购信息请参看"消耗品和替代品信息"。

方法解释

在硫酸存在的情况下，样品中的硼与胭脂红酸反应，使溶液从红色变为蓝色。蓝色的深浅程度与其中的硼含量成正比例关系。测试结果是在波长为605nm的可见光下读取的。

消耗品和替代品信息

表 6.2.5-4　需要用到的试剂

试剂名称及描述	数量/每次测量	单　　位	产品订货号
BoroVer 3 硼试剂粉枕包	1	100/pk	1417099
浓硫酸 ACS	75mL	2.5L	97909
去离子水	2mL	4L	27256

表 6.2.5-5　需要用到的仪器设备

设备名称及描述	数量/每次测量	单　　位	产品订货号
50mL 量筒	1	个	50841
100mL 量筒	1	个	50842
125mL 锥形瓶	2	个	50543
250mL 锥形瓶	1	个	50546
2mL 移液管 A 级	2	个	1451536

表 6.2.5-6　推荐使用的标准样品

标准样品名称及描述	单　　位	产品订货号
硼标准溶液,浓度为1000mg/L B	100mL	191442

表 6.2.5-7　可选择的试剂与仪器

名称及描述	单　　位	产品订货号
25mL 混合用量筒	个	2088640
pH 试纸,测量范围为 0~14	100/pk	2601300
移液枪,TenSette®,量程为 0.1~1.0mL	个	1970001
与产品 1970001 配套的移液枪头	50/pk	2185696
与产品 1970001 配套的移液枪头	1000/pk	2185628
移液管,A 级,5mL	个	1451537
移液管,A 级,15mL	个	1451539
容量瓶,A 级,200mL	个	1457445

6.2.6　余氯，USEPA[1]DPD 法[2]，方法8021（粉枕包或安瓿瓶）

测量范围

0.02~2.00mg/L Cl$_2$。

应用范围

用于测定水、经处理的水、河水与海水中的余氯（次氯酸和次氯酸根离子）。该法是 USEPA 认可的分析饮用水的方法。

测试准备工作

表 6.2.6-1　仪器详细说明

仪器	比色皿方向	比色皿
DR 6000 DR 3800 DR 2800 DR 2700 DR 1900	刻度线朝向右方	2495402 10mL
DR 5000 DR 3900	刻度线朝向用户	

---

❶ 根据《水与废水标准检测方法》改编。

❷ 该测试流程与测饮用水的 USEPA 4500-Cl G 标准方法相同。

仪器	比色皿方向	比色皿
DR 900	刻度线朝向用户	2401906

仪器	适配器	比色皿
DR 6000 DR 5000 DR 900	—	2427606
DR 3900	LZV846(A)	
DR 1900	9609900 或 9609800(C)	
DR 3800 DR 2800 DR 2700	LZV584(C)	2122800

(1) 如果样品浓度超过测试量程，用已知体积的优质无氯水稀释样品，并重复测试。由于稀释，可能会导致氯的损失。将测试所得结果乘以稀释倍数。另外，含氯量高的样品也可不用稀释，直接用余氯（高量程）10069 方法分析。

(2) 测试流程（4）中可以用 SwifTest 分配器或余氯试剂粉枕包代替所加药品粉末。

(3) 采样后立即分析样品，请勿保存至以后再分析。

(4) 参见"仪器详细说明"选择适合的比色皿和适配器。

(5) 在步骤（2）中可以用空的安瓿瓶作为空白样来代替比色皿。

(6) 测试余氯和总氯时不能使用同一个比色皿，如果余氯测试中有总氯试剂中微量的碘化物残留，一氯胺会产生干扰。最佳方法是使用不同的比色皿测试余氯和总氯。

表 6.2.6-2　准备的物品

名 称 及 描 述	数 量	名 称 及 描 述	数 量
粉枕包测试 DPD 余氯试剂粉枕包 10mL 比色皿（见"仪器详细说明"）	 1 包 2 个	安瓿瓶测试 DPD 余氯试剂 安瓿瓶装 50mL 烧杯 比色皿（见"仪器详细说明"）	 1 个 1 个 1 个

粉枕包测试流程

（1）选择测试程序。参照"仪器详细说明"的要求插入适配器（具体方向请参见用户手册）。

（2）空白样准备：向比色皿中加入10mL样品。

（3）将空白管擦拭干净，放入样品池中。清零：仪器显示0.00mg/L Cl₂。

（4）准备样品：另取一比色皿，加入10mL样品。
向比色皿中加入一包 DPD 余氯试剂粉枕包。

（5）反复摇晃比色皿 20s，混匀。若有氯存在溶液会呈现粉红色。
立即按测试流程（6）操作。

（6）加入试剂后1min内，将准备好的样品管放入样品池中。读数，结果以 Cl_2 计，单位：mg/L。

安瓿瓶测试流程

（1）选择测试程序。参照"仪器详细说明"的要求插入适配器。

（2）空白样准备：向比色皿中加入10mL样品。

（3）将空白管擦拭干净，放入样品池中。

清零：仪器显示0.00mg/L Cl_2。

（4）准备样品：在50mL烧杯中收集至少40mL样品。向装有DPD余氯试剂的安瓿瓶中装满样品。此过程中安瓿瓶瓶颈一定要浸没在水样内。

（5）盖上塞子。快速上下颠倒安瓿瓶以混匀溶液。擦去瓶外的液体和指纹。

（6）在加入水样后1min内，将安瓿瓶外壁擦干净放入样品池中，读数，结果以 Cl_2 计，单位：mg/L。

干扰物质

表 6.2.6-3　干扰物质

干扰成分	干扰程度及处理方法
酸度	以 $CaCO_3$ 计，酸度大于150mg/L时会干扰。阻碍颜色形成或颜色形成后立即退去。用1N的氢氧化钠将pH值中和至6~7。确定所加氢氧化钠体积，再向待测样品中加入相同体积的氢氧化钠。修正额外加入的体积
碱度	以 $CaCO_3$ 计，碱度大于250mg/L时会干扰。阻碍颜色形成或颜色形成后立即退去。用1N的硫酸将pH值中和至6~7。确定所加硫酸的体积，再向待测样品中加入相同体积的硫酸。修正额外加入的体积
溴 Br_2	产生正干扰
二氧化氯 ClO_2	产生正干扰
有机氯胺	可能干扰
硬度	以 $CaCO_3$ 计，浓度小于1000mg/L不会产生干扰
碘 I_2	产生正干扰
氧化态锰离子（Mn^{4+}、Mn^{7+}）或氧化态铬离子（Cr^{6+}）	①将样品pH值调至6~7 ②向10mL样品中加入3滴碘化钾溶液（30g/L） ③混匀，等待1min ④加3滴亚砷酸钠溶液①（5g/L），混匀 ⑤按上述流程分析经处理的10mL样品 ⑥从原始结果中减去上述测试所得的值，得到正确的余氯浓度
一氯胺	导致读数逐渐变高。加入试剂后1min内读数，浓度为3mg/L的一氯胺会使读数增加，增加量一般小于0.1mg/L

干 扰 成 分	干扰程度及处理方法
臭氧	产生正干扰
过氧化物	可能干扰
极端 pH 值或高度浑浊的样品	用 1.000N 的硫酸或 1.00N 的氢氧化钠将 pH 值调至 6～7

① 经亚砷酸钠处理的样品是危险废弃物，其处理受到管制。详情请参阅《MSDS正确处理危险物品指导》。

样品的采集、保存与存储

(1) 采样后立即进行氯的测试分析。余氯是强氧化剂且在天然水体中不稳定。它可以与许多无机化合物快速起反应，也可以缓慢地氧化有机化合物。许多因素，包括反应物浓度、光照、温度、pH 和盐度都会影响水中余氯的降解。

(2) 避免使用塑料容器，因为塑料容器会与氯起反应。

(3) 预处理玻璃容器以去除氯，可以浸泡在稀的漂白剂溶液中（在 1L 去离子水中加入 1mL 化学漂白剂）至少 1h。再用去离子水或蒸馏水彻底冲洗容器。如果样品容器在使用后彻底冲洗了，只需偶尔进行预处理即可。

(4) 在测试氯时常见的错误就是取样不具有代表性。如果是从水管中获取水样，至少让水流 5min，以确保取样有代表性。收集时使水样溢出容器，再盖上盖子，这样样品上方就不会有空气。如果使用比色皿进行分析，则要用样品溶液润洗比色皿数次，再仔细地加至 10mL 刻度线。

准确度检查方法——标准加入法（加标法）

准确度检查所需的试剂与仪器设备有：氯 Voluette® 安瓿瓶标准试剂，浓度为 25～30mg/L；TenSette® 移液枪（0.1～1.0mL）和枪头；安瓿瓶开口器。

具体步骤如下。

(1) 读取测试结果后，将装有样品的比色皿（尚未加入标准物质）留在仪器中。

(2) 在仪器菜单中选择标准添加程序。

(3) 输入氯溶液的平均浓度（见安瓿瓶标准试剂说明书）。

(4) 仪器显示标准添加测试流程的解释。按"OK（好）"键确认标样浓度、样品体积和加标体积的默认值。当这些值确认好后，未加标的样品读数将显示在顶端的第一行。

(5) 打开氯 Voluette® 安瓿瓶标准试剂。

(6) 准备三个加标样。分别加 0.1mL、0.2mL 和 0.3mL 的标准试剂于 10mL 样品中。

注：如果使用 AccuVac® 安瓿瓶，则分别加 0.4mL，0.8mL 和 1.2mL 的标准试剂于 50mL 样品中。

(7) 从 0.1mL 的加标样开始，按照上述样品测试步骤依次对三个加标样品进行测试。

(8) 按"Graph（图表）"键将显示结果。按"Ideal Line（理想曲线）"键将显示出样品加标与 100% 回收率的"理想曲线"之间的关系。

注：如果结果不在可接受的范围内（±10%），确认样品体积和所加标样体积无误。样品体积和所加标样体积必须与标准添加菜单中的选择一致。如果所有操作流程均正确，但标准添加结果不在可接受的范围内，那么样品可能存在干扰。

方法精确度

表 6.2.6-4　方法精确度

程序	标值	精确度：95%置信区间分布	灵敏度：每 0.010Abs 单位变动下,浓度变动值
80	1.25mg/L Cl₂	1.23～1.27mg/L Cl₂	0.02mg/L Cl₂

程序	标值	精确度： 95％置信区间分布	灵敏度：每 0.010Abs 单位变动下，浓度变动值
85	1.25mg/L Cl₂	1.21～1.29mg/L Cl₂	0.02mg/L Cl₂

方法解释

样品中的余氯（以次氯酸和次氯酸盐离子形式存在）立即与 DPD（N,N-二乙基对苯二胺）指示剂反应，使溶液呈粉红色。颜色的深浅程度与其中的余氯含量成正比例关系。

消耗品和替代品信息

表 6.2.6-5   需要用到的试剂

试剂名称及描述	数量/每次测量	单　　位	产品订货号
DPD 余氯试剂 AccuVac® 安瓿瓶 或	1	个	2502025
DPD 余氯试剂粉枕包(10mL)	1	100/pk	2105569

表 6.2.6-6   需要用到的仪器（AccuVac）

试剂名称及描述	数量/每次测量	单　　位	产品订货号
50mL 烧杯	1	个	50041H

表 6.2.6-7   推荐使用的标准样品

标准样品名称及描述	单　　位	产品订货号
氯标准溶液，浓度为 25～30mg/L 2mL 安瓿瓶装	20/pk	2630020

表 6.2.6-8   可选择的试剂与仪器

名称及描述	单　　位	产品订货号
SwifTest 分配器(余氯专用)	—	2802300
无氯水	500mL	2641549
混合量筒 25mL	个	2088640
混合量筒 50mL	个	189641
DPD 余氯试剂 10mL(SwifTest 分配器分装好)	250 次测试	2105560
DPD 余氯试剂粉枕包 10mL	300/pk	2105503
DPD 余氯试剂粉枕包 10mL	1000/pk	2105528
pH 试纸，测量范围为 0～14	100/pk	2601300
移液枪，TenSette®，量程为 0.1～1.0mL	个	1970001
与产品 1970001 配套的移液枪头	50/pk	2185696
与产品 1970001 配套的移液枪头	1000/pk	2185628
氢氧化钠溶液，1N	100mL	104532
硫酸溶液，1N	100mL	127032
碘化钾溶液 30g/L	100mL	34332
亚砷酸钠溶液，5g/L	100mL	104732
氯化物标准溶液 2mL PourRite 安瓿瓶装，50～75mg/L	20/pk	1426820
氯化物标准溶液 10mL Voluette 安瓿瓶装，50～75mg/L	16/pk	1426810

6.2.7　余氯，DPD 法[1]高量程，方法 10069（粉枕包）

测量范围

0.1～10.00mg/L Cl₂。

---

[1] 根据《水与废水标准检测方法》改编。

应用范围

用于测定饮用水、冷却水与工业处理水中的高浓度余氯（次氯酸和次氯酸盐离子）。该法是 USEPA 认可的分析饮用水的方法。

测试准备工作

表 6.2.7-1　仪器详细说明

仪器	适配器	比色皿方向	比色皿
DR 6000	—	方向标记与适配器的指示箭头一致	4864302
DR 5000	A23618	方向标记指向用户	
DR 3900	LZV846(A)	方向标记背向用户	
DR 1900	9609900 或 9609800(C)	方向标记与适配器的指示箭头一致	
DR 900	—	方向标记指向用户	
DR 3800 DR 2800 DR 2700	LZV585(B)	1cm 光程方向与适配器的指示箭头一致	5940506

(1) 采样后立即分析样品，请勿保存至以后再分析。

(2) 如果氯化物浓度低于 2mg/L，请使用方法 8021，程序号 80。

(3) 在光照强烈（直接光照）的情况下，测试时用防护罩遮住样品室。

表 6.2.7-2　准备的物品

名称及描述	数　量
DPD 余氯试剂粉枕包	1 包
比色皿（见"仪器详细说明"）	2 个

注：订购信息请参看"消耗品和替代品信息"。

多通道比色皿法

（1）选择测试程序。参照"仪器详细说明"的要求插入适配器（具体方向请参见用户手册）。

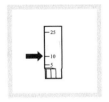

（2）向比色皿中加入样品至 5mL 刻度线。

（3）将空白管擦拭干净，放入样品池中。

（4）清零：仪器显示 0.00mg/L Cl_2。

（5）取出比色皿，向其中加入一包 DPD 余氯试剂粉枕包（适用于 25mL 样品）。

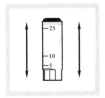

（6）盖上盖子，摇晃比色皿 20s，使粉末溶解。若有氯存在，溶液会呈现粉红色。

（7）将准备好的样品管放入样品池中。读数，结果以 Cl_2 计，单位：mg/L。

干扰物质

表 6.2.7-3　干扰物质

干 扰 成 分	干扰程度及处理方法
酸度	以 $CaCO_3$ 计,酸度大于 150mg/L 时会干扰。阻碍颜色形成或颜色形成后立即退去。用 1N 的氢氧化钠将 pH 值中和至 6～7。确定所加氢氧化钠体积,再向待测样品中加入相同体积的氢氧化钠。修正额外加入的体积量
碱度	以 $CaCO_3$ 计,碱度大于 250mg/L 时会干扰。阻碍颜色形成或颜色形成后立即退去。用 1N 的硫酸将 pH 值中和至 6～7。确定所加硫酸的体积,再向待测样品中加入相同体积的硫酸。修正额外加入的体积量
溴 Br_2	产生正干扰
二氧化氯 ClO_2	产生正干扰
有机氯胺	可能干扰
碘 I_2	产生正干扰
氧化态锰离子(Mn^{4+}、Mn^{7+})或氧化态铬离子(Cr^{6+})	(1)将样品 pH 值调至 6～7 (2)向 5mL 样品中加入 3 滴碘化钾溶液(30g/L) (3)混匀,等待 1min (4)加 2 滴亚砷酸钠溶液[1][2](5g/L),混匀 (5)按上述流程分析经处理的样品 (6)从原始结果中减去上述测试所得的值,得到正确的余氯浓度

对于常规的氯消毒(在加氯转折点以外),一氯胺的浓度非常低。如果样品中存在一氯胺,它对测试的影响程度取决于样品的温度、一氯胺比余氯的相对浓度和分析测试所需的时间

典型的一氯胺干扰程度(测试时间为 1min,以 mg/L Cl_2 计):

一氯胺(NH_2Cl)	NH_2Cl 浓度	样品温度/℃(℉)			
		5(41)	10(50)	20(68)	30(86)
	1.2mg/L	+0.15	0.19	0.30	0.29
	2.5mg/L	+0.35	0.38	0.55	0.61
	3.5mg/L	+0.38	0.56	0.69	0.73
	5.0mg/L	+0.68	0.75	0.93	1.05

臭氧	产生正干扰
过氧化物	可能干扰
极端 pH 值或高度浑浊的样品	用 1.000N 的硫酸[1]或 1.00N 的氢氧化钠[1]将 pH 值调至 6～7

[1] 请见"可选择的试剂与仪器"。
[2] 经亚砷酸钠处理的样品是危险废弃物,其处理受到管制。详情请参阅《MSDS 正确处理危险物品指导》。

样品的采集、保存与存储

（1）采样后立即进行氯的测试分析。余氯是强氧化剂,并与许多化合物起反应。许多因素,包括水样组成、光照、温度、pH 都会影响水中余氯的降解。

（2）避免使用塑料容器,因为塑料容器会与氯起反应。预处理玻璃容器以去除氯,可以浸泡在稀的漂白剂溶液中（在 1L 去离子水中加入 1mL 化学漂白剂）至少 1h。再用去离子水或蒸馏水彻底冲洗容器。如果样品容器在使用后彻底冲洗了,只需偶尔进行预处理即可。

（3）在测余氯和总氯时不能使用同一个比色皿。如果余氯测试中有总氯试剂中微量的碘化物残留,一氯胺会产生干扰。最佳方法是使用专用的比色皿分别测试余氯和总氯。

（4）在测试氯时常见的错误就是取样不具有代表性。如果是从水管中获取水样,至少让水流 5min,以确保取样有代表性。收集时使水样溢出容器,再盖上盖子,这样样品上方就不会有空

气。如果使用比色皿进行分析，则要用样品溶液润洗比色皿数次，再仔细地加样品至5mL刻度线。加完后立即测试。

准确度检查方法——标准加入法（加标法）

(1) 读取测试结果后，将装有样品的比色皿（尚未加入标准物质）留在仪器中。

(2) 在仪器菜单中选择标准添加程序。

(3) 按"OK（好）"键确认标样浓度、样品体积和加标体积的默认值，或者按"edited（编辑）"这些值。当这些值确认好后，未加标的样品读数将显示在顶端的第一行。详见用户使用手册。

(4) 打开高量程氯PourRite®安瓿瓶标准试剂，50~75mg/L。

(5) 准备三个加标样。分别向3个混合量筒中加入5mL样品，再用移液管分别取0.1mL、0.2mL和0.3mL的标准试剂于5mL样品中，混匀。

(6) 按照上述样品测试步骤依次对三个加标样品进行测试。按"Read（读数）"键确认加标样的结果。每个加标样应该反映出约100%的回收率。

方法精确度

表6.2.7-4　方法精确度

程序	标值	精确度： 95%置信区间分布	灵敏度：每0.010Abs 单位变动下，浓度变动值
88	5.4mg/L Cl$_2$	5.3~5.5mg/L Cl$_2$	0.04mg/L Cl$_2$

方法解释

按一定比例向样品中多加指示剂可以拓展DPD法测余氯的范围，因此，向5mL样品中加入一整包DPD余氯试剂粉枕包。

样品中的余氯（以次氯酸和次氯酸盐离子形式存在）立即与DPD（N,N-二乙基对苯二胺）指示剂反应，使溶液呈粉红色。颜色的深浅程度与其中的余氯含量成正比例关系。测试结果是在波长为530nm的可见光下读取的。

消耗品和替代品信息

表6.2.7-5　需要用到的试剂

试剂名称及描述	数量/每次测量	单　　位	产品订货号
DPD余氯试剂粉枕包（适用于25mL样品）	1	100/pk	1407099

表6.2.7-6　推荐使用的标准样品

标准样品名称及描述	单　　位	产品订货号
Spec→Gel副基准组件，DPD，氯0~10mg/L	4/pk	2893300
氯标准溶液，浓度为50~75mg/L，10mL Voluette®安瓿瓶装	16/pk	1426810
氯标准溶液，浓度为50~75mg/L，2mL PourRite®安瓿瓶装	20/pk	1426820
氯标准溶液，浓度为25~30mg/L，2mL PourRite®安瓿瓶装	20/pk	2630020

表6.2.7-7　可选择的试剂与仪器

名称及描述	单　　位	产品订货号
混合量筒，25mL	个	2088640
DPD余氯试剂粉枕包，10mL	300/pk	2105503
DPD余氯试剂粉枕包，10mL	1000/pk	2105528
pH试纸，测量范围为0~14	100/pk	2601300
移液枪，TenSette®，量程为0.1~1.0mL	个	1970001
与产品1970001配套的移液枪头	50/pk	2185696
氢氧化钠溶液，1N	100mL	104532
碘化钾溶液，30g/L	100mL	34332
亚砷酸钠溶液，5g/L	100mL	104732
温度计，10~225℃	个	2635700
硫酸溶液，1N	100mL	127032

6.2.8 余氯，DPD法[❶]，方法10102（TNT试管）

测量范围

0.09～5.00mg/L Cl_2。

应用范围

用于测定饮用水、冷却水与工业处理水中的高浓度余氯（次氯酸和次氯酸盐离子）。

测试准备工作

表6.2.8-1 仪器详细说明

仪器	适配器	遮光罩
DR 6000、DR 5000	—	—
DR 3900	—	LZV849
DR 3800、DR 2800、DR 2700	—	LZV646
DR 1900	9609900(D[1])	—
DR 900	4846400	遮光罩随机附带

[1] D适配器不是每台仪器都具有。

(1) 使用 DR 3900、DR 3800、DR 2800 和 DR 2700 测试时要用遮光罩遮住样品室。

(2) 采样后立即分析样品，请勿保存至以后再分析。

(3) 为了测试结果更加准确，每一批新的试剂都应该测定试剂空白值。试剂空白的测定同样按照测试步骤进行，把样品换成去离子水进行测试。从最后的测试结果中将试剂空白值扣除，或者调整仪器的试剂空白。

(4) 将水样加入 TNT 试管后，若有氯存在，溶液会呈现粉红色。

表6.2.8-2 准备的物品

名 称 及 描 述	数 量
遮光罩(见"仪器详细说明")	1个
TNT 试管(内含 DPD 余氯试剂)	1个

注：订购信息请参看"消耗品和替代品信息"。

TNT 试管 DPD 法

    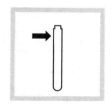

（1）选择测试程序。参照"仪器详细说明"的要求插入适配器(具体方向请参见用户手册)。

（2）空白样准备：向一空白的 TNT 试管中加入样品至顶端的刻度线。

（3）将空白管擦拭干净，放入 16mm 样品池中。

（4）清零：仪器显示 0.00mg/L Cl_2。

（5）向装有 DPD 余氯试剂的 TNT 试管中加入 10mL 样品，至顶端的刻度线。

---

❶ 根据《水与废水标准检测方法》改编。

（6）盖上盖子，缓慢地颠倒试管 10 次，使粉末完全溶解。颠倒后将试管静置 30s。

（7）将样品管擦拭干净，放入 16mm 样品池中。

（8）读数，结果以 Cl_2 计，单位：mg/L。

干扰物质

表 6.2.8-3　干扰物质

干扰成分	干扰程度及处理方法
酸度	以 $CaCO_3$ 计，酸度大于 150mg/L 时会干扰。阻碍颜色形成或颜色形成后立即退去。用 1N 的氢氧化钠将 pH 值中和至 6～7。确定所加氢氧化钠体积，再向待测样品中加入相同体积的氢氧化钠。修正额外加入的体积量
碱度	以 $CaCO_3$ 计，碱度大于 250mg/L 时会干扰。阻碍颜色形成或颜色形成后立即退去。用 1N 的硫酸将 pH 值中和至 6～7。确定所加硫酸的体积，再向待测样品中加入相同体积的硫酸。修正额外加入的体积量
溴 Br_2	产生正干扰
二氧化氯 ClO_2	产生正干扰
有机氯胺	可能干扰
硬度	以 $CaCO_3$ 计，大于 1000mg/L 会有干扰
碘 I_2	产生正干扰
氧化态锰离子（Mn^{4+}、Mn^{7+}）或氧化态铬离子（Cr^{6+}）	(1) 将样品 pH 值调至 6～7 (2) 向 25mL 样品中加入 3 滴碘化钾溶液①（30g/L） (3) 混匀，等待 1min (4) 加 2 滴亚砷酸钠溶液②（5g/L），混匀 (5) 按上述流程分析经处理的样品 10mL (6) 从原始结果中减去上述测试所得的值，得到正确的余氯浓度
一氯胺（NH_2Cl）	对于常规的氯气消毒（在加氯转折点以外），一氯胺的浓度非常低。如果样品中存在一氯胺，它对测试的影响程度取决于样品的温度、一氯胺比余氯的相对浓度和分析测试所需的时间。 典型的一氯胺干扰程度（测试时间为 1min，以 mg/L Cl_2 计）： 表见下
臭氧	产生正干扰

一氯胺（NH_2Cl）行内表：

NH_2Cl 浓度	样品温度/℃（℉）			
	5(40)	10(50)	20(68)	30(83)
1.2mg/L	+0.15	0.19	0.30	0.29
2.5mg/L	+0.35	0.38	0.55	0.61
3.5mg/L	+0.38	0.56	0.69	0.73

注：请使用哈希方法 10200 确定一氯胺的浓度。

干 扰 成 分	干扰程度及处理方法
过氧化物	可能干扰
极端 pH 值或高度浑浊的样品	用 1.000N 的硫酸①或 1.00N 的氢氧化钠①将 pH 值调至 6~7

① 请见"可选择的试剂与仪器"。
② 经亚砷酸钠处理的样品是危险废弃物,其处理受到管制。详情请参阅《MSDS 正确处理危险物品指导》。

样品的采集、保存与存储

(1) 采样后立即进行氯的测试分析。余氯是强氧化剂,在天然水体中不稳定。它可以与许多无机化合物快速起反应,也可以缓慢地氧化有机化合物。许多因素,包括反应物浓度、光照、温度、pH 值、盐度都会影响水中余氯的降解。

(2) 避免使用塑料容器,因为塑料容器会与氯起反应。预处理玻璃容器以去除氯,可以浸泡在稀的漂白剂溶液中(在 1L 去离子水中加入 1mL 化学漂白剂)至少 1h。再用去离子水或蒸馏水彻底冲洗容器。如果样品容器在使用后彻底冲洗了,只需偶尔进行预处理即可。

(3) 在测试氯时常见的错误就是取样不具有代表性。如果是从水管中获取水样,至少让水流 5min,以确保取样有代表性。收集时使水样溢出容器,再盖上盖子,这样样品上方就不会有空气。采样后立即测试。

准确度检查方法——标准加入法(加标法)

所需溶液和仪器有:PourRite®安瓿瓶装高量程氯标准溶液(50~75mg/L Cl_2);TenSette 移液枪。

具体步骤如下。

(1) 读取测试结果后,将装有样品的比色皿(尚未加入标准物质)留在仪器中。确认仪器显示的单位是 mg/L。

(2) 在仪器菜单中选择标准添加程序。

(3) 输入安瓿瓶上显示的氯的平均浓度。按"OK(好)"键确认。显示标准添加的测试流程。再按"OK(好)"键确认。

(4) 打开高量程 PourRite®安瓿瓶氯标准试剂,50~75mg/L。

(5) 用移液管向 10mL 样品中加入 0.1mL 标准试剂,混匀。

(6) 按照上述样品测试步骤对加标样品进行测试。按"Read(读数)"键确认加标样的结果。每个加标样应该反映出约 100% 的回收率。

方法精确度

表 6.2.8-4　方法精确度

程序	标值	精确度:95%置信区间分布	灵敏度:每 0.010Abs 单位变动下,浓度变动值
89	2.68mg/L Cl_2	2.63~2.73mg/L Cl_2	0.03mg/L Cl_2

方法解释

样品中的余氯(以次氯酸和次氯酸盐离子形式存在)立即与 DPD(N,N-二乙基对苯二胺)指示剂反应,使溶液呈粉红色。颜色的深浅程度与其中的余氯含量成正比例关系。测试结果是在波长为 530nm 的可见光下读取的。

消耗品和替代品信息

表 6.2.8-5　需要用到的试剂

试剂名称及描述	数量/每次测量	单 位	产品订货号
TNT 试管(内含 DPD 余氯试剂)	1	50/pk	2105545

表 6.2.8-6　推荐使用的标准样品

标准样品名称及描述	单　位	产品订货号
氯标准溶液,浓度为 50~75mg/L,10mL Voluette® 安瓿瓶装	16/pk	1426810
氯标准溶液,浓度为 50~75mg/L,2mL PourRite® 安瓿瓶装	20/pk	1426820
氯标准溶液,浓度为 25~30mg/L,2mL PourRite® 安瓿瓶装	20/pk	2630020

表 6.2.8-7　可选择的试剂与仪器

名称及描述	单　位	产品订货号
无汞温度计-10~225℃	个	2635700
pH 试纸,测量范围为 0~14	100/pk	2601300
移液枪,TenSette®,量程为 0.1~1.0mL	个	1970001
与产品 1970001 配套的移液枪头	50/pk	2185696
与产品 1970001 配套的移液枪头	1000/pk	2185628
试管架	个	1864100
氢氧化钠溶液,1N	100mL	104532
碘化钾溶液 30g/L	100mL	34332
亚砷酸钠溶液,5g/L	100mL	104732
硫酸溶液,1N	100mL	127032

6.2.9　余氯，USEPA❶DPD 法，方法 8021（大瓶装）

测量范围

$0.02~2.00$mg/L Cl_2。

应用范围

用于测定水、经处理的水、河水与海水中的余氯（次氯酸和次氯酸盐离子）。

测试准备工作

表 6.2.9-1　仪器详细说明

仪器	比色皿方向	比色皿
DR 6000 DR 3800 DR 2800 DR 2700 DR 1900	刻度线朝向右方	2495402
DR 5000 DR 3900	刻度线朝向用户	
DR 900	刻度线朝向用户	2401906

仪器	适配器	比色皿
DR 6000 DR 5000 DR 900	—	2427606
DR 3900	LZV846(A)	
DR 1900	9609900 或 9609800(C)	

---

❶ 该法是 USEPA 认可的对饮用水分析法。该测试流程与测饮用水的 4500-Cl G 标准方法相同。

仪器	适配器	比色皿
DR 3800 DR 2800 DR 2700	LZV584(C)	2122800 –10mL

（1）如果样品浓度超过测试量程，用已知体积的优质无氯水稀释样品，并重复测试。由于稀释可能会导致氯的损失，将测试所得结果乘以稀释倍数。另外，含氯量高的样品也可不用稀释，直接用余氯（高量程）10069 方法分析。

（2）步骤（4）中可以用分装器或余氯试剂粉枕包代替所加药品粉末。

（3）采样后立即分析样品，请勿保存至以后再分析。

（4）参见"仪器详细说明"选择适合的比色皿和适配器。

（5）测试余氯和总氯时不能使用同一个比色皿，如果余氯测试中有总氯试剂中微量的碘化物残留，一氯胺会产生干扰。最佳方法是使用不同的比色皿测试余氯和总氯。

表 6.2.9-2　准备的物品

名 称 及 描 述	数 量
DPD 余氯试剂粉枕包	0.1g
药勺	1个
1in 方形比色皿 10mL	2个

大瓶装 DPD 法测试流程

（1）选择测试程序。参照"仪器详细说明"的要求插入适配器（具体方向请参见用户手册）。

（2）空白样准备：向比色皿中加入 10mL 样品。

（3）将空白管擦拭干净，放入样品池中。清零：仪器显示 0.00mg/L Cl₂

（4）准备样品：另取一比色皿，加入 10mL 样品。加入 0.1g DPD 余氯试剂粉末。

（5）反复摇晃比色皿 20s，混匀。若有氯存在溶液会呈现粉红色。立即按步骤（6）操作。

（6）加入试剂后 1min 内，将准备好的样品管放入样品池中。读数，结果以 Cl₂ 计，单位:mg/L。

干扰物质

表 6.2.9-3　干扰物质

干 扰 成 分	干扰程度及处理方法
酸度	以 $CaCO_3$ 计,酸度大于 150mg/L 时会干扰。阻碍颜色形成或颜色形成后立即退去。用 1N 的氢氧化钠将 pH 值中和至 6～7。确定所加氢氧化钠溶液体积,再向待测样品中加入相同体积的氢氧化钠。修正额外加入的体积

干 扰 成 分	干扰程度及处理方法
碱度	以 $CaCO_3$ 计,碱度大于 250mg/L 时会干扰。阻碍颜色形成或颜色形成后立即退去。用 1N 的硫酸将 pH 值中和至 6~7,确定所加硫酸的体积,再向待测样品中加入相同体积的硫酸。修正额外加入的体积
溴 Br_2	产生正干扰
二氧化氯 ClO_2	产生正干扰
有机氯胺	可能会干扰
硬度	以 $CaCO_3$ 计,浓度小于 1000mg/L 不会产生干扰
碘 I_2	产生正干扰
氧化态锰离子(Mn^{4+}、Mn^{7+})或氧化态铬离子(Cr^{6+})	(1)将样品 pH 值调至 6~7 (2)向 10mL 样品中加入 3 滴碘化钾溶液(30g/L) (3)混匀,等待 1min (4)加 3 滴亚砷酸钠溶液①(5g/L),混匀 (5)按上述流程分析经处理的样品 (6)从原始结果中减去上述测试所得的值,得到正确的余氯浓度
一氯胺	导致读数逐渐变高。加入试剂后 1min 内读数,浓度为 3mg/L 的一氯胺会使读数增加,增加量一般小于 0.1mg/L
臭氧	产生正干扰
过氧化物	可能会干扰
极端 pH 值或高度浑浊的样品	用 1.000N 的硫酸或 1.00N 的氢氧化钠将 pH 值调至 6~7

① 经亚砷酸钠处理的样品是危险废弃物,其处理受到管制。详情请参阅《MSDS 正确处理危险物品指导》。

样品的采集、保存与存储

(1) 采样后立即进行氯的测试分析。余氯是强氧化剂且在天然水体中不稳定。它可以与许多无机化合物快速起反应,也可以缓慢地氧化有机化合物。许多因素,包括反应物浓度、光照、温度、pH 值和盐度都会影响水中余氯的降解。

(2) 避免使用塑料容器,因为塑料容器会与氯起反应。

(3) 预处理玻璃容器以去除氯,可以浸泡在稀的漂白剂溶液中(在 1L 去离子水中加入 1mL 化学漂白剂)至少 1h。

(4) 再用去离子水或蒸馏水彻底冲洗容器。如果样品容器在使用后彻底冲洗了,只需偶尔进行预处理即可。

(5) 在测试氯时常见的错误就是取样不具有代表性。如果是从水管中获取水样,至少让水流 5min,以确保取样有代表性。收集时使水样溢出容器,再盖上盖子,这样样品上方就不会有空气。

(6) 如果使用比色皿进行分析,则要用样品溶液润洗比色皿数次,再仔细地加至 10mL 刻度线。

准确度检查方法——标准加入法(加标法)

准确度检查所需的试剂与仪器设备有:氯 PourRite® 安瓿瓶标准试剂,浓度为 25~30mg/L;TenSette® 移液枪(0.1~1.0mL)和枪头;安瓿瓶开口器。

具体步骤如下。

(1) 读取测试结果后,将装有样品的比色皿(尚未加入标准物质)留在仪器中。

(2) 在仪器菜单中选择标准添加程序。

(3) 输入氯溶液的平均浓度(见安瓿瓶标准试剂说明书)

（4）仪器显示标准添加测试流程的解释。按"OK（好）"键确认标样浓度、样品体积和加标体积的默认值。当这些值确认好后，未加标的样品读数将显示在顶端的第一行。

（5）打开氯 PourRite® 安瓿瓶标准试剂。

（6）准备三个加标样，分别加 0.1mL、0.2mL 和 0.3mL 的标准试剂于 10mL 样品中。

（7）从 0.1mL 的加标样开始，按照上述样品测试步骤依次对三个加标样品进行测试。

（8）按"Graph（图表）"键将显示结果。按"Ideal Line（理想曲线）"键将显示出样品加标与 100％回收率的"理想曲线"之间的关系。

注：如果结果不在可接受的范围内（±10％），确认样品体积和所加标样体积无误。样品体积和所加标样体积必须与标准添加菜单中的选择一致。如果所有操作流程均正确，但标准添加结果不在可接受的范围内，那么样品可能存在干扰。

方法精确度

表 6.2.9-4 方法精确度

程序	标值	精确度：95％置信区间分布	灵敏度：每 0.010Abs 单位变动下，浓度变动值
80	1.25mg/L Cl$_2$	1.23～1.27mg/L Cl$_2$	0.02mg/L Cl$_2$
85	1.25mg/L Cl$_2$	1.21～1.29mg/L Cl$_2$	0.02mg/L Cl$_2$

方法解释

在样品中以次氯酸和次氯酸根形式存在的余氯，与 DPD（N,N-二乙基对苯二胺）指示剂反应，使溶液呈粉红色。颜色的深浅程度与其中的氯含量成正比例关系。测试结果是在波长为 530nm 的可见光下读取的。

消耗品和替代品信息

表 6.2.9-5 需要用到的试剂

试剂名称及描述	数量/每次测量	单位	产品订货号
DPD 余氯试剂粉枕包（100 次测试）	0.1g	100 次测试	2951110

表 6.2.9-6 推荐使用的标准样品

标准样品名称及描述	单位	产品订货号
氯标准溶液，浓度为 25～30mg/L 2mL 安瓿瓶装	20/pk	2630020

表 6.2.9-7 可选择的试剂与仪器

名称及描述	单位	产品订货号
2mL PourRite 安瓿瓶	个	2484600
无氯水	500mL	2641549
混合用量筒 25mL	个	2088640
混合用量筒 50mL	个	189641
DPD 余氯试剂，300 次测试	300 次测试	2951130
DPD 余氯试剂粉枕包	100/pk	2105569
DPD 余氯试剂粉枕包	1000/pk	2105528
pH 试纸，测量范围为 0～14	100/pk	2601300
移液枪，TenSette® ，量程为 0.1～1.0mL	个	1970001
与产品 1970001 配套的移液枪头	50/pk	2185696

名称及描述	单 位	产品订货号
与产品 1970001 配套的移液枪头	1000/pk	2185628
氢氧化钠溶液,1N	100mL	104532
硫酸溶液,1N	100mL	127032
碘化钾溶液,30g/L	100mL	34332
亚砷酸钠溶液,5g/L	100mL	104732

6.2.10 总氯,USEPA[1]DPD法[2],方法8167（粉枕包或安瓿瓶）

测量范围

$0.02 \sim 2.00 \mathrm{mg/L}$ Cl_2。

应用范围

用于测定水、废水、河水、海水中的游离余氯和氯胺。该法是 USEPA 认可的分析饮用水和废水的方法。

测试准备工作

表 6.2.10-1　仪器详细说明

仪器	比色皿方向	比色皿
DR 6000 DR 3800 DR 2800 DR 2700 DR 1900	刻度线朝向右方	2495402 10mL
DR 5000 DR 3900	刻度线朝向用户	
DR 900	刻度线朝向用户	2401906 25mL 20mL 10mL

仪器	适配器	比色皿
DR 6000 DR 5000 DR 900	—	2427606 10mL
DR 3900	LZV846(A)	
DR 1900	9609900 或 9609800(C)	
DR 3800 DR 2800 DR 2700	LZV584(C)	2122800 10mL

（1）如果样品浓度超过测试量程，用已知体积的优质无氯水稀释样品，并重复测试。由于稀释可能会导致氯的损失，将测试所得结果乘以稀释倍数。另外，含氯量高的样品也可不用稀释，直接用总氯（高量程）10070 方法分析。

---

[1] 该测试流程与测饮用水和废水的 USEPA 4500-Cl G 标准方法相同。

[2] 根据《水与废水标准检测方法》改编。

(2) 步骤（3）中可以用 SwifTest 分配器（见"可选择的试剂与仪器"。）代替总氯试剂粉枕包。

(3) 采样后立即分析样品，请勿保存至以后再分析。

(4) 对于氯胺消毒剂，可使用方法 10172，低量程使用 66 号程序，高量程使用 67 号程序。

(5) 步骤（2）中可以用空的安瓿瓶作为空白管来代替比色皿。

(6) 加入试剂后溶液会呈粉红色。

表 6.2.10-2　准备的物品

名　称　及　描　述	数　量	名　称　及　描　述	数　量
粉枕包测试 　DPD 总氯试剂粉枕包 10mL 　比色皿（见"仪器详细说明"）	1 包 2 个	安瓿瓶测试 　DPD 总氯试剂　安瓿瓶装 　50mL 烧杯 　比色皿（见"仪器详细说明"）	1 瓶 1 个 1 个

注：订购信息请参看"消耗品和替代品信息"。

粉枕包测试流程

（1）选择测试程序。参照"仪器详细说明"的要求插入适配器（具体方向请参见用户手册）。　（2）向比色皿中加入 10mL 样品。　（3）准备样品：向装有样品的比色皿中加入一包 DPD 总氯试剂粉枕包。轻轻摇晃 20s，混匀。　（4）启动计时器，计时反应 3min。在此期间，准备测试流程（5）和（6）。　（5）空白样准备：向另一比色皿中加入 10mL 样品。

（6）擦拭空白管外壁，将其放入样品池中。清零：仪器显示 0.00mg/L Cl₂。　（7）在计时反应到时后 3min 内，擦拭样品管外壁，并将其放入样品池中。读数，结果以 Cl₂ 计，单位：mg/L。

安瓿瓶测试流程

 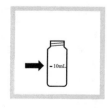   

（1）选择测试程序。参照"仪器详细说明"的要求插入适配器（具体方向请参见用户手册）。　（2）空白样准备：向比色皿中加入 10mL 样品。　（3）准备样品：在烧杯中收集适量样品。向装有 DPD 总氯试剂的安瓿瓶中装满样品。此过程中安瓿瓶瓶颈一定要浸没在水样内。　（4）盖上塞子。快速上下颠倒安瓿瓶以混匀溶液。擦去瓶外的液体和指纹。　（5）启动计时器，计时反应 3min。在此期间，准备步骤（6）和（7）。

(6)将空白管擦拭干净,放入样品池中。清零:仪器显示 0.00mg/L Cl₂。

(7)在反应到时后 3min 内,将安瓿瓶外壁擦干净放入样品池中,读数,结果以 Cl₂ 计,单位:mg/L。

干扰物质

表 6.2.10-3　干扰物质

干 扰 成 分	干扰程度及处理方法
酸度	以 $CaCO_3$ 计,酸度大于 150mg/L 时会干扰。阻碍颜色形成或颜色形成后立即退去。用 1N 的氢氧化钠将 pH 值中和至 6～7。确定所加氢氧化钠体积,再向待测样品中加入相同体积的氢氧化钠。修正额外加入的体积量
碱度	以 $CaCO_3$ 计,碱度大于 300mg/L 时会干扰。阻碍颜色形成或颜色形成后立即退去。用 1N 的硫酸将 pH 值中和至 6～7。确定所加硫酸的体积,再向待测样品中加入相同体积的硫酸。修正额外加入的体积量
溴 Br_2	产生正干扰
二氧化氯 ClO_2	产生正干扰
有机氯胺	可能会干扰
硬度	以 $CaCO_3$ 计,浓度小于 1000mg/L 不会产生干扰
碘 I_2	产生正干扰
氧化态锰离子(Mn^{4+}、Mn^{7+})或氧化态铬离子(Cr^{6+})	(1)将样品 pH 值调至 6～7 (2)向 25mL 样品中加入 3 滴碘化钾溶液①(30g/L) (3)混匀,等待 1min (4)加 3 滴亚砷酸钠溶液①②(5g/L),混匀 (5)按上述流程分析经处理的 10mL 样品 (6)从原始结果中减去上述测试所得的值,得到正确的氯的浓度
臭氧	产生正干扰
过氧化物	可能会干扰
极端 pH 值或高度浑浊的样品	用 1.000N 的硫酸或 1.00N 的氢氧化钠将 pH 值调至 6～7

① 订购请参看"可选择的试剂与仪器"。
② 经亚砷酸钠处理的样品含有砷 (D004),是危险废弃物,其处理受到联邦 RCRA 管制。详情请参阅《MSDS 正确处理危险物品指导》。

样品的采集、保存与存储

(1) 采样后立即进行氯的测试分析。氯是强氧化剂且在天然水体中不稳定。它可以与许多无机化合物快速起反应,也可以缓慢地氧化有机化合物。许多因素,包括反应物浓度、光照、温度、pH 值和盐度都会影响水中氯的降解。

(2) 避免使用塑料容器,因为塑料容器会与氯起反应。

(3) 预处理玻璃容器以去除氯,可以浸泡在稀的漂白剂溶液中(在 1L 去离子水中加入 1mL 化学漂白剂)至少 1h。再用去离子水或蒸馏水彻底冲洗容器。如果样品容器在使用后彻底冲洗了,只需偶尔进行预处理即可。

(4) 在测余氯和总氯时不能使用同一个比色皿。如果余氯测试中有总氯试剂中微量的碘化物残留,一氯胺会产生干扰。最佳方法是使用专用的比色皿分别测试余氯和总氯。

（5） 在测试氯时常见的错误就是取样不具有代表性。如果是从水管中获取水样，至少让水流5min，以确保取样有代表性。收集时使水样溢出容器，再盖上盖子，这样样品上方就不会有空气。如果使用比色皿进行分析，则要用样品溶液润洗比色皿数次，再仔细地加至10mL刻度线。

准确度检查方法——标准加入法（加标法）

准确度检查所需的试剂与仪器设备有：氯Voluette®安瓿瓶标准试剂，浓度为25～30mg/L；TenSette®移液枪（0.1～1.0mL）和枪头。

具体步骤如下。

（1） 在读取测试结果后，将装有样品的比色皿（尚未加入标准物质）留在仪器中。

（2） 在仪器菜单中选择标准添加程序。

（3） 按"OK（好）"键确认标样浓度、样品体积和加标体积的默认值，或按"edit（编辑）"键编辑这些值。当这些值确认好后，未加标的样品读数将显示在顶端的第一行。

（4） 打开氯Voluette®安瓿瓶低量程标准试剂（25～30mg/L，Cl$_2$）。

（5） 准备三个加标样。分别加0.1mL、0.2mL和0.3mL的标准试剂于10mL样品中，混匀。

注：如果使用AccuVac®安瓿瓶，则分别加0.4mL、0.8mL和1.2mL的标准试剂于50mL样品中。再分别取上述混合液40mL至50mL烧杯中。按照上述样品测试步骤依次对三个加标样品进行测试。按"read（读数）"键接受加标样品的测试值。每个加标样品约反映出100%的回收率。

（6） 从0.1mL的加标样开始，按照上述样品测试步骤依次对三个加标样品进行测试。按"read（读数）"键接受加标样品的测试值。每个加标样品约反映出100%的回收率。

（7） 测试完成后按"Graph（图表）"键将显示出根据加标数据计算得到的最佳拟合曲线，说明是否存在本底干扰。按"Ideal Line（理想曲线）"键将显示出样品加标与100%回收率的"理想曲线"之间的关系。

方法精确度

表6.2.10-4　方法精确度

程序	标值	精确度：95%置信区间分布	灵敏度：每0.010Abs单位变动下,浓度变动值
80	1.25mg/L Cl$_2$	1.23～1.27mg/L Cl$_2$	0.02mg/L Cl$_2$
85	1.25mg/L Cl$_2$	1.21～1.29mg/L Cl$_2$	0.02mg/L Cl$_2$

方法解释

在水中总氯以自由余氯和氯胺两种形式存在。两者可同时存在，它们的量也可一同测试出来，这就是总氯。样品中的自由余氯以次氯酸和次氯酸盐离子形式存在。氯胺则以一氯胺、二氯胺、三氯化氮及其他衍生物的形式存在。氯胺能将试剂中的碘化物氧化为单质碘。单质碘和余氯与DPD（N,N-二乙基对苯二胺）指示剂反应，使溶液呈粉红色。颜色的深浅程度与其中的氯含量成正比例关系。若要确定氯胺的浓度，则需再测试自由余氯的浓度，从总氯浓度中减去自由余氯的浓度就得到氯胺的浓度。测试结果是在波长为530nm的可见光下读取的。

消耗品和替代品信息

表6.2.10-5　需要用到的试剂

试剂名称及描述	数量/每次测量	单　　位	产品订货号
DPD总氯试剂AccuVac®安瓿瓶 或	1	25/pk	2503025
DPD总氯试剂粉枕包（10mL）	1	100/pk	2105669

表6.2.10-6　需要用到的仪器（AccuVac）

试剂名称及描述	数量/每次测量	单　　位	产品订货号
50mL烧杯	1	个	50041H

表 6.2.10-7　推荐使用的标准样品

标准样品名称及描述	单　　位	产品订货号
氯标准溶液,浓度为 50~75mg/L,10mL Voluette® 安瓿瓶装	16/pk	1426810
氯标准溶液,浓度为 50~75mg/L,2mLPourRite® 安瓿瓶装	20/pk	1426820
氯标准溶液,浓度为 25~30mg/L,2mLPour-Rite® 安瓿瓶装	20/pk	2630020

表 6.2.10-8　可选择的试剂与仪器

名称及描述	单　　位	产品订货号
SwifTest 试剂分配器(总氯专用)		2802400
去离子水	4L	
混合量筒 25mL	个	2088640
混合量筒 50mL	个	189641
DPD 总氯试剂 10mL(SwifTest 分配器分装好)	250 次测试	2105660
DPD 总氯试剂粉枕包 10mL	300/pk	2105603
DPD 总氯试剂粉枕包 10mL	1000/pk	2105628
pH 试纸,测量范围为 0~14	100/pk	2601300
移液枪,TenSette®,量程为 0.1~1.0mL	个	1970001
与产品 1970001 配套的移液枪头	50/pk	2185696
与产品 1970001 配套的移液枪头	1000/pk	2185628
氢氧化钠溶液,1N	100mL	104532
硫酸溶液,1N	100mL	127032
碘化钾溶液,30g/L	100mL	34332
亚砷酸钠溶液,5g/L	100mL	104732
无氯水	500mL	2641549

6.2.11　总氯,USEPA DPD 法[●],方法 10070（粉枕包）

测量范围

高量程 0.1~10.00mg/L Cl_2。

应用范围

用于测定饮用水、冷却水、工业用水中高浓度的总氯（游离余氯和复合余氯）。

测试准备工作

表 6.2.11-1　仪器详细说明

仪器	适配器	比色皿方向	比色皿
DR 6000	—	方向标记与适配器的指示箭头一致	4864302
DR 5000	A23618	方向标记指向用户	
DR 3900	LZV846(A)	方向标记背向用户	
DR 1900	9609900 或 9609800(C)	方向标记与适配器的指示箭头一致	
DR 900	—	方向标记指向用户	
DR 3800 DR 2800 DR 2700	LZV585(B)	1cm 光程方向与适配器的指示箭头一致	5940506

---

❶ 该法是 USEPA 认可的分析饮用水的方法。该测试流程与测饮用水和废水的 USEPA 4500-Cl G 标准方法相同。

(1) 如果总氯浓度低于 2mg/L，请使用方法 8167，80 号程序分析。

(2) 在光照强烈的情况下（如直接光照），测试过程中需用防护罩遮住样品室。

(3) 采样后立即分析样品，请勿保存至以后再分析。

(4) 加入试剂后若有氯存在，溶液会呈粉红色。

表 6.2.11-2　准备的物品

名 称 及 描 述	数　量
DPD 总氯试剂粉枕包	1
多通道比色皿	1

注：订购信息请参看"消耗品和替代品信息"。

粉枕包测试流程

（1）选择测试程序。参照"仪器详细说明"的要求插入适配器（具体方向请参见用户手册）。

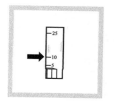

（2）向比色皿中加入样品至 5mL 刻度线。

（3）擦净比色皿外壁，将其放入样品池中（具体方向请参见"仪器详细说明"）。

（4）按 Zero 键将仪器调零，仪器显示：0.0mg/L Cl₂。

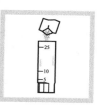

（5）取出比色皿，向样品瓶中加入一包 DPD 总氯试剂粉枕包。

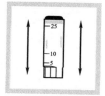

（6）盖上盖子，轻摇 20s 使粉末溶解。

（7）启动计时器，计时反应 3min。

（8）反应到时后，将样品管放入样品池中。读数，结果以 Cl₂ 计，单位：mg/L。

干扰物质

表 6.2.11-3　干扰物质

干 扰 成 分	干扰程度及处理方法
酸度	以 $CaCO_3$ 计，酸度大于 150mg/L 时会干扰。阻碍颜色形成或颜色形成后立即退去。用 1N 的氢氧化钠①将 pH 值中和至 6～7。确定所加氢氧化钠体积，再向待测样品中加入相同体积的氢氧化钠。修正额外加入的体积量
碱度	以 $CaCO_3$ 计，碱度大于 250mg/L 时会干扰。阻碍颜色形成或颜色形成后立即退去。用 1N 的硫酸①将 pH 值中和至 6～7。确定所加硫酸的体积，再向待测样品中加入相同体积的硫酸。修正额外加入的体积量
溴 Br_2	任何浓度下均有干扰

干 扰 成 分	干扰程度及处理方法
二氧化氯 ClO_2	任何浓度下均有干扰
有机氯胺	可能会干扰
碘 I_2	任何浓度下均有干扰
氧化态锰离子（Mn^{4+}、Mn^{7+}）或氧化态铬离子（Cr^{6+}）	(1) 用 1N 的硫酸①将样品 pH 值调至 6～7 (2) 向 5mL 样品中加入 2 滴碘化钾溶液①（30g/L） (3) 混匀，等待 1min (4) 加 2 滴亚砷酸钠溶液①②（5g/L），混匀 (5) 按上述流程分析经处理的 10mL 样品 (6) 从原始结果中减去上述测试所得的值，得到正确的氯的浓度
臭氧	任何浓度下均有干扰
过氧化物	可能会干扰
极端 pH 值或高度浑浊的样品	用硫酸或氢氧化钠溶液将 pH 值调至 6～7

① 订购请参看"可选择的试剂与仪器"。

② 经亚砷酸钠处理的样品含有砷（D004），是危险废弃物，其处理受到联邦 RCRA 管制。详情请参阅《MSDS 正确处理危险物品指导》。

样品的采集、保存与存储

(1) 采样后立即进行氯的测试分析。游离余氯和氯胺是强氧化剂，可以与许多化合物快速起反应。许多因素，包括光照、温度、pH 值和样品的组成都会影响水中氯的降解。

(2) 避免使用塑料容器，因为塑料容器会与氯起反应。

(3) 预处理玻璃容器以去除氯，可以浸泡在稀的漂白剂溶液中（在 1L 去离子水中加入 1mL 化学漂白剂）至少 1h。再用去离子水或蒸馏水彻底冲洗容器。如果样品容器在使用后彻底清洗了，只需偶尔进行预处理即可。

(4) 在测余氯和总氯时不能使用同一个比色皿。如果余氯测试中有总氯试剂中微量的碘化物残留，一氯胺会产生干扰。最佳方法是使用专用的比色皿分别测试余氯和总氯。

(5) 在测试氯时常见的错误就是取样不具有代表性。如果是从水管中获取水样，至少让水流 5min，以确保取样有代表性。收集时使水样溢出容器，再盖上盖子，这样样品上方就不会有空气。如果使用比色皿进行分析，则要用样品溶液润洗比色皿数次，再仔细地加至 5mL 刻度线，并立即进行总氯测试。

准确度检查方法——标准加入法（加标法）

准确度检查所需的试剂与仪器设备有：氯 PourRite® 安瓿瓶标准试剂，浓度为 50～75mg/L；TenSette® 移液枪。

具体步骤如下。

(1) 在读取测试结果后，将装有样品的比色皿（尚未加入标准物质）留在仪器中。

(2) 在仪器菜单中选择标准添加程序。

(3) 按"OK（好）"键确认标样浓度、样品体积和加标体积的默认值，或按"edit（编辑）"键编辑这些值。当这些值确认好后，未加标的样品读数将显示在顶端的第一行。

(4) 打开氯 PourRite® 安瓿瓶高量程标准试剂（50～75mg/L，Cl_2）。

(5) 准备三个加标样。分别加 0.1mL、0.2mL 和 0.3mL 的标准试剂于 5mL 样品中，混匀。

(6) 按照上述样品测试步骤依次对三个加标样品进行测试。按"read（读数）"键接受加标样品的测试值。每个加标样品约反映出 100% 的回收率。

方法精确度

表 6.2.11-4　方法精确度

程序	标值	精确度：95％置信区间分布	灵敏度：每 0.010Abs 单位变动下,浓度变动值
88	5.4mg/L Cl₂	5.3～5.5mg/L Cl₂	0.1mg/L Cl₂

如果样品中氯化物的浓度低于 2mg/L，请使用方法 8167 检测；如果样品中氯化物的浓度低于 $500\mu g/L$，请使用方法 8370 检测。

方法解释

按一定比例向样品中多加指示剂可以拓展 DPD 法测总氯的范围，因此，向 5mL 样品中加入一整包 DPD 总氯试剂粉枕包。

氯胺能将试剂中的碘化物氧化为单质碘。单质碘和样品中的余氯与 DPD（N,N-二乙基对苯二胺）指示剂反应，使溶液呈粉红色。颜色的深浅程度与其中的总氯含量成正比例关系。测试结果是在波长为 530nm 的可见光下读取的。

消耗品和替代品信息

表 6.2.11-5　需要用到的试剂

试剂名称及描述	数量/每次测量	单　位	产品订货号
DPD 总氯试剂粉枕包(25mL 样品)	1	100/pk	1406499

表 6.2.11-6　推荐使用的标准样品

标准样品名称及描述	单　位	产品订货号
氯标准溶液,浓度为 50～75mg/L,10mL Voluette® 安瓿瓶装	16/pk	1426810
氯标准溶液,浓度为 50～75mg/L,2mL PourRite® 安瓿瓶装	20/pk	1426820

表 6.2.11-7　可选择的试剂与仪器

名　称　及　描　述	单　位	产品订货号
混合量筒 25mL	个	189640
DPD 总氯试剂粉枕包 25mL	1000/pk	1406428
氯标准溶液,浓度为 25～30mg/L,2mL PourRite® 安瓿瓶装	20/pk	2630020
pH 试纸,测量范围为 0～14	100/pk	2601300
移液枪,TenSette®,量程为 0.1～1.0mL	个	1970001
与产品 1970001 配套的移液枪头	50/pk	2185696
与产品 1970001 配套的移液枪头	1000/pk	2185628
氢氧化钠溶液,1N	100mL	104532
硫酸溶液,1N	100mL	127032
碘化钾溶液,30g/L	100mL	34332
亚砷酸钠溶液,5g/L	100mL	104732

6.2.12　总氯，DPD 法[1]，方法 10101（TNT 试管法）

测量范围

0.09～5.00mg/L Cl₂。

---

[1] 根据《水与废水标准检测方法》改编。

应用范围

用于测定饮用水、经过处理的废水、冷却水与工业处理水中的高浓度总氯（余氯和氯胺）。

测试准备工作

表 6.2.12-1　仪器详细说明

仪器	适配器	遮光罩
DR 6000、DR 5000	—	—
DR 3900	—	LZV849
DR 3800、DR 2800、DR 2700	—	LZV646
DR 1900	9609900(D[1])	—
DR 900	4846400	遮光罩随机附带

[1] D 适配器不是每台仪器都具有。

(1) 使用 DR 3900、DR 3800、DR 2800 或 DR 2700 测试时要用遮光罩遮住样品室。

(2) 采样后立即分析样品，请勿保存至以后再分析。

(3) 为了测试结果更加准确，每一批新的试剂都应该测定试剂空白值。试剂空白的测定同样按照测试步骤进行，把样品换成去离子水进行测试。从最后的测试结果中将试剂空白值扣除，或者调整仪器的试剂空白。

(4) 对于氯氨消毒剂，可使用方法 10172（一氯胺，高量程）。

(5) 将水样加入 TNT 试管后，若有氯存在，溶液会呈现粉红色。

表 6.2.12-2　准备的物品

名　称　及　描　述	数　　量
遮光罩（见"仪器详细说明"）	1 个
TNT 试管（内含 DPD 总氯试剂）	1 根

注：订购信息请参看"消耗品和替代品信息"。

TNT 试管 DPD 法

（1）选择测试程序。参照"仪器详细说明"的要求插入适配器（具体方向请参见用户手册）。

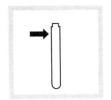

（2）空白样准备：向一空白的 TNT 试管中加入样品至顶端的刻度线。

（3）擦去空白管外壁上的指纹和多余液体。

（4）将 TNT 试管放入样品池中。

（5）清零：仪器显示 0.00mg/L Cl₂。

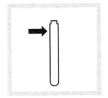

（6）样品准备：向装有 DPD 总氯试剂的 TNT 试管中加入 10mL 样品，至顶端的刻度线。

（7）盖上盖子，缓慢地上下颠倒试管 10 次，使粉末完全溶解。颠倒后将试管静置 30s。

（8）启动计时器，计时反应 3min。

（9）反应到时后将样品管外壁擦拭干净。

（10）放入样品池中。

（11）读数，结果以 Cl_2 计，单位：mg/L。

干扰物质

表 6.2.12-3　干扰物质

干 扰 成 分	干扰程度及处理方法
酸度	以 $CaCO_3$ 计，酸度大于 150mg/L 时会干扰。阻碍颜色形成或颜色形成后立即退去。用 1N 的氢氧化钠将 pH 值中和至 6～7。确定所加氢氧化钠体积，再向待测样品中加入相同体积的氢氧化钠。修正额外加入的体积量
碱度	以 $CaCO_3$ 计，碱度大于 300mg/L 时会干扰。阻碍颜色形成或颜色形成后立即退去。用 1N 的硫酸将 pH 值中和至 6～7。确定所加硫酸的体积，再向待测样品中加入相同体积的硫酸。修正额外加入的体积量
溴 Br_2	产生正干扰
二氧化氯 ClO_2	产生正干扰
有机氯胺	可能干扰
硬度	以 $CaCO_3$ 计，大于 1000mg/L 会有干扰
碘 I_2	产生正干扰
氧化态锰离子（Mn^{4+}、Mn^{7+}）或氧化态铬离子（Cr^{6+}）	（1）将样品 pH 值调至 6～7 （2）向 25mL 样品中加入 3 滴碘化钾溶液①（30g/L） （3）混匀，等待 1min （4）加 2 滴亚砷酸钠溶液②（5g/L），混匀 （5）按上述流程分析经处理的样品 10mL （6）从原始结果中减去上述测试所得的值，得到正确的氯的浓度
臭氧	产生正干扰
过氧化物	可能干扰
极端 pH 值或高度浑浊的样品	用 1.000N 的硫酸①或 1.00N 的氢氧化钠①将 pH 值调至 6～7

　　① 请见"可选择的试剂与仪器"。

　　② 经亚砷酸钠处理的样品含有砷（D004），是危险废弃物，其处理受到联邦 RCRA 管制。详情请参阅《MSDS 正确处理危险物品指导》。

样品的采集、保存与存储

（1）采样后立即进行氯的测试分析。游离氯和化合态的氯都是强氧化剂，在天然水体中不稳定。许多因素，包括反应物浓度、光照、温度、pH 值、盐度都会影响水中氯的降解。

（2）避免使用塑料容器，因为塑料容器会与氯起反应。预处理玻璃容器以去除氯，可以浸泡在稀的漂白剂溶液中（在 1L 去离子水中加入 1mL 化学漂白剂）至少 1h。再用去离子水或蒸馏水彻底冲洗容器。如果样品容器在使用后彻底冲洗了，只需偶尔进行预处理即可。

（3）在测试氯时常见的错误就是取样不具有代表性。如果是从水管中获取水样，至少让水流 5min，以确保取样有代表性。收集时使水样溢出容器，再盖上盖子，这样样品上方就不会有空气。采样后立即测试。

准确度检查方法——标准加入法（加标法）

所需溶液和仪器有：PourRite® 安瓿瓶装高量程氯标准溶液（50～75mg/L Cl_2）；TenSette 移液枪。

具体步骤如下。

（1）读取测试结果后，将装有样品的比色皿（尚未加入标准物质）留在仪器中。确认仪器显示的单位是 mg/L。

（2）在仪器菜单中选择标准添加程序。

（3）按"OK（好）"键确认标样浓度、样品体积和加标体积的默认值，或按"edit（编辑）"键编辑这些值。当这些值确认好后，未加标的样品读数将显示在顶端的第一行。

（4）打开高量程 PourRite® 安瓿瓶氯标准试剂，50～75mg/L。

（5）用移液管向 10mL 样品中加入 0.1mL 标准试剂，混匀。

（6）按照上述样品测试步骤对加标样品进行测试。按"Read（读数）"键确认加标样的结果。每个加标样应该反映出约 100% 的回收率。

方法精确度

表 6.2.12-4　方法精确度

程序	标值	精确度：95% 置信区间分布	灵敏度：每 0.010Abs 单位变动下，浓度变动值
89	2.68mg/L Cl$_2$	2.63～2.73mg/L Cl$_2$	0.03mg/L Cl$_2$

方法解释

在水中总氯以自由余氯和氯胺两种形式存在。两者可同时存在，它们的量也可一同测试出来，这就是总氯。样品中的自由余氯以次氯酸和次氯酸盐离子形式存在。氯胺则以一氯胺、二氯胺、三氯化氮及其他衍生物的形式存在。

氯胺能将试剂中的碘化物氧化为单质碘。单质碘和余氯与 DPD（N,N-二乙基对苯二胺）指示剂反应，使溶液呈粉红色。颜色的深浅程度与其中的氯含量成正比例关系。若要确定氯胺的浓度，则需再测试自由余氯的浓度，从总氯浓度中减去自由余氯的浓度就得氯胺的浓度。测试结果是在波长为 530nm 的可见光下读取的。

消耗品和替代品信息

表 6.2.12-5　需要用到的试剂

试剂名称及描述	数量/每次测量	单　位	产品订货号
TNT 试管（内含 DPD 总氯试剂）	1	50/pk	2105645

表 6.2.12-6　推荐使用的标准样品

标准样品名称及描述	单　位	产品订货号
氯标准溶液,浓度为 50～75mg/L,2mL PourRite® 安瓿瓶装	20/pk	1426820

表 6.2.12-7　可选择的试剂与仪器

名　称　及　描　述	单　位	产品订货号
氯标准溶液,浓度为 50～75mg/L,10mL Voluette® 安瓿瓶装	16/pk	1426810
氯标准溶液,浓度为 25～30mg/L,2mL Pour-Rite® 安瓿瓶装	20/pk	2630020
移液枪,TenSette®,量程为 0.1～1.0mL	个	1970001
pH 试纸,测量范围为 0～14	100/pk	2601300
与产品 1970001 配套的移液枪头	50/pk	2185696
与产品 1970001 配套的移液枪头	1000/pk	2185628
试管架	个	1864100
氢氧化钠溶液,1N	100mL	104532
碘化钾溶液,30g/L	100mL	34332
亚砷酸钠溶液,5g/L	100mL	104732
硫酸溶液,1N	100mL	127032

6.2.13 总氯，碘量法（使用硫代硫酸钠），方法8209（数字滴定器）

测量范围

1～400mg/L 或 20～70000mg/L。

应用范围

用于水、废水和海水中总氯的测定。

测试准备工作

(1) 将氯的浓度（mg/L）除以10000得到氯的浓度（%）。

(2) 当样品中不存在氯时，本方法可测试碘或溴的浓度。将测试结果氯的浓度（mg/L）分别乘以3.58或2.25，可得碘或溴的浓度。

(3) 为了测试结果更加准确，请使用Titra搅拌器。

(4) 若总氯浓度更高，则使用次氯酸盐测试方法10100。

表6.2.13-1　准备的物品

名 称 及 描 述	数 量	名 称 及 描 述	数 量
乙酸盐缓冲溶液 pH 4(用于 1～400mg/L Cl₂)	1瓶	数字滴定器	1个
溶解氧 3 粉枕包(用于 20～70000mg/L Cl₂)	1包	数字滴定器输液管	1根
碘化钾粉枕包	1包	125mL 锥形瓶	1个
硫代硫酸钠滴定试剂(见表 6.2.13-2)	1管	量筒	1个
淀粉指示剂	1瓶		

注：订购信息请参看"消耗品和替代品信息"。

1～400mg/L 氯测试流程

（1）根据表6.2.13-2(1～400mg/L)中的信息，选择样品体积和滴定试剂。

（2）将洁净的输液管安装在滴定试剂管上，再将滴定试剂管安装到滴定器上。

（3）旋转滴定器旋钮排出空气和几滴试剂，将计数器归零，并擦干滴管上残余的液体。

（4）根据表6.2.13-2(1～400mg/L)中的信息，用干净的量筒或移液管量取适量样品，置于125mL锥形瓶中。

（5）将样品转移至另一干净的125mL锥形瓶中，若样品体积小于100mL，则用去离子水稀释至约100mL。

（6）加2滴管(2mL)pH值为4的醋酸盐缓冲溶液,混匀。

（7）加入一包碘化钾粉枕包，混匀。

（8）将输液管置于溶液中，旋转滴定器的旋钮，将滴定试剂加入到溶液中。边振荡边滴定直至溶液变为淡黄色。

（9）加1滴管淀粉指示剂，混匀，溶液变为深蓝色。

（10）继续滴定直至溶液从深蓝色变为无色，记录下计数器上显示的数字。

(11)根据表 6.2.13-2(1～400 mg/L)中的系数来计算浓度:计数器上的数字×系数＝总氯浓度,单位 mg/L,以 Cl_2 计。

例:滴定 100mL 样品,计数器上显示的数字是 250,则总氯浓度为 250×0.01＝2.5mg/L。

表 6.2.13-2　量程说明 （1～400mg/L）

量程/(mg/L Cl_2)	样品体积/mL	滴定试剂/N	系　数
1～4	100	0.02256	0.01
2～8	50	0.02256	0.02
5～20	20	0.02256	0.05
100～400	1	0.02256	1.0

20～70000mg/L 氯测试流程

(1)根据表 6.2.13-3(20～70000mg/L)中的信息,选择样品体积和滴定试剂。

(2)将洁净的输液管安装在滴定试剂管上,再将滴定试剂管安装到滴定器上。

(3)旋转滴定器旋钮排出空气和几滴试剂,将计数器归零,并擦干滴管上残余的液体。

(4)根据表 6.2.13-3(20～70000mg/L)中的信息,用干净的量筒或移液管量取适量样品,置于 125mL 锥形瓶中。

(5)用去离子水将样品稀释至约 50mL。

(6)加入一包溶解氧 3 粉枕包,混匀。通常来说加入粉枕包后溶液 pH 值会降至 4 或更低。若样品量很大或呈碱性,确保溶液 pH 值低于 4。

(7)加入一包碘化钾粉枕包,混匀。

(8)将输液管置于溶液中,旋转滴定器的旋钮,将滴定试剂加入到溶液中。边振荡边滴定直至溶液变为淡黄色。

(9)加 1 滴管淀粉指示剂,混匀,溶液变为深蓝色。

(10)继续滴定直至溶液从深蓝色变为无色,记录下计数器上显示的数字。

(11)根据表 6.2.13-3(20～70000mg/L)中的系数来计算浓度:计数器上的数字×系数＝总氯浓度,单位 mg/L,以 Cl_2 计。

例:滴定 10mL 样品,滴定试剂为 0.113N,计数器上显示的数字是 250,则总氯浓度为 250×0.5＝125mg/L。

6.2　无机阴离子

表 6.2.13-3　量程说明（20～70000mg/L）

量程/(mg/L Cl₂)	样品体积/mL	滴定试剂/N	系　　数
20～80	25	0.113	0.2
50～200	10	0.113	0.5
100～400	5	0.113	1.0
250～1000	2	0.113	2.5
500～2000	1	0.113	5
2000～9000(0.2%～0.9%)	4	2.00	22.2
5000～18000(0.5%～1.8%)	2	2.00	44.3
10000～35000(1.0%～3.5%)	1	2.00	88.7
20000～70000(2.0%～7.0%)	0.5	2.00	177

样品的采集、保存与存储

(1) 采样后立即进行氯的测试分析。

(2) 在测试氯时常见的错误就是取样不具有代表性。如果是从水管中获取水样，至少让水流5min，以确保取样有代表性。收集时使水样溢出容器，再盖上盖子，这样样品上方就不会有空气。采样后立即分析。

准确度检查方法——标准加入法（加标法）

准确度检查所需的试剂与仪器设备有：氯 Voluette® 安瓿瓶标准试剂，浓度为 50～75mg/L Cl₂；TenSette® 移液枪（0.1～1.0mL）。

使用 0.02256N 滴定试剂时根据以下流程进行准确度检查。

(1) 打开氯标准试剂 Voluette® 安瓿瓶。

(2) 用 TenSette® 移液枪分别加 0.2mL、0.4mL 和 0.6mL 的氯标准试剂于 3 份体积相同的样品中，混匀。

(3) 按照上述流程将 3 份加标样滴定至终点。再滴定 1 份没有添加标准试剂的样品。

(4) 每加入 0.2mL 标准液约消耗 10 单位的滴定试剂，将标准试剂的浓度乘以加标体积就可得出精确的消耗单位，如：50mg/L×0.2mL＝10 单位。

若滴定试剂消耗得过多或过少，则说明操作不当或有干扰存在或仪器、试剂有问题。

使用 0.113N 滴定试剂时根据以下流程进行准确度检查。

(1) 打开氯标准试剂 Voluette® 安瓿瓶。

(2) 用 TenSette® 移液枪分别加 1.0mL、2.0mL 和 3.0mL 的氯标准试剂于 3 份体积相同的样品中，混匀。

(3) 按照上述流程将 3 份加标样滴定至终点。再滴定 1 份没有添加标准试剂的样品。

(4) 每加入 1.0mL 标准液约消耗 10～15 单位的滴定试剂，将标准试剂的浓度乘以加标体积再除以 5 就可得出精确的消耗单位，如：50mg/L×1.0mL/5＝10 单位。

若滴定试剂消耗得过多或过少，则说明操作不当或有干扰存在或仪器、试剂有问题。

方法解释

总氯的浓度等于自由余氯的浓度与氯胺的浓度之和。余氯与氨快速起反应，生成一氯胺。当向 pH 值小于 8 且含有氯的样品中加入碘化钾后，有单质碘生成，碘的量与样品中总氯的浓度成正比例关系。碘的量再被硫代硫酸钠滴定。

消耗品和替代品信息

表 6.2.13-4　需要用到的试剂

试剂名称及描述	数　　量	单　　位	产品订货号
1～400mg/L			
乙酸盐缓冲溶液 pH 4	2mL	100mL MDB	1490932
碘化钾粉枕包	1包	100/pk	107799

试剂名称及描述	数　量	单　位	产品订货号
硫代硫酸钠滴定试剂 0.02256N	视情况而定	个	2409101
淀粉指示剂溶液	1mL	100mL MDB	34932
20～2000mg/L 试剂组件(约 100 次测试)			2272500
(1)溶解氧 3 粉枕包	1 包	100/pk	98799
(1)碘化钾粉枕包	1 包	100/pk	107799
(1)硫代硫酸钠滴定试剂 0.113N	视情况而定	个	2267301
(1)淀粉指示剂溶液	1mL	100mL MDB	34932
2000～70000mg/L 试剂组件(约 100 次测试)			2444800
(1)溶解氧 3 粉枕包	1 包	100/pk	98799
(2)碘化钾粉枕包	1 包	50/pk	2059996
(2)硫代硫酸钠滴定试剂 2.00N	视情况而定	个	1440101
(1)淀粉指示剂溶液	1mL	100mL MDB	34932

表 6.2.13-5　需要用到的仪器

仪器名称及描述	数　量	单　位	产品订货号
数字滴定器	1	个	1690001
125mL 带刻度锥形瓶	1	个	50543
量筒——根据量程选择一个			
5mL 量筒	1	个	50837
10mL 量筒	1	个	50838
25mL 量筒	1	个	50840
50mL 量筒	1	个	50841
100mL 量筒	1	个	50842
输液管 w/180°挂钩	1	个	1720500
输液管 w/90°挂钩	1	个	4157800

表 6.2.13-6　推荐使用的标准样品

标准样品名称及描述	单　位	产品订货号
氯标准溶液,50～75mg/L,10mL Voluette® 安瓿瓶装	16/pk	1426810

表 6.2.13-7　可选择的仪器

名　称及描述	单　位	产品订货号
搅拌棒	个	2095352
去离子水	500mL	27249
搅拌加热器 115V	个	1940000
搅拌加热器 230V	个	1940010
pH 试纸 0～14	100/pk	2601300
移液枪,TenSette® 0.1～1.0mL	个	1970001
移液枪,TenSette® 1.0～10mL	个	1970010
移液枪枪头	50/pk	2185696
移液枪枪头	100/pk	2185628

6.2.14　总余氯,USEPA[1]DPD,方法 8370(流通池法[2])

超低量程测量范围

2～500μg/L Cl_2。

---

[1] USEPA 认可的检测方法。

[2] U.S. 专利号 5362650。

应用范围

用于测定色度和浊度相对较低的清洁水体中痕量的氯和氯胺；USEPA 认可的饮用水分析方法。

测试准备工作

表 6.2.14-1 仪器详细说明

仪器	比色皿方向	流通池	适配器
DR 6000		LQV157.99.20002	
DR 3800		5940400	LZV585（B）
DR 2800	流通方向朝右	5940400	LZV585（B）
DR 2700		5940400	LZV585（B）
DR 1900		LZV899	—
DR 5000	流通方向朝向用户	LZV479	—
DR 3900		LQV157.99.10002	—

（1） 采样后请立即进行分析测试。含有氯的样品不能保存用于以后的分析测试。

（2） 每天至少要测定一次试剂空白值，以测定指示剂和缓冲试剂混合溶液的空白值。如果样品的色度或浊度在测定期间上下波动，则每一个样品都需要测定一个试剂空白值。

（3） 为了转移方便，安瓿瓶中的溶液多于 1.0mL。安瓿瓶中剩余的试剂请倒掉。

（4） 流通池模块的安装方法请参见用户手册。

（5） 当流通池模块暂时不在使用时，将一个小烧杯倒置放在玻璃漏斗上方，以防流通池被污染。请参见"实验仪器的处理"。

表 6.2.14-2 准备的物品

名 称 及 描 述	数 量
超低量程 Chlorine Buffer 氯缓冲溶液，1.5mL 安瓿瓶	1mL
超低量程氯测定 DPD 指示剂溶液，1.5mL 安瓿瓶	1mL
超低量程氯测定 空白试剂	1mL
烧杯，250mL	1 个
混合量筒，50mL	1 个
TenSette® 移液枪，量程范围为 0.1～1.0mL	1 个
与移液枪配套的枪头	2 个
流通池模块	1 个
超低量程 Chlorine Buffer 氯缓冲溶液，1.5mL 安瓿瓶	1mL

注：订购信息请参看"消耗品和替代品信息"。

DPD-流通池法 测试流程

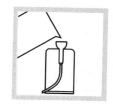

（1）选择测试程序。参照"仪器详细说明"的要求插入适配器（详细介绍请参见用户手册）。

（2）将至少 50mL 样品倒入流通池模块中。

（3）当样品流动停止后，启动仪器定时器。计时反应 3min。这段时间内让浑浊或固体颗粒物质沉淀到底以确保读数的稳定。

（4）计时时间结束后，按下"Zero（零）"键进行仪器调零。这时屏幕将显示：0μg/L。

（5）打开一瓶超低量程 Chlorine Buffer 氯缓冲溶液安瓿瓶。

（6）用 TenSette® 移液枪和清洁的枪头从安瓿瓶中移取 1.0mL 超低量程 Chlorine Buffer 氯缓冲溶液，加入到一个清洗过的 50mL 混合量筒中。

（7）打开一瓶超低量程氯测定 DPD 指示剂溶液安瓿瓶。

（8）用 TenSette® 移液枪和清洁的枪头从安瓿瓶中移取 1.0mL 低量程氯测定 DPD 指示剂溶液，加入到混合量筒中，混合均匀。在 1min 之内进行测试流程（9）的操作。

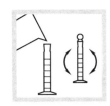

（9）样品的测定：注意避免过度的搅动，小心地将样品倒入混合量筒中，至液面与 50mL 刻度线平齐。盖上塞子，轻轻地倒转量筒 2 次以混合均匀。

（10）启动仪器定时器。计时反应 3min。在样品与试剂混合后的 3～4min 后进行测量。如果不够 3min，氯胺可能还没有反应完全。时间超过 4min 可能会导致试剂空白值偏高。

（11）将混合量筒中的溶液倒入流通池模块中。

（12）计时时间结束后，按下"Read（读数）"键读取氯含量，结果以 μg/L 氯为单位。

如果样品中含有脱氯剂（如亚硫酸盐或二氧化硫），样品的测试结果（经空白值修正过）应为"0"或者是一个负值。

（13）测试结束后，立即用至少 50mL 去离子水冲洗流通池模块。

试剂空白值 测试流程

（1）选择测试程序。确认试剂空白设置处于关闭的状态。详细介绍请参见用户手册。

（2）安装好流通池模块。用至少 50mL 去离子水冲洗流通池模块。

（3）用一个清洁的 250mL 烧杯收集大约 100mL 的去离子水或者自来水。

（4）用 TenSette® 移液枪和清洁的枪头向烧杯中加入 1.0mL 超低量程氯测定空白试剂。摇晃数次以混合均匀。

超低量程氯测定空白试剂可以去除水中的氯和氯胺。

（5）进入普通定时器，设定 5min。启动仪器定时器。

（6）计时时间结束后，打开一瓶超低量程 Chlorine Buffer 氯缓冲溶液安瓿瓶。

（7）用 TenSette® 移液枪和清洁的枪头从安瓿瓶中移取 1.0mL 低量程氯测定 Chlorine Buffer 氯缓冲溶液，加入到混合量筒中，混合均匀。在 1min 之内进行测试流程（8）的操作。

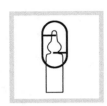

（8）打开一瓶超低量程氯测定 DPD 指示剂溶液安瓿瓶。

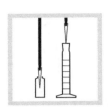

（9）用 TenSette® 移液枪和清洁的枪头从安瓿瓶中移取 1.0mL 低量程氯测定 DPD 指示剂溶液，加入到混合量筒中，混合均匀。在 1min 之内进行步骤（10）的操作。

（10）将测试流程（6）中脱除氯的水倒入混合量筒中，至液面与 50mL 刻度线平齐。盖上塞子，轻轻地倒转量筒 2 次以混合均匀。保留剩余的溶液，测试流程（12）中会用到。

（11）启动仪器定时器。计时反应 3min。

（12）在反应等待期间，用测试流程（10）中烧杯里剩余的脱除氯的水冲洗流通池模块。

（13）当液体流动停止后，按下"Zero（零）"键进行仪器调零。这时屏幕将显示：0μg/L Cl₂。

（14）计时时间结束后，将混合量筒中的溶液倒入流通池模块中，按下"Read（读数）"键读取氯含量，结果以 μg/L 氯为单位。

（15）用试剂空白值修正本测试方法的样品测试结果。
保存试剂空白值的操作请参见用户手册。

（16）测试结束后，立即用至少 50mL 去离子水冲洗流通池模块。

干扰物质

表 6.2.14-3　干扰物质

干 扰 成 分	抗干扰水平及处理方法
溴	任何浓度水平均对测试产生干扰
二氧化氯	任何浓度水平均对测试产生干扰
有机氯胺	会对测试产生干扰
铜，铜离子	1000μg/L
碘	任何浓度水平均对测试产生干扰
铁，铁离子	1000μg/L
锰氧化态（Mn^{4+}、Mn^{7+}）或铬氧化态（Cr^{6+}）	（1）用 1.000N 的硫酸①将样品的 pH 值调整至 6～7 （2）在 80mL 样品中加入 9 滴浓度为 30g/L 的碘化钾溶液① （3）摇晃并等待 1min （4）加入 9 滴浓度为 5g/L 的亚砷酸钠溶液①②，摇晃均匀 （5）按照测试流程分析经过上述处理的样品 （6）用原测试值减去经过处理的样品测试值，得到样品中实际的氯含量

干 扰 成 分	抗干扰水平及处理方法	
亚硝酸盐(在清洁水体中不常见)	亚硝酸盐含量/(mg/L)	氯外观浓度/(μg/L)
	2.0	3
	5.0	5
	10.0	7
	15.0	16
	20.0	18
臭氧	任何浓度水平均对测试产生干扰	
过氧化氢	会对测试产生干扰	
极端 pH 值样品或强缓冲样品	请将 pH 值调整至 6～7	

① 订购信息请参看"可选择的试剂与仪器"。

② 为了消除测试干扰而使用亚砷酸钠处理过的样品溶液被美国联邦政府的资源保护和恢复法案（Federal RCRA, The Resource Conservation and Recovery Act）规定为危险废弃物，按照类型的分类编号为 D004。详细的处理处置信息请参见当前的化学品安全说明书（MSDS, Material Safety Data Sheet）。

样品的采集、保存与存储

(1) 采样后立即测定其中的氯含量。许多因素，包括反应物浓度、阳光、pH 值、温度和盐度都会影响水中氯的分解。

(2) 请勿使用塑料容器，因为其含有较高的需氯量。

(3) 玻璃采样瓶在采样前需要清洗去除任何可能存在的氯和二氧化氯需要量，请将采样瓶浸泡在稀释的漂白剂溶液中（大约 1L 去离子水中含有 0.5mL 漂白剂）至少 1h。再用去离子水或蒸馏水冲洗。如果采样容器在采样后已经用去离子水或蒸馏水冲洗过了，那么下一次采样使用之前只需要常规清洗就可以了。

(4) 氯含量测定中一种常见的误差就是由采集的样品不具有代表性造成的。如果是从水龙头中接取样品，先让水持续流出至少 5min，以保证此样品具有代表性。让水龙头中的水充满采样瓶并溢出，此时仍然保持水龙头开着，让水溢出流几分钟，再盖上采样瓶的盖子，使采样瓶中装满水样没有顶部的空间（空气）。采样后立即进行氯的测定。

实验仪器的处理 测试中使用的所有玻璃容器都需要彻底清洗以去除需氯量。用稀释了的漂白剂溶液（大约 1L 去离子水中含有 1mL 漂白剂）倒满 100mL 混合量筒。用这个溶液浸泡量筒至少 1h。浸泡后，用去离子水冲洗干净，晾干待用。

用类似的方法清洗流通池模块，用去离子水多次冲洗。

清洗流通池模块 流通池模块中可能会积累显色物质，尤其当测试结束后没有将反应过的溶液清洗掉，而长时间地停留在流通池模块中。用 5.25N 的硫酸冲洗数次可以去除积累的显色物质，再用去离子水反复冲洗数次。

准确度检查方法——标准加入法（加标法）

准确度检查所需的试剂与仪器有：低量程氯 PourRite® 安瓿瓶标准溶液，浓度为 25～30mg/L，即 25000～30000μg/L Cl_2；TenSette® 移液枪及配套的枪头。

具体步骤如下。

(1) 读取测试结果后，将装有样品的比色皿（尚未加入标准物质）留在仪器中。

(2) 在仪器菜单中选择标准添加程序。

(3) 标准添加法的操作流程总结会显示在屏幕上，按"OK（好）"键确认标样浓度、样品体积和加标体积的默认值。按"EDIT（编辑程序）"键可以修改这些默认值。当这些值确认好后，未加标的样品读数将显示在顶端的一行。更多详细信息请参见用户手册。

（4）打开浓度为 $25\sim30mg/L$，即 $25000\sim30000\mu g/L$ Cl_2 的低量程氯 PourRite® 安瓿瓶标准溶液。

（5）准备三个加标样：使用 TenSette® 移液枪分别向三个 50mL 的样品中依次加入 0.1mL、0.2mL 和 0.3mL 的氯标准溶液，轻轻地混合均匀。

（6）从 0.1mL 的加标样开始，按照上述"DPD-流通池法 测试流程"依次对三个加标样品进行测试。按"Read（读数）"键确认接受每一个加标样品的测试值。每个加标样都应该达到约 100% 的加标回收率。

（7）加标测试过程结束后，按"Graph（图表）"键将显示出根据加标数据计算得到的最佳拟合曲线，说明本底干扰的存在与否。按"Ideal Line（理想线条）"键将显示出样品加标与 100% 回收率的"理想线条"之间的关系。

方法精确度

表 6.2.14-4　方法精确度

程序	标值	精确度： 95% 置信区间分布	灵敏度：每 0.010Abs 单位变动下，浓度变动值
86	$295\mu g/L$ Cl_2	$290\sim300\mu g/L$ Cl_2	$17\mu g/L$ Cl_2

方法解释

本方法适用于测定清洁水、低浊度和色度的水。主要用于监测活性炭床和反渗透膜或离子交换树脂补给水中痕量的氯含量。

在传统的 DPD 氯测定方法上做了一些修改以满足测定痕量水平氯的需要。在这个分光光度计法中必须使用流通池模块和液体试剂。流通池的光学重现性较好，测试读数比移动的比色皿更加稳定，故测定结果也更加稳定。

试剂被集成在安瓿瓶中，氩气密封以保证实际的稳定性。试剂粉枕包会给溶液带来浊度，而使用液体试剂可以消除任何微小浊度的影响。由于可能存在试剂的氧化（这样会使空白值的氯含量读数偏高），每天每批试剂都必须测定至少一次试剂空白值。从样品的读数中减去试剂空白值才得到样品中实际的氯含量。测试结果是在波长 515nm 下读取的。

消耗品和替代品信息

表 6.2.14-5　需要用到的试剂

试剂名称及描述	数量/每次测量	单　位	产品订货号
超低量程氯试剂组件（大约 20 次测试）			2563000
超低量程 Chlorine Buffer 氯缓冲溶液，1.5mL 安瓿瓶	1mL	20/pk	2493120
超低量程氯测定 DPD 指示剂溶液，1.5mL 安瓿瓶	1mL	20/pk	2493220
超低量程氯测定 空白试剂	1mL	29mL	2493023

表 6.2.14-6　需要用到的仪器

名　称　及　描　述	数量/每次测量	单　位	产品订货号
PourRite® 安瓿瓶开口器	1	每次	2484600
烧杯，250mL	1	每次	50046H
混合量筒，50mL	1	每次	189641
TenSette® 移液枪，量程范围为 0.1～1.0mL	1	每次	1970001
与移液枪 1970001 配套的枪头	2	50/pk	2185696

表 6.2.14-7　推荐使用的标准样品

标准样品名称及描述	单　位	产品订货号
低量程氯 PourRite® 安瓿瓶标准溶液，浓度为 25～30mg/L，2mL	20/pk	2630020

表 6.2.14-8 可选择的试剂与仪器

名 称 及 描 述	单 位	产品订货号
30g/L 的碘化钾溶液	100mL	34332
5g/L 的亚砷酸钠溶液	100mL	104732
硫酸,1N	100mL	127032
硫酸,5.25N	1000mL	244953
pH 试纸,量程范围为 1～14	100/pk	2601300
与移液枪 1970001 配套的枪头[①]	1000/pk	2185628
Voluette 安瓿瓶开口器	每次	2196800
氯 PourRite® 安瓿瓶标准溶液,浓度为 50～75mg/L,2mL	20/pk	1426820
氯 Voluette 安瓿瓶标准溶液,浓度为 50～75mg/L,10mL	16/pk	1426810

① 用户可根据需要选择其他规格的产品。

6.2.15 氯化物，硫氰酸汞法，方法 8113

测量范围

0.1～25mg/L Cl^-。

应用范围

用于水与废水中氯化物的测定。

测试准备工作

表 6.2.15-1 仪器详细说明

仪器	比色皿	比色皿方向
DR 6000	2495402	刻度线朝向右方
DR 5000	2495402	刻度线朝向用户
DR 3900	2495402	刻度线朝向用户
DR 3800、DR 2800、DR 2700	2495402	刻度线朝向右方

(1) 在测试前将浑浊的样品用中速滤纸和漏斗过滤。

(2) 样品和空白都含有汞（D009），联邦 RCRA 将其作为危险废弃物管制。请勿将这些溶液直接倾倒在排水沟内。

(3) 参阅 MSDS 手册安全地处理危险废弃物，建议使用手套。

表 6.2.15-2 准备的物品

名 称 及 描 述	数 量	名 称 及 描 述	数 量
三价铁离子溶液	1mL	比色皿(请参见"仪器详细说明")	2
硫氰酸汞溶液	2mL	TenSette® 移液枪 0.1～1.0mL	1
去离子水	10mL	枪头	2

注：订购信息请参看"消耗品和替代品信息"。

硫氰酸汞法测试流程

（1）选择测试程序。参照"仪器详细说明"的要求插入适配器（插入方向请参见用户手册）。

（2）样品准备:向比色皿中加入 10mL 样品。

（3）空白样准备:向另一比色皿中加入 10mL 去离子水。

（4）向每个比色皿中加入 0.8mL 硫氰酸汞溶液。

（5）混匀。

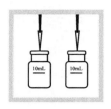    

（6）再向每个比色皿中加入 0.4mL 三价铁离子溶液。 | （7）混匀。若有氯化物存在，溶液会呈现橙色。 | （8）启动仪器定时器。计时反应 2min。 | （9）在反应到时后 5min 内，擦干空白管外壁，置于样品池中。 | （10）清零：仪器显示 0.0mg/L Cl⁻。

（11）同样擦干样品管外壁，置于样品池中。 | （12）读数：mg/L Cl⁻。

样品的采集、保存与存储

采集样品时应使用清洁的玻璃或塑料容器，样品在室温条件下可以存放 28 天。

干扰

表 6.2.15-3　干扰物质

干扰成分	干扰程度及处理方法
极端 pH 值	加入试剂后样品溶液 pH 值应在 2 左右 如果样品本身是强酸性或强碱性的，在测试前取部分样品将其 pH 值调至 7 左右可以使用 5.0N 的氢氧化钠标准溶液①或 1+5 的稀高氯酸溶液。调节时用 pH 试纸，不要用 pH 仪，因为 pH 电极会污染样品

① 请见"可选择的试剂与仪器"。

准确度检查方法

(1) 标准加入法（加标法）。所需的试剂与仪器有：氯化物标准试剂，浓度为 1000mg/L；TenSette® 移液枪（0.1～1mL）；3 个 50mL 混合量筒。

具体步骤如下。

① 读取测试结果后，将装有样品的比色皿（尚未加入标准溶液）留在仪器中。

② 在仪器菜单中选择标准添加程序。

③ 确认接受标样浓度、样品体积和加标体积的默认值，或修改这些默认值。当这些值确认好后，未加标的样品读数将显示在顶端的第一行（参见用户使用手册）。

④ 准备三个加标样。分别向三个混合量筒中加入 50mL 样品。使用 TenSette® 移液枪分别向三个量筒中依次加入 0.1mL、0.2mL 和 0.3mL 1000mg/L 的标准溶液，充分混匀。

⑤ 从 0.1mL 的加标样开始，按照上述样品测试步骤依次对三个加标样品进行测试，每个加标样品取 10mL。每个加标样都应该达到约 100% 的加标回收率。

⑥ 按"Graph（图表）"键将显示出根据加标数据计算得到的最佳拟合曲线。按"Ideal Line（理想曲线）"键将显示出样品加标与 100% 回收率的"理想曲线"之间的关系。

(2) 标准溶液法。所需的试剂与仪器有：氯化物标准试剂，浓度为 1000mg/L；500mL 容量瓶；A 级玻璃移液管。

具体步骤如下。

① 按照下列步骤配制浓度为 20mg/L 的氯化物溶液：a. 用 A 级移液管移取 10.00mL 浓度为

1000mg/L 的氯化物标准溶液，加入到 500mL 的容量瓶中；b. 用去离子水稀释到容量瓶的刻度线。根据上述硫氰酸汞法测试流程测定氯化物。

② 用氯化物标准溶液所得的数据校准标准曲线，在仪器菜单中选择标准溶液校准程序。

③ 打开标准调整界面，确认接受当前标准溶液浓度。如果使用了其他浓度的标准溶液，输入标准溶液的实际浓度，并确认用此溶液浓度校准标准曲线。

方法精确度

表 6.2.15-4　方法精确度

程序	标值	精确度：95%置信区间分布	灵敏度：每 0.010Abs 单位变动下，浓度变动值
70	20.0mg/L Cl$^-$	17.9～22.1mg/L Cl$^-$	0.1(1.0mg/L Cl$^-$)；0.3(10.0mg/L Cl$^-$)；0.6(20.0mg/L Cl$^-$)

方法解释

样品中的氯化物与硫氰酸汞反应，生成氯化汞和游离的硫氰酸盐离子，硫氰酸盐离子再与三价铁离子反应生成橙色的硫氰酸铁复合物。复合物的浓度与溶液中氯化物的含量成正比例关系。测试结果是在波长为 455nm 的可见光下读取的。

消耗品和替代品信息

表 6.2.15-5　需要用到的试剂

试剂名称及描述	数量/每次测量	单　　位	产品订货号
氯化物试剂组件	—	100 次/pk①	2319800
(1)三价铁离子溶液	1mL	100mL	2212242
(1)硫氰酸汞溶液	2mL	200mL	2212129
去离子水	10mL	4L	27256

① 100 次包括 50 个样品和 50 个空白，均使用 10mL 比色皿。若使用 25mL 比色皿，则共可使用 50 次。

表 6.2.15-6　需要用到的仪器设备

设备名称及描述	数量/每次测量	单　　位	产品订货号
TenSette®移液枪，0.1～1.0mL	1	个	1970001
适用于 TenSette®移液枪的枪头	视情况而定	50/pk	2185696

表 6.2.15-7　推荐使用的标准样品

标准样品名称及描述	单　　位	产品订货号
氯化物标准溶液，浓度为 1000mg/L Cl$^-$	500mL	18349

表 6.2.15-8　可选择的试剂与仪器

名　称　及　描　述	单　　位	产品订货号
混合量筒	50mL	189641
pH 试纸，测量范围为 1.0～11.0	5/pk	39133
滤纸	100/pk	69257
漏斗	75mm	108368
高氯酸，ACS	680g	75765
氢氧化钠标准溶液，5.0N	50mL	245026
抗化学试剂手套	副	2410104
与产品 1970001 配套的移液枪头	1000/pk	2185628
氯化物标准溶液 10mL Voluette®安瓿瓶装，12500mg/L Cl$^-$	16/pk	1425010
移液管，A 级，10mL	个	1451538
氯化物标准溶液，100mg/L	1L	2370853

6.2.16　氯化物，硝酸汞法，方法 8206（数字滴定器）

测量范围

$10 \sim 8000 \text{mg/L}$（以 Cl^- 计）。

应用范围

用于水、废水及海水中氯化物的测定。

测试准备工作

（1） mg/L（氯化钠）＝mg/L（氯化物）×1.65。

（2） meq/L（氯化钠）＝mg/L（氯化物）/35.45。

（3） 为方便起见，搅拌时可使用 TitraStir 搅拌器。

表 6.2.16-1　准备的物品

名　称　及　描　述	数　量
二苯卡巴腙指示剂粉枕包	1
硝酸汞滴定试剂管(参见表 6.2.16-2)	1
数字滴定器	1
数字滴定器的输液管	1
量筒	1
250mL 锥形瓶	1

注：订购信息请参看"消耗品和替代品信息"。

碱度测试流程

（1）根据"仪器量程说明"中信息选择样品的体积和适合的滴定试剂。

（2）将洁净的输液管安装在滴定试剂管上，再将滴定试剂管安装到滴定器上。

（3）旋转滴定器旋钮排出空气和几滴试剂，将计数器归零，并擦除滴管外的液体。

（4）用量筒或移液管量取一定体积的样品（具体体积参见"仪器量程说明表"），倒入 250mL 锥形瓶中。

（5）如果样品的体积少于 100mL，则用去离子水稀释到 100mL。

（6）加入一包二苯卡巴腙指示剂粉枕包，振荡混匀。如果有一点粉末未溶解，不会影响测试结果。

（7）将输液管置于溶液中，边振荡锥形瓶边旋转滴定器的旋钮，将滴定试剂加入到溶液中。继续边振荡边滴定直至溶液从黄色变为淡粉红色。记录下计数器上显示的数字。

（8）用仪器量程说明表中的系数来计算浓度。

计数器上的数字×系数即为氯化物浓度，单位 mg/L，以 Cl^- 计。

举例:样品体积为 100mL,使用的滴定剂为 0.2256N 硝酸汞,计数器上显示 250 单位,则浓度为 250×0.1＝25mg/L,以 Cl^- 计。

表 6.2.16-2　仪器量程说明

量程/(mg/L Cl⁻)	样品体积/mL	滴定试剂/N Hg(NO₃)₂	系　数
10～40	100	0.2256	0.1
40～160	25	0.2256	0.4
100～400	100	2.256	1.0
200～800	50	2.256	2.0
500～2000	20	2.256	5.0
1000～4000	10	2.256	10.0
2000～8000	5	2.256	20.0

干扰物质

表 6.2.16-3　干扰物质

干扰成分	抗干扰水平及处理方法
溴化物	直接影响测试结果
铬酸盐	浓度高于 10mg/L 时产生干扰
三价铁	浓度高于 10mg/L 时产生干扰
碘	直接影响测试结果
pH 值	用 5.25N 的硫酸溶液或 5.0N 的氢氧化钠溶液将强酸性或强碱性样品中和至 pH 为 2～7。若使用 pH 计调节,首先取部分样品确定应加入的酸或碱的量,再调节所测样品的 pH 值。pH 电极可能会污染样品
硫化物	采取以下步骤排除硫化物的干扰: (1)向约 125mL 样品中加入一包硫化物抑制剂粉枕包 (2)混合 1min (3)用折叠滤纸过滤 (4)使用过滤后的溶液进行氯化物测试
亚硫酸盐	浓度高于 10mg/L 时产生干扰。可以在测试前向样品中加入 3 滴 30% 的过氧化氢溶液,以消除亚硫酸盐产生的干扰

样品的采集、保存与存储

用清洁的塑料瓶或玻璃瓶采集样品。样品最多可存储 7 天。

准确度检查方法——标准加入法（加标法）

准确度检查所需的试剂与仪器设备有：氯化物 Voluette® 安瓿瓶装标准试剂，12500mg/L Cl⁻；安瓿瓶开口器；TenSette® 0.1～1.0mL 移液枪和枪头。

具体步骤如下。

(1) 打开标准试剂安瓿瓶。

(2) 用移液枪加 0.1mL 标准溶液至已滴定的样品中，振荡混匀。

(3) 滴定添加了标准液的样品至终点。记录下滴定达到终点所消耗试剂体积。

(4) 用移液枪加 0.2mL 标准溶液至已滴定的样品中，振荡混匀。

(5) 滴定添加了标准液的样品至终点。记录下滴定达到终点所消耗试剂体积。

(6) 用移液枪加 0.3mL 标准溶液至已滴定的样品中，振荡混匀。

(7) 滴定添加了标准液的样品至终点。记录下滴定达到终点所消耗试剂体积。

(8) 每加入 0.1mL 标准液约消耗 12.5 单位的 2.256N 滴定试剂或 125 单位的 0.2256N 滴定剂。

若滴定试剂消耗得过多或过少，则可能是操作者的操作问题或者有干扰存在或滴定剂、仪器有问题。

方法解释

样品在酸性环境并有二苯卡巴腙指示剂存在的条件下，用硝酸汞滴定。当有过量汞离子存在时，会与指示剂结合生成紫红色复合物，指示滴定终点。

消耗品和替代品信息

表 6.2.16-4　需要用到的试剂

试剂名称及描述	数量/每次测量	单　位	产品订货号
氯化物试剂组件(100 次测试)	—	—	2272600
(2)二苯卡巴腙粉枕包	1	100/pk	83699
(1)硝酸汞滴定剂,0.2256N	根据需要而定	管	1439301
(1)硝酸汞滴定剂,2.256N	根据需要而定	管	92101

表 6.2.16-5　需要用到的仪器设备

设备名称及描述	数量/每次测量	单　位	产品订货号
数字滴定器	1	个	1690001
250mL 带刻度锥形瓶	1	个	50546
量筒——根据量程选择一个或多个			
10mL 量筒	1	个	50838
25mL 量筒	1	个	50840
50mL 量筒	1	个	50841
100mL 量筒	1	个	50842
输液管 w/180°挂钩	1	个	1720500
输液管 w/90°挂钩	1	个	4157800

表 6.2.16-6　推荐使用的标准样品

标准样品名称及描述	单　位	产品订货号
氯化物标准溶液,10mLVoluette® 安瓿瓶装 12500mg/L Cl⁻	16/pk	1425010

表 6.2.16-7　可选择的试剂与仪器

名　称　及　描　述	单　位	产品订货号
12.5cm 滤纸	100/pk	69257
分析用漏斗,65mm	个	108367
30%过氧化氢溶液,ACS	473mL	14411
氢氧化钠标准溶液,5.0N	100mL MDB	245032
搅拌棒,28.6mm×7.9mm	个	2095352
硫化物抑制剂粉枕包	100/pk	241899
硫酸标准溶液,5.25N	100mL MDB	244932
移液枪,TenSette®,量程为 0.1～1.0mL	个	1970001
去离子水	500mL	27249
试样瓶	250mL	1451538
氯化物标准溶液,1000mg/L	500mL	2087076
枪头	100/pk	2185628
pH 试纸	个	2601300
Titra 搅拌器,115V	个	1940000
Titra 搅拌器,230V	个	1940010

6.2.17　氯化物，硝酸银法，方法8207（数字滴定器）

测量范围

10~10000mg/L（以 Cl⁻ 计）。

应用范围

用于水、废水及海水中氯化物的测定。

测试准备工作

（1） mg/L（氯化钠）＝mg/L（氯化物）×1.65。

（2） meq/L（氯化钠）＝mg/L（氯化物）/35.45。

（3） 为方便起见，搅拌时可使用 TitraStir 搅拌器。

表 6.2.17-1　准备的物品

名称及描述	数量	名称及描述	数量
氯化物 2 指示剂粉枕包	1 包	数字滴定器的输液管	1 个
硝酸银滴定试剂管（参见表 6.2.17-2）	1 根	量筒	1 个
数字滴定器	1 个	250mL 锥形瓶	1 个

注：订购信息请看"消耗品和替代品信息"。

氯化物测试流程

（1）根据表 6.2.17-2 中信息选择样品的体积和适合的滴定试剂。

（2）将洁净的输液管安装在滴定试剂管上，再将滴定试剂管安装到滴定器上。

（3）旋转滴定器旋钮排出空气和几滴试剂，将计数器归零，并擦去滴管上残余的液体。

（4）用量筒或移液管量取一定体积的样品（具体体积参见表 6.2.17-2），倒入250mL 锥形瓶中

（5）如果样品的体积少于 100mL，则用去离子水稀释到100mL。

（6）加入一包氯化物 2 指示剂粉枕包，振荡混匀。

如果有一点粉末未完全溶解，不会影响测试的结果。

（7）将输液管置于溶液中，边振荡锥形瓶边旋转滴定器的旋钮，将滴定试剂加入到溶液中。继续边振荡边滴定直至溶液从黄色变为棕红色。

记录下计数器上显示的数字。

（8）用表 6.2.17-2 中的系数来计算浓度。

计数器上的数字×系数即为氯化物浓度，单位 mg/L，以 Cl⁻ 计。

举例：样品体积为100mL，使用的滴定剂为 0.2256N 硝酸银，计数器上显示 250 单位，则浓度为250×0.1＝25mg/L，以 Cl⁻ 计。

表 6.2.17-2　仪器量程说明

量程/(mg/L Cl⁻)	样品体积/mL	滴定试剂/N AgNO₃	系　数
10～40	100	0.2256	0.1
40～100	40	0.2256	0.25
100～400	50	1.128	1.0
250～1000	20	1.128	2.5
1000～4000	5	1.128	10.0
2500～10000	2	1.128	25.0

干扰物质

表 6.2.17-3　干扰物质

干扰成分	抗干扰水平及处理方法
溴化物	直接影响测试结果
氰化物	直接影响测试结果
铁	浓度高于 10mg/L 时会掩蔽滴定终点
碘	直接影响测试结果
正磷酸盐	浓度高于 25mg/L 时会使银沉淀
pH 值	用 5.25N 的硫酸溶液或 5.0N 的氢氧化钠溶液将强酸性或强碱性样品中和至 pH 值为 2～7。若使用 pH 计调节，首先取部分样品确定应加入的酸或碱的量，再调节所测样品的 pH 值。pH 电极也可能会污染样品
硫化物	采取以下步骤排除硫化物的干扰： (1)向约 125mL 样品中加入一包硫化物掩蔽剂粉枕包 (2)混合 1min (3)用折叠滤纸过滤 (4)使用过滤后的溶液进行氯化物测试
亚硫酸盐	浓度高于 10mg/L 时产生干扰。可以在测试前向样品中加入 3 滴 30%的过氧化氢溶液，以消除亚硫酸盐产生的干扰

样品的采集、保存与存储

用清洁的塑料瓶或玻璃瓶采集样品。样品最多可存储 7 天。

准确度检查方法——标准加入法（加标法）

准确度检查所需的试剂与仪器设备有：氯化物 Voluette® 安瓿瓶装标准试剂，12500mg/L Cl⁻；安瓿瓶开口器；TenSette® 0.1～1.0mL 移液枪和枪头。

具体步骤如下。

(1) 打开标准试剂安瓿瓶。

(2) 用移液枪加 0.1mL 标准溶液至已滴定的样品中，振荡混匀。

(3) 滴定添加了标准液的样品至终点。记录下滴定达到终点所消耗试剂体积。

(4) 用移液枪加 0.2mL 标准溶液至已滴定的样品中，振荡混匀。

(5) 滴定添加了标准液的样品至终点。记录下滴定达到终点所消耗试剂体积。

(6) 用移液枪加 0.3mL 标准溶液至已滴定的样品中，振荡混匀。

(7) 滴定添加了标准液的样品至终点。记录下滴定达到终点所消耗试剂体积。

(8) 每加入 0.1mL 标准液约消耗 12.5 单位的 2.256N 滴定试剂或 25 单位的 1.128N 滴定剂。

若滴定试剂消耗得过多或过少，则可能是操作问题或者有干扰存在或滴定剂、仪器有问题。

方法解释

样品在铬酸钾（来自氯化物 2 指示剂粉末）存在的条件下，被硝酸银标准溶液滴定。硝酸银与存在的氯化物反应，生成不溶性的白色氯化银沉淀，当所有的氯化物都被沉淀后，银离子会与过量的铬酸盐结合生成棕红色的铬酸银沉淀，指示滴定终点。

消耗品和替代品信息

表 6.2.17-4　需要用到的试剂

试剂名称及描述	数量/每次测量	单　位	产品订货号
氯化物试剂组件（100 次测试）	—	—	2288000
(2)氯化物 2 指示剂粉枕包	1	50/pk	105766
(1)硝酸银滴定剂，0.2256N	根据需要而定	管	1439601
(1)硝酸银滴定剂，1.128N	根据需要而定	管	1439701

表 6.2.17-5　需要用到的仪器设备

设备名称及描述	数量/每次测量	单　位	产品订货号
数字滴定器	1	个	1690001
250mL 带刻度锥形瓶	1	个	50546
量筒——根据量程选择一个或多个			
10mL 量筒	1	个	50838
25mL 量筒	1	个	50840
50mL 量筒	1	个	50841
100mL 量筒	1	个	50842
输液管 w/180°挂钩	1	个	1720500
输液管 w/90°挂钩	1	个	4157800

表 6.2.17-6　推荐使用的标准样品

标准样品名称及描述	单　位	产品订货号
氯化物标准溶液，10mLVoluette® 安瓿瓶装 12500mg/L Cl⁻	16/pk	1425010

表 6.2.17-7　可选择的试剂与仪器

名 称 及 描 述	单　位	产品订货号
12.5cm 滤纸	100/pk	69257
分析用漏斗，65mm	个	108367
30%过氧化氢溶液，ACS	473mL	14411
氢氧化钠标准溶液，5.0N	100mL MDB	245032
搅拌棒，28.6mm×7.9mm	个	2095352
硫化物掩蔽剂粉枕包	100/pk	241899
硫酸标准溶液，5.25N	100mL MDB	244932
移液枪，TenSette®，量程为 0.1～1.0mL	个	1970001
去离子水	500mL	27249
试样瓶	250mL	2087076
氯化物标准溶液，1000mg/L	500mL	18349
枪头	100/pk	2185628
pH 试纸，0～14pH	个	2601300
Titra 搅拌器，115V	个	1940000
Titra 搅拌器，230V	个	1940010

6.2.18 氟化物，USEPA[●]SPADNS[●]法，方法8029（试剂溶液或安瓿瓶）

测量范围

$0.02\sim2.00$mg/L F^-。

应用范围

用于水、废水与海水中氟化物的测定。该法是 USEPA 认可的饮用水和废水分析法（该方法需要蒸馏）。[❷]

测试准备工作

表 6.2.18-1　仪器详细说明

仪器	比色皿方向	比色皿
DR 6000 DR 3800 DR 2800 DR 2700 DR 1900	刻度线朝向右方	2495402 10mL
DR 5000 DR 3900	刻度线朝向用户	
DR 900	刻度线朝向用户	2401906 −25mL −20mL −10mL

仪器	适配器
DR 6000 DR 5000 DR 900	—
DR 3900	LZV846（A）
DR 3800 DR 2800 DR 2700	LZV584（C）
DR 1900	9609900 或 9609800（C）

(1) 样品和使用的去离子水的温度应相同（±1℃）。在试剂加入之前或之后都可进行温度调整。

(2) SPADNS 试剂是有毒的且有腐蚀性，请小心使用该试剂。

(3) SPADNS 试剂含有亚砷酸钠，测试后溶液含有砷（D004），联邦 RCRA 要求将其作为危险废物处理。详情请参阅《MSDS 安全处理废弃物指导》。

(4) 为了使测试结果更加准确，尽可能精确地量取 SPADNS 试剂体积。

(5) 本测试方法不能使用倾倒池。

表 6.2.18-2　准备的物品

名称及描述	数　　量
试剂法 　SPADNS 溶液	4mL

[●] 根据《水与废水标准检测方法》4500-F B & D. 改编。

[❷] 该测试流程与 USEPA 用于测饮用水和废水的 340.1 方法相同。

名 称 及 描 述	数 量
去离子水(请参见"仪器详细说明")	10mL
2mL 移液管	1 根
10mL 移液管	1 根
−10～110℃温度计	1 个
比色皿(请参见"仪器详细说明")	2 个
安瓿瓶法	
SPADNS 氟化试剂安瓿瓶	2 个
50mL 烧杯	1 个
去离子水	40mL

注:订购信息请参看"消耗品和替代品信息"。

SPADNS 试剂法测试流程

 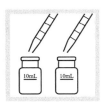   

(1)选择测试程序。参照"仪器详细说明"的要求插入适配器(详细介绍请参见用户手册)。

(2)准备样品:在一个干燥的比色皿中加入 10mL 样品。

(3)向另一干燥的比色皿中加入 10mL 去离子水。

(4)仔细地向每个比色皿中加入 2mL SPADNS 试剂,混匀。

(5)启动仪器定时器。计时反应 1min。

(6)计时反应到时后,擦拭空白样管外部并将其插入样品池中。

(7)清零:仪器会显示 0.00mg/L F⁻。

(8)将样品管也插入样品池中。读数,结果以 F⁻ 计,单位:mg/L。

SPADNS 安瓿瓶测试流程

(1)选择测试程序。参照"仪器详细说明"的要求插入适配器(详细介绍请参见用户手册)。

(2)准备样品:在 50mL 烧杯中收集至少 40mL 样品。将装有 SPADNS 氟化物试剂的安瓿瓶倒置于烧杯中,折断安瓿瓶瓶颈,使水样虹吸进入瓶中,装满。此过程中安瓿瓶瓶颈一定要浸没在水样内。

(3)准备空白样:在另一 50mL 烧杯中收集至少 40mL 去离子水。将装有 SPADNS 氟化物试剂的安瓿瓶倒置于烧杯中,折断安瓿瓶瓶颈,使水样虹吸进入瓶中,装满。此过程中安瓿瓶瓶颈一定要浸没在水样内。

(4)盖上塞子。快速上下颠倒以混匀溶液。

(5)启动仪器定时器。计时反应 1min。

（6）反应到时后，擦拭空白样管外部并将其插入样品池中。

清零：仪器会显示 0mg/L F⁻。

（7）将装有样品的安瓿瓶也插入样品池中。读数，结果以 F⁻计，单位：mg/L。

干扰物质

本测试对干扰物质极其敏感。玻璃仪器必须十分清洁（每次使用前都要用酸洗），并且用同一组玻璃仪器重复试验，以保证结果的准确性。

表 6.2.18-3　干扰物质

干扰成分	多大浓度产生干扰
碱度	以 $CaCO_3$ 计，浓度为 5000mg/L 时产生 -0.1mg/L F⁻ 的干扰
铝	浓度为 0.1mg/L 时产生 -0.1mg/L F⁻ 的干扰。为了避免铝产生的干扰，在添加试剂 1min 后读数，15min 后再次读数，若数值有明显增加则表明有铝干扰。2h 后最终读数，这样可以消除最高浓度为 3.0mg/L 铝的影响
氯化物	浓度为 7000mg/L 时产生 +0.1mg/L F⁻ 干扰
余氯	SPADNS 试剂含有亚砷酸盐，能够消除最高浓度为 5mg/L 余氯的影响。若氯的浓度更高，向 25mL 样品中加 1 滴亚砷酸钠溶液①
三价铁离子	浓度为 10mg/L 时产生 -0.1mg/L F⁻ 干扰
六偏磷酸钠	浓度为 1.0mg/L 时产生 +0.1mg/L F⁻ 干扰
硫酸盐	浓度为 200mg/L 时产生 +0.1mg/L F⁻ 干扰
正磷酸盐	浓度为 16mg/L 时产生 +0.1mg/L F⁻ 干扰

① 订购信息请参看"可选择的试剂与仪器"。

蒸馏

按以下步骤用酸溶液将样品蒸馏能够消除大部分的干扰物质。

（1）按照普通的蒸馏操作搭设蒸馏装置。请参阅蒸馏仪器使用手册，正确安装。用一个 125mL 锥形瓶收集馏出物。

（2）打开水管，保证冷凝管有稳定的水流通过。

（3）用 100mL 量筒量取 100mL 样品，倒入蒸馏瓶中。加入一个磁力搅拌转子和五粒玻璃珠。

（4）打开磁力搅拌器。将搅拌速度调至 5。

（5）用 250mL 量筒小心地向瓶中加入 150mL StillVer® 蒸馏试剂（StillVer 蒸馏试剂是浓硫酸与水 2:1 的混合溶液）。

> 注：当蒸馏氯化物含量较高的样品时，根据样品中氯化物的浓度，每 1mg/L 加 5mg 硫酸银。

（6）放好温度计，将加热挡调至 10。黄色指示灯亮表明加热器已开始工作。

（7）当温度达到 180℃或已收集到 100mL 馏出物，关闭蒸馏器（大约需要 1h）。

（8）如有必要将馏出物稀释至 100mL，再用 SPADNS 试剂或氟化物离子选择电极法分析馏出物。

样品的采集、保存与存储

样品采集时应使用清洁的玻璃瓶或者塑料瓶。样品在 4℃（39℉）或更低的温度条件下，可以保存 7 天。在测试分析前，使样品恢复至室温。

准确度检查方法——标准溶液法

使用不同浓度的标准溶液代替样品，以检查操作的正确性。标准溶液的浓度应该覆盖测试所有结果。

每组试剂之间都有微小的差异，当差异达到 1.5mg/L 时就可测量到。用去离子水稀释样品（1∶1），且重复测试，可保证测试结果更加精确，最后将测试结果乘以 2 即可。

具体步骤如下。

(1) 用 1.00mg/L 的标准溶液所测得的数据校准曲线。在仪器菜单中选择标准溶液校准程序。

(2) 打开标准调整界面，确认接受当前标准溶液浓度。如果使用其他浓度的标准溶液，输入标准溶液的实际浓度，并确认用此溶液浓度校准标准曲线。

方法精确度

表 6.2.18-4　方法精确度

程序	标值	精确度： 95%置信区间分布	灵敏度：每 0.010Abs 单位变动下，浓度变动值
190	1.00mg/L F^-	0.97～1.03mg/L F^-	0.024mg/L F^-
195	1.00mg/L F^-	0.92～1.08mg/L F^-	0.03mg/L F^-

方法解释

SPADNS 方法检测氟化物涉及氟化物与红色的锆染料的反应。氟化物与部分的锆反应生成无色的复合物，消退原来的红色，无色复合物的量与溶液中氟化物含量成正比例关系。样品在蒸馏后使用该方法测定，已被 EPA 接受为 NPDES 和 NPDWR。海水和废水样品测试前需要蒸馏。测试结果在波长为 580nm 的可见光下读取。

消耗品和替代品信息

表 6.2.18-5　需要用到的试剂

试剂名称及描述	数量/每次测量	单　位	产品订货号
SPADNS 试剂溶液 或	4mL	500mL	44449
SPADNS 氟化物试剂 AccuVac® 安瓿瓶	2	25/pk	2506025
去离子水	10～40mL	4L	27256

表 6.2.18-6　需要用到的仪器设备（试剂法）

设备名称及描述	数量/每次测量	单　位	产品订货号
A 级,2mL 移液管	1	个	1451536
A 级,10mL 移液管	1	个	1451538
温度计－10～110℃	1	个	187701

表 6.2.18-7　需要用到的仪器设备（安瓿瓶法）

设备名称及描述	数量/每次测量	单　位	产品订货号
50mL 烧杯	1	个	50041H

表 6.2.18-8　推荐使用的标准样品

标准样品名称及描述	单　位	产品订货号
氟化物标准溶液 0.2mg/L F^-	500mL	40502
氟化物标准溶液 0.5mg/L F^-	500mL	40505
氟化物标准溶液 0.8mg/L F^-	500mL	40508
氟化物标准溶液 1.0mg/L F^-	1000mL	29153
氟化物标准溶液 1.0mg/L F^-	500mL	29149

标准样品名称及描述	单 位	产品订货号
氟化物标准溶液 1.2mg/L F⁻	500mL	40512
氟化物标准溶液 1.5mg/L F⁻	500mL	40515
氟化物标准溶液 2.0mg/L F⁻	500mL	40520
氟化物标准溶液 100mg/L F⁻	500mL	23249
氟化物、硫酸盐、硝酸盐、磷酸盐混合标准溶液	500mL	2833049

表 6.2.18-9　蒸馏所需要的试剂与仪器

名称及描述	数量/每次测量	单 位	产品订货号
100mL 量筒	1	个	50842
250mL 量筒	1	个	50846
蒸馏加热器,115V,50/60Hz	1	个	2274400
蒸馏加热器,230V,50/60Hz	1	个	2274402
蒸馏仪器组件	1	个	2265300
125mL 锥形瓶	1	个	2089743
玻璃珠	1	100/pk	259600
StillVer® 蒸馏试剂	视情况而定	500mL	44649
磁力搅拌转子	1	个	1076416

表 6.2.18-10　可选择的试剂与仪器

名 称 及 描 述	单 位	产品订货号
硫酸银	113g	33414
5.0g/L 亚砷酸钠溶液	100mL	104732

6.2.19　酸性溶液中的氟化物，离子选择性电极直读法，方法 8323（ISE 电极）

测量范围

0.1～100.0mg/L F⁻。

应用范围

用于工业用水（溶液 pH 值低于 5）。

测试准备工作

表 6.2.19-1　仪器详细说明

仪表型号	电极型号
HQ30d 便携式,单通道,多参数	ISEF121 智能氟离子复合电极
HQ40d 便携式,双通道,多参数	
HQ430d 台式,单通道,多参数	
HQ440d 台式,双通道,多参数	

（1）有关仪表的操作请参见仪表使用手册。电极的维护请参见电极使用手册。

（2）准备电极。详细信息请参见电极使用手册。

（3）当 IntelliCAL™ 智能电极连接到 HQd 主机时，主机可自动识别测量参数，并可随时待用。

（4）活化电极。步骤是将电极浸泡在 100mL 最低浓度的标液里，最多 1h。

（5）初次使用之前，需要校准电极，校准过程请参考电极说明书。

（6）测量时，将标液或水样以低速匀速搅动，避免产生漩涡。

（7）探头顶端如果有气泡会引起响应时间偏慢或测量误差。轻摇电极以去除气泡。

（8）样品浓度的细微差别会影响电极稳定时间。确保电极处于良好状态。用不同的搅拌速率来测试所需稳定时间是否增长。

将水样的 pH 值调节至 5～8，释放被配合的氟离子（HF 或 HF_2^-）。不要使用强碱（如氢氧化钠）来调节 pH 值。强碱会改变样品的离子强度而降低测试的准确度。

(9) 用大量的乙酸钠稀释样品和标准溶液可以缓冲样品的 pH 值，帮助调节样品和标准溶液的总离子强度。

(10) 校准时，从浓度低的标液依次往高的标液进行测量，会得到更好的校准结果。

(11) 为了得到更好的结果，确保标液和水样在同一温度下进行测试 [±2℃ （±3.6°F）]。

(12) 请仔细阅读试剂的 MSDS，使用个人防护用具。

(13) 请根据当地政府要求处置废弃的试剂溶液，处置时请遵循当地环保部门，健康和危废品安全处理部门相关条例。

表 6.2.19-2　准备的物品

名称及描述	数量
氟 ISA(TISAB)—缓冲粉枕包或溶液(1 个粉枕包或 5.0mL/25mL 样品)	每次
氟离子标准溶液,100mg/L 和 1000mg/L	每次
乙酸,ACS	每次
聚丙烯烧杯,50mL	3 或 4(USEPA)
磁力搅拌子,2.2cm×0.5cm(7/8in×3/16in)	3 或 4(USEPA)
磁力搅拌器	1
装有去离子水的洗瓶	1
无毛布	1

注：订购信息请参见"消耗品和替代品信息"。

样品采集

(1) 用干净的塑料瓶或玻璃瓶采集水样。

(2) 如果水样当时不能测试，最多可在室温保存 28 天。

氟化物测试流程

（1）配制 15% 的乙酸钠溶液：将 150g 试剂纯的醋酸钠溶于 1000mL 去离子水中。

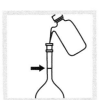

（2）用去离子水稀释到容量瓶的刻度线。

（3）盖上盖子，反复颠倒容量瓶，将其混匀。

（4）准备样品：向 50mL 的烧杯中加入 3mL 水样。

（5）向烧杯中加入 27mL 前面制备好的乙酸钠溶液。

（6）再向另一个 50mL 的烧杯中加入 25mL 准备好的样品。

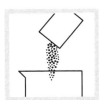

（7）将一包氟 ISA 缓冲粉枕包（TISAB）加入样品溶液中。

注意：也可以选择添加 5mL 氟 ISA 溶液。

（8）在烧杯里放入磁力搅拌子，置于搅拌台上，以中速搅拌。

（9）用去离子水先润洗电极，再用无毛布擦干。

（10）将电极放入烧杯里。不要让电极碰到搅拌子、瓶壁或瓶底。去除探头底部气泡。

（11）按下"Read
（读数）"。仪器会显
示进度条。当测试
稳定时，会锁定读
数。

（12）用去离子
水先润洗电极，再用
无毛布擦干。

校准流程

（1）配制15%的
乙酸钠溶液：将150g
试剂纯的乙酸钠溶
于1000mL去离子
水中。

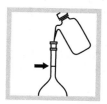

（2）用去离子水
稀释到容量瓶的刻
度线。

（3）盖上盖子，
反复颠倒容量瓶，将
其混匀。

（4）准备标样：
准备1mg/L和10
mg/L的氟离子标
液。参见"标液的稀
释液"。浓度为
10mg/L以下的标液
最多能使用2周。

（5）向50mL的
烧杯中加入3mL浓
度最小的标液。

（6）向烧杯中加
入27mL前面制备
好的乙酸钠溶液。

（7）再向另一个
50mL的烧杯中加入
25mL准备好的标
样。

（8）将一包氟
ISA缓冲粉枕包
（TISAB）加入标样
溶液中。

注意：也可以选
择添加5mL氟ISA
溶液。

（9）在烧杯里放
入磁力搅拌子，置于
搅拌台上，以中速搅
拌。

（10）用去离子
水先润洗电极，再用
无毛布擦干。

（11）将电极放
入烧杯里。不要让
电极碰到搅拌子、瓶
壁或瓶底。去除探
头底部气泡。

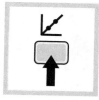

（12）按下"Cali-
brate（校准）"键，仪
器显示标准值。

（13）按下"Read
（读数）"键，仪器显
示进度条。当测试
稳定时，会锁定读
数。

（14）用去离子
水先润洗电极，再用
无毛布擦干。

（15）按此流程
测试其他标液。

(16) 按下"Done（完成）"键，仪器显示校准总结。　　(17) 按下"Store（保存）"键接受校准结果。

标液的稀释液

（1） 用含有大量无机阴离子（不能含有氟离子）的水溶液作为母液。

（2） 用母液来配制 10mg/L 的氟离子标准溶液。

（3） 用上述测试流程来测试此标准溶液的氟离子浓度值。

（4） 再用去离子水来配制 10mg/L 的氟离子标准溶液。

（5） 用上述测试流程来测试此标准溶液的氟离子浓度值。

（6） 如果两个标准溶液的浓度值测试结果一致，则可任意使用去离子水或母液来配制标准溶液。

（7） 如果两个标准溶液的浓度值测试结果不一致，则使用含有无机阴离子的母液来配制标准溶液。

干扰物质

表 6.2.19-3　干扰物质

干扰物质	干扰水平
阳离子	对测试不产生干扰
氯离子、溴离子、硫酸根离子、碳酸氢根离子、磷酸根离子、乙酸根离子	对测试不产生干扰
氢氧根离子（羟基）	当水样 pH 值在 8 以上时产生干扰，离子强度调节剂（ISA）可将样品的 pH 值调节至 5.0～5.5
碳酸根离子或磷酸根离子	会增加样品的碱度，从而增加了氢氧根离子的干扰

准确度检查方法

（1） 斜率检查法

使用斜率检查法来验证电极是否正常响应。

① 准备两个相差一个数量级的标液（如 1mg/L 和 10mg/L 或 10mg/L 和 100mg/L）。最低浓度为 0.2mg/L。

② 使用标准测试流程测量这两个标液的 mV 值。

③ 取两个结果的差值，理想范围为 $-58mV \pm 3mV$（25℃）以内。

（2） 标准溶液法

使用标准溶液法来验证测试程序、试剂（ISA）和仪器是否正常。

所需的试剂与仪器有：

① 量程范围内的标液；

② 使用标准测试流程测量标液；

③ 将测得的结果与真值比较。

（3） 标准加入法（加标法）

使用标准加入法来验证测试程序、试剂（ISA）和仪器是否正常，并可以找出水样里是否有干扰物质。

所需的试剂与仪器有：

① 氟离子标准溶液，100mg/L；

② 塑料量筒，25mL；

③ 移液枪；

④ 配套枪头。

方法步骤如下。

① 用量筒移取 25mL 水样放入烧杯。

② 使用标准测试流程测量水样氟离子浓度。

③ 用移液枪移取 0.5mL 氟离子标准溶液放入这 25mL 水样中。

④ 测量加标样品的氟离子浓度。

⑤ 对比加标前和加标后的氟离子浓度。正常情况下，加标后浓度应该升高约 1.96mg/L。

（4）温度检查

如果电极不带温度探头，测量标液和水样氟离子浓度的同时需要测量温度。为了得到更好的结果，确保校准时和测量水样时的温度一致〔上下不超过 2℃（±3.6℉）〕。

（5）清洗电极

下列情况需要清洗电极。

① 当探头被污染或因储存不当而无法得到准确测量结果。

② 因探头被污染而使响应时间明显变慢。

③ 因探头被污染而使校准斜率超过可接受范围。

对于普通的污染，可采取下列措施清洗。

① 用去离子水清洗电极。用无毛布擦干。

② 如果电极被较脏的污染物附着，用软布或软牙刷粘取普通的含氟牙膏（不含牙齿增白剂或打磨剂），轻轻地画圈擦拭电极前端晶体，一直擦到牙膏化开。完成后用去离子水清洗电极。

③ 将电极浸泡在 1mg/L 的氟离子标液里 30min。

方法精确度

表 6.2.19-4　方法精确度

主机电极	标液浓度	精确度（95％置信区间）
HQd＋ISEF121 氟离子电极	1.00mg/L	±0.01mg/L

方法解释

氟电极包括一个结合到环氧树脂电极主体上的氟化镧感应单元。当感应单元接触到溶液中的氟离子，就会产生感应电势。这个电势值与溶液中的氟离子含量呈正比。这个电势用一个 pH/mV 仪表或 ISE 离子选择性仪表测定。

消耗品和替代品信息

表 6.2.19-5　需要用到的试剂

名称及描述	单位	产品订货号
HQ30d 便携式单通道多参数测量仪	个	HQ30d53000000
HQ40d 便携式双通道多参数测量仪	个	HQ40d53000000
HQ430d 台式单通道多参数测量仪	个	HQ430D
HQ440d 台式双通道多参数测量仪	个	HQ440D
ISEF121 氟离子数字复合电极,1m 电缆	根	ISEF12101
ISEF121 氟离子数字复合电极,3m 电缆	根	ISEF12103

表 6.2.19-6　需要用到的标准液和试剂

名称及描述	单位	产品订货号
氟离子强度调节剂(ISA)粉枕包	100/pk	258999
氟离子强度调节剂(ISA)溶液	3.78L	2829017
氟离子标准溶液,10mg/L	500mL	35949
氟离子标准溶液,100mg/L	500mL	23249
乙酸钠,ACS	454g	17801H

表 6.2.19-7　需要用到的仪器

名称及描述	单位	产品订货号
聚丙烯烧杯,50mL	每次	108041
洗瓶,500mL	每次	62011
聚乙烯量筒,25mL	每次	108140
TenSette™移液枪,0.1~1.0mL	每次	1970001
与 1970001 移液枪配套的枪头	50/pk	2185696
电极支架	每次	8508850
磁力搅拌子,2.2cm×0.5cm(7/8in×3/16in)	个	4531500
磁力搅拌器,120V,带电极支架	台	4530001
磁力搅拌器,230V,带电极支架	台	4530002

6.2.20　碘，DPD 法[●]，方法 8031（粉枕包或 AccuVac® 安瓿瓶）

测量范围

$0.07 \sim 7.00 \text{mg/L I}_2$。

应用范围

用于检测消毒剂处理后的工艺用水、经过处理的水、河口水与海水中溶解性碘残留的含量。

测试准备工作

表 6.2.20-1　仪器详细说明

仪器	比色皿方向	比色皿
DR 6000 DR 3800 DR 2800 DR 2700 DR 1900	刻度线朝向右方	2495402 10mL
DR 5000 DR 3900	刻度线朝向用户	

仪器	适配器	比色皿
DR 6000 DR 5000 DR 900	—	2427606 ~10mL
DR 3900	LZV846(A)	
DR 1900	9609900 或 9609800(C)	
DR 3800 DR 2800 DR 2700	LZV584(C)	2122800 ~10mL

(1) 采样后立即进行分析测试，不要保存样品以备以后分析此测试项目用。

[●] 改编自 Palin, A. T., Inst. Water Eng., 21 (6), 537-547 (1967)。

（2）为了测试结果更加准确，每一批新的试剂都应该测定试剂空白值。试剂空白的测定同样按照测试步骤进行，只是把样品换成了去离子水进行测试。从最后的测试结果中将试剂空白值扣除，或者调整仪器的试剂空白。

（3）本测试中请使用 DPD total Cl$_2$ 试剂，不要使用 DPD free Cl$_2$ 试剂。

（4）如果样品在加入试剂后立即变黄，请稀释样品，重新测试。稀释过程可能会造成少量碘的损失，请使用适当的稀释倍数。

表 6.2.20-2　准备的物品

名 称 及 描 述	数　量
粉枕包测试	
DPD Total Chlorine 试剂粉枕包	1
比色皿，1in 方形，10mL（请参见"仪器详细说明"）	2
AccuVac® 安瓿瓶测试	
DPD Total Chlorine 试剂 AccuVac® 安瓿瓶	1
烧杯，50mL	1
比色皿（请参见"仪器详细说明"）	1
安瓿瓶塞子	2

注：订购信息请看看"消耗品和替代品信息"。

DPD 法（粉枕包）测试流程

    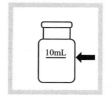

（1）选择测试程序。参照"仪器详细说明"的要求插入适配器（详细介绍请参见用户手册）。

（2）样品的测定：将 10mL 样品倒入比色皿中，液面与 10mL 刻度线平齐。
向比色皿中加入一包 DPD Total Chlorine 试剂粉枕包。

（3）摇晃约 20s 以混合均匀。
如果样品中含有碘，此时溶液应该呈粉红色。

（4）启动仪器定时器。计时反应 3min。

（5）空白值的测定：将 10mL 样品倒入第二个比色皿中，液面与 10mL 刻度线平齐。

（6）将空白值的比色皿擦拭干净，并将它放入适配器中。关上遮光罩。

（7）按下"Zero（零）"键进行仪器调零。这时屏幕将显示：0.00mg/L I$_2$。

（8）在计时时间结束后的 3min 内，将装有样品的比色皿擦拭干净，放入适配器中（比色皿放置方向请参见表 6.2.20-3）。

（9）按下"Read（读数）"键读取碘含量，结果以 mg/L I$_2$ 为单位。

DPD 法（AccuVac® 安瓿瓶）测试流程

（1）选择测试程序。参照"仪器详细说明"的要求插入适配器（详细介绍请参见用户手册）。

（2）样品的测定：将至少 40mL 样品倒入 50mL 的烧杯中。将 DPD Total Chlorine 试剂 AccuVac® 安瓿瓶放入烧杯中，使样品充满安瓿瓶。保持安瓿瓶口浸没在样品中，直至瓶中充满样品液体。

（3）盖上塞子，迅速倒转安瓿瓶数次，以混合均匀。

如果样品中含有碘，此时溶液应该呈粉红色。

（4）启动仪器定时器。计时反应 3min。

（5）空白值的测定：将样品倒入一个圆形比色皿中，液面与 10mL 刻度线平齐。

（6）将空白值比色皿擦拭干净，放入适配器中。

（7）按下"Zero（零）"键进行仪器调零。这时屏幕将显示：0.00mg/L I₂。

（8）将装有样品的安瓿瓶擦拭干净，放入适配器中。按下"Read（读数）"键读取钼含量，结果以 mg/L I₂ 为单位。

干扰物质

表 6.2.20-3　干扰物质

干扰成分	抗干扰水平及处理方法
酸度	以 $CaCO_3$ 计，大于 150mg/L 的酸度会对测试产生干扰。可能不能完全显色或显现的颜色会立即退去。用 1N 的氢氧化钠溶液[1]将样品 pH 值中和至为 6～7。用部分样品先测试需要加入多少碱液，再按照比例计算样品中需要加入多少。根据样品体积增加量修正测试结果
碱度	以 $CaCO_3$ 计，大于 250mg/L 的碱度会对测试产生干扰。可能不能完全显色或显现的颜色会立即退去。用 1N 的硫酸溶液[1]将样品 pH 值中和至为 6～7。用部分样品先测试需要加入多少碱液，再按照比例计算样品中需要加入多少。根据样品体积增加量修正测试结果
溴	任何浓度水平均会对测试产生干扰
氯和氯胺	任何浓度水平均会对测试产生正干扰
二氧化氯	任何浓度水平均会对测试产生干扰
有机氯胺	可能会对测试产生干扰
硬度	以 $CaCO_3$ 计，小于 1000mg/L 的硬度不会对测试产生干扰

干扰成分	抗干扰水平及处理方法
氧化态锰离子（Mn^{4+}和Mn^{7+}）或氧化态铬离子（Cr^{6+}）	(1)将样品pH值调整至为6～7 (2)向25mL样品中滴加3滴浓度为30g/L的碘化钾溶液[1] (3)搅拌均匀后静置等待1min (4)滴加3滴浓度为5g/L的亚砷酸钠溶液[1][2]，搅拌均匀 (5)取10mL经上述处理过的样品，进行操作流程中的测试 (6)用最初测得的碘含量数据减去处理过的样品的测试读数值，得到的就是修正过的实际碘含量值
臭氧	任何浓度水平均会对测试产生干扰
过氧化氢	可能会对测试产生干扰
强缓冲样品或极端pH值的样品	可能会超过试剂的缓冲容量，需要对样品进行预处理，将样品pH值调整为6～7

[1] 订购信息参见"可选择的试剂与仪器"。

[2] 用来消除锰和铬离子干扰的样品预处理试剂中，亚砷酸钠溶液被美国联邦政府的《资源保护和恢复法案》（RCRA）规定为危险废弃物，按照类型的分类编号为D004。详细的处理处置信息请参见当前的《化学品安全说明书》（MSDS）。

样品的采集、保存与存储

(1) 采集样品时应使用清洁干燥的玻璃容器。

(2) 如果是采集从水龙头流出的水，应该打开水龙头让水流至少5min后再采样，以保证样品具有代表性。

(3) 请避免剧烈振荡样品或将样品放在阳光直射的环境下。

(4) 采集样品时，让样品溢流出容器再盖上盖子，使样品容器中没有顶空的空间（空气）。

(5) 如果直接用比色皿采样，用样品润洗比色皿数次后，再小心地将样品倒入至刻度线。

(6) 采样后立即进行分析测试。

准确度检查方法

(1) 粉枕包法 标准加入法（加标法）。所需的试剂与仪器设备有：低量程Chlorine PourRite® 安瓿瓶标准溶液，浓度为25～30mg/L；安瓿瓶开口器；TenSette® 移液枪及其配套的枪头。

具体步骤如下。

① 测试结束后，读取测试结果并进行记录。取出装有样品的比色皿（尚未加入标准物质）。

② 打开浓度为25～30mg/L的低量程Chlorine PourRite® 安瓿瓶标准溶液。

③ 用TenSette® 移液枪准备第一个加标样：移取0.1mL的标准溶液加入到10mL已经测试反应完的比色皿中，摇晃以混合均匀。

④ 将比色皿擦拭干净，放入仪器适配器中。

⑤ 在仪器菜单中选择标准添加程序。

⑥ 读取测试结果。

⑦ 按照下列公式计算加入样品中的碘的含量：

$$碘(mg/L) = \frac{0.1(加标体积) \times mg/L 氯(标定值) \times 3.6}{10.1(样品体积 + 标样体积)}$$

⑧ 上述步骤⑥中的测试结果应该反映出步骤①中测试的样品中含量加上加入的标样的含量，即步骤⑦中计算所得值。如果其结果不符，请参见本手册中的"标准添加"。

(2) AccuVac® 安瓿瓶测试 标准加入法（加标法）。所需的试剂与仪器设备有：低量程Chlorine PourRite® 安瓿瓶标准溶液，浓度为25～30mg/L；DPD Total Chlorine AccuVac® 安瓿瓶，2个；量筒；烧杯；安瓿瓶开口器；TenSette® 移液枪及其配套的枪头。

具体步骤如下。

① 打开浓度为25～30mg/L的低量程Chlorine PourRite® 安瓿瓶标准溶液。

② 用量筒量取25mL样品加入烧杯中。用TenSette® 移液枪移取0.2mL标准溶液加入烧杯

中。摇晃以混合均匀。这就是加标样。

③ 用量筒量取 25mL 样品加入第二个烧杯中。

④ 将第一个 AccuVac® 安瓿瓶中装满加标样溶液。将第二个 AccuVac® 安瓿瓶中装满第二个烧杯中的样品。

⑤ 按照 "DPD 法（AccuVac® 安瓿瓶）测试流程" 对加标样进行测试。

⑥ 在仪器菜单中选择标准添加程序：

仪器型号	菜单选择	仪器型号	菜单选择
DR 5000	选项/更多/标准添加	DR/2500	选项/标准添加
DR 2800	选项/更多/标准添加	DR/2400	选项/标准添加
DR 2700	选项/更多/标准添加		

⑦ 读取测试结果。

⑧ 按照下列公式计算加入样品中的碘的含量：

$$碘（mg/L） = \frac{0.2（加标体积）\times mg/L 氯（标定值）\times 3.6}{25.2（样品体积＋标样体积）}$$

⑨ 加标样的测试结果应该反映出样品中含量加上加入的标样的含量，即步骤⑧中计算所得值。如果其结果不符，请参见本书中的 "标准添加"。

方法精确度

表 6.2.20-4　方法精确度

程序	标值	精确度：95%置信区间分布	灵敏度：每0.010Abs 单位变动下，浓度变动值
240	4.47mg/L I$_2$	4.40～4.54mg/L I$_2$	0.07mg/L I$_2$
242	4.47mg/L I$_2$	4.33～4.61mg/L I$_2$	0.07mg/L I$_2$

方法解释

碘与 DPD 试剂（N,N-二乙基对苯二胺）反应使溶液呈粉红色，颜色的深浅程度与其中的碘含量成正比例关系。测试结果是在波长为 530nm 的可见光下读取的。

消耗品和替代品信息

表 6.2.20-5　需要用到的试剂

试剂名称及描述	数量/每次测量	单　位	产品订货号
DPD Total Chlorine 试剂粉枕包 或	1	100/pk	2105669
DPD Total Chlorine 试剂 AccuVac® 安瓿瓶	1	25/pk	2503025

表 6.2.20-6　需要用到的仪器（AccuVac 测试用）

仪器名称及描述	数量/每次测量	单　位	产品订货号
烧杯，50mL	1	每次	50041H

表 6.2.20-7　可选择的试剂与仪器

名称及描述	单　位	产品订货号
安瓿瓶揿钮	每次	2405200
安瓿瓶开口器	每次	2196800
碘化钾溶液，30g/L	100mL MDB	34332
亚砷酸钠溶液，5g/L	100mL	104732
氢氧化钠溶液，1N	100mL MDB	104532
安瓿瓶塞子	25/pk	173125

名 称 及 描 述	单 位	产品订货号
硫酸溶液,1N	100mLmDB	127032
氯安瓿瓶标准溶液,浓度为 25～30mg/L	20/pk	2630020
去离子水	4L	27256
TenSette®移液枪,量程为 0.1～1.0mL	每次	1970001
与移液枪 1970001 配套的枪头	50/pk	2185696

6.2.21 硅，硅钼蓝-塑料比色皿法，方法 8282（试剂溶液）

超低量程测量范围

3～1000μg/L SiO₂。

应用范围

用于测定纯水与高纯水中痕量溶解性硅含量。

测试准备工作

表 6.2.21-1 仪器详细说明

仪器型号	适配器	比色皿
DR6000	LZV902.99.00020	2410212
DR 5000	A23618	
DR 3900、DR 3800	—	
DR 2800	LZV585(B)	
DR 1900	—	

（1）实验流程里的反应时间是对 20℃（68°F）所设置的。如果样品温度为 10℃（50°F），第一个反应时间（4min）更改为 8min，第二个反应时间（1min）更改为 2min；如果样品温度为 30℃，第一个反应时间（4min）更改为 2min，第二个反应时间（1min）更改为 30s。

（2）请仔细阅读试剂的 MSDS，使用个人防护用具。

（3）请根据当地政府要求处置废弃的试剂溶液，处置时请遵循当地环保部门，健康和危废品安全处理部门相关条例。

表 6.2.21-2 准备的物品

名称及描述	数量
Amino Acid F 试剂溶液	0.5mL
Citric Acid F 试剂	0.5mL
Molybdate 3 试剂	0.5mL
TenSette®移液枪及配套的枪头，量程范围为 0.1～1.0mL	1

注：订购信息请参见"消耗品和替代品信息"。

样品采集

（1）样品要立即进行分析测试，不要将样品保留后再检测。

（2）使用干净有密封瓶口的塑料容器。不可以使用玻璃瓶，因为玻璃的中含有的硅成分会污染样品。

（3）请使用稀释的 Molybdate 3 溶液（Molybdate 3 试剂与高纯去离子水体积比 1：50 的溶液）浸泡采样容器。将容器全部浸入，保持几小时。用低含硅水彻底冲洗容器，晾干并封口。定期的每隔一段时间就这样清洗容器一次。

（4）确保采集到代表性样品。如果是从水龙头取样，让水先流至少1~2min。不要调节水流大小，以免颗粒杂质流入样品。

清洗比色皿

彻底清洗塑料比色皿来去除痕量的硅残留。

> **注意**：无需每次测试前都要清洗塑料比色皿。当比色皿被污染时才需要清洗。

（1）往塑料比色皿中倒入1mL Molybdate 3试剂溶液，再装满去离子水。

（2）盖上盖子，等15~30min。

（3）取下盖子。用含有微量硅的水或者水样润洗比色皿几次。

（4）将比色皿封盖保存。

硅钼兰法

（1）选择测试程序 645 Silica Ulr。参照仪器详细说明的要求插入适配器及比色皿（详细介绍请参见用户手册）。

（2）按下"Reagent Blank（试剂空白）"键。

（3）手动输入打印在 Molybdate 3试剂盒底的空白值。

（4）用水样将塑料比色皿及其瓶盖润洗3次。盖子底部放在桌面上，以免里面受到污染。

（5）向塑料比色皿中加入25mL样品。

（6）用移液枪向塑料比色皿中加入0.5mL的 Molybdate 3试剂。

（7）盖紧盖子，上下颠倒以摇晃均匀。

（8）启动仪器定时器。计时反应4min。

（9）计时时间结束后，再向比色皿中加入 0.5mL 的 Citric Acid F试剂。

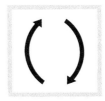

（10）盖紧盖子，上下颠倒以摇晃均匀。

（11）启动仪器定时器。计时反应1min。
Citric Acid 的加入可以消除磷酸盐的干扰。

（12）将比色皿擦拭干净。

（13）将装有样品的塑料比色皿插入适配器中。

（14）按下"Zero（零）"键进行仪器调零。这时屏幕将显示：0μg/L SiO₂

（15）再向比色皿中加入 0.5mL 的 Amino Acid F试剂溶液。摇晃以混合均匀。
如果样品中含有硅，此时溶液应呈浅蓝色。

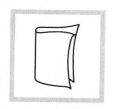  

（16）等待至少15s，然后将比色皿擦拭干净。

（17）将比色皿插入适配器中。

（18）按下"Read（读数）"键读取硅含量，结果以 μg/L SiO₂ 为单位。

干扰物质

表 6.2.21-3　干扰物质

干扰成分	抗干扰水平及处理方法
色度	用原样品当空白进行仪器调零后可消除色度对测试的干扰（参照测试流程）。
铁	高浓度的亚铁离子(Fe^{2+})和三价铁离子(Fe^{3+})会对测试产生干扰。
极端 pH 值的样品	将样品 pH 值调整至 7 以下。
磷酸盐(PO_4^{3-})	高于 50mg/L PO_4^{3-} 将对测试产生干扰。60mg/L PO_4^{3-} 将产生 2% 的负误差，75mg/L PO_4^{3-} 将产生 11% 的负误差
硫化物，硫离子(S^{2-})	任何浓度水平下均对测试产生干扰。
浊度	用原样品当空白进行仪器调零后可消除浊度对测试的干扰（参照测试流程）。

试剂的配制（选配）

可以用以下方法配制 Amino Acid F 试剂溶液：按照每 100mL 水里溶解 11g Amino Acid F 试剂粉末的比例配制。Amino Acid F 试剂有专门的粉剂包装。但这种配制的试剂溶液稳定性有限，可以用标准测试方法来检测溶液是否变质。

准确度检查方法

（1）标准加入法（加标法）

准确度检查所需的试剂与仪器：

① 硅标准溶液，浓度为 1000μg/L；

② TenSette® 移液枪，0.1～1.0mL；

③ 配套枪头。

方法步骤如下。

① 用标准流程测得样品结果后，将装有样品的比色皿（尚未加入标准物质）留在仪器中。

② 在仪器菜单中选择标准添加程序。

③ 选择标样浓度、样品体积和加标体积的默认值。

④ 打开标准液。

⑤ 准备三个加标样：使用移液枪分别向三个塑料比色皿中分别加入 0.1mL，0.2mL 和 0.3mL 硅标准溶液，这些标准溶液分别于原先的 25mL 样品混合均匀。

⑥ 依次对三个加标样品进行测试。从 0.1mL 的加标样开始。

⑦ 按"Graph（图表）"键对比测试结果与真实值。

注意：如果测试结果与标准值相差甚远，看看样品体积和空白加标是否正确。所选择的样品体积和空白加标要与标准添加程序菜单里的选择一致。如果结果超过可接受的限值，说明结果可能含有干扰。

（2）标准溶液法

注意：具体的程序选择操作过程请参见用户操作手册。

准确度检查所需的试剂与仪器有：硅标准溶液，浓度 $500\mu g/L$ SiO_2。

方法步骤如下。

① 按照上述标准测试流程，对 $500\mu g/L$ 硅铁标准溶液进行测试。

② 将测得的结果对比真实值。

注意：仪器的内置曲线可以稍做调整，可以将结果调整为真实值。这种调整可以消除因仪器或试剂的批次变化引入的微小误差，提高准确度。

方法精确度

表 6.2.21-4   方法精确度

程序号	标样浓度	精确度： 具有95%置信度的浓度区间	灵敏度： 每0.010Abs吸光度改变时的浓度变化
645	$500\mu g/L$ SiO_2	$496\sim504\mu g/L$ SiO_2	$13\mu g/L$ SiO_2

方法解释

将低量程硅测试方法修改为微量硅测试方法，需要进行一些必要的修改以测定痕量的硅。使用液体试剂是因为它的重复性更好，并且试剂空白更低。液体试剂不会像粉末试剂使溶液中有残留的颗粒物引起微小的浊度，从而生成误差。

样品中的硅和磷酸盐和钼酸根离子在酸性环境下反应，生成黄色的硅钼杂多酸配合物和磷钼杂多酸配合物。柠檬酸的加入可以破坏含磷配合物。氨基酸F试剂的加入可以还原黄色的硅钼杂多酸配合物，变成深蓝色，此颜色的深浅与样品中的含硅量成正比例关系。测试结果是在波长815nm下读取的（DR1900为800nm下读取）。

消耗品和替代品信息

表 6.2.21-5   需要用到的试剂

试剂名称及描述	数量/每次测量	单位	产品订货号
微量硅试剂组件，包括	—	100 次	2553500
Molybdate 3 试剂溶液	2mL	100mL	199532
Citric Acid 试剂溶液	2mL	100mL	2254232
Amino Acid F 试剂溶液	1mL	100mL	2386442
微量硅安瓿瓶试剂组件，包括	—	40 次	2581400
Molybdate 3 试剂溶液	2mL	100mL	199532
Citric Acid 试剂溶液	2mL	100mL	2254232
Amino Acid F 试剂，1.2mL 安瓿瓶	1	20/pk	2386420

表 6.2.21-6   需要用到的仪器

名称及描述	数量/每次测量	单位	产品订货号
TenSette® 移液枪，量程范围为 0.1～1.0mL	1	每次	1970001
与移液枪 19700-01 配套的枪头	5	50/pk	2185696
塑料比色皿，1in，带盖	1	12/pk	2410212

表 6.2.21-7   推荐使用的标准样品

标准样品名称及描述	单位	产品订货号
硅标准溶液，浓度为 1mg/L SiO_2	500mL	110649
硅标准溶液，浓度为 500$\mu g/L$ SiO_2	3.78L	2100817
去离子水	4L	27256

表 6.2.21-8 可选择的试剂与仪器

名称及描述	单位	产品订货号
氢氧化铵溶液,58%	500mL	10649
Molybdate 3 试剂	2.9L	199503
Molybdate 3 试剂	3.78L	199517
Molybdate 3 试剂	100mL	199532
Molybdate 3 试剂	1L	199553
PourRite® 安瓿瓶开口器	每次	2484600
Amino Acid F 试剂包	每次	2254117
低密度聚乙烯带盖采样瓶,500mL	12/pk	2087079
无汞环保温度计,测量范围为-10~225℃	每次	2635700

6.2.22 硅,硅钼蓝-倾倒池法❶,方法 8282（倾倒池）

超低量程测量范围

3~1000μg/L SiO₂。

应用范围

用于测定纯水与高纯水中痕量溶解性硅含量。

测试准备工作

表 6.2.22-1 仪器详细说明

仪器	比色皿方向	流通池	适配器
DR 6000	流通方向朝右	LQV157.99.20002	—
DR 3800		5940400	LZV585(B)
DR 2800		5940400	LZV585(B)
DR 2700		5940400	LZV585(B)
DR 1900		LZV899	
DR 5000	流通方向朝向用户	LZV479	—
DR 3900		LQV157.99.10002	—

(1) 倾倒池模块的安装方法请参见用户手册。

(2) 参照"实验仪器"中的详细说明,清洗所有实验仪器和倾倒池模块。

(3) 当倾倒池模块暂时不在使用时,将一个小烧杯倒置放在玻璃漏斗上方,以防倾倒池被污染。

(4) 参照"试剂的配制"中的详细说明,配制 Amino Acid F 试剂溶液。

(5) 测试流程（10）中的 4min 反应时间是对 20℃的样品设置的;样品温度为 10℃时,反应时间为 8min;样品温度为 30℃时,反应时间为 2min。

(6) 测试流程（12）中的 1min 反应时间是对 20℃的样品设置的;样品温度为 10℃时,反应时间为 2min;样品温度为 30℃时,反应时间为 30s。

表 6.2.22-2 准备的物品

名称及描述	数量
Amino Acid F 试剂溶液	1mL
Citric Acid F 试剂	1mL
Molybdate 3 试剂	1mL
聚乙烯量筒,50mL	1个
PMP 无菌惰性材料的带盖锥形瓶,250mL	2个
TenSette® 移液枪及配套的枪头,量程范围为 0.1~1.0mL	1个

注:订购信息请参看"消耗品和替代品信息"。

---

❶ 改编自《水与废水标准检测方法》。

硅钼蓝法（倾倒池）测试流程

（1）选择测试程序。参照"仪器详细说明"的要求插入适配器（详细介绍请参见用户手册）。

（2）启动试剂空白选项，用以测定 Molybdate 3 的试剂空白。测试结果将会显示在试剂空白栏中。

（3）在仪器的数字键盘上手动调节试剂空白值。

（4）向两个清洁的锥形瓶中倒满样品，使样品溢流出瓶口。

（5）将上述其中一个锥形瓶中的样品倒入一个清洁的 50mL 塑料量筒中，液面与 50mL 刻度线平齐；再将量筒倒空。重复此操作三遍。

（6）三次润洗后，将这个锥形瓶中的样品倒入这个润洗过的 50mL 塑料量筒中，液面与 50mL 刻度线平齐。将锥形瓶中剩余的样品倒掉。

（7）再将量筒中的 50mL 样品倒回这个锥形瓶中。

（8）对第二个锥形瓶中的样品进行测试流程（5）～（7）的同样操作。最后得到第二份 50mL 装在第二个锥形瓶中的样品。

（9）用 TenSette® 移液枪分别向两个锥形瓶中各加入 1.0mL 的 Molybdate 3 试剂。摇晃以混合均匀。

（10）启动仪器定时器。计时反应 4min。

（11）计时时间结束后，分别向两个锥形瓶中各加入 1.0mL 的 Citric Acid F 试剂。摇晃以混合均匀。

（12）启动仪器定时器。计时反应 1min。
如果存在磷酸盐的干扰，这段时间的反应可以消除此干扰。

（13）计时时间结束后，将第一个锥形瓶中的溶液倒入倾倒池模块中。

（14）溶液流动停止后，按下"Zero（零）"键进行仪器调零。这时屏幕将显示：$0\mu g/L$ SiO_2。

（15）向第二个锥形瓶中加入 1.0mL 的 Amino Acid F 试剂溶液。摇晃以混合均匀。
如果样品中含有硅，此时溶液应呈浅蓝色。

（16）等待至少 15s，然后将第二个锥形瓶中的溶液倒入倾倒池模块中。

（17）按下"Read（读数）"键读取硅含量，结果以 $\mu g/L$ SiO_2 为单位。

（18）测试结束后，立即用至少 50mL 去离子水冲洗倾倒池模块。

干扰物质

表 6.2.22-3　干扰物质

干 扰 成 分	抗干扰水平及处理方法
色度	用原样品当空白进行仪器调零后可消除色度对测试的干扰（参照测试流程）
铁	高浓度的 Fe^{2+} 和 Fe^{3+} 会对测试产生干扰
极端 pH 值的样品	将样品 pH 值调整至 7 以下
磷酸盐（PO_4^{3-}）	高于 50mg/L PO_4^{3-} 将对测试产生干扰
硫化物，硫离子（S^{2-}）	任何浓度水平下均对测试产生干扰
浊度	用原样品当空白进行仪器调零后可消除色度对测试的干扰（参照测试流程）

样品的采集、保存与存储

（1） 只能使用有密封瓶口的塑料容器。不可以使用玻璃瓶，因为玻璃中含有的硅成分会污染样品。

（2） 请使用稀释的 Molybdate 3 溶液（Molybdate 3 试剂与高纯去离子水体积比 1：50 的溶液）浸泡采样容器。将容器全部浸入，保持几小时。用低含硅水彻底冲洗容器，晾干并封口。每隔一段时间就这样清洗容器一次。

（3） 让样品溢流出容器 1～2min 时间。采样时请不要调节水流量，这样会引入颗粒物杂质。

（4） 分析测试前，用样品反复润洗测试时需要用到的容器。

（5） 样品采集后应尽快进行分析测试。

试剂的配制

Amino Acid F 试剂溶液可以放在 100mL 的试剂瓶中或者 20 单位剂量的安瓿瓶中。试剂瓶中的溶液可以密封保存一年。安瓿瓶中的试剂用氩气密封保存，可以保存一年以上。如果发现高浓度测定（高于 $1000\mu g/L$）时精密度有所下降，则说明试剂不稳定。按常规方法，用 1mg/L（即 $1000\mu g/L$）的硅标准溶液当作样品，检测瓶装试剂是否变质。如果测定结果低于 $950\mu g/L$，请更换一瓶新的 Amino Acid F 试剂溶液。

可以用以下方法配制需要量的 Amino Acid F 试剂溶液：按照每 11g Amino Acid F 试剂粉末溶在 100mL 的试剂溶剂中的比例配制。这样配制的溶液可以做分析测试用。但这样的试剂稳定性有限，需要用常规方法，用 1mg/L（即 $1000\mu g/L$）的硅标准溶液当作样品，检测溶液是否变质。

实验仪器

测试中使用的所有容器都需要彻底清洗以去除痕量的硅。所有的采样、保存和分析过程都必须使用塑料容器，因为玻璃中含有的硅成分会污染样品。可以使用螺口的小瓶或小烧杯。

（1） 用常规方法清洗容器（不要使用无磷洗液）后，再用高纯（低含硅量）去离子水冲洗。

（2） 用稀释 50 倍的 Molybdate 3 试剂溶液浸泡容器（稀释水为低含硅量水）。

（3） 使用容器前，反复用低含硅量水或者水样冲洗容器。容器不使用时，密封盖紧。

（4） 使用倾倒池模块前，先用稀释 50 倍的 Molybdate 3 试剂溶液（稀释水为低含硅量水）充满倾倒池并浸泡几分钟。

（5） 冲洗所有的容器时都应使用低含硅量的水。

清洗倾倒池模块

倾倒池模块中可能会积累显色物质，尤其当测试结束后没有将反应过的溶液清洗掉，而长时间地停留在倾倒池模块中。

（1） 用去离子水稀释 1：5 的氢氧化铵溶液冲洗可以去除色度。

（2） 再用去离子水反复冲洗数次。

（3） 不使用时倾倒池模块时，将其加盖放置。

准确度检查方法

（1） 标准加入法（加标法）。准确度检查所需的试剂与仪器有：硅标准溶液，浓度为 1mg/L，即 $1000\mu g/L$；TenSette® 移液枪及配套的枪头；塑料锥形瓶，250mL，三个。

具体步骤如下。

① 读取测试结果后，将装有样品的比色皿（尚未加入标准物质）留在仪器中。检查读数结果的化学形式。

② 在仪器菜单中选择标准添加程序。

③ 标准添加法的操作流程总结会显示在屏幕上，按"OK（好）"键确认标样浓度、样品体积和加标体积的默认值。按"EDIT（编辑程序）"键可以修改这些默认值。当这些值确认好后，未加标的样品读数将显示在顶端的一行。更多详细信息请参见用户手册。

④ 准备三个加标样：向三个塑料锥形瓶中各倒入50mL样品。

⑤ 使用TenSette®移液枪分别向三个塑料锥形瓶中依次加入0.2mL、0.4mL和0.6mL浓度为1mg/L的硅标准溶液，混合均匀。

⑥ 从0.2mL的加标样开始，按照上述"硅钼蓝法（倾倒池）测试流程"依次对三个加标样品进行测试。按"Read（读数）"键确认接受每一个加标样品的测试值。

⑦ 加标测试过程结束后，按"Graph（图表）"键将显示出根据加标数据计算得到的最佳拟合曲线，说明本底干扰的存在与否。按"Ideal Line（理想线条）"键将显示出样品加标与100%回收率的"理想线条"之间的关系。每个加标样都应该达到约100%的加标回收率。

（2）标准溶液法。准确度检查所需的试剂与仪器有：硅标准溶液，浓度$500\mu g/L$ SiO_2。

注意：具体的程序选择操作过程请参见用户操作手册。

具体步骤如下。

① 用浓度$500\mu g/L$ SiO_2的硅标准溶液代替样品，按照上述"硅钼蓝法（倾倒池）测试流程"进行测试。

② 用浓度$500\mu g/L$ SiO_2的硅标准溶液校准标准曲线，在仪器菜单中选择标准溶液校准程序。

③ 打开标准调整界面，确认接受当前标准溶液浓度。如果使用了其他浓度的标准溶液，输入标准溶液的实际浓度，并确认用此溶液浓度校准标准曲线。

方法精确度

表6.2.22-4　方法精确度

程序	标值	精确度： 95%置信区间分布	灵敏度：每0.010Abs 单位变动下，浓度变动值
645	$500\mu g/L$ SiO_2	$496\sim504\mu g/L$ SiO_2	$13\mu g/L$ SiO_2

方法解释

将低量程硅测试方法修改为超低量程硅测试方法，需要进行一些必要的修改以测定痕量的硅。使用1in的倾倒池模块和液体试剂是完全有必要的。倾倒池模块的使用提高了光学测量的重现性，减少了由于比色皿移动而造成的读数不稳定。液体试剂提高了测试读数的重现性，液体试剂不会像粉末试剂使溶液中有残留的颗粒物引起微小的浊度，因此降低了空白值的读数。持续用液体试剂进行分析测试还可以确认操作者的操作准确性。

样品中的硅与磷酸盐和钼酸根离子在酸性环境下反应，生成黄色的硅钼杂多酸配合物和磷钼杂多酸配合物。柠檬酸的加入可以破坏含磷配合物。氨基酸F试剂的加入可以还原黄色的硅钼杂多酸配合物，变成深蓝色，此颜色的深浅与样品中的含硅量成正比。测试结果是在波长815nm下读取的。

消耗品和替代品信息

表6.2.22-5　需要用到的试剂

试 剂 名 称 及 描 述	数量/每次测量	单　位	产品订货号
超低量程硅试剂组件（使用Amino Acid F溶液，100次测试），包括： (2)199532,(2)2254232,(1)2386442	—	—	2553500
超低量程硅试剂组件（使用Amino Acid F安瓿瓶，40次测试），包括：	—	—	2581400

试 剂 名 称 及 描 述	数量/每次测量	单 位	产品订货号
(2)199532,(2)2254232,(1)2386420			
Amino Acid F 试剂溶液 或	1.0mL	100mL	2386442
Amino Acid F 试剂溶液,1.2mL 安瓿瓶	1	20/pk	2386420
Citric Acid 试剂粉枕包	2mL	500mL	2254249
Molybdate 3 试剂溶液	2.0mL	500mL	199549

表 6.2.22-6　需要用到的仪器

名 称 及 描 述	数量/每次测量	单 位	产品订货号
聚乙烯量筒,50mL	1	每次	108141
PMP 无菌惰性材料的带盖锥形瓶,250mL	2	每次	2089846
TenSette® 移液枪,量程范围为 0.1～1.0mL	1	每次	1970001
与移液枪 19700-01 配套的枪头	5	50/pk	2185696

表 6.2.22-7　推荐使用的标准样品

标准样品名称及描述	单 位	产品订货号
硅标准溶液,浓度为 1mg/L SiO$_2$	500mL	110649
硅标准溶液,浓度为 500μg/L SiO$_2$	3.78L	2100817
去离子水	4L	27256

表 6.2.22-8　可选择的试剂与仪器

名 称 及 描 述	单 位	产品订货号
氢氧化铵溶液,58%	500mL	10649
Molybdate 3 试剂	2.9L	199503
Molybdate 3 试剂	3.78L	199517
Molybdate 3 试剂	100mL	199532
Molybdate 3 试剂	1L	199553
PourRite® 安瓿瓶开口器	每次	2484600
Amino Acid F 试剂包	每次	2254117
低密度聚乙烯带盖采样瓶,500mL	12/pk	2087079
无汞环保温度计,测量范围为 -10～225℃	每次	2635700

6.2.23　硅，硅钼蓝法❶，方法8186（粉枕包）

低量程测量范围

0.010～1.600mg/L SiO$_2$（光度计）；0.01～1.60mg/L SiO$_2$（比色计）。

应用范围

用于锅炉水与高纯水。

测试准备工作

表 6.2.23-1　仪器详细说明

仪器	比色皿方向	比色皿
DR 6000 DR 3800 DR 2800 DR 2700 DR 1900	刻度线朝向右方	2495402
DR 5000 DR 3900	刻度线朝向用户	

---

❶ 改编自《水与废水标准检测方法》。

仪器	比色皿方向	比色皿
DR 900	刻度线朝向用户	2401906 

（1）步骤（4）中的 4min 反应时间是对 20℃的样品设置的；样品温度为 10℃时，反应时间为 8min；样品温度为 30℃时，反应时间为 2min。

（2）步骤（6）中的 1min 反应时间是对 20℃的样品设置的；样品温度为 10℃时，反应时间为 2min；样品温度为 30℃时，反应时间为 30s。

（3）测试极低浓度的硅时，请用方法 8282。

表 6.2.23-2　准备的物品

名　称　及　描　述	数量	名　称　及　描　述	数量
Amino Acid F 试剂粉枕包(用于 10mL 样品量)	1 包	Molybdate 3 试剂溶液	2mL
Citric Acid 粉枕包	2 包	比色皿(请参见"仪器详细说明")	2 个

注：订购信息请参看"消耗品和替代品信息"。

硅钼蓝法（粉枕包）测试流程

（1）选择测试程序。

（2）参照"仪器详细说明"的要求插入适配器（详细介绍请参见用户手册）。

将样品倒入两个比色皿中（请参见"仪器详细说明"），液面与 10mL 刻度线平齐。

（3）向两个比色皿中分别加入各 14 滴 Molybdate 3 试剂溶液。摇晃以混合均匀。

（4）启动仪器定时器。计时反应 4min。

（5）计时时间结束后，向两个比色皿中各加入一包 Citric Acid 试剂粉枕包，摇晃以混合均匀。

（6）启动仪器定时器。计时反应 1min。

如果存在磷酸盐的干扰，这段时间的反应可以消除此干扰。

（7）样品的测定：在计时时间结束后，向一个比色皿中加入一包 Amino Acid F 试剂粉枕包。摇晃以混合均匀。

空白值的测定：另一个没有加入 Amino Acid F 试剂粉枕包的比色皿为空白值。

（8）启动仪器定时器。计时反应 2min。

如果样品中含有硅，此时溶液应呈蓝色。

（9）将空白值的比色皿擦拭干净，并将它放入适配器中。按下"Zero（零）"键进行仪器调零。这时屏幕将显示：0.000 mg/L SiO_2。

（10）装有样品的比色皿擦拭干净，放入适配器中，刻度线朝向用户。

（11）按下"Read（读数）"键读取硅含量，结果以 mg/L SiO_2 为单位。

干扰物质

表 6.2.23-3　干扰物质

干 扰 成 分	抗干扰水平及处理方法
色度	用原样品作为空白进行仪器调零后可消除色度对测试的干扰
铁	高浓度的亚铁离子（Fe^{2+}）和三价铁离子（Fe^{3+}）会对测试产生干扰
磷酸盐	低于 50mg/L PO_4^{3-} 不会产生干扰。60mg/L PO_4^{3-} 产生 2％的负干扰。75mg/L PO_4^{3-} 产生 11％的负干扰
反应较慢的含硅物质	有时含有硅的样品和钼酸盐的反应非常慢。产生这种"钼酸盐惰性"现象的原理尚不清楚。先加入碳酸氢钠，再加入硫酸的预处理方法可以令这种结构的物质与钼酸盐发生反应。这种预处理方法可以参见 Standard Methods for the Examination of Water and Wastewater 中的"硅消解-碳酸氢钠"部分。样品与钼酸盐在酸性环境下长时间反应（加入柠檬酸前）可以替代碳酸氢钠消解预处理
硫化物，硫离子（S^{2-}）	任何浓度水平下均对测试产生干扰
浊度	用原样品作为空白进行仪器调零后可消除色度对测试的干扰

样品的采集、保存与存储

（1） 样品采集时应使用清洁的玻璃容器。

（2） 样品采集后应尽快进行分析测试。

（3） 如果无法立即进行分析测试，请将样品保存在 4℃ （即 39℉ ）的条件下，最多保存 7 天。

（4） 测试前应将样品加热到室温。

准确度检查方法

（1） 标准加入法 （加标法）。准确度检查所需的试剂与仪器有：硅标准溶液，浓度为 25 mg/L；TenSette® 移液枪及配套的枪头。

具体步骤如下。

① 读取测试结果后，将装有样品的比色皿 （尚未加入标准物质） 留在仪器中。

② 在仪器菜单中选择标准添加程序。

③ 标准添加法的操作流程总结会显示在屏幕上，按"OK（好）"键确认标样浓度、样品体积和加标体积的默认值。按"EDIT（编辑程序）"键可以修改这些默认值。当这些值确认好后，未加标的样品读数将显示在顶端的一行。更多详细信息请参见用户手册。

④ 用 TenSette® 移液枪准备三个加标样。将样品倒入三个比色皿中，液面与 10mL 刻度线平齐。使用 TenSette® 移液枪分别向三个比色皿中依次加入 0.1mL、0.2mL 和 0.3mL 的标准物质，混合均匀。

⑤ 从 0.1mL 的加标样开始，按照上述测试流程依次对三个加标样品进行测试。按"Read（读数）"键确认接受每一个加标样品的测试值。

⑥ 加标测试过程结束后，按"Graph（图表）"键将显示出根据加标数据计算得到的最佳拟合曲线，说明本底干扰的存在与否。按"Ideal Line（理想线条）"键将显示出样品加标与 100％回收率的"理想线条"之间的关系。每个加标样都应该达到约 100％的加标回收率。

（2） 标准溶液法。具体步骤如下。

① 用 1.00mg/L 的硅标准溶液代替样品，按照上述测试流程进行测试。

② 用浓度为 1.00mg/L 的硅标准溶液校准标准曲线，在仪器菜单中选择标准溶液校准程序。

③ 打开标准调整界面，确认接受当前标准溶液浓度。如果使用了其他浓度的标准溶液，输入标准溶液的实际浓度，并确认用此溶液浓度校准标准曲线。

注意：具体的程序选择操作过程请参见用户操作手册。

方法精确度

表 6.2.23-4　方法精确度

程序	标值	精确度： 95%置信区间分布	灵敏度：每 0.010Abs 单位变动下，浓度变动值
651	1.000mg/L SiO$_2$	0.990～1.010mg/L SiO$_2$	0.012mg/L SiO$_2$

方法解释

样品中的硅与磷酸盐和钼酸根离子在酸性环境下反应，生成黄色的硅钼杂多酸配合物和磷钼杂多酸配合物。柠檬酸的加入可以破坏含磷配合物。氨基酸的加入可以还原黄色的硅钼杂多酸配合物，变成深蓝色，此颜色的深浅与样品中的含硅量成正比例关系。测试结果是在波长 815nm 下读取的。

消耗品和替代品信息

表 6.2.23-5　需要用到的试剂

试剂名称及描述	数量/每次测量	单　位	产品订货号
低量程硅试剂组件(100 次测试)，包括：	—	—	2459300
Amino Acid F 试剂粉枕包(用于 10mL 样品量)	1	100/pk	2254069
Citric Acid 粉枕包	2	100/pk	2106269
Molybdate 3 试剂溶液	1mL	50mL	199526

表 6.2.23-6　推荐使用的标准样品

标准样品名称及描述	单　位	产品订货号
去离子水	4L	27256
硅标准溶液，浓度为 1mg/L SiO$_2$	500mL	110649
硅标准溶液，浓度为 25mg/L SiO$_2$	236mL	2122531

表 6.2.23-7　可选择的试剂与仪器

名称及描述	单　位	产品订货号
碳酸氢钠	454g	77601
硫酸，1.00N	1000mL	1270～53
TenSette® 移液枪，量程范围为 0.1～1.0mL	每次	1970001
与移液枪 19700-01 配套的枪头	50/pk	2185696

6.2.24　硅，硅钼杂多酸法，方法 8185（粉枕包）

高量程测量范围

1～100mg/L（光度计）；1～75mg/L（比色计）。

应用范围

用于水与海水中硅的测定。

测试准备工作

表 6.2.24-1　仪器详细说明

仪器	比色皿方向	比色皿
DR 6000 DR 3800 DR 2800 DR 2700 DR 1900	刻度线朝向右方	2495402
DR 5000 DR 3900	刻度线朝向用户	
DR 900	刻度线朝向用户	2401906

样品温度应保持在 15～25℃（即 59～77℉）

表 6.2.24-2　准备的物品

名称及描述	数　量
高量程硅试剂组件	1 个
比色皿（参见"仪器详细说明"）	2 个

注：订购信息参见"消耗品和替代品信息"。

硅钼杂多酸法（粉枕包）测试流程

（1）选择测试程序。参照"仪器详细说明"的要求插入适配器（详细介绍请参见用户手册）。

（2）样品的测定：将 10mL 样品倒入一个比色皿中。

（3）向比色皿中加入一包用于高量程硅测试的 Molybdate 试剂粉枕包。摇晃以使粉末完全溶解。

（4）再向比色皿中加入一包用于高量程硅测试的 Acid 试剂粉枕包。摇晃以混合均匀。

如果样品中含有硅或磷，此时溶液应呈黄色。

（5）启动仪器定时器。计时反应 10min。

（6）计时时间结束后，向比色皿中加入一包 Citric Acid 粉枕包，摇晃以混合均匀。

在这个步骤中，由于磷存在而产生的黄色会退去。

（7）启动仪器定时器。计时反应 2min。

在计时时间结束后的 3min 内，完成测试流程（3）～（11）的操作。

（8）空白值的测定：将 10mL 样品倒入第二个比色皿中。

（9）将空白值的比色皿擦拭干净，并将它放入适配器中。

（10）按下"Zero（零）"键进行仪器调零。这时屏幕将显示：0mg/L SiO₂。

(11)装有样品的比色皿擦拭干净,放入适配器中。

(12)按下"Read(读数)"键读取硅含量,结果以 mg/L SiO₂ 为单位。

干扰物质

有时含有硅的样品和钼酸盐的反应非常慢。产生这种"钼酸盐惰性"现象的结构原理尚不清楚。先加入碳酸氢钠❶,再加入硫酸❶的预处理方法可以令这种结构的物质与钼酸盐发生反应。这种预处理方法可以参见 Standard Methods for the Examination of Water and Waste water 中的"硅消解-碳酸氢钠"部分。样品与钼酸盐在酸性环境下长时间反应(加入柠檬酸前)可以替代重碳酸钠消解预处理。

表 6.2.24-3　干扰物质

干扰成分	抗干扰水平及处理方法
色度	用原样品作为空白进行仪器调零后可消除色度对测试的干扰
铁	高浓度的 Fe^{2+} 和 Fe^{3+} 会对测试产生干扰
磷酸盐	低于 50mg/L PO_4^{3-} 不会产生干扰。60mg/L PO_4^{3-} 产生 2% 的负干扰。75mg/L PO_4^{3-} 产生 11% 的负干扰
硫化物,硫离子(S^{2-})	任何浓度水平下均对测试产生干扰
浊度	用原样品作为空白进行仪器调零后可消除色度对测试的干扰

样品的采集、保存与存储

(1) 样品采集时应使用清洁的玻璃容器。

(2) 样品采集后应尽快进行分析测试。

(3) 如果无法立即进行分析测试,请将样品保存在 4℃ (即 39℉) 的条件下,最多保存 28 天。

(4) 测试前应将样品加热到室温。

准确度检查方法

(1) 标准加入法 (加标法)。准确度检查所需的试剂与仪器有:硅标准溶液,浓度为 1000mg/L; TenSette® 移液枪及配套的枪头。

具体步骤如下。

① 读取测试结果后,将装有样品的比色皿 (尚未加入标准物质) 留在仪器中。检查读数结果的化学形式。

② 在仪器菜单中选择标准添加程序。

③ 按"OK (好)"键确认标样浓度、样品体积和加标体积的默认值。按"EDIT (编辑程序)"键可以修改这些默认值。当这些值确认好后,未加标的样品读数将显示在顶端的一行。更多详细信息请参见用户手册。

④ 打开浓度为 1000mg/L 的硅标准溶液。

⑤ 用 TenSette® 移液枪准备三个加标样。将样品倒入三个比色皿中,液面与 10mL 刻度线平

---

❶ 订购信息请参看"可选择的试剂与仪器"。

齐。使用 TenSette® 移液枪分别向三个比色皿中依次加入 0.1mL、0.2mL 和 0.3mL 的标准物质，混合均匀。

⑥ 从 0.1mL 的加标样开始，按照上述测试流程依次对三个加标样品进行测试。按"Read（读数）"键确认接受每一个加标样品的测试值。

⑦ 加标测试过程结束后，按"Graph（图表）"键将显示出根据加标数据计算得到的最佳拟合曲线，说明本底干扰的存在与否。按"Ideal Line（理想线条）"键将显示出样品加标与 100% 回收率的"理想线条"之间的关系。每个加标样都应该达到约 100% 的加标回收率。

(2) 标准溶液法。所需的试剂与仪器设备有：硅标准溶液，浓度为 50mg/L。

> **注意：**具体的程序选择操作过程请参见用户操作手册。

具体步骤如下。

① 用此标准溶液代替样品，用去离子水当空白，按照上述测试流程进行测试。

② 用此浓度为 50mg/L 的硅标准溶液校准标准曲线，在仪器菜单中选择标准溶液校准程序。

③ 打开标准调整界面，确认接受当前标准溶液浓度。如果使用了其他浓度的标准溶液，输入标准溶液的实际浓度，并确认用此溶液浓度校准标准曲线。

方法精确度

表 6.2.24-4 方法精确度

程序	标值	精确度： 95% 置信区间分布	灵敏度：每 0.010Abs 单位变动下，浓度变动值
656	50mg/L SiO$_2$	48～52mg/L SiO$_2$	1.0mg/L SiO$_2$

方法解释

样品中的硅与磷酸盐和钼酸根离子在酸性环境下反应，生成黄色的硅钼杂多酸配合物和磷钼杂多酸配合物。柠檬酸的加入可以破坏含磷配合物，而留下的显黄色的含硅化合物就可以测量以定量。测试结果是在波长为 452nm 的可见光下读取的。

消耗品和替代品信息

表 6.2.24-5 需要用到的试剂

试剂名称及描述	数量/每次测量	单 位	产品订货号
高量程硅试剂组件，用于 10mL 样品（100 次测试）	—		2429600
高量程硅测试用 Acid 试剂粉枕包	1	100/pk	2107469
Citric Acid 粉枕包	1	100/pk	2106269
高量程硅测试用 molybdate 试剂粉枕包	1	100/pk	2107369
去离子水	10mL	4L	27256

表 6.2.24-6 推荐使用的标准样品

标准样品名称及描述	单 位	产品订货号
硅标准溶液，浓度为 50mg/L	200mL	111729
硅标准溶液，浓度为 1000mg/L	500mL	19449

表 6.2.24-7 可选择的试剂与仪器

名 称 及 描 述	单 位	产品订货号
碳酸氢钠	454g	77601
硫酸，1.00N	100mL	127032
带盖采样瓶，低密度聚乙烯，250mL	12/pk	2087076
无水银环保温度计，测量范围为 -10～225℃	每次	2635700

6.3 营养盐及有机污染物综合指标

6.3.1 溶解氧，靛胭脂法，方法 8316（安瓿瓶）

测量范围

$6\sim800\mu g/L\ O_2$（光度计）；$10\sim1000\mu g/L\ O_2$（比色计）。

应用范围

用于测试锅炉补给水中的溶解氧含量。

测试准备工作

表 6.3.1-1　仪器详细说明

仪器	适配器	比色皿
DR 6000 DR 5000 DR 900	—	2427606 —10mL
DR 3900	LZV846（A）	
DR 1900	9609900 或 9609800（C）	
DR 3800 DR 2800 DR 2700	LZV584（C）	2122800 —10mL

在现场进行测试，请勿放置以后测试。

表 6.3.1-2　准备的物品

名 称 及 描 述	数　量
低量程溶解氧 AccuVac® 安瓿瓶	1 个
50mL 烧杯	1 个
比色皿（见"仪器详细说明"）	1 个

注：订购信息请参看"消耗品和替代品信息"。

靛胭脂法测试流程

（1）选择测试程序。参照"仪器详细说明"的要求插入适配器（具体请参见用户手册）。

（2）空白样准备：向比色皿中加入 10mL 样品。

（3）将空白管插入样品池中。

（4）清零：仪器显示 $0.0\mu g/L\ O_2$

（5）向一低量程溶解氧安瓿瓶中装满样品。在此过程中确保安瓿瓶瓶颈浸没在水样内。

 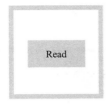

(6)立即将样品
管插入到样品池中。

(7)读数,结果以
O₂ 计,单位:μg/L。
采用最初的读
数,读数将稳定 30s,
30s 后安瓿瓶中的溶
液就会吸收空气中的
氧气。

干扰物质

过量的疏基乙酸盐、抗坏血酸盐、抗坏血酸盐＋亚硫酸盐、抗坏血酸盐＋硫酸铜、亚硝酸盐、亚硫酸盐、硫代硫酸盐和对苯二酚不会减少氧化态形式的指示剂,并不会造成大的干扰。

表 6.3.1-3　干扰物质

干 扰 成 分	干扰程度及处理方法
联氨	若过量 100000 倍会减少氧化态形式的指示剂
连二亚硫酸钠	减少氧化态形式的指示剂,并产生较大的干扰

样品的采集、保存与存储

在测试流程中应该注意避免大气中的氧气污染样品。

(1) 为得到最准确的结果,采集流动样品时要将安瓿瓶垂直浸入水样中。

(2) 使用漏斗以保证水样持续流动,并收集足够的样品,浸满安瓿瓶。

(3) 水样上方不能有空气。

(4) 如果使用橡胶管可能会向样品中引入额外的氧气。除非橡胶管的长度足够短,且流速足够大。

(5) 用水样冲洗采样设备至少 5min。

准确度检查方法

可以将该测试结果与滴定分析 (8042) 的结果相比较,或使用以下任一台测溶解氧的仪器:sension™ 6 溶解氧仪、HQ30d 便携式 LDO 溶解氧/pH/电导率仪、HQ40d 便携式 LDO 溶解氧/pH/电导率仪。

可根据以下步骤检查试剂空白是否准确:

(1) 在 50mL 烧杯中装满样品,并加入一包次硫酸钠粉枕包。

(2) 将低量程溶解氧 AccuVac 安瓿瓶倒置于烧杯中,使样品虹吸进入安瓿瓶。

(3) 根据上述流程确定溶解氧的浓度。标准结果应该是 0μg/L±6μg/L。

方法精确度

表 6.3.1-4　方法精确度

程序	标值	精确度:95％置信区间分布	灵敏度:每 0.010Abs 单位变动下,浓度变动值
446	N/A	无法检出	6μg/L O₂

方法解释

低量程溶解氧 AccuVac 安瓿瓶中装有真空的试剂。当安瓿瓶在水样中被打破,含有溶解氧的水样进入其中，溶液就会从黄色转变为蓝色。蓝色的深度与样品中溶解氧的含量呈正比例关系。测试结果是在波长为610nm的可见光下读取的。

消耗品和替代品信息

表 6.3.1-5　需要用到的试剂

试剂名称及描述	数量/每次测量	单　位	产品订货号
低量程溶解氧 AccuVac 安瓿瓶	1	25/pk	2501025

表 6.3.1-6　需要用到的仪器（AccuVac）

试剂名称及描述	数量/每次测量	单　位	产品订货号
50mL 聚丙烯烧杯	1	个	108041

表 6.3.1-7　推荐使用的标准样品

标准样品名称及描述	单　位	产品订货号
次硫酸盐试剂粉枕包	100/pk	2118869

表 6.3.1-8　可选择的试剂与仪器

名称及描述	单　位	产品订货号
AccuVac 采样器	个	2405100
AccuVac 瓶,用于空白样	25/pk	2677925
HQ30d 仪器,LDO 溶解氧标准电极,1m 长连接线	个	HQ30d53301000
HQ40d 仪器,LDO 标准电极,1m 长连接线	个	HQ40d53301000
Sension™6 溶解氧仪	个	5185001

6.3.2　溶解氧直接法，方法10360（LDO 电极）

测量范围

0.1～20mg/L 或 1～200% mg/L 饱和溶液。

应用范围

用于测定水、废水和工艺用水中溶解氧的含量。

测试准备工作

表 6.3.2-1　仪器详细说明

仪　器　型　号	电　　　极
HQd 仪器	LDO101

（1）在第一次连接电极和 HQd 仪之前，请先设置仪器的日期和时间。

（2）如何准备电极请参阅电极使用说明。

（3）如果需要连续监测水样中的溶解氧，需要活化传感帽72h。

（4）当 IntelliCAL™电极与 HQ30d 仪或 HQ40d 仪连接后，仪器会自动识别测量参数并可使用。

（5）IntelliCAL LDO101 电极会自动修正气压、海拔高度、温度的影响。

（6）LDO 电极在出厂时已经过校准，但为得到准确的测试结果，建议进行手工校准。详情请见本方法的"校准"部分。

(7) 盐度会影响样品中溶解氧的浓度。参阅"LDO 仪器使用手册修正"部分对盐度的影响进行处理。

表 6.3.2-2　准备的物品

名 称 及 描 述	数量	名 称 及 描 述	数量
HQd 仪	1 台	保护罩	1 个
IntelliCAL LDO101 电极	1 个	300mLBOD 瓶或 250mL 锥形瓶	1 个
HQd 传感器帽	1 个	聚丙烯烧杯(100mL,250mL,400mL 或 600mL)	1 个

注：订购信息请参看"消耗品和替代品信息"。

电极法测试流程

    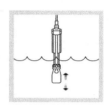

（1）准备电极(具体请参见电极使用手册)。　　（2）将电极与仪器相连接。　　（3）校准电极。详情请见本方法的"校准"部分。
实验室测试请执行步骤(4)，野外现场测试请执行步骤(5)。　　（4）实验室测试：将电极浸于装有样品的烧杯内。上下移动电极以除去气泡。　　（5）野外现场测试：直接将电极浸于样品内。上下移动电极以除去气泡。

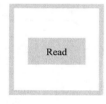

（6）按"Read（读数）"键，读数并储存在数据库。

校准

LDO 电极在出厂时已经过校准，但为得到准确的测试结果，建议进行手工校准，步骤如下。

(1) 从电极上取下电极罩。

(2) 向细颈瓶（如 BOD 瓶）中加入少量的水（约 1mL）。

　　注：若实用坚固型电极请使用广口瓶，如：250mL 锥形瓶。

(3) 盖上瓶盖，用力摇晃数分钟。

(4) 取下瓶盖。如果传感器盖/帽表面湿润，请用软布小心地擦干，再将电极放入瓶中。静置几分钟使电极达到平衡状态。

(5) 确认仪器在测量界面。按"CALIBRATION（校准）"键。

　　注：对于可以连接 2 个电极的 HQ40d，确认屏幕上显示的是 LDO101 测量模式。

(6) 按"Read（读数）"键，当读数稳定后，校准后的结果会出现在屏幕上，屏幕上也会强调显示标准值。

(7) 按"done"键查看校准概况。斜率值是指本次校准与在仪器厂校准的差值，用百分比表示。

注：如果校准斜率不符合验收标准，屏幕会显示"斜率超出范围"。将电极置于水饱和的空气中数分钟，当电极达到平衡状态后再按"Read（读数）"键。

（8）按"Store（储存）"键接受校准的结果并返回测量模式。校准记录将储存在数据记录中心。

注：若校准成功仪器会显示"OK（好）"。

干扰物质

一般无显著干扰。IntelliCAL LDO101 电极适用于检测水和废水，也可用于其他检测，但某些有机溶剂会损坏传感器盖/帽和电极。

样品的采集、保存与存储

（1）如果条件允许，采样后当场测试。

（2）用适当的容器采样，并且装满容器，采样后立即分析样品。

（3）勿储存样品至以后分析。

准确度检查方法

（1）将电极重新置于水饱和的空气中。

（2）至少放置 10min 使其稳定。

（3）读取测量模式界面右侧的饱和度（％）。仪器应该显示 100％的饱和度，如果不是 100％则等待一会儿再读数或校准电极。

方法精确度

表 6.3.2-3　方法精确度

程序号	标样浓度	精确度 具有95％置信度的浓度区间	灵敏度 每0.010Abs吸光度改变时的浓度变化
10360	8.00mg/L DO	7.95～8.05mg/L DO	7.90～8.10mg/L DO
10360	15.00mg/L DO	14.90～15.10mg/L DO	14.80～15.20mg/L DO

注：表中有关数据在温度 10～30℃ 范围内有效。

方法解释

氧传感器由洁净的、不透水的基质制成。基质上填有对氧敏感的发光染料和散光介质，最后覆盖上一层深色的颜料阻止散射光进入样品测量室。当发光染料暴露于蓝光下时，会发射出红光。散光介质向整个传感器传播发射出的红光。由发红光的二极管产生的电子脉冲是内部反射。发光持续的时间与样品中溶解氧的浓度成正比例关系。

消耗品和替代品信息

表 6.3.2-4　需要用到的仪器（选择一个）

名称及描述	数量/每次测量	单位	产品订货号
HQ40d 多参数仪器，双向输入	1	个	HQ40d53000000
HQ30d 多参数仪器，单向输入	1	个	HQ30d53000000
HQ430d 多参数台式仪器，单向输入	1	个	HQ430D
HQ440d 多参数台式仪器，双向输入	1	个	HQ440D

表 6.3.2-5　需要用到的电极（选择一个）

名称及描述	单位	产品订货号
LDO 标准电极,1m 长连接线	个	LDO10101
LDO 标准电极,3m 长连接线	个	LDO10103
LDO 坚固型电极,5m 长连接线	个	LDO10105
LDO 坚固型电极,10m 长连接线	个	LDO10110
LDO 坚固型电极,15m 长连接线	个	LDO10115
LDO 坚固型电极,30m 长连接线	个	LDO10130

表 6.3.2-6　可选择的仪器

名称及描述	单　位	产品订货号
HQd 仪器适配器(包括 w/HQ40d)	个	5826300
300mL BOD 瓶	个	62100
LDO 坚固型电极专用深度标志器	10/pk	5828610
250mL 锥形瓶	个	2089846
现场测试成套工具	组	5825800
IntelliCAL 标准电极专用电极池	个	5829400
USB/DC HQd 仪器适配器(必须有 5826300)	个	5813400

6.3.3　化学需氧量，USEPA[❶] 消解比色法[❷]，方法 8000

测量范围

$0.7 \sim 40.0$[❸]mg/L COD；$3 \sim 150$mg/L COD；$20 \sim 1500$mg/L COD；$200 \sim 15000$mg/L COD。

应用范围

用于水与废水中 COD 的测定，需要消解。

测试准备工作

表 6.3.3-1　仪器详细说明

仪器	适配器	遮光罩
DR 6000、DR 5000	—	—
DR 3900	—	LZV849
DR 3800、DR 2800、DR 2700	—	LZV646
DR 1900	9609900(D①)	—
DR 900	4846400	遮光罩随机附带

① D 适配器不是每台仪器都具有。

(1) 使用 DR 3900、DR 3800、DR 2800 和 DR 2700 测试前，将遮光罩遮住样品室 $2^{\#}$。

(2) DR 2700 和比色计无法测量超低量程（$0.7 \sim 40.0$mg/L COD）。

(3) 如果测试过程中处理不当或使用的方法错误，某些化学试剂及仪器可能会危害到使用者的健康和安全。请阅读所有警告以及相关的材料安全性数据表（MSDS）。

(4) 每次检测样品时都需进行一次空白值测试。使用同批的小瓶进行所有测试（样品和空白值）。批号显示在容器标签上。请参见"用于比色确定的空白值"。

(5) 试剂外溢会影响测试的精度，并会对皮肤和其他材料造成危害。若遇此情况请用流水冲洗溢出试剂。

(6) 请戴上防护眼镜并穿防护服。一旦触及试剂，请用流水清洗接触部位。请反复阅读和严格遵循书中说明。

(7) 如果测试的样品氯化物含量很高，请参阅"可选择的替代试剂"。

表 6.3.3-2　准备的物品

名　称　及　描　述	数　　量
250mL 烧杯	1个
混合器	1个
COD 消解试剂管	视情况而定

---

❶ $3 \sim 150$mg/L 和 $20 \sim 1500$mg/L 量程的 COD 检测法是美国环境保护署（USEPA）认可的用于废水分析的方法（标准方法 5220 D），美国联邦注册登记，1980 年 4 月 21 日，45 (78)，26811～26812。

❷ Jirka, A. M.；Carter, m. J.，分析化学，1975，47 (8)，1397。

❸ 超低量程只有含 350nm 波长的分光光度计才可以测量。

名 称 及 描 述	数 量
DRB200 反应器	1 台
遮光罩或适配器（请参见"仪器详细说明"）	1 台
磁力搅拌器	1 个
不透光的容器（放置对光敏感的试剂）	视情况而定
0.1~1.0mL 移液枪和枪头（用于 200~15000mg/L 量程）	1 个
2mL 移液管	2 根
试管架	2 个

注：订购信息请看"消耗品和替代品信息"。

反应器消解程序

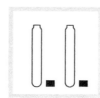

（1）在一个混合器中对 100mL 样品进行 30s 的均质化处理。对含有大量固体的样品，需要增加均质化处理的时间。

如果样品不含有悬浮固体，可省略测试流程（1）和（2）。

（2）对 200~15000mg/L 量程或提高其他量程的精确度和可重复性，将经均质处理的样品倒入一个 250mL 的烧杯中，并用磁力搅拌器轻轻搅拌。

（3）打开 DRB200 反应器，预热到 150℃。

参见 DRB200 用户手册，选择预编程的温度程序。

（4）除去两个 COD 消解反应小管上的盖子（确定所使用的小管量程适合）。

（5）样品准备：将一小管固定为 45°。用清洁的移液管吸取 2.00mL 的样品添加到小管中。

使用 TenSette 移液管添加 0.20mL 样品用于 200~15000mg/L 量程的检测。

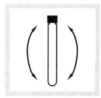

（6）空白样准备：将第二个小管固定在 45°角上。用清洁的移液管吸取 2.00mL 的去离子水添加到小管中。

使用 TenSette 移液管添加 0.20mL 去离子水于 200~15000mg/L 量程的检测。

（7）拧紧管盖。用水冲洗外壁并用清洁的纸巾擦干。

（8）在水池上拿住管盖一端，轻轻地上下颠倒几次以混匀。经混合，样品小管会变得很热。将小管插入预热的 DRB200 反应器中。盖上保护盖。

（9）加热 2h。

（10）关闭反应器。等待大约 20min，使小管冷却到 120℃ 或更低的温度。

（11）在尚有余热时，将小管上下颠倒几次。

（12）将小管放到试管架上，使其冷却到室温。

继续比色确定方法。

比色确定

（1）选择测试程序。

如有必要插入遮光罩和适配器（参见"仪器详细说明"）。

具体方向参见用户使用手册。

（2）先用湿布擦拭小管外壁，再用干布擦净。

（3）将空白管插入到 16mm 圆形样品池中。

（4）按下"Zero（零）"键进行仪器调零。这时屏幕将显示：0mg/L COD。

（5）将样品管插入到 16mm 圆形样品池中。

（6）按下"Read（读数）"键读取 COD 结果，单位 mg/L。

（7）如果使用超高量程 COD 消解小管，将所得结果乘以 10。

为得到准确的结果，对于结果在 1500 mg/L 或 15000mg/L 左右的样品，请稀释样品后重复检测一次。

用于比色确定的空白值

空白值可重复使用，用同批的小瓶进行测量。请将空白样存放在暗处。

(1) 通过检测相应波长下的吸光率对分解情况进行监控。请参阅量程-相应波长表。

(2) 在吸光率模式下将仪器设零，用一个小瓶装 5mL 去离子水，然后检测空白值的吸光率。记下数值。

(3) 如果吸光率在 0.01 单位左右发生变化，请准备一个新的空白值。

干扰物质

确定 COD 浓度时，氯化物是主要的干扰。每个 COD 小瓶都含有硫酸汞，它能排除最高浓度为表 6.3.3-3 中第 1 栏所列浓度的氯化物干扰。对含氯化物浓度较高的样品应进行稀释。稀释样品直到氯化物浓度降低为第 2 栏所给出的水平。

> **注：** 为得到最佳结果，对于氯化物浓度很高（接近最高浓度）而 COD 浓度较小的样品，使用低量程或极低量程。如果样品稀释后 COD 浓度太低，影响精确度，可在添加样品前，在各 COD 小瓶中添加 0.50g 的硫酸汞（$HgSO_4$）。额外添加的硫酸汞可将氯化物浓度提高到表 6.3.3-3 中第 3 栏给出的允许最高浓度。

表 6.3.3-3　干扰物质

量　程	最高氯化物浓度 /(mg/L)	样品稀释后氯化物浓度 /(mg/L)	添加硫酸汞后最高氯化物浓度 /(mg/L)
超低量程① (0.7～40.0mg/L)	2000	1000	N/A
低量程(3～150mg/L)	2000	1000	8000
高量程(20～1500mg/L)	2000	1000	4000
超高量程(200～15000mg/L)	20000	10000	40000

① DR 2700 和比色计无法检测超低量程。

样品的采集、保存与存储

(1) 用玻璃瓶采集样品。

(2) 只有已知没有有机物污染时方可使用塑料瓶采样。

(3) 尽快检测有生物活性的样品。

(4) 均质化含有固体颗粒物的样品，确保样品具有代表性。

(5) 使用硫酸（大约每升样品中加入 2mL 硫酸）将样品的 pH 值调整至 2 或以下，在 4℃条件下最长可以保存 28 天。

(6) 根据样品体积增加量修正测试结果。

准确度检查方法——标准溶液法

注：具体的程序选择操作过程请参见用户操作手册。

准确度检查所需的试剂与仪器有：邻苯二甲酸氢钾（KHP），于 120℃ 干燥一整夜；不含有机物的去离子水；A 级容量瓶；A 级移液管。

(1) 标准溶液的配制和测试

① 0.7～40.0mg/L。按照下列方法配制浓度为 30mg/L 的 COD 标准溶液。a. 用 1000mL 不含有机物的去离子水溶解 850mg 干燥的 KHP，得到 1000mg/L 标准溶液。b. 移取 3.00mL 1000mg/L 的标准溶液，置于 100mL 容量瓶中。c. 用去离子水稀释至刻度线并混匀。

用 2mL 30mg/L 的 COD 标准溶液代替样品。按照上述比色法测试流程进行测试。结果应该是 30mg/L。请参阅标准曲线调整说明，并用标准溶液所得数据校准标准曲线。

② 3～150mg/L。按照下列方法配制浓度为 100mg/L 的 COD 标准溶液。a. 用 1000mL 不含有机物的去离子水溶解 850mg 干燥的 KHP，得到 1000mg/L 标准溶液。b. 移取 10mL 1000mg/L 的标准溶液，置于 100mL 容量瓶中。c. 用去离子水稀释至刻度线并混匀。

用 2mL 100mg/L 的 COD 标准溶液代替样品。按照上述比色法测试流程进行测试。结果应该是 100mg/L。请参阅标准曲线调整说明，并用标准溶液所得数据校准标准曲线。

③ 20～1500mg/L。按照下列方法配制浓度为 500mg/L 的 COD 标准溶液。a. 用 1000mL 不含有机物的去离子水溶解 425mg 干燥的 KHP，得到 500mg/L 标准溶液。b. 混匀。

用 2mL 500mg/L 的 COD 标准溶液代替样品。按照上述比色法测试流程进行测试。结果应该是 500mg/L。请参阅标准曲线调整说明，并用标准溶液所得数据校准标准曲线。

注：也可使用 2mL 300mg/L、800mg/L、1000mg/L 的 COD 标准溶液进行准确度检查。

④ 200～15000mg/L。按照下列方法配制浓度为 10000mg/L 的 COD 标准溶液：用 1000mL 不含有机物的去离子水溶解 8.500g 干燥的 KHP，得到 10000mg/L 标准溶液。

用 2mL 10000mg/L 的 COD 标准溶液代替样品。按照上述比色法测试流程进行测试。结果应该是 10000mg/L。请参阅标准曲线调整说明，并用标准溶液所得数据校准标准曲线。

(2) 标准溶液调整

① 用标准溶液所测得的数据校准标准曲线，在仪器菜单中选择标准溶液校准程序。

② 打开标准调整界面，确认接受当前标准溶液浓度。如果使用了其他浓度的标准溶液，输入标准溶液的实际浓度。

可选择的替代试剂

无汞的 COD2 试剂可提供一种用于非汇报目的的无汞测试。对过程控制，COD2 试剂将去除汞废物并由此节约处理成本。这些试剂与测试程序完全兼容，校准曲线已在分光光度计中进行了编制。可用于测试含有氯化物和氨水的样品，得到精确结果。

> **注**：USEPA 未批准这些试剂用于汇报目的的测试。因为 COD2 试剂中的汞并不是掩蔽剂，氯化物对该测试有正干扰。欢迎索取 COD 试剂小瓶信息手册（文献编号 1356），以获取有关特殊应用的详尽信息。

表 6.3.3-4　方法精确度

程序	标值	精确度：95%置信区间分布	灵敏度：每 0.010Abs 单位变动下,浓度变动值
431(0.7～40.0mg/L)	30mg/L COD	28.8～31.2mg/L COD	0.5mg/L COD
430(3～150mg/L)	80mg/L COD	77～83mg/L COD	3mg/L COD
435(20～1500mg/L)	800mg/L COD	785～815mg/L COD	23mg/L COD
435(200～15000mg/L)	8000mg/L COD	7850～8150mg/L COD	230mg/L COD

方法解释

化学需氧量（COD，单位 mg/L）的定义是在该程序条件下每升样品所消耗的 O_2 的量（mg）。在本方法中，样品与硫酸、一种强氧化剂（重铬酸钾）一起加热 2h。可氧化的有机混合物通过反应，将重铬酸盐离子（$Cr_2O_7^{2-}$）还原为绿色的铬离子（Cr^{3+}）。

如果采用 0.7～40.0mg/L 或 3～150mg/L 比色法，可以确定 Cr^{6+} 的残留量。如果采用 20～1500mg/L 或 200～15000mg/L 比色法，可以确定 Cr^{3+} 的生成量。COD 试剂含有银离子和汞离子。银是催化剂，汞用于复合氯化物的干扰。

各量程的测试结果是在不同波长的可见光下读取的。具体波长见表 6.3.3-5。

表 6.3.3-5　量程-测试时使用波长

量程/(mg/L COD)	波长/nm	量程/(mg/L COD)	波长/nm
0.7～40.0mg/L[①]	350	20～1500mg/L	620(610 比色计)
3～150mg/L	420	200～15000mg/L	620(610 比色计)

① DR 2700 和比色计无此超低量程。

消耗品和替代品信息

表 6.3.3-6　需要用到的试剂

试剂名称及描述	数量/每次测量	单　位	产品订货号
选择适当的 COD 消解试剂小管			
超低量程 0.7～40.0mg/L	1～2 管	25/pk	2415825
低量程 3～150mg/L	1～2 管	25/pk	2125825
高量程 20～1500mg/L	1～2 管	25/pk	2125925
超高量程 200～15000mg/L	1～2 管	25/pk	2415925
去离子水	根据需要而定	4L	27256

表 6.3.3-7　可选择的替代试剂①

试剂名称及描述	数量/每次测量	单　位	产品订货号
选择适当的 COD 消解试剂小管：			
COD2 低量程 0～150mg/L COD	1～2 管	25/pk	2565025
COD2 高量程 0～1500mg/L COD	1～2 管	25/pk	2565125
COD2 高量程 0～1500mg/L COD	1～2 管	150/pk	2565115
COD2 超高量程 0～15000mg/L COD	1～2 管	25/pk	2834325
COD 消解试剂小管 3～150mg/L COD	—	150/pk	2125815
COD 消解试剂小管 200～1500mg/L COD	—	150/pk	2125915

　① USEPA 未批准这些试剂用于汇报目的的测试。欢迎索取 COD 试剂小瓶信息手册（文献编号 1356），以获取有关特殊应用的详尽信息。

表 6.3.3-8　需要用到的仪器设备

设备名称及描述	数量/每次测量	单　位	产品订货号
混合器 120V	1	个	2616100
混合器 240V	1	个	2616102
DRB200 反应器 110V	1	个	LTV082.53.40001
DRB200 反应器 220V	1	个	LTV082.52.40001
A 级 2mL 移液管	1	个	1451536

表 6.3.3-9　推荐使用的标准样品和仪器

标准样品名称及描述	单　位	产品订货号
250mL 烧杯	个	50046H
COD 标准溶液,300mg/L	200mL	1218629
COD 标准溶液,300mg/L	500mL	1218649
COD 标准溶液,800mg/L	200mL	2672629
COD 标准溶液,1000mg/L	200mL	2253929
10mL 安瓿瓶装需氧量标准溶液(BOD,COD,TOC)	16/pk	2833510
0.1～1.0mL TenSette® 移液枪	个	1970001
与产品 1970001 配套的移液枪头	50/pk	2185696
与产品 1970001 配套的移液枪头	1000/pk	2185628
邻苯二甲酸氢钾,ACS	500g	31534
电磁搅拌器 120V(带电极架)	个	4530001
电磁搅拌器 230V(带电极架)	个	4530002
试管架	个	1864100

表 6.3.3-10　可选择的试剂与仪器

名　称　及　描　述	单　位	产品订货号
分析天平,115V	个	2936701
COD 消解试剂小管,超低量程 0.7～40.0mg/L	150/pk	2415815
COD 消解试剂小管,超高量程 200～15000mg/L	150/pk	2415915
A 级 1000mL 容量瓶	个	1457453
A 级 100mL 容量瓶	个	1457442
28g 硫酸汞	—	191520
A 级 3mL 移液管	个	1451503
A 级 10mL 移液管	个	1451538
硫酸溶液,500mL	—	97949

名 称 及 描 述	单 位	产品订货号
废水（进水）标准液，参数包括 NH_3-N、NO_3^--N、PO_4^{3-}、COD、SO_4^{2-}、TOC	500mL	2833149
废水（出水）标准液，参数包括 NH_3-N、NO_3^--N、PO_4^{3-}、COD、SO_4^{2-}、TOC	500mL	2833249
称量纸 $76mm \times 76mm$	500/pk	1473800
抗化学试剂手套	副	2410104
防护眼镜	副	2550700

6.3.4 化学需氧量，USEPA[①] 消解比色法[②]，方法 8000 TNTplus™ 821 TNTplus™ 822

测量范围

低量程 $3 \sim 150mg/L$ COD；高量程 $20 \sim 1500mg/L$ COD。

应用范围

用于水与废水中化学需氧量（COD）的测定，需要消解。

测试准备工作

表 6.3.4-1 仪器详细说明

仪器	适配器	遮光罩
DR 6000、DR 5000	—	
DR 3900	—	LZV849
DR 3800、DR 2800	—	LZV646
DR 1900	9609900 或 9609800（A）	

（1）使用 DR 3900、DR 3800 和 DR 2800 测试前，将遮光罩遮住样品室 2#。

（2）请阅读包装上的安全说明以及试剂过期日期。

（3）如果测试过程中处理不当或使用的方法错误，某些化学试剂及仪器可能会危害到使用者的健康和安全。请阅读所有警告以及相关的材料安全性数据表（MSDS）。

（4）每次检测样品时都需进行一次空白值测试。请参见"用于比色确定的空白值"。

（5）试剂外溢会影响测试的精度，并会对皮肤和其他材料造成危害。

（6）若遇试剂外溢情况，请用流水冲洗溢出的试剂。

（7）请戴上防护眼镜并穿防护服。一旦触及试剂，请用流水清洗接触部位。请仔细阅读以下指导。

（8）将还未使用的（对光敏感）试剂小瓶存储在封闭的盒中。

（9）测试后样品含有汞（D009）、银（D011）和铬（D007），属于美国联邦危险废物鉴别程序（RCRA）规定的危险废弃物。请参阅"废弃物管理与安全"以正确处理这些物质。

表 6.3.4-2 准备的物品

名 称 及 描 述	数量	名 称 及 描 述	数量
试管架	2	遮光罩或适配器(请参见"仪器详细说明")	1
混合器	1	吸头	1
COD TNT 管	视情况而定	2mL 移液管	1
DRB200 反应器	1		

注：订购信息请参看"消耗品和替代品信息"。

---

❶ $3 \sim 150mg/L$ 和 $20 \sim 1500mg/L$ 量程的 COD 检测法是美国环境保护署（USEPA）认可的用于废水分析的方法（标准方法 5200D），美国联邦注册登记，1980 年 4 月 21 日，45（78），26811-26812。

❷ Jirka，A. M.；Carter，m. J.，分析化学，1975，47（8），1397。

反应器消解程序

（1）打开 DRB200 反应器。预热到 150℃。

注：对带有 16mm 槽的 DRB200 反应器，在打开反应器之前请先插入一个 16mm 到 13mm 的适配器。

（2）在一个混合器中对 100mL 样品进行 30s 的均质化处理。对含有大量固体的样品，需要增加均质化处理的时间。

（3）为了确保样品具有代表性，将经均质处理的样品倒入 250mL 烧杯中，并用磁力搅拌器轻轻搅拌。

（4）小心地移取 2mL 样品滴加到 TNT 试管中。盖上盖子，擦净试管外壁。

（5）在水池上拿住管盖一端，轻轻地晃动几次以混匀。经混合，样品小管会变得很热。

将小管插入预热的 DRB 200 反应器中。盖上保护盖。

（6）加热 2h。

（7）关闭反应器。等待大约 20min，使小管冷却到 120℃ 或更低的温度。

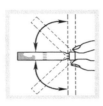

（8）在尚有余热时，再将小管晃动几次。

（9）将小管放到试管架上，使其冷却到室温。

（10）擦净试管外壁。

（11）将试管插入到样品池中。盖上盖子。

仪器将读取条形码，选择并进行结果修正。

测试结果的单位是 mg/L COD。

用于比色确定的空白值

测定试剂空白，再从使用相同批次试剂进行的试验结果中减去空白值。空白值可重复使用，用同批的小瓶进行测量。请将空白样存放在暗处。定期检查其浓度以观察其分解情况。

从测试所得结果中减去空白值。

（1） 在测试流程（10）中测量空白值。

（2） 打开仪器试剂空白操作界面。

（3） 空白试剂的值应会强调显示。按"确认"接受此值。

（4） 之后所有的测试结果都会减去该试剂空白值，直到关闭此功能，或选择其他测试方法。

也可以记录下空白值并输入仪器，输入时，需选择突出显示框并用键盘输入数值。

干扰物质

确定 COD 浓度时，氯化物是主要的干扰。每个 COD 小瓶都含有硫酸汞，它能排除最高浓度为 2000mg/L 的氯化物干扰。

样品的采集、保存与存储

（1） 用玻璃瓶采集样品。

（2） 只有在知道没有有机物污染时方可使用塑料瓶采样。

（3） 尽快检测有生物活性的样品。

（4） 均质化含有固体颗粒物的样品，确保样品具有代表性。

（5） 使用硫酸（大约每升样品中加入 2mL 硫酸）将样品的 pH 值调整至 2 或以下，在 4℃条件下最长可以保存 28 天。

（6） 根据样品体积增加量修正测试结果。

准确度检查方法

（1） 标准溶液法（3～150mg/L 量程）。准确度检查所需的试剂有：干燥的邻苯二甲酸氢钾（KHP）；去离子水。

按照下列方法配制浓度为 100mg/L 的 COD 标准溶液：

① 于 120℃干燥 85mg（KHP）一整夜。

② 用 1L 去离子水溶解 85mg 干燥的 KHP，得到 100mg/L 标准溶液。

用 2mL 100mg/L 的 COD 标准溶液代替样品。按照上述测试流程进行测试。结果应该是 100mg/L。

（2） 标准溶液法（20～1500mg/L 量程）

准确度检查所需的试剂有：①去离子水；②300mg/L COD 标准溶液；③1000mg/L COD 标准溶液。

用 2mL 300mg/L 或 1000mg/L 的 COD 标准溶液代替样品，按照上述测试流程进行测试。300 mg/L 的 COD 标准溶液测试结果应该是 300mg/L；1000mg/L 的 COD 标准溶液测试结果应该是 1000mg/L。

（3） 可选择的标准溶液法（20～1500mg/L 量程）

准确度检查所需的试剂有：去离子水；干燥的邻苯二甲酸氢钾（KHP）。

按照下列方法配制浓度为 500mg/L 的 COD 标准溶液。①于 120℃干燥 425mg（KHP）一整夜。②用 1L 去离子水溶解 425mg 干燥的 KHP。

用 2mL 500mg/L 的 COD 标准溶液代替样品。按照上述测试流程进行测试。结果应该是 500mg/L。

方法精确度

表 6.3.4-3　方法精确度

程序	标值	精确度：95％置信区间分布	灵敏度：每 0.010Abs 单位变动下,浓度变动值
TNT 821	75mg/L COD	72～78mg/L COD	—
TNT 822	750mg/L COD	736～764mg/L COD	—

方法解释

化学需氧量（COD，单位 mg/L）的定义是在该程序条件下每升样品所消耗的 O_2 的量（mg）。在本方法中，样品与强氧化剂（重铬酸钾）一起加热 2h。可氧化的有机混合物通过反应，将重铬酸盐离子（$Cr_2O_7^{2-}$）还原为绿色的铬离子（Cr^{3+}）。

如果使用 3～150mg/L 比色法，可以确定 Cr^{6+} 的残留量。如果采用 20～1500mg/L 比色法，可以确定 Cr^{3+} 的生成量。COD 试剂含有银离子和汞离子。银是催化剂，汞用于抗复合氯化物的干扰。3～150mg/L 量程的测试结果是在 420nm 波长下读取的。20～1500mg/L 量程的测试结果是在 620nm 波长下读取的。

消耗品和替代品信息

表 6.3.4-4　需要用到的试剂

试剂名称及描述	数量/每次测量	单　位	产品订货号
选择适当的 TNTplusCOD 消解试剂小管			

试剂名称及描述	数量/每次测量	单　位	产品订货号
低量程 3～150mg/L	1～2 管	25/pk	TNT821
高量程 20～1500mg/L	1～2 管	25/pk	TNT822

表 6.3.4-5　需要用到的仪器设备

设备名称及描述	数量/每次测量	单　位	产品订货号
1～5mL 移液管	1	个	2795100
适用于 2795100 移液管的吸头	1	100/pk	2795200
DRB200 反应器 115V	1	个	DRB20001
DRB200 反应器 230V	1	个	DRB20005
试管架	1	个	2497900

表 6.3.4-6　推荐使用的标准样品

标准样品名称及描述	单　位	产品订货号
COD 标准溶液,300mg/L	200mL	1218629
COD 标准溶液,1000mg/L	200mL	2253929
10mL 安瓿瓶装需氧量标准溶液(BOD,COD,TOC)	16/pk	2833510
邻苯二甲酸氢钾,ACS	500g	31534
废水(进水)标准液,参数包括 NH_3-N、NO_3^--N、PO_4^{3-}、COD、SO_4^{2-}、TOC	500mL	2833149
废水(出水)标准液,参数包括 NH_3-N、NO_3^--N、PO_4^{3-}、COD、SO_4^{2-}、TOC	500mL	2833249

表 6.3.4-7　可选择的试剂与仪器

名　称　及　描　述	单　位	产品订货号
250mL 烧杯	个	50046H
搅拌器,双速,120V	个	2616100
搅拌器,双速,240V	个	2616102
DRB200 反应器,115V,21×13mm＋4×20mm(双模块)	个	DRB20002
DRB200 反应器,115V,15×13mm＋15×13mm(双模块)	个	DRB20003
DRB200 反应器,115V,12×13mm＋8×20mm(双模块)	个	DRB20004
DRB200 反应器,230V,21×13mm＋4×20mm(双模块)	个	DRB20006
DRB200 反应器,230V,15×13mm＋15×13mm(双模块)	个	DRB20007
DRB200 反应器,230V,12×13mm＋8×20mm(双模块)	个	DRB20008
磁力搅拌棒	个	2881200
搅拌棒	个	2095352
分析天平,115V	个	2936701
COD 标准溶液,300mg/L	500mL	1218649
COD 标准溶液,800mg/L	200mL	2672629
A 级容量瓶	1L	1457453
pH 试纸,0～14	100/pk	2601300
硫酸,ACS	500mL	97949
去离子水	500mL	27249
称量纸 76mm×76mm	500/pk	1473800
抗化学试剂手套	副	2410104
防护眼镜	副	2550700

6.3.5　20 分钟快速消解方法，方法10259

测量范围

低量程（15～150mg/L）；高量程（100～1000mg/L）。

应用范围

用于地表水、地下水、市政污水和工业废水中 COD 的测定，需要被消解。

测试准备工作

表 6.3.5-1 中列出了所有可以进行本方法测定的哈希仪器以及它们需要的配件。

表 6.3.5-1　仪器详细说明

仪器	遮光罩	适配器
DR6000、DR5000	—	—
DR3900	LZV849	—
DR3800、DR2800、DR2700	LZV646	
DR1900	—	9609900（D[1]）
DR900	—	4846400
DR1010		

[1] 不是所有机型都含有 D 适配器。

(1) 如果测试过程中处理不当或使用的方法错误，某些化学试剂及仪器可能会危害到使用者的健康安全。请阅读所有警告以及相关的化学品安全技术说明书（MSDS）。

(2) 请戴上防护眼镜并穿防护服。一旦与化学品发生接触，立刻用大量流动的水冲洗接触部位。请反复阅读并严格遵守化学品安全技术说明书（MSDS）的安全守则。

(3) 溢出的试剂会对皮肤及其他材料造成危害，尤其当试剂是热的时候，危害更大，比如在测试中的试剂。请做好准备及时用流动的水冲洗溢出的试剂。

(4) 使用 DR3900、DR3800、DR2800 和 DR2700 之前，将遮光罩安装在 2 号样品室中。

(5) 所使用的仪器可能并未包含本方法对应的测试程序。对于 DRB200 消解器、DR1010、请参考"仪器程序更新"。对于其他仪器请从 www.hach.com.cn 下载更新。

(6) 每次进行测试时都进行一次空白样的测试。确保一次测试的所有样品（包括水样和空白样）都使用同一批次的预制管试剂。试剂的批次号可以在外包装的标签上找到。

(7) 水样中含超过 1000mg/L 的 COD 或者 1000mg/L 的氯离子（Cl^-）时，需稀释后进行测试。

表 6.3.5-2　准备的物品

名称及描述	数量及单位
20min 消解 COD 预制管试剂	视情况而定
DRB200 消解器	1 台
遮光罩或适配器(参见可用仪器列表)	1 个
用于存放未使用的光敏试剂的不透光容器	1 个
移液管,2.00mL	2 根
吸耳球	1 个
或 1.0～5.0mL 移液枪和枪头	1 支
试管架	2 个

注：订购信息参见"消耗品和替代品"。

快速消解操作流程

（1）打开 DRB200 消解器，预热到 165℃。温度和程序设置与选择参见仪器程序更新。

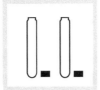

（2）拧开两支 COD 快速消解预制管试剂的盖子。
确认使用的是合适量程的试剂。

（3）样品准备：将一支预制管试剂拿住并保持在 45°，用移液管或移液枪移取 2.00mL 水样到预制管中。

（4）空白样准备：将另一支预制管试剂拿住并保持在 45°，用移液管或移液枪移取 2.00mL 去离子水到预制管中。

（5）将试管盖拧紧。用水冲洗外壁并用清洁的纸巾擦干。如果试管盖未拧紧，可能会在消解过程中漏气并导致不准确的结果。

（6）拿住试管盖的部分，将预制管在水槽上方轻轻地上下颠倒几次使液体混合，然后将预制管内的固体摇晃到悬浮的状态。
预制管在混合的过程中会变得很烫。

（7）将预制管放入已经预热的 DRB200 消解器中，盖上保护盖。

（8）等待大约 8 分钟待消解器的温度回升到 165℃。
放满 15 支预制管需等待大约 8min，较少的预制管需要较短的时间。

（9）开始计时加热 20min。

（10）关闭消解器。等待温度降至 120℃ 以下再将预制管取出（大约 20min）。

（11）在预制管还温热的时候上下颠倒几次。
注意：试管盖是热的！请小心操作。不要触碰玻璃部分。

（12）将预制管放在试管架上冷却至室温。
当预制管完全冷却后，进行比色测定。

比色测定

（1）选择测试程序。
如有必要安装适配器或遮光罩（参见表 6.3.5-1）。具体操作参见用户使用手册。

（2）先用湿布擦拭预制管外壁，再用干布擦净。

（3）将空白样插入 16mm 圆形样品池。

（4）将仪器置零。此时屏幕会显示：0mg/L COD 或 0.0mg/L COD。

（5）将待测样品插入 16mm 圆形样品池。

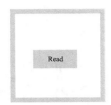

（6）按下读数键，读取 mg/L COD 结果。

干扰

确定 COD 浓度时，氯化物是主要干扰。每个 COD 小瓶包含有硫酸汞，它能排除直到表 6.3.5-3 中第 1 栏所给出水平说明的氯化物的干扰。所含氯化物浓度较高的样品应进行稀释。稀释样品足以将氯化物浓度降低到第 3 栏所给出的水平。

如果由于 COD 的浓度，样品稀释对精度的确定太低，可在添加样品前，在各 COD 小瓶中添加 0.50g 的硫酸汞（$HgSO_4$）（产品目录号 1915-20）。添加硫酸汞可将氯化物浓度提高到表 6.3.5-3 中第四栏给出的允许水平的最大值。

表 6.3.5-3　干扰和水平

使用的小瓶类型	样品中最大 Cl^- 浓度 /(mg/L)	稀释样品中建议的 Cl^- 浓度 /(mg/L)	最大 Cl^- 浓度（如果添加 0.50g 的 $HgSO_4$）/(mg/L)
低量程（15～150mg/L）	2000	1000	8000
高量程（100～1000mg/L）	2000	1000	4000

样品的采集与保存

（1） 用洁净的玻璃瓶采集至少 100mL 样品。

（2） 均质化含有固体颗粒物的样品，确保样品具有代表性。

（3） 立刻进行样品分析，或加入硫酸保存。每升样品中加入 2mL 硫酸，冷藏于 0～4℃可保存最多 7 天。根据样品体积增加量修正测试结果。

超量程的样品

通过以下方法判断样品的 COD 含量是否在本方法的测试量程范围内。

（1） 移取 2.00mL 样品到一支 20 分钟消解 COD 预制管试剂中。

（2） 拧紧试管盖并轻轻摇匀。

将预制管放在已经预热的 DRB200 消解器中（165℃）约 5min。如果溶液的颜色变为绿色，则说明 COD 浓度已经超量程，请选用更高浓度的试剂或对样品进行稀释。

稀释移取至少 10mL 混合均匀的样品进行稀释。混合 1 份或多份去离子水进行稀释。稀释系数不要大于 10。

精度检查——标准溶液方法

（1） 需要的试剂与仪器

① 邻苯二甲酸氢钾（KHP），于 120℃干燥一整夜；

② 不含有机物的去离子水；

③ A 级容量瓶；

④ A 级移液管。

（2） 15～150mg/L 量程

① 按如下步骤准备 100mg/L 的 COD 标准溶液：

a. 将 850mg 干燥的 KHP 溶解于 1000mL 去离子水中，制成 1000mg/L 的标准溶液；

b. 移取 10mL 刚制备的 1000mg/L 的标准溶液至 100mL 的容量瓶中；

c. 用去离子水稀释至刻度线并摇匀。

② 取 2mL 的 100mg/L 的 COD 标准溶液作为样品进行比色测定。结果应为 100mg/L。

（3） 100～1000mg/L 量程

① 按如下步骤准备 500mg/L 的 COD 标准溶液：

a. 将 425mg 干燥的 KHP 溶解于 1000mL 去离子水中，制成 500mg/L 的标准溶液；

b. 摇匀。

② 取 2mL 的 500mg/L 的 COD 标准溶液作为样品进行比色测定。结果应该为 500mg/L。

注：也可以取 2mL 的 300mg/L、800mg/L 或 1000mg/L 的 COD 标准溶液来进行准确性检查。

方法综述

化学需氧量（COD，mg/L）定义为在规定的条件下每升样品所消耗的 O_2 的量（mg）。在本方法中，样品在 165℃ 的条件下与硫酸及强氧化剂重铬酸钾一起加热 20min。

还原性有机物参与反应，将重铬酸根（$Cr_2O_7^{2-}$）还原为绿色的三价铬离子（Cr^{3+}）。试剂中还含有银盐和汞盐。银盐的作用是催化剂，汞盐的作用是络合氯离子以屏蔽其带来的干扰。15～150mg/L 量程是在 420nm 波长下测定剩余的 Cr^{6+} 的量，100～1000mg/L 量程是在 620nm 波长下（DR/890 和 DR/850 是在 610nm 波长下）测定生成的 Cr^{3+} 的量。

仪器程序更新

(1) DRB200 消解器

① 打开 DRB200 消解器，按中键，进入 Select Block 界面，按左键或右键选择【Left】或者【Right】任意一个加热模块。

② 选择【PRG1】，显示屏显示 PRG1 目前的温度与时间设置。

③ 选择【Prog】，进入编辑界面。屏幕显示是否编辑程序名称 Program Name? 根据需要编辑名称，或者直接选择【OK】。

④ 显示屏显示是否更改消解温度 Temperature? 按左键或中键将消解温度设置到 165℃，选择【OK】。

⑤ 显示屏显示是否更改消解时间 Time? 按左键或中键将消解时间设置到 20min，选择【OK】。显示屏显示目前 PRG1 的温度与时间设置。选择【OK】，仪器将自动存储目前的设置。

(2) DR6000/5000/3900/3800/2800/2700

① 进入哈希官网，找到并下载与 DR6000/5000/3900/3800/2800/2700 相对应的更新软件。

② 下载的软件包是以日期开头的 zip 压缩包，将其解压缩，将解压缩后的文件拷贝至移动硬盘中，请注意，不要将程序文件再进行解压缩、更改文件名等操作。

③ 进入 DR6000/5000/3900/3800/2800/2700 的主菜单，点击屏幕左下角的【系统检查】选项。

④ 在系统检查菜单中，选择【仪器升级】。

⑤ 系统会提示将升级模块连接至 USB 接口，将 U 盘连接至 DR6000/5000/3900/3800/2800/2700 机身后部的 USB 接口上，在【仪器升级】提示窗口中选择【好】。

⑥ 仪器开始升级，3～5min 后，升级结束，系统会提示重新启动。

⑦ 重新启动系统，软件升级已全部完成，可以在【存储程序】中找到 COD20 分钟消解对应的程序 "436 COD 20 分钟消解 LR" 和 "437 COD 20 分钟消解 HR"。

(3) DR1010

该步骤是用 20 分钟消解 COD 预制管试剂方法替代 DR1010 原有快速方法。高量程（100～1000mg/L）和低量程（15～150mg/L）的方法均是单独设置的。

① DR1010 开机前，按住数字键【5】，然后按电源开关开机。

② 按【设置】，然后按上下键进入【User】设置界面。

③ 按【确定】键，界面会有【?】号提示用户输入方法编号，输入数字【4】进行低量程设置，或者输入数字【3】进行高量程设置。

④ 按【确定】键，程序【4】的斜率（－178）会显示出来，将－178 改为－327.7（本应为－327.69，仅保留一位小数，故为－327.7）；或是程序【3】的斜率（3050）会显示出来，将

3050 改为 2065。

⑤ 按【确定】键，并退出设置页面，回到测量页面。

消耗品和替代品信息

表 6.3.5-4　所要求的试剂

说明	数量/每次测量	单位	产品目录号
选择合适的 20 分钟消解 COD 预制管试剂			
低量程,15～150mg/L	1～2 支	25/pk	2038225
高量程,100～1000mg/L	1～2 支	25/pk	2038325
去离子水	根据需要而定	4L	27256

表 6.3.5-5　要求的仪器

说明	数量/每次测量	单位	产品目录号
DRB200 反应器,115V,15×16mm①	1	台	LTV082.53.40001
DRB200 反应器,230V,15×16mm①	1	台	LTV082.52.40001
吸管注入器,安全球	1	个	1465100
吸管,容积测定,A 级,2.00mL	2	支	1451536
(或)吸管,可变体积,1.0～5.0mL	1	支	BBP065
吸管吸头,配 BBP065	2	75/pk	BBP068
测试管冷却架(10 支装)	1	个	1864100

① 可提供其他配置。

表 6.3.5-6　推荐标准

说明	单位	产品目录号
烧杯,250mL	个	50046H
COD 标准溶液,300mg/L	200mL	1218629
COD 标准溶液,300mg/L	500mL	1218649
COD 标准溶液,800mg/L	200mL	2672629
COD 标准溶液,1000mg/L	200mL	2253929
需氧量标准(BOD,COD,TOC),10mL 安瓿瓶	16/pk	2833510
TenSette 吸管,0.1～1.0mL	支	1970001
吸管吸头,用于 TenSette 吸管	50/pk	2185696
吸管吸头,用于 TenSette 吸管	1000/pk	2185628
邻苯二甲酸氢钾(KHP),ACS	500g	31534
搅拌棒	根	2095352
电磁搅拌器,带电极架,120VAC	台	4530001
电磁搅拌器,带电极架,230VAC	台	4530002
一次性擦拭布	70/pk	2096900

表 6.3.5-7　供选择的试剂和仪器

说明	单位	产品目录号
分析天平,最大称量值,80g	台	2936701

说明	单位	产品目录号
搅拌器,两种转速,120VAC	台	2616100
搅拌器,两种转速,240VAC	台	2616102
20分钟消解 COD 试剂瓶,低量程,15～150mg/L	150/pk	2038215
20分钟消解 COD 试剂瓶,高量程,100～1000mg/L	150/pk	2038315
吸管,容积测定,A级,1000mL	支	1457453
吸管,容积测定,A级,100mL	支	1457442
吸管,容积测定,A级,0.5mL	支	1451534
吸管,容积测定,A级,10mL	支	1451538
吸管注入器,安全球	支	1465100
硫酸,ACS	500mL	97949
废水流入标准,用于混合参数 (NH_3-N,NO_3^--N,PO_4^{3-},COD,SO_4^{2-},TOC),500mg/L COD	500mL	2833149
废水流入标准,用于混合参数 (NH_3-N,NO_3^--N,PO_4^{3-},COD,SO_4^{2-},TOC),25mg/L COD	500mL	2833249
称量纸,76×76mm	500/pk	1473800
指套	2/pk	1464702
化学品防护手套,9～9½in	1 副	2410104
安全眼镜,通风孔设计	1 副	2550700

6.3.6　高锰酸盐指数，方法10262（TNT 试管）

测量范围

$0.50～5.00$mg/L COD_{Mn}。

应用范围

主要用于中国地区饮用水、原水及地表水,特殊情况下可用于废水。需要消解。

测试准备工作

表 6.3.6-1　仪器详细说明

仪器型号	遮光罩	适配器型号
DR6000、DR5000	—	—
DR3900	LZV849	—
DR3800、DR2800、DR2700	LZV646	—
DR1900	—	9609900(D)
DR900	—	4846400

（1）使用 DR2800 和 DR3900 测试前,将遮光罩遮住样品室 2#。

（2）请戴上防护眼镜并穿防护服。一旦触及试剂,请用流水清洗接触部位。请反复阅读和严格遵循相关的材料安全性数据表（MSDS）安全指导部分。

（3）试剂外溢会影响测试的精度,并会对皮肤和其他材料造成危害。本测试中高温试剂外溢危害增加。若遇此情况请用流水冲洗溢出试剂。

（4） 如果测试过程中处理不当或使用的方法错误，某些化学试剂及仪器可能会危害到使用者的健康和安全。请阅读所有警告以及相关的材料安全性数据表（MSDS）。

（5） 高锰酸盐指数还原剂仅适用于一次测试，多次反复使用会影响测试的精度。请阅读并参照比色确定部分的指导。

> **注意**：不同样品的空白不同。对于高锰酸钾指数高于 5.0mg/L 的样品在分析之前需要进行稀释，并使用经消解的蒸馏水作为空白；对于未经稀释的样品，请使用无色的蒸馏水作为空白。请阅读并参照"比色确定"部分的指导。

表 6.3.6-2　准备的物品

名称及描述	数量
高锰酸盐指数预制管试剂盒,低量程,0.50～5.00mg/L	1
DRB200 消解器	1
遮光罩或适配器(请参见"仪器详细说明")	1
0.1～1.0mL 移液枪和枪头	1
5.0mL 移液管	1
移液管吸球	1
或者 1.0～5.0mL 移液枪	1
试管架	1

注：订购信息参见"消耗品和替代品信息"。

消解器消解程序

  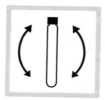 

（1）打开 DRB 200 消解器,设定程序"100℃,30 分钟",预热至100℃。

（2）对于已经稀释的水样：取 2 支高锰酸钾指数预制 TNT 试剂管,1 支加入 2mL 样品,另 1 支加入 2mL 蒸馏水作为空白样。

对于未经稀释的水样：只取 1 支 TNT 试剂管,加入 2mL 样品即可。另取一支洗净的 TNT 空管,加入 5.0mL 无色蒸馏水作为空白。

（3）使用移液枪向每支试剂管中加入 0.2mL 高锰酸钾溶液。

注意：请轻晃装有高锰酸钾溶液的棕色玻璃小瓶,摇匀后再移液。

（4）拧紧试剂管的盖子,上下颠倒几次使溶液混合均匀。

（5）将 TNT 管置入 DRB 200 消解器内,盖好上盖加热 30min。

（6）加热结束后立即取出 TNT 管,上下颠倒几次后,放置在试管架上并迅速放入冷水中降至室温,通常需要 5min。

注意：迅速水冷的目的是为了快速终止消解反应,并尽可能减少剩余 KMnO₄ 的降解。

比色确定

（1）取出冷却至室温的试剂管并上下颠倒几次，擦拭外壁残余水分。

（2）从小泡沫盒中取出 1 支安瓿瓶还原剂，掰断瓶口并用移液枪向每支试剂管中加入 0.2mL 还原剂。

注意：①打开的还原剂不稳定，仅限在一个测量批次内使用。

②用滴定管操作时，可将打开的安瓿瓶放在小泡沫盒中，以避免打翻。

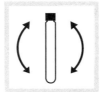

（3）拧紧试剂管的盖子，上下颠倒几次使溶液混合均匀。

（4）打开白色塑料瓶，向每支试剂管内移入 5.0mL 的指示剂。

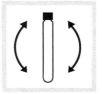

（5）拧紧试剂管的盖子，上下颠倒几次使溶液混合均匀。

（6）打开分光光度计的计时器，计时反应 3min。

（7）选择程序 438。

（8）擦拭空白样 TNT 外壁，插入分光光度计。

（9）按"零"键置零，显示 0.00mg/L COD_{Mn}。

（10）擦拭样品 TNT 外壁，插入分光光度计。

（11）按"读数"键读取结果，显示相应的浓度，单位 mg/L COD_{Mn}。

用于比色确定的空白值

比色确定时，稀释和未经稀释的水样所使用的空白完全不同。稀释水样的空白为蒸馏水经消解、比色确定的 TNT 管；未经稀释的水样所使用的空白为蒸馏水，可以在本批次的 TNT 试管中反复使用。需在暗处储藏空白。

干扰物质

3.5mg/L 以上的余氯会降低高锰酸盐指数的测定值。

样品的采集、保存与存储

（1）用干净的玻璃瓶采集至少 100mL 的样品。

（2）均质化含有固体颗粒物的样品，确保样品具有代表性。

（3）尽快检测水样或者加硫酸保存样品。

（4）使用硫酸（大约每升样品中加入 2mL 硫酸）将样品的 pH 值调整至 2 或以下，经处理的样品在 4℃ 条件下最长可以保存 2 天。

（5）测量时根据样品体积增加量修正测试结果。

超量程水样处理

将样品彻底摇匀，并取出至少 10mL 样品用于稀释。使用去离子水进行稀释，并且稀释倍数不要大于 10。

测量时根据稀释倍数修正测试结果。

准确度检查方法——标准溶液法

（1）准确度检查所需的试剂

① 化学需氧量溶液标准物质［锰法，GBW（E）080274］。

② 去离子水。

（2）步骤

① 化学需氧量溶液标准物质是由一定量的葡萄糖和去离子水配制而成的，每瓶的具体浓度是依据《水质-高锰酸盐指数的测定》（GB 11892—1989）的要求用滴定法得到的。配置前根据每瓶标识的浓度值计算稀释比率，得到 2.0mg/L COD 标准溶液。

② 用 2.0mg/L 的 COD 标准溶液代替样品，并用稀释用的去离子水作为空白，按照高锰酸盐指数测试流程进行测试。

③ 用标准溶液所测得的数据校准标准曲线，在仪器菜单中选择标准溶液校准程序。

④ 打开标准调整界面，确认接受当前标准溶液浓度。如果使用了其他浓度的标准溶液，输入标准溶液的实际浓度，并确认用此溶液浓度校准标准曲线。

方法精确度

表 6.3.6-3　方法精确度

程序号	标样浓度	精确度： 具有 95% 置信度的浓度区间	灵敏度： 每 0.010 Abs 吸光度改变时的浓度变化
438	2.00mg/L COD	1.90～2.10mg/L COD_{Mn}	0.020mg/L COD_{Mn}

方法解释

高锰酸盐指数（COD_{Mn}，单位：mg/L）的定义是在该程序条件下每升样品所消耗的 O_2 的量（mg）。在本方法中，样品与已知浓度的高锰酸钾和硫酸一起在 100℃ 加热 30min。可氧化的无机和有机混合物与高锰酸钾进行反应；剩余的高锰酸钾则被还原剂还原。而过量的还原剂与指示剂反应使溶液变为橙色，颜色的深浅程度与还原剂的剩余量成正比例关系。测试结果是在波长为 510nm 的可见光下读取的。

消耗品和替代品信息

表 6.3.6-4　需要用到的试剂

试剂名称及描述	数量/每次测试量	单位	产品订货号
高锰酸盐指数预制管试剂,低量程,0.50～5.00mg/L			25156000
高锰酸盐指数预制试剂管,低量程	1～2 管	50/pk	
高锰酸盐指数,指示剂	5～10mL	100mL/瓶	25171010
高锰酸盐指数,还原剂	0.2～0.4mL	2mL/管	25152000
高锰酸钾溶液	0.2～0.4mL	20mL/瓶	25171500

表 6.3.6-5　需要用到的仪器

试剂名称及描述	数量/每次测试量	单位	产品订货号
DRB200 消解器 220V,2 个加热块,16mm 孔 30 个	1	个	LTG082.03.44003
或者			

试剂名称及描述	数量/每次测试量	单位	产品订货号
DRB200 消解器 220V,1 个加热块,16mm 孔 15 个	1	个	LTG082.03.40003
0.1～1.0mL 数字移液枪	1	个	2794900
与产品 2794900 配套的移液枪头	1	1000/pk	2795000
1.0～5.0mL 数字移液枪	1	个	2795100
与产品 2795100 配套的移液枪头	1	1000/pk	2795200
试管架	1	个	1864100
安全护目镜	—	副	2550700
化学防护手套	—	副	2410104

表 6.3.6-6　可选择的标准样品与仪器

试剂名称及描述	单位	产品订货号
A 级 2mL 移液管	个	1451536
A 级 5mL 移液管	个	1451537
移液管吸球	个	1465100
浓硫酸	500mL	97949
pH 试纸(0～14)	100/pk	2601300

6.3.7　生化需氧量稀释法[1]，方法 8043

应用范围

用于水和废水中生化需氧量（BOD）的测定。

测试准备工作

（1）BOD 测试需要 5 天的时间。仔细地操作每一步，避免需要重新实验。

（2）本测试所用的稀释水不会有额外的需氧量或有毒物质。当在 20℃培养 5 天后，稀释水中溶解氧浓度的变化不能超过 0.2mg/L。

（3）如果向测试水样中加入硝化抑制剂则定义为含碳生化需氧量（CBOD）。经生物处理的废水、用经生物处理的污水接种的样品、河水需要进行 CBOD 测试。

（4）可使用调试-图解计算法计算结果，也便于在 BOD 测试中寻找问题。但向有关管理机构汇报时图解计算法不适用。

表 6.3.7-1　准备的物品

名称及描述	数量	名称及描述	数量
300mL BOD 玻璃采样瓶,带玻璃塞或塑料盖	6 个	血清移液管	1 个
稀释水(含营养盐缓冲液和菌种)	视情况而定	培养箱	1 个
硝化抑制剂(仅用于测 CBOD)	1 瓶		

注：订购信息请参看"消耗品和替代品信息"。

---

[1] 根据《水与废水标准检测方法》和 Klein, R.L., Gibbs, C. 水污染控制 1979，51（9），2257. 改编。

稀释法测试流程

（1）用 BOD 营养盐缓冲剂粉枕包准备稀释水。详见"稀释水准备"。

（2）选择样品体积。详见"样品容量选择"。

注：如果最小采样量在 3mL 左右，不需稀释直接测溶解氧。当测生活污水或沉降后的污水等溶解氧浓度约为 0mg/L 的样品时，这一步可以省略。

当分析经消毒的样品或工业废水时，请参照"干扰物质"部分。

（3）用移液管轻轻搅匀样品。向第一个 BOD 瓶中加入最小采样量的样品。

再向另外 4 个 BOD 瓶中加入不同体积的样品。做好标记，并记录下每瓶水样的体积。

（4）向另一个 BOD 瓶中加入稀释水。这瓶就是稀释水空白。

（5）如果测试 CBOD，向每个瓶中加入 2 管硝化抑制剂（约 0.16g）。阻止氮化合物的氧化，结果是 CBOD。

（6）向每个瓶中倒稀释水至瓶口边缘，沿着瓶壁倒入以防产生气泡。

（7）小心地盖上瓶塞防止气泡。按住瓶塞并上下颠倒瓶子数次以混匀液体。

（8）测试每个瓶中最初的溶解氧浓度。使用电极、仪器或滴定法。若使用滴定法则需准备 2 套 BOD 瓶。

记录测量稀释水空白的溶解氧浓度。

（9）小心地盖上瓶塞防止气泡。向每个 BOD 瓶内倒入稀释水作为水封。

（10）在每个 BOD 瓶上置一个塑料盖。将 BOD 瓶置于 20℃ ±1℃ 的培养箱内培养 5 天。

（11）5 天后测每瓶中剩余溶解氧的浓度。

每瓶中剩余溶解氧的浓度至少应为 1.0mg/L。

（12）计算 BOD 值（详见"计算方法——标准方法"）。

稀释水准备

必须仔细准备稀释水以确保不会引入额外的氧气和毒素。准备用作稀释水的水质必须很高。水中不能含有任何有机化合物或有毒的化合物，例如氯、铜和汞。

使用以下方法来确保稀释水的水质。

（1）准则

① 为了得到最好的结果，使用经过碱性高锰酸盐蒸馏的水。

② 不要使用经离子交换柱所得的去离子水。柱中的树脂（尤其是新柱）有时会释放有需氧量的有机物。另外，细菌会在柱中滋生污染稀释水。

③ 在20℃条件下将蒸馏水储存在干净的容器里并放在培养箱中。向容器中倒入蒸馏水至3/4体积，并摇晃容器使得空气进入水中饱和，或者较松地盖住容器并放置24h或更久，以使氧气溶解。

④ 使用小型玻璃抽水泵或者气体压缩机使水中的空气饱和。确保空气是经无菌过滤器过滤的。在使用前后清洗所有装置。

⑤ 如有需要在实验前把营养盐和菌种添加到蒸馏水中。

⑥ 在20℃培养5天后，稀释水中的溶解氧浓度变化不能超过0.2mg/L。

（2）步骤

① 在20℃准备并储藏蒸馏水（见指导）。

② 从BOD营养盐缓冲剂粉枕包表格中选择对应的BOD营养盐缓冲剂粉枕包。

③ 打开粉枕包，摇晃使其中的物质混合均匀。

④ 将粉枕包加入到上部留出充足的混合空间的装有蒸馏水的容器中。盖上盖子，并用力摇晃1min使得营养盐溶解并让空气进入水中。

⑤ 如样品的细菌含量低，例如工业用水或经处理的污水，则向每升稀释水中加入3mL菌种。使用未处理的污水培养菌种。使用前将污水在20℃下静置24～36h。用移液管吸取污水的上层部分。测试种子的BOD使它能根据样品的BOD扣除。当按3mL/L的比例加入稀释水后，BOD为200mg/L（生活污水的典型含量）的菌种将消耗至少0.6mg/L的溶解氧。如果氧气的消耗量不够，则增加菌种数量。

表 6.3.7-2　BOD营养盐缓冲剂粉枕包

稀 释 水 体 积	BOD营养盐缓冲剂粉枕包产品订货号
300mL（将粉枕包加入到每个BOD瓶中）	1416066
3L	1486166
4L	2436466
9L	1486266
19L	1486398

注：用常规方法准备稀释水，20℃条件下向每升蒸馏水中加入下列溶液1mL：氯化钙溶液、氯化铁溶液、硫酸镁溶液和磷酸缓冲液。盖上盖子并用力摇匀1min。磷酸缓冲液需冷藏以减缓生物的生长速度。小心使用各种溶液以避免污染。

样品容量选择

估计样品体积对于实验是必需的。在实验中至少应消耗2.0mg/L溶解氧并在BOD瓶中留下至少1.0mg/L溶解氧。

有些样品，如未处理的污水有较高的生化需氧量，采样必须少量，因为样品体积过大会消耗掉所有的氧。BOD低的水样必须使用大样品以确保有足够的氧气被消耗从而得到准确的结果。

实验室所处的海拔高度会影响能够溶入水的氧气的量［详见不同海拔的氧气饱和度（20℃）］。在较高海拔处，能溶解进水的氧气量变少，因此提供给微生物的氧气也更少。

具体步骤如下。

（1）参考最小样品量表格来选择最小的样品体积。例如：如果估计一个污水样品含有300mg/LBOD，最小的样品量为2mL。对于预估40mg/L生化需氧量的污水，最小样品量为15mL。

（2）参考最大样品量表格来选择最小的样品体积。在1000ft（304.8m）海拔高度时，对于预估生化需氧量为 300mg/L 的样品，最大的样品量为 8mL。对于预估生化需氧量为 40mg/L 的样品，最大的采样量为 60mL（同样在 1000ft 海拔高度）。

(3) 在最大和最小量之间选择两个或更多的其他样品量，使得总共有四或五个样品。

表 6.3.7-3　最小采样量

样 品 类 型	预估 BOD/(mg/L)	最小采样量/mL
工业废水	600	1
原始污水/沉降污水	300	2
	200	3
	150	4
	120	5
	100	6
	75	8
	60	10
被氧化的污水	50	12
	40	15
	30	20
	20	30
	10	60
受污染的河水	6	100
	4	200
	2	300

表 6.3.7-4　最大采样量[①]

BOD(海平面)/(mg/L)	BOD(1000ft)/(mg/L)	BOD(5000ft)/(mg/L)	最大采样量/mL
615	595	508	4
492	476	406	5
410	397	339	6
304	294	251	8
246	238	203	10
205	198	169	12
164	158	135	15
123	119	101	20
82	79	68	30
41	40	34	60
25	24	21	100
12	12	10	200
8	8	7	300

① 高浓度样品应预先根据标准方法进行稀释。

表 6.3.7-5　不同海拔高度时氧气的饱和度（20℃）

海拔/ft	平均压力/mbar	水中饱和氧浓度/(mg/L)	海拔/ft	平均压力/mbar	水中饱和氧浓度/(mg/L)
海平面(0)	1013	9.09	4000	875	7.82
1000	977	8.76	5000	843	7.53
2000	942	8.44	6000	812	7.24
3000	908	8.13			

计算方法——标准方法。当需要向管理机构汇报结果时，使用标准方法计算。

对未接种的稀释水：

$$BOD_5(mg/L) = \frac{D_1 - D_2}{P}$$

对接种后的稀释水：

$$BOD_5(mg/L) = \frac{(D_1 - D_2) - (B_1 - B_2)f}{P}$$

式中，BOD_5 为五日生化需氧量；D_1 为准备后水样中溶解氧的含量，mg/L；D_2 为在 $20℃$ 下培养 5 天后的水样中溶解氧的含量，mg/L；P 为水样在培养液中所占比例；B_1 为接种稀释水在培养前的溶解氧含量，mg/L；B_2 为接种稀释水在培养后的溶解氧含量，mg/L；f 为菌液在样品中的比例和在细菌质控样中的比例的比值。

如果加入了硝化抑制剂则将结果记为 $CBOD_5$。

如果不止一个稀释水样满足以下所有标准，可以用平均结果来表示：①剩余的溶解氧至少为 $1mg/L$；②最终溶解氧量至少比最初的溶解氧量低 $2mg/L$；③高浓度样品没有毒性；④没有明显的异常情况。

干扰物质

许多含氯的废水和工业废水需要进行特殊处理以确保可靠的 BOD 值。通常情况下，用特定的样品仔细进行实验会指出实验程序中部分内容需要修改。

样品中的毒素会对水样中的微生物产生不利影响，并导致 BOD 值偏低。

消除少量余氯的办法：将样品在室温下静置 $1\sim2h$。对于含有大量余氯的样品，根据以下方法以决定加入到样品中的硫代硫酸钠的量。

① 量取 100mL 样品倒入 250mL 锥形瓶中。用 10mL 血清移液管和洗耳球，吸取 10mL 的 0.020N 标准硫酸溶液和 10mL 碘化钾溶液（100g/L）到烧杯中。

② 添加三滴淀粉指示剂并摇匀。

③ 用 0.025N 硫代硫酸钠标准溶液装满 25mL 滴定管，并对样品进行滴定，从深蓝到无色。

④ 计算加入到样品中的 0.025N 硫代硫酸钠标准溶液的量：

$$需加入的 0.025N 硫代硫酸钠(mL) = \frac{使用的滴定(mL) \times 剩余样本量}{100}$$

⑤ 将所需的 0.025N 硫代硫酸钠标准溶液加入到样品中。充分混合。在 BOD 实验开始前等待 $10\sim20min$。

为了消除酚类、重金属和氰化物的影响，用高质量蒸馏水稀释样品。或者：在稀释水中培养的菌种能适应这类物质。按如下步骤驯化菌种。

① 用生活污水装满 1gal（3.78541L）的不锈钢或塑料容器并向其中鼓气 24h，使重的物质沉降下来。

② 沉降 1h 以后，用虹吸管吸出三夸脱物质丢弃。

③ 用 90% 的污水和含 10% 有毒物质的废物装满容器。

④ 曝气 24h。增加废物的量重复步骤②和③，直到容器中装有 100% 的有毒废物。

对于 BOD 实验最适合的 pH 值在 $6.5\sim7.5$ 之间。如果 pH 值不在此范围内，用磷酸缓冲液或 1N 硫酸或氢氧化钠标准溶液将样品的 pH 值调整到 7.2。

冷的样品中氧含量可能过饱和，BOD 值偏低。向一夸脱瓶中装冷的样品溶液到一半，并用力摇匀 2min。允许样品的温度到达 $20℃$，然后再摇匀 2min。

准确度检查方法——ezGGA 方法

准确度检查需要的仪器和试剂有：Voluette® 安瓿瓶装 BOD 标准溶液，300mg/L，10mL（300mg/L 葡萄糖和 300mg/L 谷氨酸）；接种稀释水；4 个 BOD 瓶；1.0~4.0mL A 级移液管或 1~10mLTenSette 移液枪和枪头；溶解氧测量仪器。

（1） 用 LBOD 探针测量 DO

① 将需要的菌种添加到 300mL BOD 瓶中。

② 用稀释水装满 BOD 瓶直到水面接近瓶颈部毛玻璃 1/4ft 处。

③ 把 2mL 标准 BOD 安瓿瓶放入安瓿瓶开口器中，并用去离子水清洗。

④ 将安瓿瓶和开口器放在 BOD 瓶的上方。

⑤ 用安瓿瓶开口器打开安瓿瓶并让它滑进 BOD 瓶。在驯化过程中将安瓿瓶放在 BOD 瓶中。

⑥ 遵循 BOD 实验的常规步骤。

⑦ 计算标准溶液中的 BOD 浓度。小瓶中的 2mL 相当于用标准方法准备好的 6mL。按照在瓶中加入 6mL 样品计算 BOD 浓度。对于这种标准，稀释倍数是 50 倍。

（2） 用克拉克标准电池测量 DO

① 将需要的菌种添加到 300mL BOD 瓶中。

② 用安瓿瓶开口器打开安瓿瓶。

③ 将安瓿瓶里的东西倒入 BOD 瓶中。在瓶子的边缘轻打安瓿瓶以倒出里面的东西。在使用克拉克标准电池时不要把安瓿瓶放入 BOD 瓶里。

④ 用缓冲稀释水装满安瓿瓶并在 BOD 瓶中加入水。

⑤ 重复步骤④。

⑥ 将稀释水装入 BOD 瓶直到水面接近瓶颈部毛玻璃 1/2ft 处。

⑦ 遵循 BOD 实验的常规步骤。

⑧ 计算标准溶液中的 BOD 浓度。小瓶中的 2mL 相当于用标准方法准备好的 6mL。按照在瓶中加入了 6mL 样品计算 BOD 浓度。对于这种标准，稀释倍数是 50 倍。

> **注：** 安瓿瓶中含有 2mL 450mg/L 的 GGA。将全部溶液倒入瓶中和标准方法中添加 6mL 150mg/L 的溶液是一样的。

调试-图解计算法

在测 BOD 时可使用图解计算法来调试，找出问题，但是当向管理机构汇报结果时不能使用此方法。

（1） 在图上标出稀释后样品的溶解氧（DO）浓度（mg/L）和采样体积（mL），通过标出的点画一条最佳直线。

> **注：** 可以忽略有明显误差的点。但是，直线上或附近至少要有 3 个点。正如稀释水准备部分所说的，由于实验室所处海拔高度的原因，对于未接种的稀释水，直线应该在氧饱和值附近或之下通过剩余溶解氧浓度（mg/L）。

（2） 用以下公式计算 BOD 值（与标准方法中的 BOD 计算公式相同）

$$BOD(mg/L) = (A \times 300) - B + C$$

式中，A 为斜率；直线斜率等于每毫升样品所消耗的溶解氧量，mg/L，在直线上取任意一点，用 Y 轴截距减去该点所对应的剩余 DO 浓度，再将差值除以该点的样品体积（mL）；300 为 BOD 采样瓶的容积；B 为 Y 轴截距，这是直线与剩余 DO 刻度线相交时的溶解氧值（这应该与实际稀释水的空白值很接近）；C 为样品的溶解氧浓度，这是未稀释样品的溶解氧浓度。

该公式的另一种写法是：

$$BOD(mg/L) = (斜率 \times 300) - 截距 + 样品溶解氧浓度$$

> **注：** 如果使用计算器线性回归得到最佳直线，在乘以 300 之前必须将斜率的负号改为正号。

举例：经过五天的培养和一系列的稀释，测得生活污水中剩余溶解氧浓度（mg/L），结果如下：

采样体积/mL	剩余溶解氧浓度/(mg/L)	采样体积/mL	剩余溶解氧浓度/(mg/L)
2.0	7.50	6.0	4.50
3.0	6.75	9.0	2.25

在样品体积-溶解氧浓度图上画出上述 4 点，并连成一条线。如果一系列的稀释使用的是同一样品且操作正确，则能得到一条直线。尽管没有实际测试，但直线与 Y 轴相交时所对应的数值就是稀释水培养后溶解氧的含量。此处，该值为 9.0mg/L，并且认为生活污水的 DO 是 0。如果使用其他种类的样品，需用 Winkler 滴定法或发光检测法或电化学电极法，测得未稀释样品的 DO 值。

BOD 的计算方法同样可写为：

$$\frac{\text{体积较小样品的剩余 DO(mg/L)}-\text{体积较大样品的剩余 DO(mg/L)}}{\text{体积较大样品的体积(mL)}-\text{体积较小样品的体积(mL)}}\times300-\text{DO}_D+S$$

$$=\text{BOD(mg/L)}$$

本例中：体积较小样品的剩余 DO（mg/L）=7.50，体积较大样品的剩余 DO（mg/L）=2.25，体积较大样品的体积（mL）=9.0，体积较小样品的体积（mL）=2.0，300=BOD 采样瓶的容积，DO_D=稀释水的溶解氧浓度=9.0，S=样品的溶解氧浓度，此例中为 0。

$$\frac{7.50-2.25}{9.0-2.0}\times300-9+0=\text{BOD(mg/L)}=216\text{mg/L BOD}$$

因此，使用下式计算斜率：

（斜率×300）-Y 轴截距+样品的DO=BOD(mg/L)

首先任意在图 6.3.7-1 上选择 A 点，该点的剩余 DO 为 3.0mg/L，样品体积是 8mL。Y 轴截距（9.0 mg/L）-3.0mg/L=6mg/L，斜率=6/8=0.75mg/L 每毫升，Y 轴截距=9.0mg/L，样品 DO 浓度=0（样品是生活污水）。因此：

（0.75×300）-9.0+0=BOD （mg/L）=216mg/L BOD

方法解释

生化需氧量（BOD）是衡量城市污水、工业污水需氧量的一个指标。利用测试结果来计算排放物对接受水域氧资源的影响。由于天然环境中温度的变化、生物的量、水体流动、光照、氧的浓度，及其他因素无法在实验室中精确地重现，在检测实际需氧量时 BOD 也有其局限性。当确定了特定排放物的吸氧模式和接受水域后，BOD 测试仍是十分重要的。

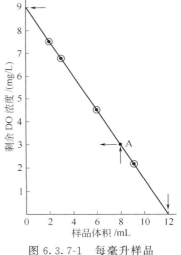

图 6.3.7-1　每毫升样品中溶解氧浓度

在密封的条件下培养废水样品（或稀释后）5 天，再确定溶解氧浓度的变化，再根据溶解氧的测试结果计算 BOD 值。

消耗品和替代品信息

表 6.3.7-6　需要用到的试剂

试 剂 名 称 及 描 述	数量/每次测量	单 位	产品订货号
BOD 营养盐缓冲剂粉枕包,用于 3L 稀释水	1 包	50/pk	1486166

表 6.3.7-7　需要用到的仪器

试 剂 名 称 及 描 述	数量/每次测量	单　位	产品订货号
300mL BOD 采样瓶	6	6/pk	62106
BOD 采样瓶瓶盖	6	6/pk	241906
洗瓶 500mL	1	个	62011
血清移液管			
1mL	1	根	919002
5mL	1	根	53237
10mL	1	根	53238
洗耳球	1	个	1218900
溶解氧测试仪器	—	—	—

表 6.3.7-8　推荐使用的标准试剂

试 剂 名 称 及 描 述	单　位	产品订货号
300mg/L BOD 标准溶液,10mLVoluette® 安瓿瓶装	16/pk	1486510
EzGGA 450mg/L BOD 标准溶液,2mL 安瓿瓶装	20/pk	—

表 6.3.7-9　可选择的试剂与仪器

名 称 及 描 述	单　位	产品订货号
BOD 营养盐缓冲剂粉枕包		
用于 300mL 稀释水	50/pk	1486166
用于 4L 稀释水	50/pk	2436466
用于 6L 稀释水	50/pk	1486266
用于 19L 稀释水	25/pk	1486398
BOD 专用缓冲溶液,pH 7.2,APHA,磷酸盐类	500mL	43149
BOD 专用氯化钙溶液,APHA	500mL	42849
BOD 专用三氯化铁溶液,APHA	1L	42953
BOD 专用硫酸镁溶液,APHA	500mL	43049
硝化抑制剂	35g	253335
分配器盖	个	45901
碘化钾溶液,100g/L	500mL	1228949
固体氢氧化钠,ACS	500g	18734
氢氧化钠标准溶液,1.000N	100mL MDB	104532
硫代硫酸钠标准溶液,0.025N	1L	35253
淀粉指示剂溶液	100mL MDB	34932
硫酸标准溶液,0.020N	1L	20353
硫酸标准溶液,1.000N	1L	127053
高锰酸钾	454g	16801H
BOD 采样瓶,1~24	24/pk	1486610
一次性 BOD 采样瓶	117/例	2943100
一次性 BOD 采样瓶瓶塞	25/pk	2943900
BOD 培养箱,型号 205,110V	个	2616200
BOD 培养箱,型号 205,220V	个	2616202
ATU(1,1-烯丙基-2-硫脲)	50g	2845425
硝化抑制剂	500g	253334
BOD 细菌培养液,多菌种	50 剂	2918700

6.3.8　总有机碳,直接法[①],方法 10129

测量范围

低量程 0.3~20mg/L C。

应用范围

用于水、废水和饮用水中总有机碳的测定。

---

❶ 美国专利 6,368,870。

测试准备工作

表 6.3.8-1　仪器详细说明

仪器	适配器	遮光罩
DR 6000、DR 5000	—	—
DR 3900	—	LZV849
DR 3800、DR 2800、DR 2700	—	LZV646
DR 1900	9609900(D[1])	—
DR 900	4846400	遮光罩随机附带

[1] D 适配器不是每台仪器都具有。

(1) 使用 DR 3900、DR 3800、DR 2800 及 DR 2700 时，测试前用遮光罩遮住样品室 2#。

(2) 测试高量程总有机碳，请使用方法 10128 或方法 100173。

(3) 测试每一组样品时都需要试剂空白作对照。

表 6.3.8-2　准备的物品

名 称 及 描 述	数量	名 称 及 描 述	数量
总有机碳直接法低量程 TNT 试剂组件	1 套	磁力搅拌器	1 个
10mL 量筒	1 个	0.1～1.0mL 移液枪及枪头	1 个
DRB200 反应器	1 个	1.0～10.0mL 移液枪及枪头	1 个
遮光罩或适配器(请参见"仪器详细说明")	1 个	磁力搅拌子	1 个
pH 试纸	1 张	试管架	1 个
50mL 锥形瓶	1 个	不含有机物的水	0.3mL

注：订购信息请看"消耗品和替代品信息"。

直接法测试流程

（1）打开 DRB200 反应器，选择总有机碳(TOC)测试程序。

（2）用量筒量取 10mL 样品，倒入装有磁力搅拌子的 50mL 锥形瓶中。

（3）加入 0.4mL pH 值为 2.0 的缓冲溶液。

使用 pH 试纸测量，确保 pH 值为 2。

（4）将锥形瓶置于搅拌器上，中速搅拌 10min。

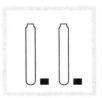

（5）取 2 个低量程酸消解小管，分别标记为样品和试剂空白。

（6）用微型漏斗向每个消解小管中加入一包 TOC 过硫酸盐粉枕包。

（7）用移液枪向空白管中加入 3.0mL 不含有机物的水，向样品管中加入 3.0mL 上述准备好的样品。混匀。

注：不含有机物的水，其碳含量必须低于 0.05mg/L。

（8）用去离子水冲洗 2 支低量程指示剂管，并用不会起毛的软布将小管擦净。

擦净后不要再触碰指示剂管外壁，拿取时捏住上端即可。

（9）将还未打开的指示剂管慢慢放入酸消解管中，当指示剂管的刻度线与酸消解管的顶端相持平时，折断指示剂管的上端，让其进入酸消解管。

在放入指示剂管后切勿使其颠倒或倾斜。

（10）盖紧酸消解管的盖子，将 2 支管放入 COD 反应器中，盖上顶盖，在 103～105℃ 的条件下反应 2h。

（11）小心地将试管从反应器中取出，置于试管架上。

为得到准确的结果，让试管冷却 1h。

空白管中的液体应该呈深蓝色。

（12）选择测试程序。参照"仪器详细说明"的要求插入适配器或遮光罩。

（13）用湿布擦拭空白管，再用干布擦去管壁上的指纹及其他痕迹。

（14）将空白管插入 16mm 圆形样品池中。

（15）按下"Zero（零）"键进行调零。这时屏幕显示：0mg/L C。

（16）用湿布擦拭样品管，再用干布擦去管壁上的指纹及其他痕迹。

（17）将样品管插入 16mm 圆形样品池中。

（18）按下"Read（读数）"键读取结果，结果以 mg/L C 表示。

干扰物质

如果样品的碱度大于 600mg/L $CaCO_3$，在测试前加入硫酸将样品 pH 值调至 7 以下。样品中大部分的浑浊物会在消解的过程中溶解或在冷却阶段沉淀下来。浊度小于 50 NTU 的样品在测总有机碳时不会有干扰。

表 6.3.8-3　干扰物质

干 扰 物 质	产生干扰的最低浓度	干 扰 物 质	产生干扰的最低浓度
铝	10mg/L	三价铁	10mg/L
氨氮	1000mg/L N	镁	2000mg/L（按 $CaCO_3$）
ASTM 废水	无影响	七价锰	1mg/L
溴化物	500mg/L Br^-	一氯胺	14mg/L NH_2Cl
溴	25mg/L Br_2	亚硝酸盐	500mg/L NO_2^-
钙	2000mg/L $CaCO_3$	臭氧	2mg/L O_3
氯化物	500mg/L	磷酸盐	3390mg/L PO_4^{3-}
氯	10mg/L Cl_2	二氧化硅	100mg/L SiO_2
二氧化氯	6mg/L ClO_2	硫酸盐	5000mg/L SO_4^{2-}
铜	10mg/L	硫化物	20mg/L S^{2-}
氰化物	10mg/L CN^-	亚硫酸盐	50mg/L SO_3^{2-}
碘化物	50mg/L	锌	5mg/L
二价铁	10mg/L		

样品的采集、保存与存储

（1） 采集样品时应使用清洁的玻璃容器。

（2） 采样前先用样品润洗采样瓶数次。

（3） 采样时采样瓶应装满。

（4） 尽快进行测试。

（5） 不建议使用酸保护样品。

（6）均质化含有固体颗粒物的水样，以确保样品具有良好的代表性。

准确度检查方法

（1）标准加入法（加标法）。准确度检查所需的试剂与仪器设备有：1000mg/L C 标准溶液；不含有机物的水；100mL A 级容量瓶；TenSette® 移液枪；酸消解管（3 个）；TOC 过硫酸盐粉枕包。

具体步骤如下。

① 读取测试结果后，将装有样品的比色皿（尚未加入标准物质）留在仪器中。

② 在仪器菜单中选择标准添加程序。

③ 按"OK（好）"键确认标样浓度、样品体积和加标体积的默认值。当这些值确认好后，未加标的样品读数将显示在顶端的一行。

④ 准备浓度为 150mg/L 的碳标准试剂。量取 15mL 1000mg/L 的有机碳标准试剂，置于 100mL 容量瓶中；用不含有机物的水稀释至刻度线，混匀。

⑤ 准备三个加标样。依次吸取 0.1mL、0.2mL 和 0.3mL 上述碳标准试剂，至 3 个酸消解管。

⑥ 向每个酸消解管中加入一包 TOC 过硫酸盐粉枕包。

⑦ 向每个酸消解管中加入 3.0mL 样品，混匀。

⑧ 从 0.1mL 的加标样开始，从上述测试法的步骤（3）开始依次对三个加标样品进行测试。

⑨ 加标测试过程结束后，按"Graph（图表）"键将显示结果。按"Ideal Line（理想线条）"键将显示出样品加标与 100% 回收率的"理想线条"之间的关系。

（2）标准溶液法。准确度检查所需的试剂与仪器设备有：干燥的邻苯二酸氢钾，一级标准物；不含有机物的水；1L A 级容量瓶。

具体步骤如下。

① 准备浓度为 1000mg/L 的有机碳标准试剂。用不含有机物的水溶解 2.1254g 的干燥的邻苯二酸氢钾标准物；稀释至 1000mL。该标准溶液在室温条件下能稳定保存 1 个月。

② 准备浓度为 10mg/L 的碳标准试剂。量取 10mL 上述 1000mg/L 的有机碳标准试剂，置于 1L 容量瓶中。用不含有机物的水稀释至刻度线，塞上塞子，彻底混匀。该溶液当天使用当天配制。

③ 使用该标准溶液代替样品，按照直接法流程操作。

④ 用标准溶液所测得的数据校准标准曲线，在仪器菜单中选择标准溶液校准程序。

⑤ 打开标准调整界面，确认接受当前标准溶液浓度。如果使用了其他浓度的标准溶液，输入标准溶液的实际浓度，并确认用此溶液浓度校准标准曲线。

　　注：具体的程序选择操作过程请参见用户操作手册。

试剂空白

作为试剂空白的水其碳含量必须低于 0.05mg/L。如果装不含有机物的水的容器长时间敞开，水会吸收空气中的二氧化碳。要除去溶解在不含有机物的水中的 CO_2，有必要进行酸曝气［见测试流程（2）～（4）］。

通常来说储存在塑料容器内的水都不适合作 TOC 低量程的空白样。储存在塑料容器内的水会从容器内壁里吸收有机物质，即使用酸曝气也不能除去所吸收的有机物质。

方法精确度

表 6.3.8-4　方法精确度

程序	标值	精确度：95%置信区间分布	灵敏度：每 0.010Abs 单位变动下,浓度变动值
427	10.0mg/L C	9.1～10.9mg/L C	0.2mg/L C

方法解释

在测总有机碳（TOC）时，首先要在微酸的环境下向样品进行鼓气，以除去无机碳。在外部小瓶，样品中的有机碳被过硫酸盐和酸消解，形成 CO_2。在消解的过程中，CO_2 被内部安瓿瓶中的 pH 指示剂所吸收，生成碳酸。碳酸改变了指示剂的 pH 值，进而改变指示剂的颜色。颜色的改变程度与样品的含碳量有关。测试结果分别是在波长为 598nm 和 430nm 的可见光下读取的。

消耗品和替代品信息

表 6.3.8-5　需要用到的试剂

试剂名称及描述	数量/每次测量	单　位	产品订货号
总有机碳直接法低量程 TNT 试剂组件	—	50	2760345
酸消解管，低量程 TOC	1	50/pk	—
硫酸盐缓冲液	0.4mL	25mL	45233
微型漏斗	1	个	2584335
指示剂管，LR TOC	1	10/pk	—
TOC 过硫酸盐粉枕包	1	50/pk	—
pH 试纸	1	5/pk	39133
不含有机物的水	3.0mL	500mL	2641549

表 6.3.8-6　需要用到的仪器设备

仪　器　名　称	数量/每次测量	单　位	产品订货号
10mL 量筒	1	个	50838
DRB200 反应器 110V，15×16mm	1	个	LTV082.53.40001
DRB200 反应器 220V，15×16mm	1	个	LTV082.52.40001
50mL 锥形瓶	1	个	50541
磁力搅拌子	1	个	4531500
磁力搅拌器	1	个	2881200
0.1～1.0mL 移液枪	1	个	1970001
1.0～10.0mL 移液枪	1	个	1970010
适用于 1970001 的枪头	2	50/pk	2185696
适用于 1970010 的枪头	2	50/pk	2199796
试管架	1～3,5.2N	280/pk	1864100

表 6.3.8-7　推荐使用的标准样品

标准样品名称及描述	单　位	产品订货号
邻苯二甲酸氢钾	500g	31534
TOC 标准溶液（KHP 标准，1000mg/L C）	5/pk	2791505

表 6.3.8-8　可选择的试剂与仪器

名称及描述	单　位	产品订货号	名称及描述	单　位	产品订货号
硫酸溶液，5.25N	100mL	244932	称量纸，76mm×76mm	500/pk	1473800
移液枪头	1000/pk	2185628	容量瓶，A 级	100mL	1457442
移液枪头	250/pk	2199725	容量瓶，A 级	1L	1457453
分析天平	115V	2936701			

6.3.9 总有机碳，直接法●，方法 10173

测量范围
中量程 15～150mg/L C。

应用范围
用于水、饮用水和废水中总有机碳的测定。

测试准备工作

表 6.3.9-1 仪器详细说明

仪器	适配器	遮光罩
DR 6000、DR 5000	—	—
DR 3900	—	LZV849
DR 3800、DR 2800、DR 2700	—	LZV646
DR 1900	9609900(D[1])	—
DR 900	4846400	遮光罩随机附带

[1] D 适配器不是每台仪器都具有。

(1) 使用 DR 3900，DR 3800，DR 2800 及 DR 2700 时，测试前用遮光罩遮住样品室 2#。

(2) 测试高量程总有机碳，请使用方法 100173 或方法 10128。测试低量程总有机碳，请使用方法 10129。

(3) 测试每一组样品时都需要试剂空白作对照。

表 6.3.9-2 准备的物品

名 称 及 描 述	数量	名 称 及 描 述	数量
总有机碳直接法中量程 TNT 试剂组件	1 套	磁力搅拌器	1 个
10mL 量筒	1 个	0.1～1.0mL 移液枪及枪头	1 个
DRB200 反应器	1 个	1.0～10.0mL 移液枪及枪头	1 个
遮光罩或适配器(请参见"仪器详细说明")	1 个	磁力搅拌子	1 个
pH 试纸	1 张	试管架	1 个
50mL 锥形瓶	1 个	不含有机物的水	3.0mL

注：订购信息请参看"消耗品和替代品信息"。

直接法测试流程

（1）打开 DRB200 反应器，选择总有机碳（TOC）测试程序。

（2）用量筒量取 10mL 样品，倒入装有磁力搅拌子的 50mL 锥形瓶中。

（3）加入 0.4mL pH 为 2.0 的缓冲溶液。使用 pH 试纸测量，确保 pH 值为 2。

（4）将锥形瓶置于搅拌器上，中速搅拌 10min。

（5）取 2 个中量程酸消解小管，分别标记为样品和试剂空白。

● 美国专利 6,368,870。

（6）用微型漏斗向每个消解小管中加入一包 TOC 过硫酸盐粉枕包（溶液呈无色）。

（7）用移液枪向空白消解管中加入 1.0mL 不含有机物的水，向样品消解管中加入 1.0mL 上述准备好的样品，混匀。

（8）用去离子水冲洗高量程、中量程 2 支指示剂管，并用不会起毛的软布将小管擦净。

擦净后不要再触碰指示剂管外壁，拿取时捏住上端即可。

（9）将还未打开的指示剂管慢慢放入酸消解管中，当指示剂管的刻度线与酸消解管的顶端相持平时，折断指示剂管的上端，让其进入酸消解管。

在放入指示剂管后切勿使其颠倒或倾斜。

（10）盖紧酸消解管的盖子，将 2 支管放入 COD 反应器中，盖上顶盖，在 103～105℃ 的条件下反应 2h。

（11）小心地将试管从反应器中取出，置于试管架上。

为得到准确的结果，让试管自然冷却 1h。

空白管中的液体应该呈深蓝色。

（12）选择测试程序。参照"仪器详细说明"的要求插入适配器或遮光罩。

（13）用湿布擦拭空白管，再用干布擦去管壁上的指纹及其他痕迹。

（14）将空白管插入 16mm 圆形样品池中。

（15）按下"Zero（零）"键进行调零。这时屏幕显示：0.0mg/L C。

（16）用湿布擦拭样品管，再用干布擦去管壁上的指纹及其他痕迹。

（17）将样品管插入 16mm 圆形样品池中。

（18）按下"Read（读数）"键读取结果，结果以 mg/L C 表示。

干扰物质

如果样品的碱度大于 1000mg/L CaCO₃，在测试前加入硫酸将样品 pH 值调至 7 以下。样品中大部分的浑浊物会在消解的过程中溶解或在冷却阶段沉淀下来。浊度小于 50NTU 的样品在测总有机碳时不会有干扰。

表 6.3.9-3　干扰物质

干 扰 物 质	产生干扰的最低浓度	干 扰 物 质	产生干扰的最低浓度
铝	10mg/L	三价铁	10mg/L
氨氮	1000mg/L N	镁	2000mg/L(按 $CaCO_3$)
ASTM 废水	无影响	七价锰	1mg/L
溴化物	500mg/L Br^-	一氯胺	14mg/L NH_2Cl
溴	25mg/L Br_2	亚硝酸盐	500mg/L NO_2^-
钙	2000mg/L $CaCO_3$	臭氧	2mg/L O_3
氯化物	1500mg/L	磷酸盐	3390mg/L PO_4^{3-}
氯	10mg/L Cl_2	二氧化硅	100mg/L SiO_2
二氧化氯	6mg/L ClO_2	硫酸盐	5000mg/L SO_4^{2-}
铜	10mg/L	硫化物	20mg/L S^{2-}
氰化物	10mg/L CN^-	亚硫酸盐	50mg/L SO_3^{2-}
碘化物	50mg/L	锌	5mg/L
二价铁	10mg/L		

样品的采集、保存与存储

（1）采集样品时应使用清洁的玻璃容器。

（2）采样前先用样品润洗采样瓶数次。

（3）采样时采样瓶应装满。

（4）尽快进行测试。

（5）不建议使用酸保护。

（6）均质化含有固体颗粒物的水样，以确保样品具有良好的代表性。

准确度检查方法

（1）标准加入法（加标法）。准确度检查所需的试剂与仪器设备有：1000mg/L 碳标准溶液；不含有机物的水；50mL A 级容量瓶；TenSette® 移液枪；酸消解管（3 个）；TOC 过硫酸盐粉枕包。

具体步骤如下。

① 读取测试结果后，将装有样品的比色皿（尚未加入标准物质）留在仪器中。

② 在仪器菜单中选择标准添加程序。

③ 按"OK（好）"键确认标样浓度、样品体积和加标体积的默认值。当这些值确认好后，未加标的样品读数将显示在顶端的一行。

④ 准备浓度为 300mg/L 的碳标准试剂。量取 15mL 上述 1000mg/L 的有机碳标准试剂，置于 50mL 容量瓶中。用不含有机物的水稀释至刻度线，塞上塞子，彻底混匀。

⑤ 准备三个加标样。依次吸取 0.1mL、0.2mL 和 0.3mL 上述 300mg/L 的碳标准试剂，至 3 个酸消解瓶。

⑥ 向每个酸消解瓶中加入一包 TOC 过硫酸盐粉枕包。

⑦ 向每个酸消解瓶中加入 1.0mL 样品，混匀。

⑧ 从 0.1mL 的加标样开始，从上述测试法的步骤（8）开始依次对三个加标样品进行测试。

⑨ 加标测试过程结束后，按"Graph（图表）"键将显示结果。按"Ideal Line（理想线条）"键将显示出样品加标与 100% 回收率的"理想线条"之间的关系。

（2）标准溶液法。准确度检查所需的试剂与仪器设备有：邻苯二酸氢钾，干燥的一级标准物；不含有机物的水；50mL A 级容量瓶。

具体步骤如下。

① 准备浓度为 1000mg/L 的有机碳标准试剂。用不含有机物的水溶解 2.1254g 的干燥的邻苯

二酸氢钾标准物。稀释至 1000mL。该标准溶液在室温条件下能稳定保存 1 个月。

② 准备浓度为 100mg/L 的碳标准试剂。量取 5mL 上述 1000mg/L 的有机碳标准试剂，置于 50mL 容量瓶中。用不含有机物的水稀释至刻度线，塞上塞子，彻底混匀。该溶液当天使用当天配制。

③ 使用该标准溶液代替样品，按照直接法流程操作。

④ 用标准溶液所测得的数据校准标准曲线，在仪器菜单中选择标准溶液校准程序。

⑤ 打开标准调整界面，确认接受当前标准溶液浓度。如果使用了其他浓度的标准溶液，输入标准溶液的实际浓度，并确认用此溶液浓度校准标准曲线。

注：具体的程序选择操作过程请参见用户操作手册。

方法精确度

表 6.3.9-4　方法精确度

程序	标值	精确度： 95％置信区间分布	灵敏度：每 0.010Abs 单位变动下，浓度变动值
425	70mg/L C	68～72mg/L C	1.2mg/L C

方法解释

在测总有机碳（TOC）时，首先要在微酸的环境下吹脱样品中的无机碳。在外部小瓶，样品中的有机碳被过硫酸盐和酸消解，形成 CO_2。在消解的过程中，CO_2 被内部安瓿瓶中的 pH 指示剂所吸收，生成碳酸。碳酸改变了指示剂的 pH 值，进而改变指示剂的颜色。颜色的改变程度与样品的含碳量有关。测试结果分别是在波长为 598nm 和 430nm 的可见光下读取的。

消耗品和替代品信息

表 6.3.9-5　需要用到的试剂

试剂名称及描述	数量/每次测量	单　位	产品订货号
总有机碳直接法中量程 TNT 试剂组件	—	50	2815945
酸消解瓶，高量程 TOC	1	50/pk	—
硫酸盐缓冲液	0.4mL	25mL	45233
微型漏斗	1	个	2584335
指示剂管，MR/HR TOC	1	10/pk	—
TOC 过硫酸盐粉枕包	1	50/pk	—
pH 试纸	1	5/pk	39133
不含有机物的水	1.0mL	500mL	2641549

表 6.3.9-6　需要用到的仪器设备

仪　器　名　称	数量/每次测量	单　位	产品订货号
10mL 量筒	1	个	50838
DRB200 反应器 110V，15×16mm	1	个	LTV082.53.40001
DRB200 反应器 220V，15×16mm	1	个	LTV082.52.40001
50mL 锥形瓶	1	个	50541
磁力搅拌子	1	个	4531500
磁力搅拌器	1	个	2881200
0.1～1.0mL 移液枪	1	个	1970001
1.0～10.0mL 移液枪	1	个	1970010
适用于 1970001 的枪头	2	50/pk	2185696
适用于 1970010 的枪头	2	50/pk	2199796
试管架	1～3,5.2N	280/pk	1864100

表 6.3.9-7　推荐使用的标准样品

标准样品名称及描述	单　位	产品订货号
邻苯二甲酸氢钾	500g	31534
TOC 标准溶液（KHP 标准，1000mg/L C）	5/pk	2791505

表 6.3.9-8　可选择的试剂与仪器

名 称 及 描 述	单　位	产品订货号	名 称 及 描 述	单　位	产品订货号
硫酸溶液，5.2N	100mL MDB	244932	分析天平	115V	2936701
移液枪头	1000/pk	2185628	称量纸，76mm×76mm	500/pk	1473800
移液枪头	250/pk	2199725	容量瓶，A 级	50mL	1457441

6.3.10　总有机碳，直接法[❶]，方法10128

测量范围

高量程 100～700mg/L C（光度计）；20～700mg/L C（比色计）。

应用范围

用于废水和工业用水中总有机碳的测定。

测试准备工作

表 6.3.10-1　仪器详细说明

仪器	适配器	遮光罩
DR 6000、DR 5000	—	—
DR 3900	—	LZV849
DR 3800、DR 2800、DR 2700	—	LZV646
DR 1900	9609900（D[1]）	—
DR 900	4846400	遮光罩随机附带

[1] D 适配器不是每台仪器都具有。

（1）使用 DR 3900、DR 3800、DR 2800 及 DR 2700 时，测试前用遮光罩遮住样品室 2#。

（2）测试低量程总有机碳（低于 100mg/L C），请使用方法 10129。

（3）测试每一组样品时都需要试剂空白作对照。

表 6.3.10-2　准备的物品

名 称 及 描 述	数量	名 称 及 描 述	数量
总有机碳直接法高量程 TNT 试剂组件	1 套	磁力搅拌器	1 个
10mL 量筒	1 个	0.1～1.0mL 移液枪及枪头	1 个
DRB200 反应器	1 个	1.0～10.0mL 移液枪及枪头	1 个
遮光罩或适配器（请参见"仪器详细说明"）	1 个	磁力搅拌子	1 个
pH 试纸	1 张	试管架	1 个
50mL 锥形瓶	1 个	不含有机物的水	0.3mL

注：订购信息请参看"消耗品和替代品信息"。

---

❶ 美国专利 6,368,870。

直接法测试流程

（1）打开 DRB200 反应器，选择总有机碳（TOC）测试程序。

（2）用量筒量取 10mL 样品，倒入装有磁力搅拌子的 50mL 锥形瓶中。

（3）加入 0.4mL pH 值为 2.0 的缓冲溶液。

使用 pH 试纸测量，确保 pH 值为 2。

（4）将锥形瓶置于搅拌器上，中速搅拌 10min。

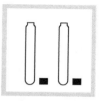

（5）取 2 个高量程酸消解小管，分别标记为样品和试剂空白。

（6）用微型漏斗向每个消解小管中加入一包 TOC 过硫酸盐粉枕包。

（7）用移液枪向空白管中加入 0.3mL 不含有机物的水，向样品管中加入 0.3mL 上述准备好的样品。混匀。

（8）用去离子水冲洗高量程、中量程 2 支指示剂管，并用不会起毛的软布将小管擦净。

擦净后不要再触碰指示剂管外壁，拿取时捏住上端即可。

（9）将还未打开的指示剂管慢慢放入酸消解管中，当指示剂管的刻度线与酸消解管的顶端相持平时，折断指示剂管的上端，让其进入酸消解管。

在放入指示剂管后切勿使其颠倒或倾斜。

（10）盖紧酸消解管的盖子，将 2 支管放入 COD 反应器中，盖上顶盖，在 103～105℃ 的条件下反应 2h。

（11）小心地将试管从反应器中取出，置于试管架上。

为得到准确的结果，让试管冷却 1h。

空白管中的液体应该呈深蓝色。

（12）选择测试程序。参照"仪器详细说明"的要求插入适配器或遮光罩。

（13）用湿布擦拭空白管，再用干布擦去管壁上的指纹及其他痕迹。

（14）将空白管插入 16mm 圆形样品池中。

（15）按下"Zero（零）"键进行调零。这时屏幕显示：0mg/L C。

（16）用湿布擦拭样品管，再用干布擦去管壁上的指纹及其他痕迹。

（17）将样品管插入 16mm 圆形样品池中。

（18）按下"Read（读数）"键读取结果，结果以 mg/L C 表示。

若总有机碳含量低于该方法可以检测到的最低浓度，仪器会显示"低于检测下线"。

干扰物质

如果样品的碱度大于1000mg/L CaCO₃，在测试前加入硫酸将样品pH值调至7以下。样品中大部分的浑浊物会在消解的过程中溶解或在冷却阶段沉淀下来。浊度小于50 NTU的样品在测总有机碳时不会有干扰。

表 6.3.10-3　干扰物质

干扰物质	产生干扰的最低浓度	干扰物质	产生干扰的最低浓度
铝	10mg/L	三价铁	10mg/L
氨氮	1000mg/L N	镁	2000mg/L(以CaCO₃计)
ASTM废水	无影响	七价锰	1mg/L
溴化物	500mg/L Br⁻	一氯胺	14mg/L NH₂Cl
溴	25mg/L Br₂	亚硝酸盐	500mg/L NO₂⁻
钙	2000mg/L CaCO₃	臭氧	2mg/L O₃
氯化物	5000mg/L	磷酸盐	3390mg/L PO₄³⁻
氯	10mg/L Cl₂	二氧化硅	100mg/L SiO₂
铜	10mg/L	硫酸盐	5000mg/L SO₄²⁻
氰化物	10mg/L CN⁻	硫化物	20mg/L S²⁻
碘化物	50mg/L	亚硫酸盐	50mg/L SO₃²⁻
二价铁	10mg/L	锌	5mg/L

样品的采集、保存与存储

(1) 采集样品时应使用清洁的玻璃容器。

(2) 采样前先用样品润洗采样瓶数次。

(3) 采样时采样瓶应装满。

(4) 尽快进行测试。

(5) 不建议使用酸保护。

(6) 均质化含有固体颗粒物的水样，以确保样品具有良好的代表性。

准确度检查方法

(1) 标准加入法（加标法）。准确度检查所需的试剂与仪器设备有：干燥的邻苯二酸氢钾，一级标准物；不含有机物的水；1L A级容量瓶；TenSette® 移液枪；酸消解瓶（3个）；TOC过硫酸盐粉枕包；50mL A级容量瓶。

具体步骤如下。

① 读取测试结果后，将装有样品的比色皿（尚未加入标准物质）留在仪器中。

② 在仪器菜单中选择标准添加程序。

③ 按"OK（好）"键确认标样浓度、样品体积和加标体积的默认值。当这些值确认好后，未加标的样品读数将显示在顶端的一行。

④ 准备浓度为1000mg/L的有机碳标准试剂。用不含有机物的水溶解2.1254g的干燥的邻苯二酸氢钾标准物。稀释至1000mL。该标准溶液在室温条件下能稳定保存1个月。

⑤ 准备浓度为300mg/L的碳标准试剂。量取15mL上述1000mg/L的有机碳标准试剂，置于50mL容量瓶中。用不含有机物的水稀释至刻度线，塞上塞子，彻底混匀。该溶液当天使用当天配制。

⑥ 准备三个加标样。依次吸取0.1mL、0.2mL和0.3mL上述300mg/L的碳标准试剂，至3个酸消解瓶。

⑦ 向每个酸消解瓶中加入一包TOC过硫酸盐粉枕包。

⑧ 向每个酸消解瓶中加入0.3mL样品，混匀。

⑨ 从0.1mL的加标样开始，从上述测试法的步骤⑧开始依次对三个加标样品进行测试。

⑩ 加标测试过程结束后，按"Graph（图表）"键将显示结果。按"Ideal Line（理想线条）"键将显示出样品加标与100%回收率的"理想线条"之间的关系。

（2）标准溶液法。准确度检查所需的试剂与仪器设备：干燥的邻苯二酸氢钾，一级标准物；不含有机物的水；1L A级容量瓶。

具体步骤如下。

① 准备浓度为1000mg/L的有机碳标准试剂。用不含有机物的水溶解2.1254g的干燥的邻苯二酸氢钾标准物。稀释至1000mL。该标准溶液在室温条件下能稳定保存1个月。

② 准备浓度为300mg/L的碳标准试剂。量取15mL上述1000mg/L的有机碳标准试剂，置于50mL容量瓶中。

用不含有机物的水稀释至刻度线，塞上塞子，彻底混匀。该溶液当天使用当天配制。

③ 使用该标准溶液代替样品，按照直接法流程操作。

④ 用标准溶液所测得的数据校准标准曲线，在仪器菜单中选择标准溶液校准程序。

⑤ 打开标准调整界面，确认接受当前标准溶液浓度。如果使用了其他浓度的标准溶液，输入标准溶液的实际浓度，并确认用此溶液浓度校准标准曲线。

注：具体的程序选择操作过程请参见用户操作手册。

方法精确度

若TOC的浓度低于100mg/L C，请使用方法10173或方法10129。

表 6.3.10-4　方法精确度

程序	标值	精确度：95%置信区间分布	灵敏度：每0.010Abs 单位变动下,浓度变动值
426	350mg/L C	337～363mg/L C	4mg/L C

方法解释

在测总有机碳（TOC）时，首先要在微酸的环境下向样品进行鼓气，以除去无机碳。在外部小瓶，样品中的有机碳被过硫酸盐和酸消解，形成CO_2。在消解的过程中，CO_2被内部安瓿瓶中的pH指示剂所吸收，生成碳酸。碳酸改变了指示剂的pH值，进而改变指示剂的颜色。颜色的改变程度与样品的含碳量有关。测试结果分别是在波长为598nm和430nm的可见光下读取的。

消耗品和替代品信息

表 6.3.10-5　需要用到的试剂

试剂名称及描述	数量/每次测量	单　位	产品订货号
总有机碳直接法高量程TNT试剂组件	—	50	2760445
酸消解瓶,高量程TOC	1	50/pk	—
硫酸盐缓冲液	0.4mL	25mL	45233
微型漏斗	1	个	2584335
指示剂管,MR/HR TOC	1	10/pk	—
TOC过硫酸盐粉枕包	1	50/pk	—
pH试纸	1	5/pk	39133
不含有机物的水	0.3mL	500mL	2641549

表 6.3.10-6　需要用到的仪器设备

仪　器　名　称	数量/每次测量	单　位	产品订货号
10mL量筒	1	个	50838
DRB200反应器 110V,15×16mm	1	个	LTV082.53.40001
DRB200反应器 220V,15×16mm	1	个	LTV082.52.40001
50mL锥形瓶	1	个	50541
磁力搅拌子	1	个	4531500
磁力搅拌器	1	个	2881200

仪 器 名 称	数量/每次测量	单 位	产品订货号
0.1~1.0mL 移液枪	1	个	1970001
1.0~10.0mL 移液枪	1	个	1970010
适用于 1970001 的枪头	2	50/pk	2185696
适用于 1970010 的枪头	2	50/pk	2199796
试管架	1~3,5.2N	280/pk	1864100

表 6.3.10-7 推荐使用的标准样品

标准样品名称及描述	单 位	产品订货号
邻苯二甲酸氢钾	500g	31534
TOC 标准溶液(KHP 标准,1000mg/L C)	5/pk	2791505

表 6.3.10-8 可选择的试剂与仪器

名 称 及 描 述	单 位	产品订货号	名 称 及 描 述	单 位	产品订货号
硫酸溶液,5.2N	100mL	244932	称量纸,76mm×76mm	500/pk	1473800
移液枪头	1000/pk	2185628	容量瓶,A 级	50mL	1457441
移液枪头	250/pk	2199725	容量瓶,A 级	1000mL	1457453
分析天平	115V	2936701			

6.3.11 膦酸盐,紫外过硫酸盐消解法[1],方法 8007（粉枕包）

测量范围

$0.02~125.0mg/L\ PO_4^{3-}$。

应用范围

用于锅炉水、冷却水、废水和海水中膦酸盐的测定。

测试准备工作

表 6.3.11-1 仪器详细说明

仪器	比色皿方向	比色皿
DR 6000 DR 3800 DR 2800 DR 2700 DR 1900	刻度线朝向右方	2495402
DR 5000 DR 3900	刻度线朝向用户	
DR 900	刻度线朝向用户	2401906

（1）用 1+1 盐酸溶剂清洗塑料瓶或玻璃瓶,再用蒸馏水清洗。不要使用商用含磷清洁剂清洗仪器。

（2）使用紫外灯时请戴上防护眼镜。

---

[1] 根据《磷酸盐化合物快速分析法》(Blystone, P., Larson, P., Oct 26-28, 1981) 改编。

（3）请勿触摸紫外灯表面。指纹会腐蚀玻璃。用干净柔软的布擦拭紫外灯。

（4）测试流程（7）中的消解一般在 10min 内即可完成。然而，高有机负荷样品或紫外灯强度不够会导致膦酸盐转变不完全，若要检查转变效率，则适当延长消解时间并确保读数在增加。

表 6.3.11-2　准备的物品

名称及描述	数量	名称及描述	数量
25mL 方形比色皿	1个	过硫酸钾粉枕包	1包
50mL 带刻度混合量筒	1个	比色皿（见"仪器详细说明"）	2个
紫外防护镜	1付	去离子水	视情况而定
10mL 血清移液管	1根	紫外灯	1台
PhosVer® 3 磷酸盐试剂粉枕包	2包		

注：订购信息请看"消耗品和替代品信息"。

钼锑抗溶剂法测试流程

（1）选择测试程序。参照"仪器详细说明"的要求插入适配器。

（2）根据"量程及相关放大系数表"量取适合体积的样品，倒入 50mL 量筒中。如有必要用去离子水将样品稀释至 50mL 刻度线，充分混匀。

（3）空白样准备：向比色皿中加入 10mL 经测试流程（2）稀释的样品。

（4）样品消解：向样品混合瓶中加入经测试流程（2）稀释的样品，至 25mL 刻度线。

（5）向混合瓶中加入一包过硫酸钾粉枕包，振荡混匀。

（6）向混合瓶中插入紫外灯。
警告：当紫外灯亮着时请戴上防护眼镜。

（7）打开紫外灯。启动仪器定时器。计时反应 10min。
在此过程中，膦酸盐转变为正磷酸盐。

（8）反应到时后，关闭紫外灯并将其从样品中取出。

（9）样品准备：向另一比色皿中加入经消解的样品，至 10mL 刻度线。

（10）分别向空白样和准备好的样品中加入一包 Phos-Ver® 3 磷酸盐试剂粉枕包。立即振荡 20~30s，混匀。若干粉末可能无法完全溶解。
若有磷酸盐存在溶液会呈蓝色。空白样和样品溶液都会有颜色，样品溶液颜色的深度与原样品膦酸盐的含量成正比。

（11）启动仪器定时器。计时反应 2min。

若样品的温度低于 15℃，反应 4min 以待颜色生成。

（12）反应到时后，将空白管插入样品池中。

在反应到时后 3min 内完成测试流程（13）～（16）。

（13）按下"Zero（零）"键进行仪器调零。这时屏幕将显示：0.00mg/L PO_4^{3-}。

（14）擦拭准备好的样品管外壁，将其插入样品池中。

（15）按"Read（读数）"键读取结果，单位 mg/L PO_4^{3-}。

（16）将测试流程（15）所得的结果乘以表 6.3.11-3 中的系数，得到实际的膦酸盐浓度。

表 6.3.11-3　量程及相关系数

量程/(mg/L 膦酸盐)	样品体积/mL	放大系数	量程/(mg/L 膦酸盐)	样品体积/mL	放大系数
0～2.5	50	0.1	0～25	5	1.0
0～5	25	0.2	0～125	1	5.0
0～12.5	10	0.5			

若要以活性膦酸盐表示结果，则将测试流程（16）所得的结果乘以表 6.3.11-4 中的相应系数。

表 6.3.11-4　不同膦酸盐换算系数

膦酸盐种类	换算系数	膦酸盐种类	换算系数
PBTC	2.84	HMDTMPA	1.295
NTP	1.05	DETPMPA	1.207
HEDPA	1.085	HPA	1.49
EDTMPA	1.148		

注：实际膦酸盐（mg/L）＝测试流程（16）所得膦酸盐浓度×换算系数。

干扰物质

随着样品体积的增大，产生干扰的最低浓度会随之降低。例如：浓度低于 100mg/L 的铜不会对 5mL 的样品产生干扰，如果样品的体积增加为 10mL，则铜的浓度超过 50mg/L 就会产生干扰。

表 6.3.11-5　干扰物质

干 扰 物 质	产生干扰的最低浓度（对于 5mL 样品）
铝	100mg/L
砷酸盐	任何浓度下都有干扰
苯并三唑	10mg/L
重碳酸盐	1000mg/L

干 扰 物 质	产生干扰的最低浓度（对于 5mL 样品）
溴化物	100mg/L
钙	5000mg/L
CDTA	100mg/L
氯化物	5000mg/L
铬酸盐	100mg/L
铜	100mg/L
氰化物	100mg/L（会增加紫外吸收）
二乙基二硫代氨基甲酸盐	50mg/L
EDTA	100mg/L
铁	200mg/L
硝酸盐	200mg/L
NTA	250mg/L
正磷酸盐	15mg/L
亚磷酸盐和有机磷化合物	定量反应。偏磷酸盐及聚磷酸盐无干扰
二氧化硅	500mg/L
硅酸盐	100mg/L
硫酸盐	2000mg/L
硫化物	任何浓度下都有干扰
亚硫酸盐	100mg/L
硫脲	10mg/L
具有高度缓冲能力或极端 pH 值的样品	可能会超出试剂的缓冲范围。样品需要进行预处理

样品的采集、保存与存储

（1）请用洁净的塑料瓶或玻璃瓶收集样品。一般先用 1＋1 盐酸溶剂清洗塑料瓶或玻璃瓶，再用蒸馏水清洗。不要使用商用含磷清洁剂清洗仪器。

（2）如果不能立即分析样品，用硫酸溶液将样品的 pH 值调至 2 或以下（每升样品大约需加入 2mL 硫酸）。

（3）将样品保存在 4℃（39℉）或更低温度条件下，经酸保护的样品最长可存储 24h。

（4）由于加入额外的试剂，测试所得结果需要校正。

准确度检查方法——标准溶液法

理想状况是配制一定浓度的膦酸盐溶液，用于检查膦酸盐转变为正磷酸盐后紫外吸收的变化。或者也可以在比色分析时使用磷酸盐标准溶液检查其准确度。

注：具体的程序选择操作过程请参见用户操作手册。

准确度检查所需的试剂与仪器设备有：1mg/L 磷酸盐标准溶液；去离子水。

用 10mL 标准溶液代替样品，从过硫酸盐紫外氧化法（粉枕包）测试流程（9）开始操作。用去离子水作空白样。测试结果不需要乘以放大系数。乘以校正系数后预计结果为 10mg/L 磷酸盐。

方法精确度

表 6.3.11-6　方法精确度

程序	标值	精确度： 95%置信区间分布	灵敏度：每 0.010Abs 单位变动下，浓度变动值
501	2.00mg/L PO$_4^{3-}$	1.97～2.03mg/L PO$_4^{3-}$	参考表 6.3.11-7 灵敏度

灵敏度

灵敏度取决于样品的体积。表 6.3.11-7 中灵敏度以磷酸根的形式表示。

表 6.3.11-7　灵敏度

量程/(mg/L)	体积/mL	浓 度 变 化	量程/(mg/L)	体积/mL	浓 度 变 化
0～2.5	50	0.02mg/L PO$_4^{3-}$	0～25	5	0.20mg/L PO$_4^{3-}$
0～5	25	0.04mg/L PO$_4^{3-}$	0～125	1	1.00mg/L PO$_4^{3-}$
0～12.5	10	0.10mg/L PO$_4^{3-}$			

方法解释

本方法可直接应用检测锅炉水和冷却水。本方法先紫外催化氧化膦酸盐为正磷酸盐，正磷酸盐再与 PhosVer 3 试剂中的钼酸盐反应，生成磷酸盐/钼酸盐复合物。该复合物又与 PhosVer 3 试剂中的抗坏血酸反应，生成蓝色物质。颜色的深浅程度与样品中膦酸盐的含量成正比例关系。样品中原本存在的正磷酸盐已通过空白样的准备和调零减去。测试结果是在波长为 880nm 的光波下读取的。

消耗品和替代品信息

表 6.3.11-8　需要用到的试剂

试 剂 名 称 及 描 述	数量/每次测量	单 位	产品订货号
膦酸盐试剂组件（100 次测试）	—	—	2429700
PhosVer® 3 磷酸盐试剂粉枕包（用于 10mL 样品）	2	100/pk	2106069
过硫酸钾粉枕包	1	100/pk	2084769
去离子水	视情况而定	4L	27256

表 6.3.11-9　需要用到的仪器

仪 器 名 称	数量/每次测量	单 位	产品订货号
25mL 方形比色皿	1	个	1704200
50mL 聚丙烯烧杯	1	个	108041
50mL 有刻度混合量筒	1	个	189641
紫外防护镜	1	个	2113400
10mL 血清移液管	1	个	53238
紫外灯 115V	1	个	2082800
紫外灯 230V	1	个	2082802
铅笔型短波紫外灯	1	个	2671000
电源	—	115V/60Hz	2670700
电源	—	220V/50Hz	2670702

表 6.3.11-10　推荐使用的标准样品

标准样品名称及描述	单 位	产品订货号
磷酸盐标准溶液，1mg/L PO_4^{3-}	500mL	256949

表 6.3.11-11　可选择的试剂与仪器

名 称 及 描 述	单 位	产品订货号
PhosVer® 3 磷酸盐试剂	1000/pk	2106028
1＋1,6.0N 盐酸溶液	500mL	88449
硫酸溶液，ACS	500mL	97949
pH 试纸，0~14	100/pk	2601300
温度计，－10~225℃	个	2635700

表 6.3.11-12　可选择的标准样品

名 称 及 描 述	单 位	产品订货号
3mg/L 磷酸盐标准溶液	946mL	2059716
10mg/L 磷酸盐标准溶液	946mL	1420416
15mg/L 磷酸盐标准溶液	100mL	1424342
30mg/L 磷酸盐标准溶液	946mL	1436716
10mL 安瓿瓶装磷酸盐标准溶液，50mg/L	16/pk	17110
100mg/L 磷酸盐标准溶液	100mL	1436832
10mL 安瓿瓶装磷酸盐标准溶液，500mg/L	10/pk	1424210

6.3.12　聚合磷（酸可水解），USEPA[1]酸消解法[2]，方法8180

应用范围

用于水、废水和海水中聚合磷的测定。

测试准备工作

（1）用1＋1盐酸溶剂清洗塑料瓶或玻璃瓶，再用蒸馏水清洗。不要使用商用含磷清洁剂清洗仪器。

（2）消解后活性磷测试的结果包括正磷酸盐和酸可水解（聚合）磷。聚合磷的浓度等于本测试的结果减去正磷酸盐的浓度。确保两者单位相同，均为 mg/L PO_4^{3-} 或 mg/L P。本酸水解测试方法最终结果是从总磷结果中减去得到的，以确定有机磷含量。

表 6.3.12-1　准备的物品

名 称 及 描 述	数 量	名 称 及 描 述	数 量
5.0N 氢氧化钠溶液	2mL	125mL 锥形瓶	1个
5.25N 硫酸溶液	2mL	加热炉	1个
25mL 量筒	1个	去离子水	视情况而定

注：订购信息请参看"消耗品和替代品信息"。

---

[1] USEPA 认可的废水分析方法。

[2] 根据《水与废水标准检测方法》4500-P B & E 改编。

酸消解法

（1）用量筒量取25mL样品。将样品倒入125mL锥形瓶中。

（2）用1mL滴管向锥形瓶中加入2mL 5.25N硫酸溶液。

（3）将锥形瓶置于加热炉上。微沸煮30min。切勿煮干。

浓缩样品至体积小于20mL。浓缩后，加少量的去离子水保持体积在20mL左右。切勿超过20mL。

（4）将样品冷却至室温。

（5）用1mL滴管向锥形瓶中加入2mL 5.0N氢氧化钠溶液。混匀。

（6）将样品倒入25mL量筒中。用去离子水润洗锥形瓶，将润洗后的水也倒入量筒中，至25mL刻度线。

（7）根据活性磷测试流程继续操作。

若使用抗坏血酸（PhosVer 3）法，颜色形成时间延长为10min。

干扰物质

表 6.3.12-2　干扰物质

干 扰 物 质	产生干扰的最低浓度
碱或具有高度缓冲能力的样品	有必要在测试流程（2）中另外加酸，将溶液的 pH 值降到 1 以下
浊度	使用 50mL 样品和双倍量的试剂。用一部分经消解的样品在活性磷程序下调零仪器。这将弥补颜色或浊度对该测试程序所带来的影响

样品的采集、保存与存储

（1）为得到最准确的测试结果，采样后请立即分析。

（2）如果不能立即分析样品，请立即过滤并将样品保存在4℃（39℉）条件下，最长可存储28天。

方法解释

测试前必须将聚合无机磷（如偏磷酸盐、焦磷酸盐或其他聚磷酸盐）转化为有活性的正磷酸盐。用酸预处理样品并加热，使得聚合无机磷水解为正磷酸盐。

在进行本测试前必须先进行活性磷（正磷酸盐）的测试，以确定样品的含磷量。如果用抗坏血酸法（PhosVer 3）检测活性磷，则本方法是被 USEPA 认可的 NPDES 汇报法。

消耗品和替代品信息

表 6.3.12-3　需要用到的试剂

试剂名称及描述	数量/每次测量	单　位	产品订货号
5.25N 硫酸溶液	2mL	100mL MDB	244932

试剂名称及描述	数量/每次测量	单 位	产品订货号
5.0N氢氧化钠溶液	2mL	100mL MDB	245032
去离子水	视情况而定	4L	27242

表 6.3.12-4　需要用到的仪器

仪 器 名 称	数量/每次测量	单 位	产品订货号
25mL 量筒	1	个	LTV082.52.40001
125mL 锥形瓶	1	个	2584335
加热炉 120V	1	个	1451536
加热炉 240V	1	个	1451537

表 6.3.12-5　可选择的试剂与仪器

名 称 及 描 述	单 位	产品订货号
pH 试纸,0～14	100/pk	2601300
浓硫酸	500mL	97949
无汞温度计,−10～225℃	个	2635700
1+1,6.0N 盐酸溶液	500mL	88449
250mL 带盖低密度聚乙烯采样瓶	12/pk	—
滤纸 12.5cm	100/pk	69257
分析漏斗,65mL	个	108367
5.0N 氢氧化钠	1000mL	245053

6.3.13　聚合磷（酸可水解），PhosVer® 3酸水解法，方法8180（TNT试管）

测量范围

$0.06～3.50mg/L\ PO_4^{3-}$。

应用范围

用于水、废水和海水中聚合磷的测定。

测试准备工作

表 6.3.13-1　仪器详细说明

仪器	适配器	遮光罩
DR 6000、DR 5000	—	—
DR 3900	—	LZV849
DR 3800、DR 2800、DR 2700	—	LZV646
DR 1900	9609900(D[1])	—
DR 900	4846400	遮光罩随机附带

[1] D 适配器不是每台仪器都具有。

（1）使用 DR 3900、DR 3800、DR 2800 和 DR 2700 测试前请用遮光罩遮住样品室 2#。

（2）为了测试结果更加准确，每一批新的试剂都应该测定试剂空白值。试剂空白的测定同样按照测试步骤进行，只是把样品换成了去离子水进行测试。从最后的测试结果中将试剂空白值扣除，或者调整仪器的试剂空白。

（3）用 1+1 盐酸溶剂清洗塑料瓶或玻璃瓶，再用蒸馏水清洗。不要使用商用含磷清洁剂清洗仪器。

（4）样品测试后最终含有钼。另外，样品的 pH 值小于 2，联邦 RCRA 认为其有腐蚀性。参阅 MSDS 手册安全地处理危险废弃物。

表 6.3.13-2　准备的物品

名　称　及　描　述	数量	名　称　及　描　述	数量
DRB200 反应器	1 个	遮光罩或适配器(见"仪器详细说明")	1 个
酸水解磷试剂组件	1 套	去离子水	视情况而定
微型漏斗	1 个	试管架	1 个
1~10mL 移液枪	1 个		

注：订购信息请参看"消耗品和替代品信息"。

酸水解法（TNT）

（1）打开 DRB200 反应器，预热至 150℃。参阅 DRB200 用户使用手册选择预置的高温应用程序。

（2）选择测试程序。参照"仪器详细说明"的要求插入适配器或遮光罩。

（3）用移液管向酸水解小管中加 5mL 样品。盖上盖子，混匀。

（4）将样品放入预热的 DRB200 反应器中，盖上保护盖。

（5）启动仪器定时器。计时反应30min。

（6）反应到时后，小心地将试管从反应器中取出。将其置于试管架上自然冷却至室温。

（7）用移液管向小管中加 2mL 1.00N 氢氧化钠溶液。盖紧盖子，摇匀。

（8）用毛巾擦拭小管外壁，以除去指纹或其他痕迹。

（9）将样品管插入 16mm 圆形样品池中。

（10）按下"Zero（零）"键进行仪器调零。这时屏幕将显示：0.00mg/L PO_4^{3-}。

（11）用漏斗向小管中加入一包 Phos-Ver® 3 磷酸盐试剂粉枕包。

（12）盖紧盖子，立即摇晃 10~15s，混匀。若干粉末可能无法完全溶解。

（13）启动仪器定时器。计时反应 2min。
在加入 PhosVer® 3 磷酸盐试剂 2~8min 内读取测试结果。

（14）用毛巾擦拭小管外壁，以除去指纹或其他痕迹。

（15）将小管插入 16mm 圆形样品池中。

（16）按"Read（读数）"键读取结果，单位 mg/L PO_4^{3-}。

干扰物质

表 6.3.13-3　干扰物质

干 扰 物 质	产生干扰的最低浓度
铝	200mg/L
砷酸盐	任何浓度下都有干扰
铬	100mg/L
铜	10mg/L
铁	100mg/L
镍	300mg/L
二氧化硅	50mg/L
硅酸盐	10mg/L
硫化物	9mg/L 根据以下步骤避免硫化物的干扰： (1)量取 25mL 的样品倒入 50mL 烧瓶中 (2)边振荡边逐滴添加溴水，直到有黄色生成且不退色 (3)逐滴添加苯酚溶液，直到黄色恰好消失。继续根据步骤(1)操作
浊度	浊度太高会导致测试结果的不一致。因为粉枕包含有酸,会溶解一些悬浮颗粒物,另外会发生正磷酸盐从颗粒物上解吸下来的反应
锌	80mg/L
具有高度缓冲能力或极端 pH 值的样品	可能会超出试剂的缓冲范围。样品需要进行预处理

样品的采集、保存与存储

请用洁净的塑料瓶或玻璃瓶收集样品。一般先用 1＋1 盐酸溶剂清洗塑料瓶或玻璃瓶，再用蒸馏水清洗。不要使用商用含磷清洁剂清洗仪器。

为得到最准确的测试结果，采样后请立即分析。如果不能立即分析样品，请立即过滤并将样品保存在 4℃（39℉）条件下，最长可存储 48h。

准确度检查方法

(1) 标准加入法（加标法）。准确度检查所需的试剂与仪器设备有：2mL 安瓿瓶装磷酸盐标准溶液，50mg/L PO_4^{3-}；TenSette® 移液枪；安瓿瓶开口器；混合量筒（3 个）。

具体步骤如下。

① 读取测试结果后，将装有样品的比色皿（尚未加入标准物质）留在仪器中。

② 在仪器菜单中选择标准添加程序。

③ 按"OK（好）"键确认标样浓度、样品体积和加标体积的默认值。当这些值确认好后，未加标的样品读数将显示在顶端的一行。

④ 打开标准试剂安瓿瓶。

⑤ 分别向 3 份 25mL 的新鲜样品中加入 0.1mL、0.2mL、0.3mL 标准溶液。

⑥ 从 0.1mL 的加标样品开始根据上述酸水解法测试流程依次测试 3 个加标样。

⑦ 加标测试过程结束后，按"Graph（图表）"键将显示结果。按"Ideal Line（理想曲线）"键将显示出样品加标与 100％回收率的"理想曲线"之间的关系。

(2) 标准溶液法

准确度检查所需的试剂为 3mg/L 磷酸盐标准溶液。

具体步骤如下。

① 用 3mg/L 的标准溶液代替样品，按照酸水解法（TNT）测试流程流程操作。

② 用标准溶液所测得的数据校准标准曲线，在仪器菜单中选择标准溶液校准程序。

③ 打开标准调整界面，确认接受当前标准溶液浓度。如果使用了其他浓度的标准溶液，输入标准溶液的实际浓度，并确认用此溶液浓度校准标准曲线。

注：具体的程序选择操作过程请参见用户操作手册。

方法精确度

表 6.3.13-4　方法精确度

程序	标值	精确度：95％置信区间分布	灵敏度：每 0.010Abs 单位变动下，浓度变动值
536	3.00mg/L PO$_4^{3-}$	2.93～3.07mg/L PO$_4^{3-}$	0.06mg/L PO$_4^{3-}$

方法解释

测试前必须将聚合无机磷（如偏磷酸盐、焦磷酸盐或其他聚磷酸盐）转化为有活性的正磷酸盐。用酸预处理样品并加热，使得聚合无机磷水解为正磷酸盐。

在酸性介质中，正磷酸盐与钼酸盐反应，生成磷酸盐/钼酸盐复合物。该复合物又与抗坏血酸反应，产生强烈的钼蓝色。颜色的深浅程度与样品中磷酸盐的含量成正比例关系。测试结果是在波长为 880nm 的光波下读取的。

消耗品和替代品信息

表 6.3.13-5　需要用到的试剂

试剂名称及描述	数量/每次测量	单　位	产品订货号
酸水解磷试剂组件	—	50 次测试	2742745
PhosVer 3 磷酸盐试剂粉枕包	1 包	50/pk	2106046
过硫酸钾粉枕包	1	50/pk	2084766
1.54N 氢氧化钠	若干	100mL	2743042
1.00N 氢氧化钠标准溶液	2mL	100mL	104542
酸水解磷 TNT 试管[①]	1 个	50/pk	—
去离子水	视情况而定	100mL	27242

① 不单独出售。

表 6.3.13-6　需要用到的仪器

仪 器 名 称	数量/每次测量	单　位	产品订货号
DRB200 反应器 220V，15×16mm	1	个	LTV082.52.40001
微型漏斗	1	个	2584335
2mL A 级移液管	1	个	1451536
5mL A 级移液管	1	个	1451537
1～10mL 移液枪	1	个	1970010
与 1970010 配套的移液枪头	1	250/pk	2199725
试管架	1	个	1864100

表 6.3.13-7　推荐使用的标准样品

标准样品名称及描述	单　位	产品订货号
10mL Voluette® 安瓿瓶 磷酸盐标准溶液 50mg/L PO$_4^{3-}$	16/pk	17110
标准饮用水，混合参数包括：F$^-$，NO$_3$，PO$_4$，SO$_4$	500mL	2833049
磷酸盐标准溶液，1mg/L PO$_4^{3-}$	500mL	256949
废水(出水)标准液，参数包括 NH$_3$-N、NO$_3^-$-N、PO$_4^{3-}$、COD、SO$_4^{2-}$、TOC	500mL	2833249
磷酸盐标准溶液，3mg/L PO$_4^{3-}$	946mL	2059716

表 6.3.13-8　可选择的试剂与仪器

名 称 及 描 述	单　位	产品订货号
溴水，30g/L	29mL	221120
与 1970010 配套的移液枪头	50/pk	2199796
pH 试纸，0～14	100/pk	2601300
苯酚溶液，30g/L	29mL	211220

名 称 及 描 述	单 位	产品订货号
无汞温度计，-10～225℃	个	2635700
1+1,6.0N 盐酸溶液	500mL	88449
混合量筒	25mL	189640
250mL 带盖低密度聚乙烯采样瓶	12/pk	2087076
滤纸 12.5cm	100/pk	69257
分析漏斗，65mL	个	108367
50mL 烧杯	个	50041H

表 6.3.13-9　可选择的标准样品

名 称 及 描 述	单 位	产品订货号
3mg/L 磷酸盐标准溶液	946mL	2059716
10mg/L 磷酸盐标准溶液	946mL	1420416
15mg/L 磷酸盐标准溶液	100mL	1424342
30mg/L 磷酸盐标准溶液	946mL	1436716
10mL 安瓿瓶装磷酸盐标准溶液，50mg/L	16/pk	17110
100mg/L 磷酸盐标准溶液	100mL	1436832
10mL 安瓿瓶装磷酸盐标准溶液，500mg/L	10/pk	1424210

6.3.14　活性磷（正磷酸盐），USEPA[1]PhosVer® 3（抗坏血酸）法[2]，方法 8048（粉枕包或安瓿瓶）

测量范围

$0.02～2.50mg/L\ PO_4^{3-}$。

应用范围

用于水、废水和海水中活性磷（正磷酸盐的测定）。

测试准备工作

表 6.3.14-1　仪器详细说明

仪器	比色皿方向	比色皿
DR 6000 DR 3800 DR 2800 DR 2700 DR 1900	刻度线朝向右方	2495402 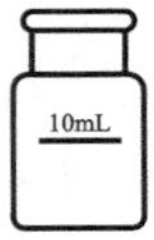
DR 5000 DR 3900	刻度线朝向用户	
DR 900	刻度线朝向用户	2401906 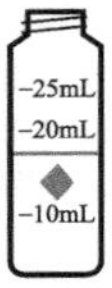

---

[1] USEPA 认可的废水分析法，该测试流程与 USEPA 标准方法 4500-P-E 相同。

[2] 根据《水与废水标准检测方法》改编。

仪器	适配器	比色皿
DR 6000 DR 5000 DR 900	—	2427606 （此处为比色皿图）
DR 3900	LZV846(A)	
DR 1900	9609900 或 9609800(C)	
DR 3800 DR 2800 DR 2700	LZV584(C)	2122800

为了测试结果更加准确，每一批新的试剂都应该测定试剂空白值。试剂空白的测定同样按照测试步骤进行，只是把样品换成去离子水进行测试。从最后的测试结果中将试剂空白值扣除，或者调整仪器的试剂空白。

表 6.3.14-2　准备的物品

名称及描述	数量	名称及描述	数量
粉枕包测试		安瓿瓶测试	
PhosVer® 3 磷酸盐试剂粉枕包	1	PhosVer® 3 磷酸盐试剂 安瓿瓶装	1
1in 10mL 比色皿（见"仪器详细说明"）	2	50mL 烧杯	1
18mm 试管塞（仅限于方形比色皿）	1	18mm 试管塞（同 PhosVer 安瓿瓶一起提供）	1
		10mL 圆形比色皿	1

注：订购信息请参看"消耗品和替代品信息"。

PhosVer 3（抗坏血酸）法测试流程（粉枕包）

（1）选择测试程序。参照"仪器详细说明"的要求插入适配器。

（2）向比色皿中加入 10mL 样品。

（3）样品准备：加入 PhosVer® 3 磷酸盐试剂粉枕包。立即盖上盖子，上下摇晃30s，混匀。

（4）启动仪器定时器。计时反应 2min。
　若样品经过过硫酸盐消解，则反应需10min。

（5）空白样准备：向另一比色皿中加入 10mL 样品。

（6）反应到时后，擦拭空白管外壁，将其插入样品池中。

（7）按下"Zero（零）"键进行仪器调零。这时屏幕将显示：0.00mg/L PO_4^{3-}。

（8）擦拭准备好的样品管外壁，将其插入样品池中。
　按"Read（读数）"键读取结果，单位 mg/L PO_4^{3-}。

PhosVer 3（抗坏血酸）法测试流程（安瓿瓶）

（1）选择测试程序。参照"仪器详细说明"的要求插入适配器（具体方向请参见用户手册）。

（2）空白样准备：向比色皿中加入10mL样品。

（3）样品准备：向装有 PhosVer® 3 磷酸盐试剂的安瓿瓶装满样品。此过程中安瓿瓶瓶颈一定要浸没在水样内。

未溶解的粉末不会影响测试的准确性。

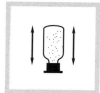

（4）在安瓿瓶瓶颈处盖上盖子。摇晃安瓿瓶大约30s。

（5）启动仪器定时器。计时反应2min。

若样品经过过硫酸盐消解，则反应需 10min。

（6）反应到时后，擦拭空白管外壁，将其插入样品池中。

按下"Zero（零）"键进行仪器调零。这时屏幕将显示：0.00 mg/L PO_4^{3-}。

（7）擦拭准备好的样品管外壁，将其插入样品池中。

按"Read（读数）"键读取结果，单位mg/L PO_4^{3-}。

干扰物质

表 6.3.14-3　干扰物质

干 扰 物 质	干 扰 程 度
铝	大于 200mg/L 产生干扰
砷酸盐	任何浓度下都有干扰
铬	大于 100mg/L 产生干扰
铜	大于 10mg/L 产生干扰
硫化氢	任何浓度下都有干扰
铁	大于 100mg/L 产生干扰
镍	大于 300mg/L 产生干扰
二氧化硅	大于 50mg/L 产生干扰
硅酸盐	大于 10mg/L 产生干扰
锌	大于 80mg/L 产生干扰
浊度或色度	可能会产生不一致的测试结果。原因有二，一是粉枕包中有酸会溶解一些悬浮颗粒物，另外是会发生正磷酸盐从颗粒物上解吸下来的反应。对于高度混浊或颜色较深的样品，取 25mL 样品，加入一包磷酸盐预处理试剂粉枕包[①]，混匀，用此溶液代替未经处理的样品作为空白样进行仪器调零
具有高度缓冲能力或极端 pH 值的样品	可能会超出试剂的缓冲范围。样品需要进行预处理

① 订购信息请参阅 "可选择的试剂与仪器"。

样品的采集、保存与存储

(1) 请用洁净的塑料瓶或玻璃瓶收集样品。一般先用 $1+1$ 盐酸溶剂清洗塑料瓶或玻璃瓶，再用去离子水清洗。

(2) 不要使用商用含磷清洁剂清洗玻璃仪器，因为所含磷酸盐会污染样品。

(3) 为实现最佳测试结果，应尽快对样品进行分析。

(4) 如果不能立即分析样品，将样品过滤后保存在 $4℃$（$39℉$）或更低温度条件下，最长可存储 $48h$。

(5) 分析前将样品加热到室温。

准确度检查方法

(1) 标准加入法（加标法）。准确度检查所需的试剂与仪器设备有：$10mL$ 安瓿瓶装磷酸盐标准溶液，$50mg/L$ PO_4^{3-}；TenSette® 移液枪；安瓿瓶开口器。

具体步骤如下。

① 读取测试结果后，将装有样品的比色皿（尚未加入标准物质）留在仪器中。

② 在仪器菜单中选择标准添加程序。

③ 按"OK（好）"键确认标样浓度、样品体积和加标体积的默认值。当这些值确认好后，未加标的样品读数将显示在顶端的一行。

④ 打开标准试剂安瓿瓶。

⑤ 准备 $0.1mL$ 的加标样，向样品中加入 $0.1mL$ 标准溶液。打开仪器计时器，反应到时后读取结果。

⑥ 准备 $0.2mL$ 的加标样，向上述 $0.1mL$ 加标样品中再加入 $0.1mL$ 标准溶液。打开仪器计时器，反应到时后读取结果。

⑦ 准备 $0.3mL$ 的加标样，向上述 $0.2mL$ 加标样品中再加入 $0.1mL$ 标准溶液。打开仪器计时器，反应到时后读取结果。每个加标样品应该反映出约 100% 的回收率。

(2) 用于安瓿瓶的标准加入法（加标法）。准确度检查需要混合量筒，三个。

具体步骤如下。

① 分别向三个混合量筒中加入 $50mL$ 样品，再分别加入 $0.2mL$、$0.4mL$ 和 $0.6mL$ 磷酸盐标准溶液。

② 分别取 $40mL$ 混合后的样品至三个 $50mL$ 烧杯中。

③ 根据上述抗坏血酸法（安瓿瓶）测试流程分析三个加标样品。

④ 接受每个加标样品的读数，每个加标样品应反映出约 100% 的回收率。

(3) 标准溶液法。

准确度检查所需的试剂与仪器设备有：$50mg/L$ 磷酸盐标准溶液；去离子水；$100mL$ A 级容量瓶；TenSette 移液枪；A 级移液管。

具体步骤如下。

① 根据以下步骤准备 $2mg/L$ 的磷酸盐标准溶液。a. 量取 $4mL$ $50mg/L$ 的磷酸盐标准溶液，置于 $100mL$ 容量瓶中。b. 用去离子水稀释至刻度线，混匀。该溶液需使用时当天配制。

> **注：**或者使用"推荐使用的标准样品"中混合参数标准液，磷酸盐的浓度也是 $2.0mg/L$。

② 用此 $2mg/L$ 的标准溶液代替样品，按照抗坏血酸法（粉枕包）测试流程操作。

③ 用标准溶液所测得的数据校准标准曲线，在仪器菜单中选择标准溶液校准程序。

④ 打开标准调整界面，确认接受当前标准溶液浓度。如果使用了其他浓度的标准溶液，输入标准溶液的实际浓度，并确认用此溶液浓度校准标准曲线。

> **注：**具体的程序选择操作过程请参见用户操作手册。

方法精确度

程序	标值	精确度： 95％置信区间分布	灵敏度：每 0.010Abs 单位变动下,浓度变动值
490	2.00mg/L PO$_4^{3-}$	1.98~2.02mg/L PO$_4^{3-}$	0.02mg/L PO$_4^{3-}$
492	2.00mg/L PO$_4^{3-}$	1.98~2.02mg/L PO$_4^{3-}$	0.02mg/L PO$_4^{3-}$

方法解释

在酸性溶液中,钼酸盐与正磷酸盐反应,生成磷酸盐-钼酸盐的复合物。该复合物又与抗坏血酸反应,生成颜色强烈的钼蓝复合物。测试结果是在波长为 880nm 的光波下读取的。

消耗品和替代品信息

表 6.3.14-5　需要用到的试剂

试剂名称及描述	数量/每次测量	单　位	产品订货号
PhosVer® 3 磷酸盐试剂粉枕包,10mL 或	1	100/pk	2106069
PhosVer® 3 磷酸盐试剂安瓿瓶	1	25/pk	2508025

表 6.3.14-6　需要用到的仪器（粉枕包）

仪 器 名 称	数量/每次测量	单　位	产品订货号
18mm 试管塞	1	6/pk	173106

表 6.3.14-7　需要用到的仪器（安瓿瓶）

仪 器 名 称	数量/每次测量	单　位	产品订货号
50mL 烧杯	1	个	50041H
18mm 试管塞	1	6/pk	173106

表 6.3.14-8　推荐使用的标准样品

标 准 样 品 名 称 及 描 述	单　位	产品订货号
10mg/LVoluette® 安瓿瓶 磷酸盐标准溶液 50mg/L PO$_4^{3-}$	16/pk	17110
磷酸盐标准溶液,50mg/L PO$_4^{3-}$	500mL	17149
磷酸盐标准溶液,1mg/L PO$_4^{3-}$	500mL	256949
标准饮用水,无机物混合参数：F$^-$,NO$_3^-$,PO$_4^{3-}$,SO$_4^{2-}$	500mL	2833049
废水(流出)标准液,参数包括 NH$_3$-N,NO$_3^-$-N,PO$_4^{3-}$,COD,SO$_4^{2-}$,TOC	500mL	2833249
去离子水	4L	27256

表 6.3.14-9　可选择的试剂与仪器

名 称 及 描 述	单　位	产品订货号
磷酸盐预处理试剂粉枕包	100/pk	1450199
与 1970001 配套的移液枪头	1000/pk	2185628
与 1970001 配套的移液枪头	50/pk	2185696
0.1~1.0mL 移液枪	个	1970001
pH 试纸,0~14	100/pk	2601300
空白样安瓿瓶	25/pk	2677925
100mL 容量瓶	个	1457442

名　称　及　描　述	单　位	产品订货号
1＋1,6.0N 盐酸溶液	500mL	88449
50mL 混合量筒	个	189641
4mL A 级移液管	个	1451504
安瓿瓶开口器	个	2405200
1.0～10mL 移液枪	个	1970010
与 1970010 配套的移液枪头	50/pk	2199796
与 1970010 配套的移液枪头	250/pk	2199725
250mL 带盖低密度聚乙烯采样瓶	12/pk	2087076

表 6.3.14-10　可选择的标准样品

名　称　及　描　述	单　位	产品订货号
10mg/L 磷酸盐标准溶液	946mL	1420416
15mg/L 磷酸盐标准溶液	100mL	1424342
100mg/L 磷酸盐标准溶液	100mL	1436832
10mL 安瓿瓶装磷酸盐标准溶液,500mg/L	16/pk	1424210
500mg/L 磷酸盐标准溶液	100mL	1424232

6.3.15　活性磷（正磷酸盐），USEPA[●]PhosVer® 3 法，方法 8048（TNT 试管）

测量范围

$0.06～5.00mg/L\ PO_4^{3-}$ 或 $0.02～1.60mg/L\ P$。

应用范围

用于水、废水和海水中活性磷（正磷酸盐）的测定。

测试准备工作

表 6.3.15-1　仪器详细说明

仪器	适配器	遮光罩
DR 6000、DR 5000	—	—
DR 3900	—	LZV849
DR 3800、DR 2800、DR 2700	—	LZV646
DR 1900	9609900(D[1])	—
DR 900	4846400	遮光罩随机附带

[1] D 适配器不是每台仪器都具有。

（1）使用 DR 3900、DR 3800、DR 2800 及 DR 2700 时，测试前用遮光罩遮住样品室 2#。

（2）为了测试结果更加准确，每一批新的试剂都应该测定试剂空白值。试剂空白的测定同样按照测试步骤进行，只是把样品换成去离子水进行测试。从最后的测试结果中将试剂空白值扣除，或者调整仪器的试剂空白。

[●] USEPA 认可的废水分析方法。该流程与 USEPA 适用于检测废水的标准方法 4500-P E 相同。

表 6.3.15-2　准备的物品

名 称 及 描 述	数 量	名 称 及 描 述	数 量
PhosVer® 3 试剂粉枕包	1 包	1～10mL 移液枪	1 个
活性磷 TNT 试管	1 个	枪头	1 个
遮光罩	1 个	试管架	1 个
微型漏斗	1 个		

注：订购信息请看"消耗品和替代品信息"。

PhosVer® 3 法（TNT）测试流程

（1）选择测试程序。参照"仪器详细说明"的要求插入适配器。

（2）用移液管移取 5.0mL 样品，加入到活性磷 TNT 试管中，盖紧盖子上下颠倒混匀。

（3）用湿布擦拭空白管，再用干布擦去管壁上的指纹及其他痕迹。

（4）将空白管插入 16mm 圆形样品池中。

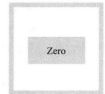

（5）按下"Zero（零）"键进行调零。这时屏幕显示：$0.00mg/L\ PO_4^{3-}$

（6）用漏斗向试管中加入一包 PhosVer® 3 磷酸盐粉枕包。

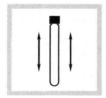

（7）立即盖紧盖子并上下摇晃 20s。粉末可能无法完全溶解。

（8）打开计时器，计时反应 2min。在加入 PhosVer® 3 试剂后 2～8min 内读数。

（9）反应到时后用湿布擦拭试管，再用干布擦去管壁上的指纹及其他痕迹。

（10）将试管插入 16mm 圆形样品池中。

（11）按"Read（读数）"键读取结果，单位 $mg/L\ PO_4^{3-}$。

干扰物质

表 6.3.15-3　干扰物质

干 扰 物 质	干 扰 程 度
铝	大于 200mg/L 会产生干扰
砷酸盐	任何浓度都有干扰
铬	大于 100mg/L 会产生干扰
铜	大于 10mg/L 会产生干扰
铁	大于 100mg/L 会产生干扰
镍	大于 300mg/L 会产生干扰

干 扰 物 质	干 扰 程 度
二氧化硅	大于50mg/L会产生干扰
硅酸盐	大于10mg/L会产生干扰
硫化物（S^{2-}）	若硫化物的浓度大于6mg/L会有干扰，通过以下方法消除干扰： (1)量取25mL样品，倒入烧杯中 (2)边振荡边滴加溴水，直到溶液变为黄色且不退色 (3)边振荡边滴加酚溶液，直到溶液的黄色恰好退去 再从PhosVer® 3法（TNT）测试流程(1)开始接着往下操作
锌	大于80mg/L会产生干扰
浊度	浊度太高可能会产生不一致的测试结果。原因有二，一是因为粉枕包中有酸，会溶解一些悬浮颗粒物，另外就是会发生正磷酸盐从颗粒物上解吸下来的反应
具有高度缓冲能力或极端pH值的样品	可能会超出试剂的缓冲范围。样品需要进行预处理

样品的采集、保存与存储

(1) 请用洁净的塑料瓶或玻璃瓶收集样品。一般先用1+1盐酸溶剂清洗塑料瓶或玻璃瓶，再用去离子水清洗。

(2) 不要使用商用含磷清洁剂，因为所含磷酸盐会污染样品。

(3) 为实现最佳测试结果，应尽快对样品进行分析。

(4) 如果不能立即分析样品，将样品过滤后保存在4℃（39℉）或更低温度条件下，最长可存储48h。

(5) 分析前将样品加热到室温。

准确度检查方法

(1) 标准加入法（加标法）。准确度检查所需的试剂与仪器设备有：2mL安瓿瓶装磷酸盐标准溶液，50mg/L PO_4^{3-}；TenSette® 移液枪。

具体步骤如下。

① 读取测试结果后，将装有样品的比色皿（尚未加入标准物质）留在仪器中。

② 在仪器菜单中选择标准添加程序。

③ 按"OK（好）"键确认标样浓度、样品体积和加标体积的默认值。当这些值确认好后，未加标的样品读数将显示在顶端的一行。

④ 打开标准试剂安瓿瓶。

⑤ 准备三个加标样。分别向三份25mL样品中加入0.1mL、0.2mL和0.3mL的标准溶液。

⑥ 从0.1mL的加标样开始，按照上述PhosVer® 3法（TNT）依次对三个加标样品进行测试。

⑦ 加标测试过程结束后，按"Graph（图表）"键将显示结果。按"Ideal Line（理想曲线）"键将显示出样品加标与100%回收率的"理想曲线"之间的关系。

(2) 标准溶液法。准确度检查需要3.0mg/L磷酸盐标准溶液。

具体步骤如下。

① 用3.0mg/L的标准溶液代替样品，按照PhosVer® 3法（TNT）法流程操作。

② 用标准溶液所测得的数据校准标准曲线，在仪器菜单中选择标准溶液校准程序。

③ 打开标准调整界面，确认接受当前标准溶液浓度。如果使用了其他浓度的标准溶液，输入标准溶液的实际浓度，并确认用此溶液浓度校准标准曲线。

注：具体的程序选择操作过程请参见用户操作手册。

方法精确度

表 6.3.15-4　方法精确度

程序	标值	精确度: 95%置信区间分布	灵敏度:每 0.010Abs 单位变动下,浓度变动值
535	$3.00mg/L\ PO_4^{3-}$	$2.94\sim3.06mg/L\ PO_4^{3-}$	$0.06mg/L\ PO_4^{3-}$

方法解释

在酸性介质中,钼酸铵与正磷酸盐反应,生成磷酸盐/钼酸铵复合物。该复合物又与抗坏血酸反应,生成颜色强烈的钼蓝复合物。测试结果是在波长为 880nm 的波长下读取的。

消耗品和替代品信息

表 6.3.15-5　需要用到的试剂

试剂名称及描述	数量/每次测量	单位	产品订货号
活性磷 TNT 试剂组件	—	50 次	2742545
PhosVer® 3 磷酸盐试剂粉枕包	1	50/pk	2106046
活性磷 TNT 稀释管	1	50/pk	—

表 6.3.15-6　需要用到的仪器设备

仪器名称	数量/每次测量	单位	产品订货号
微型漏斗	1	个	2584335
1~10mL 移液枪	1	个	1970010
移液枪枪头	1	50/pk	2199796
试管架	1	个	1864100

表 6.3.15-7　推荐使用的标准样品

标准样品名称及描述	单位	产品订货号
磷酸盐标准溶液 2mL 安瓿瓶装,50mg/L PO_4^{3-}	20/pk	17120H
磷酸盐标准溶液,50mg/L PO_4^{3-}	500mL	17149
磷酸盐标准溶液,1mg/L PO_4^{3-}	500mL	256949
磷酸盐标准溶液,3mg/L PO_4^{3-}	946mL	2059716
饮用水无机标准液,混合参数,包括 F^-、NO_3^-、PO_4^{3-}、SO_4^{2-}	500mL	2833049
废水出水标准液,参数包括 NH_3-N、NO_3^--N、PO_4^{3-}、COD、SO_4^{2-}、TOC	500mL	2833249

表 6.3.15-8　可选择的试剂与仪器

名称及描述	单位	产品订货号
50mL 烧杯	个	50041H
移液枪头	1000/pk	2185628
移液枪头	50/pk	2185696
溴水 30g/L	29mL	221120
1+1,6.0N 盐酸溶液	500mL	88449
酚溶液,30g/L	29mL	211220
0.1~1.0mL 移液枪	个	1970001
12.5cm 滤纸	100/pk	69257
65mL 分析漏斗	50mL	108367
250mL 带盖低密度聚乙烯采样瓶	12/pk	2087076
无汞温度计,−10~225℃	个	2635700

表 6.3.15-9　可选择的标准样品

名称及描述	单位	产品订货号
10mg/L 磷酸盐标准溶液	946mL	1420416
15mg/L 磷酸盐标准溶液	100mL	1424342

名 称 及 描 述	单 位	产品订货号
10mL 安瓿瓶装磷酸盐标准溶液,50mg/L	16/pk	17110
100mg/L 磷酸盐标准溶液	100mL	1436832
10mL 安瓿瓶装磷酸盐标准溶液,500mg/L	16/pk	1424210
500mg/L 磷酸盐标准溶液	100mL	1424232

6.3.16　活性磷，抗坏血酸-流通池法[1]，方法 10055（流通池）

低量程测量范围

$19\sim3000\mu g/L$ PO_4^{3-}。

应用范围

用于测定处理过的水和天然水体中的水中的活性磷含量。

测试准备工作

表 6.3.16-1　仪器详细说明

仪器	比色皿方向	流通池	适配器
DR 6000		LQV157.99.20002	—
DR 3800		5940400	LZV585(B)
DR 2800	流通方向朝右	5940400	LZV585(B)
DR 2700		5940400	LZV585(B)
DR 1900		LZV899	
DR 5000	流通方向朝向用户	LZV479	—
DR 3900		LQV157.99.10002	—

（1）流通池模块的安装方法请参见用户手册。

（2）参照"实验仪器"中的详细说明，清洗所有的实验仪器和流通池模块。

（3）当流通池模块暂时不在使用时，将一个小烧杯倒置放在玻璃漏斗上方，以防流通池被污染。

（4）参照"试剂的配制"中的详细说明，配制抗坏血酸试剂。

（5）样品的反应时间与样品温度有关。为了测试的准确度，请将样品保持在 20℃。

（6）普通样品中的磷含量低于 $750\mu g/L$，对于每批测试的样品需要做一个试剂空白样品。按照样品测试流程的步骤进行测试，但用去离子水代替样品。从最终测试结果中减去试剂空白的测试结果，得到样品中磷含量的实际含量。

表 6.3.16-2　准备下列物品

名 称 及 描 述	数 量	名 称 及 描 述	数 量
Ascorbic Acid 抗坏血酸稀释溶液	1mL	PMP 无菌惰性材料的锥形瓶,125mL	2 个
Ascorbic Acid 试剂粉枕包	根据用量而定	Molybdate 钼酸盐试剂溶液	2mL
聚乙烯量筒,25mL	2 个	流通池整套装置	1 个
固定剂量的分配器,1.0mL	2 个	去离子水	根据用量而定

注：订购信息请参看"消耗品和替代品信息"。

---

[1] 根据《水与废水标准检测方法》改编。

抗坏血酸-流通池法测试流程

（1）选择测试程序。参照"仪器详细说明"的要求插入适配器（详细介绍请参见用户手册）。

（2）用样品将两个锥形瓶润洗三遍。

（3）用样品将一个 25mL 的塑料量筒润洗三遍。

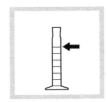

（4）用润洗过的量筒量取 25mL 样品。

（5）将量筒里的 25mL 样品倒入其中一个锥形瓶中。

（6）再用量筒量取一份 25mL 的样品，倒入第二个锥形瓶中。

（7）用 Repipet Jr. 分配器分别向两个锥形瓶中各加入 1.0mL 的 Molybdate 钼酸盐溶液。摇晃以混合均匀。

（8）样品的测定：用 Repipet Jr. 分配器向一个锥形瓶中加入 1.0mL 的 Ascorbic Acid 抗坏血酸溶液，摇晃以混合均匀。另一个锥形瓶作为空白样品。

（9）启动仪器定时器。计时反应 5min。

（10）计时时间结束后，将空白样品锥形瓶中的溶液倒入流通池模块中。

（11）溶液流动停止后，按下"Zero（零）"键进行仪器调零。这时屏幕将显示：$0\mu g/L\ PO_4^{3-}$。

（12）再将样品倒入流通池模块中。

（13）按下"Read（读数）"键读取磷含量，结果以 $\mu g/L\ PO_4^{3-}$ 为单位。

（14）测试结束后，立即用至少 50mL 去离子水冲洗流通池模块。

干扰物质

表 6.3.16-3　干扰物质

干 扰 成 分	抗干扰水平及处理方法
铝	200mg/L
砷酸盐	会对测试产生干扰
铬	100mg/L
铜	10mg/L
硫化氢	会对测试产生干扰
铁	100mg/L

干 扰 成 分	抗干扰水平及处理方法
镍	300mg/L
硅	50mg/L
硅酸盐	10mg/L
浊度	样品中浊度过高会使测试结果不稳定。由于试剂中含有的酸会溶解一些悬浮颗粒物，吸附在这些颗粒物上的正磷酸盐会解吸附，造成结果不稳定
锌	80mg/L
强缓冲或具有极端 pH 值的样品	可能会超出试剂的缓冲能力，需要对样品进行预处理

实验仪器的处理

测试中使用的所有容器都需要彻底清洗以去除痕量的磷。

(1) 用不含磷的洗涤剂清洗所有的容器，再用去离子水冲洗干净。

(2) 用去离子水稀释 25 倍的 Molybdate 钼酸盐试剂溶液充满并浸泡 10min。

(3) 用去离子水彻底冲洗。不需要使用时，请盖紧容器。

(4) 用同样的 Molybdate 钼酸盐稀释溶液处理流通池模块，再用去离子水冲洗干净。

将这些容器作为低含量磷测试专用容器。如果这些容器使用后都清洗并盖紧保存，只需要偶然清洗处理即可。

清洗流通池模块

流通池模块中可能会积累显色物质，尤其当测试结束后没有将反应过的溶液清洗掉，而长时间地停留在流通池模块中。去除色度可以：

(1) 用去离子水稀释 1+5 的氢氧化铵溶液冲洗可以去除色度；

(2) 再用去离子水反复冲洗数次；

(3) 不使用流通池模块时，将其加盖放置。

试剂的配制

抗坏血酸试剂必须在测试使用前配制。

(1) 用一个小漏斗向一瓶 450mL 的 Ascorbic Acid 抗坏血酸稀释溶液中加入一包 48g 的 Ascorbic Acid 抗坏血酸试剂粉枕包。

(2) 倒转瓶身数次并摇晃瓶身直至粉末完全溶解。

(3) 将 Repipet Jr. 分配器连接到抗坏血酸试剂瓶和钼酸盐试剂瓶的顶部。此溶液时间长了会显黄色，但不影响测试结果的准确度。此溶液在 20~25℃ 下可以保存一个月。

(4) 在试剂瓶身上记录配制试剂的日期。一个月后将瓶中剩下的溶液倒掉。

不要将新配制的试剂和之前配制的试剂混合在一起。使用保存期超过一个月的试剂会使试剂空白值偏高而导致试剂样品测量值偏低。

样品的采集、保存与存储

(1) 请使用清洁的塑料或玻璃瓶采样，采样瓶需用 1+1 盐酸溶液和去离子水清洗。

(2) 请勿使用含磷洗涤剂清洗试验仪器。

(3) 样品采集后应尽快进行分析测试。

(4) 如果不能立即分析测试，采样后立即过滤并将样品保存在 4℃（即 39℉）的环境下，最长可保存 48h。

准确度检查方法

(1) 标准加入法（加标法）。准确度检查所需的试剂与仪器有：磷安瓿瓶标准溶液，浓度为 50mg/L，即 $50000\mu g/L$ PO_4^{3-}（对于浓度大于 $1000\mu g/L$ 的样品）；磷安瓿瓶标准溶液，浓度为 15mg/L，即 $15000\mu g/L$ PO_4^{3-}（对于浓度小于 $1000\mu g/L$ 的样品）；安瓿瓶开口器；PMP 无菌惰性材料的锥形瓶，125mL；TenSette® 移液枪及配套的枪头；混合量筒，3 个。

具体步骤如下。

① 读取测试结果后，将装有样品的比色皿（尚未加入标准物质）留在仪器中。

② 在仪器菜单中选择标准添加程序。

③ 标准添加法的操作流程总结会显示在屏幕上，按"OK（好）"键确认标样浓度、样品体积和加标体积的默认值。按"EDIT（编辑程序）"键可以修改这些默认值。当这些值确认好后，未加标的样品读数将显示在顶端的一行。更多详细信息请参见用户手册。

④ 选择合适浓度的安瓿瓶标准溶液，将其打开。

⑤ 准备三个加标样：量取三份 25mL 的样品倒入三个烧杯中。

⑥ 使用 TenSette® 移液枪分别向三个样品中依次加入 0.1mL、0.2mL 和 0.3mL 的磷标准溶液，混合均匀。

⑦ 从 0.1mL 的加标样开始，按照上述测试流程依次对三个加标样品进行测试。按"Read（读数）"键确认接受每一个加标样品的测试值。

⑧ 加标测试过程结束后，按"Graph（图表）"键将显示出根据加标数据计算得到的最佳拟合曲线，说明本底干扰的存在与否。按"Ideal Line（理想线条）"键将显示出样品加标与 100% 回收率的"理想线条"之间的关系。每个加标样都应该达到约 100% 的加标回收率。

(2) 标准溶液法。 准确度检查需要磷标准溶液，浓度为 1.000mg/L，即 $1000\mu g/L\ PO_4^{3-}$。具体步骤如下。

① 用浓度 $1000\mu g/L$（1.000mg/L）的磷标准溶液代替样品，按照上述测试流程进行测试。

② 用标准溶液校准标准曲线，在仪器菜单中选择标准溶液校准程序。

③ 打开标准调整界面，确认接受当前标准溶液浓度。如果使用了其他浓度的标准溶液，输入标准溶液的实际浓度，并确认用此溶液浓度校准标准曲线。

注：具体的程序选择操作过程请参见用户操作手册。

方法精确度

表 6.3.16-4　方法精确度

程序	标值	精确度： 95% 置信区间分布	灵敏度：每 0.010Abs 单位变动下，浓度变动值
488	$1000\mu g/L\ PO_4^{3-}$	$970\sim1030\mu g/L\ PO_4^{3-}$	$21\mu g/L\ PO_4^{3-}$

方法解释

正磷酸盐和钼酸盐在酸性介质下反应生成一种磷钼酸盐配合物，然后抗坏血酸将这种配合物还原，产生了一种深钼蓝色。活性磷包括样品中含有的正磷酸盐和一小部分聚合的磷，这部分磷会在测试过程中水解为正磷酸盐。测试结果是在波长 880nm 下读取的。

消耗品和替代品信息

表 6.3.16-5　需要用到的试剂

试剂名称及描述	数量/每次测量	单　位	产品订货号
流通池低量程磷试剂组件	—	—	2678600
Ascorbic Acid 抗坏血酸稀释溶液	1mL	450mL	2599949
Ascorbic Acid 试剂粉枕包	根据用量而定	48g	2651255
Molybdate 钼酸盐试剂溶液	2mL	500mL	2599849
去离子水	根据用量而定	4L	27256

表 6.3.16-6　需要用到的仪器

名　称　及　描　述	数量/每次测量	单　位	产品订货号
聚乙烯量筒，25mL	2	每次	108140
固定剂量的分配器，1.0mL，Repipet Jr.	2	每次	2111302

名 称 及 描 述	数量/每次测量	单 位	产品订货号
PMP 无菌惰性材料的锥形瓶,125mL	2	每次	2089843
小漏斗,口径 65mm	2	50/pk	2264467

表 6.3.16-7　推荐使用的标准样品

标 准 样 品 名 称 及 描 述	单 位	产品订货号
饮用水无机物混合标准样品,NO_3^-、PO_4^{3-}、SO_4^{2-}	500mL	2833049
磷标准溶液,浓度为 1.00mg/L PO_4^{3-}	500mL	256949
磷标准溶液,浓度为 3mg/L PO_4^{3-}	946mL	2059716
磷 Voluette® 安瓿瓶标准溶液,浓度为 50mg/L,10mL	16/k	17110
磷标准溶液,浓度为 15mg/L PO_4^{3-}	100mL	1424342
废水出水混合标准样品,NH_3-N、NO_3^--N、PO_4^{3-}、COD、SO_4^{2-}、TOC	500mL	2833249
10mL 安瓿瓶开口器	每次	2196800

表 6.3.16-8　可选择的试剂与仪器

名 称 及 描 述	单 位	产品订货号
氢氧化铵溶液,58%	500mL	10649
混合量筒	25mL	189640
1+1 盐酸,6.0N	500mL	88449
无汞环保温度计,测量范围为 −10~225℃	每次	2635700
低密度聚乙烯带盖采样瓶,250mL	12/pk	2087076
滤纸,12.5cm	100/pk	69257
过滤分析漏斗,口径 65mL	每次	108367
TenSette® 移液枪,量程范围为 0.1~1.0mL	每次	1970001
与移液枪 1970001 配套的枪头[①]	50/pk	2185696
与移液枪 1970001 配套的枪头[①]	1000/pk	2185628

① 用户可根据需要选择其他规格的产品。

6.3.17　活性磷（正磷酸盐）氨基酸法[❶]，方法8178（粉枕包或安瓿瓶）

测量范围

0.23~30.00mg/L PO_4^{3-}。

应用范围

用于水、废水和海水中活性磷（正磷酸盐）的测定。

测试准备工作

表 6.3.17-1　仪器详细说明

仪器	比色皿方向	比色皿
DR 6000 DR 3800 DR 2800 DR 2700 DR 1900	刻度线朝向右方	2495402 10mL
DR 5000 DR 3900	刻度线朝向用户	

❶ 根据《水与废水标准检测方法》改编。

仪器	比色皿方向	比色皿
DR 900	刻度线朝向用户	2401906 

（1）在步骤（4）中可以用1包氨基酸试剂粉枕包代替1mL氨基酸溶液。

（2）为了测试结果更加准确，每一批新的试剂都应该测定试剂空白值。试剂空白的测定同样按照测试步骤进行，只是把样品换成去离子水进行测试。从最后的测试结果中将试剂空白值扣除，或者调整仪器的试剂空白。

表 6.3.17-2　准备的物品

名 称 及 描 述	数 量	名 称 及 描 述	数 量
氨基酸试剂	1mL	钼酸盐试剂	1mL
25mL 混合量筒	1个	比色皿（请参见"仪器详细说明"）	2个

注：订购信息请参看"消耗品和替代品信息"。

氨基酸法测试流程

（1）选择测试程序。参照"仪器详细说明"的要求插入适配器。

（2）向25mL混合量筒中加入25mL样品。

（3）用滴管加入1mL钼酸盐试剂。

（4）样品准备:加入1mL氨基酸试剂。盖上盖子,上下颠倒数次,混匀。
若有磷酸盐存在,溶液会呈蓝色。

（5）启动仪器定时器。计时反应10min。在此期间,准备步骤（6）。

（6）空白样准备:向10mL比色皿中加入未处理的样品。

（7）反应到时后,擦拭空白管外壁,将其插入样品池中。

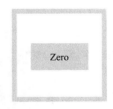

（8）按下"Zero（零)"键进行仪器调零。这时屏幕将显示:0.00mg/L PO_4^{3-}。

（9）向另一10mL比色皿中加入经过处理的样品。

（10）擦拭样品管外壁,将其插入样品池中。

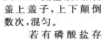

（11）按"Read（读数)"键读取结果,单位 mg/L PO_4^{3-}。

干扰物质

表 6.3.17-3　干扰物质

干　扰　物　质	干　扰　程　度
钙	大于 10000mg/L $CaCO_3$ 会产生干扰
氯化物	大于 150000mg/L Cl^- 会产生干扰
有颜色的样品	向 25mL 样品中加入 1mL 10N 的硫酸标准溶液,用此溶液代替未经处理的样品作为空白样进行仪器调零。量取硫酸溶液时使用移液管和洗耳球
高盐浓度(Na^+)	会导致结果偏低。为消除干扰,不断地稀释样品,直到连续 2 次稀释产生相同的测试结果
镁	大于 40000mg/L $CaCO_3$ 会产生干扰
亚硝酸盐(NO_2^-)	会漂白生成的蓝色。向样品中加入 0.05g 氨基磺酸,以消除亚硝酸盐的干扰。再继续测试流程(4)的操作
高浓度硫酸盐(PO_4^{3-})	随着磷酸盐浓度的增加,颜色会从蓝色变为绿色,随后变为黄色,最终变为棕色。棕色表示磷酸盐浓度高达 100000mg/L。如果测试流程(4)中溶液不是蓝色,请稀释样品再重新测试
硫化物(S^{2-})	若硫化物的浓度低于 5mg/L,可以通过以下用溴水氧化的方法消除干扰: (1)量取 50mL 样品,倒入锥形瓶中 (2)边振荡边滴加溴水,直到溶液变为黄色且不退色 (3)边振荡边滴加酚溶液,直到溶液的黄色恰好退去 在测试流程(2)和测试流程(6)中使用该处理过的样品
温度	为得到准确的结果,样品温度应该在 21℃±3℃(70°F±5°F)
浊度	可能会产生不一致的测试结果。原因有二,一是因为酸的存在,一些悬浮颗粒物溶解,另外就是会发生正磷酸盐从颗粒物上解吸下来的反应。对于高度浑浊的样品,取 25mL 样品,加入 1mL 10N 的硫酸标准溶液,用此溶液代替未经处理的样品作为空白样进行仪器调零。量取硫酸溶液时使用移液管和洗耳球
具有高度缓冲能力或极端 pH 值的样品	可能会超出试剂的缓冲范围。样品需要进行预处理

样品的采集、保存与存储

(1) 请用洁净的塑料瓶或玻璃瓶收集样品。一般先用 1+1 盐酸溶剂清洗塑料瓶或玻璃瓶,再用去离子水清洗。

(2) 不要使用商用含磷清洁剂,因为所含磷酸盐会污染样品。

(3) 为实现最佳测试结果,应尽快对样品进行分析。

(4) 如果不能立即分析样品,将样品过滤后保存在 4℃ (39°F) 或更低温度条件下,最长可存储 48h。

(5) 样品 pH 值应为中性 (6~8),分析前将样品加热到室温。

准确度检查方法

(1) 标准加入法 (加标法)。准确度检查所需的试剂与仪器设备有:2mL 安瓿瓶装磷酸盐标准溶液,500mg/L PO_4^{3-};TenSette® 移液枪;混合量筒 (3 个)。

具体步骤如下。

① 读取测试结果后,将装有样品的比色皿 (尚未加入标准物质) 留在仪器中。

② 在仪器菜单中选择标准添加程序。

③ 按 "OK (好)" 键确认标样浓度、样品体积和加标体积的默认值。当这些值确认好后,未加标的样品读数将显示在顶端的一行。

④ 打开标准试剂安瓿瓶。

⑤ 准备三个加标样。分别向三份 25mL 样品中加入 0.1mL、0.2mL 和 0.3mL 的标准溶液。

⑥ 从 0.1mL 的加标样开始,按照上述氨基酸法依次对三个加标样品进行测试。

⑦ 加标测试过程结束后,按 "Graph (图表)" 键将显示结果。按 "Ideal Line (理想曲

线）"键将显示出样品加标与100％回收率的"理想曲线"之间的关系。

（2）标准溶液法。准确度检查需要10mg/L磷酸盐标准溶液。

具体步骤如下。

① 用10mg/L的标准溶液代替样品，按照氨基酸法流程操作。

② 用标准溶液所测得的数据校准标准曲线，在仪器菜单中选择标准溶液校准程序。

③ 打开标准调整界面，确认接受当前标准溶液浓度。如果使用了其他浓度的标准溶液，输入标准溶液的实际浓度，并确认用此溶液浓度校准标准曲线。

注：具体的程序选择操作过程请参见用户操作手册。

方法精确度

表 6.3.17-4　方法精确度

程序	标值	精确度：95％置信区间分布	灵敏度：每0.010Abs单位变动下，浓度变动值
485	10.00mg/L PO_4^{3-}	9.86～10.14mg/L PO_4^{3-}	0.20mg/L PO_4^{3-}

方法解释

在高度酸性的溶液中，钼酸铵与正磷酸盐反应，生成钼磷杂多酸。该复合物又与氨基酸试剂反应，生成颜色强烈的钼蓝复合物。测试结果是在波长为530nm的可见光下读取的。

消耗品和替代品信息

表 6.3.17-5　需要用到的试剂

试剂名称及描述	数量/每次测量	单　位	产品订货号
高量程活性磷试剂组件	—	100 次	2244100
氨基酸试剂	1mL	100mL MDB	193432
钼酸盐试剂	1mL	100mL MDB	223632

表 6.3.17-6　需要用到的仪器设备

仪 器 名 称	数量/每次测量	单　位	产品订货号
25mL 混合量筒	1	个	189640

表 6.3.17-7　推荐使用的标准样品

标准样品名称及描述	单　位	产品订货号
10mg/L 磷酸盐标准溶液	946mL	1420416
2mL 安瓿瓶装磷酸盐标准溶液，500mg/L PO_4^{3-}	16/pk	1424220
废水出水标准液，参数包括 NH_3-N、NO_3^--N、PO_4^{3-}、COD、SO_4^{2-}、TOC	500mL	2833249
废水进水标准液，参数包括 NH_3-N、NO_3^--N、PO_4^{3-}、COD、SO_4^{2-}、TOC	500mL	2833149
去离子水	4L	27256

表 6.3.17-8　可选择的试剂与仪器

名称及描述	单　位	产品订货号
氨基酸试剂粉枕包	100/pk	80499
移液枪头	1000/pk	2185628
移液枪头	50/pk	2185696
溴水 30g/L	29mL	221120
锥形瓶	个	50543
1+1,6.0N 盐酸溶液	500mL	88449
酚溶液 30g/L	29mL	211220

名称及描述	单位	产品订货号
氨基磺酸	454g	234401
硫酸标准溶液 10N	1L	93153
0.1～1.0mL 移液枪	个	1970001
pH 试纸,0～14	100/pk	2601300
12.5cm 滤纸	100/pk	69257
65mL 分析漏斗	50mL	108367
250mL 带盖低密度聚乙烯采样瓶	12/pk	2087076
无汞温度计－10～225℃	个	2635700

表 6.3.17-9　可选择的标准样品

名称及描述	单位	产品订货号
3mg/L 磷酸盐标准溶液	946mL	2059716
15mg/L 磷酸盐标准溶液	100mL	1424342
30mg/L 磷酸盐标准溶液	946mL	1436716
10mL 安瓿瓶装磷酸盐标准溶液,50mg/L	16/pk	17110
100mg/L 磷酸盐标准溶液	100mL	1436832
10mL 安瓿瓶装磷酸盐标准溶液,500mg/L	16/pk	1424210
500mg/L 磷酸盐标准溶液	100mL	1424232

6.3.18　活性磷，（正磷酸盐）钼锑抗法[1]，方法8114（溶剂或安瓿瓶）

测量范围

$0.3～45.0mg/L\ PO_4^{3-}$。

应用范围

用于水和废水中活性磷（正磷酸盐）的测定。

测试准备工作

表 6.3.18-1　仪器详细说明

仪器	比色皿方向	比色皿
DR 6000 DR 3800 DR 2800 DR 2700 DR 1900	刻度线朝向右方	2495402 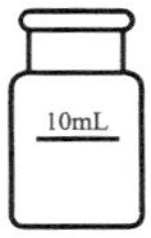
DR 5000 DR 3900	刻度线朝向用户	
DR 900	刻度线朝向用户	2401906 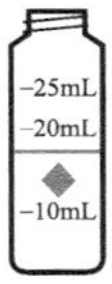

---

❶ 根据《水与废水标准检测方法》改编。

仪器	适配器	比色皿
DR 6000 DR 5000 DR 900	—	2427606 ~10mL
DR 3900	LZV846(A)	
DR 1900	9609900 or 9609800(C)	
DR 3800 DR 2800 DR 2700	LZV584(C)	2122800 ~10mL

(1) 为确保得到准确的结果，样品温度应保持在 20～25℃之间（68～77℉）。

(2) 加入试剂后如果有磷酸盐存在溶液会呈黄色，空白样也会由于试剂的原因而略显黄色。

表 6.3.18-2　准备的物品

名 称 及 描 述	数量	名 称 及 描 述	数量
溶剂法测试		安瓿瓶测试	
钼锑抗试剂	21.0mL	钼锑抗试剂 安瓿瓶装	2 份
比色皿(见"仪器详细说明")	2 个	50mL 烧杯	2 个
		18mm 试管塞	2 个

注：订购信息请参看"消耗品和替代品信息"。

钼锑抗溶剂法测试流程

（1）选择测试程序。参照"仪器详细说明"的要求插入适配器。

（2）空白样准备：向比色皿中加入10mL 去离子水。

（3）样品准备：向另一比色皿中加入10mL 样品。

（4）向每个比色皿中加入 0.5mL 钼锑抗试剂，混匀。

（5）启动仪器定时器。计时反应7min。

若样品的正磷酸盐浓度超过30mg/L,则在反应恰好到时时读数或按照1+1的比例稀释样品后再进行测试。

（6）反应到时后，擦拭空白管外壁，将其插入样品池中。

（7）按下"Zero（零）"键进行仪器调零。这时屏幕将显示：0.0mg/L PO_4^{3-}。

（8）擦拭准备好的样品管外壁，将其插入样品池中。

按"Read(读数)"键读取结果,单位mg/L PO_4^{3-}。

钼锑抗法测试流程（安瓿瓶）

（1）选择测试程序。参照"仪器详细说明"的要求插入适配器（具体方向请参见用户使用手册）。

（2）样品准备：在50mL烧杯中收集至少40mL水样。用样品灌装含有钼锑抗试剂的安瓿瓶。此过程中安瓿瓶瓶颈一定要浸没在水样内。

（3）空白样准备：在50mL烧杯中收集至少40mL去离子水。用去离子水灌装含有钼锑抗试剂的安瓿瓶。此过程中安瓿瓶瓶颈一定要浸没在去离子水内。

（4）启动仪器定时器。计时反应7min。若样品的正磷酸盐浓度超过30mg/L，则在反应恰好到时时读数或按照1＋1的比例稀释样品后再进行测试。

（5）反应到时后，擦拭空白管外壁，将其插入样品池中。

（6）按下"Zero（零）"键进行仪器调零。这时屏幕将显示：$0.0mg/L\ PO_4^{3-}$。

（7）擦拭准备好的样品管外壁，将其插入样品池中。

（8）按"Read（读数）"键读取结果，单位 $mg/L\ PO_4^{3-}$。

干扰物质

表 6.3.18-3　干扰物质

干 扰 物 质	干 扰 程 度
砷酸盐	只有样品被加热时才产生干扰
铁，三价铁	如果浓度小于100mg/L，由三价铁引起的蓝色不会造成干扰
钼酸盐	大于1000mg/L时产生负干扰
硅	只有样品被加热时才产生干扰
硫化物	造成负干扰 （1）量取50mL的样品倒入锥形瓶中 （2）边振荡边逐滴添加溴水①，直到有黄色生成且不退色 （3）逐滴添加苯酚溶液①，直到黄色正好消失。继续根据测试流程（3）操作〔若使用安瓿瓶法则按测试流程（2）操作〕
氟化物、钍、铋、硫代硫酸盐或硫氰酸盐	产生负干扰
具有高度缓冲能力或极端pH值的样品	可能会超出试剂的缓冲范围。样品需要进行预处理，pH值应大约为7

① 订购信息请参阅"可选择的试剂与仪器"。

表 6.3.18-4　低浓度时无干扰物质（低于1000mg/L）

焦磷酸盐	四硼酸盐	苯酸盐
柠檬酸盐	乳酸盐	甲酸盐
草酸盐	酒石酸盐	水杨酸盐
Al^{3+}	Fe^{3+}	Mg^{2+}
Ca^{2+}	Ba^{2+}	Sr^{2+}
Li^+	Na^+	K^+
NH_4^+	Cd^{2+}	Mn^{2+}

NO_3^-	NO_2^-	SO_4^{2-}
SO_3^{2-}	Pb^{2+}	Hg^+
Hg^{2+}	Sn^{2+}	Cu^{2+}
Ni^{2+}	Ag^+	U^{4+}
Zr^{4+}	AsO_3^-	Br^-
CO_3^{2-}	ClO_4^-	CN^-
IO_3^-	SiO_4^{4-}	硒酸盐

样品的采集、保存与存储

(1) 请用洁净的塑料瓶或玻璃瓶收集样品。一般先用 1＋1 盐酸溶剂清洗塑料瓶或玻璃瓶，再用去离子水清洗。

(2) 不要使用商用含磷清洁剂清洗玻璃仪器，因为所含磷酸盐会污染样品。

(3) 为实现最佳测试结果，应尽快对样品进行分析。

(4) 如果不能立即分析样品，将样品过滤后保存在 4℃（39℉）或更低温度条件下，最长可存储 48h。

(5) 分析前将样品加热到室温。

准确度检查方法

(1) 标准加入法（加标法）。准确度检查所需的试剂与仪器设备：2mL 安瓿瓶装磷酸盐标准溶液，500mg/L PO_4^{3-}；TenSette® 移液枪；安瓿瓶开口器；混合量筒（3 个）。

具体步骤如下。

① 读取测试结果后，将装有样品的比色皿（尚未加入标准物质）留在仪器中。

② 在仪器菜单中选择标准添加程序。

③ 按"OK（好）"键确认标样浓度、样品体积和加标体积的默认值。当这些值确认好后，未加标的样品读数将显示在顶端的一行。

④ 打开标准试剂安瓿瓶。

⑤ 分别向 3 份 25mL 的新鲜样品中加入 0.1mL、0.2mL、0.3mL 标准溶液。

⑥ 每个加标样取 10mL，分别倒在 3 个 10mL 比色皿中。

⑦ 从 0.1mL 的加标样品开始根据上述钼锑抗法测试流程依次测试 3 个加标样。

⑧ 加标测试过程结束后，按"Graph（图表）"键将显示结果。按"Ideal Line（理想曲线）"键将显示出样品加标与 100％回收率的"理想曲线"之间的关系。

(2) 标准溶液法。准确度检查需要 10mg/L 磷酸盐标准溶液。

具体步骤如下。

① 用 10mg/L 的标准溶液代替样品，按照钼锑抗法（安瓿瓶）测试流程流程操作。

② 用标准溶液所测得的数据校准标准曲线，在仪器菜单中选择标准溶液校准程序。

③ 打开标准调整界面，确认接受当前标准溶液浓度。如果使用了其他浓度的标准溶液，输入标准溶液的实际浓度，并确认用此溶液浓度校准标准曲线。

注：具体的程序选择操作过程请参见用户操作手册。

方法精确度

表 6.3.18-5　方法精确度

程序	标值	精确度：95％置信区间分布	灵敏度：每 0.010Abs 单位变动下,浓度变动值
480	30.0mg/L PO_4^{3-}	29.6～30.4mg/L PO_4^{3-}	0.3mg/L PO_4^{3-}
482	30.0mg/L PO_4^{3-}	29.7～30.3mg/L PO_4^{3-}	0.3mg/L PO_4^{3-}

方法解释

在钼锑抗方法中，正磷酸盐在酸性介质中与钼酸盐反应，生成一种磷酸盐/钼酸盐复合物。在钒存在的条件下，生成黄色的钼钒磷杂多酸。颜色的深浅程度与磷酸盐的含量成正比例关系。测试结果是在波长为420nm的波长下读取的。

消耗品和替代品信息

表 6.3.18-6　需要用到的试剂

试剂名称及描述	数量/每次测量	单　位	产品订货号
钼锑抗试剂 或	1.0mL	100mL MDB	2076032
钼锑抗试剂安瓿瓶	2	25/pk	2525025
去离子水	25mL	4L	27256

表 6.3.18-7　需要用到的仪器（试剂法）

仪　器　名　称	数量/每次测量	单　位	产品订货号
18mm 试管塞	2	6/pk	173106

表 6.3.18-8　需要用到的仪器（安瓿瓶）

仪　器　名　称	数量/每次测量	单　位	产品订货号
50mL 烧杯	1	个	50041H
安瓿瓶撬钮	1	个	2405200

表 6.3.18-9　推荐使用的标准样品

标准样品名称及描述	单　位	产品订货号
10mL PourRite® 安瓿瓶 磷酸盐标准溶液 500mg/L PO$_4^{3-}$	16/pk	1424210
磷酸盐标准溶液，10mg/L PO$_4^{3-}$	946mL	1420416
废水（进水）标准液,参数包括 NH$_3$-N、NO$_3^-$-N、PO$_4^{3-}$、COD，SO$_4^{2-}$、TOC	500mL	2833149

表 6.3.18-10　可选择的试剂与仪器

名　称　及　描　述	单　位	产品订货号
溴水,30g/L	29mL	221120
与 1970001 配套的移液枪头	1000/pk	2185628
与 1970001 配套的移液枪头	50/pk	2185696
0.1~1.0mL 移液枪	个	1970001
pH 试纸,0~14	100/pk	2601300
苯酚溶液,30g/L	29mL	211220
无汞温度计,−10~225℃	个	2635700
1+1, 6.0N 盐酸溶液	500mL	88449
25mL 混合量筒	个	189640
250mL 带盖低密度聚乙烯采样瓶	12/pk	2087076

表 6.3.18-11　可选择的标准样品

名　称　及　描　述	单　位	产品订货号
3mg/L 磷酸盐标准溶液	946mL	2059716
15mg/L 磷酸盐标准溶液	100mL	1424342
30mg/L 磷酸盐标准溶液	946mL	1436716
10mL 安瓿瓶装磷酸盐标准溶液,50mg/L	16/pk	17110
100mg/L 磷酸盐标准溶液	100mL	1436832
500mg/L 磷酸盐标准溶液	100mL	1424232

6.3.19　活性磷（正磷酸盐）钼锑抗法[❶]，方法8114（TNT试管）

测量范围

$1.0 \sim 100.0 mg/L\ PO_4^{3-}$。

应用范围

用于水和废水中活性磷（正磷酸盐）含量的测定。

测试准备工作

表6.3.19-1　仪器详细说明

仪器	适配器	遮光罩
DR 6000、DR 5000	—	—
DR 3900	—	LZV849
DR 3800、DR 2800、DR 2700	—	LZV646
DR 1900	9609900（D[1]）	—
DR 900	4846400	遮光罩随机附带

[1] D适配器不是每台仪器都具有。

(1) 使用DR 3900、DR 3800、DR 2800及DR 2700时，测试前用遮光罩遮住样品室2#。

(2) 同一批次的试剂，空白试剂可以重复利用。在室温条件下，空白试剂可以存放3周。

(3) 步骤（4）中，要求反应时间7min是对于样品温度23℃来说的。如果样品温度是13℃，要求15min；33℃时，要求2min。

表6.3.19-2　准备的物品

名　称　及　描　述	数　量	名　称　及　描　述	数　量
高量程正磷TNT试剂	1个	移液枪，1～10mL	1个
去离子水	5mL	移液枪头	1个
遮光罩	1个	试管架	1个

注：订购信息请参看"消耗品和替代品信息"。

钼锑抗法TNT试管 测试流程

 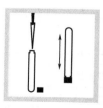   

（1）选择测试程序。参照"仪器详细说明"的要求插入适配器。

（2）空白样准备：向一支正磷TNT试管中加入5mL去离子水。

（3）样品准备：向另一支正磷TNT试管中加入5mL样品。

（4）启动仪器定时器。计时反应7min。

（5）反应到时后，擦拭空白管外壁，将其插入样品池中。

---

❶ 根据《水与废水标准检测方法》改编。

（6）按下"Zero
（零）"键进行仪器调
零。这时屏幕将显
示：0.0mg/L PO_4^{3-}。

（7）擦拭准备好
的样品管外壁，将其
插入样品池中。

按"Read（读数）"
键读取结果，单位
mg/L PO_4^{3-}。

干扰物质

表 6.3.19-3　干扰物质

干 扰 物 质	干 扰 程 度
砷酸盐	只有样品被加热时才产生干扰
铁，三价铁	如果浓度小于100mg/L，由三价铁引起的蓝色不会造成干扰
钼酸盐	大于1000mg/L时产生负干扰
硅	只有样品被加热时才产生干扰
硫化物	造成负干扰 (1)量取50mL的样品倒入锥形瓶中 (2)边振荡边逐滴添加溴水①，直到有黄色生成且不退色 (3)逐滴添加苯酚溶液①，直到黄色正好消失。继续根据测试流程(3)操作 [若使用安瓿瓶法则按测试流程(2)操作]
氟化物、钍、铋、硫代硫酸盐或硫氰酸盐	产生负干扰
具有高度缓冲能力或极端pH值的样品	可能会超出试剂的缓冲范围。样品需要进行预处理，pH值应大约为7

① 订购信息请参阅"可选择的试剂与仪器"。

表 6.3.19-4　低浓度时无干扰物质（低于1000mg/L）

焦磷酸盐	四硼酸盐	苯酸盐
柠檬酸盐	乳酸盐	甲酸盐
草酸盐	酒石酸盐	水杨酸盐
Al^{3+}	Fe^{3+}	Mg^{2+}
Ca^{2+}	Ba^{2+}	Sr^{2+}
Li^+	Na^+	K^+
NH_4^+	Cd^{2+}	Mn^{2+}
NO_3^-	NO_2^-	SO_4^{2-}
SO_3^{2-}	Pb^{2+}	Hg^+
Hg^{2+}	Sn^{2+}	Cu^{2+}
Ni^{2+}	Ag^+	U^{4+}
Zr^{4+}	AsO_3^-	Br^-
CO_3^{2-}	ClO_4^-	CN^-
IO_3^-	SiO_4^{4-}	硒酸盐

样品的采集、保存与存储

(1) 请用洁净的塑料瓶或玻璃瓶收集样品。一般先用 1＋1 盐酸溶剂清洗塑料瓶或玻璃瓶，再用去离子水清洗。

(2) 不要使用商用含磷清洁剂清洗玻璃仪器，因为所含磷酸盐会污染样品。

(3) 为实现最佳测试结果，应尽快对样品进行分析。

(4) 如果不能立即分析样品，将样品过滤后保存在 4℃ （39℉） 或更低温度条件下，最长可存储 48h。

(5) 分析前将样品加热到室温。

准确度检查方法

(1) 标准加入法（加标法）。准确度检查所需的试剂与仪器设备有：2mL 安瓿瓶装磷酸盐标准溶液，500mg/L PO_4^{3-}；TenSette® 移液枪；安瓿瓶开口器；混合量筒（3 个）。

具体步骤如下。

① 读取测试结果后，将装有样品的比色皿（尚未加入标准物质）留在仪器中。

② 在仪器菜单中选择标准添加程序。

③ 按"OK（好）"键确认标样浓度、样品体积和加标体积的默认值。当这些值确认好后，未加标的样品读数将显示在顶端的一行。

④ 打开标准试剂安瓿瓶。

⑤ 分别向 3 份 25mL 的新鲜样品中加入 0.1mL、0.2mL、0.3mL 标准溶液。

⑥ 每个加标样取 10mL，分别倒在 3 个 10mL 比色皿中。

⑦ 从 0.1mL 的加标样品开始根据上述钼锑抗法测试流程依次测试 3 个加标样。

⑧ 加标测试过程结束后，按"Graph（图表）"键将显示结果。按"Ideal Line（理想曲线）"键将显示出样品加标与 100％回收率的"理想曲线"之间的关系。

(2) 标准溶液法。准确度检查所需的试剂为 10mg/L 磷酸盐标准溶液。

具体步骤如下。

① 用 10mg/L 的标准溶液代替样品，按照钼锑抗法（安瓿瓶）测试流程流程操作。

② 用标准溶液所测得的数据校准标准曲线，在仪器菜单中选择标准溶液校准程序。

③ 打开标准调整界面，确认接受当前标准溶液浓度。如果使用了其他浓度的标准溶液，输入标准溶液的实际浓度，并确认用此溶液浓度校准标准曲线。

注：具体的程序选择操作过程请参见用户操作手册。

方法精确度

表 6.3.19-5　方法精确度

程序	标值	精确度：95％置信区间分布	灵敏度:每 0.010Abs 单位变动下,浓度变动值
540	50.0mg/L PO_4^{3-}	49.1～50.9mg/L PO_4^{3-}	0.7mg/L PO_4^{3-}

方法解释

在钼锑抗方法中，正磷酸盐在酸性介质中与钼酸盐反应，生成一种磷酸盐/钼酸盐复合物。在钒存在的条件下，生成黄色的钼钒磷杂多酸。颜色的深浅程度与磷酸盐的含量成正比例关系。测试结果是在波长为 420nm 的波长下读取的。

消耗品和替代品信息

表 6.3.19-6　需要用到的试剂

试剂名称及描述	数量/每次测量	单　位	产品订货号
高量程正磷 TNT 试剂		50 支	2767345

试剂名称及描述	数量/每次测量	单 位	产品订货号
(1)高量程 TNT 试剂	1	50/pk	—
(2)去离子水	5mL	100mL	27256

表 6.3.19-7　需要用到的仪器（试剂法）

仪 器 名 称	数量/每次测量	单 位	产品订货号
18mm 试管塞	2	6/pk	173106

表 6.3.19-8　需要用到的仪器设备

仪 器 名 称	数量/每次测量	单 位	产品订货号
1~10mL 移液枪	1	个	1970010
移液枪枪头	1	50/pk	2199796
试管架	1	个	1864100

表 6.3.19-9　推荐使用的标准样品

标 准 样 品 名 称 及 描 述	单 位	产品订货号
磷酸盐标准溶液 50mg/L PO_4^{3-}	500mL	17149
磷酸盐标准溶液，500mg/L PO_4^{3-}	10mL	1424210
废水进水标准液，参数包括 $NH_3\text{-}N$、$NO_3^-\text{-}N$、PO_4^{3-}、COD、SO_4^{2-}、TOC	500mL	2833149

表 6.3.19-10　可选择的试剂与仪器

名 称 及 描 述	单 位	产品订货号
溴水，30g/L	29mL	221120
与 1970001 配套的移液枪头	1000/pk	2185628
与 1970001 配套的移液枪头	50/pk	2185696
0.1~1.0mL 移液枪	个	1970001
pH 试纸，0~14	100/pk	2601300
苯酚溶液，30g/L	29mL	211220
无汞温度计，-10~225℃	个	2635700
1+1,6.0N 盐酸溶液	500mL	88449
25mL 混合量筒	个	189640
250mL 带盖低密度聚乙烯采样瓶	12/pk	2087076

表 6.3.19-11　可选择的标准样品

名 称 及 描 述	单 位	产品订货号
3mg/L 磷酸盐标准溶液	946mL	2059716
15mg/L 磷酸盐标准溶液	100mL	1424342
30mg/L 磷酸盐标准溶液	946mL	1436716
10mL 安瓿瓶装磷酸盐标准溶液，50mg/L	16/pk	17110
100mg/L 磷酸盐标准溶液	100mL	1436832
500mg/L 磷酸盐标准溶液	100mL	1424232

6.3.20　总磷，USEPA❶PhosVer® 3 消解-抗坏血酸法，方法 8190（Test' N Tube™管）

测量范围

$0.06\sim3.50\,\text{mg/L}\ PO_4^{3-}$ 或 $0.02\sim1.10\,\text{mg/L}\ P$。

应用范围

用于水、废水与海水中总磷含量的测定。

测试准备工作

表 6.3.20-1　仪器详细说明

仪器	适配器	遮光罩
DR 6000,DR 5000	—	—
DR 3900	—	LZV849
DR 3800,DR 2800,DR 2700	—	LZV646
DR 1900	9609900(D[1])	—
DR 900	4846400	遮光罩随机附带

[1] D适配器不是每台仪器都具有。

（1）针对型号为 DR 3900、DR 3800、DR 2800 和 DR 2700 的仪器，测试前请在适配器模块上方安装上遮光罩。

（2）为了测试结果更加准确，每一批新的试剂都应该测定试剂空白值。试剂空白的测定同样按照测试步骤进行，只是把样品换成去离子水进行测试。从最后的测试结果中将试剂空白值扣除，或者调整仪器的试剂空白。

（3）本测试总磷测量范围为 $0.06\sim3.50\,\text{mg/L}\ PO_4^{3-}$，如果含量高于 $3.50\,\text{mg/L}$，此浓度只能用于估计稀释倍数，不可以作为测试结果。如果含量高于 $3.50\,\text{mg/L}$，稀释样品，重新消解样品后再进行测试。

（4）本方法最终的测试样品中会含有钼，另外，最终的测试样品 pH 值会低于 2，这样的溶液被美国联邦政府的《资源保护和恢复法案》（Federal RCRA，The Resource Conservation and Recovery Act）规定为危险废弃物。此溶液应该收集起来按照类型编号为 D002 的反应物进行处理处置。详细的处理处置信息请参见当前的化学品安全说明书（MSDS，Material Safety Data Sheet）和当地的化学品安全法规条例。

表 6.3.20-2　准备的物品

名　称　及　描　述	数　　量
总磷 Test'N Tube AmVer™试剂管测试组件	1 套
去离子水	根据用量而定
DBR 200 消解器,15×16mm	1 个
小漏斗	1 个
遮光罩或适配器(请参见"仪器详细说明")	1 个
TenSette®移液枪及其配套的枪头,量程范围 1~10mL	1 个
试剂管架	1 个

注：订购信息请看"消耗品和替代品信息"。

---

❶ USEPA 认可的废水分析方法（Standard Methods 4500 P-E）。

PhosVer® 3 消解-抗坏血酸法（Test'N Tube™管）测试流程

（1）打开 DBR 200 消解器，加热至 150℃。

（2）选择测试程序。参照"仪器详细说明"的要求插入适配器或遮光罩（详细介绍请参见用户手册）。

（3）用 TenSette® 移液枪向一个总磷测试 Test'N Tube Am-Ver™试剂管加入 5.0mL 样品。

（4）用小漏斗向试剂管中加入一包 Potassium Persulfate 试剂粉枕包。

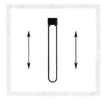

（5）盖紧盖子，摇晃使粉末溶解。

（6）将试剂管插入 DBR 200 消解器中。盖上防护罩。

（7）启动仪器定时器。计时加热 30min。

（8）计时时间结束后，小心地将热的试剂管从消解器中取出，插在试剂管架上，冷却至室温（18～25℃）。

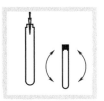

（9）用 TenSette® 移液枪分别向试剂管中加入 2mL 的 1.54 N 氢氧化钠溶液。盖上盖子，倒转以混合均匀。

（10）先用潮湿的抹布擦拭试剂管，再用干燥的布擦去上面的指纹和其他污渍。

（11）将擦干净的试剂管放入 16mm 圆形适配器中。

（12）按下"Zero（零）"键进行仪器调零。这时屏幕将显示：0.00mg/L PO_4^{3-}。

（13）用小漏斗向试剂管中加入一包 PhosVer 3 试剂粉枕包。

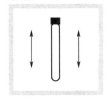

（14）立即盖紧盖子，摇晃 20～30s。试剂粉末可能不会完全溶解。

（15）启动仪器定时器。计时反应 2min。

计时反应结束后的 2～8min 内进行读数。

（16）计时时间结束后，先用潮湿的抹布擦拭试剂管，再用干燥的布擦去上面的指纹和其他污渍。将擦干净的试剂管放入 16mm 圆形适配器中。

按下"Read（读数）"键读取总磷含量，结果以 mg/L PO_4^{3-} 为单位

干扰物质

表 6.3.20-3 干扰物质

干扰成分	抗干扰水平及处理方法
铝	200mg/L

干 扰 成 分	抗干扰水平及处理方法
砷酸盐	任何浓度水平下均会干扰测试
铬	100mg/L
铜	10mg/L
铁	100mg/L
镍	300mg/L
具有极端 pH 值或强缓冲溶液	可能会超出试剂的缓冲能力。样品应先进行预处理,将 pH 值调整至 7 左右
硅	50mg/L
硅酸盐	10mg/L
硫化物	90mg/L
浊度或色度	试剂中的酸性物质可能会使样品中的悬浮颗粒物溶解,使溶液有浊度而造成读数不稳定,因为正磷酸盐可能会因解吸附作用而从颗粒物上脱离下来
锌	80mg/L

样品的采集、保存与存储

(1) 样品采集时应使用 1+1 盐酸[1]清洗、去离子水冲洗过的玻璃或塑料容器。

(2) 不要使用市售的含磷洗涤剂来清洗本测试中使用的玻璃仪器。

(3) 采样后立即分析的测试结果最可靠。

(4) 如果采样后不能立即进行分析测试,请使用硫酸[1]（至少 2mL 浓硫酸/L 水）将样品的 pH 值调整至 2 或者 2 以下以保存。

(5) 将样品置于 4 ℃（即 39℉）的条件下进行保存,最长可以保存 28 天。

(6) 测试分析前,请先将样品加热至室温,用 5.0N 氢氧化钠溶液[2]中和样品酸性,将样品的 pH 值调整至 7 左右。

(7) 根据样品体积增加量修正测试结果。

准确度检查方法

(1) 标准加入法（加标法）。准确度检查所需的试剂与仪器有：磷 Voulette ® 安瓿瓶标准溶液,浓度为 50mg/L PO_4^{3-}, 10mL；安瓿瓶开口器；TenSette® 移液枪及配套的枪头；混合量筒, 25mL, 三个。

具体步骤如下。

① 用 1+1 盐酸标准溶液清洗玻璃仪器。再用去离子水冲洗。不要使用含磷洗涤剂来清洗本测试中使用的玻璃仪器。

② 读取测试结果后,将装有样品的比色皿（尚未加入标准物质）留在仪器中。

③ 在仪器菜单中选择标准添加程序。

④ 按"OK（好）"键确认标样浓度、样品体积和加标体积的默认值。按"EDIT（编辑程序）"键可以修改这些默认值。当这些值确认好后,未加标的样品读数将显示在顶端的一行。更多详细信息请参见用户手册。

⑤ 打开浓度为 50mg/L PO_4^{3-} 的磷 Voulette ® 安瓿瓶标准试剂。

⑥ 用 TenSette® 移液枪准备三个加标样。将样品倒入三个混合量筒中,液面与 25mL 刻度线

---

[1] 订购信息请参看"可选择的试剂与仪器"。

[2] 订购信息请参看"可选择的试剂与仪器"。

平齐。使用 TenSette® 移液枪分别向三个混合量筒中依次加入 0.1mL、0.2mL 和 0.3mL 的标准物质，混合均匀。

⑦ 从 0.1mL 的加标样开始，按照上述测试流程依次对三个加标样品进行测试。按"Read（读数）"键确认接受每一个加标样品的测试值。

⑧ 加标测试过程结束后，按"Graph（图表）"键将显示出根据加标数据计算得到的最佳拟合曲线，说明本底干扰的存在与否。按"Ideal Line（理想线条）"键将显示出样品加标与 100% 回收率的"理想线条"之间的关系。每个加标样都应该达到约 100% 的加标回收率。

（2）标准溶液法。所需的试剂为磷标准溶液，浓度为 3.0mg/L。

具体步骤如下。

① 用浓度为 3.0mg/L 的磷标准溶液代替样品按照上述"PhosVer® 3 消解-抗坏血酸法（Test'N Tube™ 管）测试流程"进行测试。

② 用浓度为 3.0mg/L 的磷标准溶液校准标准曲线，在仪器菜单中选择标准溶液校准程序。

③ 打开标准调整界面，确认接受当前标准溶液浓度。如果使用了其他浓度的标准溶液，输入标准溶液的实际浓度，并确认用此溶液浓度校准标准曲线。

注意：具体的程序选择操作过程请参见用户操作手册。

方法精确度

表 6.3.20-4　方法精确度

程序	标值	精确度：95% 置信区间分布	灵敏度：每 0.010Abs 单位变动下，浓度变动值
536	3.00mg/L PO_4^{3-}	2.93～3.07mg/L PO_4^{3-}	0.06mg/L PO_4^{3-}

方法解释

分析测试前，有机和浓缩的无机形式的磷酸盐（偏、焦或多磷酸盐）必须转化为可以反应的正磷酸盐。用酸和加热的样品预处理可以提供浓缩的无机形式的磷酸盐发生水解作用的条件。有机磷酸盐在酸液和过硫酸盐溶液中加热后可以转化为正磷酸盐。

正磷酸盐与钼酸盐在酸性介质中发生反应，生成一种混合的磷酸盐/钼酸盐配合物。抗坏血酸还原此含钼配合物使溶液呈深蓝色。测试结果是在波长为 880nm 的可见光下读取的。

消耗品和替代品信息

表 6.3.20-5　需要用到的试剂

试剂名称及描述	数量/每次测量	单　位	产品订货号
总磷 Test'N Tube AmVer™ 试剂管测试组件，50 次测试	—	—	2742645
PhosVer® 3 磷试剂粉枕包	1	50/pk	2076046
Potassium Persulfate 粉枕包	1	50/pk	2084766
1.54N 的氢氧化钠溶液	2mL	100mL	2743042
Acid Hydrolyzable Test 试剂管①	1	50/pk	—
去离子水	根据用量而定	100mL	27242

① 测试组件中的配套产品，不单独提供。

表 6.3.20-6　需要用到的仪器

试剂名称及描述	数量/每次测量	单　位	产品订货号
DBR 200 消解器，110V，15×16mm	1	每次	LTV082.53.40001
DBR 200 消解器，220V，15×16mm	1	每次	LTV082.52.40001
小漏斗	1	每次	2584335
TenSette® 移液枪，量程范围为 1.0～10mL	1	每次	1970010
与 TenSette® 移液枪 19700-10 配套的枪头	1	250/pk	2199725
试剂管架	1	每次	1864100

表 6.3.20-7　推荐使用的标准样品

标准样品名称及描述	单　位	产品订货号
饮用水无机混合指标标准溶液,用于 F^-、NO_3^-、PO_4^{3-}、SO_4^{2-}	500mL	2833049
磷 Voluette® 安瓿瓶标准溶液,浓度为 50mg/L PO_4^{3-},10mL	16/pk	17110
磷标准溶液,浓度为 1mg/L PO_4^{3-}	500mL	256949
磷标准溶液,浓度为 3mg/L PO_4^{3-}	946mL	2059716
无机废水标准溶液,用于 NH_3-N、NO_3^--N、PO_4^{3-}、COD、SO_4^{2-}、TOC	50mL	2833249
10mL Voluette® 安瓿瓶开口器	每次	2196800

表 6.3.20-8　可选择的试剂与仪器

名　称　及　描　述	单　位	产品订货号
混合量筒	25mL	189640
移液管,A 级,2.00mL	1 根	每次
盐酸,6.0N,1+1	500mL	88449
氢氧化钠溶液,5.0N	1000mL	245053
浓硫酸	500mL	97949
TenSette® 移液枪,量程范围为 0.1~1.0mL	每次	1970001
与 TenSette® 移液枪 19700-01 配套的枪头	50/pk	2185696
与 TenSette® 移液枪 19700-01 配套的枪头	1000/pk	2185628
低密度带盖聚乙烯采样瓶,250mL	12/pk	2087076
pH 试纸,测量范围为 0~14	100/pk	2601300
去离子水	4L	27256
无汞环保温度计,测量范围为 −10~225℃	每次	2635700
手指护套	2/pk	1464702

表 6.3.20-9　可选择的标准样品

标准样品名称及描述	单　位	产品订货号
磷标准溶液,浓度为 10mg/L	946mL	1436716
磷标准溶液,浓度为 15mg/L	100mL	1424342
磷标准溶液,浓度为 100mg/L	100mL	1436832
磷 Voluette® 安瓿瓶标准溶液,浓度为 500mg/L	16/pk	1424210
磷标准溶液,浓度为 500mg/L	100mL	1424232

6.3.21　总磷,消解-钼锑抗法[❶],方法10127（Test'N Tube™管）

高浓度测量范围

1.0~100.0mg/L PO_4^{3-}。

应用范围

用于水与废水中总磷含量的测定。

---

❶ 改编自《水与废水标准检测方法》（4500 B-C）。

测试准备工作

表 6.3.21-1　仪器详细说明

仪器	适配器	遮光罩
DR 6000,DR 5000	—	—
DR 3900	—	LZV849
DR 3800,DR 2800,DR 2700	—	LZV646
DR 1900	9609900(D[1])	—
DR 900	4846400	遮光罩随机附带

[1] D 适配器不是每台仪器都具有。

(1) 针对型号为 DR 3900、DR 3800、DR 2800 和 DR 2700 的仪器,测试前请在适配器模块上方安装上遮光罩。

(2) 空白值样品可以多次使用,但不可以隔夜存放。

(3) 本方法最终的测试样品中会含有钼,另外,最终的测试样品 pH 值会低于 2,这样的溶液被美国联邦政府的《资源保护和恢复法案》(RCRA) 规定为危险废弃物。此溶液应该收集起来按照类型编号为 D002 的反应物进行处理处置。详细的处理处置信息请参见当前的化学品安全说明书 (MSDS) 和当地的化学品安全法规条例。

表 6.3.21-2　准备的物品

名称及描述	数量
高量程总磷 Test'N Tube AmVer™ 试剂管测试组件	1 套
DBR 200 消解器,15×16mm	1 个
遮光罩或适配器(请参见"仪器详细说明")	
TenSette® 移液枪及其配套的枪头,量程范围 1~10mL	1 套
试剂管架	1 个
小漏斗	1 个

注:订购信息请参看"消耗品和替代品信息"。

消解-钼锑抗法 (Test'N Tube™ 管) 测试流程

（1）打开 DBR 200 消解器,加热至 150℃。

（2）选择测试程序。参照"仪器详细说明"的要求插入适配器或遮光罩(详细介绍请参见用户手册)。
型号为 DR/2400 和 DR/2500 的仪器请选择程序号 541。

（3）空白值的测定:用 TenSette® 移液枪向一个高量程总磷测试 Test'N Tube AmVer™ 试剂管加入 5.0mL 去离子水。

（4）样品的测定:用 TenSette® 移液枪向第二个高量程总磷测试 Test'N Tube AmVer™ 试剂管加入 5.0mL 样品。

（5）分别向两个 Test'N Tube 试剂管中各加入一包 Potassium Persulfate 试剂粉枕包。盖紧盖子,摇晃以混合均匀。

    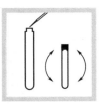

（6）将试剂管插入 DBR 200 消解器中。盖上防护罩。

（7）启动仪器定时器。计时加热 30min。

（8）计时时间结束后，小心地将热的试剂管从消解器中取出，插在试剂管架上，冷却至室温（18～25℃）。

（9）用 TenSette® 移液枪分别向两个试剂管中各加入 2.0mL 的 1.54N 氢氧化钠溶液。盖上盖子，倒转以混合均匀。

（10）用聚乙烯滴管分别向两个试剂管中各加入 0.5mL 的 Molybdo-vanadate 钼钒杂多酸盐试剂溶液。盖上盖子，倒转以混合均匀。

   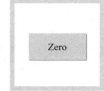 

（11）启动仪器定时器。计时反应 7min。在加入→Molybdo-vanadate 钼钒杂多酸盐试剂溶液后的 7～9min 内读数。

（12）计时时间结束后，先用潮湿的抹布擦拭试剂管，再用干燥的布擦去上面的指纹和其他污渍。

（13）将擦干净的空白试剂管放入 16mm 圆形适配器中。

（14）按下"Zero（零）"键进行仪器调零。这时屏幕将显示：$0.0mg/L\ PO_4^{3-}$。

（15）将装有样品的试剂管放入 16mm 圆形适配器中。

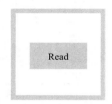

（16）按下"Read（读数）"键读取总磷含量，结果以 mg/L PO_4^{3-} 为单位。

干扰物质

试剂中的酸性物质可能会使样品中的悬浮颗粒物溶解，使溶液有浊度而造成读数不稳定，因为正磷酸盐可能会因解吸附作用而从颗粒物上脱离下来。

表 6.3.21-3 显示了干扰物质的名称、抗干扰水平及干扰类型。表 6.3.21-4 显示了含量低于 1000mg/L 时不会对测试产生干扰的物质。

表 6.3.21-3　干扰物质

干扰成分	抗干扰水平及处理方法
砷酸盐	加入 Molybdovanadate 钼钒杂多酸盐试剂溶液后（消解后）[1]，样品温度的升高会产生正干扰。消解后先冷却，再加入试剂溶液
亚铁离子	如果铁含量低于 100mg/L，亚铁离子产生的蓝色不会产生干扰
钼酸盐	高于 1000mg/L 时产生负干扰
硅	加入 Molybdovanadate 钼钒杂多酸盐试剂溶液后（消解后）[1]，样品温度的升高会产生正干扰。消解后先冷却，再加入试剂溶液
具有极端 pH 值或强缓冲溶液	可能会超出试剂的缓冲能力。样品应先进行预处理，将 pH 值调整至 7 左右

干扰成分	抗干扰水平及处理方法
氟化物、钍、铋、硫代硫酸盐或硫氰酸盐	产生负干扰
低温（低于18℃）	产生负干扰
高温（高于25℃）	产生正干扰 样品消解后，在加入 Molybdovanadate 钼钒杂多酸盐试剂或氢氧化钠溶液前，应该先冷却至室温（18～25℃）

① 稍微将样品加热升温至室温的过程不会对测试产生干扰。

表 6.3.21-4　非干扰物质（低于 1000mg/L）

焦磷酸盐	四硼酸盐	硒酸盐	苯甲酸盐
柠檬酸盐	草酸盐	乳酸盐	酒石酸盐
甲酸盐	水杨酸盐	铝离子	三价铁离子
镁离子	钙离子	钡离子	锶离子
锂离子	钠离子	钾离子	铵根离子
镉离子	锰离子	硝酸根离子	亚硝酸根离子
硫酸根离子	亚硫酸根离子	铅离子	亚汞离子
汞离子	锡离子	铜离子	镍离子
银离子	铀离子	锆离子	砷酸盐离子
溴离子	碳酸根离子	高氯酸根离子	氰根离子
碘酸根离子	硅酸根离子	—	

样品的采集、保存与存储

(1) 样品采集时应使用 $1+1$ 盐酸❶清洗、去离子水冲洗过的玻璃或塑料容器。

(2) 不要使用市售的含磷洗涤剂来清洗本测试中使用的玻璃仪器。

(3) 采样后立即分析的测试结果最可靠。

(4) 如果采样后不能立即进行分析测试，请使用硫酸❷（至少 2mL 浓硫酸/L 水）将样品的 pH 值调整至 2 或者 2 以下以保存。

(5) 将样品置于 4℃（即 39℉）的条件下进行保存，最长可以保存 28 天。

(6) 测试分析前，请先将样品加热至室温，用 5.0N 氢氧化钠溶液❷中和样品酸性，将样品的 pH 值调整至 7 左右。

(7) 根据样品体积增加量修正测试结果。

准确度检查方法

(1) 标准加入法（加标法）。准确度检查所需的试剂与仪器有：磷 Voulette® 安瓿瓶标准溶液，浓度为 500mg/L PO_4^{3-}，10mL；安瓿瓶开口器；TenSette® 移液枪及配套的枪头；混合量筒，25mL，三个。

具体步骤如下。

① 用 $1+1$ 盐酸标准溶液清洗玻璃仪器，再用去离子水冲洗。不要使用含磷洗涤剂来清洗本测试中使用的玻璃仪器。

② 读取测试结果后，将装有样品的比色皿（尚未加入标准物质）留在仪器中。

③ 在仪器菜单中选择标准添加程序。

---

❶ 订购信息请参看"可选择的试剂与仪器"。

❷ 订购信息请参看"可选择的试剂与仪器"。

④ 按"OK（好）"键确认标样浓度、样品体积和加标体积的默认值。按"EDIT（编辑程序）"键可以修改这些默认值。当这些值确认好后，未加标的样品读数将显示在顶端的一行。更多详细信息请参见用户手册。

⑤ 打开浓度为 $500mg/L\ PO_4^{3-}$ 的磷 Voulette® 安瓿瓶标准试剂。

⑥ 用 TenSette® 移液枪准备三个加标样。将样品倒入三个混合量筒中，液面与 25mL 刻度线平齐。使用 TenSette® 移液枪分别向三个混合量筒中依次加入 0.1mL、0.2mL 和 0.3mL 的标准物质，混合均匀。

⑦ 从 0.1mL 的加标样开始，按照上述测试流程依次对三个加标样品进行测试。按"Read（读数）"键确认接受每一个加标样品的测试值。

⑧ 加标测试过程结束后，按"Graph（图表）"键将显示出根据加标数据计算得到的最佳拟合曲线，说明本底干扰的存在与否。按"Ideal Line（理想线条）"键将显示出样品加标与 100%回收率的"理想线条"之间的关系。每个加标样都应该达到约 100%的加标回收率。

(2) 标准溶液法。所需的试剂有磷标准溶液，浓度为 50mg/L。

具体步骤如下。

① 用浓度为 50mg/L 的磷标准溶液代替样品按照上述测试流程进行测试。

② 用浓度为 50mg/L 的磷标准溶液校准标准曲线，在仪器菜单中选择标准溶液校准程序。

(3) 打开标准调整界面，确认接受当前标准溶液浓度。如果使用了其他浓度的标准溶液，输入标准溶液的实际浓度，并确认用此溶液浓度校准标准曲线。

注意： 具体的程序选择操作过程请参见用户操作手册。

方法精确度

表 6.3.21-5　方法精确度

程序	标值	精确度：95%置信区间分布	灵敏度:每 0.010Abs 单位变动下,浓度变动值
542	$50mg/L\ PO_4^{3-}$	$49.4\sim50.6mg/L\ PO_4^{3-}$	$0.7mg/L\ PO_4^{3-}$

方法解释

分析测试前，有机和浓缩的无机形式的磷酸盐（偏、焦或多磷酸盐）必须转化为可以反应的正磷酸盐。用酸和加热的样品预处理可以提供浓缩的无机形式的磷酸盐发生水解作用的条件。有机磷酸盐在酸液和过硫酸盐溶液中加热后可以转化为正磷酸盐。

正磷酸盐与钼酸盐在酸性介质中发生反应，生成一种混合的磷酸盐/钼酸盐配合物。在钒的存在下，生成黄色的磷钼钒杂多酸。黄色的深浅和磷含量成正比例关系。测试结果是在波长为 420nm 的可见光下读取的。

消耗品和替代品信息

表 6.3.21-6　需要用到的试剂

试剂名称及描述	数量/每次测量	单　位	产品订货号
高量程总磷 Test'N Tube AmVer™ 试剂管测试组件	—	25 管	2767245
(1)Molybdovanadate 试剂	0.5mL	25mL	2076026
(1)Potassium Persulfate 粉枕包	1	50/pk	2084766
(1)1.54N 的氢氧化钠溶液	2mL	100mL	2743042
(1)总磷 Test'N Tube AmVer™ 试剂管①	1	50/pk	—
(2)去离子水	5mL	100mL	27242

① 测试组件中的配套产品，不单独提供。

表 6.3.21-7　需要用到的仪器

仪器名称及描述	数量/每次测量	单　　位	产品订货号
DBR 200 消解器,110V,15×16mm	1	每次	LTV082.53.40001
DBR 200 消解器,220V,15×16mm	1	每次	LTV082.52.40001
塑料滴管,带 0.5mL 和 1.0mL 刻度线	1	20/pk	2124720
TenSette® 移液枪,量程范围为 1～10mL	1	每次	1970010
与 TenSette® 移液枪 19700-10 配套的枪头	1	250/pk	2199725
试剂管架	1	每次	1864100

表 6.3.21-8　推荐使用的标准样品

标准样品名称及描述	单　　位	产品订货号
磷 Voluette® 安瓿瓶标准溶液,浓度为 500mg/L PO_4^{3-},10mL	16/pk	1424210
磷标准溶液,浓度为 50mg/L PO_4^{3-}	500mL	17149
无机废水标准溶液,用于 NH_3-N、NO_3^--N、PO_4^{3-}、COD、SO_4^{2-}、TOC	500mL	2833149
10mL Voluette® 安瓿瓶开口器	每次	2196800

表 6.3.21-9　可选择的试剂与仪器

名　称　及　描　述	单　　位	产品订货号
1+1 盐酸,6.0N	500mL	88449
氢氧化钠溶液,5.0N	1000mL	245053
浓硫酸	500mL	97949
与 TenSette® 移液枪 19700-10 配套的枪头①	50/pk	2199796
TenSette® 移液枪,量程范围为 0.1～1.0mL	1 个	1970001
与 TenSette® 移液枪 19700-01 配套的枪头①	50/pk	2185696
与 TenSette® 移液枪 19700-01 配套的枪头①	1000/pk	2185628
pH 试纸,测量范围为 0～14	100/pk	2601300
去离子水	4L	27256
无汞环保温度计,测量范围为 −10～225℃	1 个	2635700
手指护套	2/pk	1464702
低密度带盖聚乙烯采样瓶,250mL	12/pk	2087076
混合量筒,25mL	1 个	189640
小漏斗	1 个	2584335

① 可根据需要选择其他尺寸的。

表 6.3.21-10　可选择的标准样品

标准样品名称及描述	单　　位	产品订货号
磷标准溶液,浓度为 30mg/L	946mL	1436716
磷标准溶液,浓度为 100mg/L	100mL	1436832
磷 Voluette® 安瓿瓶标准溶液,浓度为 50mg/L,10mL	16/pk	17110
磷标准溶液,浓度为 500mg/L	100mL	1424232

6.3.22　硝酸盐,UV 法❶,方法 10049

测量范围

0.1～10mg/L NO_3^--N。

应用范围

用于检测未污染的含有低浓度有机物质的天然饮用水中硝酸盐含量的测定。

---

❶ 根据《水与废水标准检测方法》4500-NO3-B. 改编。

测试准备工作

表 6.3.22-1　仪器详细说明

仪器	适配器	比色皿方向	比色皿
DR 6000	LZV902.99.00020(标准型) LZV902.99.00002(1-cm 旋转型)	光面玻璃朝向右方	2624410
DR 5000	A23618	光面玻璃朝向用户	

（1）浑浊的样品在测试前必须过滤。

（2）为保证测试结果的准确性，第一次使用该方法的用户可以使用 5.0mg/L 的硝酸盐-氮标准溶液代替样品。如有必要请调整标准曲线。

表 6.3.22-2　准备的物品

名　称　及　描　述	数　　量
1.0M 盐酸标准溶液	1mL
去离子水	10mL
100mL 烧杯	1个
1cm 石英比色皿(请参见"仪器详细说明")	2个

注：订购信息请看"消耗品和替代品信息"。

UV 法测试流程

（1）选择测试程序。参照"仪器详细说明"的要求插入适配器(详细介绍请参见用户手册)。

（2）准备样品:在100mL 烧杯中收集50mL 样品。

（3）向烧杯中加入 1mL 1.0N 的盐酸标准溶液,混匀。

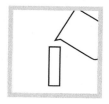

（4）先用样品润洗 1cm 方形石英比色皿后,再将样品装满比色皿。

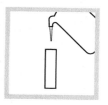

（5）准备空白:向另一个 1cm 石英比色皿中装满去离子水。

（6）将空白管放入样品池中并盖上顶盖。比色皿的透光面面向用户。

（7）按下"Zero(零)"键进行仪器调零。这时屏幕将显示:0.0mg/L NO$_3^-$-N。

（8）将准备好的样品管放入样品池中。

仪器会分别在220nm 和 275nm 处读数。测试结束后屏幕上会显示氮-硝酸盐的浓度。

干扰物质

表 6.3.22-3　干扰物质

干扰成分	抗干扰水平	干扰成分	抗干扰水平
氯酸盐	可能会产生干扰	亚硝酸盐	所有水平下均干扰
铬	所有水平下均干扰	表面活性剂	所有水平下均干扰
溶解的有机物质	所有水平下均干扰	悬浮颗粒物	过滤以除去干扰

样品的采集、保存与存储

（1）为得到可信的结果，采样后请尽快分析。

（2）若无法立即分析，请将样品保存在干净的塑料或玻璃瓶中，4℃环境下至多保存 24h。

（3）向每升样品中加 2mL 浓硫酸，并置于 4℃环境下可使样品保存得更久。

准确度检查方法——标准溶液法

准确度检查所需的试剂与仪器设备有：

100mg/L 氮-硝酸盐标准溶液或 5mg/L 安瓿瓶装氮-硝酸盐标准溶液；去离子水；100mL 容量瓶；5mL 移液管。

具体步骤如下。

（1）按照下列方法配制浓度为 5.0mg/L 的氮-硝酸盐标准溶液。

① 移取 5.00mL 浓度为 100mg/L 的标准样品，加入到 100mL 容量瓶中。

② 用去离子水稀释至容量瓶的刻度线。塞上塞子，颠倒混匀。或者直接使用 5mg/L 安瓿瓶装氮-硝酸盐标准溶液。

（2）用 5.0mg/L 的氮-硝酸盐标准溶液代替样品。按照上述 UV 法测试流程，进行测试。

（3）用标准溶液测得的数据校准标准曲线，在仪器菜单中选择标准溶液校准程序。

（4）打开标准调整界面，确认接受当前标准溶液浓度。如果使用了其他浓度的标准溶液，输入标准溶液的实际浓度，并确认用此溶液浓度校准标准曲线。

　　注：具体的程序选择操作过程请参见用户操作手册。

方法精确度

表 6.3.22-4　方法精确度

程序号	标样浓度	精确度 具有 95% 置信度的浓度区间	灵敏度 每 0.010 Abs 吸光度改变时的浓度变化
357	5.0mg/L NO_3^--N	4.9~5.1mg/L NO_3^--N	0.1mg/L NO_3^--N

方法解释

硝酸盐 UV 直接法可快速得到测试结果。因为硝酸盐和有机成分均吸收波长为 220nm 的光，而硝酸盐并不吸收波长为 275nm 的光，这样，在 275nm 处的第二次读数就可以确定有机成分的吸收率。尽管本方法对检测硝酸盐很有效，但对于含有高浓度有机物质的样品并不适用。测试时加盐酸可防止氢氧化物或浓度高达 1000mg/L（以 $CaCO_3$ 计）碳酸盐的干扰。

消耗品和替代品信息

表 6.3.22-5　需要用到的试剂

试剂名称及描述	数量/每次测量	单位	产品订货号
盐酸标准溶液，1.0mol/L	1mL	1L	2321353
去离子水	10mL	4L	27256

表 6.3.22-6 需要用到的仪器设备

表 6.3.22-6 需要用到的仪器设备

设备名称及描述	数量/每次测量	单 位	产品订货号
100mL 烧杯	1	个	50042H

表 6.3.22-7 推荐使用的标准样品

标准样品名称及描述	单 位	产品订货号
氮-硝酸盐标准溶液 100mg/L NO_3^--N	500mL	194749
5mg/L 安瓿瓶装氮-硝酸盐标准溶液	16/pk	2557810
Voluette® 安瓿瓶开口器	个	2196800

表 6.3.22-8 可选择的试剂与仪器

名 称 及 描 述	单 位	产品订货号
0.5~1.0mL 滴管	20/pk	2124720
47mm 过滤架	个	1352900
0.45μm 滤膜	100/pk	1353000
500mL 过滤瓶	个	54649
7 号单孔塞	6/pk	1970001
洗耳球	个	1465100
2mL 血清移液管	根	53236
5.00mL A 级移液管	根	1451537
浓硫酸 ACS	500mL	97949
容量瓶，A 级，100mL	个	1457442

6.3.23 硝酸盐，镉还原法，方法 8192（粉枕包）

测量范围

低量程 $0.01\sim0.50$mg/L NO_3^--N。

应用范围

用于水、废水与海水中硝酸盐含量的测定。

测试准备工作

表 6.3.23-1 仪器详细说明

仪器	比色皿方向	比色皿
DR 6000 DR 3800 DR 2800 DR 2700 DR 1900	刻度线朝向右方	2495402
DR 5000 DR 3900	刻度线朝向用户	
DR 900	刻度线朝向用户	2401906

(1) 为了测试结果更加准确，每批新的试剂都应该测定试剂空白值。试剂空白的测定同样按照测试步骤进行，只是把样品换成去离子水进行测试。从最后的测试结果中将试剂空白值扣除，或者调整仪器的试剂空白。

（2） 在 NitraVer® 6 溶解后没有氧化的金属会沉淀在比色皿底部。沉淀不会影响测试结果。

（3） 摇晃试管的时间和方法会影响颜色的生成。为得到准确的结果，先分析标准溶液数次，调整摇晃试管的时间和方法以得到正确的结果。在分析样品时，按照确定的时间和方法摇晃试管。详见"标准溶液法"。

（4） 使用后立即冲洗比色皿和混合量筒以除去镉粒子。

（5） 安全地处理检测后的样品。经处理的样品含有镉，必须按照联邦国家和地方危险废弃物管理条例处理，详情请参阅 MSDS 安全处理废弃物指导。

表 6.3.23-2 准备的物品

名 称 及 描 述	数 量
NitraVer® 6 硝酸盐试剂粉枕包	1 包
NitraVer® 3 亚硝酸盐试剂粉枕包	1 包
比色皿（见"仪器详细说明"）	2 个
25mL 混合量筒	1 个

注：订购信息请参看"消耗品和替代品信息"。

镉还原法（粉枕包）测试流程

（1）选择测试程序。参照"仪器详细说明"的要求插入适配器（具体方向请参见用户手册）。

（2）向 25mL 混合量筒中加入 15mL 样品。

（3）向混合量筒中加入 NitraVer® 6 硝酸盐试剂粉枕包，塞上塞子。

（4）启动仪器定时器。计时反应 3min。

（5）在反应的 3min 内用力摇晃混合量筒。

注：一些固体物质可能无法完全溶解。

（6）反应到时后再次启动定时器。计时反应 2min。

（7）反应到时后小心地将 10mL 样品倒入另一干净的比色皿中。注意不要将镉粒子倒入比色皿中。

（8）样品准备：向比色皿中加入 NitraVer® 3 亚硝酸盐试剂粉枕包。

（9）启动仪器定时器。计时反应 30s。

（10）盖上比色皿盖子，在 30s 的反应时间里轻摇比色皿。

若有硝酸盐存在，溶液会呈粉红色。

（11）再次启动仪器定时器。计时反应 15min。

（12）空白样准备：反应到时后，向另一比色皿中加入 10mL 原始的样品。

（13）擦拭空白管并将其插入样品池中。

（14）按下"Zero（零）"键进行调零。这时屏幕显示：0.00mg/L NO_3^--N。

（15）擦拭准备好的样品管并将其插入样品池中。

(16)按"Read（读数）"键读取结果，单位 mg/L NO_3^--N。

干扰物质

表 6.3.23-3　干扰物质

干 扰 成 分	干扰程度及处理方法
钙离子	浓度超过 100mg/L 会产生干扰
氯化物	浓度超过 100mg/L 会导致测试结果偏低。在检测氯化物高浓度样品（如海水）时可以使用本方法，但必须使用加标法进行校准
三价铁离子	任何浓度下都有干扰
亚硝酸盐	任何浓度下都有干扰。本方法测试的是亚硝酸盐与硝酸盐的总和。若有亚硝酸盐存在，请进行亚硝酸盐测试（程序号 371）。根据以下方法进行预处理，再从硝酸盐（低量程）结果中减去亚硝酸盐的量 （1）在测试流程（3）中边振荡边向样品滴加 30g/L 的溴水，直到溶液出现黄色且不退色 （2）加一滴 30g/L 的酚溶液，黄色退去 （3）其余按照镉还原法进行测试，所得结果是硝酸盐和亚硝酸盐的总和
pH 值	具有高度缓冲能力或极端 pH 值的样品可能会超出试剂的缓冲范围。样品需要进行预处理
强氧化还原性物质	任何浓度下都有干扰

样品的采集、保存与存储

（1） 样品采集后立即分析可得到准确可靠的结果。若采样后无法立即分析，将样品存储在干净的塑料或玻璃瓶中，4℃（39℉）条件下最长可放置 48h。测试结果是硝酸盐和亚硝酸盐的总和。

（2） 若要长时间存储则需加浓硫酸（ACS，在每升样品中加 2mL 浓硫酸），再将样品储存在 4℃条件下。

（3） 分析前请将样品加热到室温，并用 5.0N 氢氧化钠标准溶液将样品 pH 调至中性。保存时切勿使用含汞化合物。

（4） 对额外加入的溶液体积进行修正，将溶液总体积（酸体积＋碱体积＋样品体积）除以原始样品体积，再乘以测试结果，得修正后结果。

准确度检查方法

（1） 标准加入法（加标法）。准确度检查所需的试剂与仪器设备有：100mg/L 氮-硝酸盐标准溶液；6mL 移液管；混合量筒 3 个；50mL 容量瓶。

具体步骤如下。

① 准备 12mg/L 的硝酸盐标准溶液：量取 6.0mL 100mg/L 硝酸盐标准溶液，倒入 50mL 容量瓶中，用去离子水稀释至刻度线，彻底混匀。

② 读取测试结果后，将装有样品的比色皿（尚未加入标准物质）留在仪器中。

③ 在仪器菜单中选择标准添加程序。

④ 确认标样浓度、样品体积和加标体积的默认值。确认好后，未加标的样品读数将显示在

顶端的第一行。

⑤ 打开标准溶液安瓿瓶。

⑥ 准备三个加标样。分别向 3 份 15mL 新鲜样品中加入 0.1mL、0.2mL 和 0.3mL 的标准溶液，混匀。

⑦ 从 0.1mL 的加标样开始，按照上述粉枕包法的测试步骤测试，再对另外两个加标样品进行测试。

⑧ 加标测试过程结束后，按"Graph（图表）"键将显示结果。按"Ideal Line（理想曲线）"键将显示出样品加标与 100％ 回收率的"理想曲线"之间的关系。

(2) 标准溶液法。准确度检查所需的试剂与仪器设备有：10mg/L 氮-硝酸盐标准溶液；去离子水；100mL 容量瓶；4mL 移液管。

具体步骤如下。

① 根据以下步骤准备 0.40mg/L 的硝酸盐标准溶液。

a. 量取 4.0mL 10mg/L 硝酸盐标准溶液至 100mL 容量瓶中。b. 用去离子水稀释至刻度线，混匀。使用该溶液需当天配制。

② 用此 0.4mg/L 的硝酸盐标准溶液代替样品。按照上述镉还原法粉枕包法测试流程进行测试。

③ 用标准溶液测得的数据校准标准曲线，在仪器菜单中选择标准溶液校准程序。

④ 打开标准调整界面，确认接受当前标准溶液浓度。如果使用了其他浓度的标准溶液，输入标准溶液的实际浓度，并确认用此溶液浓度校准标准曲线。

注：具体的程序选择操作过程请参见用户操作手册。

方法精确度

表 6.3.23-4　方法精确度

程序	标值	精确度： 95％置信区间分布	灵敏度：每 0.010Abs 单位变动下，浓度变动值
351	0.40mg/L NO_3^--N	0.35～0.45mg/L NO_3^--N	0.003mg/L NO_3^--N

方法解释

金属镉将样品中的硝酸盐还原为亚硝酸盐，在酸性介质中亚硝酸根离子与对氨基苯磺酸反应，生成中间产物重氮盐。重氮盐与铬变酸反应，生成粉红色的产物。测试结果是在波长为 507nm 的可见光下读取的。

消耗品和替代品信息

表 6.3.23-5　需要用到的试剂

试剂名称及描述	数量/每次测量	单　位	产品订货号
低量程硝酸盐试剂组件(100 次测试)	—	—	2429800
NitraVer® 6 硝酸盐试剂粉枕包	1	100/pk	2107249
NitraVer® 3 亚硝酸盐试剂粉枕包	1	100/pk	2107169

表 6.3.23-6　需要用到的仪器

试剂名称及描述	数量/每次测量	单　位	产品订货号
25mL 混合量筒	1	个	2088640

表 6.3.23-7　推荐使用的标准样品

标准样品名称及描述	单　位	产品订货号
氮-硝酸盐标准溶液,浓度为 10.0mg/L NO_3^--N	500mL	30749
去离子水	4L	27256

表 6.3.22-8　可选择的试剂与仪器

名称及描述	单　位	产品订货号
30g/L 溴水	29mL	221120
50mL 容量瓶	个	1457441
6mL A 级移液管	个	1451506
4mL A 级移液管	个	1451504
移液枪,TenSette®,量程为 0.1~1.0mL	个	1970001
与产品 1970001 配套的移液枪头	50/pk	2185696
与产品 1970001 配套的移液枪头	1000/pk	2185628
氢氧化钠标准溶液,5.0N	1L	245053
浓硫酸	500mL	97949
30g/L 酚溶液	29mL	211220

6.3.24　硝酸盐，镉还原法，方法 8171（粉枕包或安瓿瓶）

测量范围

中量程 0.1~10.0mg/L NO_3^--N（光度计）；0.2~5.0mg/L NO_3^--N（比色计）。

应用范围

用于水、废水与海水中硝酸盐含量的测定。

测试准备工作

表 6.3.24-1　仪器详细说明

仪器	比色皿方向	比色皿
DR 6000 DR 3800 DR 2800 DR 2700 DR 1900	刻度线朝向右方	2495402
DR 5000 DR 3900	刻度线朝向用户	
DR 900	刻度线朝向用户	2401906

仪器	适配器	比色皿
DR 6000 DR 5000 DR 900	—	2427606
DR 3900	LZV846(A)	
DR 1900	9609900 or 9609800(C)	
DR 3800 DR 2800 DR 2700	LZV584(C)	2122800

（1）为了测试结果更加准确，每一批新的试剂都应该测定试剂空白值。试剂空白的测定同样按照测试步骤进行，只是把样品换成去离子水进行测试。

（2）在 NitraVer® 5 溶解后，没有氧化的金属会沉淀在比色皿底部。沉淀不会影响测试结果。

（3）本测试法对技术敏感，摇晃试管的时间和方法会影响颜色的生成。为得到准确的结果，用 10mg/L 氮-硝酸盐标准溶液连续测试。调整摇晃试管的时间以得到正确的结果。

（4）使用后立即冲洗比色皿以除去镉粒子。由于镉是危险废弃物，检测后的样品要安全地处理。

（5）经处理的样品含有镉，必须按照联邦《国家和地方危险废弃物管理条例》处理，详情请参阅《MSDS 安全处理废弃物指导》。

表 6.3.24-2　准备的物品

名 称 及 描 述	数　　量
粉枕包测试	
NitraVer® 5 硝酸盐试剂粉枕包	1 包
比色皿（见"仪器详细说明"）	2 个
安瓿瓶测试	
NitraVer® 5 硝酸盐试剂安瓿瓶装	1 份
50mL 烧杯（安瓿瓶测试）	1 个
空白样用比色皿（见"仪器详细说明"）	1 个

注：订购信息请看"消耗品和替代品信息"。

镉还原法（粉枕包）测试流程

（1）选择测试程序。参照"仪器详细说明"的要求插入适配器（具体方向请参见用户手册）。

（2）向比色皿中加入 10mL 样品。

（3）准备样品：向比色皿中加入 NitraVer® 5 硝酸盐试剂粉枕包，塞上塞子。

注：一些固体物质可能无法完全溶解。

（4）启动仪器定时器。计时反应1min。

反应到时后，用力摇晃比色皿。

（5）摇晃比色皿后再次启动仪器定时器。计时反应5min。

若有硝酸盐存在，溶液会呈黄褐色。

（6）空白样准备：向另一比色皿中加入 10mL 样品。

（7）擦拭空白管并将其插入样品池中。

（8）按下"Zero（零）"键进行调零。这时屏幕显示：0.0mg/L NO_3^--N。

（9）在样品管反应到时后 2min 内，擦拭样品管并将其插入样品池中。

（10）按"Read（读数）"键读取结果，单位 mg/L NO_3^--N。

若要以其他化学形式计，请参阅用户使用手册。

镉还原法（安瓿瓶）测试流程

（1）选择测试程序。参照"仪器详细说明"的要求插入适配器（具体方向请参见用户手册）。

（2）样品准备：在50mL烧杯中收集至少40mL样品。

（3）向装有Ni-traVer® 5硝酸盐试剂的安瓿瓶装满样品。此过程中安瓿瓶瓶颈一定要浸没在水样内。
在安瓿瓶瓶颈处塞上塞子。

（4）启动仪器定时器。计时反应1min。

（5）在反应倒计时时颠倒安瓿瓶48~52次。

（6）反应到时后再次启动仪器定时器。计时反应5min。若有硝酸盐存在，溶液会呈黄褐色。

（7）空白样准备：向另一圆形比色皿中加入10mL样品。

（8）擦拭空白管并将其插入样品池中。

（9）按下"Zero（零）"键进行调零。这时屏幕显示：0.0mg/L NO_3^--N。

（10）在样品管反应到时后2min内，擦拭样品安瓿瓶并将其插入样品池中。

（11）按"Read（读数）"键读取结果，单位 mg/L NO_3^--N。

干扰物质

表 6.3.24-3　干扰物质

干扰成分	干扰程度及处理方法
氯化物	浓度超过100mg/L会导致测试结果偏低。在检测氯化物高浓度样品（如海水）时可以使用本方法，但必须使用加标法进行校准（见"海水校准"）
三价铁离子	任何浓度下都有干扰
亚硝酸盐	任何浓度下都有干扰。根据以下方法抗干扰 （1）向样品中滴加30g/L的溴水，直到溶液出现黄色且不退色 （2）加一滴30g/L的酚溶液，黄色退去 （3）从镉还原法的第2步开始进行测试，所得结果是硝酸盐和亚硝酸盐的总和
pH 值	具有高度缓冲能力或极端pH值的样品可能会超出试剂的缓冲范围。样品需要进行预处理
强氧化还原性物质	任何浓度下都有干扰

海水校准

氯化物浓度超过100mg/L会导致测试结果偏低。在检测有干扰的样品时必须使用加标法进行校准。校准使用浓度为0.06mg/L、0.1mg/L、0.3mg/L和0.4mg/L的硝酸盐标准溶液。

(1) 准备1L含氯量与样品相同的氯水，使用以下转换公式：

① 向1L去离子水中加入ACS氯化钠，质量（g）为氯化物的浓度（g/L）×1.6485。

注：通常海水的氯化物浓度是18.8g/L。

② 彻底搅拌此溶液确保其是均质溶液，在准备标准溶液时将此溶液代替去离子水作为稀释水。

(2) 用移液枪移取0.6mL、1mL、3mL、4mL、10mL氮-硝酸盐标准溶液（NIST，产品订货号30749），至4个100mL容量瓶中。

(3) 用准备好的氯水稀释至刻度，混匀。

(4) 用此氯水作为0mg/L硝酸盐标准溶液。

样品的采集、保存与存储

(1) 样品采集后立即分析可得到准确可靠的结果。若采样后无法立即分析，将样品存储在干净的塑料或玻璃瓶中，4℃（39℉）条件下最长可放置24h。若要长时间存储，则需加浓硫酸（ACS，在每升样品中加2mL浓硫酸），再将样品储存在4℃条件下。测试结果是硝酸盐和亚硝酸盐的总和。

(2) 分析前请将样品加热到室温，并用5.0N氢氧化钠标准溶液将样品pH调至中性。保存时切勿使用含汞化合物。

(3) 对额外加入的溶液体积进行修正，将溶液总体积（酸体积＋碱体积＋样品体积）除以原始样品体积，再乘以测试结果，得修正后结果。

准确度检查方法

(1) 标准加入法（加标法）。准确度检查所需的试剂与仪器设备有：100mg/L氮-硝酸盐标准溶液；TenSette®移液枪和枪头。

具体步骤如下。

① 读取测试结果后，将装有样品的比色皿（尚未加入标准物质）留在仪器中。

② 在仪器菜单中选择标准添加程序。

③ 确认标样浓度、样品体积和加标体积的默认值。确认好后，未加标的样品读数将显示在顶端的第一行。

④ 打开标准溶液安瓿瓶。

⑤ 准备三个加标样。分别向3份10mL新鲜样品中加入0.1mL、0.2mL和0.3mL的标准溶液，混匀。

⑥ 从0.1mL的加标样开始，按照上述粉枕包法的测试步骤测试，再对另外两个加标样品进行测试。

⑦ 加标测试过程结束后，按"Graph（图表）"键将显示结果。按"Ideal Line（理想曲线）"键将显示出样品加标与100%回收率的"理想曲线"之间的关系。

(2) 用于安瓿瓶的标准加入法（加标法）。准确度检查所需的试剂与仪器设备：500mg/L氮-硝酸盐安瓿瓶装标准溶液；安瓿瓶开口器；TenSette®移液枪和枪头；50mL混合量筒，三个。

具体步骤如下。

① 分别向三个混合量筒中加入50mL样品，再分别加入0.1mL、0.2mL和0.3mL 500mg/L氮-硝酸盐标准溶液。

② 分别取40mL混合后的样品至三个50mL烧杯中。

③ 根据上述安瓿瓶法分析三个加标样品。

④ 接受每个加标样品的读数，每个加标样品应反映出约100%的回收率。

(3) 标准溶液法。准确度检查所需的试剂与仪器设备：100mg/L 氮-硝酸盐标准溶液；5mg/L氮-硝酸盐标准溶液（自己准备）；TenSette® 移液枪和枪头；去离子水；100mL 容量瓶；5mL 移液管。

具体步骤如下。

① 根据以下步骤准备 5mg/L 的硝酸盐标准溶液。a. 量取 5.0mL 100mg/L 硝酸盐标准溶液至 100mL 容量瓶中。b. 用去离子水稀释至刻度线，混匀。

② 用此 5mg/L 的硝酸盐标准溶液代替样品。按照上述镉还原法粉枕包法测试流程，进行测试。

③ 用标准溶液测得的数据校准标准曲线，在仪器菜单中选择标准溶液校准程序。

④ 打开标准调整界面，确认接受当前标准溶液浓度。如果使用了其他浓度的标准溶液，输入标准溶液的实际浓度，并确认用此溶液浓度校准标准曲线。

注：具体的程序选择操作过程请参见用户操作手册。

方法精确度

表 6.3.24-4　方法精确度

程序	标值	精确度： 95%置信区间分布	灵敏度：每 0.010Abs 单位变动下,浓度变动值
353	5.0mg/L NO_3^--N	4.8～5.2mg/L NO_3^--N	0.04mg/L NO_3^--N
359	5.0mg/L NO_3^--N	4.6～5.4mg/L NO_3^--N	0.05mg/L NO_3^--N

方法解释

金属镉将样品中的硝酸盐还原为亚硝酸盐，在酸性介质中亚硝酸根离子与对氨基苯磺酸反应，生成中间产物重氮盐。重氮盐与龙胆酸反应，使溶液呈黄褐色。测试结果是在波长为 400nm 的可见光下读取的。

消耗品和替代品信息

表 6.3.24-5　需要用到的试剂

试剂名称及描述	数量/每次测量	单　位	产品订货号
NitraVer® 5 硝酸盐试剂粉枕包(用于 10mL 样品) 或	1	100/pk	2106169
NitraVer® 5 硝酸盐 AccuVac® 安瓿瓶	1	25/pk	2511025

表 6.3.24-6　需要用到的仪器 （AccuVac）

试剂名称及描述	数量/每次测量	单　位	产品订货号
50mL 烧杯	1	个	50041H

表 6.3.24-7　推荐使用的标准样品

标准样品名称及描述	单　位	产品订货号
氮-硝酸盐标准溶液,浓度为 100mg/L NO_3^--N	500mL	194749
氮-硝酸盐标准溶液安瓿瓶装,浓度为 500mg/L NO_3^--N	16/pk	1426010
饮用水标准液,参数包括：F^-,NO_3^--N,PO_4^{3-},SO_4^{2-}	500mL	2833049
去离子水	4L	27256

表 6.3.24-8　可选择的试剂与仪器

名称及描述	单　位	产品订货号
30g/L 溴水	29mL	221120

名 称 及 描 述	单　　位	产品订货号
混合量筒 50mL	个	2088641
100mL 容量瓶	个	1457442
5mL 移液管	根	1451537
移液枪，TenSette®，量程为 0.1～1.0mL	个	1970001
与产品 1970001 配套的移液枪头	50/pk	2185696
与产品 1970001 配套的移液枪头	1000/pk	2185628
氢氧化钠标准溶液，5.0N	1L	245053
浓硫酸	500mL	97949
30g/L 酚溶液	29mL	211220

6.3.25　硝酸盐，镉还原法，方法 8039（粉枕包或安瓿瓶）

测量范围

高量程 $0.3～30.0mg/L$ NO_3^--N。

应用范围

用于水、废水与海水中硝酸盐含量的测定。

测试准备工作

表 6.3.25-1　仪器详细说明

仪器	比色皿方向	比色皿
DR 6000 DR 3800 DR 2800 DR 2700 DR 1900	刻度线朝向右方	2495402 10mL
DR 5000 DR 3900	刻度线朝向用户	
DR 900	刻度线朝向用户	2401906 25mL 20mL 10mL

仪器	适配器	比色皿
DR 6000 DR 5000 DR 900	—	2427606 10mL
DR 3900	LZV846（A）	
DR 1900	9609900 or 9609800（C）	
DR 3800 DR 2800 DR 2700	LZV584（C）	2122800 10mL

（1）为了测试结果更加准确，每一批新的试剂都应该测定试剂空白值。试剂空白的测定同样

按照测试步骤进行，只是把样品换成去离子水进行测试。从最后的测试结果中将试剂空白值扣除，或者调整仪器的试剂空白。

(2) 在 NitraVer® 5 溶解后没有氧化的金属会沉淀在比色皿底部。沉淀不会影响测试结果。

(3) 本测试法对技术敏感，摇晃试管的时间和方法会影响颜色的生成。为得到准确的结果，用 10mg/L 氮-硝酸盐标准溶液连续测试。调整摇晃试管的时间以得到正确的结果。

(4) 使用后立即冲洗比色皿以除去镉粒子。由于镉是危险废弃物，检测后的样品要安全地处理。

经处理的样品含有镉，必须按照联邦《国家和地方危险废弃物管理条例》处理，详情请参阅《MSDS 安全处理废弃物指导》。

表 6.3.25-2　准备的物品

名 称 及 描 述	数　量
粉枕包测试	
NitraVer® 5 硝酸盐试剂粉枕包	1 包
1in 10mL 带塞比色皿	2 个
安瓿瓶测试	
NitraVer® 5 硝酸盐试剂 安瓿瓶装	1 份
50mL 烧杯	1 个
空白样用比色皿（见"仪器详细说明"）	1 个

注：订购信息请参看"消耗品和替代品信息"。

镉还原法（粉枕包）测试流程

该方法会接触到危险废弃物。经处理的样品含有镉，必须按照联邦《国家和地方危险废弃物管理条例》处理，详情请参阅《MSDS 安全处理废弃物指导》。

（1）选择测试程序。参照"仪器详细说明"的要求插入适配器（具体方向请参见用户手册）。　（2）向比色皿中加入 10mL 样品。　（3）准备样品：向比色皿中加入 NitraVer® 5 硝酸盐试剂粉枕包，塞上塞子。　（4）启动仪器定时器。计时反应 1min。　（5）反应到时后，用力摇晃比色皿。

注：一些固体物质可能无法完全溶解。

（6）摇晃比色皿后再次启动仪器定时器。计时反应 5min。

若有硝酸盐存在，溶液会呈黄褐色。　（7）空白样准备：向另一比色皿中加入 10mL 样品。　（8）擦拭空白管并将其插入样品池中。　（9）按下"Zero（零）"键进行调零。这时屏幕显示：0.0mg/L $NO_3^- $-N。　（10）在样品管反应到时后 1min 内，擦拭样品管并将其插入样品池中。

（11）按"Read（读数）"键读取结果，单位 mg/L NO_3^--N。

若要以其他化学形式计，请参阅用户使用手册。

镉还原法（安瓿瓶）测试流程

该方法会接触到危险废弃物。经处理的样品含有镉，必须按照联邦《国家和地方危险废弃物管理条例》处理，详情请参阅《MSDS 安全处理废弃物指导》。

（1）选择测试程序。参照"仪器详细说明"的要求插入适配器（具体方向请参见用户手册）。

（2）样品准备：在 50mL 烧杯中收集至少 40mL 样品。

（3）轻拍安瓿瓶底部以松动粉末，在安瓿瓶内装满样品。此过程中安瓿瓶瓶颈一定要浸没在水样内。

在安瓿瓶瓶颈处盖上盖子。

（4）启动仪器定时器。计时反应 1min。

（5）在反应倒计时时颠倒安瓿瓶 48～52 次

（6）反应到时后再次启动仪器定时器。计时反应 5min。

反应期间勿搅动样品。

若有硝酸盐存在，溶液会呈黄褐色。

（7）空白样准备：向另一圆形比色皿中加入 10mL 样品。

（8）擦拭空白管并将其插入样品池中。

（9）按下"Zero（零）"键进行调零。这时屏幕显示：0.0mg/L NO_3^--N。

（10）在样品管反应到时后 2min 内，擦拭样品安瓿瓶并将其插入样品池中。

（11）按"Read（读数）"键读取结果，单位 mg/L NO_3^--N。

干扰物质

表 6.3.25-3　干扰物质

干扰成分	干扰程度及处理方法
氯化物	浓度超过 100mg/L 会导致测试结果偏低。在检测氯化物高浓度样品（如海水）时可以使用本方法，但必须使用加标法进行校准（见"海水校准"）
三价铁离子	任何浓度下都有干扰

干 扰 成 分	干扰程度及处理方法
亚硝酸盐	任何浓度下都有干扰。根据以下方法抗干扰。在进行测试流程(3)之前: (1)向样品中滴加 30g/L 的溴水,直到溶液出现黄色且不退色 (2)加一滴 30g/L 的酚溶液,黄色退去 (3)从镉还原法的第 3 步开始进行测试,所得结果是硝酸盐和亚硝酸盐的总和
pH 值	具有高度缓冲能力或极端 pH 值的样品可能会超出试剂的缓冲范围。样品需要进行预处理
强氧化还原性物质	任何浓度下都有干扰

海水校准

氯化物浓度超过 100mg/L 会导致测试结果偏低。在检测有干扰的样品时必须使用加标法进行校准。校准使用,浓度为 0.06mg/L、0.1mg/L、0.3mg/L 和 0.4mg/L 的硝酸盐标准溶液。

(1) 准备 1L 含氯量与样品相同的氯水,使用以下转换公式:

① 向 1L 去离子水中加入 ACS 氯化钠,质量 (g) 为氯化物的浓度 (g/L)×1.6485。

> **注:**通常海水的氯化物浓度是 18.8g/L。

② 彻底搅拌此溶液确保其是均质溶液,在准备标准溶液时将此溶液代替去离子水作为稀释水。

(2) 用移液枪移取 0.6mL、1mL、3mL、4mL 10mg/L 氮-硝酸盐标准溶液 (NIST,产品订货号 30749),至 4 个 100mL 容量瓶中。

(3) 用准备好的氯水稀释至刻度,混匀。

(4) 用此氯水作为 0mg/L 硝酸盐标准溶液。

样品的采集、保存与存储

(1) 样品采集后立即分析可得到准确可靠的结果。若采样后无法立即分析,将样品存储在干净的塑料或玻璃瓶中,4℃ (39℉) 条件下最长可放置 24h。若要长时间存储则需加浓硫酸 (ACS,在每升样品中加 2mL 浓硫酸),再将样品储存在 4℃ 条件下。测试结果是硝酸盐和亚硝酸盐的总和。

(2) 分析前请将样品加热到室温,并用 5.0N 氢氧化钠标准溶液将样品 pH 调至中性。保存时切勿使用含汞化合物。

(3) 对额外加入的溶液体积进行修正,将溶液总体积 (酸体积+碱体积+样品体积) 除以原始样品体积,再乘以测试结果,得到修正后结果。

准确度检查方法

(1) 标准加入法 (加标法)。准确度检查所需的试剂与仪器设备有:1000mg/L 氮-硝酸盐标准溶液;混合量筒;25mL 移液管;TenSette® 移液枪和枪头。

具体步骤如下。

① 准备 250mg/L 的硝酸盐标准溶液:量取 25mL 1000mg/L 的硝酸盐标准溶液,至 100mL 容量瓶中,用去离子水稀释至刻度线,混合均匀。

② 读取测试结果后,将装有样品的比色皿 (尚未加入标准物质) 留在仪器中。

③ 在仪器菜单中选择标准添加程序。

④ 确认标样浓度、样品体积和加标体积的默认值。确认好后,未加标的样品读数将显示在顶端的第一行。

⑤ 打开标准溶液安瓿瓶。

⑥ 准备三个加标样。分别向 3 份 10mL 新鲜样品中加入 0.1mL、0.2mL 和 0.3mL 上述标准溶液,混匀。

⑦ 从 0.1mL 的加标样开始,按照上述粉枕包法的测试步骤测试,再对另外两个加标样品进行测试。

⑧ 加标测试过程结束后,按 "Graph (图表)" 键将显示结果。按 "Ideal Line (理想曲

线）"键将显示出样品加标与100%回收率的"理想曲线"之间的关系。

（**2**）用于安瓿瓶的标准加入法（加标法）

① 分别向三个混合量筒中加入 50mL 样品，再分别加入 0.4mL、0.8mL 和 1.2mL 250mg/L 氮-硝酸盐标准溶液。

② 分别取 40mL 混合后的样品至三个 50mL 烧杯中。

③ 根据上述安瓿瓶法分析三个加标样品。

④ 接受每个加标样品的读数，每个加标样品应反映出约 100% 的回收率。

（**3**）标准溶液法。准确度检查需要 10.0mg/L 氮-硝酸盐标准溶液。

具体步骤如下。

① 用 10.0mg/L 的硝酸盐标准溶液代替样品。按照上述镉还原法粉枕包法和安瓿瓶法测试流程，进行测试。

② 用标准溶液测得的数据校准标准曲线，在仪器菜单中选择标准溶液校准程序。

③ 打开标准调整界面，确认接受当前标准溶液浓度。如果使用了其他浓度的标准溶液，输入标准溶液的实际浓度，并确认用此溶液浓度校准标准曲线。

注：具体的程序选择操作过程请参见用户操作手册。

方法精确度

表 6.3.25-4　方法精确度

程序	标值	精确度： 95%置信区间分布	灵敏度：每 0.010Abs 单位变动下，浓度变动值
355	10mg/L NO$_3^-$-N	9.3～10.7mg/L NO$_3^-$-N	0.3(0mg/L)，0.5(10mg/L)，0.8(30mg/L)
361	10mg/L NO$_3^-$-N	9.3～10.7mg/L NO$_3^-$-N	0.5(0mg/L)，0.6(10mg/L)，0.8(30mg/L)

方法解释

金属镉将样品中的硝酸盐还原为亚硝酸盐，在酸性介质中亚硝酸根离子与对氨基苯磺酸反应，生成中间产物重氮盐。重氮盐与龙胆酸反应，使溶液呈黄褐色。测试结果是在波长为 500nm 的可见光下读取的。

消耗品和替代品信息

表 6.3.25-5　需要用到的试剂

试剂名称及描述	数量/每次测量	单　　位	产品订货号
NitraVer® 5 硝酸盐试剂粉枕包(用于 10mL 样品) 或	1	100/pk	2106169
NitraVer® 5 硝酸盐 AccuVac® 安瓿瓶	1	25/pk	2511025

表 6.3.25-6　需要用到的仪器 （AccuVac）

试剂名称及描述	数量/每次测量	单　　位	产品订货号
50mL 烧杯	1	个	50041H

表 6.3.25-7　推荐使用的标准样品

标准样品名称及描述	单　　位	产品订货号
氮-硝酸盐标准溶液，浓度为 10mg/L NO$_3^-$-N	500mL	30749
氮-硝酸盐标准溶液，浓度为 1000mg/L NO$_3^-$-N	500mL	1279249
废水(进水)标准液，参数包括 NH$_3$-N、NO$_3^-$-N、PO$_4^{3-}$、COD、SO$_4^{2-}$、TOC	500mL	2833149
去离子水	4L	27256

表 6.3.25-8　可选择的试剂与仪器

名 称 及 描 述	单 位	产品订货号
溴水	29mL	221120
混合量筒 50mL	个	2088641
100mL 容量瓶	个	1457442
25mLA 级移液管	个	1451540
移液枪，TenSette®，量程为 0.1～1.0mL	个	1970001
与产品 1970001 配套的移液枪头	50/pk	2185696
与产品 1970001 配套的移液枪头	1000/pk	2185628
氢氧化钠标准溶液，5.0N	50mL SCDB	245026
浓硫酸 ACS	500mL	97949
30g/L 酚溶液	29mL	211220

6.3.26　硝酸盐，铬变酸法，方法 10020（TNT 试管）

测量范围
高量程 0.2～30.0mg/L NO_3^--N。

应用范围
用于水与废水中硝酸盐含量的测定。

测试准备工作

表 6.3.26-1　仪器详细说明

仪器	适配器	遮光罩
DR 6000、DR 5000	—	—
DR 3900	—	LZV849
DR 3800、DR 2800、DR 2700	—	LZV646
DR 1900	9609900(D①)	—
DR 900	4846400	遮光罩随机附带

① D 适配器不是每台仪器都具有。

(1) 使用 DR 3900、DR 3800、DR 2800 及 DR 2700 时，测试前用遮光罩遮住样品室 2#。

(2) 本测试法对操作技术敏感，为了避免得到偏低的测试结果，颠倒试管时应如下操作：竖直拿好试管（盖子向上），上下颠倒试管，待所有的液体都流向盖子一端，稍等片刻，再将试管颠倒回原位，待所有的液体都流到底部，这样的一个过程称为颠倒一次。

(3) 为了测试结果更加准确，每一批新的试剂都应该测定试剂空白值。试剂空白的测定同样按照测试步骤进行，只是把样品换成去离子水（不含硝酸盐）进行测试。从最后的测试结果中将试剂空白值扣除，或者调整仪器的试剂空白。

表 6.3.26-2　准备的物品

名 称 及 描 述	数 量	名 称 及 描 述	数 量
TNT NitraVer® X 试剂组件	1 套	0.1～1.0mL 移液枪和枪头	1 个
微型漏斗	1 个	试管架	1 个

注：订购信息请看"消耗品和替代品信息"。

铬变酸法（TNT）测试流程

（1）选择测试程序。参照"仪器详细说明"的要求插入适配器（详细介绍请参见用户手册）。

（2）空白样准备：取下 NitraVer X 试剂 A TNT 试管的盖子，加入 1mL 样品。

（3）盖上盖子，颠倒 10 次，混匀。

（4）擦拭空白管并将其插入 16mm 圆形样品池中。

（5）按下"Zero（零）"键进行调零。这时屏幕显示：0.0mg/L NO$_3^-$-N。

（6）样品准备：取出试管，用微型漏斗向试管中加入一包 NitraVer X 试剂 B 粉枕包。

（7）盖紧盖子，颠倒 10 次，混匀。

可能有固体物质无法完全溶解。

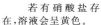

（8）启动仪器定时器。计时反应 5min。在反应期间切勿再颠倒试管。

若有硝酸盐存在,溶液会呈黄色。

（9）反应到时后 5min 内,将样品管擦拭干净,并将其放入样品池中。

（10）按"Read（读数）"键读取结果,单位 mg/L,NO$_3^-$-N。

若要以其他化学形式计,请参阅用户使用手册。

干扰物质

表 6.3.26-3　干扰物质

干扰成分	抗干扰水平及处理方法	干扰成分	抗干扰水平及处理方法
钡	浓度超过 1mg/L 会有负干扰	亚硝酸盐	浓度超过 12mg/L 会有正干扰
氯化物	浓度低于 1000mg/L 不会产生干扰	铜	任何浓度下都有正干扰

样品的采集、保存与存储

（1） 用干净的塑料瓶或玻璃瓶采集样品。

（2） 若样品在采集后 24～48h 内分析，请存储在 4℃（39°F）或温度更低的条件下。若要长时间存储（最多可达 14 天）则需用浓硫酸（ACS，在每升样品中加 2mL 浓硫酸）将样品 pH 值调至 2 或更低，再将样品冷藏。

（3） 分析前请将样品加热到室温，并用 5.0N 氢氧化钠标准溶液将样品 pH 调至中性。保存时切勿使用含汞化合物。

（4） 对于额外加入的溶液其体积要进行修正：

$$修正后结果 = \frac{酸溶液体积＋碱溶液体积＋样品体积}{原始样品体积} \times 测试结果$$

准确度检查方法

（1） 标准加入法（加标法）。准确度检查所需的试剂与仪器设备有：500mg/L 高量程氮-硝酸盐安瓿瓶装标准溶液；TenSette® 移液枪和枪头；混合量筒，三个。

具体步骤如下。

① 读取测试结果后，将装有样品的比色皿（尚未加入标准物质）留在仪器中。

② 在仪器菜单中选择标准添加程序。

③ 按"OK（好）"键确认标样浓度、样品体积和加标体积的默认值。按"EDIT（编辑程序）"键可以修改这些默认值。当这些值确认好后，未加标的样品读数将显示在顶端的一行。

④ 打开标准溶液安瓿瓶。

⑤ 准备三个加标样。将 25mL 样品倒入三个量筒中，用移液枪分别向三个量筒中加入 0.1mL、0.2mL 和 0.3mL 的标准溶液，盖上盖子，混匀。

⑥ 取 1mL 0.1mL 的加标样，加到 TNT 试管中，按照上述测试步骤测试，再对另外两个加标样品进行测试。

⑦ 加标测试过程结束后，按"Graph（图表）"键将显示结果。按"Ideal Line（理想曲线）"键将显示出样品加标与 100% 回收率的"理想曲线"之间的关系。

(2) 标准溶液法。 准确度检查需要 10mg/L 氮-硝酸盐安瓿瓶装标准溶液。

① 用 10mg/L 的氮-硝酸盐标准溶液代替样品。按照上述铬变酸法测试流程进行测试。

② 用标准溶液测得的数据校准标准曲线，在仪器菜单中选择标准溶液校准程序。

③ 打开标准调整界面，确认接受当前标准溶液浓度。如果使用了其他浓度的标准溶液，输入标准溶液的实际浓度，并确认用此溶液浓度校准标准曲线。

注： 具体的程序选择操作过程请参见用户操作手册。

方法精确度

表 6.3.26-4　方法精确度

程序	标值	精确度：95%置信区间分布	灵敏度：每 0.010Abs 单位变动下，浓度变动值
344	10.0mg/L NO$_3^-$-N	9.5～10.5mg/L NO$_3^-$-N	0.2mg/L NO$_3^-$-N

方法解释

样品中的硝酸盐在强酸性的环境下与铬变酸反应，生成黄色物质，该物质在 410nm 处有最大吸收峰。

消耗品和替代品信息

表 6.3.26-5　需要用到的试剂

试剂名称及描述	数量/每次测量	单　位	产品订货号
TNT NitraVer® X 试剂组件	1	50/pk	2605345

表 6.3.26-6　需要用到的仪器设备

设备名称及描述	数量/每次测量	单　位	产品订货号
微型漏斗	1	个	2584335
0.1～1.0mL 移液枪	1	个	1970001
试管架	1	个	1864100
枪头	根据需要而定	50/pk	2185696

表 6.3.26-7　推荐使用的标准样品

标准样品名称及描述	单　位	产品订货号
氮-硝酸盐标准溶液，浓度为 10mg/L NO$_3^-$-N	500mL	30749
氮-硝酸盐标准溶液安瓿瓶装，浓度为 500mg/L NO$_3^-$-N	16/pk	1426010
废水（进水）标准液，参数包括 NH$_3$-N、NO$_3^-$-N、PO$_4^{3-}$、COD、SO$_4^{2-}$、TOC	500mL	2833149
去离子水	4L	27256

表 6.3.26-8　可选择的试剂与仪器

名称及描述	单　位	产品订货号
25mL 混合量筒	个	2088640
与产品 1970001 配套的移液枪头	1000/pk	
氢氧化钠标准溶液,5.0N	50mL SCDB	245026
浓硫酸,ACS	500mL	97949

6.3.27　饮用水中的硝酸根，离子选择性电极直读法，方法 8359（ISE 电极）

测量范围

$0.04 \sim 4.00 \text{mg/L NO}_3^- \text{-N}$。

应用范围

用于饮用水。

测试准备工作

表 6.3.27-1　仪器详细说明

仪表型号	电极型号
HQ30d 便携式,单通道,多参数	ISENO3181 智能硝酸根离子复合电极
HQ40d 便携式,双通道,多参数	
HQ430d 台式,单通道,多参数	
HQ440d 台式,双通道,多参数	

(1) 有关仪表的操作请参见仪表使用手册。电极的维护请参见电极使用手册。

(2) 准备电极。详细信息请参见电极使用手册。

(3) 当 IntelliCAL™ 智能电极连接到 HQd 主机时，主机可自动识别测量参数，并可随时待用。

(4) 活化电极。步骤是将电极浸泡在 100mL 最低浓度的标液里，最多 1h。

(5) 初次使用之前，需要校准电极，校准过程请参考电极说明书。

(6) 使用 0.04mg/L，1.2mg/L 和 2.0mg/L 的硝酸盐标准溶液校准电极。

(7) 校准时，从浓度低的标液依次往高的标液进行测量，会得到更好的校准结果。

(8) 结果是以 $\text{NO}_3^-\text{-N}$ mg/L 为单位，以氮（N）计。如果想换算成以硝酸根（NO_3^-）计，结果乘以 4.4 即可。

(9) 为了得到更好的结果，确保标液和水样在同一温度下进行测试［$\pm 2℃(\pm 3.6℉)$］。

(10) 测量时，将标液或水样以低速匀速搅动，避免产生漩涡。

(11) 探头顶端如果有气泡会引起响应时间偏慢或测量误差。轻摇电极以去除气泡。

(12) 样品浓度的细微差别会影响电极稳定时间。确保电极处于良好状态。用不同的搅拌速率来测试所需稳定时间是否增长。

(13) 如果水样中有氯离子存在，则会形成白色沉淀。这个白色沉淀物质不会损坏电极，亦不会对测试有影响。

(14) 请仔细阅读试剂的 MSDS，使用个人防护用具。

(15) 请根据当地政府要求处置废弃的试剂溶液，处置时请遵循当地环保部门，健康和危废品安全处理部门相关条例。

表 6.3.27-2　准备的物品

名称及描述	数量
硝酸根 ISA(TISAB)溶液	5mL
硝酸根标准溶液,10mg/L	每次

名称及描述	数量
聚丙烯烧杯,150mL	3 或 4(USEPA)
磁力搅拌子,2.2cm×0.5cm(7/8in×3/16in)	3 或 4(USEPA)
磁力搅拌器	1
TenSette® 移液枪及配套的枪头,量程范围为 1.0～10.0mL	1
装有去离子水的洗瓶	1
无毛布	1

注：订购信息参见消耗品和替代品信息。

样品采集

(1) 用干净的塑料瓶或玻璃瓶采集水样。

(2) 水样采集后越快分析越好。

(3) 如果确实无法即时测试,可将样品置于 6℃（43℉）以下保存 24h。

(4) 不要调节水样 pH。

(5) 测量前让水样恢复至常温。

硝酸盐测试流程

（1）用移液枪移取 5mL 硝酸根离子强度调节剂溶液,放入 100mL 的容量瓶里。　（2）将水样倒入容量瓶,直至刻度线。　（3）上下颠倒容量瓶,混匀。　（4）将容量瓶里的样品倒入一个 150mL 的烧杯里。　（5）在烧杯里放入磁力搅拌子,置于搅拌台上,以中速搅拌。

 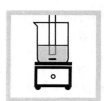  

（6）用去离子水先润洗电极,再用无毛布擦干。　（7）将电极放入烧杯里。不要让电极碰到搅拌子、瓶壁或瓶底。去除探头底部气泡。　（8）等待 5～10min。　（9）按下"Read（读数）"。仪器会显示进度条。当测试稳定时,会锁定读数。　（10）用去离子水先润洗电极,再用无毛布擦干。

校准流程

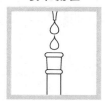 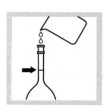  

（1）用移液枪移取 5mL 硝酸根离子强度调节剂溶液,放入 100mL 的容量瓶里。　（2）用去离子水稀释至刻度线。　（3）上下颠倒容量瓶,混匀。　（4）将容量瓶里的液体倒入一个 150mL 的烧杯里。　（5）在烧杯里放入磁力搅拌子,置于搅拌台上,以中速搅拌。

（6）用去离子水先润洗电极，再用无毛布擦干。

（7）将电极放入烧杯里。不要让电极碰到搅拌子、瓶壁或瓶底。去除探头底部气泡。

（8）向烧杯中加入 0.4mL 10mg/L 的硝酸盐标准溶液，从而使烧杯里的液体变成 0.04mg/L 的硝酸盐标液。

（9）等待 30min 让电极在低浓度的标液里稳定。

（10）按下"Calibrate（校准）"键，仪器显示标准值。

（11）按下"Read（读数）"键，仪器显示进度条。当测试稳定时，会锁定读数。

（12）用去离子水先润洗电极，再用无毛布擦干。

（13）重复第（1）～（7）步。

（14）向烧杯中分别加入 1.2mL 和 2mL 10mg/L 的硝酸盐标准溶液，制成 1.2mg/L 和 2.0mg/L 的硝酸盐标液。

（15）重复第（10）～（12）步。

（16）按下"Done（完成）"键，仪器显示校准总结。

（17）按下"Store（保存）"键接受校准结果。

干扰物质

对硝酸根有响应的敏感元素，可能对其他离子也有响应。通常而言，这会导致电极响应的电动势增加，从而造成正干扰。对其他离子的响应可以用 Nikolsky 方程进行半定量计算，用能斯特方程表示如下。

$$E=E°+[RT/(zF)]\ln(a_{Na}+K_{Nax}\times a_x)$$

式中　a_x——干扰离子的活度；

K_{Nax}——相对于硝酸根离子，电极对干扰离子的选择性系数。

对于硝酸根离子选择性电极，主要的干扰见表 6.3.27-3。加入离子强度调节剂，将 pH 值调节为 3～5，以消除大多数的干扰。在这个 pH 值的范围内，可以消除碳酸根和碳酸氢根的干扰，并减少有机酸的干扰。

选择性系数近似于相同单位的离子造成的干扰（例如，1 个单位的 ClO_4^- 增加的硝酸根浓度大概是 0.1 个单位）。对于硝酸根离子选择性电极的主要干扰离子大致的选择性系数见表 6.3.27-3。

表 6.3.27-3　干扰物质

干扰物质	K（选择性系数）
高氯酸盐（ClO_4^-）	1200（干扰更多）
碘化物（I^-）	10
溴化物（Br^-）	0.1
氯化物（Cl^-）	0.006
亚硝酸根（NO_2^-）	0.001（干扰更少）

准确度检查方法

(1) 斜率检查

使用斜率检查法来验证电极是否正常响应。

① 准备两个相差一个数量级的标液（如 1mg/L 和 10mg/L 或 10mg/L 和 100mg/L）。最低浓度为 0.2mg/L。

② 使用标准测试流程测量这两个标液的 mV 值。

③ 取两个结果的差值，理想范围为（一58±3）mV（25℃）以内。

(2) 标准溶液法

使用标准溶液法来验证测试程序、试剂（ISA）和仪器是否正常。

所需的试剂与仪器有：

① 量程范围内的标液；

② 使用标准测试流程测量标液；

③ 将测得的结果与真值比较。

(3) 标准加入法（加标法）

使用标准加入法来验证测试程序、试剂（ISA）和仪器是否正常，并可以找出水样里是否有干扰物质。

所需的试剂与仪器：

① 硝氮标准溶液，10mg/L；

② 塑料量筒，25mL；

③ 移液枪；

④ 配套枪头。

步骤如下。

① 用量筒移取 25mL 水样放入烧杯。

② 使用标准测试流程测量水样硝酸根离子浓度。

③ 用移液枪移取 0.5mL 标准溶液放入这 25mL 水样中。

④ 测量加标样品的硝酸根离子浓度。

⑤ 对比加标前和加标后的硝酸根离子浓度。正常情况下，加标后浓度应该升高约 NO_3^--N 0.2mg/L。

清洗电极

下列情况需要清洗电极。

(1) 当探头被污染或因储存不当而无法得到准确测量结果。

(2) 因探头被污染而使响应时间明显变慢。

(3) 因探头被污染而使校准斜率超过可接受范围。

对于普通的污染，可采取下列措施清洗。

(1) 用去离子水清洗电极。用无毛布擦干。

(2) 如果电极被较脏的污染物附着，用软布擦拭电极以去除污染物。

(3) 将电极在 10mg/L 的硝氮标准溶液里浸泡 30min。用去离子水冲洗电极，再用无毛布擦干。盖上防护帽后储存。

方法解释

硝酸根离子会被选择性吸附到离子选择性膜上。被吸附的硝酸根离子会导致电极产生电势，这个电势值与溶液中的硝酸根离子浓度呈正比。这个离子选择性膜是在 PVC 基质上的一层和硝酸根离子有交换特性的聚合物膜。电极内部还有一根银-氯化银内参比电极，它可以使得电极的参比电极电压更加稳定。

消耗品和替代品信息

表 6.3.27-4   需要用到的仪器和电极

名称及描述	单位	产品订货号
HQ30d 便携式单通道多参数测量仪	个	HQ30d53000000
HQ40d 便携式双通道多参数测量仪	个	HQ40d53000000
HQ430d 台式单通道多参数测量仪	个	HQ430D
HQ440d 台式双通道多参数测量仪	个	HQ440D
ISENO3181 硝酸根离子数字复合电极,1m 电缆	根	ISENO318101
ISENO3181 硝酸根离子数字复合电极,3m 电缆	根	ISENO318103

表 6.3.27-5   需要用到的标准液和试剂

名称及描述	单位	产品订货号
硝酸根离子强度调节剂(ISA)溶液	500mL	2488349
硝酸根离子标准溶液,1mg/L	500mL	204649
硝酸根离子标准溶液,10mg/L	500mL	30749
硝酸根离子标准溶液,100mg/L	500mL	194749

表 6.3.27-6   可选择的仪器

名称及描述	单位	产品订货号
聚丙烯烧杯,150mL	个	108044
洗瓶,500mL	个	62011
容量瓶,A 级,100mL	个	1457442
量筒,100mL	个	50842
TenSette™移液枪,0.1～1.0mL	支	1970001
与 1970001 移液枪配套的枪头	50/pk	2185696
电极支架	个	8508850
磁力搅拌子,2.2cm×0.5cm(7/8in×3/16in.)	个	4531500
磁力搅拌器,120V,带电极支架	台	4530001
磁力搅拌器,230V,带电极支架	台	4530002

6.3.28   硝酸根，离子选择性电极直读法，方法 8358（ISE 电极）

测量范围

0.1～100.0mg/L NO_3-N。

应用范围

用于水与废水。

测试准备工作

表 6.3.28-1   仪器详细说明

仪表型号	电极型号
HQ30d 便携式,单通道,多参数	ISENO3181 智能硝酸根离子复合电极

仪表型号	电极型号
HQ40d 便携式,双通道,多参数 HQ430d 台式,单通道,多参数 HQ440d 台式,双通道,多参数	

(1) 有关仪表的操作请参见仪表使用手册。电极的维护请参见电极使用手册。

(2) 准备电极。详细信息请参见电极使用手册。

(3) 当 IntelliCAL™ 智能电极连接到 HQd 主机时,主机可自动识别测量参数,并可随时待用。

(4) 活化电极。步骤是将电极浸泡在 100mL 最低浓度的标液里,最多 1h。

(5) 初次使用之前,需要校准电极,校准过程请参考电极说明书。

(6) 在校准过程中,为了获得最佳结果,按照从低到高的浓度进行校准。

(7) 测定结果以 NO_3^--N mg/L（硝氮）形式表达,显示的结果以元素 N 计。如果要以 NO_3^- mg/L（硝酸根）表达,将测定结果乘以 4.4 即可。

(8) 为了得到更好的结果,确保标液和水样在同一温度下进行测试 ［±2℃（±3.6℉）］。

(9) 探头顶端如果有气泡会引起响应时间偏慢或测量误差。轻摇电极以去除气泡。

(10) 样品浓度的细微差别会影响电极稳定时间。确保电极处于良好状态。用不同的搅拌速率来测试所需稳定时间是否增长。

(11) 如果样品中有氯离子或其他离子存在,测定过程中会产生白色沉淀。该白色沉淀不会干扰测定,也不会损坏电极。

(12) 请仔细阅读试剂的 MSDS,使用个人防护用具。

(13) 请根据当地政府要求处置废弃的试剂溶液,处置时请遵循当地环保部门,健康和危废品安全处理部门相关条例。

表 6.3.28-2　准备的物品

名称及描述	数量
硝酸根 ISA(TISAB)粉枕(每 25mL 溶液 1 个粉枕)	每次
硝酸根标准溶液,1mg/L,10mg/L 或 100mg/L	每次
聚丙烯烧杯,50mL	3 或 4(USEPA)
磁力搅拌子,2.2cm×0.5cm(7/8in×3/16in)	3 或 4(USEPA)
磁力搅拌器	1
装有去离子水的洗瓶	1
无毛布	1

注：订购信息参见"消耗品和替代品信息"。

样品采集

(1) 用干净的塑料瓶或玻璃瓶采集水样。

(2) 尽快测试水样。

(3) 如果无法马上测量,可将样品置于 6℃（43℉）以下保存 24h。

(4) 如果需要储存水样,用硫酸（大约每升水 2mL）将水样的 pH 值调节至 2 以下。如果水样马上可以测量就不需要加酸调节 pH 值。测试结果将包括亚硝酸盐和硝酸盐。

(5) 如果需要长时间保存水样,可将样品置于 6℃（43℉）以下最多保存 28 天。

(6) 测量前让水样恢复至常温。

(7) 对于加酸调过 pH 值的水样,测试前用 5mol/L 的氢氧化钠溶液将 pH 值调回至 7 左右。

(8) 不要使用汞化合物来储存水样。

(9) 如果水样被稀释,结果要乘以稀释倍数。

硝酸根测试流程

（1）向烧杯中加入 25mL 水样。

（2）向水样中加入一包硝酸根离子强度调节剂粉枕包。

（3）在烧杯里放入磁力搅拌子，置于搅拌台上，以中速搅拌。

（4）用去离子水先润洗电极，再用无毛布擦干。

（5）将电极放入烧杯里。不要让电极碰到搅拌子、瓶壁或瓶底。去除探头底部气泡。

（6）按下"Read（读数）"。仪器会显示进度条。当测试稳定时，会锁定读数。

（7）用去离子水先润洗电极，再用无毛布擦干。

校准流程

（1）向烧杯中加入 25mL 浓度最低的硝酸盐标准液。

（2）向标准液中加入一包硝酸根离子强度调节剂粉枕包。

（3）在烧杯里放入磁力搅拌子，置于搅拌台上，以中速搅拌。

（4）用去离子水先润洗电极，再用无毛布擦干。

（5）将电极放入烧杯里。不要让电极碰到搅拌子、瓶壁或瓶底。去除探头底部气泡。

（6）按下"Calibrate（校准）"键，仪器显示标准值。

（7）按下"Read（读数）"键，仪器显示进度条。当测试稳定时，会锁定读数。

（8）用去离子水先润洗电极，再用无毛布擦干。

（9）按此流程测试其他标液。

（10）按下"Done（完成）"键，仪器显示校准总结。

（11）按下"Store
（保存）"键接受校准
结果。

低浓度测定

对于低浓度（$<1NO_3^--N$ mg/L）样品，请按如下分析方法进行测定。

（1） 按规定清洗电极。

（2） 在校准和测定前，将电极浸泡在 100mL 最低浓度的标液里，最多 1h。

（3） 在设置菜单里将电极稳定的标准设定到一个较低的值。

（4） 在校准和测定过程中使用稀释后的离子强度调节溶液：

① 将一包离子强度调节剂粉枕包溶于 50mL 去离子水；

② 取 5mL 上述溶液，用于每次校准和样品的测定。

> **注意：** 当满足以下条件时，离子强度调节剂的使用不是必需的：
>
> （1）样品中没有干扰物质
>
> （2）样品的 pH 范围在给定的范围内
>
> （3）离子强度调节剂的排放得到当地法规监管部门的许可（如有的话）。

干扰物质

对硝酸根有响应的敏感元素，可能对其他离子也有响应。通常而言，这会导致电极响应的电动势增加，从而造成正干扰。对其他离子的响应可以用 Nikolsky 方程进行半定量计算，用能斯特方程表示如下：

$$E=E°+[RT/(zF)]\ln(a_{Na}+K_{Nax}\times a_x)$$

式中 a_x——干扰离子的活度；

K_{Nax}——相对于硝酸根离子，电极对干扰离子的选择性系数。

对于硝酸根离子选择性电极，主要的干扰见表 6.3.28-3。加入离子强度调节剂，将 pH 值调节为 3～5，以消除大多数的干扰。在这个 pH 的范围内，可以消除碳酸根和碳酸氢根的干扰，并减少有机酸的干扰。

选择性系数近似于相同单位的离子造成的干扰（例如，1 个单位的 ClO_4^- 增加的硝酸根浓度大概是 0.1 个单位）。对于硝酸根离子选择性电极的主要干扰离子大致的选择性系数见表 6.3.28-3。

表 6.3.28-3   干扰物质

干扰物质	K（选择性系数）
高氯酸盐（ClO_4^-）	1200（干扰更多）
碘化物（I^-）	10
溴化物（Br^-）	0.1
氯化物（Cl^-）	0.006
亚硝酸根（NO_2^-）	0.001（干扰更少）

准确度检查方法

(1) 斜率检查法

使用斜率检查法来验证电极是否正常响应。

① 准备两个相差一个数量级的标液（如 1mg/L 和 10mg/L 或 10mg/L 和 100mg/L）。最低浓度为 0.2mg/L。

② 使用标准测试流程测量这两个标液的 mV 值。

③ 取两个结果的差值，理想范围为 (-58 ± 3)mV（25℃）以内。

(2) 标准溶液法

使用标准溶液法来验证测试程序、试剂（ISA）和仪器是否正常。

所需的试剂与仪器有：

① 量程范围内的标液；

② 使用标准测试流程测量标液；

③ 将测得的结果与真值比较。

(3) 标准加入法（加标法）

使用标准加入法来验证测试程序、试剂（ISA）和仪器是否正常，并可以找出水样里是否有干扰物质。

所需的试剂与仪器有：

① 硝氮标准溶液，100mg/L；

② 塑料量筒，25mL；

③ 移液枪；

④ 配套枪头。

步骤如下。

① 用量筒移取 25mL 水样放入烧杯。

② 使用标准测试流程测量水样硝酸根离子浓度。

③ 用移液枪移取 0.5mL 标准溶液放入这 25mL 水样中。

④ 测量加标样品的硝酸根离子浓度。

⑤ 对比加标前和加标后的硝酸根离子浓度。正常情况下，加标后浓度应该升高约 NO_3-N 1.96mg/L。

温度检查

如果电极不带温度探头，测量标液和水样硝酸根离子浓度的同时需要测量温度。为了得到更好的结果，确保校准时和测量水样时的温度一致［上下不超过 2℃（±3.6℉）］。

清洗电极

下列情况需要清洗电极。

(1) 当探头被污染或因储存不当而无法得到准确测量结果。

(2) 因探头被污染而使响应时间明显变慢。

(3) 因探头被污染而使校准斜率超过可接受范围。

对于普通的污染，可采取下列措施清洗。

用去离子水清洗电极。用无毛布擦干。

如果电极被较脏的污染物附着，用软布擦拭电极以去除污染物。

将电极在 100mg/L 的硝氮标准溶液里浸泡 30min。用去离子水冲洗电极，再用无毛布擦干。盖上防护帽后储存。

方法解释

硝酸根离子会被选择性吸附到离子选择性膜上。被吸附的硝酸根离子会导致电极产生电势，这个电势值与溶液中的硝酸根离子浓度呈正比。这个离子选择性膜是在 PVC 基质上的一层和硝酸根离子有交换特性的聚合物膜。电极内部还有一根银-氯化银内参比电极，它可以使得电极的参比电极电压更加稳定。

消耗品和替代品信息

表 6.3.28-4　需要用到的仪器和电极

名称及描述	单位	产品订货号
HQ30d 便携式单通道多参数测量仪	个	HQ30d53000000
HQ40d 便携式双通道多参数测量仪	个	HQ40d53000000
HQ430d 台式单通道多参数测量仪	个	HQ430D
HQ440d 台式双通道多参数测量仪	个	HQ440D
ISENO3181 硝酸根离子数字复合电极,1m 电缆	根	ISENO318101
ISENO3181 硝酸根离子数字复合电极,3m 电缆	根	ISENO318103

表 6.3.28-5　需要用到的标准液和试剂

名称及描述	单位	产品订货号
硝酸根离子强度调节剂(ISA)粉枕	100/pk	4456369
硝酸根离子标准溶液,1mg/L	500mL	204649
硝酸根离子标准溶液,10mg/L	500mL	30749
硝酸根离子标准溶液,100mg/L	500mL	194749

表 6.3.28-6　可选择的仪器

名称及描述	单位	产品订货号
聚丙烯烧杯,150mL	个	108044
洗瓶,500mL	个	62011
聚乙烯量筒,25mL	每次	108140
TenSette™移液枪,0.1～1.0mL	支	1970001
与 1970001 移液枪配套的枪头	50/pk	2185696
电极支架	个	8508850
磁力搅拌子,2.2cm×0.5cm(7/8in×3/16in.)	个	4531500
磁力搅拌器,120V,带电极支架	台	4530001
磁力搅拌器,230V,带电极支架	台	4530002

6.3.29　亚硝酸盐,USEPA[❶]重氮化法,方法 8507（粉枕包或安瓿瓶）

测量范围

低量程 0.002～0.300mg/L NO_2^--N（光度计）；0.005～0.350mg/L NO_2^--N（比色计）。

应用范围

用于水、废水与海水中亚硝酸盐含量的测定。

测试准备工作

表 6.3.29-1　仪器详细说明

仪器	比色皿方向	比色皿
DR 6000 DR 3800 DR 2800 DR 2700 DR 1900	刻度线朝向右方	2495402 10mL
DR 5000 DR 3900	刻度线朝向用户	

❶ USEPA 认可的废水分析法,联邦公报,44 (85),25505 (5,1,1979)。

仪器	比色皿方向	比色皿
DR 900	刻度线朝向用户	2401906

仪器	适配器	比色皿
DR 6000 DR 5000 DR 900	—	2427606
DR 3900	LZV846(A)	
DR 1900	9609900 or 9609800(C)	
DR 3800 DR 2800 DR 2700	LZV584(C)	2122800

为了测试结果更加准确，每一批新的试剂都应该测定试剂空白值。试剂空白的测定同样按照测试步骤进行，只是把样品换成去离子水进行测试。

表 6.3.29-2　准备的物品

名　称　及　描　述	数　量
粉枕包测试	
NitraVer® 3 亚硝酸盐试剂粉枕包	1 包
比色皿(见"仪器详细说明")	2 个
安瓿瓶测试	
NitraVer® 3 亚硝酸盐试剂 安瓿瓶装	1 份
50mL 烧杯	1 个
空白样用比色皿(见"仪器详细说明")	1 个

注：订购信息请参看"消耗品和替代品信息"。

重氮化法（粉枕包）测试流程

（1）选择测试程序。参照"仪器详细说明"的要求插入适配器（具体方向请参见用户手册）。

（2）向比色皿中加入 10mL 样品。

（3）准备样品：向比色皿中加入 NitraVer® 3 亚硝酸盐试剂粉枕包,塞上塞子。

（4）摇晃,使粉末溶解,若有亚硝酸盐存在,溶液会呈粉红色。

（5）启动仪器定时器。计时反应 20min。

（6）空白样准备：反应到时后向另一比色皿中加入 10mL 样品。

（7）擦拭空白管并将其插入样品池中。

（8）按下"Zero（零）"键进行调零。这时屏幕显示：0.000mg/L NO_2^--N。

（9）擦拭样品管并将其插入样品池中。

（10）按"Read（读数）"键读取结果，单位 mg/L NO_2^--N。

重氮化法（安瓿瓶）测试流程

（1）选择测试程序。参照"仪器详细说明"的要求插入适配器。（具体方向请参见用户手册）。

（2）样品准备：在 50mL 烧杯中收集至少 40mL 样品。
向装有 NitraVer® 3 亚硝酸盐试剂的安瓿瓶内装满样品。此过程中安瓿瓶瓶颈一定要浸没在水样内。

（3）在安瓿瓶瓶颈处盖上盖子。颠倒安瓿瓶数次以混匀。若有亚硝酸盐存在，溶液会呈粉红色。

（4）启动仪器定时器。计时反应 20min。

（5）空白样准备：反应到时后向另一比色皿中加入 10mL 样品。

（6）擦拭空白管并将其插入样品池中。
按下"Zero（零）"键进行调零。这时屏幕显示：0.000mg/L NO_2^--N。

（7）擦拭样品安瓿瓶并插入样品池中。
按"Read（读数）"键读取结果，单位 mg/L NO_2^--N。

干扰物质

表 6.3.29-3　干扰物质

干扰成分	抗干扰水平及处理方法
三价锑离子	引起沉淀而干扰
金离子	引起沉淀而干扰
铋离子	引起沉淀而干扰
氯铂酸盐离子	引起沉淀而干扰
亚铜离子	导致测试结果偏低
三价铁离子	引起沉淀而干扰

干 扰 成 分	抗干扰水平及处理方法
亚铁离子	导致测试结果偏低
铅离子	引起沉淀而干扰
汞离子	引起沉淀而干扰
偏钒酸盐离子	引起沉淀而干扰
硝酸根离子	水样中如果硝酸根含量很高（>100mg/L），其中的一部分会被还原为亚硝酸根，这种变化可能是自然发生的，也可能在测量过程中发生，因此，水样中一定存在一定量的亚硝酸根
银离子	引起沉淀而干扰
强氧化、还原性物质	任何浓度下都有干扰

海水校准

氯化物浓度超过 100mg/L 会导致测试结果偏低。在检测有干扰的样品时必须使用加标法进行校准。校准使用浓度为 0.06mg/L、0.1mg/L、0.3mg/L 和 0.4mg/L 的硝酸盐标准溶液。

(1) 准备 1L 含氯量与样品相同的氯水，使用以下转换公式：

① 向 1L 去离子水中加入 ACS 氯化钠，其质量（g）为氯化物的浓度（g/L）×1.6485。

注：通常海水的氯化物浓度是 18.8g/L。

② 彻底搅拌此溶液确保其是均质溶液，在准备标准溶液时将此溶液代替去离子水作为稀释水。

(2) 用移液枪移取 0.6mL、1mL、3mL、4mL 10mg/L 氮-硝酸盐标准溶液（NIST，产品订货号 30749），至 4 个 100mL 容量瓶中。

(3) 用准备好的氯水稀释至刻度，混匀。

(4) 用此氯水作为 0mg/L 硝酸盐标准溶液。

样品的采集、保存与存储

(1) 用干净的塑料瓶或玻璃瓶采集样品。

(2) 若样品在采集后 24~48h 内分析，请存储在 4℃（39°F）或温度更低的条件下。

(3) 测试前将样品加热至室温。

(4) 请勿使用酸保护剂。

准确度检查方法——标准溶液法

注：具体的程序选择操作过程请参见用户操作手册。

(1) 准备亚硝酸盐标准溶液比较困难，可根据《水与废水标准检测方法》中方法 4500-NO_2^--B 准备浓度为 0.150mg/L 的标准溶液。

(2) 用此溶液代替样品。按照上述重氮化法测试流程进行测试。

(3) 用标准溶液测得的数据校准标准曲线，在仪器菜单中选择标准溶液校准程序。

(4) 打开标准调整界面，确认接受当前标准溶液浓度。如果使用了其他浓度的标准溶液，输入标准溶液的实际浓度，并确认用此溶液浓度校准标准曲线。

方法精确度

表 6.3.29-4　方法精确度

程序	标值	精确度： 95%置信区间分布	灵敏度:每0.010Abs 单位变动下,浓度变动值
371	0.150mg/L NO_2^--N	0.147~0.153mg/L NO_2^--N	0.002mg/L NO_2^--N

程序	标值	精确度：95％置信区间分布	灵敏度：每 0.010Abs 单位变动下，浓度变动值
375	0.150mg/L NO$_2^-$-N	0.147～0.153mg/L NO$_2^-$-N	0.002mg/L NO$_2^-$-N

方法解释

样品中的亚硝酸盐与对氨基苯磺酸反应，生成中间产物重氮盐。重氮盐又与铬变酸偶合成粉红色的复合物，该物质的量与样品中亚硝酸盐的含量成正比例关系。本测试结果是在波长为507nm 的光波下读取的。

消耗品和替代品信息

表 6.3.29-5　需要用到的试剂

试剂名称及描述	数量/每次测量	单　位	产品订货号
NitraVer®3 亚硝酸盐试剂粉枕包 或	1	100/pk	2107169
NitraVer®3 亚硝酸盐 AccuVac®安瓿瓶	1	25/pk	2512025

表 6.3.29-6　需要用到的仪器 （AccuVac）

试剂名称及描述	数量/每次测量	单　位	产品订货号
50mL 烧杯	1	个	50041H

表 6.3.29-7　推荐使用的标准样品、试剂与仪器

名　称及描述	单　位	产品订货号
分析天平	个	2936701
空白样用安瓿瓶	25/pk	2677925
去离子水	4L	27256
亚硝酸钠，ACS	454g	245201

6.3.30　亚硝酸盐，重氮化法，方法 10019 （TNT 试管）

测量范围

低量程 0.003～0.500mg/L NO$_2^-$-N。

应用范围

用于水、海水与废水中亚硝酸盐含量的测定。

测试准备工作

表 6.3.30-1　仪器详细说明

仪器	适配器	遮光罩
DR 6000、DR 5000	—	
DR 3900	—	LZV849
DR 3800、DR 2800、DR 2700	—	LZV646
DR 1900	9609900(D①)	—
DR 900	4846400	遮光罩随机附带

① D 适配器不是每台仪器都具有。

(1) 使用 DR 3900、DR 3800、DR 2800 及 DR 2700 时，测试前用遮光罩遮住样品室 2#。

(2) 为了测试结果更加准确，每一批新的试剂都应该测定试剂空白值。试剂空白的测定同样

按照测试步骤进行，只是把样品换成去离子水进行测试。从最后的测试结果中将试剂空白值扣除，或者调整仪器的试剂空白。

表 6.3.30-2　准备的物品

名　称　及　描　述	数　　量
遮光罩或适配器(见"仪器详细说明")	1 个
TNT 试管 NitriVer® 3 亚硝酸盐试剂组件	1 套
0.1~1.0mL 移液枪和枪头	1 个

注：订购信息请看"消耗品和替代品信息"。

重氮化法（TNT）测试流程

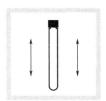

（1）选择测试程序。参照"仪器详细说明"的要求插入适配器(详细介绍请参见用户手册)。

（2）向 NitraVer® 3 亚硝酸盐 TNT 试管内加入 5mL 样品。

（3）样品准备:盖上盖子，轻摇试管使粉末溶解。

若有亚硝酸盐存在,溶液会呈粉红色。

（4）启动仪器定时器。计时反应 20min。

（5）空白样准备:反应到时后向一空白的 TNT 试管内加入 5mL 样品。

（6）擦拭空白管并将其插入 16mm 圆形样品池中。

（7）按下"Zero(零)"键进行调零。这时屏幕显示:0.000mg/L NO_2^--N。

（8）将准备好的样品管放入样品池中。

按"Read(读数)"键读取结果，单位 mg/L NO_2^--N。

干扰物质

表 6.3.30-3　干扰物质

干 扰 成 分	抗干扰水平及处理方法
锑离子	引起沉淀而干扰
金离子	引起沉淀而干扰
铋离子	引起沉淀而干扰
氯铂酸盐离子	引起沉淀而干扰
亚铜离子	导致测试结果偏低
三价铁离子	引起沉淀而干扰
亚铁离子	导致测试结果偏低
铅离子	引起沉淀而干扰
汞离子	引起沉淀而干扰
偏钒酸盐离子	引起沉淀而干扰

干 扰 成 分	抗干扰水平及处理方法
硝酸根离子	水样中如果含量硝酸根很高（＞100mg/L），其中的一部分会被还原为亚硝酸根，这种变化可能是自然发生的，也可能在测量过程中发生，因此，水样中一定存在一定量的亚硝酸根
银离子	引起沉淀而干扰
强氧化、还原性物质	任何浓度下都有干扰

样品的采集、保存与存储

① 用干净的塑料瓶或玻璃瓶采集样品。

② 若样品在采集后 24～48h 内分析，请存储在 4℃（39℉）或温度更低的条件下。

③ 测试前将样品加热至室温。

准确度检查方法——标准溶液法

> **注**：具体的程序选择操作过程请参见用户操作手册。

(1) 准备亚硝酸盐标准溶液比较困难，可根据《水与废水标准检测方法》中方法 4500-NO$_2$-B 准备浓度为 0.300mg/L 的标准溶液，用此溶液代替样品。按照上述重氮化法测试流程进行测试。

(2) 用标准溶液测得的数据校准标准曲线，在仪器菜单中选择标准溶液校准程序。

(3) 打开标准调整界面，确认接受当前标准溶液浓度。如果使用了其他浓度的标准溶液，输入标准溶液的实际浓度，并确认用此溶液浓度校准标准曲线。

方法精确度

表 6.3.30-4　方法精确度

程序	标值	精确度：95%置信区间分布	灵敏度：每 0.010Abs 单位变动下，浓度变动值
345	0.300mg/L NO$_2^-$-N	0.294～0.306mg/L NO$_2^-$-N	0.003mg/L NO$_2^-$-N

方法解释

样品中的亚硝酸盐与对氨基苯磺酸反应，生成中间产物重氮盐。重氮盐又与铬变酸偶合成粉红色的复合物，该物质的量与样品中亚硝酸盐的含量成正比例关系。本测试结果是在波长为 507nm 的光波下读取的。

消耗品和替代品信息

表 6.3.30-5　需要用到的试剂

试剂名称及描述	数量/每次测量	单 位	产品订货号
TNT NitraVer® 3 亚硝酸盐试剂组件	1	50/pk	2608345

表 6.3.30-6　需要用到的仪器设备

设备名称及描述	数量/每次测量	单 位	产品订货号
1.0～10.0mL 移液枪	1	个	1970010
枪头	根据需要而定	50/pk	2199796

表 6.3.30-7　推荐使用的标准样品、试剂与仪器

名 称 及 描 述	单 位	产品订货号
分析天平	个	2936701
与产品 1970010 配套的移液枪头	250/pk	2199725
去离子水	4L	27256
亚硝酸钠，ACS	454g	245201

6.3.31 亚硝酸盐，硫酸亚铁法[1]，方法8153（粉枕包）

测量范围

高量程 $2\sim250mg/L$ NO_2^--N（光度计）；$2\sim150mg/L$ NO_2^--N（比色计）。

应用范围

用于冷却系统中亚硝酸盐含量的测定。

测试准备工作

表 6.3.31-1 仪器详细说明

仪器	比色皿方向	比色皿
DR 6000 DR 3800 DR 2800 DR 2700 DR 1900	刻度线朝向右方	2495402
DR 5000 DR 3900	刻度线朝向用户	
DR 900	刻度线朝向用户	2401906

(1) 为了测试结果更加准确，每批新的试剂都应该测定试剂空白值。试剂空白的测定同样按照测试步骤进行，只是把样品换成去离子水进行测试。从最后的测试结果中将试剂空白值扣除，或者调整仪器的试剂空白。

(2) 加入试剂后如果有亚硝酸盐存在，溶液会出现棕绿色。

表 6.3.31-2 准备的物品

名 称 及 描 述	数 量
NitraVer® 2 亚硝酸盐试剂粉枕包	1 包
比色皿(见"仪器详细说明")	2 个
去离子水	根据情况而定

注：订购信息请参看"消耗品和替代品信息"。

硫酸亚铁法（粉枕包）测试流程

（1）选择测试程序。参照"仪器详细说明"的要求插入适配器(具体方向请参见用户手册)。

（2）向比色皿中加入 10mL 样品。

（3）准备样品：向比色皿中加入 NitraVer® 2 亚硝酸盐试剂粉枕包。

（4）塞上塞子，摇晃，使粉末溶解。

（5）启动仪器定时器。计时反应10min。
　　为防止出现结果偏低的情况，置比色皿于平坦的地方，且在反应期间不要撼动比色皿。

[1] 根据"McAlpine，R. and Soule，B.，Qualitative Chemical Analysis"（定性化学分析），纽约 476，575（1933）改编。

（6）空白样准备：向另一比色皿中加入10mL样品。

（7）擦拭空白管并将其插入样品池中。

（8）按下"Zero（零）"键进行调零。这时屏幕显示：0mg/L NO_2^--N。

（9）反应到时后，盖上比色皿盖子，轻摇样品管两次。

不要摇晃得过于剧烈或次数过多，以免出现结果偏低的情况。

（10）擦拭样品管并将其插入样品池中。

（11）按"Read（读数）"键读取结果，单位 mg/L NO_2^--N。

干扰物质

本方法并不测试硝酸盐的含量，也不适用于乙二醇基质的样品。稀释乙二醇基质的样品，再使用亚硝酸盐流程（低量程），方法8507。

样品的采集、保存与存储

（1）用干净的塑料瓶或玻璃瓶采集样品。

（2）若样品无法立即分析，采取以下储存方法：在采集后24～48h内分析，请存储在4℃（39°F）或温度更低的条件下。测试前将样品加热至室温。请勿使用酸保护剂。

准确度检查方法——标准溶液法

> **注**：具体的程序选择操作过程请参见用户操作手册。

（1）准备亚硝酸盐标准溶液比较困难，可根据《水与废水标准检测方法》准备标准溶液，使用亚硝酸钠 ACS 配制 200mg/L 的标准溶液。

（2）用此浓度为 200mg/L 的溶液代替样品。按照上述硫酸亚铁法测试流程进行测试。

（3）用标准溶液测得的数据校准标准曲线，在仪器菜单中选择标准溶液校准程序。

（4）打开标准调整界面，确认接受当前标准溶液浓度。如果使用了其他浓度的标准溶液，输入标准溶液的实际浓度，并确认用此溶液浓度校准标准曲线。

方法精确度

表 6.3.31-3 方法精确度

程序	标值	精确度：95%置信区间分布	灵敏度：每 0.010Abs 单位变动下，浓度变动值
373	200mg/L NO_2^--N	191～209mg/L NO_2^--N	1.4mg/L NO_2^--N

方法解释

本方法利用硫酸亚铁在酸性介质中还原样品中的亚硝酸盐为一氧化二氮。硫酸亚铁再与一氧化二氮反应生成棕绿色化合物，该化合物的量与样品中亚硝酸盐的含量成正比例关系。本测试结果是在波长为585nm的光波下读取的。

消耗品和替代品信息

表 6.3.31-4　需要用到的试剂

试剂名称及描述	数量/每次测量	单　位	产品订货号
NitraVer® 2 亚硝酸盐试剂粉枕包	1	100/pk	2107569

表 6.3.31-5　需要用到的仪器（粉枕包）

名 称 及 描 述	数量/每次测量	单　位	产品订货号
橡胶塞1#	2	12/pk	1480801

表 6.3.31-6　可选择的试剂与仪器

名 称 及 描 述	单　位	产品订货号
分析天平	个	2936701
去离子水	4L	27256
亚硝酸钠，ACS	454g	245201

6.3.32　亚硝酸盐，铈酸滴定法，方法8351（数字滴定器）

测量范围

$100 \sim 2500 mg/L\ NaNO_2$。

应用范围

冷却塔用水中亚硝酸盐含量的测定。

测试准备工作

（1） 为方便起见，搅拌时可使用 TitraStir 搅拌器。

（2） 若加入的试剂体积小于10mL，建议使用移液管。

表 6.3.32-1　准备的物品

名称及描述	数　量	名称及描述	数　量
亚铁指示剂溶液	1瓶	数字滴定器	1个
硫酸标准溶液 5.25N	1瓶	数字滴定器输液管	1根
铈滴定试剂 0.5N	1管	125mL 锥形瓶	1个
量筒	1个		

注：订购信息请看"消耗品和替代品信息"。

铈酸滴定法测试流程

（1）根据"仪器量程说明表"中信息选择样品的体积。

（2）将洁净的输液管安装在滴定试剂管上，再将滴定试剂管安装到滴定器上。

（3）拿起数字滴定器，保持滴定试剂管顶端向上。旋转滴定器旋钮排出空气和几滴试剂，将计数器归零，并擦去管上残余的液体。

（4）用量筒或移液管量取适量体积的样品(参考表 6.3.32-2)，倒入 125mL 锥形瓶中。

（5）用去离子水稀释至约75mL。

（6）向锥形瓶中加入 5 滴 5.25N 的硫酸标准溶液，轻摇混匀。

（7）向锥形瓶中加入 1 滴亚铁指示剂，轻摇混匀。

（8）将输液管置于溶液中，边振荡锥形瓶边旋转滴定器的旋钮，将滴定试剂加入到溶液中。继续边振荡边滴定直至溶液从橙色转变为淡蓝色。
记录下计数器上显示的数字。

（9）用表 6.3.21-2 中的系数计算浓度。
计数器上的数字×系数即为亚硝酸钠浓度，单位 mg/L。
举例：样品体积为 25mL，计数器上显示 250 单位，则浓度为 $250 × 0.86 = 215$mg/L，以 $NaNO_2$ 计。

表 6.3.32-2　仪器量程说明

量程/(mg/L $NaNO_2$)	样品体积/mL	系　数	量程/(mg/L $NaNO_2$)	样品体积/mL	系　数
100～400	25	0.86	800～1500	5	4.31
400～800	10	2.15	1500～2500	2	10.78

样品的采集、保存与存储

（1）用干净的塑料瓶或玻璃瓶采集样品。建议采样后立即分析。

（2）若样品无法立即分析采取以下储存方法：在采集后 24～48h 内分析，请存储在 4℃（39°F）或温度更低的条件下。测试前将样品加热至室温。请勿使用酸保护剂。

准确度检查方法——标准溶液法

所需要的试剂和仪器有：亚硝酸钠 ACS；1000mL A 级容量瓶。

（1）根据以下步骤准备 1000mg/L 的亚硝酸钠标准溶液。向 1000mL 容量瓶中加入 1.000g 亚硝酸钠（ACS），用去离子水加至刻度线，彻底混匀。

（2）向锥形瓶中加入 5mL 上述溶液。用去离子水稀释至大约 75mL，彻底混匀。

（3）加入硫酸和亚铁指示剂，轻摇混匀。

（4）用滴定试剂滴定此标准溶液至终点，并计算结果，结果大约为 1000mg/L，以 $NaNO_2$ 计。

铈标准溶液标准化操作

铈标准溶液的当量浓度会因为放置时间而下降，在滴定前要用以下方法确认其当量浓度。这一标准化操作应当每月执行。

（1）用量筒或移液管量取 50mL 去离子水，倒入 125mL 锥形瓶中。

（2）加 5mL 19.2N 硫酸标准溶液，混匀。

（3）将洁净的输液管安装在铈滴定试剂管上。

（4）拿起数字滴定器，保持滴定试剂管顶端向上。旋转滴定器旋钮排出空气和几滴试剂，将计数器归零，并擦去管上残余的液体。

（5）将输液管置于去离子水中，边振荡锥形瓶边旋转滴定器的旋钮，加入 200 单位的铈标准溶液。

（6）将另一洁净的输液管安装在 0.200N 的硫代硫酸钠滴定试剂管上。

（7）拿起数字滴定器，保持滴定试剂管顶端向上。旋转滴定器旋钮排出空气和几滴试剂，将计数器归零，并擦去管上残余的液体。

（8）将输液管置于锥形瓶的溶液中，边振荡锥形瓶边旋转滴定器的旋钮，滴加硫代硫酸钠溶液，直到溶液从深黄色变为淡黄色。记录计数器上的数字。这一步骤大约需消耗 400～450 单位的滴定剂。

(9) 加一滴亚铁指示剂，混匀，溶液会呈淡蓝色。

(10) 继续用硫代硫酸钠标准试剂滴定，直到溶液从淡蓝色变为橙色。

(11) 将计数器上显示的数字除以 500 以计算校正因子（校正因子＝计数器上显示的数字/500）

(12) 将滴定流程所得到的亚硝酸钠浓度（mg/L）乘以该校正因子，得到最终的亚硝酸钠浓度。

方法解释

在亚铁菲咯啉离子指示剂存在的条件下，亚硝酸钠被强氧化剂四价的铈离子所滴定。当所有的亚硝酸盐均被铈离子氧化后，铈离子再氧化指示剂，导致溶液颜色从橙色变为淡蓝色。所消耗滴定剂的量与亚硝酸钠的浓度成正比例关系。

消耗品和替代品信息

表 6.3.32-3　需要用到的试剂

试剂名称及描述	数量/每次测量	单　位	产品订货号
铈标准溶液滴定试剂 0.5N	1	管	2270701
亚铁指示剂	1	29mL DB	181233
硫酸标准溶液 5.25N	1	100mL MDB	244932

表 6.3.32-4　需要用到的仪器

仪器名称及描述	数　量	单　位	产品订货号
数字滴定器	1	个	1690001
125mL 带刻度锥形瓶	1	个	50543
25mL 量筒	1	个	50840
180°输液管	1	个	1720500
90°输液管	1	个	4157800

表 6.3.32-5　推荐使用的标准溶液

标准样品名称及描述	单　位	产品订货号
亚硝酸钠，ACS	454g	245201
0.200N 硫代硫酸钠滴定试剂	管	2267501
19.2N 硫酸标准溶液	100mL	203832

表 6.3.32-6　可选择的试剂与仪器

名　称及描述	单　位	产品订货号
分析天平	个	2936701
去离子水	500mL	27249
称量纸	500/pk	1473800
250mL 采样瓶	个	2087076
5mL 移液管	个	1451537
100mL 容量瓶	个	1457453
温度计−10～225℃	个	2635700
Titra 搅拌器 230V	个	1940010
Titra 搅拌器 115V	个	1940000
1.0～10.0mL 移液枪	个	1970010
搅拌棒，28.6mm×7.9mm	个	2095352

6.3.33　氨氮，水杨酸法[1]，方法10023（Test'N Tube™管）

低浓度测量范围

$0.02\sim2.50$mg/L NH_3-N。

---

[1] 改编自 Clin. Chim. Acta，14，403（1966）。

应用范围

用于水、废水与海水中氨氮含量的测定。

测试准备工作

表 6.3.33-1 仪器详细说明

仪器	适配器	遮光罩
DR 6000、DR 5000	—	—
DR 3900	—	LZV849
DR 3800、DR 2800、DR 2700	—	LZV646
DR 1900	9609900(D①)	—
DR 900	4846400	遮光罩随机附带

① D适配器不是每台仪器都具有。

(1) 针对型号为 DR 3900、DR 3800、DR 2800 和 DR 2700 的仪器，测试前请在适配器模块上方安装遮光罩。

(2) 整个测试过程中，请保持良好的安全习惯和规范的实验操作。所用试剂的详细处理处置信息请参见当前的化学品安全说明书（MSDS）。

(3) 测试过程中使用的 ammonia salicylate 试剂中含有亚硝基铁氰化钠。氰化物的溶液被美国联邦政府的《资源保护和恢复法案》（RCRA）规定为危险废弃物。氰化物应该收集起来按照类型编号为 D001 的反应物进行处理处置。确保氰化物溶液储存在 pH 值大于 11 的强腐蚀性溶液中，以防止氰化氢气体的泄漏。详细的处理处置信息请参见当前的化学品安全说明书（MSDS）和当地的化学品安全法规条例。

表 6.3.33-2 准备的物品

名 称 及 描 述	数 量
低量程 Test'N Tube AmVer™管 Nitrogen Ammonia 试剂	2管
遮光罩或适配器(请参见"仪器详细说明")	1个
小漏斗(用于加入试剂)	1个
TenSette® 移液枪	1个
与 TenSette® 移液枪配套的枪头	根据用量而定

注：订购信息请参看"消耗品和替代品信息"。

低量程水杨酸法（Test'N Tube™管）测试流程

（1）选择测试程序。参照"仪器详细说明"的要求插入适配器或遮光罩（详细介绍请参见用户手册）。

（2）样品的测定：向一个低量程 Test'N Tube AmVer™ Nitrogen Ammonia 试剂管中加入 2.0mL 样品。

（3）空白值的测定：向第二个低量程 Test'N Tube AmVer™ Nitrogen Ammonia 试剂管中加入 2.0mL 无氨水。

（4）分别向两个 Test'N Tube 试剂管中各加入一包 Ammonia Salicylate 试剂粉枕包。

（5）再分别向两个 Test'N Tube 试剂管中各加入一包 Ammonia Cyanurate 试剂粉枕包。

(6)盖紧盖子,上下摇晃试剂管使粉末溶解。

(7)启动仪器定时器。计时反应20min。

(8)计时时间结束后,将空白值的试剂管擦拭干净,并将它放入16mm圆形适配器中。

(9)按下"Zero(零)"键进行仪器调零。这时屏幕将显示:0.00mg/L NH₃-N。

(10)将装有样品的试剂管擦拭干净,并将它放入16mm圆形适配器中。

(11)按下"Read(读数)"键读取氨氮含量,结果以 mg/L NH₃-N 为单位。

干扰物质

表 6.3.33-3　干扰物质

干 扰 成 分	抗干扰水平及处理方法
钙	以 $CaCO_3$ 计,为 2500mg/L
铁	用总铁测试方法测定样品中的铁含量。在步骤(3)中的无氨水空白值试剂管中加入相同含量的铁。这样铁的干扰可以用空白值扣除
镁	以 $CaCO_3$ 计,为 15000mg/L
一氯胺	经过氯消毒的饮用水中含有的一氯胺会使测试产生偏高的结果。用方法 10200,自由氨和一氯胺测定方法,测定样品中的自由氨氮
硝酸盐	以硝酸根计,为 250mg/L
亚硝酸盐	以亚硝酸根计,为 30mg/L
正磷酸盐	以磷酸根计,为 250mg/L
pH 值	酸性或碱性样品 pH 值应调整至 7 左右。用 1N 的氢氧化钠溶液[①]调整酸性样品的 pH 值,用 1N 的盐酸溶液[①]调整原本样品的 pH 值
硫酸盐	以硫酸根计,为 300mg/L
硫化物	(1)在 500mL 的锥形瓶中加入 350mL 的样品 (2)向瓶中加入一包 Sulfide Inhibitor 试剂粉枕包[①],摇晃以混合均匀 (3)用折好的滤纸[①]过滤锥形瓶中的样品 (4)在步骤(2)中使用此滤液进行测试
其他	像联氨、氨基乙酸等不常见的干扰物质会在处理过的样品中引起较深的颜色。浊度和色度会使结果明显偏高。有严重干扰的样品需要进行蒸馏处理。用普通蒸馏装置进行蒸馏处理

① 订购信息请参看"可选择的试剂与仪器"。

样品的采集、保存与存储

(1) 样品采集时应使用清洁的玻璃或塑料容器。采样后立即分析得到的结果最可靠。

(2) 如果样品中的氯含量已知,在 1L 水样中,按照每含有 0.3mg/L Cl_2 就加入 1 滴 0.1N 硫代硫酸钠溶液的比例,对 1L 水样进行保存处理。

(3) 如果采样后不能立即进行分析测试,请使用盐酸将样品的 pH 值调整至 2 或者 2 以下以保存。

(4) 将样品置于 4℃ （即 39°F) 的条件下进行保存。

(5) 样品最长可以保存 28 天。

(6) 测试分析前，请先将样品加热至室温。

(7) 测试分析前，请先使用 5.0N 氢氧化钠溶液中和样品酸性，将样品的 pH 值调整至 7.0。

(8) 根据样品体积增加量修正测试结果。

准确度检查方法

(1) 标准加入法（加标法）。准确度检查所需的试剂与仪器有：氨氮 Voulette® 安瓿瓶标准试剂，浓度为 50mg/L NH$_3$-N；安瓿瓶开口器；TenSette® 移液枪及配套的枪头；混合量筒，25mL，三个。

具体步骤如下。

① 读取测试结果后，将装有样品的比色皿（尚未加入标准物质）留在仪器中。

② 在仪器菜单中选择标准添加程序。

③ 按"OK（好）"键确认标样浓度、样品体积和加标体积的默认值。按"EDIT（编辑程序）"键可以修改这些默认值。当这些值确认好后，未加标的样品读数将显示在顶端的一行。更多详细信息请参见用户手册。

④ 打开浓度为 50mg/L NH$_3$-N 的氨氮 Voulette® 安瓿瓶标准试剂。

⑤ 用 TenSette® 移液枪准备三个加标样。将样品倒入三个混合量筒中，液面与 25mL 刻度线平齐。使用 TenSette® 移液枪分别向三个混合量筒中依次加入 0.1mL、0.2mL 和 0.3mL 的标准物质，混合均匀。

⑥ 从 0.1mL 的加标样开始，按照上述测试流程依次对三个加标样品进行测试。按"Read（读数）"键确认接受每一个加标样品的测试值。

⑦ 加标测试过程结束后，按"Graph（图表）"键将显示出根据加标数据计算得到的最佳拟合曲线，说明本底干扰的存在与否。按"Ideal Line（理想线条）"键将显示出样品加标与 100% 回收率的"理想线条"之间的关系。每个加标样都应该达到约 100% 的加标回收率。

(2) 标准溶液法。所需试剂为氨氮标准溶液，浓度为 1.0mg/L。

具体步骤如下。

① 用浓度为 1.0mg/L 的氨氮标准溶液代替样品按照上述测试流程进行测试。

② 用浓度为 1.0mg/L 的氨氮标准溶液校准标准曲线，在仪器菜单中选择标准溶液校准程序。

③ 打开标准调整界面，确认接受当前标准溶液浓度。如果使用了其他浓度的标准溶液，输入标准溶液的实际浓度，并确认用此溶液浓度校准标准曲线。

注意：具体的程序选择操作过程请参见用户操作手册。

方法精确度

表 6.3.33-4　方法精确度

程序	标值	精确度： 95% 置信区间分布	灵敏度：每 0.010Abs 单位变动下，浓度变动值
342	1.00mg/L NH$_3$-N	0.90～1.10mg/L NH$_3$-N	0.014mg/L NH$_3$-N

方法解释

氨的化合物与氯结合生成一氯胺。一氯胺与水杨酸盐反应生成 5-氨基水杨酸盐。在亚硝基铁氰化钠催化剂的作用下，5-氨基水杨酸盐被氧化成为一种蓝色的化合物。蓝色在呈黄色的过量试剂中使溶液显绿色。测试结果是在波长为 655nm 的可见光下读取的。

消耗品和替代品信息

表 6.3.33-5　需要用到的试剂

试剂名称及描述	数量/每次测量	单　　位	产品订货号
低量程 Test'N Tube AmVer™管 Nitrogen Ammonia 试剂组件	2	25 次测试	2604545

表 6.3.33-6　需要用到的仪器

仪器名称及描述	数量/每次测量	单　　位	产品订货号
小漏斗(用于加入试剂)	1	每次	2584335
TenSette® 移液枪,量程范围为 1.0～10.0mL	1	每次	1970010
试管架	1～3	每次	1864100

表 6.3.33-7　推荐使用的标准样品

标准样品名称及描述	单　　位	产品订货号
氨氮标准溶液,浓度为 1.0mg/L NH$_3$-N	500mL	189149
氨氮标准溶液,浓度为 1.0mg/L NH$_3$-N,10mL Voluette® 安瓿瓶	16/pk	1479110
与 19700-10 TenSette® 移液枪配套的枪头	250/pk	2185625
无机废水标准溶液,用于 NH$_3$-N、NO$_3$-N、PO$_4$、COD、SO$_4$、TOC	500mL	2833249
去离子水	4L	27256

表 6.3.33-8　可选择的试剂与仪器

名　　称　　及　　描　　述	单　　位	产品订货号
混合量筒,25mL	每次	2088640
普通蒸馏装置	每次	2265300
聚乙烯漏斗,65mm	每次	108367
滤纸,12.5cm	100/pk	189457
与 TenSette® 移液枪 19700-10 配套的枪头	50/pk	2199796
安瓿瓶开口器	每次	2196800
加热及固定装置,115V,60Hz	每次	2274400
加热及固定装置,230V,50Hz	每次	2274402
血清移液管,2mL	每次	50549
洗耳球	每次	1465100
盐酸标准溶液,1N	1000mL	2321353
浓盐酸,分析纯	500mL	13449
氢氧化钠标准溶液,1N	100mL	104532
氢氧化钠标准溶液,5.0N	100mL	245026
Sulfide Inhibitor 试剂粉枕包	100/pk	241899

6.3.34　氨氮,水杨酸法,方法 10031（Test'N Tube™管）

高浓度测量范围

0.4～50.0mg/L NH$_3$-N。

应用范围

用于水、废水与海水中氨氮含量的测定。

测试准备工作

表 6.3.34-1　仪器详细说明

仪器	适配器	遮光罩
DR 6000、DR 5000	—	—
DR 3900	—	LZV849

仪器	适配器	遮光罩
DR 3800、DR 2800、DR 2700	—	LZV646
DR 1900	9609900(D①)	
DR 900	4846400	遮光罩随机附带

① D 适配器不是每台仪器都具有。

(1) 针对型号为 DR 3900、DR 3800、DR 2800 和 DR 2700 的仪器，测试前请在适配器模块上方安装遮光罩。

(2) 样品量较少的话（如 0.1mL）将不具有代表性，无法代表整个样品。测试前请将样品混合均匀，或者取瓶中其他部位的样品重复测试。

(3) 整个测试过程中，请保持良好的安全习惯和规范的实验操作。所用试剂的详细处理处置信息请参见当前的化学品安全说明书（MSDS）。

(4) 测试过程中使用的 ammonia salicylate 试剂中含有亚硝基铁氰化钠。氰化物的溶液被美国联邦政府的《资源保护和恢复法案》（RCRA）规定为危险废弃物。氰化物应该收集起来按照类型编号为 D001 的反应物进行处理处置。确保氰化物溶液储存在 pH 值大于 11 的强腐蚀性溶液中，以防止氰化氢气体的泄漏。详细的处理处置信息请参见当前的化学品安全说明书（MSDS）和当地的化学品安全法规条例。

(5) 在实验室环境中，空气传播的交叉污染可能会污染空白样品。为防止氨氮的转移，在打开样品和标样前完成空白值的测试。如果样品和标样已经打开了，将空白值转移至实验室的其他隔离区域进行测试。

表 6.3.34-2　准备的物品

名　称　及　描　述	数　量
高量程 Test'N Tube AmVer™管 Nitrogen Ammonia 试剂	2 管
遮光罩或适配器（请参见"仪器详细说明"）	1 个
小漏斗（用于加入试剂）	1 个
TenSette® 移液枪，量程范围为 0.1～1.0mL	1 个
与 TenSette® 移液枪配套的枪头	根据用量而定

注：订购信息请参看"消耗品和替代品信息"。

高量程水杨酸法（Test'N Tube™管）**测试流程**

（1）选择测试程序。参照"仪器详细说明"的要求插入适配器或遮光罩（详细介绍请参见用户手册）。

（2）样品的测定：向一个高量程 Test'N Tube AmVer™ Nitrogen Ammonia 试剂管中加入 0.1mL 样品。

（3）空白值的测定：向第二个高量程 Test'N Tube AmVer™ Nitrogen Ammonia 试剂管中加入 0.1mL 无氨水。

（4）分别向两个容量为 5mL 的 Test'N Tube 试剂管中各加入一包 Ammonia Salicylate 试剂粉枕包。

（5）再分别向两个 Test'N Tube 试剂管中各加入一包 Ammonia Cyanurate 试剂粉枕包。

（6）盖紧盖子，上下摇晃试剂管使粉末溶解。

（7）启动仪器定时器。计时反应20min。

（8）计时时间结束后，将空白值的试剂管擦拭干净，并将它放入16mm圆形适配器中。

（9）按下"Zero（零）"键进行仪器调零。这时屏幕将显示：0.0mg/L NH₃-N。

（10）将装有样品的试剂管擦拭干净，并将它放入16mm圆形适配器中。

（11）按下"Read（读数）"键读取氨氮含量，结果以 mg/L NH₃-N 为单位。

干扰物质

表 6.3.34-3　干扰物质

干 扰 成 分	抗干扰水平及处理方法
钙	以 $CaCO_3$ 计，为 50000mg/L
联胺、氨基乙酸	会在处理过的样品中引起较深的颜色
镁	以 $CaCO_3$ 计，为 300000mg/L
一氯胺	经过氯消毒的饮用水中含有的一氯胺会使测试产生偏高的结果。用方法 10200，自由氨和一氯胺测定方法，测定样品中的自由氨氮
铁	消除铁干扰的方法如下 (1)用总铁测试方法测定样品中的铁含量 (2)在步骤(3)中的无氨水空白值试剂管中加入相同含量的铁 这样铁的干扰可以通过空白值扣除
亚硝酸盐	以亚硝酸根计，为 600mg/L
硝酸盐	以硝酸根计，为 5000mg/L
正磷酸盐	以磷酸根计，为 5000mg/L
pH 值	酸性或碱性样品 pH 值应调整至 7 左右。用 1N 的氢氧化钠溶液①调整酸性样品的 pH 值，用 1N 的盐酸溶液①调整原样品的 pH 值
硫酸盐	以硫酸根计，为 6000mg/L
硫化物	(1)在 500mL 的锥形瓶中加入 350mL 的样品 (2)向瓶中加入一包 Sulfide Inhibitor 试剂粉枕包①。摇晃以混合均匀 (3)用折好的滤纸①过滤锥形瓶中的样品。在测试流程(2)中使用此滤液进行测试
其他	像联胺、氨基乙酸等不常见的干扰物会在处理过的样品中引起较深的颜色。浊度和色度会使结果明显偏高。有严重干扰的样品需要进行蒸馏处理。用普通蒸馏装置进行蒸馏处理

① 订购信息请参看"可选择的试剂与仪器"。

样品的采集、保存与存储

（**1**）样品采集时应使用清洁的玻璃或塑料容器。采样后立即分析得到的结果最可靠。

（**2**）如果样品中的氯含量已知，在 1L 水样中，按照每含有 0.3mg/L Cl_2 就加入 1 滴 0.1N 硫代硫酸钠溶液的比例，对 1L 水样进行保存处理。

(3) 如果采样后不能立即进行分析测试，请使用盐酸将样品的 pH 值调整至 2 或者 2 以下保存。

(4) 将样品置于 4℃（即 39℉）的条件下进行保存。

(5) 样品最长可以保存 28 天。

(6) 测试分析前，请先将样品加热至室温。

(7) 测试分析前，请先使用 5.0N 氢氧化钠溶液中和样品酸性，将样品的 pH 值调整至 7.0。

(8) 根据样品体积增加量修正测试结果。

准确度检查方法

(1) 标准加入法（加标法）。准确度检查所需的试剂与仪器有：氨氮 Voulette® 安瓿瓶标准试剂，浓度为 150mg/L NH$_3$-N；安瓿瓶开口器；TenSette® 移液枪及配套的枪头；混合量筒，25mL，三个。

具体步骤如下。

① 读取测试结果后，将装有样品的比色皿（尚未加入标准物质）留在仪器中。

② 在仪器菜单中选择标准添加程序。

③ 按"OK（好）"键确认标样浓度、样品体积和加标体积的默认值。按"EDIT（编辑程序）"键可以修改这些默认值。当这些值确认好后，未加标的样品读数将显示在顶端的一行。更多详细信息请参见用户手册。

④ 打开浓度为 150mg/L NH$_3$-N 的氨氮 Voulette® 安瓿瓶标准试剂。

⑤ 用 TenSette® 移液枪备三个加标样。将样品倒入三个混合量筒中，液面与 25mL 刻度线平齐。使用 TenSette® 移液枪分别向三个混合量筒中依次加入 0.2mL、0.4mL 和 0.6mL 的标准物质，混合均匀。

⑥ 从 0.2mL 的加标样开始，按照上述测试流程依次对三个加标样品进行测试。按"Read（读数）"键确认接受每一个加标样品的测试值。

⑦ 加标测试过程结束后，按"Graph（图表）"键将显示出根据加标数据计算得到的最佳拟合曲线，说明本底干扰的存在与否。按"Ideal Line（理想线条）"键将显示出样品加标与 100% 回收率的"理想线条"之间的关系。每个加标样都应该达到约 100% 的加标回收率。

(2) 标准溶液法。所需的试剂与仪器设备有：氨氮标准溶液，浓度为 100mg/L；去离子水；容量瓶，A 级，50mL；移液管，A 级，20mL。

具体步骤如下。

① 按照下列方法配制浓度为 40.0mg/L 的氨氮标准溶液。a. 移取 20.0mL 浓度为 100mg/L 的氨氮标准溶液，加入到 50mL 的容量瓶中。b. 用去离子水稀释到容量瓶的刻度线。混合均匀。

② 用浓度为 40.0mg/L 的氨氮标准溶液代替样品按照上述测试流程进行测试。

③ 用浓度为 40.0mg/L 的氨氮标准溶液校准标准曲线，在仪器菜单中选择标准溶液校准程序。

④ 打开标准调整界面，确认接受当前标准溶液浓度。如果使用了其他浓度的标准溶液，输入标准溶液的实际浓度，并确认用此溶液浓度校准标准曲线。

注意： 具体的程序选择操作过程请参见用户操作手册。

方法精确度

表 6.3.34-4　方法精确度

程序	标值	精确度：95%置信区间分布	灵敏度：每 0.010Abs 单位变动下，浓度变动值
343	40.00mg/L NH$_3$-N	38.1～41.9mg/L NH$_3$-N	0.312mg/L NH$_3$-N

方法解释

氨的化合物与氯结合生成一氯胺。一氯胺与水杨酸盐反应生成5-氨基水杨酸盐。在亚硝基铁氰化钠催化剂的作用下，5-氨基水杨酸盐被氧化成为一种蓝色的化合物。蓝色在呈黄色的过量试剂中使溶液显绿色。测试结果是在波长为655nm的可见光下读取的。

消耗品和替代品信息

表 6.3.34-5　需要用到的试剂

试剂名称及描述	数量/每次测量	单　位	产品订货号
高量程 Test'N Tube AmVer™管 Nitrogen Ammonia 试剂组件	2	25 次测试	2606945

表 6.3.34-6　需要用到的仪器

仪器名称及描述	数量/每次测量	单　位	产品订货号
小漏斗(用于加入试剂)	1	每次	2584335
TenSette® 移液枪,量程范围为 1.0～1.0mL	1	每次	1970001
与 TenSette® 移液枪 19700-01 配套的枪头	根据用量而定	50/pk	2185696
试管架	1	每次	1864100

表 6.3.34-7　推荐使用的标准样品

标准样品名称及描述	单　位	产品订货号
氨氮标准溶液,浓度为 10.0mg/L NH_3-N	500mL	15349
氨氮标准溶液,浓度为 100mg/L NH_3-N	500mL	2406549
氨氮标准溶液,浓度为 150mg/L NH_3-N,10mL Voluette® 安瓿瓶	16/pk	2128410
氨氮标准溶液,浓度为 50mg/L NH_3-N,10mL Voluette® 安瓿瓶	16/pk	1479110
无机废水标准溶液,用于 NH_3-N、NO_3^--N、PO_4^{3-}、COD、SO_4^{2-}、TOC	500mL	2833249
去离子水	4L	27256

表 6.3.34-8　可选择的试剂与仪器

名　称　及　描　述	单　位	产品订货号
混合量筒,25mL	每次	2088640
普通蒸馏装置	每次	2265300
滤纸,12.5cm	每次	69257
与 TenSette® 移液枪 19700-01 配套的枪头	1000/pk	2185628
安瓿瓶开口器	每次	2196800
加热及固定装置,115V,60Hz	每次	2274400
加热及固定装置,230V,50Hz	每次	2274402
聚乙烯漏斗,65mm	每次	108367
血清移液管,2mL	每次	50549
洗耳球	每次	1465100
盐酸标准溶液,1N	每次	13449
氢氧化钠标准溶液,1N	100mL	104532
Sulfide Inhibitor 试剂粉枕包	100/pk	241899
浓盐酸	500mL	13449
氢氧化钠标准溶液,5.0N	50mL SCDB	245026

6.3.35 氨氮，水杨酸法[1]，方法8155（粉枕包）

测量范围

$0.01 \sim 0.50 mg/L\ NH_3-N$。

应用范围

用于水、废水与海水中氨氮含量的测定。

测试准备工作

表6.3.35-1 仪器详细说明

仪器	比色皿方向	比色皿
DR 6000 DR 3800 DR 2800 DR 2700 DR 1900	刻度线朝向右方	2495402 10mL
DR 5000 DR 3900	刻度线朝向用户	
DR 900	刻度线朝向用户	2401906 -25mL -20mL ◆ -10mL

(1) 如果样品中还有氨氮，加入试剂后溶液应呈绿色。

(2) 测试过程中使用的 ammonia salicylate 试剂中含有亚硝基铁氰化钠。氰化物溶液被美国联邦政府的《资源保护和恢复法案》（RCRA）规定为危险废弃物。氰化物应该收集起来按照类型编号为 D001 的反应物进行处理处置。确保氰化物溶液储存在 pH 值大于 11 的强腐蚀性溶液中，以防止氰化氢气体的泄漏。详细的处理处置信息请参见当前的化学品安全说明书（MSDS）和当地的化学品安全法规条例。

表6.3.35-2 准备的物品

名称及描述	数量	名称及描述	数量
Ammonia Cyanurate 试剂粉枕包	2包	比色皿（请参见"仪器详细说明"）	2个
Ammonia Salicylate 试剂粉枕包	2包	比色皿塞子	2个

注：订购信息请参看"消耗品和替代品信息"。

水杨酸法（粉枕包）测试流程

    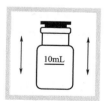

（1）选择测试程序。参照"仪器详细说明"的要求插入适配器（详细介绍请参见用户手册）。

（2）样品的测定：将 10mL 样品倒入一个比色皿中。

（3）空白值的测定：将 10mL 去离子水倒入第二个比色皿中。

（4）分别向两比色皿中各加入一包 Ammonia Salicylate 试剂粉枕包。

（5）盖上比色皿塞子。上下摇晃使粉末溶解。

---

[1] 改编自 Clin. Chim. Acta，14，403（1966）。

(6)启动仪器定时器。计时反应3min。

(7)计时时间结束后,分别向两比色皿中各加入一包Ammonia Cyanurate试剂粉枕包。

(8)盖上比色皿塞子。上下摇晃使粉末溶解。

(9)启动仪器定时器。计时反应15min。

如果样品中还有氨氮,加入试剂后溶液应呈绿色。

(10)计时时间结束后,将空白值的比色皿擦拭干净,放入适配器中。

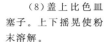

(11)按下"Zero(零)"键进行仪器调零。这时屏幕将显示:0.00mg/L NH₃-N。

(12)将装有样品的比色皿擦拭干净,放入适配器中。按下"Read(读数)"键读取氨氮含量,结果以mg/L NH₃-N为单位。

干扰物质

表 6.3.35-3　干扰物质

干扰成分	抗干扰水平及处理方法
钙	以 $CaCO_3$ 计,为 1000mg/L
铁	任何浓度条件下均对测试产生干扰,消除铁干扰的方法 (1)用总铁测试方法测定样品中的铁含量 (2)在步骤(3)中的无氨水空白值试剂管中加入相同含量的铁。这样铁的干扰可以通过空白值扣除
镁	以 $CaCO_3$ 计,为 6000mg/L
一氯胺	经过氯消毒的饮用水中含有的一氯胺会使测试产生偏高的结果。用方法 10200,自由氨和一氯胺测定方法,测定样品中的自由氨氮
硝酸盐	以硝酸根计,为 100mg/L
亚硝酸盐	以亚硝酸根计,为 12mg/L
正磷酸盐	以磷酸根计,为 100mg/L
硫酸盐	以硫酸根计,为 300mg/L
硫化物	(1)在 500mL 的锥形瓶中加入 350mL 的样品 (2)向瓶中加入一包 Sulfide Inhibitor 试剂粉枕包[①]。摇晃以混合均匀 (3)用折好的滤纸[①]过滤锥形瓶中的样品 (4)在步骤(2)中使用此滤液进行测试
其他物质	像联氨、氨基乙酸等不常见的干扰会在处理过的样品中引起较深的颜色。浊度和色度会使结果明显偏高。有严重干扰的样品需要进行蒸馏处理。用普通蒸馏装置进行蒸馏处理

① 订购信息请参看"可选择的试剂与仪器"。

样品的采集、保存与存储

(1) 样品采集时应使用清洁的玻璃或塑料容器。采样后立即分析得到的结果最可靠。

(2) 如果样品中的氯含量已知，在 1L 水样中，按照每含有 0.3mg/L Cl_2 就加入 1 滴 0.1N 硫代硫酸钠溶液的比例，对 1L 水样进行保存处理。

(3) 如果采样后不能立即进行分析测试，请使用硫酸（每升水中含有 2mL 浓硫酸）将样品的 pH 值调整至 2 或者 2 以下保存。

(4) 将样品置于低于 4℃（即 39°F）的条件下进行保存。样品最长可以保存 28 天。

(5) 测试分析前，请先将样品加热至室温，并用 5.0N 氢氧化钠溶液中和样品酸性，将样品的 pH 值调整至 7.0。

(6) 根据样品体积增加量修正测试结果。

准确度检查方法

(1) 标准加入法（加标法）。

准确度检查所需的试剂与仪器有：氨氮标准溶液，浓度为 10mg/L NH_3-N；TenSette® 移液枪及配套的枪头；混合量筒，25mL，三个。

具体步骤如下。

① 读取测试结果后，将装有样品的比色皿（尚未加入标准物质）留在仪器中。

② 在仪器菜单中选择标准添加程序。

③ 按"OK（好）"键确认标样浓度、样品体积和加标体积的默认值。按"EDIT（编辑程序）"键可以修改这些默认值。当这些值确认好后，未加标的样品读数将显示在顶端的一行。更多详细信息请参见用户手册。

④ 打开浓度为 10mg/L NH_3-N 的氨氮标准溶液。

⑤ 用 TenSette® 移液枪准备三个加标样。将样品倒入三个混合量筒中，液面与 25mL 刻度线平齐。使用 TenSette® 移液枪分别向三个混合量筒中依次加入 0.2mL、0.4mL 和 0.6mL 的标准物质，混合均匀。

⑥ 从 0.2mL 的加标样开始，按照上述测试流程依次对三个加标样品进行测试。按"Read（读数）"键确认接受每一个加标样品的测试值。

⑦ 加标测试过程结束后，按"Graph（图表）"键将显示出根据加标数据计算得到的最佳拟合曲线，说明本底干扰的存在与否。按"Ideal Line（理想线条）"键将显示出样品加标与 100% 回收率的"理想线条"之间的关系。每个加标样都应该达到约 100% 的加标回收率。

(2) 标准溶液法。所需的试剂与仪器设备：氨氮标准溶液，浓度为 10mg/L；或氨氮 Voulette® 安瓿瓶标准试剂，浓度为 50mg/L NH_3-N；去离子水；容量瓶，A 级，100mL；移液管，A 级，4mL 或 TenSette® 移液枪及配套的枪头，量程范围为 0.1~1.0mL。

具体步骤如下。

① 按照下列方法配制浓度为 0.40mg/L 的氨氮标准溶液。

a. 移取 4.00mL 浓度为 10mg/L 的氨氮标准溶液，加入到 100mL 的容量瓶中。

b. 用去离子水稀释到容量瓶的刻度线，混合均匀。

或：a. 用 TenSette® 移液枪移取 0.8mL 浓度为 50mg/L NH_3-N 的氨氮 Voulette® 安瓿瓶标准试剂，加入到 100mL 的容量瓶中；b. 用去离子水稀释到容量瓶的刻度线，混合均匀。

② 用浓度为 0.40mg/L 的氨氮标准溶液代替样品按照上述测试流程进行测试。

③ 用浓度为 0.40mg/L 的氨氮标准溶液校准标准曲线，在仪器菜单中选择标准溶液校准程序。

④ 打开标准调整界面，确认接受当前标准溶液浓度。如果使用了其他浓度的标准溶液，输入标准溶液的实际浓度，并确认用此溶液浓度校准标准曲线。

注意： 具体的程序选择操作过程请参见用户操作手册。

方法精确度

表 6.3.35-4　方法精确度

程序	标值	精确度： 95%置信区间分布	灵敏度：每0.010Abs 单位变动下,浓度变动值
385	0.40mg/L NH$_3$-N	0.38~0.42mg/L NH$_3$-N	0.004mg/L NH$_3$-N

方法解释

氨的化合物与氯结合生成一氯胺。一氯胺与水杨酸盐反应生成5-氨基水杨酸盐。在亚硝基铁氰化钠催化剂的作用下,5-氨基水杨酸盐被氧化成为一种蓝色的化合物。蓝色在呈黄色的过量试剂中使溶液显绿色。测试结果是在波长为655nm的可见光下读取的。

消耗品和替代品信息

表 6.3.35-5　需要用到的试剂

试剂名称及描述	数量/每次测量	单　位	产品订货号
氨氮试剂组件,10mL样品量用(100次测试)	—	—	2668000
(2)Ammonia Cyanurate试剂粉枕包	2	100/pk	2653199
(2)Ammonia Salicylate试剂粉枕包	2	100/pk	2653299

表 6.3.35-6　推荐使用的标准样品与仪器

名　称　及　描　述	单　位	产品订货号
氨氮标准溶液,浓度为10mg/L NH$_3$-N	500mL	15349
氨氮标准溶液,浓度为50mg/L NH$_3$-N,10mL Voluette® 安瓿瓶	16/pk	1479110
无机废水标准溶液,用于NH$_3$-N、NO$_3$-N、PO$_4$、COD、SO$_4$、TOC	500mL	2833249
TenSette® 移液枪,量程为0.1~1.0mL	每次	1970001
与19700-01 TenSette® 移液枪配套的枪头	50/pk	2185696
与19700-01 TenSette® 移液枪配套的枪头	1000/pk	2185628
容量瓶,A级,100mL	每次	1457442
移液管,A级,4.00mL	每次	1451504
比色皿塞子	6/pk	173106
去离子水	4L	27256

表 6.3.35-7　可选择的试剂与仪器

名　称　及　描　述	单　位	产品订货号
混合量筒,25mL	每次	2088640
普通蒸馏装置	每次	2265300
锥形瓶,500mL	每次	50549
聚乙烯分析漏斗,65mm	每次	108367
滤纸,12.5cm	100/pk	189457
加热及固定装置,115V,60Hz	每次	2274400
加热及固定装置,230V,50Hz	每次	2274402
血清移液管,2mL	每次	53236
安瓿瓶开口器	每次	2196800
氢氧化钠标准溶液,5.0N	50mL SCDB	245026
Sulfide Inhibitor试剂粉枕包	100/pk	241899
浓硫酸,分析纯	500mL	97949

6.3.36 氨氮，USEPA[1]纳氏试剂法[2]，方法8038

测量范围

0.02～2.50mg/L NH_3-N。

应用范围

用于水、废水与海水中氨氮含量的测定。废水与海水需要蒸馏预处理；USEPA认可的废水分析方法需要蒸馏预处理；请参见本方法的"蒸馏"部分。

测试准备工作

表 6.3.36-1　仪器详细说明

仪器	比色皿方向	比色皿
DR 6000 DR 3800 DR 2800 DR 2700 DR 1900	刻度线朝向右方	2495402
DR 5000 DR 3900	刻度线朝向用户	

测试开始前准备工作

(1) 为了测试结果更加准确，每批新的试剂都应该测定试剂空白值。试剂空白的测定同样按照测试步骤进行，只是把样品换成去离子水进行测试。从最后的测试结果中将试剂空白值扣除，或者调整仪器的试剂空白。

(2) 测试过程中使用的纳氏试剂中含有碘化汞。样品和空白中都含有汞，含汞溶液被美国联邦政府的《资源保护和恢复法案》（RCRA）规定为危险废弃物。含汞溶液应该收集起来按照类型编号为D009的物质进行处理处置。不可以将此溶液倒入下水道中。详细的处理处置信息请参见当前的化学品安全说明书（MSDS）和当地的化学品安全法规条例。

(3) 当使用滴瓶滴加试剂时，使瓶身和桌面保持垂直滴加，不要和桌面倾斜成角度。

(4) 如果使用流通池模块，请定期清洗此模块，将少量五水合硫代硫酸钠晶体倒入模块的漏斗中，再用足够的去离子水冲洗使晶体溶解。再用去离子水彻底清洗此模块。

表 6.3.36-2　准备的物品

名 称 及 描 述	数　　量
Ammonia Nitrogen 试剂组件	1套
去离子水	25mL
混合量筒	2个
1in,10mL,比色皿（请参见"仪器详细说明"）	2个
血清移液管,1mL	2根

注：订购信息请参看"消耗品和替代品信息"。

---

[1] USEPA认可的废水检测方法（需要蒸馏）。

[2] 改编自《水与废水标准检测方法》4500-NH_3 B & C。

纳氏试剂法 测试流程

（1）选择测试程序。参照"仪器详细说明"的要求插入适配器（详细介绍请参见用户手册）。

（2）样品的测定：将25mL样品倒入一个混合量筒中，液面与25mL刻度线平齐。

（3）空白值的测定：将25mL去离子水倒入第二个混合量筒中，液面与25mL刻度线平齐。

（4）分别向两个混合量筒中各加入3滴矿物稳定剂溶液。盖上盖子，倒转量筒数次以混合均匀。

（5）再分别向两个混合量筒中各加入3滴聚乙烯醇分散剂溶液。盖上盖子，倒转量筒数次以混合均匀。

（6）再分别向两个混合量筒中各加入1.0mL纳氏试剂。盖上盖子，倒转量筒数次以混合均匀。

（7）启动仪器定时器。计时反应1min。

（8）计时时间结束后，将两个量筒中的溶液分别倒入两个比色皿中，液面与10mL刻度线平齐。

（9）将空白值的比色皿擦拭干净，放入适配器中。

（10）按下"Zero（零）"键进行仪器调零。这时屏幕将显示：0.00mg/L NH₃-N。

（11）将装有样品的比色皿擦拭干净，放入适配器中。

（12）按下"Read（读数）"键读取氨氮含量，结果以 mg/L NH₃-N 为单位。

干扰物质

表 6.3.36-3　干扰物质

干 扰 成 分	抗干扰水平及处理方法
氯	按照1mg/L Cl_2 滴加1滴硫代硫酸钠溶液的比例，向250mL的样品中加入硫代硫酸钠溶液，以去除样品中的余氯。请参见"样品的采集、保存与存储"
硬度	含有500mg/L $CaCO_3$ 和镁硬度500mg/L $CaCO_3$ 的混合溶液不会对测试产生干扰。如果硬度高于此浓度，则加入更多的矿物质稳定剂溶液
铁	任何浓度水平下均干扰测试，因为铁会与纳氏试剂反应形成浊度
海水	分析测试前可以在样品中加入1.0mL（即27滴）矿物质稳定剂。这种物质可以配合海水中高浓度的镁，但由于海水中较高的氯含量，测试的灵敏度将降低30%。为了测试结果的准确度，用标准样品添加法校准标准曲线，或按照"蒸馏"中的操作对样品进行蒸馏预处理
硫化物	硫化物使纳氏试剂变得浑浊，故任何浓度水平都对测试产生干扰

干 扰 成 分	抗干扰水平及处理方法
氨基乙酸、各种脂肪族和芳香族的氨基化合物、有机氯胺、丙酮、乙醛和乙醇	有严重干扰的样品需要进行蒸馏处理。用普通蒸馏装置进行蒸馏处理

样品的采集、保存与存储

（1）样品采集时应使用清洁的玻璃或塑料容器。

（2）如果样品中的氯含量已知，在 1L 水样中，按照每含有 0.3mg/L Cl_2 就加入 1 滴 0.1N 硫代硫酸钠溶液❶的比例，对 1L 水样进行保存处理。

（3）如果采样后不能立即进行分析测试，请使用硫酸（每升水中含有 2mL 浓硫酸）将样品的 pH 值调整至 2 或者 2 以下保存。

（4）将样品置于低于 4℃（即 39℉）的条件下进行保存。样品最长可以保存 28 天。

（5）测试分析前，请先将样品加热至室温，并用 5.0mol/L 氢氧化钠溶液❷中和样品酸性，将样品的 pH 值调整至 7.0。

（6）根据样品体积增加量修正测试结果。

准确度检查方法

（1）标准加入法（加标法）。准确度检查所需的试剂与仪器有：氨氮 Voulette® 安瓿瓶标准试剂，浓度为 50mg/L NH_3-N；安瓿瓶开口器；TenSette® 移液枪及配套的枪头；混合量筒，25mL，三个。

具体步骤如下。

① 读取测试结果后，将装有样品的比色皿（尚未加入标准物质）留在仪器中。

② 在仪器菜单中选择标准添加程序。

③ 按"OK（好）"键确认标样浓度、样品体积和加标体积的默认值。按"EDIT（编辑程序）"键可以修改这些默认值。当这些值确认好后，未加标的样品读数将显示在顶端的一行。更多详细信息请参见用户手册。

④ 打开浓度为 50mg/L NH_3-N 的氨氮 Voulette® 安瓿瓶标准试剂。

⑤ 用 TenSette® 移液枪准备三个加标样。将样品倒入三个混合量筒中，液面与 25mL 刻度线平齐。使用 TenSette® 移液枪分别向三个混合量筒中依次加入 0.1mL、0.2mL 和 0.3mL 的标准物质，混合均匀。

⑥ 从 0.1mL 的加标样开始，按照上述测试流程依次对三个加标样品进行测试。按"Read（读数）"键确认接受每一个加标样品的测试值。

⑦ 加标测试过程结束后，按"Graph（图表）"键将显示出根据加标数据计算得到的最佳拟合曲线，说明本底干扰的存在与否。按"Ideal Line（理想线条）"键将显示出样品加标与 100% 回收率的"理想线条"之间的关系。每个加标样都应该达到约 100% 的加标回收率。

（2）标准溶液法。所需的试剂为氨氮 Voulette® 安瓿瓶标准试剂，浓度为 1mg/L NH_3-N。

具体步骤如下。

① 用浓度为 1mg/L 的氨氮标准溶液代替样品，按照上述测试流程进行测试。

② 用浓度为 1mg/L 的氨氮标准溶液校准标准曲线，在仪器菜单中选择标准溶液校准程序。

③ 打开标准调整界面，确认接受当前标准溶液浓度。如果使用了其他浓度的标准溶液，输入标准溶液的实际浓度，并确认用此溶液浓度校准标准曲线。

> **注意**：具体的程序选择操作过程请参见用户操作手册。

---

❶ 订购信息请参看"可选择的试剂与仪器"。

❷ 订购信息请参看"可选择的试剂与仪器"。

蒸馏

（1）量取250mL样品加入一个250mL的锥形瓶中，再将此样品倒入一个400mL的烧杯中。如果需要可以按照1mg/L Cl_2加入1滴浓度为0.1N的硫代硫酸钠溶液的比例，对样品进行预处理。

（2）加入25mL硼酸缓冲溶液，混合均匀。用1N的氢氧化钠将pH值调整至9.5左右。用pH计测量样品的pH值。

（3）按照《蒸馏装置手册》安装好普通蒸馏装置。将上述溶液倒入蒸馏瓶，加入一个搅拌子。

（4）用量筒量取25mL去离子水，倒入一个250mL的锥形瓶中。加入一包Boric Acid粉枕包，混合均匀。将锥形瓶装在蒸馏装置的滴管下。将锥形瓶抬高，使滴管的末端浸没在溶液中。

（5）打开加热开关。将搅拌控制调至5挡，加热控制调至10挡。打开循环冷却水，并调整水流使其在冷凝器中保持一定的流速。

（6）当收集到150mL蒸馏液后，关闭加热开关。立即将收集蒸馏液的锥形瓶移开，以防蒸馏液倒吸。再量取蒸馏液的体积，以确定收集到150mL蒸馏液（总体积应为175mL）。

（7）用1N的氢氧化钠溶液将蒸馏液的pH值调整至7左右。用pH计测量蒸馏液的pH值。

（8）将蒸馏液倒入一个250mL的容量瓶中；用去离子水冲洗锥形瓶，将洗液倒入容量瓶。用去离子水定容至刻度线。塞上塞子，混合均匀。按照上述"纳氏试剂法 测试流程"进行测试。

方法精确度

表 6.3.36-4　方法精确度

程序	标值	精确度： 95%置信区间分布	灵敏度：每0.010Abs 单位变动下，浓度变动值
380	1.00mg/L NH_3-N	0.99～1.01mg/L NH_3-N	0.02mg/L NH_3-N

方法解释

本方法中使用的矿物质稳定剂（Mineral Stabilizer）和样品中产生硬度的物质发生配合反应。聚乙烯醇分散剂（Polyvinyl Alcohol Dispersing Agent）在纳氏试剂与氨和某些胺类物质的反应中帮助显色。显的黄色的深浅和样品中氨的浓度成正比例关系。测试结果是在波长为425nm的可见光下读取的。

消耗品和替代品信息

表 6.3.36-5　需要用到的试剂

试剂名称及描述	数量/每次测量	单　位	产品订货号
氨氮试剂组件	—	—	2458200
纳氏试剂	2	500mL	2119449
矿物质稳定剂	6滴	50mL SCDB	2376626
聚乙烯醇分散剂	6滴	50mL SCDB	2376526
去离子水	25mL	4L	27256

表 6.3.36-6　需要使用的仪器

仪器名称及描述	数量/每次测量	单　位	产品订货号
混合量筒，25mL	2	每次	2088640
血清移液管，1mL	2	每次	919002
洗耳球	1	每次	1465100

表 6.3.36-7　推荐使用的标准样品与仪器

名　称　及　描　述	单　　位	产品订货号
氨氮标准溶液,浓度为 1mg/L NH_3-N	500mL	189149
氨氮标准溶液,浓度为 50mg/L NH_3-N,10mL Voluette® 安瓿瓶	16/pk	1479110
TenSette® 移液枪,量程为 0.1～1.0mL	每次	1970001
与 19700-01 TenSette® 移液枪配套的枪头	50/pk	2185696
与 19700-01 TenSette® 移液枪配套的枪头	1000/pk	2185628
无机废水标准溶液,用于 NH_3-N、NO_3-N、PO_4、COD、SO_4、TOC	500mL	2833249

表 6.3.36-8　可选择的试剂与仪器

名　称　及　描　述	产品订货号
普通蒸馏装置	2265300
加热及固定装置,115V,60Hz	2274400
加热及固定装置,230V,50Hz	2274402
用于型号为 DR 2800 和 DR/2400 仪器的倾倒池模块	5940400
用于型号为 DR/2500 仪器的倾倒池模块	5912200
用于型号为 DR 5000 仪器的倾倒池模块	LZV479
安瓿瓶开口器	2196800
硫代硫酸钠溶液,0.1N,100mL	32332
氢氧化钠溶液,5N,100mL	245032

6.3.37　氨氮,离子选择性电极直读法[❶],方法 10001（ISE 电极）

测量范围

0.1～10.0mg/L NH_3-N。

应用范围

用于废水[❷]。

测试准备工作

表 6.3.37-1　仪器详细说明

仪表型号	电极型号
HQ30d 便携式,单通道,多参数 HQ40d 便携式,双通道,多参数 HQ430d 台式,单通道,多参数 HQ440d 台式,双通道,多参数	ISENH3181 智能氨离子复合电极

(1) 有关仪表的操作请参见仪表使用手册。电极的维护请参见电极使用手册。

(2) 准备电极。详细信息请参见电极使用手册。

(3) 当 IntelliCAL™ 智能电极连接到 HQd 主机时,主机可自动识别测量参数,并可随时待用。

(4) 活化电极。步骤是将电极浸泡在 100mL 最低浓度的标液里,最多 1h。

(5) 初次使用之前,需要校准电极,校准过程请参考电极说明书。

---

❶　改编自 Standard Methods for the Examination of Water and Wastewater, 20th Edition, Method 4500NH3E（需要蒸馏）。如果文献中的具有代表性的样品未经蒸馏,则与之进行比较的样品就不需要进行手动蒸馏处理了。但如果需要与蒸馏过的样品数据进行比较时,需要手动蒸馏。

❷　USEPA 认可的废水检测方法。

（6）测量时，将标液或水样以低速匀速搅动，避免产生漩涡。

（7）探头顶端如果有气泡会引起响应时间偏慢或测量误差。轻摇电极以去除气泡。

（8）样品浓度的细微差别会影响电极稳定时间。确保电极处于良好状态。用不同的搅拌速率来测试所需稳定时间是否增长。

（9）校准时，从浓度低的标液依次往高的标液进行测量，会得到更好的校准结果。

（10）为了得到更好的结果，确保标液和水样在同一温度下进行测试 ［±2℃（±3.6℉）］。

（11）在即将测试之前，用 10mol/L 的氢氧化钠（或作用等同于离子强度调节剂 ISA 的溶液）将样品 pH 值调节到 11 以上，之后尽快对样品进行测试。在 pH 值很高的环境里，氨氮溶液会释放出氨气。

（12）请仔细阅读试剂的 MSDS，使用个人防护用具。

（13）请根据当地政府要求处置废弃的试剂溶液，处置时请遵循当地环保部门，健康和危废品安全处理部门相关条例。

表 6.3.37-2　准备的物品

名称及描述	数量
氨 ISA(TISAB)—缓冲粉枕包或溶液（1 个粉枕包或 5.0mL/25mL 样品）	1
氨离子标准溶液，100mg/L	25mL
聚丙烯烧杯，50mL	3 或 4(USEPA)
磁力搅拌子，2.2cm×0.5cm(7/8in×3/16in)	3 或 4(USEPA)
磁力搅拌器	1
装有去离子水的洗瓶	1
无毛布	1

注：订购信息参见消耗品和替代品信息。

样品采集

（1）用干净的带盖塑料瓶或玻璃瓶（盖紧）采集水样。采样时应完全充满采样瓶并立刻盖上盖子。

（2）采样时样品温度低于 40℃（104℉）。温度高于 50℃时样品中的氨可能很快就会散失掉，如果有需要可以使用冷凝管连接采样点和采样瓶进行采样。

（3）如果样品中含有氯，采样后立即用硫代硫酸钠溶液处理。在 1L 样品中每含有 0.3mg 氯就加入 1 滴浓度为 0.1N 的硫代硫酸钠溶液。

（4）如果不能立即进行分析测试，用硫酸将样品 pH 值调节到 1.5～2。

（5）在 4℃的环境下保存样品。最长可以保存 28 天。

（6）请勿使用氯化汞作为保存剂因为氨会与汞离子配合。

（7）不要让样品的 pH 值升至 10 以上。pH 值很高的环境里，氨氮溶液会释放出氨气。

（8）如果水样被稀释，结果要乘以稀释倍数。

氨离子测试流程

（1）向烧杯中加入 25mL 水样。

（2）向水样中加入一包氨离子强度调节剂粉枕包。
注意：也可以选择添加 0.5mL 氨 ISA 溶液。

（3）在烧杯里放入磁力搅拌子，置于搅拌台上，以中速搅拌。

（4）用去离子水先润洗电极，再用无毛布擦干。

（5）将电极放入烧杯里。不要让电极碰到搅拌子、瓶壁或瓶底。去除探头底部气泡。

（6）按下"Read（读数）"。仪器会显示进度条。当测试稳定时，会锁定读数。

（7）用去离子水先润洗电极，再用无毛布擦干。

校准流程

（1）向烧杯中加入 25mL 浓度最低的氨离子标准液。

（2）向标液中加入一包氨离子强度调节剂粉枕包。

（3）在烧杯里放入磁力搅拌子，置于搅拌台上，以中速搅拌。

（4）用去离子水先润洗电极，再用无毛布擦干。

（5）将电极放入烧杯里。不要让电极碰到搅拌子、瓶壁或瓶底。去除探头底部气泡。

（6）按下"Calibrate（校准）"键，仪器显示标准值。

（7）按下"Read（读数）"键，仪器显示进度条。当测试稳定时，会锁定读数。

（8）用去离子水先润洗电极，再用无毛布擦干。

（9）按此流程测试其他标液。

（10）按下"Done（完成）"键，仪器显示校准总结。

（11）按下"Store（保存）"键接受校准结果。

干扰

通过蒸馏，可以去除氨与有机物反应生成的有机胺类的干扰。

表 6.3.37-3   干扰物质

干扰物质	干扰水平
胺	挥发性、相对分子质量较低,产生正干扰
汞	与氨配合
银	与氨配合

准确度检查方法

(1) 斜率检查法

使用斜率检查法来验证电极是否正常响应。

① 准备两个相差一个数量级的标液（如 1mg/L 和 10mg/L 或 10mg/L 和 100mg/L）。最低浓度为 0.2mg/L。

② 使用标准测试流程测量这两个标液的 mV 值。

③ 取两个结果的差值,理想范围为（−58±3）mV（25℃）以内。

(2) 标准溶液法

使用标准溶液法来验证测试程序、试剂（ISA）和仪器是否正常。

所需的试剂与仪器有:

① 量程范围内的标液;

② 使用标准测试流程测量标液;

③ 将测得的结果与真值比较。

(3) 标准加入法（加标法）

使用标准加入法来验证测试程序、试剂（ISA）和仪器是否正常,并可以找出水样里是否有干扰物质。

所需的试剂与仪器有:

① 氨氮标准溶液,100mg/L;

② 塑料量筒,25mL;

③ 移液枪;

④ 配套枪头。

步骤如下。

① 用量筒移取 25mL 水样放入烧杯。

② 使用标准测试流程测量水样氨氮浓度。

③ 用移液枪移取 0.5mL 标准溶液放入这 25mL 水样中。

④ 测量加标样品的硝酸根离子浓度。

⑤ 对比加标前和加标后的氨氮浓度。正常情况下,加标后浓度应该升高约 NH_3-N 2mg/L。

温度检查

如果电极不带温度探头,测量标液和水样氨离子浓度的同时需要测量温度。为了得到更好的结果,确保校准时和测量水样时的温度一致［上下不超过 2℃（±3.6°F）］。

清洗电极

下列情况需要清洗电极。

(1) 当探头被污染或因储存不当而无法得到准确测量结果。

(2) 因探头被污染而使响应时间明显变慢。

(3) 因探头被污染而使校准斜率超过可接受范围。

对于普通的污染,可采取下列措施清洗。

(1) 用去离子水清洗电极。用无毛布擦干。不要接触探头的顶部。

(2) 如果电极被较脏的污染物附着,用软布或棉签擦拭电极以除去污染物。

(3) 在 25mL 氨电极储存夜中浸泡 30s。

方法解释

氨电极测定溶液中的氨气和铵根离子。在样品中加入强碱，铵根离子会转变为氨气。氨气通过扩散通过选择性膜进入电极内部，从而改变了电极内部电解液液的 pH。pH 值的改变与溶液中的氨浓度成正比，通过测定电极内部电解液的 pH 变化，可以得到原溶液中氨的浓度。

消耗品和替代品信息

表 6.3.37-4　需要用到的试剂

名称及描述	单位	产品订货号
HQ30d 便携式单通道多参数测量仪	个	HQ30d53000000
HQ40d 便携式双通道多参数测量仪	个	HQ40d53000000
HQ430d 台式单通道多参数测量仪	个	HQ430D
HQ440d 台式双通道多参数测量仪	个	HQ440D
ISENH3181 氨离子数字复合电极,1m 电缆	根	ISENH318101
ISENH3181 氨离子数字复合电极,3m 电缆	根	ISENH318103

表 6.3.37-5　需要用到的标准液和试剂

名称及描述	单位	产品订货号
氨离子强度调节剂(ISA)粉枕包	100/pk	4447169
氨离子强度调节剂(ISA)溶液	500mL	2824349
氨离子标准溶液,100mg/L	500mL	2406549
氨离子标准溶液,1000mg/L	1L	2354153
氢氧化钠溶液,5N	50mL	245026
氢氧化钠溶液,10N	500mL	2545049
硫代硫酸钠,0.1N	105mL	32332
硫酸,分析纯	500mL	97949

表 6.3.37-6　需要用到的仪器

名称及描述	单位	产品订货号
聚丙烯烧杯,50mL	每次	108041
洗瓶,500mL	每次	62011
聚乙烯量筒,25mL	每次	108140
TenSette™移液枪,0.1~1.0mL	每次	1970001
与 1970001 移液枪配套的枪头	50/pk	2185696
电极支架	每次	8508850
磁力搅拌子,2.2cm×0.5cm(7/8in×3/16in)	个	4531500
磁力搅拌器,120V,带电极支架	台	4530001
磁力搅拌器,230V,带电极支架	台	4530002

6.3.38　自由氨氮，靛酚法，[1] 方法 10201（粉枕包）

测量范围

0.01~0.50mg/L NH$_3$-N。

应用范围

用于控制饮用水管网变压站中氯胺产生后的自由氨含量，和监控饮用水分配系统中的自由氨

---

[1] U. S. 专利号：6315950。

含量水平。

测试准备工作

表 6.3.38-1　仪器详细说明

仪器	适配器	比色皿方向	比色皿
DR 6000	—	方向标记与适配器的指示箭头一致	4864302
DR 5000	A23618	方向标记指向用户	
DR 3900	LZV846(A)	方向标记背向用户	
DR 1900	9609900 或 9609800(C)	方向标记与适配器的指示箭头一致	
DR 900	—	方向标记指向用户	
DR 3800 DR 2800 DR 2700	LZV585(B)	1cm 光程方向与适配器的指示箭头一致	5940506

(1) 可以用测定自由氨氮和一氯胺的方法 10200 同时测定此样品中的自由氨氮和一氯胺。

(2) DR2800，如果光线强烈（如阳光直射），应在适配器模块上方盖上遮光罩。

表 6.3.38-2　准备的物品

名　称　及　描　述	数　　量
自由氨氮试剂组件	
Free Ammonia 试剂溶液	1 份
Monochlor F 试剂粉枕包	2 个
比色皿(请参见"仪器详细说明")	2 个

注：订购信息请参看"消耗品和替代品信息"。

靛酚法（粉枕包）测试流程

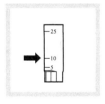

（1）选择测试程序。参照"仪器详细说明"的要求插入适配器（详细介绍参见用户手册）。

（2）将样品倒入两个比色皿中，液面与 10mL 刻度线平齐。在一个比色皿上贴上"样品"标签，另一个贴上"空白"。

（3）样品的测定：在"样品"比色皿中滴加 1 滴 Free Ammonia 试剂溶液。

（4）立即将 Free Ammonia 试剂溶液瓶用盖子盖紧，以保证溶液的稳定性。

（5）盖上比色皿塞子。倒转比色皿数次以混合均匀。

如果样品溶液在反应时间后变浑浊了，请先将样品进行预处理在重复测试。请参见"干扰物质"。

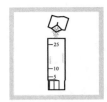

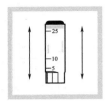

（6）启动仪器定时器。计时反应 5min。

温度会影响样品的显色时间。为了测试的准确性，请让溶液有足够的显色反应时间。请参见"样品温度与显色时间表"。

（7）计时时间结束后，分别向两比色皿中各加入一包 Monochlor F 试剂粉枕包。

（8）盖上比色皿塞子。上下摇晃约 20s 使粉末溶解。

如果样品中含有一氯胺，溶液会呈绿色。

（9）启动仪器定时器。计时反应 5min。

温度会影响样品的显色时间。为了测试的准确性，请让溶液有足够的显色反应时间。请参见"样品温度与显色时间表"。

（10）计时时间结束后，将"空白"比色皿擦拭干净，放入适配器中。

（11）按下"Zero（零）"键进行仪器调零。这时屏幕将显示：0.00mg/L NH_3-N。取出"空白"比色皿。

（12）将"样品"比色皿擦拭干净，放入适配器中。

（13）按下"Read（读数）"键读取自由氨氮含量，结果以 mg/L NH_3-N 为单位。

干扰物质

本测试方法是用于测定经过氯消毒的饮用水中的氯消毒残留物质（化合氯和总氯）的。消毒残留物质已经消失了的样品和有需氯量的样品中，氨的测试结果会比较低。故配制空白和氨氮标准溶液时，必须使用高纯水。

表 6.3.38-3 中所列的物质在低于所列最大抗干扰浓度水平以下时，不会干扰自由氨氮的测试。

表 6.3.38-3 干扰物质

干扰成分	抗干扰水平及处理方法	干扰成分	抗干扰水平及处理方法
铝	0.2mg/L	亚硝酸盐	1mg/L NO_2^--N
氯化物	1200mg/L Cl^-	磷酸盐	2mg/L PO_4^{3-}
铜	1mg/L Cu	硅	100mg/L SiO_2
铁	0.3mg/L Fe	硫酸盐	1600mg/L $CaCO_3$
锰	0.05mg/L Mn	锌	5mg/L Zn
硝酸盐	10mg/L NO_3^--N		

具有较高含量碱度和总硬度的样品会在加入 Free Ammonia 试剂溶液后变得浑浊。如果在第一个反应时间结束后出现这种现象，请按照下列方法对样品进行预处理。

（1） 在贴有"样品"标签的比色皿中加入 10mL 样品。

(2) 加入一包 Hardness Treatment 硬度处理试剂粉枕包。

(3) 盖上盖子，倒转比色皿数次使粉末溶解。

(4) 打开盖子。

(5) 用此比色皿作为"样品"比色皿，继续进行测试流程（2）中的测试过程。

注意： 空白样品不需要进行此预处理。

样品的显色时间

样品的温度对于本测试的结果影响非常大。本测试的两个计时反应时间是相同的，并且都取决于样品的温度。流程中所列出的显色计时反应时间是默认样品温度为 18～20℃（即 64～68℉）时的显色时间。根据实际样品温度在表 6.3.38-4 中查找显色反应时间，在测试过程中使用合适的计时反应时间。

表 6.3.38-4　样品温度与显色时间

样　品　温　度		显色时间/min	样　品　温　度		显色时间/min
℃	℉		℃	℉	
5	41	10	16	61	6
7	45	9	18	64	5
9	47	8	20	68	5
10	50	8	23	73	2.5
12	54	7	25	77	2
14	57	7	高于 25	高于 77	2

样品的采集、保存与存储

(1) 样品采集时应使用清洁的玻璃瓶。

(2) 采样后立即进行分析测试得到的结果是最可靠的。

准确度检查方法

在稀释样品和配制标准溶液时会用到稀释水。稀释水必须不含氨、氯及需氯量。获得此稀释水的一个方便的途径就是用去离子水循环系统的碳过滤产生的 $18M\Omega/cm$ 的水。

(1) 标准加入法（加标法）。准确度检查所需的试剂与仪器：氨氮标准溶液，浓度为 10mg/L NH_3-N；安瓿瓶开口器；TenSette® 移液枪及配套的枪头；混合量筒，50mL，三个。

具体步骤如下。

① 读取测试结果后，将装有样品的比色皿（尚未加入标准物质）留在仪器中。

② 在仪器菜单中选择标准添加程序。

③ 按"OK（好）"键确认标样浓度、样品体积和加标体积的默认值。按"EDIT（编辑程序）"键可以修改这些默认值。当这些值确认好后，未加标的样品读数将显示在顶端的一行。更多详细信息请参见用户手册。

④ 打开浓度为 10mg/L NH_3-N 的氨氮标准溶液。

⑤ 用 TenSette® 移液枪准备三个加标样。将样品倒入三个混合量筒中，液面与 50mL 刻度线平齐。使用 TenSette® 移液枪分别向三个混合量筒中依次加入 0.3mL、0.6mL 和 1.0mL 的标准物质，混合均匀。

⑥ 从 0.3mL 的加标样开始，按照上述"靛酚法（粉枕包）测试流程"依次对三个加标样品进行测试。按"Read（读数）"键确认接受每一个加标样品的测试值。

⑦ 加标测试过程结束后，按"Graph（图表）"键将显示出根据加标数据计算得到的最佳拟合曲线，说明本底干扰的存在与否。按"Ideal Line（理想线条）"键将显示出样品加标与 100%

回收率的"理想线条"之间的关系。每个加标样都应该达到约 100% 的加标回收率。

（2）标准溶液法。所需的试剂与仪器设备有：氨氮标准溶液，浓度为 10mg/L 或氨氮 Voulette® 安瓿瓶标准试剂，浓度为 50mg/L NH₃-N；去离子水；移液管，A 级，2mL 或 TenSette® 移液枪及配套的枪头；容量瓶，A 级，100mL。

具体步骤如下。

① 按照下列方法配制浓度为 0.20mg/L 的氨氮标准溶液。

a. 移取 2.00mL 浓度为 10mg/L 的氨氮标准溶液，加入到 100mL 的容量瓶中。用去离子水稀释到容量瓶的刻度线。混合均匀。

b. 或用 TenSette® 移液枪移取 0.4mL 浓度为 50mg/L NH₃-N 的氨氮 Voulette® 安瓿瓶标准试剂，加入到 100mL 的容量瓶中。用去离子水稀释到容量瓶的刻度线。混合均匀。

② 用浓度为 0.20mg/L 的氨氮标准溶液代替样品，按照上述"靛酚法（粉枕包）测试流程"进行测试。

③ 用浓度为 0.40mg/L 的氨氮标准溶液校准标准曲线，在仪器菜单中选择标准溶液校准程序。

④ 打开标准调整界面，确认接受当前标准溶液浓度。如果使用了其他浓度的标准溶液，输入标准溶液的实际浓度，并确认用此溶液浓度校准标准曲线。

注意：具体的程序选择操作过程请参见用户操作手册。

方法精确度

表 6.3.38-5　方法精确度

程序号	标样浓度	精确度 具有 95% 置信度的浓度区间	灵敏度 每 0.010Abs 吸光度改变时的浓度变化
389	0.20mg/L NH₃-N	0.19～0.21mg/L NH₃-N	0.01mg/L NH₃-N

方法解释

一氯胺（NH_2Cl）和自由氨（NH_3 和 NH_4^+）可以同时存在于水中。加入的次氯酸盐与氨结合后生成更多的一氯胺。在亚硝基铁氰化钠催化剂的作用下，样品中的一氯胺与取代酚生成一种中间产物。这种中间产物与过量的取代酚反应生成绿色的靛酚，其生成的量与样品中的一氯胺含量成正比例关系。自由氨氮就是利用比色法来测定的，通过测量和比较加入次氯酸盐前后样品的吸光度值来计算自由氨氮的含量。测试结果是在波长为 655nm 的可见光下读取的。

消耗品和替代品信息

表 6.3.38-6　需要用到的试剂

试剂名称及描述	数量/每次测量	单　位	产品订货号
自由氨氮试剂组件（50 次测试）	—	—	2879700
Monochlor F 试剂粉枕包	2	100/pk	2802299
自由氨氮试剂溶液	1 滴	4mL SCDB	2877336

表 6.3.38-7　推荐使用的标准样品

标准样品名称及描述	单　位	产品订货号
Hardness Treatment 硬度处理试剂粉枕包（1 次测试用）	50/pk	2882346
氨氮标准溶液，浓度为 10mg/L NH₃-N	500mL	15349
氨氮标准溶液，浓度为 50mg/L NH₃-N，10mL Voulette® 安瓿瓶	16/pk	1479110
去离子水	500mL	2641549

表 6.3.38-8　可选择的试剂与仪器

名 称 及 描 述	单　　位	产品订货号
安瓿瓶开口器	每次	2196800
容量瓶,A 级,100mL	每次	1457442
洗耳球	每次	1465100
TenSette® 移液枪,量程为 0.1～1.0mL	每次	1970001
与 19700-01 TenSette® 移液枪配套的枪头	50/pk	2185696
温度计,测量范围为 −10～110℃	每次	187701
Kimwipes® 一次性擦拭纸,尺寸为 30cm×30cm,280 片/盒	盒	2097000
移液管,A 级,2.00mL	每次	1451536
混合量筒,50mL	每次	189641

6.3.39　总氮,过硫酸盐氧化法,方法10071（Test'N Tube™管）

低浓度测量范围

0.5～25.0mg/L N。

应用范围

用于水与废水中总氮的测定。

测试准备工作

表 6.3.39-1　仪器详细说明

仪器	适配器	遮光罩
DR 6000、DR 5000	—	—
DR 3900	—	LZV849
DR 3800、DR 2800、DR 2700	—	LZV646
DR 1900	9609900（D①）	
DR 900	4846400	遮光罩随机附带

① D 适配器不是每台仪器都具有。

(1) 针对型号为 DR 3900、DR 3800、DR 2800 和 DR 2700 的仪器,测试前请在适配器模块 2# 上方安装遮光罩。

(2) 测定总氮需要对样品进行消解预处理。

(3) 本方法的操作技术非常灵敏,请按照以下要求倒转试剂管以避免测试结果偏低:将试剂管呈垂直方向,盖子朝上拿放。倒转试剂管时,请等待所有的溶液朝下流到盖子的方向,等待片刻,再将试剂管倒转回原来的垂直方向,盖子朝上,等待所有的溶液朝下流回试剂管底。这个过程是倒转试剂管一次。

(4) 如果测试需要重新进行一遍,重复消解过程然后测试稀释液。为了测试结果的准确性,必须重新进行消解。

(5) 用试剂组中准备的不含有机物的去离子水来配制标准溶液,进行测试。

表 6.3.39-2　准备的物品

名 称 及 描 述	数　　量
低量程总氮 Test'N Tube AmVer™ 试剂管	1 根
DBR 200 消解器	1 个
小漏斗	1 个

名 称 及 描 述	数 量
遮光罩或适配器(请参见"仪器详细说明")	1个
TenSette® 移液枪及其配套的枪头,测量范围 1.0～10.0mL	1个
试剂管冷却架	1～3个
手指护套	2套

注:订购信息请看"消耗品和替代品信息"。

低量程过硫酸盐氧化法(Test'N Tube™管)测试流程

(1)打开 DBR 200 消解器,加热至 105℃。

(2)用一个小漏斗,分别向两个低量程 Total Nitrogen Hydroxide 消解试剂管中各加入一包 Total Nitrogen Persulfate 总氮过硫酸盐试剂粉枕包。将盖子或螺纹上粘上的试剂擦去。

注意:一组样品只需一个空白值。

(3)样品的测定:向一个试剂管中加入 2mL 样品。

空白值的测定:向第二个试剂管中加入 2mL 试剂组件中配套的去离子水。

准备空白值时,只能用完全不含氮的水代替试剂组件中配套的去离子水。

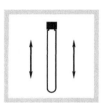

(4)将两个试剂管盖上盖子。猛烈摇晃至少 30s 以混合均匀。摇晃后过硫酸盐试剂可能不能完全溶解,但这不会影响测试结果的准确性。

(5)将试剂管插入消解器,盖上盖子。加热消解正好 30min。

(6)消解时间结束后,立即用手指护套将热的试剂管从消解器中取出,放在试剂管冷却架上冷却至室温。

Stored Programs

350 N , Total LR TNT

Start

(7)选择测试程序。参照"仪器详细说明"的要求插入适配器或遮光罩(详细介绍请参见用户手册)。

(8)将试剂管的盖子打开,分别向两个试剂管中各加入一包 Total Nitrogen (TN)A 总氮 A 试剂粉枕包。

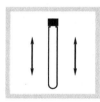

(9)盖上盖子,上下摇晃试剂管 15s。

OK
03:00

(10)启动仪器定时器。计时反应 3min。

(11)计时时间结束后,将试剂管的盖子打开,分别向两个试剂管中各加入一包 TN B(总氮 B)试剂粉枕包。

(12)盖上盖子,上下摇晃试剂管 15s。试剂粉末可能不能完全溶解,但这不会影响测试结果的准确性。此时溶液应开始变成黄色。

OK
02:00

(13)启动仪器定时器。计时反应 2min。

(14)计时时间结束后,打开两个 TN C 总氮 C 试剂管,将 2mL 样品消解液加入一个 TN C(总氮 C)试剂管中,将 2mL 空白值消解液加入第二个 TN C(总氮 C)试剂管中。

(15)盖上盖子并倒转试剂管 10 次以混合均匀。缓慢地、小心地倒转试剂管。

此时接触管身温度应该是暖的。

(16)启动仪器定时器。计时反应5min。此时溶液的黄色应该变深。	(17)计时时间结束后,将空白值的试剂管擦拭干净,并将它放入16mm圆形适配器中。	(18)按下"Zero(零)"键进行仪器调零。这时屏幕将显示:0.0mg/L N。	(19)将装有样品的试剂管擦拭干净,并将它放入16mm圆形适配器中。 注意:仪器用空白值调零后可以进行同一组的多个样品的测试。	(20)按下"Read(读数)"键读取总氮含量,结果以 mg/L N 为单位。

比色法的空白值测定

空白值试剂最长可以保存 7 天,在此期间可以用此空白值测定同组的多个样品。将空白值保存在阴暗处,温度保持在室温（18~25℃）。如果一周内空白值试剂出现少量的白色絮凝物,请舍弃这个并重新配制新的空白值试剂。

干扰物质

表 6.3.39-3 中所示的干扰物在所列的抗干扰浓度水平（mg/L）下对本测试不产生干扰。能够产生±10％测试误差的干扰物质列在表 6.3.39-4 中。

表 6.3.39-3　非干扰物质

干 扰 成 分	抗干扰水平	干 扰 成 分	抗干扰水平
钡	2.6mg/L	有机碳	150mg/L
钙	300mg/L	pH 值	13
三价铬离子	0.5mg/L	磷	100mg/L
铁	2mg/L	硅	150mg/L
铅	6.6μg/L	银	0.9mg/L
镁	500mg/L	锡	1.5mg/L

表 6.3.39-4　干扰物质

干 扰 成 分	抗干扰水平及处理方法
溴化物	>60mg/L,产生正干扰
氯化物	>1000mg/L,产生正干扰

本测试是用以下物质配制的氮标准溶液进行的,有 95％的回收率:

氯化铵、尿素、硫酸铵、氨基乙酸、乙酸铵。

用氯化铵或烟碱酸-PTSA 的加标回收率,在生活污水进出水、替代污水（D 5905—96）的 ASTM 标准物质中的加标回收率都≥95％。

在某些样品中含有的大量不含氮的有机物会因为消耗掉消解试剂中的过硫酸盐而降低了消解的效率。如果已知样品中含有较高浓度的这种有机物,应该稀释样品,提高消解效率后再重新进行测试。

样品的采集、保存与存储

（1）样品采集时应使用清洁的玻璃或塑料容器。采样后立即分析得到的结果最可靠。

（2）如果采样后不能立即进行分析测试,请使用硫酸（2mL 浓硫酸/L 水）将样品的 pH 值调整至 2 或者 2 以下保存。

（3）将样品置于 4℃（即 39℉）的条件下进行保存。样品最长可以保存 28 天。

（4）测试分析前，请先将样品加热至室温，用 5.0N 氢氧化钠溶液中和样品酸性，将样品的 pH 值调整至中性。

（5）根据样品体积增加量修正测试结果。

准确度检查方法

本方法对于有机氮通常能够达到 95%～100% 的回收率。本法用凯氏氮标准物质法进行准确度检查。

① 配制以下三个溶液中的一个或多个溶液。每一种溶液的浓度都相当于 25mg/L N 总氮标准溶液。用试剂组件中的去离子水或者不含有任何有机物或氮的水配制这些标准溶液。

a. 称取 0.3379g 的对甲苯磺酸铵 ammonium p-toluenesulfonate，用去离子水将其溶解于 1000mL 的容量瓶中，再用去离子水稀释至 1000mL 刻度线。

b. 称取 0.4416g 的氨基乙酸对甲苯磺酸 glycine p-toluenesulfonate，用去离子水将其溶解于 1000mL 的容量瓶中，再用去离子水稀释至 1000mL 刻度线。

c. 称取 0.5274g 的烟碱酸对甲苯磺酸 nicotinic p-toluenesulfonate，用去离子水将其溶解于 1000mL 的容量瓶中，再用去离子水稀释至 1000mL 刻度线。

② 用上述测试流程对标准溶液进行测定。用下面的公式计算回收率。更多详细信息请参见表 6.3.39-5。

$$回收率（\%）=\frac{测得的浓度}{25}\times100$$

表 6.3.39-5　回收率

标 准 物 质 名 称	最低回收率/%
对甲苯磺酸铵 Ammonium-PTSA	95
氨基乙酸对甲苯磺酸 Glycine-PTSA	95
烟碱酸对甲苯磺酸 Nicotinic-PTSA	95

分析测试过程中会发现，对甲苯磺酸铵 Ammonium-PTSA 最难消解。其他的物质可能会产生不同的回收率。

（1）标准加入法（加标法）。准确度检查所需的试剂与仪器：氨氮标准溶液，浓度为 1000mg/L NH₃-N；安瓿瓶开口器；TenSette® 移液枪及配套的枪头；混合量筒，三个。

具体步骤如下。

① 读取测试结果后，将装有样品的比色皿（尚未加入标准物质）留在仪器中。

② 在仪器菜单中选择标准添加程序。

③ 按"OK（好）"键确认标样浓度、样品体积和加标体积的默认值。按"EDIT（编辑程序）"键可以修改这些默认值。当这些值确认好后，未加标的样品读数将显示在顶端的一行。更多详细信息请参见用户手册。

④ 打开浓度为 1000mg/L NH₃-N 的氨氮标准溶液。

⑤ 用 TenSette® 移液枪准备三个加标样。将样品倒入三个混合量筒中，液面与 10mL 刻度线平齐。使用 TenSette® 移液枪分别向三个混合量筒中依次加入 0.1mL、0.2mL 和 0.3mL 的标准物质，混合均匀。

⑥ 从 0.1mL 的加标样开始，按照上述测试流程依次对三个加标样品进行测试。按"Read（读数）"键确认接受每一个加标样品的测试值。

⑦ 加标测试过程结束后，按"Graph（图表）"键将显示出根据加标数据计算得到的最佳拟合曲线，说明本底干扰的存在与否。按"Ideal Line（理想线条）"键将显示出样品加标与 100% 回收率的"理想线条"之间的关系。每个加标样都应该达到约 100% 的加标回收率。

（2）标准溶液法。所需的试剂与仪器设备：氨氮标准溶液，浓度为 10mg/L。

具体步骤如下。

① 用 2mL 浓度为 10mg/L 的氨氮标准溶液代替样品按照上述测试流程进行测试。

② 用浓度为 10mg/L 的氨氮标准溶液校准标准曲线，在仪器菜单中选择标准溶液校准程序。

③ 打开标准调整界面，确认接受当前标准溶液浓度。如果使用了其他浓度的标准溶液，输入标准溶液的实际浓度，并确认用此溶液浓度校准标准曲线。

注意： 具体的程序选择操作过程请参见用户操作手册。

方法精确度

表 6.3.39-6　方法精确度

程 序 号	标 样 浓 度	精确度	灵敏度
		具有 95% 置信度的浓度区间	每 0.010 Abs 吸光度改变时的浓度变化
350	10mg/L NH$_3$-N	9.6～10.4mg/L N	0.5mg/L N

方法解释

碱性的过硫酸盐消解过程把所有形式的氮都转化成为硝酸盐。消解结束后加入的偏亚硫酸氢钠用于去除卤素类氧化物质。然后硝酸盐与变色酸在强酸性环境下反应生成一种黄色配合物。测试结果是在波长为 410nm 的可见光下读取的。

消耗品和替代品信息

表 6.3.39-7　需要用到的试剂

试剂名称及描述	单　　位	产品订货号
Test'N Tube AmVer™管低量程 Total Nitrogen 试剂组件	50 次测试	2672245

表 6.3.39-8　需要用到的仪器

仪器名称及描述	数量/每次测量	单　　位	产品订货号
DBR 200 消解器,110V,15×16mm	1	每次	LTV 082.53.40001
DBR 200 消解器,220V,15×16mm	1	每次	LTV 082.52.40001
小漏斗	1	每次	2584335
TenSette® 移液枪,量程范围为 1.0～10.0mL	1	每次	1970010
与 1970010 TenSette® 移液枪配套的枪头	2	50/pk	2199796
试管架	1～3	每次	1864100
手指护套	2	2/pk	1464702

表 6.3.39-9　推荐使用的标准样品

标准样品名称及描述	单　　位	产品订货号
氨氮标准溶液,浓度为 1000mg/L NH$_3$-N	1L	2354153
氨氮标准溶液,浓度为 10mg/L NH$_3$-N	500mL	15349
凯氏氮标准物质	3 组	2277800
无机废水标准溶液,用于 NH$_3$-N、NO$_3^-$-N、PO$_4^{3-}$、COD、SO$_4^{2-}$、TOC	500mL	2833149
去离子水	500mL	27249
不含有机物的水	500mL	2641549

表 6.3.39-10　可选择的试剂与仪器

名 称 及 描 述	单　　位	产品订货号
分析天平,最大称量范围 80g,115V	每次	2936701

名 称 及 描 述	单 位	产品订货号
带盖混合量筒,50mL	每次	2088641
容量瓶,A级,1000mL	每次	1457453
enSette®移液枪,量程范围为0.1～1.0mL	每次	1970001
与TenSette®移液枪19700-01配套的枪头	50/pk	2185696
与TenSette®移液枪19700-01配套的枪头	1000/pk	2185628
与TenSette®移液枪19700-10配套的枪头	250/pk	2199725
氢氧化钠标准溶液,5N	50mL	245026
浓硫酸	500mL	97949
2mL PourRite®安瓿瓶开口器	每次	2484600
10mL Voluette®安瓿瓶开口器	每次	2196800
氨氮标准溶液,浓度为1mg/L NH₃-N	500mL	189149
氨氮标准溶液,浓度为100mg/L NH₃-N	500mL	2406549
氨氮PourRite®安瓿瓶标准溶液,2mL,浓度为50mg/L	20/pk	1479120
氨氮Voluette®安瓿瓶标准溶液,10mL,浓度为10mg/L	16/pk	1479110
氨氮Voluette®安瓿瓶标准溶液,10mL,浓度为150mg/L	16/pk	2128410
氨氮Voluette®安瓿瓶标准溶液,10mL,浓度为160mg/L	16/pk	2109110

6.3.40　总氮，过硫酸盐氧化法，方法10072（Test'N Tube™管）

高浓度测量范围

2～150mg/L N。

应用范围

用于水与废水中总氮的测定。

测试准备工作

表6.3.40-1　仪器详细说明

仪器	适配器	遮光罩
DR 6000、DR 5000	—	
DR 3900	—	LZV849
DR 3800、DR 2800、DR 2700	—	LZV646
DR 1900	9609900(D①)	
DR 900	4846400	遮光罩随机附带

① D适配器不是每台仪器都具有。

（1）针对型号为DR 3900、DR 3800、DR 2800、DR 2700的仪器，测试前请在适配器模块2#上方安装遮光罩。

（2）测定总氮需要对样品进行消解预处理。

（3）本方法的操作技术非常灵敏，请按照以下要求倒转试剂管以避免测试结果偏低：将试剂管呈垂直方向，盖子朝上拿放。倒转试剂管时，请等待所有的溶液朝下流到盖子的方向，等待片刻，再将试剂管倒转回原来的垂直方向，盖子朝上，等待所有的溶液朝下流回试剂管底。这个过程是倒转试剂管一次。

（**4**）如果测试需要重新进行一遍，重复消解过程然后测试稀释液。为了测试结果的准确性，必须重新进行消解。

（**5**）用试剂组中准备的不含有机物的去离子水来配制标准溶液，进行测试。

表 6.3.40-2　准备的物品

名 称 及 描 述	数 量
高量程总氮 Test'N Tube AmVer™试剂管	1 根
DBR 200 消解器	1 个
小漏斗	1 个
遮光罩或适配器（参见"仪器详细说明"）	1 个
TenSette®移液枪及其配套的枪头,测量范围 0.1～1.0mL	1 个
TenSette®移液枪及其配套的枪头,测量范围 1.0～10.0mL	1 个
试剂管冷却架	1 个

注：订购信息请看"消耗品和替代品信息"。

高量程过硫酸盐氧化法（Test'N Tube™管）测试流程

（1）打开 DBR 200 消解器，加热至 105℃。

（2）用一个小漏斗，分别向两个高量程 Total Nitrogen Hydroxide 消解试剂管中各加入一包 Total Nitrogen Persulfate 总氮过硫酸盐试剂粉枕包。将盖子或螺纹上粘的试剂擦去。

（3）样品的测定：向一个试剂管中加入 0.5mL 样品。

空白值的测定：向第二个试剂管中加入 0.5mL 试剂组件中配套的去离子水。

准备空白值时，只能用完全不含氮的水代替试剂组件中配套的去离子水。

（4）将两个试剂管盖上盖子。猛烈摇晃至少 30s 以混合均匀。摇晃后过硫酸盐试剂可能不能完全溶解，但这不会影响测试结果的准确性。

（5）将试剂管插入消解器，盖上盖子。加热消解正好 30min。

（6）消解时间结束后，立即用手指护套将热的试剂管从消解器中取出，放在试剂管冷却架上冷却至室温。

（7）选择测试程序。参照"仪器详细说明"的要求插入适配器或遮光罩（详细介绍请参见用户手册）。

（8）将试剂管的盖子打开，分别向两个试剂管中各加入一包 TN A（总氮 A）试剂粉枕包。

（9）盖上盖子，上下摇晃试剂管 15s。

（10）启动仪器定时器。计时反应 3min。

 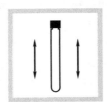   

(11)计时时间结束后,将试剂管的盖子打开,分别向两个试剂管中各加入一包TN B(总氮 B)试剂粉枕包。

(12)盖上盖子,上下摇晃试剂管15s。试剂粉末可能不能完全溶解,但这不会影响测试结果的准确性。此时溶液应开始变成黄色。

(13)启动仪器定时器。计时反应2min。

(14)计时时间结束后,打开两个 TN C 总氮C试剂管,将2mL样品消解液加入一个TN C 总氮 C 试剂管中,将 2mL 空白值消解液加入第二个 TN C 总氮C试剂管中。

(15)盖上盖子并倒转试剂管 10 次以混合均匀。缓慢地、小心地倒转试剂管。

此时接触管身应该是暖的。

(16)启动仪器定时器。计时反应 5min。

此时溶液的黄色应该变深。

(17)计时时间结束后,将空白值的试剂管擦拭干净,并将它放入 16mm 圆形适配器中。

(18)按下"Zero(零)"键进行仪器调零。这时屏幕将显示:0mg/L N。

(19)将装有样品的试剂管擦拭干净,并将它放入 16mm 圆形适配器中。

注意:仪器用空白值调零后可以进行同一组的多个样品的测试。

(20)按下"Read(读数)"键读取总氮含量,结果以 mg/L N 为单位。

比色法的空白值测定

空白值试剂最长可以保存 7 天,在此期间可以用此空白值测定同组的多个样品。将空白值保存在阴暗处,温度保持在室温(18~25℃)。如果一周内,空白值试剂出现少量的白色絮凝物,请舍弃这个并重新配制新的空白值试剂。

干扰物质

表 6.3.40-3 中所示的干扰物在所列的抗干扰浓度水平(mg/L)下对本测试不产生干扰。能够产生±10%测试误差的干扰物质列在表 6.3.40-4 中。

表 6.3.40-3　非干扰物质

干 扰 成 分	抗干扰水平	干 扰 成 分	抗干扰水平
钡	10.4mg/L	有机碳	600mg/L
钙	1200mg/L	pH 值	13
三价铬离子	2mg/L	磷	400mg/L
铁	8mg/L	硅	600mg/L
铅	26.4μg/L	银	3.6mg/L
镁	2000mg/L	锡	6mg/L

表 6.3.40-4　干扰物质

干扰成分	抗干扰水平及处理方法
溴化物	＞240mg/L,产生正干扰
氯化物	＞3000mg/L,产生正干扰

本测试是用以下物质配制的氮标准溶液进行的,有95%的回收率:氯化铵、尿素、硫酸铵、氨基乙酸、乙酸铵。

用氯化铵或烟碱酸-PTSA 的加标回收率,在生活污水进出水、替代污水 (D 5905—96) 的 ASTM 标准物质中的加标回收率都≥95%。

在某些样品中含有的大量不含氮的有机物会因为消耗掉消解试剂中的过硫酸盐而降低了消解的效率。如果已知样品中含有较高浓度的这种有机物,应该稀释样品,提高消解效率后再重新进行测试。

样品的采集、保存与存储

(1) 样品采集时应使用清洁的玻璃或塑料容器。采样后立即分析得到的结果最可靠。

(2) 如果采样后不能立即进行分析测试,请使用硫酸 (2mL 浓硫酸/L 水) 将样品的 pH 值调整至 2 或者 2 以下保存。

(3) 将样品置于 4℃ (即 39°F) 的条件下进行保存。样品最长可以保存 28 天。

(4) 测试分析前,请先将样品加热至室温,用 5.0N 氢氧化钠溶液中和样品酸性,将样品的 pH 值调整至中性。

(5) 根据样品体积增加量修正测试结果。

准确度检查方法

本方法对于有机氮通常能够达到 95%～100% 的回收率。本法用凯氏氮标准物质法进行准确度检查。

① 配制以下三个溶液中的一个或多个溶液。每一种溶液的浓度都相当于 25mg/L N 总氮标准溶液。用试剂组件中的去离子水或者不含有任何有机物或氮的水配制这些标准溶液。

a. 称取 1.6208g 的对甲苯磺酸铵,用去离子水将其溶解于 1000mL 的容量瓶中,再用去离子水稀释至 1000mL 刻度线。

b. 称取 2.1179g 的氨基乙酸对甲苯磺酸,用去离子水将其溶解于 1000mL 的容量瓶中,再用去离子水稀释至 1000mL 刻度线。

c. 称取 2.5295g 的烟碱酸对甲苯磺酸,用去离子水将其溶解于 1000mL 的容量瓶中,再用去离子水稀释至 1000mL 刻度线。

② 用上述"高量程过硫酸盐氧化法 (Test'N Tube™管) 测试流程"对标准溶液进行测定。用下面的公式计算回收率。更多详细信息请参见表 6.3.40-5。

$$回收率(\%) = \frac{测得的浓度}{25(120)} \times 100$$

表 6.3.40-5　回收率

标准物质名称	最低回收率/%
对甲苯磺酸铵	95
氨基乙酸对甲苯磺酸	95
烟碱酸对甲苯磺酸	95

分析测试过程中会发现,对甲苯磺酸铵最难消解。其他的物质可能会产生不同的回收率。

(1) 标准加入法 (加标法)。准确度检查所需的试剂与仪器:氨氮标准溶液,浓度为

1000mg/L NH₃-N；安瓿瓶开口器；TenSette®移液枪及配套的枪头；混合量筒，三个。

具体步骤如下。

① 读取测试结果后，将装有样品的比色皿（尚未加入标准物质）留在仪器中。

② 在仪器菜单中选择标准添加程序。

③ 按"OK（好）"键确认标样浓度、样品体积和加标体积的默认值。按"EDIT（编辑程序）"键可以修改这些默认值。当这些值确认好后，未加标的样品读数将显示在顶端的一行。更多详细信息请参见用户手册。

④ 打开浓度为1000mg/L NH₃-N的氨氮标准溶液。

⑤ 用TenSette®移液枪准备三个加标样。将样品倒入三个混合量筒中，液面与25mL刻度线平齐。使用TenSette®移液枪分别向三个混合量筒中依次加入0.1mL、0.2mL和0.3mL的标准物质，混合均匀。

⑥ 从0.1mL的加标样开始，按照上述测试流程依次对三个加标样品进行测试。按"Read（读数）"键确认接受每一个加标样品的测试值。

⑦ 加标测试过程结束后，按"Graph（图表）"键将显示出根据加标数据计算得到的最佳拟合曲线，说明本底干扰的存在与否。按"Ideal Line（理想线条）"键将显示出样品加标与100％回收率的"理想线条"之间的关系。每个加标样都应该达到约100％的加标回收率。

（2）标准溶液法。所需的试剂为氨氮标准溶液，浓度为100mg/L。

具体步骤如下。

① 用0.5mL浓度为100mg/L的氨氮标准溶液代替样品按照上述测试流程进行测试。

② 用浓度为100mg/L的氨氮标准溶液校准标准曲线，在仪器菜单中选择标准溶液校准程序。

③ 打开标准调整界面，确认接受当前标准溶液浓度。如果使用了其他浓度的标准溶液，输入标准溶液的实际浓度，并确认用此溶液浓度校准标准曲线。

注意：具体的程序选择操作过程请参见用户操作手册。

方法精确度

表 6.3.40-6　方法精确度

程 序 号	标样浓度	精确度 具有95％置信度的浓度区间	灵敏度 每0.010 Abs吸光度改变时的浓度变化
394	100mg/L NH₃-N	98～102mg/L N	0.5mg/L N

方法解释

碱性的过硫酸盐消解过程把所有形式的氮都转化成为硝酸盐。消解结束后加入的偏亚硫酸氢钠用于去除卤素类氧化物质。然后硝酸盐与变色酸在强酸性环境下反应生成一种黄色配合物。测试结果是在波长为410nm的可见光下读取的。

消耗品和替代品信息

表 6.3.40-7　需要用到的试剂

试剂名称及描述	单　　位	产品订货号
Test'N Tube AmVer™管高量程 Total Nitrogen 总氮试剂组件	50 次测试	2714100

表 6.3.40-8　需要用到的仪器

仪器名称及描述	数量/每次测量	单　　位	产品订货号
DBR 200 消解器,110V,15×16mm	1	每次	LTV 082.53.40001
DBR 200 消解器,220V,15×16mm	1	每次	LTV 082.52.40001
小漏斗	1	每次	2584335
TenSette®移液枪,量程范围为 0.1～1.0mL	1	每次	1970001

仪器名称及描述	数量/每次测量	单　位	产品订货号
与 1970001 TenSette® 移液枪配套的枪头	2	50/pk	2185696
TenSette® 移液枪,量程范围为 1.0～10.0mL	1	每次	1970010
与 1970010 TenSette® 移液枪配套的枪头	2	50/pk	2199796
试管架	1	每次	1864100
手指护套	2	2/pk	1464702

表 6.3.40-9　推荐使用的标准样品

标准样品名称及描述	单　位	产品订货号
氨氮标准溶液,浓度为 1000mg/L NH_3-N	1L	2354153
氨氮标准溶液,浓度为 100mg/L NH_3-N	500mL	2406549
分析天平,最大称量范围 80g,115V	每次	2936701
带盖混合量筒,25mL	每次	2088640
容量瓶,A 级,1000mL	每次	1457453
与 TenSette® 移液枪 19700-01 配套的枪头	1000/pk	2185628
与 TenSette® 移液枪 19700-10 配套的枪头	250/pk	2199725
凯氏氮标准物质	3 组	2277800
氢氧化钠标准溶液,5N	50mL	245026
浓硫酸	500mL	97949
无机废水标准溶液,用于 NH_3-N、NO_3^--N、PO_4^{3-}、COD、SO_4^{2-}、TOC	500mL	2833149
去离子水	500mL	27249
不含有机物的水	500mL	2641549
称量纸	500/pk	1473800
2mL PourRite® 安瓿瓶开口器	每次	2484600
10mL Voluette® 安瓿瓶开口器	每次	2196800
氨氮 Voluette® 安瓿瓶标准溶液,10mL,浓度为 50mg/L	16/pk	1479110
氨氮 Voluette® 安瓿瓶标准溶液,10mL,浓度为 150mg/L	16/pk	2128410
氨氮 Voluette® 安瓿瓶标准溶液,10mL,浓度为 160mg/L	16/pk	2109110
氨氮 PourRite® 安瓿瓶标准溶液,2mL,浓度为 50mg/L	20/pk	1479120
氨氮标准溶液,浓度为 10mg/L NH_3-N	500mL	15349

6.3.41　总无机氮,三氯化钛还原法,方法 10021（Test'N Tube™管）

测量范围

0.2～25.0mg/L N。

应用范围

用于水、废水与海水中总无机氮的测定。

测试准备工作

表 6.3.41-1　仪器详细说明

仪器	适配器	遮光罩
DR 6000、DR 5000	—	—
DR 3900	—	LZV849
DR 3800、DR 2800、DR 2700	—	LZV646

仪器	适配器	遮光罩
DR 1900	9609900(D①)	—
DR 900	4846400	遮光罩随机附带

① D适配器不是每台仪器都具有。

（1） 针对型号为 DR 3900、DR 3800、DR 2800 与 DR 2700 的仪器，测试前请在适配器模块 2# 上方安装遮光罩。

（2） 为了安全操作，在打开安瓿瓶时请戴好手指护套。

（3） 测试过程中使用的水杨酸铵试剂中含有亚硝基铁氰化钠。氰化物的溶液被美国联邦政府的《资源保护和恢复法案》（The Resource Conservation and Recovery Act，Federal RCRA）规定为危险废弃物。氰化物应该收集起来按照类型编号为 D001 的反应物进行处理处置。确保氰化物溶液储存在 pH 值大于 11 的强腐蚀性溶液中，以防止氰化氢气体泄漏。详细的处理处置信息请参见当前的化学品安全说明书（Material Safety Data Sheet，MSDS）。

表 6.3.41-2　准备的物品

名 称 及 描 述	数　　量
总无机氮预处理试剂组件(三氯化钛还原法)	1套
Test'N Tube AmVer™氨氮试剂组件	1套
去离子水	1mL
离心机	1台
小漏斗	1个
遮光罩或适配器(请参见"仪器详细说明")	1个
TenSette®移液枪及其配套的枪头，测量范围1.0～10.0mL	1个
移液管，A级，1.00mL	1根
试剂管架	1个

注：订购信息请参看"消耗品和替代品信息"。

三氯化钛还原法（Test'N Tube™管）**测试流程**

   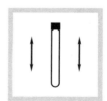 

（1）选择测试程序。参照"仪器详细说明"的要求插入适配器或遮光罩（详细介绍请参见用户手册）。

（2）分别向两个总无机氮预处理稀释试剂管中各加入 1mL 总无机氮预处理浓缩试剂。

（3）样品的测定：向一个试剂管中加入 1mL 样品。
空白值的测定：向第二个试剂管中加入 1mL 试剂组件中配套的去离子水。

（4）将两个试剂管盖上盖子。摇晃至少 30s 以混合均匀。

（5）向装有样品的试剂管中倒入一管总无机氮还原剂安瓿瓶试剂。
向装有空白的试剂管中倒入另一管总无机氮还原剂安瓿瓶试剂。
溶液中会立即形成黑色的沉淀。

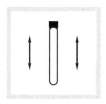

（6）立即将两个试剂管盖上盖子。猛烈摇晃 30s 以混合均匀。然后静置至少 1min。

沉淀应保持黑色。过度的摇晃会导致沉淀变成白色，会使测试结果偏低。

（7）将试剂管插入离心机中。如果没有离心机，静置至少 30min 让固体沉淀物质完全沉淀至试剂管底。然后直接进行步骤（9）。

（8）启动仪器定时器。计时反应 3min。

此 3min 对试剂管中的物质进行离心。

（9）离心时间结束后，用移液管移取 2mL 样品试剂管中的上清液至一个 AmVer™ 稀释试剂 Test'N Tube 试剂管中。

再用移液管移取 2mL 空白试剂管中的上清液至第二个 AmVer™ 稀释试剂 Test'N Tube 试剂管中。

以取上清液时请注意不要扰动到试剂管底的沉淀物质。

（10）用小漏斗分别向两个试剂管中加入一包水杨酸铵试剂粉枕包（适用于 5mL 样品量）。

（11）再用小漏斗分别向两个试剂管中加入一包 Ammonia Cyanurate 氰尿酸铵试剂粉枕包（适用于 5mL 样品量）。

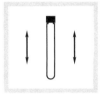

（12）盖上盖子，上下摇晃试剂管使粉末溶解。

如果样品中含有氮，溶液将呈绿色。

（13）启动仪器定时器。计时反应 20min。

（14）计时时间结束后，将空白值的试剂管擦拭干净，并将它放入 16mm 圆形适配器中。

（15）按下"Zero（零）"键进行仪器调零。这时屏幕将显示：0.0mg/L N。

（16）将装有样品的试剂管擦拭干净，并将它放入 16mm 圆形适配器中。

按下"Read（读数）"键读取总无机氮含量，结果以 mg/L N 为单位。

干扰物质

表 6.3.41-3 中所示的干扰物在所列的抗干扰浓度水平（mg/L）下对本测试不产生干扰。能够产生 ±10% 测试误差的干扰物质列在表 6.3.41-4 中。

表 6.3.41-3 非干扰物质

干 扰 成 分	抗干扰水平	干 扰 成 分	抗干扰水平
三价铝离子	8mg/L	氟离子	80mg/L
钡离子	40mg/L	磷酸根离子	以 P 计，8mg/L
铜离子	40mg/L	二氧化硅	80mg/L
三价铁离子	8mg/L	EDTA	80mg/L
锌离子	80mg/L		

表 6.3.41-4　干扰物质

干扰成分	抗干扰水平	干扰成分	抗干扰水平
钙	以 $CaCO_3$ 计，浓度大于 1000mg/L 时产生正干扰	硫化物	浓度大于 3mg/L 时产生负干扰
四价锰	浓度大于 3mg/L 时产生负干扰	硫酸盐	浓度大于 250mg/L 时产生负干扰
镁	以 $CaCO_3$ 计，浓度大于 1000mg/L 时产生正干扰		

样品的采集、保存与存储

(1) 样品采集时应使用清洁的玻璃或塑料容器。采样后立即分析得到的结果最可靠。

(2) 如果样品中的氯含量已知，在 1L 水样中，按照每含有 0.3mg/L Cl_2 就加入 1 滴 0.1N 硫代硫酸钠溶液❶的比例，对 1L 水样进行保存处理。

(3) 如果采样后不能立即进行分析测试，请使用盐酸（至少 2mL 浓盐酸/L 水）❶将样品的 pH 值调整至 2 或者 2 以下保存。

(4) 将样品置于 4℃（即 39℉）的条件下进行保存。样品最长可以保存 28 天。

(5) 测试分析前，请先将样品加热至室温，用 5.0N 氢氧化钠溶液❷中和样品酸性，将样品的 pH 值调整至中性。

(6) 根据样品体积增加量修正测试结果。

准确度检查方法

(1) 标准加入法（加标法）。准确度检查所需的试剂与仪器有：高量程硝酸盐氮 PourRite® 安瓿瓶标准试剂，浓度为 500mg/L NO_3^--N；安瓿瓶开口器；TenSette® 移液枪及配套的枪头；混合量筒，三个。

具体步骤如下。

① 读取测试结果后，将装有样品的比色皿（尚未加入标准物质）留在仪器中。

② 在仪器菜单中选择标准添加程序。

③ 按"OK（好）"键确认标样浓度、样品体积和加标体积的默认值。按"EDIT（编辑程序）"键可以修改这些默认值。当这些值确认好后，未加标的样品读数将显示在顶端的一行。更多详细信息请参见用户手册。

④ 打开浓度为 500mg/L NO_3^--N 的高量程硝酸盐氮 PourRite® 安瓿瓶标准试剂。

⑤ 用 TenSette® 移液枪准备三个加标样。将样品倒入三个混合量筒中，液面与 25mL 刻度线平齐。使用 TenSette® 移液枪分别向三个混合量筒中依次加入 0.1mL、0.2mL 和 0.3mL 的标准物质，混合均匀。

⑥ 从 0.1mL 的加标样开始，按照上述测试流程依次对三个加标样品进行测试。按"Read（读数）"键确认接受每一个加标样品的测试值。

⑦ 加标测试过程结束后，按"Graph（图表）"键将显示出根据加标数据计算得到的最佳拟合曲线，说明本底干扰的存在与否。按"Ideal Line（理想线条）"键将显示出样品加标与 100% 回收率的"理想线条"之间的关系。每个加标样都应该达到约 100% 的加标回收率。

(2) 标准溶液法。所需的试剂与仪器设备有：硝酸盐氮 Voluette® 安瓿瓶标准试剂，浓度为 500mg/L NO_3^--N；去离子水；容量瓶；移液管；TenSette® 移液枪及配套的枪头。

具体步骤如下。

① 按照下列步骤配制浓度为 10.0mg/L 的硝酸盐氮标准溶液：

a. 量取 1.0mL 浓度为 500mg/L NO_3^--N 的硝酸盐氮 Voluette® 安瓿瓶标准试剂，加入到一个 50mL 的容量瓶中。

b. 用去离子水稀释至刻度线。

---

❶ 订购信息请参看"可选择的试剂与仪器"。

❷ 订购信息请参看"可选择的试剂与仪器"。

② 用此浓度为 10.0mg/L 的硝酸盐氮标准溶液代替样品按照上述测试流程进行测试。

③ 用浓度为 10.0mg/L 的硝酸盐氮标准溶液校准标准曲线，在仪器菜单中选择标准溶液校准程序。

④ 打开标准调整界面，确认接受当前标准溶液浓度。如果使用了其他浓度的标准溶液，输入标准溶液的实际浓度，并确认用此溶液浓度校准标准曲线。

注意： 具体的程序选择操作过程请参见用户操作手册。

方法精确度

总无机氮测试是用于测定水样或废水中含有的亚硝酸盐、硝酸盐和氨氮的总含量。本方法还适用于监测工业废水或废水处理单元进出水中的总无机氮负荷量。对于不同的含氮物质，本方法有不同的回收率，列于表 6.3.41-5 中。不推荐使用本方法只测定三种形式氮中的某一种。测定亚硝酸盐、硝酸盐和氨氮中的任一种时，应该使用其专用方法。

表 6.3.41-5　回收率

氮 的 形 式	回收率/%
NH_3-N	112
NO_3^--N	100
NO_2^--N	77

表 6.3.41-6　方法精确度

程序号	标样浓度	精确度 具有95%置信度的浓度区间	灵敏度 每 0.010 Abs 吸光度改变时的浓度变化
346	20.0mg/L NO_3^--N	19.6～20.4mg/L NO_3^--N	0.2mg/L NO_3^--N

方法解释

三价钛离子可以将硝酸盐和亚硝酸盐还原为氨。离心去除固体物质后，氨与氯反应生成一氯胺。一氯胺与水杨酸盐反应生成 5-氨基水杨酸盐。在亚硝基铁氰化钠催化剂的作用下，5-氨基水杨酸盐被氧化成为一种蓝色的化合物。蓝色在呈黄色的过量试剂中使溶液显绿色。测试结果是在波长为 655nm 的可见光下读取的。

消耗品和替代品信息

表 6.3.41-7　需要用到的试剂

试剂名称及描述	数量/每次测量	单　位	产品订货号
总无机氮预处理试剂组件（三氯化钛还原法）	—	25 次测试	2604945
Test'N Tube™ AmVer™氨氮试剂组件	—	25 次测试	2604545
去离子水	1mL	100mL	27242

表 6.3.41-8　需要用到的仪器

仪器名称及描述	数量/每次测量	单　位	产品订货号
离心机,115V,6×15mL 或	1	每次	2676500
离心机,220V,6×15mL	1	每次	2676502
小漏斗	1	每次	2584335
TenSette® 移液枪,量程范围为 1.0～10.0mL	1	每次	1970010
与 1970010 TenSette® 移液枪配套的枪头	根据用量而定	50/pk	2199796
试管架	1	每次	1864100
手套,大号①	1 对	100/pk	2550503

① 用户可以根据需要选用其他号码的护套。

表 6.3.41-9　推荐使用的标准样品

标准样品名称及描述	单　　位	产品订货号
容量瓶,A 级,50mL	每次	1457441
硝酸盐氮标准溶液,浓度为 10mg/L NO_3^--N	500mL	30749
硝酸盐氮标准溶液,2mL PourRite® 安瓿瓶,浓度为 500mg/L	20/pk	1426020
洗耳球	每次	1465100
TenSette® 移液枪,量程范围为 0.1~1.0mL	每次	1970001
与 TenSette® 移液枪 19700-01 配套的枪头	50/pk	2185696
与 TenSette® 移液枪 19700-01 配套的枪头	1000/pk	2185628
与 TenSette® 移液枪 19700-10 配套的枪头	250/pk	2199725
移液管,A 级,1.00mL	每次	1451535
去离子水	4L	27256

表 6.3.41-10　可选择的试剂与仪器

名称及描述	单　　位	产品订货号
混合量筒,25mL	每次	2088640
浓盐酸	—	13449
氢氧化钠标准溶液,5.0N	—	245026
硫代硫酸钠溶液,0.1N	—	32332
移液管,A 级,1.00mL	1	1451535
10mL Voluette® 安瓿瓶开口器	每次	2196800
2mL PourRite® 安瓿瓶开口器	每次	2484600
硝酸盐氮标准溶液,浓度为 1mg/L NO_3^--N	500mL	204649
硝酸盐氮标准溶液,浓度为 100mg/L NO_3^--N	500mL	194749
硝酸盐氮标准溶液,浓度为 1000mg/L NO_3^--N	500mL	1279249
硝酸盐氮标准溶液,MDB,浓度为 15mg/L NO_3^--N	100mL	2415132
硝酸盐氮 Voluette® 安瓿瓶标准溶液,10mL,浓度为 5mg/L	16/pk	2557810

6.3.42　总有机氮（凯氏氮），纳氏试剂法[1]（需要消解），方法8075

测量范围

1~150mg/L。

应用范围

用于水、废水与污泥中总有机氮的测定；需要进行消解预处理。

表 6.3.42-1　仪器详细说明

仪器	比色皿方向	比色皿
DR 6000 DR 3800 DR 2800 DR 2700 DR 1900	刻度线朝向右方	2495402 10mL
DR 5000 DR 3900	刻度线朝向用户	

---

[1] 改编自 Hach, et. al., Journal of Association of Official Analytical Chemists, 70 (5) 783-787 (1987)；Hach, et. al., Journal of Agricultural and Food Chemistry, 33 (6) 1117-1123 (1985)；《水与废水标准检测方法》。

仪器	比色皿方向	比色皿
DR 900	刻度线朝向用户	2401906 −25mL −20mL −10mL

（1）为了测试结果更加准确，每一批新的试剂都应该测定试剂空白值。试剂空白的测定同样按照测试步骤进行，只是把样品换成去离子水进行测试。从最后的测试结果中将试剂空白值扣除，或者调整仪器的试剂空白。

（2）如果测试时使用了倾倒池模块，请定期清洗此模块，将少量五水合硫代硫酸钠晶体倒入模块的漏斗中，再用足够的去离子水冲洗使晶体溶解。再用去离子水彻底清洗此模块。

（3）当使用滴瓶滴加试剂时，使瓶身和桌面保持垂直滴加，不要和桌面倾斜成角度。

（4）测试过程中使用的纳氏试剂中含有碘化汞。样品和空白中都含有汞，含汞溶液被美国联邦政府的《资源保护和恢复法案》（RCRA）规定为危险废弃物。含汞溶液应该收集起来按照类型编号为 D009 的物质进行处理处置。不可以将此溶液倒入下水道中。详细的处理处置信息请参见当前的化学品安全说明书（MSDS）和当地的化学品安全法规条例。

（5）为了测试的灵敏度，推荐使用标准样品和标准曲线调整功能。

表 6.3.42-2　准备的物品

名　称　及　描　述	数　　量
二氧化硅沸石	2～3 块
手指护套	2 套
混合量筒,25mL	2 个
Digesdahl 消解器	1 个
过氧化氢溶液,50%	20mL
Mineral Stabilizer 矿质稳定剂	6 滴
Nesslers 纳氏试剂	2mL
Polyvinyl Alcohol 分散剂	6 滴
氢氧化钾标准溶液,1.0N	根据用量而定
氢氧化钾标准溶液,8.0N	根据用量而定
浓硫酸,分析纯	6mL
TKN 指示溶液	2 滴
TenSette® 移液枪及其配套的枪头,测量范围 0.1～1.0mL	1 个
防护罩	1 个
比色皿(请参见"仪器详细说明")	2 个

注：订购信息请参看"消耗品和替代品信息"。

纳氏试剂法测试流程

   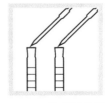 

（1）选择测试程序。参照"仪器详细说明"的要求插入适配器或遮光罩（详细介绍请参见用户手册）。

（2）样品的测定：按照"Digesdahl® 消解器使用说明"上列出的样品量,对水样进行消解预处理。

（3）空白值的测定：量取和样品量同样体积的去离子水,用 Digesdahl® 消解器对进行消解预处理,作为空白值。

（4）按照样品类型,参照表 6.3.42-3～表 6.3.42-5 选择最适合分析测试的消解液体积。移取该体积的样品和空白,分别加入两个 25mL 的混合量筒中。

（5）分别向两个量筒中各加入 1 滴 TKN 指示溶液。

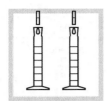 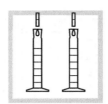 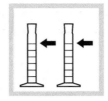  

（6）如果此时样品总体积小于1mL，请直接进行步骤（7）。

如果此时样品总体积大于1mL，向两个量筒中滴加8.0N的氢氧化钾溶液直至溶液闪现蓝色。

每次滴加后，都盖上塞子，倒转一次量筒。继续下面的测试步骤。

（7）分别向两个量筒中滴加1.0N的氢氧化钾溶液，每次滴加1滴，滴加后，都盖上塞子，倒转一次量筒以混合均匀。

滴加至溶液变成蓝色不再退色。

（8）用去离子水将两个量筒都定容至20mL。

（9）分别向两个量筒中各滴加3滴Mineral Stabilizer矿质稳定剂。盖上盖子，倒转数次以混合均匀。

（10）再分别向两个量筒中各滴加3滴Polyvinyl Alcohol分散剂。盖上盖子，倒转数次以混合均匀。

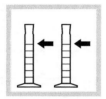 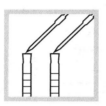  

（11）用去离子水将两个量筒都定容至25mL。盖上盖子，倒转数次以混合均匀。

（12）再分别向两个量筒中各加入1.00mL Nesslers纳氏试剂。盖上盖子，反复倒转数次以混合均匀。此时溶液不应该是浑浊的，浑浊会导致结果不正确。

（13）启动仪器定时器。计时反应2min。

（14）计时时间结束后，将两个量筒中的物质分别倒入两个方形比色皿中。

（15）将空白值的比色皿擦拭干净，放入适配器中。

（16）按下"Zero（零）"键进行仪器调零。这时屏幕将显示：0mg/L TKN。

（17）将装有样品的比色皿擦拭干净，放入适配器中。

（18）按下"Read（读数）"键读取总有机氮含量，结果以mg/L TKN为单位。

（19）按照下面的公式计算样品中的凯氏氮含量：

$$TKN(mg/L) = \frac{75A}{BC}$$

式中　A——读数值，mg/L；

B——用于分析测试消解液的质量（或体积），g（或mL）；

C——用于消解的样品总量，mL。

干扰物质

表 6.3.42-3　水溶液样品（悬浮物质含量低于 1% 的溶液）

估计其中氮含量/(mg/L)	分析测试体积/mL	估计其中氮含量/(mg/L)	分析测试体积/mL
0.5~28	10.0	45~2250	1.00
2~112	5.0	425~22500	0.50
11~560	2.00		

表 6.3.42-4　干燥样品

估计其中氮含量/(mg/L)	分析测试体积/mL	估计其中氮含量/(mg/L)	分析测试体积/mL
42~2200	10.0	1000~56000	1.00
106~5600	5.00	4200~220000	0.50
350~18000	2.00		

表 6.3.42-5　油脂样品

估计其中氮含量/(mg/L)	分析测试体积/mL
85~4500	10.0
210~11000	5.00
2100~110000	1.00

样品的采集、保存与存储

（1）样品采集时应使用清洁的玻璃或塑料容器。

（2）如果采样后不能立即进行分析测试，请使用硫酸（至少 2mL 浓硫酸/L 水）将样品的 pH 值调整至 2 或者 2 以下保存。

（3）将样品置于 4℃（即 39℉）的条件下进行保存。样品最长可以保存 28 天。

准确度检查方法

（1）凯氏氮标准方法。本方法可以检查消解的效果并且可以知道消解过程中释放出的被结合氮的量。这个用于检测消解过程的方法和标准可以参见"准确度检查方法"章节中的"Digesdahl® 消解器使用说明"。用凯氏氮消解标准样品，用纳氏试剂法在色度计上进行测试。总凯氮值和配制的标准样品值的误差应该在 ±3% 之内。

（2）标准溶液法。准确度检查所需的试剂与仪器有：氨氮标准溶液，浓度为 1.0mg/L NH_3-N；TKN 指示溶液；滴管；混合量筒，25mL，两个；去离子水；Mineral Stabilizer 矿质稳定剂；Polyvinyl Alcohol 分散剂。

具体步骤如下。

① 分别向两个 25mL 混合量筒中各滴入 1 滴 TKN 指示溶液。

② 向其中一个量筒中加入去离子水，至 20mL 刻度线。另一个量筒中加入浓度为 1.0mg/L NH_3-N 的氨氮标准溶液，至 20mL 刻度线。

③ 再分别向两个混合量筒中各滴入 3 滴 Mineral Stabilizer 矿质稳定剂。

④ 再分别向两个混合量筒中各滴入 3 滴 Polyvinyl Alcohol 分散剂。

⑤ 按照测试流程（11）~（18），对此标准溶液进行测试。准确度检查的标准值应该显示 26~27mg/L TKN。

注意：具体的程序选择操作过程请参见用户操作手册。

方法精确度

表 6.3.42-6　方法精确度

程序号	标样浓度	精确度 具有95%置信度的浓度区间	灵敏度 每0.010 Abs吸光度改变时的浓度变化
399	76mg/L NH₃-N	70～82mg/L NH₃-N	1mg/L NH₃-N

方法解释

总凯氏氮指的是氨氮和有机氮的总和。但是本测试只能检测出测试条件下能转化为负三价形态氮的总有机氮化合物。这些有机氮化合物将会在硫酸和过氧化氢的作用下转化为铵盐。然后再用纳氏试剂法测试其中的氨。测试结果是在波长为460nm的可见光下读取的。

消耗品和替代品信息

表 6.3.42-7　需要用到的试剂

试剂名称及描述	数量/每次测量	单　位	产品订货号
氮试剂组件,量程范围为0～150mg/L,纳氏试剂法	—	250次测试	2495300
过氧化氢溶液,50%	25mL	490mL	2119649
Mineral Stabilizer 矿质稳定剂	6滴	50mL SCDB	2376626
Nesslers 纳氏试剂	2mL	500mL	2119449
Polyvinyl Alcohol 分散剂	6滴	50mL SCDB	2376526
氢氧化钾标准溶液,1.0N	根据用量而定	50mL SCDB	2314426
氢氧化钾标准溶液,8.0N	根据用量而定	100mL MDB	28232H
浓硫酸,分析纯	6mL	500mL	97949
TKN 指示溶液	2滴	50mL SCDB	2251926

表 6.3.42-8　需要用到的仪器

仪器名称及描述	数量/每次测量	单　位	产品订货号
二氧化硅沸石	2～3	500g	2055734
手指护套	2	2/pk	1464702
混合量筒,25mL	2	每次	2636240
Digesdahl® 消解器,115V	1	每次	2313020
或			
Digesdahl® 消解器,220V	1	每次	2313021
TenSette® 移液枪,量程范围为0.1～1.0mL	1	每次	1970010
与1970001 TenSette® 移液枪配套的枪头	2	50/pk	2199796
防护罩	1	每次	5003000

表 6.3.42-9　推荐使用的标准样品

标准样品名称及描述	单　位	产品订货号
凯氏氮标准溶液组件	每次	2277800
氮标准溶液,浓度为1mg/L NH₃-N	500mL	189149
氮标准溶液,10mL Voluette® 安瓿瓶,浓度为150mg/L NH₃-N	16/pk	2128410
无机废水标准溶液,用于 NH₃-N、NO₃⁻-N、PO₄³⁻、COD、SO₄²⁻、TOC	500mL	2833149

表 6.3.42-10　可选择的试剂与仪器

名　称及描述	单　位	产品订货号
五水合硫代硫酸钠	454g	46001
DR/2400,DR 2700,DR 2800		5940400

名 称 及 描 述	单 位	产品订货号
DR 5000		LZV479
DR/2500		5912200
2mL PourRite® 安瓿瓶开口器	每次	2484600
10mL Voluette® 安瓿瓶开口器	每次	2196800
TenSette® 移液枪,量程范围为 1.0~10.0mL	每次	1970010
与 1970010 TenSette® 移液枪配套的枪头	50/pk	2199796
与 1970010 TenSette® 移液枪配套的枪头	250/pk	2199725
与 1970010 TenSette® 移液枪配套的枪头	1000/pk	2185628
氨氮标准溶液,浓度为 10mg/L NH$_3$-N	500mL	15349
氨氮标准溶液,浓度为 100mg/L NH$_3$-N	500mL	2406549
氨氮标准溶液,浓度为 1000mg/L NH$_3$-N	1 L	2354153
氨氮 Voluette® 安瓿瓶标准溶液,10mL,浓度为 50mg/L	16/pk	1479110
氨氮 Voluette® 安瓿瓶标准溶液,10mL,浓度为 160mg/L	16/pk	2109110
分析天平,最大称量质量为 80g	115V	2936701
称量纸,76mm×76mm	500/pk	1473800
氨氮 PourRite® 安瓿瓶标准溶液,2mL,浓度为 50mg/L	20/pk	1479120

6.3.43 UV254 有机污染物综合指标,直读法,❶ 方法 10054

应用范围

用于指示饮用水和饮用水源水中的有紫外吸收的有机物总浓度。

测试准备工作

表 6.3.43-1 仪器详细说明

仪器	适配器	比色皿方向	比色皿
DR 6000	LZV902.99.00020(标准型) LZV902.99.00002(1-cm 旋转型)	光面玻璃朝向右方	2624410
DR 5000	A23618	光面玻璃朝向用户	

(1) 样品 pH 值应为 1~10 之间。如果不在此范围内,请参见"干扰物质"。用于特殊紫外吸光度值 Specific Ultraviolet Absorbance 真空紫外(SUVA)测定的样品不可以进行 pH 值调节。

(2) 本测试中可以使用任何不含塑料的过滤装置,可以使用 0.45μm 或不含有机物的普通孔径(1~1.5μm)的玻璃纤维过滤器。用于特殊紫外吸光度值 Specific Ultraviolet Absorbance 真空紫外(SUVA)测定的样品必须用 0.45μm 的滤膜过滤。

(3) 拿放比色皿时,请不要触摸比色皿的光面玻璃,拿放比色皿的毛面玻璃。

(4) 只能用不含有机物试剂纯的水调零仪器。

(5) 本测试中使用的 Chromic Acid 铬酸洗液被美国联邦政府的《资源保护和恢复法案》(RCRA)规定为危险废弃物。此类物质按照类型编号为 D007 的含铬废物和编号为 D002 的腐蚀

---

❶ 根据《水与废水标准检测方法》改编,方法 5910。

性物质进行处理处置。详细的处理处置信息请参见当前的化学品安全说明书（MSDS）和当地的化学品安全法规条例。

表 6.3.43-2　准备的物品

名称及描述	数　　量	名称及描述	数　　量
不含有机物试剂纯的水	根据用量而定	滴定管架	1个
过滤装置	1套	比色皿（请参见"仪器详细说明"）	2个

注：订购信息请看"消耗品和替代品信息"。

UV254 直读法 测试流程

（1）选择测试程序。参照"仪器详细说明"的要求插入适配器（详细介绍请参见用户手册）。

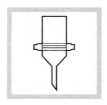

（2）安装好一个过滤装置。确认支撑架使用的是白色聚四氟乙烯制的。铺上滤纸。

（3）把过滤装置安装到一个铁架台上，并在过滤装置下方放置一个玻璃烧杯。

（4）先用至少50mL不含有机物试剂纯的水冲洗流过过滤装置。弃置滤液。

（5）样品的测定：将50mL样品倒入过滤装置进行过滤，收集样品滤液。

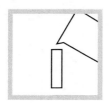

（6）空白值的测定：用不含有机物的试剂纯的水冲洗1cm石英比色皿。再向比色皿中倒入不含有机物试剂纯的水。把比色皿外表面擦拭干净，擦去指纹。

（7）将比色皿相平行的光面玻璃朝向用户放置，插入适配器中。

（8）按下"Zero（零）"键进行仪器调零。这时屏幕将显示：

0.000cm^{-1}

1cm 比色皿

如果此前没有把紫外灯打开，此时可能会指示紫外灯预热（Lamp Warm Up）。这个过程需要等待2～3min。

（9）将比色皿中的空白样倒掉，并用过滤后的样品滤液润洗比色皿数次。

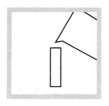

（10）润洗后，倒入样品，把比色皿外表面擦拭干净，擦去指纹。

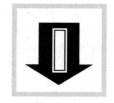

（11）将装有样品的比色皿相平行的光面玻璃朝向用户放置，插入适配器中。

（12）按下"Read（读数）"键读取吸光度值，结果以每厘米（cm^{-1}）为单位。

测试结果的每厘米（cm^{-1}）值在 0.005～0.009 之间是比较适合的。如果用 1cm 比色皿测试的结果每厘米（cm^{-1}）值低于 0.005，换用 5cm 的石英比色皿。测试过程如下。

(1) 按照下列指示选择程序：选项 OPTIONS＞更多 MORE＞化学形式 CHEMICAL FORMS。

(2) 选择 5cm。按确认 OK＞返回 RETURN。

(3) 显示的读数结果［每厘米（cm^{-1}）吸光度值］会改为用 5cm 比色皿光程测试的结果。如果每厘米（cm^{-1}）吸光度值高于 0.009，用不含有机物试剂纯的水精确地稀释样品后再进行测试。用稀释倍数计算实际样品的测试结果。

干扰物质

表 6.3.43-3　干扰物质

干　扰　成　分	抗干扰水平及处理方法
样品 pH 值不在 4～10 范围内	向样品中滴加 1N 的氢氧化钠或 1N 的硫酸，将其 pH 值调整至 4～10
有紫外吸收的无机物（溴化物、亚铁离子、硝酸盐、亚硝酸盐）	按照下面所列的紫外扫描步骤操作
有紫外吸收的氧化剂与还原剂（氯胺、氯酸盐、亚氯酸盐、臭氧、硫代硫酸盐）	按照下面所列的紫外扫描步骤操作

当确定有这些干扰物质后，用紫外扫描样品滤液，以不含有机物试剂纯的水作为空白，操作如下。

(1) 在主程序中，选择全波长扫描 WAVELENGTH SCAN＞选项 OPTIONS＞λ。

(2) 选择 200＞确认 OK。

(3) 选择 400＞确认 OK。

(4) 选择 1nm＞确认 OK。

(5) 将装有不含有机物试剂纯水的比色皿（空白值）放入适配器中。

(6) 按下"Zero（零）"键，进行波长为 200～400nm 范围的全波长基线扫描。

　　注意：如果此前没有把紫外灯打开，此时可能会指示紫外灯预热（Lamp Warm Up）。这个过程需要等待 2～3min。

(7) 基线扫描纪录结束后，将装有样品滤液的比色皿（样品值）放入适配器中，按下"Read（读数）"键，进行波长为 200～400nm 范围的全波长样品扫描测量吸光度值。

如果样品的波长扫描曲线上出现尖锐的吸收峰，说明其中有干扰物质。通常情况下，普通的有机物在紫外区域只会出现一条随波长减小吸光度增加的无明显特征峰的曲线。如果出现尖锐的吸收峰，那么就要改变测定波长，并在数据记录中予以注明。

样品的采集、保存与存储

(1) 样品采集时应使用清洁的玻璃容器，不可以使用塑料容器。

(2) 样品采样后应尽快进行分析测试。

比色皿清洗

新的或者脏的比色皿应该放在铬酸洗液中浸泡以去除痕量的有机污染物。

(1) 浸泡过一夜或者 12h。

(2) 浸泡后，用不含有机物的试剂纯的水冲洗比色皿。

如果每次测试过后都用不含有机物的试剂纯的水将比色皿冲洗干净，则偶尔需要用铬酸洗液浸泡处理。

方法精确度

UV254 法没有主要的标准物质或标准曲线。表 6.3.43-4 中的重现性数据是用相当于 39mg/L 碳的邻苯二甲酸钾溶液在同一个仪器上测试所得。标准溶液的配制请参见"标准方法"。

表 6.3.43-4 方法精确度

程序	标值	精确度： 95%置信区间分布	灵敏度：每 0.010Abs 单位变动下,浓度变动值
410	—	$0.431\sim0.433\mathrm{cm}^{-1}$	—

方法解释

过滤后的样品以不含有机物的试剂纯的水作为空白,在波长为 254nm 的紫外线下测量吸光度值,这指示了样品中的有机物含量。样品读数吸光度值以每厘米（cm^{-1}）为单位。此结果可以用于计算特殊紫外吸光度值 Specific Ultraviolet Absorbance。

由于本测试不能测定某一种具体的有机物质,故程序 410 中没有估测检出限。

消耗品和替代品信息

表 6.3.43-5 需要用到的试剂

试剂名称及描述	数量/每次测量	单　位	产品订货号
不含有机物的试剂纯的水	根据用量而定	1L	2641549

表 6.3.43-6 需要用到的仪器

仪器名称及描述	数量/每次测量	单　位	产品订货号
烧杯,100mL	1	每次	50042H
滴定管架	1	每次	32900
过滤装置	1	每次	2164100
用于 21641-00 的支撑架,聚四氟乙烯	1	每次	2164200
玻璃纤维滤纸,70mm	1	100/pk	253053
硫酸,1N	根据用量而定	100mL MDB	127032

表 6.3.43-7 可选择的试剂

名　称　及　描　述	单　位	产品订货号
铬酸洗液	500mL	123349
氢氧化钠标准溶液,1.00N	100mL① MDB	104532

① 可根据用户需要选择其他单位的试剂。

表 6.3.43-8 可选择的仪器

名　称　及　描　述	单　位	产品订货号
量筒,50mL	每次	50841
47mm 滤膜;0.45μm 亲水（SUVA）	每次	2894700
玻璃真空过滤的过滤固定架（SUVA）	每次	234000
烧杯,玻璃,1000mL（SUVA）	每次	54653
pH 试纸,测量范围 1.0~11.0	5 卷/pk	39133
石英比色皿,5cm	每次	2624450
橡胶管（SUVA）	12in	56019
邻苯二甲酸钾	500g	31534
标准方法手册,最新版本	1	2270800
吸气器（SUVA）	1	213100

注：1in=25.4mm。

6.4 金属及其化合物

6.4.1 银，比色法，方法 8120（粉枕包）

测量范围

$0.02 \sim 0.70 \text{mg/L Ag}$。

应用范围

用于水与废水中银的测定。

测试准备工作

表 6.4.1-1 仪器详细说明

仪器	比色皿方向	比色皿
DR 6000 DR 3800 DR 2800 DR 2700 DR 1900	刻度线朝向右方	2495402
DR 5000 DR 3900	刻度线朝向用户	

（1）存在干扰物质的样品需要进行消解。请参见本手册的"消解"章节。

（2）为了测试结果最佳，每批新的试剂都应该测定试剂空白值。试剂空白的测定同样按照测试步骤进行，只是把样品换成去离子水进行测试。从最后的测试结果中将试剂空白值扣除，或者调整仪器的试剂空白。

（3）测试前量筒必须保持干燥。如果 Silver 1 试剂的粉末潮湿，就会导致后续过程中粉末不能完全溶解，使溶液显色受到影响。

（4）样品的 pH 值必须在 $9 \sim 10$ 之间。请不要使用 pH 计来调节样品的 pH 值，因为这样会污染样品。请参见本手册"消解"章节中调节 pH 值的步骤。

（5）本测试步骤中不可以使用倾倒池模块。

表 6.4.1-2 准备的物品

名称及描述	数量	名称及描述	数量
Silver 1 试剂粉枕包	1包	量筒,50mL	1个
Silver 2 试剂粉枕包	1包	混合量筒,50mL	1个
Sodium Thiosulfate 试剂粉枕包	1包	比色皿(请参见"仪器详细说明")	2个
剪刀	1把		

注：订购信息请看"消耗品和替代品信息"。

银比色法（粉枕包）测试流程

（1）选择测试程序。参照"仪器详细说明"的要求插入适配器（详细介绍请参见用户手册）。

（2）将一包 Silver 1 试剂粉枕包加入一个干燥的 50mL 混合量筒中。

如果此时 Silver 1 试剂的粉末潮湿了，就会导致后续过程中粉末不能完全溶解，使溶液显色受到影响。

（3）再将一包 Silver 2 试剂粉枕包中的溶液加入混合量筒中。摇晃量筒使粉末完全湿润溶解。

在试剂药品混合过程中，如果有结成块状的粉末不能完全溶解，会导致后续过程中溶液显色受到影响。

（4）用一个 50mL 的量筒向 50mL 混合量筒中加入 50mL 的样品。盖上塞子。反复上下倒转量筒数次 1min。

确认样品保存时调节过 pH 值（请参见本篇的"样品的采集、保存与存储"）。

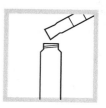

（5）样品的测定：将指定容积（请参见"仪器详细说明"）的上述混合液倒入比色皿中。

（6）空白值的测定：混合量筒中只留下 25mL 混合液，多余的倒掉。

（7）在混合量筒中加入一包硫代硫酸钠试剂粉枕包。盖上塞子并倒转量筒数次，混合均匀。

确认每一个样品都需要准备一个空白值。

（8）启动仪器定时器。计时反应 2min。

（9）定时时间结束后，将指定容积（请参见"仪器详细说明"）的此混合液倒入第二个比色皿中。

（10）将空白值的比色皿擦拭干净，放入适配器中。

（11）按下"Zero（零）"键将仪器调零。这时屏幕将显示：0.000mg/L Ag。

（12）将装有样品的比色皿擦拭干净，放入适配器中。按下"Read（读数）"键读取银含量，结果以 mg/L Ag 为单位。

读数结束后，请立即清洗比色皿。

干扰物质

表 6.4.1-3 中所列物质有可能对本测试产生干扰，所列浓度为抗干扰的最大浓度水平。这些物质的干扰水平是通过向 0.4mg/L 的银标准溶液中添加干扰离子，用本方法测试直至所得银离

子浓度产生±10％的偏差时的干扰离子浓度水平。

表 6.4.1-3　干扰物质

干 扰 成 分	抗干扰水平	干 扰 成 分	抗干扰水平
铝	30mg/L,产生负干扰	铁	30mg/L,产生负干扰
氨	750mg/L,产生负干扰	铅	13mg/L,产生负干扰
镉	15mg/L,产生负干扰	锰	19mg/L,产生负干扰
钙	600mg/L,产生正干扰	镁	2000mg/L,产生正干扰
氯化物	19mg/L,产生负干扰	汞	2mg/L,产生正干扰
六价铬离子	90mg/L,产生负干扰	镍	19mg/L,产生负干扰
铜	7mg/L,产生负干扰	锌	70mg/L,产生负干扰

样品的采集、保存与存储

(1) 样品采集时应使用用酸液清洁过的玻璃或者塑料瓶。

(2) 使用硝酸（浓度大约为每升水中含 2mL 硝酸）将样品的 pH 值调整至 2 或者 2 以下进行样品保存。pH 值的测试应用 pH 试纸。

(3) 在室温条件下，样品最长可以保存 6 个月。

(4) 如果样品中含有颗粒物或者是测定可溶解的金属含量时，用 0.45μm 的滤膜过滤样品，收集滤液，并将滤液的 pH 值调整至 2 或者 2 以下进行保存。

(5) 在测试分析前，使用 5.0N 氢氧化钠溶液将样品的 pH 值调整至 9～10［请参见本篇"消解"章节中步骤中的第（11）、（12）步］。

(6) 在调节样品 pH 值时，请不要使用 pH 计，因为 pH 计的电极会污染样品。

准确度检查方法

(1) 标准加入法（加标法）。标准加入法所需的试剂与仪器设备有：银标准溶液，浓度为 1000mg/L Ag；容量瓶，A 级，100mL；移液管，A 级，5.0mL；TenSette® 移液枪，量程范围为 0.1～1.0mL。

具体步骤如下。

① 读取测试结果后，将装有样品的比色皿（尚未加入标准物质）留在仪器中。

② 在仪器菜单中选择标准添加程序。

③ 确认标准样品浓度、样品体积和加标体积的默认值。按"EDIT（编辑程序）"键可以修改这些默认值。当这些值确认好后，未加标的样品读数将显示在顶端的一行。更多的信息请参见用户手册。

④ 按照下列步骤准备 50.0mg/L 的银标准溶液：移取 5.00mL 浓度为 1000mg/L 的银标准溶液到一个 100mL 的 A 级容量瓶中。用去离子水稀释到刻度线。

⑤ 用 TenSette® 移液枪移取浓度为 50.0mg/L 的银标准溶液 0.1mL、0.2mL 和 0.3mL，依次分别加入三个 50mL 的样品中，混合均匀。

⑥ 从 0.1mL 的加标样品开始，按照"银比色法"的测试步骤依次对三个加标样品进行测试。

⑦ 加标测试过程结束后，按"Graph（图表）"键将显示出根据加标数据计算得到的最佳拟合曲线，说明本底干扰的存在与否。按"Ideal Line（理想线条）"键将显示出样品加标与 100％回收率的"理想线条"之间的关系。

(2) 标准溶液法。标准溶液法所需的试剂与仪器设备：银标准溶液，浓度为 1000mg/L Ag；容量瓶，A 级，1L；移液管，A 级，5.0mL。

具体步骤如下。

① 按照下列步骤准备 0.5mg/L 的银标准溶液：移取 0.5mL 浓度为 1000mg/L Ag 的银标准

溶液到一个 1000mL（即 1L）的 A 级容量瓶中。用去离子水稀释到刻度线。混合均匀。每天都需要配制此标准溶液。

② 用此 0.5mg/L 的银标准溶液代替样品进行测试，按照"银比色法"的测试步骤依次对银标准溶液进行测试。

③ 用当天配制的 0.5mg/L 银标准溶液校准标准曲线，在仪器菜单中选择标准溶液校准程序。

④ 打开标准调整界面，确认接受当前标准溶液浓度。如果使用了其他浓度的标准溶液，输入标准溶液的实际浓度，并确认用此溶液浓度校准标准曲线。

消解

当样品中含有有机物、硫代硫酸盐或氰化物时，测试前需要进行样品的消解预处理。有可能含有这些物质的样品有废水、银电镀池废水和银预镀液，需使用哈希的 Digesdahl 消解器对样品进行预处理。

> **注意**：消解过程中可能会产生有毒的氰化氢气体。请将 Digesdahl 消解器放置在通风橱中进行样品消解。
>
> 要穿戴好防护眼罩，并且在通风橱中使用 Digesdahl 消解器时，请使用防护罩。操作过程中请严格遵守《Digesdahl 消解仪器用户手册》中的安全指示。

消解步骤如下。

(1) 将适量的样品加入 100mL 的消解瓶中，用于进行 Digesdahl 消解。加入一些沸石以防止暴沸。

> **注意**：适量的样品是由实验的具体情况而定的。样品最终的浓度（稀释至 100mL 后的浓度）应该在 0～0.6mg/L 这个范围之内。并且样品体积不能超过最大测试体积，即 25mL。可以将样品分为若干个 25mL 的体积，连续地分别进行消解，以把浓度较低的样品进行浓缩。

(2) 打开空气抽滤器开关，确保冷凝管顶端有抽力。

(3) 小心地往装有样品的消解瓶中加入 3mL 浓硫酸。立即将冷凝管安装在消解瓶上。浓硫酸的加入量不可以少于 3mL。

(4) 将消解瓶放置在加热器上。加热温度调至 440℃（即 825℉）。

(5) 当能看见硫酸的回流时，等待 3～5min。

(6) 加入过氧化氢前请先确认瓶中含有酸液！

(7) 将毛细管漏斗安装在冷凝管顶端。在漏斗中加入 50% 的过氧化氢至 10mL 的刻度线。

> **注意**：如果样品完全蒸发干了，关闭 Digesdahl 消解器并彻底使其冷却。在进行任何操作前先小心地向瓶中加水。取新的样品重新开始消解过程。

(8) 用毛细管漏斗加入 5mL 过氧化氢。检查瓶中的溶液是否消解完全。如果消解还没有完全，继续加入 5～10mL 的过氧化氢。可能需要加入若干次才能完成消解过程。

> **注意**：消解完全是指消解液变为无色，或者加入过氧化氢后消解液的颜色不再改变了。完全消解的样品不会泛起泡沫。

(9) 消解完全后，所有的过氧化氢也被蒸发完全，消解液蒸至小体积。禁止将样品完全蒸干！将消解瓶从加热器上取下，冷却至室温。

(10) 待消解瓶冷却下来，缓慢地加入大约 25mL 去离子水。摇晃使其混合均匀。

(11) 加入 2 滴浓度为 1g/L 的酚酞指示剂，再加入 2 滴浓度为 1g/L 的百里酚酞指示剂。

（12）用氢氧化钠调节溶液的pH值至9～10。溶液在这个pH值范围内呈粉红色。

注意： 溶液呈紫色说明此时的pH值大于10。如果发生这种情况，加入1滴硫酸、2滴酚酞指示剂和2滴百里酚酞指示剂，并反复使用氢氧化钠调节溶液的pH值。最初使用50％的氢氧化钠溶液，当快要达到终点的时候，使用1N的氢氧化钠溶液。

（13）过滤浑浊的消解液。将滤液（或者不需要过滤的样品）转移至一个100mL的容量瓶中。用去离子水稀释至刻度线，并混合均匀。按照上述测试流程测试其中的含银浓度。

方法精确度

表 6.4.1-4　方法精确度

程序	标值	精确度： 95％置信区间分布	灵敏度：每0.010Abs 单位变动下，浓度变动值
660	0.50mg/L Ag	0.49～0.51mg/L Ag	0.005mg/L Ag

方法解释

溶液中的银离子与试镉灵（cadion 2B）反应形成一种介于绿-棕黄-紫红色的化合物。硫代硫酸钠的作用就是使其脱色以作为空白值。Silver 1试剂和Silver 2试剂中含有缓冲剂、指示剂和掩蔽剂。使用本方法不需要进行有机物萃取，并且本方法中的干扰物质没有传统的双硫腙法的干扰物质多。测试结果是在波长为560nm的可见光下读取的。

消耗品和替代品信息

表 6.4.1-5　需要用到的试剂

试剂名称及描述	数量/每次测量	单　位	产品目录号
银试剂组件（50次测试）	—	—	2296600
Silver 1试剂粉枕包	1	50/pk	2293566
Silver 2试剂粉枕包	1	50/pk	2293666
Sodium Thiosulfate试剂粉枕包	1	50/pk	2293766

表 6.4.1-6　需要用到的仪器

仪器名称及描述	数量/每次测量	单　位	产品目录号
剪刀	1	每次	96800
量筒，50mL	1	每次	2117941
混合量筒，50mL	1	每次	189641

表 6.4.1-7　推荐使用的标准样品

标准样品名称及描述	单　位	产品目录号
银标准溶液，浓度为1000mg/L Ag	100mL	1461342
去离子水	4L	27256

表 6.4.1-8　消解试剂与仪器

名称及描述	单　位	产品目录号
过氧化氢溶液，浓度为50％	490mL	2119649
酚酞指示剂，浓度为1g/L	15mL SCDB	189736
氢氧化钠溶液，浓度为50％	500mL	218049
氢氧化钠溶液，1.00N	100mL MDB	104532
浓硫酸，分析纯	2.5mL	97909
百里酚酞指示剂，浓度为1g/L	15mL SCDB	2185336
去离子水	4L	27256
沸石，碳化硅	500g	2055734

名称及描述	单　位	产品目录号
Digesdahl 消解器,115V,50/60Hz	每次	2313020
Digesdahl 消解器,230V,50/60Hz	每次	2313021
防护罩,供 Digesdahl 消解器使用时	每次	5003000

表 6.4.1-9　可选择的试剂与仪器

名称及描述	单　位	产品目录号
量筒	50mL	189641
浓硝酸,分析纯	500mL	15249
氢氧化钠溶液,5.0N	100mL	245032
pH 试纸,测量范围为 0～14	100/pk	2601300
滤膜,0.45μm,Gellman	100/pk	2618800
容量瓶,A 级,100mL	每次	1457442
移液管,A 级,5mL	每次	1451537
移液枪,TenSette®,量程为 0.1～1.0mL	每次	1970001
移液枪头,与产品 1970001 配套	50/pk	2185696
移液枪头,与产品 1970001 配套	1000/pk	2185628
容量瓶,A 级,1000mL	每次	1457453
移液管,A 级,0.5mL	每次	1451534
手指护套	2/pk	1464702

6.4.2　铝,铝试剂法,[❶] 方法8012（粉枕包）

测量范围

0.008～0.800mg/L Al^{3+} （光度计）；0.01～0.80mg/L Al^{3+} （比色计）。

应用范围

用于水与废水中铝的测定。

测试准备工作

表 6.4.2-1　仪器详细说明

仪器	比色皿方向	比色皿
DR 6000 DR 3800 DR 2800 DR 2700 DR 1900	刻度线朝向右方	2495402 10mL
DR 5000 DR 3900	刻度线朝向用户	
DR 900	刻度线朝向用户	2401906 −25mL −20mL −10mL

（1）测定总铝的样品需要进行消解。请参见本手册的"消解"章节。

（2）测试前用 6.0N 的盐酸和去离子水清洗所有的玻璃仪器,去除玻璃上的污染物。

（3）检查样品温度。为了测试结果的准确性,样品温度必须在 20～25℃（68～77℉）之间。

（4）如果在测试空白和样品时可以使用去离子水将倾倒池比色皿清洗干净,可以使用倾倒池

---

❶ 根据《水与废水标准检测方法》改编。

模块。

（5）为了测试结果更加准确，每一批新的试剂都应该测定试剂空白值。试剂空白的测定同样按照测试步骤进行，只是把样品换成去离子水进行测试。从最后的测试结果中将试剂空白值扣除，或者调整仪器的试剂空白。

表 6.4.2-2　准备的物品

名称及描述	数　量	名称及描述	数　量
AluVer®3 铝试剂粉枕包	1 包	50mL 带玻璃塞的混合量筒	1 个
Ascorbic Acid 试剂粉枕包	1 包	比色皿（请参见"仪器详细说明"）	2 个
Bleaching 3 试剂粉枕包	1 包		

注：订购信息请看"消耗品和替代品信息"。

铝试剂法（粉枕包）测试流程

（1）选择测试程序。参照"仪器详细说明"的要求插入适配器（详细介绍请参见用户手册）。

（2）将样品倒入混合量筒中，液面与50mL 刻度线平齐。加入一包 Ascorbic Acid 试剂粉枕包。盖上塞子。倒转量筒数次，直至粉末溶解。

（3）加入一包 AluVer®3 铝试剂粉枕包。盖上塞子。

如果样品中有铝存在，溶液将变成橙色或橙红色。

（4）启动仪器定时器。计时反应1min。

（5）反复倒转量筒 1min，使粉末溶解。不完全溶解的粉末会导致测试结果的不稳定。

（6）空白值的测定：将 10mL 混合物倒入一个方形比色皿中。

（7）再加入一包 Bleaching 3 试剂粉枕包。

（8）启动仪器定时器。计时反应30s。

（9）用力摇晃比色皿 30s。溶液将变成浅橙色或中等橙色。

（10）启动仪器定时器。计时反应15min。

（11）样品的测定：从混合量筒中倒10mL 溶液到第二个方形比色皿中。

（12）在仪器定时器运行结束后的5min 内，将空白值的比色皿擦拭干净，并将它放入适配器中。

（13）按下"Zero（零）"键进行仪器调零。这时屏幕将显示：0.000mg/L Al³⁺。

（14）立即将装有样品的比色皿擦拭干净，放入适配器中。

（15）按下"Read（读数）"键读取铝含量，结果以 mg/L Al³⁺ 为单位。

(16)用户可以根据需要参考用户手册中的指示,将结果转化为用 Al_2O_3 表达的形式。

(17)测试结束后应立即用肥皂和试管刷清洗混合量筒。

干扰物质

表 6.4.2-3 干扰物质

干扰成分	抗干扰水平及处理方法
酸度	以 $CaCO_3$ 计,酸度为 300mg/L。样品中以 $CaCO_3$ 计的酸度大于 300mg/L 时,样品必须进行以下处理: (1)在步骤(3)处,在样品中滴加一滴 m-硝基苯酚指示剂① (2)加入一滴 5.0N 的氢氧化钠标准溶液①。给量筒盖上塞子。反复倒转量筒混合均匀。根据需要重复滴加氢氧化钠标准溶液并混合均匀,直至溶液从无色变成黄色 (3)加入一滴 5.25N 的硫酸标准溶液①,使溶液颜色从黄色变回为无色。再继续进行测试
碱度	以 $CaCO_3$ 计,碱度为 1000mg/L。样品中较高的碱度干扰可以通过下列预处理过程消除: (1)在步骤(2)往样品中加入 Ascorbic Acid 试剂粉枕包前,滴加一滴 m-硝基苯酚指示剂①。溶液呈黄色说明有超过抗干扰线碱度 (2)加入一滴 5.25N 的硫酸标准溶液①。给量筒盖上塞子。倒转使其混合均匀。如果溶液仍呈黄色,重复上述过程直至溶液变为无色。再继续进行测试
氟化物	任何浓度水平下均干扰测试。请参见图 6.4.2-1。
铁	20mg/L
磷酸盐	50mg/L
聚磷酸盐	任何浓度水平下均会导致测试的负误差,故样品中不能存在聚磷酸盐。测试过程开始前,聚磷酸盐必须通过酸水解过程转化为正磷酸盐。酸水解的过程在磷测试中有所描述

① 订购信息请参看"可选择的试剂与仪器"。

任何浓度水平下的氟化物均会由于与铝配位而干扰测试。如果溶液中的氟浓度已知,样品中的实际含铝浓度可以通过图 6.4.2-1 确定。

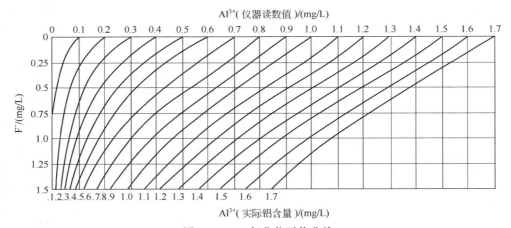

图 6.4.2-1 氟化物干扰曲线

氟化物干扰曲线图的使用方法如下。

(1) 选择垂直网格线。根据测试流程（15）中所读取的铝含量值，沿图上方的横坐标选择垂直网格线。

(2) 选择水平网格线。根据已知的氟浓度含量，沿图左方的纵坐标选择水平网格线。

(3) 通过以上步骤选取的垂直与水平网格线的交点左右两旁各有一条曲线，沿着交点两旁的任意一条曲线向下推移，与图下方代表实际铝含量的横轴相交，读取的横坐标值即为样品中的实际铝含量。

例如，如果铝的测试结果为 $0.7mg/L\ Al^{3+}$，已知样品中氟含量为 $1mg/L\ F^-$，$0.7mg/L\ Al^{3+}$ 所代表的垂直网格线与 $1mg/L\ F^-$ 所代表的水平网格线的交点落在 $1.2mg/L$ 和 $1.3mg/L$ 铝曲线的中间，这种情况下，样品中的实际铝含量大约为 $1.27mg/L\ Al^{3+}$。

样品的采集、保存与存储

样品采集时应使用清洁的玻璃或者塑料容器。使用硝酸（浓度大约为每升水中含 $1.5mL$ 硝酸）将样品的 pH 值调整至 2 或者 2 以下进行样品保存。在室温条件下，样品最长可以保存 6 个月。在测试分析前，使用 $5.0N$ 氢氧化钠溶液将样品的 pH 值调整至 $3.5\sim4.5$。根据样品体积增加量修正测试结果。

准确度检查方法

(1) 标准加入法（加标法）。准确度检查所需的试剂与仪器设备：铝 Voluette® 安瓿瓶标准试剂，浓度为 $50mg/L\ Al$；TenSette® 移液枪；带盖量筒，三个。

具体步骤如下。

① 读取测试结果后，将装有样品的比色皿（尚未加入标准物质）留在仪器中。检查化学表达形式。

② 在仪器菜单中选择标准添加程序。

③ 按"OK（好）"键确认标样浓度、样品体积和加标体积的默认值。按"EDIT（编辑程序）"键可以修改这些默认值。当这些值确认好后，未加标的样品读数将显示在顶端的一行。

④ 打开浓度为 $50mg/L\ Al$ 的铝 Voluette® 安瓿瓶标准试剂。

⑤ 准备三个加标样。将样品倒入三个 $50mL$ 的混合量筒❶，液面与 $50mL$ 刻线平齐。使用 TenSette® 移液枪分别向三个量筒中依次加入 $0.1mL$、$0.2mL$ 和 $0.3mL$ 的标准物质，盖上盖子，混合均匀。

⑥ 从 $0.1mL$ 的加标样开始，按照上述样品测试步骤依次对三个加标样品进行测试。按"Read（读数）"键确认接受每一个加标样品的测试值。每个加标样都应该达到约 100% 的加标回收率。

⑦ 加标测试过程结束后，按"Graph（图表）"键将显示出根据加标数据计算得到的最佳拟合曲线，说明本底干扰的存在与否。按"Ideal Line（理想线条）"键将显示出样品加标与 100% 回收率的"理想线条"之间的关系。

(2) 标准溶液法

① 按照下列方法配制浓度为 $0.4mg/L$ 的铝标准溶液：移取 $1.00mL$ 的铝标准样品，其中 Al^{3+} 含量为 $100mg$，加入到 $250mL$ 的容量瓶中。

② 用去离子水稀释到容量瓶的刻度线。每天都需要配制此标准溶液。按照上述铝粉枕包测试流程进行测试。

或者可以用以下步骤替代。

① 使用 TenSette® 移液枪从铝 Voluette® 安瓿瓶标准试剂（浓度为 $50mg/L\ Al$）中移取 $0.8mL$ 溶液，加入到 $100mL$ 的容量瓶中。

② 用去离子水稀释到容量瓶的刻度线。按照上述铝粉枕包测试流程进行测试。

③ 用当天配制的 $0.4mg/L$ 的铝标准溶液校准标准曲线，在仪器菜单中选择标准溶液校准

---

❶ 订购信息请参看"消耗品和替代品信息"。

程序。

④ 打开标准调整界面，确认接受当前标准溶液浓度。如果使用了其他浓度的标准溶液，输入标准溶液的实际浓度，并确认用此溶液浓度校准标准曲线。

方法精确度

表 6.4.2-4　方法精确度表

程序	标值	精确度： 95％置信区间分布	灵敏度：每 0.010Abs 单位变动下，浓度变动值
10	0.40mg/L Al^{3+}	0.385～0.415mg/L Al^{3+}	0.008mg/L Al^{3+}

方法解释

铝指示剂与样品中的铝结合使溶液呈橙红色。颜色的深浅程度与其中的铝含量成正比例关系。在加入 AluVer® 3 铝试剂前所加入的 Ascorbic Acid 试剂可以去除铁对测试过程的干扰。为了建立空白值，在样品中加入 AluVer® 3 铝试剂后，将样品分为等量的两份。在代表空白值的那份样品中加入 Bleaching 3 试剂是为了漂白去除由铝和铝试剂反应生成的化合物的颜色。AluVer® 3 铝试剂以粉枕包的形式包装，具有较强的稳定性，可以用于淡水的测试。测试结果是在波长为 522nm 的可见光下读取的。

消耗品和替代品信息

表 6.4.2-5　需要用到的试剂

试剂名称及描述	数量/每次测量	单　　位	产品订货号
铝试剂组件(100 次测试)	—	—	2242000
（1）AluVer® 3 铝试剂粉枕包	1	100/pk	1429099
（1）Ascorbic Acid 试剂粉枕包	1	100/pk	1457799
（1）Bleaching 3 试剂粉枕包	1	100/pk	1429449
盐酸，6.0N	根据需要而定	500mL	88449
去离子水	根据需要而定	4L	27256

表 6.4.2-6　需要用到的仪器设备

设备名称及描述	数量/每次测量	单　　位	产品订货号
混合量筒，50mL，带有玻璃塞子	1	每次	189641

表 6.4.2-7　推荐使用的标准样品

标准样品名称及描述	单　　位	产品订货号
铝标准溶液，浓度为 100mg/L Al^{3+}	100mL	1417442
铝标准溶液，浓度为 10mg/L Al^{3+}	100mL	2305842
铝标准溶液，10mLVoluette® 安瓿瓶装，浓度为 50mg/L Al	16/pk	1479210
Voluette® 安瓿瓶开口器	每次	2196800

表 6.4.2-8　可选择的试剂与仪器

名　称　及　描　述	单　　位	产品订货号
Liqui-nox 无磷清洁剂	946mL	2088153
m -硝基苯酚指示剂	100mL	247632
硝酸，1＋1	500mL	254049
pH 试纸，测量范围为 0～14	100/pk	2601300
移液枪，TenSette®，量程为 0.1～1.0mL	每次	1970001
与产品 1970001 配套的移液枪头	50/pk	2185696
氢氧化钠标准溶液，5.0N	50mL	245026
硫酸标准溶液，5.25N	100mL	244932
试管刷	每次	69000
容量瓶，A 级，100mL	每次	1457442
容量瓶，A 级，250mL	每次	1457446

6.4.3 铝，铬菁R法，[●]方法8326（粉枕包）

测量范围

$0.002\sim0.250mg/L\ Al^{3+}$。

应用范围

用于水中铝的测定。

测试准备工作

表 6.4.3-1 仪器详细说明

仪器	比色皿方向	比色皿
DR 6000 DR 3800 DR 2800 DR 2700	刻度线朝向右方	2495402 10mL
DR 5000 DR 3900	刻度线朝向用户	

(1) 测试前用 6.0N 的盐酸和去离子水清洗所有的玻璃仪器，去除玻璃上的污染物。

(2) 检查样品温度。为了测试结果的准确性，样品温度必须在 20～25℃（68～77°F）之间。

(3) 为了测试结果更加准确，每批新的试剂都应该测定试剂空白值。试剂空白的测定同样按照测试步骤进行，只是把样品换成去离子水进行测试。从最后的测试结果中将试剂空白值扣除，或者调整仪器的试剂空白。

表 6.4.3-2 准备的物品

名 称 及 描 述	数 量
ECR 试剂粉枕包	1 包
ECR Masking 试剂溶液	1 滴
Hexamethylene-tetramine Buffer 试剂粉枕包	1 包
25mL 带玻璃塞的混合量筒	1 个
比色皿（参见"仪器详细说明"）	2 个

注：订购信息请参看"消耗品和替代品信息"。

铬菁R法（粉枕包）测试流程

（1）选择测试程序。参照"仪器详细说明"的要求插入适配器（详细介绍请参见用户手册）。

（2）将样品倒入25mL 混合量筒中，液面与 20mL 刻度线平齐。在 20mL 样品中加入一包 ECR 试剂粉枕包。

（3）盖上塞子。倒转量筒数次，使粉末完全溶解。不完全溶解的粉末会导致测试结果的不可靠。

（4）启动仪器定时器。计时反应 30s。

（5）计时时间结束后，加入一包 Hexamethylene-tetramine Buffer 试剂粉枕包。

● 根据《水与废水标准检测方法》改编。

（6）盖上塞子。倒转量筒数次，使粉末溶解。

如果样品中有铝存在,溶液将变成橙红色。

（7）空白值的测定：将一滴 ECR Masking 试剂溶液滴入一个清洁的方形比色皿中。

（8）向空白值的比色皿中倒入 10mL 混合量筒中的混合液。摇晃均匀。溶液将开始变为黄色。

（9）样品的测定：从混合量筒将剩余的混合液倒入第二个方形比色皿中,使液面与 10mL 刻度线平齐。

（10）启动仪器定时器。计时反应 5min。

（11）在仪器定时器运行结束后的 5min 内,将空白值的比色皿擦拭干净,并将它放入适配器中。

（12）按下"Zero（零）"键进行仪器调零。这时屏幕将显示：0.000mg/L Al^{3+}。

在某些型号的仪器上,本测试方法采用的是不通过零点的标准曲线。

（13）立即将装有样品的比色皿擦拭干净,放入适配器中。

（14）按下"Read（读数）"键读取铝含量,结果以 mg/L Al^{3+} 为单位。

用户可以根据需要参考用户手册中的指示,将结果转化为用 Al_2O_3 表达的形式。

如果样品中含有氟化物,测试氟含量并参见表 6.4.3-4。

干扰物质

表 6.4.3-3 干扰物质

干 扰 成 分	抗干扰水平及处理方法
酸度	以 $CaCO_3$ 计,酸度为 62mg/L
碱度	以 $CaCO_3$ 计,碱度为 750mg/L
钙离子	以 $CaCO_3$ 计,钙含量为 1000mg/L
氯离子	以 $CaCO_3$ 计,氯含量为 1000mg/L
六价铬离子	0.2mg/L(存在-5%的读数负误差)
铜离子	2mg/L(存在-5%的读数负误差)
亚铁离子	4mg/L(存在正误差,大小等于 mg/L Fe^{2+} 含量乘以 0.0075)
铁离子	4mg/L(存在正误差,大小等于 mg/L Fe^{2+} 含量乘以 0.0075)
氟离子	参见表 6.4.3-4
六聚偏磷酸盐	以 PO_4^{3-} 计,含量为 0.1mg/L(存在-5%的读数负误差)
镁离子	以 $CaCO_3$ 计,镁含量为 1000mg/L
锰离子	10mg/L
亚硝酸根离子	5mg/L
硝酸根离子	20mg/L
pH 值	pH 值范围在 2.9～4.9 或 7.5～11.5。样品的 pH 值在 4.9～7.5 之间会导致溶解性的铝部分地转化为胶体态和不溶态的铝。本测试方法可以在不进行样品预处理,即不调节样品 pH 值的条件下测试其他测试方法难于测试的铝

干 扰 成 分	抗干扰水平及处理方法
磷酸盐（正磷酸盐）	4mg/L（存在－5％的读数负误差）
聚磷酸盐	参见下面的操作步骤
硫酸根离子	1000mg/L
锌离子	10mg/L

聚磷酸盐的干扰可以通过将其转化为正磷酸盐来消除，具体步骤如下。

（1）取一个 50mL 的混合量筒和一个加入了磁力搅拌子的 125mL 锥形瓶，用 6N 的盐酸将其清洗干净。再用去离子水清洗干净。这样可以去除可能存在的铝干扰。

注意： 如果需要测试空白值，请清洗两个锥形瓶；参见步骤（2）。

（2）用 50mL 的混合量筒量取 50mL 去离子水，倒入 125mL 锥形瓶中，作为空白值的测试。由于测试灵敏度的要求，如果以下预处理过程中所使用的任何试剂有了更换，这个步骤就必须进行——即使所更换的试剂有同样的批次编号。当预处理过的样品分析测试完毕后，用试剂空白值对其进行校正。请参见用户手册。

（3）用 50mL 的混合量筒量取 50mL 样品，倒入 125mL 锥形瓶中。用少量的去离子水润洗量筒，并将洗液倒入锥形瓶中。

（4）加入 4.0mL 的 5.25N 硫酸标准溶液❶。

（5）使用加热搅拌器将样品煮沸并搅拌至少 30min。根据加热程度的需要，加入去离子水以保持样品容量在 20～40mL 之间。注意不要煮干了。

（6）将溶液冷却至室温。

（7）滴加 2 滴溴酚蓝指示剂❶。

（8）用塑料滴管加入 1.5mL 的 12.0N 氢氧化钾标准溶液❶。摇晃瓶身使其混合均匀。此时溶液的颜色应该是黄绿色，而不是紫色。如果此时溶液是紫色的，请从步骤（1）重新开始，并且在步骤（4）中多加入 1mL 的 5.25N 硫酸标准溶液。

（9）在摇晃瓶身的过程中，向其中滴加 1.0N 氢氧化钾标准溶液❶，每次滴入 1 滴，直至溶液变为暗绿色。

（10）将上述溶液倒入量筒中，并用去离子水润洗烧瓶，将洗液也倒入量筒中，直至量筒中液面与 50mL 刻度线平齐。

（11）在 ECR 方法的第 3 步骤中使用此溶液。

氟化物的干扰可以通过使用表 6.4.3-4 进行校准。

表 6.4.3-4　氟浓度　　　　　　　　　　　　　　单位：mg/L

	0.00	0.20	0.40	0.60	0.80	1.00	1.20	1.40	1.60	1.80	2.00
0.000	0.000	0.000	0.000	0.000	0.000	0.000	0.000	0.000	0.000	0.000	0.000
0.010	0.010	0.019	0.030	0.040	0.052	0.068	0.081	0.094	0.105	0.117	0.131
0.020	0.020	0.032	0.046	0.061	0.077	0.099	0.117	0.137	0.152	0.173	0.193
0.030	0.030	0.045	0.061	0.077	0.098	0.124	0.146	0.166	0.188	0.214	0.243
0.040	0.040	0.058	0.076	0.093	0.120	0.147	0.174	0.192	0.222	—	—
0.050	0.050	0.068	0.087	0.109	0.135	0.165	0.188	0.217	—	—	—
0.060	0.060	0.079	0.100	0.123	0.153	0.183	0.210	0.241	—	—	—
0.070	0.070	0.090	0.113	0.137	0.168	0.201	0.230	—	—	—	—
0.080	0.080	0.102	0.125	0.152	0.184	0.219	—	—	—	—	—

---

❶ 订购信息请参看"可选择的试剂与仪器"。

0.090	0.090	0.113	0.138	0.166	0.200	0.237	—	—	—	—	—
0.100	0.100	0.124	0.150	0.180	0.215	—	—	—	—	—	—
0.120	0.120	0.146	0.176	0.209	0.246	—	—	—	—	—	—
0.140	0.140	0.169	0.201	0.238	—	—	—	—	—	—	—
0.160	0.160	0.191	0.226	—	—	—	—	—	—	—	—
0.180	0.180	0.213	—	—	—	—	—	—	—	—	—
0.200	0.200	0.235	—	—	—	—	—	—	—	—	—
0.220	0.220	—	—	—	—	—	—	—	—	—	—
0.240					0.240			实际含铝浓度/(mg/L)			

例如：如果已知样品中的氟含量为 1.00mg/L F⁻，用 ECR 方法测试的读数为 0.060mg/L Al³⁺，则样品中的实际含铝浓度是多少？

可以直接在表中读出或者通过插值法计算得到实际含铝浓度。不要使用其他出版物中的校准曲线图或校准表。

实际含铝浓度为 0.183mg/L。

样品的采集、保存与存储

样品采集时应使用清洁的玻璃或者塑料容器。使用硝酸（浓度大约为每升水中含 1.5mL 硝酸）将样品的 pH 值调整至 2 或者 2 以下进行样品保存。在室温条件下，样品最长可以保存 6 个月。在测试分析前，使用 12.0N 氢氧化钾溶液❶和/或 1N 氢氧化钾溶液❶将样品的 pH 值调整至 2.9～4.9。根据样品体积增加量修正测试结果。

准确度检查方法——标准溶液法

准确度检查所需的试剂与仪器设备有：A 级玻璃容器；铝标准溶液，100mg/L；容量瓶，1000mL；铝 Voluette® 安瓿瓶标准试剂，浓度为 50mg/L Al；去离子水。

按照下列方法配制浓度为 0.100mg/L 的铝标准溶液。

(1) 全部使用 A 级玻璃容器。用移液枪移取 1.00mL 浓度为 100mg/L Al³⁺ 的铝标准溶液，加入 1000mL 的容量瓶中。

(2) 用去离子水稀释到 1000mL 刻度线。

(3) 每天都需要配制此标准溶液。用此溶液进行铬菁 R 粉枕包法（ECR 方法）测试。进行下面步骤 (4)。

或者按如下步骤进行。

(1) 移取 2.0mL 的铝 Voluette® 安瓿瓶标准试剂（浓度为 50mg/L Al）到一个 1000mL 的容量瓶中。

(2) 用去离子水稀释到 1000mL 刻度线。每天都需要配制此标准溶液。

(3) 用此溶液进行铬菁 R 粉枕包法（ECR 方法）测试。

(4) 在仪器菜单中选择标准添加程序。

(5) 确认接受显示的标准溶液的测量读数值。如果使用了其他浓度的标准溶液，输入标准溶液的实际浓度。

方法精确度

表 6.4.3-5　方法精确度

程序	标值	精确度： 95%置信区间分布	灵敏度：每 0.010Abs 单位变动下，浓度变动值
9	0.100mg/L Al³⁺	0.091～1.009mg/L Al³⁺	0.002mg/L Al³⁺

❶ 订购信息请参看"可选择的试剂与仪器"。

方法解释

铬菁 R（ECR）和样品中的铝反应使溶液呈橙红色。颜色的深浅程度与其中的铝含量成正比例关系。测试结果是在波长为 535nm 的可见光下读取的。

消耗品和替代品信息

表 6.4.3-6 需要用到的试剂

试剂名称及描述	数量/每次测量	单　　位	产品目录号
铝试剂组件(100 次测试)	—	—	2603700
ECR 试剂粉枕包	1	100/pk	2603849
Hexamethylene-tetramine Buffer 试剂粉枕包	1	100/pk	2603999
ECR Masking 试剂溶液	1 滴	25mL SCDB	2380123

表 6.4.3-7 需要用到的仪器设备

设备名称及描述	数量/每次测量	单　　位	产品目录号
混合量筒,25mL,带有玻璃塞子	1	1个	189640
温度计,量程为 −10∼110℃	1	1个	187701

表 6.4.3-8 推荐使用的标准样品

标准样品名称及描述	单　　位	产品目录号
铝标准溶液,浓度为 100mg/L Al^{3+}	100mL	1417442
铝标准溶液,浓度为 10mg/L Al^{3+}	100mL	2305842
铝标准溶液,10mL Voluette® 安瓿瓶装,浓度为 50mg/L Al	16/pk	1479210
去离子水	4L	27256

表 6.4.3-9 可选择的试剂与仪器

名　称　及　描　述	单　　位	产品目录号
Voluette®安瓿瓶开口器	每次	2196800
溴酚蓝指示剂	100mL	1455232
混合量筒,50mL,A 级	每次	2636341
去离子水,500mL	每次	27249
锥形瓶,125mL	每次	50543
加热搅拌器,7in×7in,115V	每次	2881600
盐酸,6.0N	500mL	88449
硝酸,1+1	500mL	254049
pH 试纸,测量范围为 0∼14	100/pk	2601300
移液枪,TenSette®,量程为 0.1∼1.0mL	每次	1970001
与产品 1970001 配套的移液枪头	50/pk	2185696
氢氧化钾标准溶液,12.0N	100mL	23032
氢氧化钾溶液,1.0N	50mL	2314426
氢氧化钠标准溶液,5.0N	50mL	245026
磁力搅拌子,22.2mm×7.9mm	每次	2095350
硫酸标准溶液,5.25N	100mL	244932
容量瓶,A 级,1000mL	每次	1457453

6.4.4 钡，浊度法，[●] 方法 8014（粉枕包）

测量范围

2∼100mg/L Ba。

应用范围

用于水、废水、油田用水与海水中钡的测定。

---

❶ 改编自 Snell，Colorimetric Methods of Analysis，Vol. Ⅱ，769（1959）。

测试准备工作

表 6.4.4-1 仪器详细说明

仪器	比色皿方向	比色皿
DR 6000 DR 3800 DR 2800 DR 2700 DR 1900	刻度线朝向右方	2495402
DR 5000 DR 3900	刻度线朝向用户	
DR 900	刻度线朝向用户	2401906

（1） 每使用一批新的试剂都应该进行标准曲线的校准工作。请参见本篇的"标准溶液和标准曲线的绘制"。

（2） 为了测试结果更加准确，每一批新的试剂都应该测定试剂空白值。试剂空白的测定同样按照测试步骤进行，只是把样品换成去离子水进行测试。从最后的测试结果中将试剂空白值扣除，或者调整仪器的试剂空白。

（3） 用漏斗❶和滤纸❶对高色度和浊度的水样进行过滤。较高的色度和浊度会干扰测试并使读数偏高。

（4） 如果样品不能够立即进行测试，请参见本篇的"样品的采集、保存与存储"。保存过的样品在测试前需要调节 pH 值。

（5） 本方法测试过程中不可以使用倾倒池模块和吸管模块。

表 6.4.4-2 准备的物品

名 称 及 描 述	数 量
BariVer® 4 钡试剂粉枕包	1 包
比色皿(请参见"仪器详细说明")	2 个

注：订购信息请参看"消耗品和替代品信息"。

钡浊度法（粉枕包）测试流程

 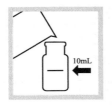   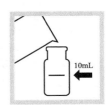

（1）选择测试程序。参照"仪器详细说明"的要求插入适配器（详细介绍请参见用户手册）。

（2）将样品倒入方形比色皿中，液面与 10mL 刻度线平齐。

（3）样品的测定：在比色皿中加入一包 BariVer® 4 钡试剂粉枕包。摇晃使其混合均匀。

如果样品中有钡存在，溶液会呈现出白色的浑浊。

（4）启动仪器定时器。计时反应 5min。在此反应期间，不要扰动样品。

（5）空白值的测定：将样品倒入另一个方形比色皿中，液面与 10mL 刻度线平齐。

---

❶ 订购信息请参看"可选择的试剂与仪器设备"。

（6）定时器计时结束后，将空白值的比色皿擦拭干净，并将它放入适配器中。

按下"Zero（零）"键进行仪器调零。这时屏幕将显示：0.0mg/L Ba^{2+}。

（7）将装有样品的比色皿擦拭干净，放入适配器中。

按下"Read（读数）"键读取钡含量，结果以 mg/L Ba^{2+} 为单位。

（8）每次样品测试后，立即用肥皂、水和刷子清洗比色皿，以防止反应产生的硫酸钡在比色皿的内壁形成一层硫酸钡沉淀的膜。

干扰物质

表 6.4.4-3　干扰物质

干扰成分	抗干扰水平及处理方法
钙	以 $CaCO_3$ 计，钙含量为 10000mg/L
镁	以 $CaCO_3$ 计，镁含量为 100000mg/L
硅	500mg/L
氯化钠	以 NaCl 计，氯化钠含量为 130000mg/L
锶	任何浓度水平下均干扰测试。如果样品中有锶的存在，钡和锶的总浓度可用沉淀物 PS 表示（硫酸盐的沉淀物）。这种情况下，不能够区分钡和锶的浓度，要进一步分析两者之间的含量比例
强缓冲样品或具有极端 pH 值的样品	这样的样品有可能超出试剂的缓冲能力，测试前需要对样品进行预处理

样品的采集、保存与存储

样品采集时应使用酸液清洁过的玻璃或者塑料容器。使用硝酸[❶]（浓度大约为每升水中含 2mL 硝酸）将样品的 pH 值调整至 2 或者 2 以下进行样品保存。在室温条件下，样品最长可以保存 6 个月。在测试分析前，使用 5.0N 氢氧化钠溶液[❶]将样品的 pH 值调整至 5。根据样品体积增加量修正测试结果。

标准溶液

按照下列方法配制浓度为 90.0mg/L 的铝标准溶液。

（1）移取 9.00mL 浓度为 1000mg/L 的钡标准溶液，加入到一个 100mL 的容量瓶中。

（2）用去离子水稀释到容量瓶的刻度线。

（3）每天都需要配制此标准溶液。按照上述"钡浊度法（粉枕包）测试流程"进行测试。

（4）用当天配制的 9.00mg/L 的钡标准溶液校准标准曲线，在仪器菜单中选择标准溶液校准程序。

（5）打开标准调整界面，确认接受当前标准溶液浓度。如果使用了其他浓度的标准溶液，输入标准溶液的实际浓度，并确认用此溶液浓度校准标准曲线。

准确度检查方法——标准加入法（加标法）

准确度检查所需的试剂与仪器设备有：钡标准溶液，浓度为 1000mg/L Ba；TenSette® 移液枪，量程为 0.1～1.0mL。

---

❶ 订购信息请参看"消耗品和替代品信息"。

具体步骤如下。

（1）读取测试结果后，将装有样品的比色皿或 AccuVac® 安瓿瓶（尚未加入标准物质）留在仪器中。检查化学表达形式。

（2）在仪器菜单中选择标准添加程序。

（3）按"OK（好）"键确认标样浓度、样品体积和加标体积的默认值。按"EDIT（编辑程序）"键可以修改这些默认值。当这些值确认好后，未加标的样品读数将显示在顶端的一行。详细信息请参见用户手册。

（4）打开钡标准溶液，浓度为 1000mg/L Ba。

（5）向未加标的样品中加入 0.1mL 的标准溶液，作为 0.1mL 的加标样。触摸定时器图标，启动定时器。时间到后，读取溶液中钡浓度，按"Read（读数）"键确认接受测试值。

（6）向步骤（5）中得到的 0.1mL 加标样中再加入 0.1mL 的标准溶液，作为 0.2mL 的加标样。触摸定时器图标，启动定时器。时间到后，读取溶液中钡浓度，按"Read（读数）"键确认接受测试值。

（7）向步骤（6）中得到的 0.2mL 加标样中再加入 0.1mL 的标准溶液，作为 0.3mL 的加标样。触摸定时器图标，启动定时器。时间到后，读取溶液中钡浓度，按"Read（读数）"键确认接受测试值。

（8）每个加标样都应该达到约 100% 的加标回收率。

（9）加标测试过程结束后，按"Graph（图表）"键将显示出根据加标数据计算得到的最佳拟合曲线，说明本底干扰的存在与否。按"Ideal Line（理想线条）"键将显示出样品加标与 100% 回收率的"理想曲线"之间的关系。

标准曲线的绘制

按照下列步骤配制浓度为 10mg/L、20mg/L、30mg/L、50mg/L、80mg/L、90mg/L 和 100mg/L 的钡标准溶液。

（1）用 A 级玻璃仪器分别向七个 100mL 的 A 级容量瓶中依次加入 1mL、2mL、3mL、5mL、8mL、9mL 和 10mL 浓度为 1000mg/L 的钡标准溶液。

（2）用去离子水稀释到刻度线，并混合均匀。

（3）按照用户手册中标准曲线的绘制步骤，用钡浊度法进行测试，产生一条由以上 7 个标样浓度生成的标准曲线。

方法精确度

表 6.4.4-4　方法精确度

程序	标值	精确度：95%置信区间分布	灵敏度：每 0.010Abs 单位变动下，浓度变动值
20	30mg/L Ba	25～35mg/L Ba	1mg/L Ba

方法解释

样品中的钡与 BariVer® 4 钡试剂结合会产生硫酸钡沉淀，此沉淀在胶体的保护作用下呈悬浮状态。悬浊液中细微的白色颗粒弥散形成的浊度与样品中的钡含量成正比例关系。测试结果是在波长为 450nm 的可见光下读取的。

消耗品和替代品信息

表 6.4.4-5　需要用到的试剂

试剂名称及描述	数量/每次测量	单位	产品目录号
BariVer® 4 钡试剂粉枕包	1	100/pk	1206499

表 6.4.4-6　需要用到的仪器设备

设备名称及描述	数量/每次测量	单位	产品目录号
烧杯,50mL	1	每次	50041H

表 6.4.4-7　推荐使用的标准样品

标准样品名称及描述	单位	产品目录号
钡标准溶液,浓度为1000mg/L Ba	100mL	1461142
去离子水	4L	27256

表 6.4.4-8　可选择的试剂与仪器

名　称　及　描　述	单位	产品目录号
与漏斗配套的滤纸,12.5cm	100/pk	189457
漏斗,65mm	每次	108367
Liqui-nox 无磷清洁剂	946mL	2088153
硝酸,1+1,500mL	—	254049
pH试纸,测量范围为0～14	100/pk	2601300
移液枪,TenSette®,量程为 0.1～1.0mL	每次	1970001
与产品 1970001 配套的移液枪头	50/pk	2185696
与产品 1970001 配套的移液枪头	1000/pk	2185628
氢氧化钠标准溶液,5.0N,100mL	—	245032
试管刷	每次	69000
容量瓶,A级,100mL	每次	1457442

6.4.5　钴,PAN法[●],方法8078（粉枕包）

测量范围

0.01～2.00mg/L Co。

应用范围

用于水和废水中钴的测定,测定总钴含量时样品需要消解,如果样品中含有 EDTA,采用剧烈的消解方法。

测试准备工作

表 6.4.5-1　仪器详细说明

仪器	比色皿方向	比色皿
DR 6000 DR 3800 DR 2800 DR 2700 DR 1900	刻度线朝向右方	2495402 10mL
DR 5000 DR 3900	刻度线朝向用户	

（1）为了测试结果更加准确,每一批新的试剂都应该测定试剂空白值。试剂空白的测定同样按照测试步骤进行,只是把样品换成去离子水进行测试。从最后的测试结果中将试剂空白值扣除,或者调整仪器的试剂空白。

（2）检查样品温度。如果样品的温度低于10℃（即50℉）,测试前将样品加热至室温。

（3）本测试方法的样品处理过程和测试镍的方法是相同的,适用程序编号为 340 的程序可以同时对镍进行测定。对镍的测试需要准备空白值。

---

❶ 改编自 Watanabe,H.,Talanta,21295（1974）。

（4） 本方法测试过程中，倾倒池模块只能用于 25mL 的试剂。

（5） 测定总钴含量时需要预先对样品进行消解。请参见本手册的"消解"章节。

（6） 如果样品中含有铁离子（Fe^{3+}），在测试流程（6）中的混合前，所有的粉末都必须溶解。

表 6.4.5-2　准备的物品

名称及描述	数　　量
EDTA 试剂粉枕包	2 包
Phthalate-Phosphate 试剂粉枕包	2 包
PAN 指示剂	1mL
去离子水	25mL
量筒,25mL	2 个
比色皿(请参见"仪器详细说明")	2 个
比色皿的塞子	2 个

注：订购信息请看"消耗品和替代品信息"。

PAN 法（粉枕包）测试流程

（1）选择测试程序。参照"仪器详细说明"的要求插入适配器（详细介绍请参见用户手册）。

（2）样品的测定：将达到室温的样品倒入方形比色皿中，液面于 10mL 刻度线平齐。

（3）空白值的测定：将达到室温的去离子水倒入第二个方形比色皿中，液面于 10mL 刻度线平齐。

（4）分别向两个方形比色皿中各加入一包 Phthalate-Phosphate 试剂粉枕包。摇晃并使其完全溶解。

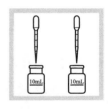

（5）使用塑料滴管分别向两个方形比色皿中各加入 0.5mL 浓度为 0.3% 的 PAN 指示剂。

（6）用塞子将比色皿盖上。倒转数次以混合均匀。

（7）启动仪器定时器。计时反应 3min。

反应过程中，样品溶液的颜色会从绿色变为深红色，颜色的变化取决于样品的化学组成。去离子水空白值的溶液应该是黄色的。

（8）定时器时间到后，分别向两个方形比色皿中各加入一包 EDTA 试剂粉枕包。

用塞子将比色皿盖上。摇晃比色皿使其完全溶解。

（9）将空白值的比色皿擦拭干净，并将它放入适配器中。

（10）按下"Zero（零）"键进行仪器调零。这时屏幕将显示:0.00mg/L Co。

(11)将装有样品的比色皿擦拭干净,放入适配器中。

(12)按下"Read(读数)"键读取钴含量,结果以 mg/L Co 为单位。

干扰物质

表 6.4.5-3　干扰物质

干 扰 成 分	抗干扰水平及处理方法
铝离子	32mg/L
钙离子	以 CaCO₃ 计,钙含量为 1000mg/L
镉离子	20mg/L
氯离子	8000mg/L
三价铬离子	20mg/L
六价铬离子	40mg/L
铜离子	15mg/L
氟离子	20mg/L
亚铁离子	直接干扰测试,样品中不可以含有亚铁离子
铁离子	10mg/L
钾离子	500mg/L
镁离子	400mg/L
锰离子	25mg/L
钼离子	60mg/L
钠离子	5000mg/L
铅离子	20mg/L
锌离子	30mg/L
强缓冲样品或具有极端 pH 值的样品	这样的样品有可能超出试剂的缓冲能力,测试前需要对样品进行预处理

样品的采集、保存与存储

(1) 样品采集时应使用酸液清洁过的塑料瓶。

(2) 使用硝酸❶(浓度大约为每升水中含 5mL 硝酸)将样品的 pH 值调整至 2 或者 2 以下进行样品保存。

(3) 在室温条件下,样品最长可以保存 6 个月。

(4) 在测试分析前,使用 5.0N 氢氧化钠标准溶液❶将样品的 pH 值调整至 3~8。pH 值不可以超过 8,防止形成钴沉淀。

(5) 根据样品体积增加量修正测试结果。

准确度检查方法——标准溶液法

注意:具体的程序选择操作过程请参见用户操作手册。

按照下列方法配制浓度为 1.00mg/L 的钴标准溶液。

(1) 配制 10mg/L 钴标准溶液储备液:移取 10.00mL 浓度为 1000mg/L 的钴标准溶液,加

---

❶ 订购信息请参看"消耗品和替代品信息"。

入到一个 1000mL 的容量瓶中，用去离子水稀释至刻度线。每天都需要配制此钴标准溶液储备液。

配制 1.00mg/L 的钴标准溶液：移取 10.0mL 上一步骤中配制的浓度为 10mg/L 的钴标准溶液储备液，加入到一个 100mL 的容量瓶中，用去离子水稀释至刻度线。

(2) 用当天配制的 1.00mg/L 的钴标准溶液校准标准曲线，在仪器菜单中选择标准溶液校准程序。

(3) 打开标准调整界面，确认接受当前标准溶液浓度。如果使用了其他浓度的标准溶液，输入标准溶液的实际浓度，并确认用此溶液浓度校准标准曲线。

方法精确度

表 6.4.5-4 方法精确度

程序号	标样浓度	精确度 具有 95％ 置信度的浓度区间	灵敏度 每 0.010Abs 吸光度改变时的浓度变化
110	1.00mg/L Co	0.99～1.01mg/L Co	0.01mg/L Co

方法解释

在对样品进行缓冲处理和用焦磷酸盐作为掩蔽剂对三价铁离子进行掩蔽后，样品中的钴与 (PAN) 指示剂发生反应。这一指示剂与样品中存在的大部分金属离子形成配合物，使溶液产生颜色。加入的 EDTA 会破坏大部分的金属-PAN 配合物，但镍和钴除外，所以这两种金属可以通过此方法进行测试。测试结果是在波长为 620nm 的可见光下读取的。

消耗品和替代品信息

表 6.4.5-5 需要用到的试剂

试剂名称及描述	数量/每次测量	单位	产品订货号
钴试剂组件(100 次测试)	—	—	2651600
(2)EDTA 试剂粉枕包	2	100/pk	700599
(2)Phthalate-Phosphate 试剂粉枕包	2	100/pk	2615199
(1)PAN 指示剂溶液,浓度为 0.3％	1mL	100mL	2150232
去离子水	25mL	4L	27256

表 6.4.5-6 需要用到的仪器设备

设备名称及描述	数量/每次测量	单位	产品订货号
比色皿塞子	2	6/pk	173106

表 6.4.5-7 推荐使用的标准样品

标准样品名称及描述	单位	产品订货号
钴标准溶液,浓度为 1000mg/L Co	100mL	2150342

表 6.4.5-8 可选择的试剂与仪器设备

名称及描述	单位	产品订货号
硝酸,1+1	500mL	254049
氧化钠标准溶液,5.0N	100mL	245032
移液管,A 级,10mL	每次	1451538
容量瓶,A 级,100mL	每次	1457442
容量瓶,A 级,1000mL	每次	1457453
pH 试纸,测量范围为 0～14	100/pk	2601300

6.4.6 铬酸盐，硫代硫酸钠滴定法，方法 8211（数字滴定器）

测量范围

$20\sim>400\text{mg/L CrO}_4^{2-}$。

应用范围

用于封闭冷却水中铬酸盐的测定。

测试准备工作

(1) $\text{mg/L 铬 (Cr)} = \text{mg/L 铬酸盐}(\text{CrO}_4^{2-}) \times 0.448$。

(2) $\text{mg/L 铬酸钠}(\text{Na}_2\text{CrO}_4) = \text{mg/L 铬酸盐}(\text{CrO}_4^{2-}) \times 1.4$。

(3) 为了搅拌方便，请使用 TitraStir® 磁力搅拌器。

表 6.4.6-1 准备的物品

名 称 及 描 述	数 量
Potassium Iodide 粉枕包	1 包
Dissolved Oxygen 3 试剂粉枕包	1 包
Sodium Thiosulfate 滴定试剂管（请参见表 6.4.6-2）	1 针筒
淀粉指示剂	1mL
数字滴定器	1 个
数字滴定器的输液管	1 个
量筒	1 个
锥形瓶，125mL	1 个

注：订购信息请看"消耗品和替代品信息"。

铬酸盐 硫代硫酸钠法（数字滴定器）测试流程

（1）请根据表 6.4.6-2 选择合适的样品体积和滴定试剂管。

（2）给滴定试剂管插上一根清洁的输液管，并把 Sodium Thiosulfate 滴定试剂管装入数字滴定器中。

（3）拿放数字滴定器时请保持滴定试剂管的针头朝上。转动滴定器上的旋钮，推出几滴滴定剂。将计数器调至零，并把针头擦拭干净。

（4）根据表 6.4.6-2 上选择的样品量，用量筒或者移液管移取至一个 125mL 的锥形瓶中。

（5）将样品移取至一个 125mL 的锥形瓶中后，如果样品量不足 50mL，用去离子水稀释至大约 50mL。

（6）加入一包 Potassium Iodide 粉枕包，摇晃瓶身以混合均匀。

（7）再加入一包 Dissolved Oxygen 3 试剂粉枕包，摇晃瓶身以混合均匀。

（8）等待 3min。等待时间不可以超过 10min。

（9）将输液管放入溶液中并摇晃瓶身。转动滴定器上的旋钮，向溶液中滴入滴定剂。继续摇晃瓶身并持续滴入滴定剂直至溶液变为淡黄色。

（10）滴入一滴淀粉指示剂，摇晃瓶身以混合均匀。

(11) 继续滴定直至溶液从深蓝色变为无色。此时，记下数字滴定器计数器上的数值。

(12) 利用从表 6.4.6-2 上查得的浓度换算系数，按照下式计算得到浓度：

计数器上的数值×浓度换算系数＝铬酸盐(CrO_4^{2-})(mg/L)

例如：50mL 的样品进行滴定，到达滴定终点时计数器上显示的数值为 250，则此样品中的浓度为 250×0.2＝50mg/L 铬酸盐(CrO_4^{2-})

表 6.4.6-2　量程详细说明表

量程/(mg/L CrO_4^{2-})	样品体积/mL	滴定试剂管/N $Na_2S_2O_3$	浓度换算系数
20~80	50	0.2068	0.2
50~200	20	0.2068	0.5
100~400	10	0.2068	1.0
>400	5	0.2068	2.0

干扰物质

表 6.4.6-3 所列出的物质均会对本测试方法造成干扰。

表 6.4.6-3　干扰物质

干扰成分	抗干扰水平及处理方法
铜	会造成测试结果偏高。铜和铁引入的干扰可以通过以下方法来消除：在测试步骤(7)的混合
铁，三价铁离子(Fe^{3+})	物中加入掩蔽剂——镁 CDTA 粉枕包，再加入两勺(1.0g 称量勺)醋酸钠
其他氧化剂	在酸性环境下，能够使碘化物氧化为单质碘的物质(如三价铁离子和铜离子)会造成测试结果偏高

样品的采集、保存与存储

(1) 样品采集时应使用酸液清洗过的塑料瓶。

(2) 如果样品不能立即进行分析检测，加入 1mL 浓硫酸并摇晃混合均匀。

准确度检查方法

采用标准加入法可以确定样品中是否有干扰成分并且可以确认分析方法是否可靠。

(1) 标准加入法（加标法）。所需的试剂与仪器设备有：六价铬标准溶液，浓度为 1000mg/L Cr^{6+}；TenSette® 移液枪，量程为 0.1~1.0mL。

具体步骤如下。

① 用 TenSette® 移液枪移取 0.1mL、0.2mL 和 0.3mL 的标准物质，分别依次加入到三个样品中。样品量和测试样品时相同。

② 按照测试方法流程将三个加标样滴定至终点。抄下到达滴定终点时数字滴定器计数器上的读数。

③ 加标样中每增加一个 0.1mL 的标准物质，到达滴定终点时数字滴定器计数器上的读数将会增加 22 左右。如果计数器上的读数增加量比 22 大或者小，问题可能是由用户的测试方法、干扰物质（请参见本篇"干扰物质"）或者试剂的污染或仪器故障所造成的。

（2）标准溶液法。 所需的试剂与仪器设备有：六价铬标准溶液，浓度为 1000mg/L Cr^{6+}；容量瓶，A 级，100mL。

用以下检查方法确定试剂和用户的测试方法是否正确。

① 用移液管移取 3.0mL 浓度为 1000mg/L Cr^{6+} 的标准试剂，至 100mL 容量瓶中。用去离子水稀释到容量瓶 100mL 刻度线。这个稀释后的标样浓度相当于 67mg/L 铬酸盐（CrO_4^{2-}）。

② 取 20mL 或 50mL 上述标样作为样品按照测试步骤进行检测。

③ 记下标样滴定至滴定终点时数字滴定器计数器上的读数，计算出结果。

方法解释

在酸性条件下，样品中的铬酸盐和碘化物反应生成三碘化合物。加入淀粉指示剂后溶液中的碘显蓝色。这种显色物质在被硫代硫酸钠滴定的过程中渐渐退至无色，即达到滴定终点。滴定剂的用量与样品中的铬酸盐含量呈正比例关系。

消耗品和替代品信息

表 6.4.6-4　需要用到的试剂

试剂名称及描述	数量/每次测量	单位	产品订货号
铬酸盐试剂组件（大约 100 次测试），包括：			2272400
（1）Dissolved Oxygen 3 试剂粉枕包	1 包	100/pk	98799
（2）Potassium Iodide 粉枕包	1 包	50/pk	2059996
（1）Sodium Thiosulfate 滴定试剂筒，0.2068N	根据需要而定	每次	2267601
（1）淀粉指示剂	1mL	每次	34932

表 6.4.6-5　需要用到的仪器

设备名称及描述	数量/每次测量	单位	产品订货号
数字滴定器	1	每次	1690001
有刻度的锥形瓶，125mL	1	每次	50543
量筒，根据量程范围选择一个或多个			
10mL	1	每次	50838
25mL	1	每次	50840
50mL	1	每次	50841
输液管 180°弯头	1	每次	1720500
输液管 90°弯头	1	每次	4157800

表 6.4.6-6　推荐使用的标准样品

标准样品名称及描述	单位	产品订货号
六价铬标准溶液，浓度为 1000mg/L Cr^{6+}	100mL	1466442

表 6.4.6-7　可选择的试剂与仪器

名称及描述	单位	产品订货号
镁 CDTA 粉枕包	100/pk	1408099
三水合乙酸钠，分析纯	454g	17801H
磁力搅拌子，八角形，28.6mm×7.9mm	每次	2095352

名 称 及 描 述	单位	产品订货号
TenSette® 移液枪,量程为 0.1~1.0mL	每次	1970001
TitraStir 磁力搅拌器,115V	每次	1940000
TitraStir 磁力搅拌器,230V	每次	1940010
去离子水	500mL	27249
采样瓶	250mL	2087076
硫酸,分析纯	500mL	97949
称量勺	1g	51000
铬标样,浓度为 50mg/L	100mL	81042H
移液枪头	100/pk	2185628
移液枪头	50/pk	2185696
容量瓶	100mL	1457442
移液管	3mL	1457442
TenSette® 移液枪	1~10mL	1970010
剪刀	每次	96800

6.4.7 六价铬,USEPA[1]1,5-二苯碳酰二肼分光光度法[2],方法 8023(粉枕包或 AccuVac® 安瓿瓶)

测量范围

$0.010 \sim 0.700$ mg/L Cr^{6+}(光度计);$0.01 \sim 0.60$ mg/L Cr^{6+}(比色计)。

应用范围

用于水与废水中六价铬的测定;USEPA 认可的废水检测方法[3]。

测试准备工作

表 6.4.7-1　仪器详细说明

仪器	比色皿方向	比色皿
DR 6000 DR 3800 DR 2800 DR 2700 DR 1900	刻度线朝向右方	2495402 10mL
DR 5000 DR 3900	刻度线朝向用户	
DR 900	刻度线朝向用户	2401906 -25mL -20mL -10mL

---

❶ USEPA 认可的废水检测方法 Standard Method 3500 Cr B。

❷ 根据《水与废水标准检测方法》改编。

❸ 本方法相当于美国地质调查局（USGS）的废水检测方法 USGS method 1-1230-85 for wastewater。

仪器	适配器	比色皿
DR 6000 DR 5000 DR 900	—	2427606 —10mL
DR 3900	LZV846(A)	
DR 1900	9609900 or 9609800(C)	
DR 3800 DR 2800 DR 2700	LZV584(C)	2122800 —10mL

（1）为了测试结果更加准确，每一批新的试剂都应该测定试剂空白值。试剂空白的测定同样按照测试步骤进行，只是把样品换成去离子水进行测试。

（2）含铬浓度较高的样品会产生沉淀，此时样品需要稀释后再进行测试。

（3）测试完成后的样品中酸度较高，需要用氢氧化钠标准溶液中和至 pH 值为 6～9，具体的处理处置事项请参见化学品安全技术说明书（Material Safety Data Sheets，MSDS）。

表 6.4.7-2　准备的物品

名 称 及 描 述	数　　量
粉枕包测试	
ChromaVer®3 铬试剂粉枕包	1 包
比色皿,10mL	2 个
AccuVac® 安瓿瓶测试	
ChromaVer®3 AccuVac® 安瓿瓶	1 个
烧杯,50mL	1 个
圆形比色皿,10mL,带盖子	1 个

注：订购信息请参看"消耗品和替代品信息"。

1,5-二苯碳酰二肼分光光度法（粉枕包）测试流程

（1）选择测试程序。参照"仪器详细说明"的要求插入适配器（详细介绍请参见用户手册）。

（2）将样品倒入比色皿中，液面与10mL 刻度线平齐。

（3）样品的测定：在比色皿加入一包 ChromaVer® 3 铬试剂粉枕包。晃动以混合均匀。

如果样品中有六价铬存在,溶液将变成紫色。

（4）启动仪器定时器。计时反应 5min。

（5）空白值的测定：将样品倒入第二个比色皿中,液面与10mL 刻度线平齐。

（6）计时时间结束后，将步骤（5）中的空白值比色皿擦拭干净，放入适配器中。

按下"Zero（零）"键进行仪器调零。这时屏幕将显示：

0.000mg/L Cr^{6+}
（光度计）

0.00mg/L Cr^{6+}
（比色计）

（7）将装有样品的比色皿擦拭干净，放入适配器中。

按下"Read（读数）"键读取六价铬含量，结果以 mg/L Cr^{6+} 为单位。

1,5-二苯碳酰二肼分光光度法（AccuVac® 安瓿瓶）测试流程

（1）选择测试程序。参照"仪器详细说明"的要求插入适配器（详细介绍请参见用户手册）。

（2）空白值的测定：将样品倒入圆形比色皿中，液面与10mL刻度线平齐。

（3）样品的测定：将 ChromaVer® 3 AccuVac® 安瓿瓶倒放入装有样品的烧杯中，使样品充满安瓿瓶。保持安瓿瓶口浸没在样品中，直至瓶中充满样品液体。

（4）迅速倒转安瓿瓶数次，以混合均匀。

（5）启动仪器定时器。计时反应5min。

（6）将步骤（2）中的空白值比色皿擦拭干净，放入适配器中。

按下"Zero（零）"键进行仪器调零。这时屏幕将显示：0.000mg/L Cr^{6+}。

（7）将装有样品的安瓿瓶擦拭干净，放入适配器中。

按下"Read（读数）"键读取六价铬含量，结果以 mg/L Cr^{6+} 为单位。

干扰物质

表 6.4.7-3　干扰物质

干扰成分	抗干扰水平及处理方法
铁	大于 1mg/L 可能对测试造成干扰
汞和汞离子	轻微干扰
pH 值	强缓冲样品或具有极端 pH 值的样品有可能超出试剂的缓冲能力,测试前需要对样品进行预处理
钒	大于 1mg/L 可能对测试造成干扰。可以将测试方法中的反应时间调整为 10min
浊度	对于浑浊的样品,在空白值中加入一包酸试剂粉枕包[①]。这样可以确保由 ChromaVer® 3 铬试剂中的酸所溶解去除的浊度在空白值测试过程中也能被溶解去除

① 订购信息请参看"可选择的试剂与仪器"。

样品的采集、保存与存储

样品采集时应使用清洁的玻璃或者塑料容器。在 4℃（即 39°F）下，样品最长可以 24h。样品必须在采样后的 24h 之内进行分析测试。

准确度检查方法

准确度检查所需的试剂与仪器设备有：ChromaVer® 3 安瓿瓶标准试剂，浓度为 12.5mg/L Cr^{6+}；TenSette® 移液枪及其配套的枪头。

（1）标准加入法（加标法）

① 读取测试结果后，将装有样品的比色皿（尚未加入标准物质）留在仪器中。

② 在仪器菜单中选择标准添加程序。

③ 按"OK（好）"键确认标样浓度、样品体积和加标体积的默认值。按"EDIT（编辑程序）"键可以修改这些默认值。当这些值确认好后，未加标的样品读数将显示在顶端的一行。详细信息请参见用户手册。

④ 打开浓度为 12.5mg/L Cr^{6+} 的 ChromaVer® 3 安瓿瓶标准试剂。

⑤ 如果用户使用的是粉枕包测试方法，请用 TenSette® 移液枪分别向三个 25mL 的样品中依次加入 0.1mL、0.2mL 和 0.3mL 的标准物质，盖上盖子，混合均匀。再将这三个加标样转移至 10mL 的比色皿中，用上述粉枕包测试方法的步骤依次对三个加标样品进行测试。

注意：如果用户使用的是安瓿瓶测试方法，请将样品分别倒入三个 50mL 混合量筒中，液面与 50mL 刻度线平齐。再分别向三个混合量筒中依次加入 0.2mL、0.4mL 和 0.6mL 的标准物质，盖上盖子，混合均匀。再将这三个混合好的溶液分别取 40mL，倒入三个烧杯中。用上述安瓿瓶测试方法的步骤依次对三个加标样品进行测试。

⑥ 确认接受每一个加标样品的测试值。每个加标样都应该达到约 100% 的加标回收率。

⑦ 加标测试过程结束后，按"Graph（图表）"键将显示出根据加标数据计算得到的最佳拟合曲线，说明本底干扰的存在与否。按"Ideal Line（理想线条）"键将显示出样品加标与 100% 回收率的"理想线条"之间的关系。

（2）标准溶液法。按照下列方法，每天配制浓度为 0.50mg/L Cr^{6+} 的六价铬标准溶液。

① 用 5.00mL 的移液管移取 5.00mL 浓度为 50mg/L 的六价铬标准溶液，至一个 A 级的 500mL 容量瓶中。

② 用去离子水稀释到容量瓶的刻度线。按照上述六价铬测试流程进行测试。

③ 用上述步骤中配制的浓度为 0.50mg/L Cr^{6+} 的六价铬标准溶液校准标准曲线，在仪器菜单中选择标准溶液校准程序。

④ 打开标准调整界面，确认接受当前标准溶液浓度。如果使用了其他浓度的标准溶液，输入标准溶液的实际浓度，并确认用此溶液浓度校准标准曲线。

方法精确度

表 6.4.7-4　方法精确度

程序	标值	精确度：95%置信区间分布	灵敏度：每0.010Abs 单位变动下，浓度变动值
90	0.500mg/L Cr^{6+}	0.497～0.503mg/L Cr^{6+}	0.005mg/L Cr^{6+}
95	0.500mg/L Cr^{6+}	0.496～0.504mg/L Cr^{6+}	0.006mg/L Cr^{6+}

方法解释

本方法名为1,5-二苯碳酰二肼分光光度法，其中只使用了一种名为 ChromaVer 3 铬试剂的干燥粉末。这种试剂中结合了酸性缓冲试剂和1,5-二苯碳酰二肼，当其与样品中的六价铬反应时会使溶液呈紫色。测试结果是在波长为540nm的可见光下读取的。

消耗品和替代品信息

表 6.4.7-5　需要用到的试剂

试剂名称及描述	数量/每次测量	单位	产品订货号
ChromaVer® 3 铬试剂粉枕包 或	1	100/pk	1271099
ChromaVer® 3 AccuVac® 安瓿瓶	1	25/pk	2505025
去离子水	根据需要而定	4L	27256

表 6.4.7-6　需要用到的仪器

设备名称及描述	数量/每次测量	单位	产品订货号
烧杯,50mL	1	每次	50041H
安瓿瓶盖子	—	6/pk	173106

表 6.4.7-7　推荐使用的标准样品

标准样品名称及描述	单位	产品订货号
六价铬标准溶液,10mL Voluette® 安瓿瓶,浓度为12.5mg/L Cr^{6+}	16/pk	1425610
六价铬标准溶液,浓度为50.0mg/L Cr^{6+}	100mL	81042H

表 6.4.7-8　可选择的试剂与仪器

名称及描述	单位	产品订货号
酸试剂粉枕包	10/pk	212699
安瓿瓶开口器	每次	2196800
有刻度的烧杯,A级,500mL	每次	1457449
移液管,5.00mL	每次	1451537
揿钮,AccuVac	1	2405200
氢氧化钠标准溶液,SCDB	50mL	245026

6.4.8　总铬，碱性次溴酸盐氧化法[1][2]，方法8024（粉枕包）

测量范围

0.01～0.70mg/L Cr（光度计）；0.01～0.60mg/L Cr（比色计）。

---

[1] 根据《水与废水标准检测方法》改编。

[2] 本方法相当于废水检测方法 "Standard Method 3500-CRD for wastewater"。

应用范围

用于水与废水中总铬的测定。

测试准备工作

表 6.4.8-1　仪器详细说明

仪器	比色皿方向	混合瓶	测试比色皿
DR 6000 DR 3800 DR 2800 DR 2700 DR 1900	刻度线朝向右方	2401906 −25mL −20mL ◆ −10mL	2495402 10mL
DR 5000 DR 3900	刻度线朝向用户		
DR 900	刻度线朝向用户	2401906 −25mL −20mL ◆ −10mL	2401906 −25mL −20mL ◆ −10mL

(1) 为了测试结果更加准确，每批新的试剂都应该测定试剂空白值。试剂空白的测定同样按照测试步骤进行，只是把样品换成去离子水进行测试。从最后的测试结果中将试剂空白值扣除，或者调整仪器的试剂空白。

(2) 准备测试流程（4）中将要使用的沸水水浴。拿取烫的比色皿时请使用手指护套。

表 6.4.8-2　准备的物品

名 称 及 描 述	数 量
酸试剂粉枕包	1 包
ChromaVer®3 铬试剂粉枕包	1 包
Chromium 1 试剂粉枕包	1 包
Chromium 2 试剂粉枕包	1 包
加热板	1 块
水浴及固定架	1 个
手指护套	根据需要而定
比色皿（请参见"仪器详细说明"）	根据需要而定

注：订购信息请看 "消耗品和替代品信息"。

碱性次溴酸盐氧化法（粉枕包）测试流程

（1）选择测试程序。参照"仪器详细说明"的要求插入适配器（详细介绍请参见用户手册）。

（2）将样品倒入25mL 比色皿中，液面与 25mL 刻度线平齐。

（3）样品的测定：加入一包 Chromium 1 试剂粉枕包。盖上盖子，摇晃以混合均匀。

（4）打开盖子。将装有样品的比色皿放入沸水水浴中加热。

（5）启动仪器定时器。计时反应5min。

（6）计时时间结束后，将比色皿从水浴中取出。盖上盖子，用水龙头流出的水冲洗比色皿，使其降温至25℃。

（7）打开盖子，加入一包 Chromium 2 试剂粉枕包。盖上盖子，倒转数次以混合均匀。

（8）打开盖子，加入一包酸试剂粉枕包。摇晃以混合均匀。

（9）加入一包 ChromaVer® 3 铬试剂粉枕包。摇晃以混合均匀。

（10）启动仪器定时器。计时反应5min。

 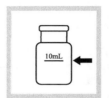   

（11）反应时间结束后，将 10mL 正在反应的混合物倒入第一个方形比色皿中。这个是准备好的样品。

（12）空白值的测定：计时时间结束后，向第 2 个方形比色皿中加入 10mL 水样。

（13）将测试流程（12）中的空白值比色皿擦拭干净，放入适配器中。

（14）按下"Zero（零）"键进行仪器调零。这时屏幕将显示：0.00mg/L Cr.。

（15）将测试流程（11）中装有样品的比色皿擦拭干净，放入适配器中

（16）按下"Read（读数）"键读取铬含量，结果以 mg/L Cr 为单位。

干扰物质

表 6.4.8-3　干扰物质

干扰成分	抗干扰水平及处理方法
强缓冲样品或具有极端 pH 值的样品	这样的样品有可能超出试剂的缓冲能力，测试前需要对样品进行预处理
碱度	以 CaCO$_3$ 计，碱度为1000mg/L。样品中较高的碱度干扰可以通过下列预处理过程消除： （1）在测试流程（3）往样品中加入抗坏血酸粉枕包前，滴加一滴 m-硝基苯酚指示剂[①]。溶液呈黄色说明具有多余的碱度 （2）加入一滴 5.25N 的硫酸标准溶液[①]。给量筒盖上塞子。颠倒晃动使其混合均匀。如果溶液仍呈黄色，重复上述过程直至溶液变为无色。再继续进行测试
有机物	有机物的存在会抑制三价铬离子的氧化过程。如果样品中的有机物含量较高，测试前需要对样品进行消解处理，然后再用本方法对消解过的样品进行测试
浊度	对于有浊度的样品，空白值应该和样品一样用测试流程（3）～（8）中的方法进行处理

① 订购信息请参看"消耗品和替代品信息"。

样品的采集、保存与存储

（1） 样品采集时应使用酸液清洁过的玻璃或塑料容器。

（**2**）使用硝酸（浓度大约为每升水中含 2mL 硝酸）将样品的 pH 值调整至 2 或者 2 以下进行样品保存。

（**3**）在室温条件下，样品最长可以保存 6 个月。

（**4**）在测试分析前，使用 5.0N 氢氧化钠溶液将样品的 pH 值调整至 4。

（**5**）根据样品体积增加量修正测试结果。

准确度检查方法

准确度检查所需的试剂与仪器设备有：三价铬 Voluette® 安瓿瓶标准试剂，浓度为 50mg/L Cr³⁺；TenSette® 移液枪和相配套的移液枪头；混合量筒。

（**1**）标准加入法（加标法）

① 按照下列方法配制浓度为 12.5mg/L 的三价铬标准溶液：移取 5.00mL 浓度为 50mg/L Cr³⁺ 的三价铬标准试剂至一个混合量筒中，再移取 15.00mL 去离子水至此混合量筒中。盖上盖子，混合均匀。

② 读取测试结果后，将装有样品的比色皿（尚未加入标准物质）留在仪器中。

③ 在仪器菜单中选择标准添加程序。

④ 按"OK（好）"键确认标样浓度、样品体积和加标体积的默认值。按"EDIT（编辑程序）"键可以修改这些默认值。当这些值确认好后，未加标的样品读数将显示在顶端的一行。详细信息请参见用户手册。

⑤ 准备三个加标样。将样品倒入三个 25mL 的混合量筒中，液面与 25mL 刻度线平齐。使用 TenSette® 移液枪分别向三个量筒中依次加入 0.1mL、0.2mL 和 0.3mL 的标准物质，盖上盖子，混合均匀。

⑥ 从 0.1mL 的加标样开始，按照上述样品测试步骤依次对三个加标样品进行测试。确认接受所显示的标准溶液的测量读数值。每个加标样都应该达到约 100% 的加标回收率。

⑦ 加标测试过程结束后，按"Graph（图表）"键将显示出根据加标数据计算得到的最佳拟合曲线，说明本底干扰的存在与否。按"Ideal Line（理想线条）"键将显示出样品加标与 100% 回收率的"理想线条"之间的关系。

（**2**）标准溶液法。按照下列方法配制浓度为 0.50mg/L 的三价铬标准溶液。

① 移取 5.00mL 浓度为 50mg/L Cr³⁺ 的三价铬标准溶液，加入到 500mL 的容量瓶中，用去离子水稀释到刻度线。每天都需要配制此标准溶液。

② 用当天配制的 0.50mg/L 的三价铬标准溶液校准标准曲线，在仪器菜单中选择标准溶液校准程序。

③ 打开标准调整界面，确认接受当前标准溶液浓度。如果使用了其他浓度的标准溶液，输入标准溶液的实际浓度，并确认用此溶液浓度校准标准曲线。

注意：具体的程序选择操作过程请参见用户操作手册。

方法精确度

表 6.4.8-4　方法精确度

程序	标值	精确度：95% 置信区间分布	灵敏度：每 0.010Abs 单位变动下，浓度变动值
100	0.500mg/L Cr	0.47～0.53mg/L Cr	0.005mg/L Cr

方法解释

样品中的三价铬离子在碱性环境下被次溴酸盐根离子氧化成六价态的铬。然后样品再被酸化，用 1,5-二苯碳酰二肼法测试其中的总铬含量。从总铬中减去六价铬含量就可以计算出三价铬的含量。测试结果是在波长为 540nm 的可见光下读取的。

消耗品和替代品信息

表 6.4.8-5　需要用到的试剂

试剂名称及描述	数量/每次测量	单位	产品订货号
总铬试剂组件(100 次测试)	—	—	2242500
酸试剂粉枕包	1	100/pk	212699
ChromaVer®3 铬试剂粉枕包	1	100/pk	1206699
Chromium 1 试剂粉枕包	1	100/pk	204399
Chromium 2 试剂粉枕包	1	100/pk	204499

表 6.4.8-6　需要用到的仪器设备

设备名称及描述	数量/每次测量	单位	产品订货号
加热板,直径 3.5in,120V,50/60Hz	1	每次	1206701
或			
加热板,直径 4in,240V,50/60Hz	1	每次	1206702
水浴及固定支架	1	每次	195555

表 6.4.8-7　推荐使用的标准样品

标准样品名称及描述	单位	产品订货号
三价铬标准溶液,浓度为 50mg/L Cr^{3+}	100mL	1415142

表 6.4.8-8　可选择的试剂与仪器设备

名称及描述	单位	产品订货号
手指护套	2/pk	1464702
容量瓶,A 级	500mL	1457449
移液管,A 级	5.00mL	1451537
移液枪,TenSette®,量程为 0.1~1.0mL	每次	1970001
与产品 1970001 配套的移液枪头	50/pk	2185696
移液管,A 级	15mL	1451539
混合量筒	25mL	189640

6.4.9　铜，USEPA[1] 双喹啉法[2]，方法 8506，方法 8026（粉枕包或 Accu-Vac® 安瓿瓶）

测量范围

0.04~5.00mg/L Cu。

应用范围

用于水、废水与海水中铜的测定[3]；方法 8506 已被 USEPA 认可为废水检测方法（样品需要消解）[4]。

---

[1] USEPA 认可的标准方法 Standard Method 3500 Cu C or E。

[2] 改编自 Nakano，S.，Yakugaku Zasshi，82 486-491（1962）〔Chemical Abstracts，58 3390e（1963）〕。

[3] 本方法要求对样品进行预处理；请参见"干扰物质（粉枕包法）"。

[4] Federal Register，45（105）36166（May 29，1980）。

测试准备工作

表 6.4.9-1　仪器详细说明

仪器	比色皿方向	比色皿
DR 6000 DR 3800 DR 2800 DR 2700 DR 1900	刻度线朝向右方	2495402 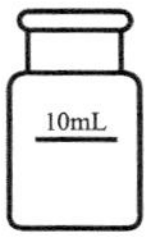 10mL
DR 5000 DR 3900	刻度线朝向用户	
DR 900	刻度线朝向用户	2401906 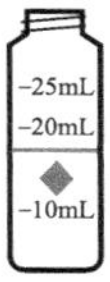 −25mL −20mL −10mL

仪器	适配器	比色皿
DR 6000 DR 5000 DR 900	—	2427606  −10mL
DR 3900	LZV846(A)	
DR 1900	9609900 或 9609800(C)	
DR 3800 DR 2800 DR 2700	LZV584(C)	2122800  −10mL

（1）测定总铜的样品需要进行消解。

（2）测试前请先调整使用酸液保存过的样品 pH 值，用 8N 氢氧化钾溶液将样品 pH 值调整至 4～6。

（3）为了测试结果更加准确，每一批新的试剂都应该测定试剂空白值。试剂空白的测定同样按照测试步骤进行，只是把样品换成去离子水进行测试。

（4）如果样品中含有铜，与加入的试剂粉枕发生反应后溶液会呈紫色。

（5）测试的精确度不会因为未溶解的粉枕试剂而受影响。

表 6.4.9-2　准备的物品

名 称 及 描 述	数　量
粉枕包测试	
CuVer®1 Copper 试剂粉枕包	1 包
比色皿, 粉枕包测试用（请参见"仪器详细说明"）	2 个
AccuVac®安瓿瓶测试	
CuVer®2 Copper 试剂 AccuVac®安瓿瓶	1 个
烧杯, 50mL	1 个
比色皿, 安瓿瓶测试用（请参见"仪器详细说明"）	1 个
安瓿瓶塞子	1 个

注：订购信息请看看"消耗品和替代品信息"。

双喹啉法（粉枕包）测试流程

（1）选择测试程序。参照"仪器详细说明"的要求插入适配器（详细介绍请参见用户手册）。

（2）样品的测定：将样品倒入比色皿中，液面与 10mL 刻度线平齐。

（3）在比色皿加入一包 CuVer® 1 Copper 试剂粉枕包。晃动以混合均匀。

如果样品中含有浓度较高的铝、铁或硬度,此时请使用 CuVer® 2 Copper 试剂粉枕包。并且将比色皿换成 25mL 的（请参见粉枕包法的"干扰物质及建议处理方法"）。

（4）启动仪器定时器。计时反应 2min。

（5）空白值的测定：计时时间结束后,将样品倒入第二个比色皿中,液面与 10mL 刻度线平齐。

（6）将步骤（5）中的空白值比色皿擦拭干净,放入适配器中。

（7）按下"Zero（零）"键进行仪器调零。这时屏幕将显示:0.00mg/L Cu。

（8）在计时时间结束后的 30min 内,将装有样品的比色皿擦拭干净,放入适配器中。按下"Read（读数）"键读取铜含量,结果以 mg/L Cu 为单位。

双喹啉法（AccuVac®安瓿瓶）测试流程

（1）选择测试程序。参照"仪器详细说明"的要求插入适配器（详细介绍请参见用户手册）。

（2）空白值的测定:将样品倒入圆形比色皿中,液面与 10mL 刻度线平齐。

（3）样品的测定:将 CuVer® 2 Copper 试剂 AccuVac®安瓿瓶倒放入装有至少 40mL 样品的 50mL 的烧杯中,使样品充满安瓿瓶。保持安瓿瓶口浸没在样品中,直至瓶中充满样品液体。

（4）盖上盖子,迅速倒转安瓿瓶数次,以混合均匀。再用清洁的布或纸巾把瓶身上的液体和指纹擦拭干净。

（5）启动仪器定时器。计时反应 2min。

364　　　　第 6 章　分析操作流程

| （6）计时时间结束后，空白值比色皿擦拭干净，放入适配器中。 | （7）按下"Zero（零）"键进行仪器调零。这时屏幕将显示：0.00mg/L Cu。 | （8）在计时时间结束后的 30min 内，将装有样品的比色皿擦拭干净，放入适配器中。

按下"Read（读数）"键读取铜含量，结果以 mg/L Cu 为单位。 |

干扰物质

表 6.4.9-3 中所列的干扰物质及处理方法只针对使用粉枕包法的情况；表 6.4.9-4 中所列的干扰物质及处理方法只针对使用 AccuVac® 安瓿瓶法的情况。

为了能够区分自由铜离子和与 EDTA 或其他配合剂结合的铜，可以使用以下方法：使用 25mL 的比色皿，并且在测试流程（3）中不要用 CuVer® 1 Copper 试剂粉枕包，取而代之使用无铜试剂粉枕包。并且，在样品中加入一包次硫酸钠试剂粉枕包后重新再读一次数。这个结果就包含了总可溶性铜（自由铜离子和铜的配合物）。与 CuVer® 1 Copper 试剂不同的是，CuVer® 2 Copper 试剂和 AccuVac® 安瓿瓶试剂会直接与铜发生反应，包括那些被螯合掩蔽剂（如 EDTA 等）配合的铜。

表 6.4.9-3　干扰物质及建议处理方法（粉枕包法）

干扰成分	抗干扰水平及建议处理方法
酸度	如果样品的酸度极大(pH 小于或等于 2)，可能会形成沉淀。滴加 8N 的氢氧化钾标准溶液至样品的 pH 值高于 4。再接着进行测试流程(3)
铝，铝离子 Al^{3+}	按照上述的粉枕包测试方法流程，但在测试流程(3)中用 CuVer® 2 Copper 试剂粉枕包替代 CuVer® 1 Copper 试剂粉枕包。测试结果中的铜为总溶解铜(包含自由铜离子和铜的配合物)。此时比色皿需要更换为 25mL 的
氰化物，氰根离子 CN^-	抑制颜色的显现。如果样品中含有氰化物，在加入 CuVer® 1 Copper 试剂粉枕包前先在 10mL 样品中加入 0.2mL 的甲醛，并在读数前等待 4min。最后将测试结果乘以 1.02 以修正加入甲醛引起的容积变化
硬度	按照上述的粉枕包测试方法流程，但在测试流程(3)中用 CuVer® 2 Copper 试剂粉枕包替代 CuVer® 1 铜试剂粉枕包。测试结果中的铜为总溶解铜(包含自由铜离子和铜的配合物)。此时比色皿需要更换为 25mL 的
铁，三价铁离子 Fe^{3+}	按照上述的粉枕包测试方法流程，但在测试流程(3)中用 CuVer® 2 Copper 试剂粉枕包替代 CuVer® 1 铜试剂粉枕包。测试结果中的铜为总溶解铜(包含自由铜离子和铜的配合物)。此时比色皿需要更换为 25mL 的
银，银离子 Ag^+	如果溶液有残留的浊度或者溶液变黑，可能是银的存在带来的干扰。可以通过下面的方法消除干扰：在 75mL 样品中加入 10 滴饱和氯化钾溶液，滤膜过滤，使用滤液进行测试

表 6.4.9-4　干扰物质及建议处理方法（AccuVac® 安瓿瓶法）

干扰成分	抗干扰水平及建议处理方法
酸度	如果样品的酸度极大(pH 小于或等于 2)，可能会形成沉淀。滴加 8N 的氢氧化钾标准溶液至样品的 pH 值高于 4，再接着进行测试步骤 3

干扰成分	抗干扰水平及建议处理方法
铝,铝离子 Al^{3+}	试剂可以承受高浓度铝的干扰
氰化物,氰根离子 CN^-	抑制颜色的显现。如果样品中含有氰化物,在加入 CuVer® 1 Copper 试剂粉枕包前先在 10mL 样品中加入 0.2mL 的甲醛,并在读数前等待 4min。最后将测试结果乘以 1.02 以修正加入甲醛引起的容积变化
硬度	试剂可以承受高硬度的干扰
铁,三价铁离子 Fe^{3+}	试剂可以承受高浓度三价铁离子的干扰
银,银离子 Ag^+	如果溶液有残留的浊度或者溶液变黑,可能是银的存在带来的干扰。可以通过下面的方法消除干扰:在 75mL 样品中加入 10 滴饱和氯化钾溶液,滤膜过滤,使用滤液进行测试

样品的采集、保存与存储

(1) 样品采集时应使用酸液清洁过的玻璃或塑料容器。

(2) 使用硝酸（浓度大约为每升水中含 2mL 硝酸）将样品的 pH 值调整至 2 或者 2 以下进行样品保存。

(3) 在室温条件下,样品最长可以保存 6 个月。

(4) 在测试分析前,使用 8N 氢氧化钾标准溶液将样品的 pH 值调整至 4～6,但不要大于 6,否则会使铜沉淀。

(5) 根据样品体积增加量修正测试结果。

准确度检查方法

准确度检查所需的试剂与仪器设备有:铜标准试剂,浓度为 100mg/L Cu;TenSette® 移液枪及其配套的枪头;混合量筒（3）;烧杯（3）。

(1) 标准加入法（加标法）

① 按照下列方法,配制浓度为 12.5mg/L 的铜标准溶液:移取 5.0mL 浓度为 100mg/L Cu 的铜标准溶液,加入一个 50mL 的混合量筒中,用去离子水稀释至 40mL 刻度线位置,盖上盖子,混合均匀。

② 读取测试结果后,将装有样品的比色皿（尚未加入标准物质）留在仪器中。

③ 在仪器菜单中选择标准添加程序。

④ 按"OK（好）"键确认标样浓度、样品体积和加标体积的默认值。按"EDIT（编辑程序）"键可以修改这些默认值。当这些值确认好后,未加标的样品读数将显示在顶端的一行。详细信息请参见用户手册。

⑤ 准备一个 0.1mL 加标样:在未加标的样品中加入 0.1mL 的标准溶液。启动定时器。计时时间结束后,读数。

⑥ 准备一个 0.2mL 加标样:在 0.1mL 加标样中再加入 0.1mL 的标准溶液。启动定时器。计时时间结束后,读数。

⑦ 准备一个 0.3mL 加标样:在 0.2mL 加标样中继续加入 0.1mL 的标准溶液。启动定时器。计时时间结束后,读数。每个加标样都应该达到约 100% 的加标回收率。

> **注意:** 对于 AccuVac® 安瓿瓶法的标准加入法请按以下步骤进行:在三个 50mL 混合量筒中各加入 50mL 的样品,并且依次移取 0.2mL、0.4mL 和 0.6mL 的浓度为 75mg/L 铜的 Voluette 安瓿瓶标准试剂。盖上盖子,混合均匀后,分别将三个量筒中的 40mL 混合液转移至三个 50mL 的烧杯中。按照上述 AccuVac® 安瓿瓶法测试流程对这三个加标样进行测试。按"Read（读数）"键确认接受每一个加标样品的测试值。每个加标样都应该达到约 100% 的加标回收率。

⑧ 加标测试过程结束后，按"Graph（图表）"键将显示出根据加标数据计算得到的最佳拟合曲线，说明本底干扰的存在与否。按"Ideal Line（理想线条）"键将显示出样品加标与100%回收率的"理想线条"之间的关系。

（2）标准溶液法。按照下列方法，配制浓度为4.00mg/L的铜标准溶液。

① 全部使用A级玻璃仪器。移取4.00mL浓度为100mg/L Cu的铜标准溶液，至一个100mL容量瓶中。用去离子水稀释到容量瓶的刻度线，盖上盖子，混合均匀。按照上述铜测试流程进行测试。

② 用上述步骤中配制的4.00mg/L的铜标准溶液校准标准曲线，在仪器菜单中选择标准溶液校准程序。

③ 打开标准调整界面，确认接受当前标准溶液浓度。如果使用了其他浓度的标准溶液，输入标准溶液的实际浓度，并确认用此溶液浓度校准标准曲线。

注意：具体的程序选择操作过程请参见用户操作手册。

方法精确度

表 6.4.9-5　方法精确度

程序	标值	精确度 95%置信区间分布	灵敏度:每0.010Abs 单位变动下,浓度变动值
135	1.00mg/L Cu	0.97～1.03mg/L Cu	0.04mg/L Cu
140	1.00mg/L Cu	0.97～1.03mg/L Cu	0.03mg/L Cu

方法解释

样品中的铜与CuVer®1 Copper试剂和CuVer®2 Copper试剂中的双喹啉发生反应，生成了一种紫色配合物，颜色的深浅与其中铜的含量程正比例关系。测试结果是在波长为560nm的可见光下读取的。

消耗品和替代品信息

表 6.4.9-6　需要用到的试剂

试剂名称及描述	数量/每次测量	单位	产品订货号
CuVer®1 Copper 试剂粉枕包 或	1	100/pk	2105869
CuVer®2 Copper 试剂 AccuVac®安瓿瓶	1	25/pk	2504025

表 6.4.9-7　需要用到的仪器

设备名称及描述	数量/每次测量	单位	产品订货号
烧杯,50mL	1	每次	50041H
安瓿瓶塞子	1	6/pk	173106

表 6.4.9-8　推荐使用的标准样品

标准样品名称及描述	单位	产品订货号
铜标准溶液,浓度为100mg/L Cu	100mL	12842
铜 Voluette®安瓿瓶标准溶液,浓度为75mg/L Cu,10mL	16/pk	1424710
饮用水金属标样,低量程——Cu,Fe,Mn	500mL	2833749
饮用水金属标样,高量程——Cu,Fe,Mn	500mL	2833649

表 6.4.9-9　可选择的试剂与仪器

名　称　及　描　述	单位	产品订货号
烧杯,50mL	每次	500-41H
CuVer®2 Copper 试剂粉枕包	100/pk	2188299
混合量筒,50mL	每次	189641
甲醛,分析纯	100mL MDB	205932
浓硝酸	500mL	15249
氯化钾溶液	100mL	76542
氢氧化钾标准溶液,8N	100mL MDB	28232H
自由铜离子和总铜测试试剂组件	每次	2439200
Hydrosulfite 试剂粉枕包	100/pk	2118869
Free Copper 试剂粉枕包	100/pk	2182369
比色皿,25mL,1in 方形	2/pk	2612602
AccuVac 揿钮	每次	2405200
安瓿瓶开口器	每次	2196800
比色皿,25mm,圆形	6/pk	2401906

6.4.10　铜，卟啉法[1]，方法 8143（粉枕包）

低量程测量范围

$1\sim210\mu g/L$ Cu。

应用范围

用于水、废水与海水中铜的测定。

测试准备工作

表 6.4.10-1　仪器详细说明

仪器	比色皿方向	比色皿
DR 6000 DR 3800 DR 2800 DR 2700 DR 1900	刻度线朝向右方	2495402 10mL
DR 5000 DR 3900	刻度线朝向用户	
DR 900	刻度线朝向用户	2401906 -25mL -20mL ◆ -10mL

(1) 测定总铜的样品需要进行消解。

(2) 为了测试结果更加准确，每一批新的试剂都应该测定试剂空白值。试剂空白的测定同样按照测试步骤进行，只是把样品换成去离子水进行测试。从最后的测试结果中将试剂空白值扣除，或者调整仪器的试剂空白。

(3) 测试前用清洗剂清洗所有的玻璃仪器，用自来水冲洗干净后，再用 1+1 的硝酸冲洗，

---

[1] 改编自 Ishii and Koh, Bunseki Kagaku, 28 (473), 1979。

最后再用不含铜的去离子水冲洗一遍。

（4）如果样品中的金属含量较高，比色皿中可能会形成轻微的金属沉积物或黄色的污渍，请同样用上述方法清洗比色皿。

表 6.4.10-2　准备的物品

名 称 及 描 述	数 量
Copper Masking 试剂粉枕包	1包
Porphyrin 1 试剂粉枕包	2包
Porphyrin 2 试剂粉枕包	2包
硝酸，1＋1	根据需要而定
比色皿(请参见"仪器详细说明")	2个

注：订购信息请参看"消耗品和替代品信息"。

卟啉法（粉枕包）测试流程

（1）选择测试程序。参照"仪器详细说明"的要求插入适配器(详细介绍请参见用户手册)。

（2）将样品分别倒入两个比色皿中，液面与 10mL 刻度线平齐。

（3）空白值的测定：在第一个比色皿中加入一包 Copper Masking 试剂粉枕包。水平晃动比色皿使粉末溶解。

（4）分别在两个比色皿中各加入一包 Porphyrin 1 试剂粉枕包。水平晃动比色皿使粉末溶解。

（5）分别在两个比色皿中各加入一包 Porphyrin 2 试剂粉枕包。

（6）水平晃动比色皿使粉末溶解。如果样品中含有铜，溶液会立即变为蓝色，然后再变为黄色。

（7）启动仪器定时器。计时反应3min。

（8）计时时间结束后，将空白值的比色皿擦拭干净，并将它放入适配器中。

（9）按下"Zero（零）"键进行仪器调零。这时屏幕将显示：0μg/L Cu。

（10）将装有样品的比色皿擦拭干净，放入适配器中。

（11）按下"Read（读数）"键读取铜含量，结果以 μg/L Cu为单位。

干扰物质

表 6.4.10-3　干扰物质

干扰成分	抗干扰水平及处理方法
铝，铝离子 Al^{3+}	60mg/L
镉，镉离子 Cd^{2+}	10mg/L
钙，钙离子 Ca^{2+}	1500mg/L
螯合剂	在任何水平下均有干扰,需要 Digesdahl 消解器或者剧烈消解进行预处理

干扰成分	抗干扰水平及处理方法
氯,氯离子 Cl$^-$	90000mg/L
铬,六价铬离子 Cr^{6+}	110mg/L
钴,钴离子 Co^{2+}	100mg/L
氟,氟离子 F$^-$	30000mg/L
铁,亚铁离子 Fe^{2+}	6mg/L
铅,铅离子 Pb^{2+}	3mg/L
镁	10000mg/L
锰	140mg/L
汞,汞离子 Hg^{2+}	3mg/L
钼	11mg/L
镍,镍离子 Ni^{2+}	60mg/L
钾,钾离子 K$^+$	60000mg/L
钠,钠离子 Na$^+$	90000mg/L
锌,锌离子 Zn^{2+}	9mg/L
强缓冲样品或具有极端 pH 值的样品	这样的样品有可能超出试剂的缓冲能力,测试前需要对样品进行预处理

样品的采集、保存与存储

(1) 样品采集时应使用酸液清洁过的塑料瓶。

(2) 使用硝酸(浓度大约为每升水中含 5mL 硝酸)将样品的 pH 值调整至 2 或者 2 以下进行样品保存。

(3) 在室温条件下,样品最长可以保存 6 个月。

(4) 在测试分析前,将样品的 pH 值调整至 2~6。如果样品的酸性较大,使用 5.0N 氢氧化钠标准溶液❶。

(5) 根据样品体积增加量修正测试结果。

准确度检查方法

准确度检查所需的试剂与仪器设备有:铜标准试剂,浓度为 4mg/L Cu,安瓿瓶;TenSette® 移液枪及与之配套的移液枪头。

(1) 标准加入法(加标法)

① 读取测试结果后,将装有样品的比色皿(尚未加入标准物质)留在仪器中。

② 在仪器菜单中选择标准添加程序。

③ 按"OK(好)"键确认标样浓度、样品体积和加标体积的默认值。按"EDIT(编辑程序)"键可以修改这些默认值。当这些值确认好后,未加标的样品读数将显示在顶端的一行。详细信息请参见用户手册。

④ 取出 8 个比色皿,加入 10mL 样品。用 TenSette® 移液枪从浓度为 4mg/L Cu 的安瓿瓶铜标准试剂中移取两个 0.1mL 标液,分别加入两个比色皿中。再取两个 0.2mL 标液,分别加入另两个比色皿中。最后,取两个 0.3mL 标液,分别加入最后两个比色皿中。

⑤ 按照上述样品测试步骤依次对以上加标样品进行测试,一组两个相同的加标样中其中一个为空白值。按"Read(读数)"键确认接受每一个加标样品的测试值。每个加标样都应该达到约 100% 的加标回收率。

⑥ 加标测试过程结束后,按"Graph(图表)"键将显示出根据加标数据计算得到的最佳拟合曲线,说明本底干扰的存在与否。按"Ideal Line(理想线条)"键将显示出样品加标与 100% 回收率的"理想线条"之间的关系。

(2) 标准溶液法

① 为了确保测试的精确性,按照下列步骤配制浓度为 150μg/L 的铜标准溶液:移取 15.00mL 浓度为 10.0mg/L 的铜标准溶液,加入到一个 1000mL 的容量瓶中。

② 用不含铜的去离子水稀释到容量瓶的刻度线。每天都需要配制此标准溶液。按照上述铜

---

❶ 订购信息请参看"可选择的试剂与仪器"。

测试流程进行测试。

③ 用当天配制的 150μg/L 的铜标准溶液校准标准曲线，在仪器菜单中选择标准溶液校准程序。

④ 打开标准调整界面，确认接受当前标准溶液浓度。如果使用了其他浓度的标准溶液，输入标准溶液的实际浓度，并确认用此溶液浓度校准标准曲线。

注意：具体的程序选择操作过程请参见用户操作手册。

方法精确度

表 6.4.10-4　方法精确度

程序号	标样浓度	精确度 具有 95% 置信度的浓度区间	灵敏度 每 0.010Abs 吸光度改变时的浓度变化
145	50μg/L Cu	47～53μg/L Cu	1μg/L Cu

方法解释

卟啉法对痕量的自由铜离子非常灵敏。这个方法的干扰很少，分析前不需要对样品进行提取或浓缩。铜掩蔽剂消除了其他金属离子对测试的干扰。在卟啉指示剂作用下，任何试样中的自由铜离子都会生成深黄色的配合物。测试结果是在波长为 425nm 的可见光下读取的。

消耗品和替代品信息

表 6.4.10-5　需要用到的试剂

试剂名称及描述	数量/每次测量	单位	产品订货号
铜试剂组件(100 次测试)	—	—	2603300
（1）Copper Masking 试剂粉枕包	1	100/pk	2603449
（2）Porphyrin 1 试剂粉枕包	2	100/pk	2603549
（2）Porphyrin 2 试剂粉枕包	2	100/pk	2603649
硝酸，1＋1	根据需要而定	500mL	254049

表 6.4.10-6　推荐使用的标准样品

标准样品名称及描述	单位	产品订货号
铜标准溶液,浓度为 4mg/L Cu,2mL 安瓿瓶	20/pk	2605720
铝标准溶液,浓度为 10mg/L Cu	100mL	12932
去离子水	4L	27256

表 6.4.10-7　可选择的试剂与仪器

名 称 及 描 述	单位	产品订货号
氢氧化钠标准溶液,5.0N MDB	100mL	245032
移液枪,TenSette®,量程为 0.1～1.0mL	每次	1970001
与产品 1970001 配套的移液枪头	50/pk	2185696
移液管,A 级,15mL	每次	1451539
容量瓶,A 级,1000mL	每次	1457453
比色皿,1in	8/pk	2495408
pH 试纸,测量范围为 0～14	100/pk	2601300

6.4.11　二价铁，1,10-二氮杂菲分光光度法[1]，方法 8146（粉枕包或 Accu Vac® 安瓿瓶）

测量范围

0.02～3.00mg/L Fe^{2+}。

---

[1] 改编自《水与废水标准检测方法》，15th ed. 201（1980）。

应用范围

用于水、废水与海水中二价铁的测定。

测试准备工作

表 6.4.11-1　仪器详细说明

仪器	比色皿方向	比色皿
DR 6000 DR 3800 DR 2800 DR 2700	刻度线朝向右方	2495402 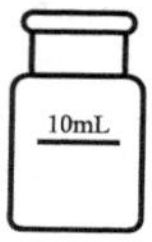 10mL
DR 5000 DR 3900	刻度线朝向用户	
DR 900	刻度线朝向用户	2401906 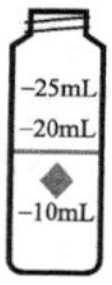 —25mL —20mL ◆ —10mL

仪器	适配器	比色皿
DR 6000 DR 5000 DR 900	—	2427606  ◆ —10mL
DR 3900	LZV846（A）	
DR 3800 DR 2800 DR 2700	LZV584（C）	2122800  ◆ —10mL

（1）为了测试结果更加准确，每一批新的试剂都应该测定试剂空白值。试剂空白的测定同样按照测试步骤进行，只是把样品换成了去离子水进行测试。从最后的测试结果中将试剂空白值扣除，或者调整仪器的试剂空白。

（2）样品采集后应尽快测试，以防二价铁离子被空气中的氧气氧化为三价铁离子而检测不到。

（3）如果样品中有二价铁离子，加入试剂后，溶液会变为橙色。

表 6.4.11-2　准备的物品

名 称 及 描 述	数量	名 称 及 描 述	数量
粉枕包测试		Ferrous Iron 试剂 AccuVac® 安瓿瓶	1
Ferrous Iron 试剂粉枕包	1	烧杯,50mL(用于 AccuVac® 安瓿瓶测试)	1
比色皿（请参见"仪器详细说明"）	2		
AccuVac® 安瓿瓶测试		比色皿（请参见"仪器详细说明"）	1

注：订购信息请参看"消耗品和替代品信息"。

1,10-二氮杂菲分光光度法（粉枕包）测试流程

（1）选择测试程序。参照"仪器详细说明"的要求插入适配器（详细介绍请参见用户手册）。

（2）将样品倒入混合量筒中，液面与25mL刻度线平齐。

（3）样品的测定：加入一包 Ferrous Iron 试剂粉枕包。

（4）盖上塞子。倒转量筒数次，以混合均匀。不完全溶解的粉末不会影响测试结果的准确性。

（5）启动仪器定时器。计时反应3min。

（6）空白值的测定：将 10mL 混合物倒入一个方形比色皿中。

（7）从步骤(4)中的混合量筒中倒10mL 溶液到第二个方形比色皿中。

（8）计时时间结束后，将空白值的比色皿擦拭干净，并将它放入适配器中。

（9）按下"Zero（零）"键进行仪器调零。这时屏幕将显示：0.00mg/L Fe^{2+}。

（10）立即将装有样品的比色皿擦拭干净，放入适配器中。

（11）按下"Read（读数）"键读取二价铁离子含量，结果以mg/L Fe^{2+} 为单位。

1,10-二氮杂菲分光光度法（AccuVac® 安瓿瓶）测试流程

（1）选择测试程序。参照"仪器详细说明"的要求插入适配器（详细介绍请参见用户手册）。

（2）空白值的测定：将样品倒入圆形比色皿中，液面与10mL刻度线平齐。

（3）样品的测定：将 Ferrous Iron 试剂 AccuVac® 安瓿瓶放入装有至少 40mL 样品的 50mL 的烧杯中，使样品充满安瓿瓶。保持安瓿瓶口浸没在样品中，直至瓶中充满样品液体。

（4）盖上塞子，迅速倒转安瓿瓶数次，以混合均匀。

（5）启动仪器定时器。计时反应3min。

（6）计时时间结束后，将空白值比色皿擦拭干净，放入适配器中。按下"Zero（零）"键进行仪器调零。这时屏幕将显示：0.00mg/L Fe^{2+}。

（7）将装有样品的安瓿瓶擦拭干净，放入适配器中。按下"Read（读数）"键读取二价铁离子含量，结果以 mg/L Fe^{2+} 为单位。

样品的采集、保存与存储

（1）采集样品时应使用玻璃或塑料瓶。

（2）采集样品后尽快进行分析测试。

准确度检查方法——标准溶液法

> **注意**：具体的程序选择操作过程请参见用户操作手册。

准确度检查所需的试剂与仪器设备有：六水合硫酸亚铁铵，0.7022g；容量瓶，A 级，1L；容量瓶，A 级，100mL；去离子水；移液管，A 级，1mL。

（1）按照下列方法，配制浓度为 100mg/L 的二价铁离子标准溶液储备液：

① 用去离子水将 0.7022g 的六水合硫酸亚铁铵溶解。

② 用去离子水稀释到 1L 的 A 级容量瓶中。

③ 移取 2.00mL 上述 1L A 级容量瓶中的溶液至一个 100mL 的 A 级容量瓶中，用去离子水稀释至刻度线，这样就配制好了 2.0mg/L 的标准溶液。每次测试前都需要配制此标准溶液。

（2）按照上述 1,10-二氮杂菲分光光度法（粉枕包）或 1,10-二氮杂菲分光光度法（AccuVac® 安瓿瓶）测试流程进行测试。

（3）用上述步骤中配制的 2.0mg/L 的二价铁离子标准溶液校准标准曲线，在仪器菜单中选择标准溶液校准程序。

（4）打开标准调整界面，确认接受当前标准溶液浓度。如果使用了其他浓度的标准溶液，输入标准溶液的实际浓度，并确认用此溶液浓度校准标准曲线。

方法精确度

表 6.4.11-3　方法精确度

程序	标值	精确度：95%置信区间分布	灵敏度：每 0.010Abs 单位变动下，浓度变动值
255	2.00mg/L Fe^{2+}	1.99～2.01mg/L Fe^{2+}	0.021mg/L Fe^{2+}
257	2.00mg/L Fe^{2+}	1.98～2.02mg/L Fe^{2+}	0.023mg/L Fe^{2+}

方法解释

二价铁离子试剂中的 1,10-二氮杂菲指示剂与样品中的二价铁离子（Fe^{2+}）反应使溶液变为橙色，颜色的深浅程度与其中的 Fe^{2+} 含量成正比例关系。三价铁离子（Fe^{3+}）不发生反应。Fe^{3+} 的浓度可以用总铁含量减去 Fe^{2+} 的浓度计算得到。测试结果是在波长为 510nm 的可见光下读取的。

消耗品和替代品信息

试剂名称及描述	数量/每次测量	单位	产品订货号
Ferrous Iron 试剂粉枕包	1	100/pk	103769
或			
Ferrous Iron 试剂 AccuVac® 安瓿瓶	1	25/pk	2514025

仪器名称及描述	数量/每次测量	单位	产品订货号
烧杯,50mL	1	每次	50041H

名称及描述	单位	产品订货号
分析天平,80g×0.1mg,115V	每次	2936701
六水合硫酸亚铁铵,分析纯	113g	1125614
容量瓶,1000mL	每次	1457453
移液管,2.00mL	每次	1451535
去离子水	4L	27256

6.4.12　铁，Ferrozine®法[1]，方法8147（Ferrozine 试剂溶液）

测量范围

0.009~1.400mg/L Fe。

应用范围

用于水与废水中铁的测定。

测试准备工作

仪器	比色皿方向	比色皿
DR 6000 DR 3800 DR 2800 DR 2700 DR 1900	刻度线朝向右方	2495402 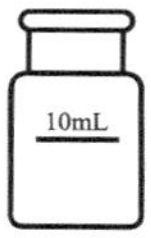 10mL
DR 5000 DR 3900	刻度线朝向用户	
DR 900	刻度线朝向用户	2401906 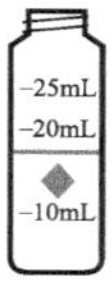 -25mL -20mL -10mL

(1) 测定总铁含量的样品需要进行消解。请参见本手册的"消解"章节。

---

[1] 改编自 Stookey, L. L., Anal. Chem., 42 (7), 779 (1970)。

（2）测试前用 1+1 的盐酸和去离子水清洗所有的玻璃仪器，去除残留在仪器上的离子，防止测试值因为这些离子的存在偏高。

（3）为了测试结果更加准确，每一批新的试剂都应该测定试剂空白值。试剂空白的测定同样按照测试步骤进行，只是把样品换成去离子水进行测试。从最后的测试结果中将试剂空白值扣除，或者调整仪器的试剂空白。

（4）0.5mL 的 FerroZine Iron 试剂溶液可以替代溶液枕包使用。

（5）如果样品存在生锈的情况，请参见"干扰物质"。

（6）保证测试过程中使用的剪刀清洁、无锈、干燥。不要使剪刀接触到枕包中的药剂。

（7）在运输过程中，FerroZine Iron 试剂可能会因为低温而结晶或沉淀，但这不影响测试。将试剂枕包浸泡在温水中，试剂会重新溶解。

表 6.4.12-2　准备的物品

名 称 及 描 述	数 量
FerroZine Iron 试剂溶液枕包	1 包
或	
FerroZine Iron 试剂溶液	0.5mL
混合量筒，25mL，带玻璃塞	1 个
剪刀，用于剪开溶液枕包	1 把
比色皿（请参见"仪器详细说明"）	2 个

注：订购信息请参看"消耗品和替代品信息"。

FerroZine 法（溶液枕包）测试流程

（1）选择测试程序。参照"仪器详细说明"的要求插入适配器（详细介绍请参见用户手册）。

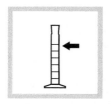

（2）将样品倒入清洁的 25mL 混合量筒中，液面与 25mL 刻度线平齐。

（3）样品的测定：加入一包 FerroZine Iron 试剂溶液枕包。盖上塞子。倒转量筒数次，混合均匀。

（4）启动仪器定时器。计时反应 5min。如果样品中有铁存在，溶液将变成紫色。

（5）空白值的测定：将 10mL 样品倒入一个方形比色皿中。

（6）计时时间结束后，从混合量筒中倒 10mL 溶液到第二个方形比色皿中。

（7）将空白值的比色皿擦拭干净，并将它放入适配器中。

（8）按下"Zero（零）"键进行仪器调零。这时屏幕将显示：0.000mg/L Fe。

（9）将装有样品的比色皿擦拭干净，放入适配器中。

（10）按下"Read（读数）"键读取铁含量，结果以 mg/L Fe 为单位。

干扰物质

表 6.4.12-3　干扰物质

干 扰 成 分	抗干扰水平及处理方法
强螯合剂（EDTA）	任何浓度水平下均干扰测试。这样的样品请采用 FerroVer®法或 TPTZ 法进行测试。当铁浓度较低时，采用 TPTZ 法
钴	产生微小的正误差
铜	产生微小的正误差
氢氧化物	在步骤（3）中加入 FerroZine Iron 试剂溶液枕包后将混合物在沸水浴中煮沸 1min。冷却到 24℃（即 75℉）后再进行步骤（4）。用去离子水定容到 25mL
磁铁矿（黑色氧化铁矿）或铁酸盐	（1）用量筒量取 25mL 样品 （2）将量筒中的样品用去离子水冲洗转移至 125mL 的锥形瓶中 （3）加入一包 FerroZine Iron 试剂溶液枕包，摇晃瓶身以混合均匀 （4）将锥形瓶放在加热板或者火焰上煮至沸腾 （5）继续保持溶液微沸达 20～30min 注意：不要把液体煮干。如果样品中有铁存在，溶液将变成紫色 （6）待冷却后将锥形瓶中的液体转移至 25mL 量筒中，用少量去离子水冲洗锥形瓶，洗液也倒入量筒中 （7）用去离子水将量筒中的液体定容至 25mL （8）将量筒中的液体倒入比色皿中，摇晃以混合均匀 （9）进行步骤（5）～（10）的测试过程
生锈	在步骤（3）中加入 FerroZine®铁试剂溶液枕包后将混合物在沸水浴中煮沸 1min。冷却到 24℃（即 75℉）后再进行步骤（4）。用去离子水定容到 25mL

样品的采集、保存与存储

① 采集样品时应使用酸液清洁过的玻璃或塑料瓶。

② 使用硝酸（浓度大约为每升水中含 2mL 硝酸，分析纯●）将样品的 pH 值调整至 2 或 2 以下进行样品保存。在室温条件下，样品最长可以保存 6 个月。

③ 如果只需测定溶解性的铁离子，样品采集后应立即过滤，再加入硝酸。

④ 在测试分析前，使用 10％的氢氧化铵溶液将样品的 pH 值调整至 3～5。

⑤ 调整 pH 值时，pH 值不能超过 5，否则可能会产生沉淀。

⑥ 根据样品体积增加量修正测试结果。

准确度检查方法

（1）标准加入法（加标法）。 所需的试剂与仪器有：铁 Voluette® 安瓿瓶标准试剂，浓度为 10mg/L Fe；安瓿瓶开口器；TenSette® 移液枪及配套枪头。

具体步骤如下。

① 读取测试结果后，将装有样品的比色皿（尚未加入标准物质）留在仪器中。

② 在仪器菜单中选择标准添加程序。

③ 按"OK（好）"键确认标样浓度、样品体积和加标体积的默认值。按"EDIT（编辑程序）"键可以修改这些默认值。当这些值确认好后，未加标的样品读数将显示在顶端的一行。

④ 打开浓度为 10mg/L Fe 的铁 Voluette® 安瓿瓶标准试剂。

⑤ 按照"FerroZine法（溶液枕包）测试流程"对每一个加标样进行测试。

● 订购信息请参看"可选择的试剂与仪器"。

a. 向未加标的样品中加入 0.1mL 的标准溶液，作为 0.1mL 的加标样。触摸定时器图标，启动定时器。时间到后，读取溶液中铁浓度，按"Read（读数）"键确认接受测试值。

b. 向上一步骤得到的 0.1mL 加标样中再加入 0.1mL 的标准溶液，作为 0.2mL 的加标样。触摸定时器图标，启动定时器。时间到后，读取溶液中铁浓度，按"Read（读数）"键确认接受测试值。

c. 向上一步骤得到的 0.2mL 加标样中再加入 0.1mL 的标准溶液，作为 0.3mL 的加标样。触摸定时器图标，启动定时器。时间到后，读取溶液中钡浓度，按"Read（读数）"键确认接受测试值。每个加标样都应该达到约 100% 的加标回收率。

准备三个加标样。将样品倒入三个 50mL 的带盖量筒，液面与 50mL 刻度线平齐。使用 TenSette® 移液枪分别向三个量筒中依次加入 0.1mL、0.2mL 和 0.3mL 的标准物质，盖上盖子，混合均匀。

⑥ 从 0.1mL 的加标样开始，按照上述样品测试步骤依次对三个加标样品进行测试。按"Read（读数）"键确认接受每一个加标样品的测试值。每个加标样都应该达到约 100% 的加标回收率。

⑦ 加标测试过程结束后，按"Graph（图表）"键将显示出根据加标数据计算得到的最佳拟合曲线，说明本底干扰的存在与否。按"Ideal Line（理想线条）"键将显示出样品加标与 100% 回收率的"理想线条"之间的关系。

(2) 标准溶液法。所需的试剂与仪器有：铁标准溶液，浓度为 100mg/L；容量瓶，A 级，500mL；移液管，A 级，5mL；TenSette® 移液枪及配套枪头。

具体步骤如下。

① 按照下列方法配制浓度为 1.0mg/L 的铁标准溶液。

a. 移取 5.00mL 的浓度为 100mg/L 的铁标准溶液，加入到 500mL 的容量瓶中。

b. 用去离子水稀释到容量瓶的刻度线，摇晃瓶身以混合均匀。

c. 每天都需要配制此标准溶液。

② 按照上述 FerroZine 法（溶液枕包）测试流程进行测试。

③ 用当天配制的 1.0mg/L 的铁标准溶液校准标准曲线，在仪器菜单中选择标准溶液校准程序。

④ 打开标准调整界面，确认接受当前标准溶液浓度。如果使用了其他浓度的标准溶液，输入标准溶液的实际浓度，并确认用此溶液浓度校准标准曲线。

> **注意：** 具体的程序选择操作过程请参见用户操作手册。

方法精确度

表 6.4.12-4　方法精确度

程序号	标样浓度	精确度 具有 95% 置信度的浓度区间	灵敏度 每 0.010Abs 吸光度改变时的浓度变化
260	1.000mg/L Fe	0.985～1.015mg/L Fe	0.009mg/L Fe

方法解释

在 pH 值为 3.5 的缓冲溶液中，样品中痕量的铁和 FerroZine Iron 试剂反应形成的配合物使溶液呈紫色。本方法适用于测定化学试剂和乙二醇中痕量水平的铁；含有磁铁矿（黑色氧化铁矿）或铁酸盐的样品经过消解处理后也可以用本法测定其铁含量。测试结果是在波长为 562nm 的可见光下读取的。

消耗品和替代品信息

表 6.4.12-5　需要用到的试剂

试剂名称及描述	数量/每次测量	单位	产品订货号
FerroZine Iron 试剂溶液	0.5mL	500mL	230149

试剂名称及描述	数量/每次测量	单位	产品订货号
或			
FerroZine Iron 试剂溶液枕包	1	50/pk	230166

表 6.4.12-6　需要用到的仪器设备

设备名称及描述	数量/每次测量	单位	产品订货号
剪刀,用于剪开溶液枕包	1	每次	96800
混合量筒,50mL,带有玻璃塞子	1	每次	2088640

表 6.4.12-7　推荐使用的标准样品与仪器

名称及描述	单位	产品订货号
铁标准溶液,浓度为 100mg/L Fe	100mL	1417542
铁标准溶液,10mL Voluette® 安瓿瓶,浓度为 25mg/L Fe	16/pk	1425310
饮用水重金属标样,低量程 Cu,Fe,Mn	500mL	2833749
容量瓶,A 级,500mL	每次	1457449
移液枪,TenSette®,量程为 0.1~1.0mL	每次	1970001
移液枪头,与产品 19700-01 配套的移液枪头	50/pk	2185696
移液枪头,与产品 19700-01 配套的移液枪头	1000/pk	2185628
移液管,A 级,5.00mL	每次	1451537

表 6.4.12-8　可选择的试剂与仪器

名称及描述	单位	产品订货号
氢氧化铵溶液,10%,100mL MDB	100/pk	1473632
盐酸,1+1,6N,500mL	每次	88449
浓硝酸,分析纯,500mL	每次	15249

6.4.13　铁,TitraVer 滴定法,方法 8214（数字滴定器）

测量范围

10~1000mg/L Fe。

应用范围

用于水、废水与海水中铁的测定。

测试准备工作

为了搅拌方便,请使用 TitraStir® 磁力搅拌器。

表 6.4.13-1　准备的物品

名称及描述	数量	名称及描述	数量
Citrate Buffer 粉枕包	1 包	数字滴定器	1 个
Sodium Periodate 粉枕包	1 包	数字滴定器的输液管	1 根
Sulfosalicylic Acid 粉枕包	1 包	量筒	1 个
TitraVer 标准溶液滴定试剂管(参见表 6.4.13-2)	1 管	锥形瓶,125mL	1 个

注:订购信息请参看"消耗品和替代品信息"。

铁 TitraVer 法（数字滴定器）测试流程

（1）请根据表 6.4.13-2 选择合适的样品体积和滴定试剂管。

（2）给滴定试剂管插上一根清洁的输液管，并把 TitraVer 标准溶液滴定试剂管装入数字滴定器中。

（3）拿放数字滴定器时请保持滴定试剂管的针头朝上。转动滴定器上的旋钮，推出几滴滴定剂。将计数器调至零，并把针头擦拭干净。

（4）根据表 6.4.13-2 上选择的样品量，用量筒或者移液管移取至一个 125mL 的锥形瓶中。

（5）将样品移取至一个 125mL 的锥形瓶中后，如果样品量不足 50mL，用去离子水稀释至大约 50mL。

（6）加入一包 Citrate Buffer 粉枕包，摇晃瓶身以混合均匀。

（7）再加入一包 Sodium Periodate 粉枕包，摇晃瓶身以混合均匀。

（8）再加入一包 Sulfosalicylic Acid 粉枕包，摇晃瓶身以混合均匀。

（9）将输液管放入溶液中并摇晃瓶身。转动滴定器上的旋钮，向溶液中滴入滴定剂。继续摇晃瓶身并持续滴入滴定剂直至溶液从红色变为原来的黄色。

此时，记下数字滴定器计数器上的数值。

（10）利用从表 6.4.13-2 上查得的浓度换算系数，按照下式计算得到浓度：

计数器上的数值 × 浓度换算系数＝mg/L Fe

例如：50mL 的样品进行滴定，使用 0.0716N 的滴定试剂管，到达滴定终点时计数器上显示的数值为 250。则此样品中的浓度为 250 × 0.1 ＝ 25mg/L Fe。

表 6.4.13-2　量程详细说明

量程/(mg/L Fe)	样品体积/mL	滴定试剂管/(mol/L TitraVer)	浓度换算系数
10～40	50	0.0716	0.1
25～100	20	0.0716	0.25
100～400	50	0.716	1.0
250～1000	20	0.716	2.5

样品的采集、保存与存储
采集样品时应使用清洁的塑料或玻璃瓶。
准确度检查方法——标准加入法（加标法）
采用标准加入法可以确定样品中是否有干扰成分并且可以确认分析方法是否可靠。
所需的试剂与仪器设备有：铁标准溶液，浓度为 1000mg/L Fe；TenSette® 移液枪，量程为

0.1～1.0mL。

（1） 用 TenSette® 移液枪移取 0.5mL 标准物质，加入待滴定样品中。摇晃以混合均匀。

（2） 按照测试方法流程加标样滴定至终点。抄下到达滴定终点时数字滴定器计数器上的读数。

（3） 对上述加标样重复操作步骤（1）和（2）。

（4） 加标样中每增加一个 0.5mL 的标准物质，使用 0.716mol/L TitraVer 滴定试剂管进行滴定，到达滴定终点时数字滴定器计数器上的读数将会增加 10 左右；使用 0.0716mol/L TitraVer 滴定试剂管进行滴定，到达滴定终点时数字滴定器计数器上的读数将会增加 100 左右。

如果计数器上的读数增加量比 10 或 100 大或者小，问题可能是由用户的测试方法、干扰物质或者试剂的污染或仪器故障所造成的。

方法解释

亚铁离子（Fe^{2+}）被高碘酸钠氧化为三价铁离子（Fe^{3+}）。三价铁离子（Fe^{3+}）和磺基水杨酸结合形成的配合物使溶液呈红色。而含有 EDTA 的滴定剂破坏了这种红色的配合物。柠檬酸是用来缓冲溶液和稳定溶液中的亚铁离子（Fe^{2+}）的。

消耗品和替代品信息

表 6.4.13-3　需要用到的试剂

试剂名称及描述	数量/每次测量	单位	产品订货号
量程范围为 10～100mg/L 的试剂组件（大约 100 次测试）			2449200
（1）Citrate Buffer 粉枕包	1 包	100/pk	2081599
（1）Sodium Periodate 粉枕包	1 包	100/pk	98499
（1）Sulfosalicylic Acid 粉枕包	1 包	100/pk	2081669
（1）TitraVer 标准溶液滴定试剂管,0.0716mol/L	根据需要而定	每次	2081701
量程范围为 100～1000mg/L 的试剂组件（大约 100 次测试）			2449300
（1）Citrate Buffer 粉枕包	1 包	100/pk	2081599
（1）Sodium Periodate 粉枕包	1 包	100/pk	98499
（1）Sulfosalicylic Acid 粉枕包	1 包	100/pk	2081669
（1）TitraVer 标准溶液滴定试剂管,0.716mol/L	根据需要而定	每次	2081801

表 6.4.13-4　需要用到的仪器

设备名称及描述	数量/每次测量	单位	产品订货号
数字滴定器	1	每次	1690001
有刻度的锥形瓶,125mL	1	每次	50543
量筒,根据量程范围选择一个或多个			
量筒,25mL	1	每次	50840
量筒,50mL	1	每次	50841
输液管 180° 弯头	1	每次	1720500
输液管 90° 弯头	1	每次	4157800

表 6.4.13-5　推荐使用的标准样品

标准样品名称及描述	单位	产品订货号 s
铁标准溶液,浓度为 1000mg/L Fe	100mL	227142

表 6.4.13-6　可选择的试剂与仪器

名称及描述	单位	产品订货号
磁力搅拌子,28.6mm × 7.9mm	每次	2095352
TenSette® 移液枪,量程为 0.1～1.0mL	每次	1970001
TitraStir 磁力搅拌器,115V	每次	1940000
TitraStir 磁力搅拌器,230V	每次	1940010

名称及描述	单位	产品订货号
去离子水	500mL	27249
采样瓶	250mL	2087076
铁标准样品,浓度为10mg/L	500mL	14049
铁标准样品,浓度为25mg/L	10mL/16	1425310
铁标准样品,浓度为50mg/L	10mL/16	1425410
铁标准样品,浓度为100mg/L	100mL	1417542
移液枪头	100/pk	2185628
移液枪头	50/pk	2185696
安瓿瓶开口器	每次	2196800

6.4.14 总铁,FerroMo法[1],方法8365(粉枕包)

测量范围

$0.01 \sim 1.80 mg/L$ Fe。

应用范围

用于钼酸盐工艺处理的冷却水中总铁的测定。

测试准备工作

表6.4.14-1 仪器详细说明

仪器	比色皿方向	比色皿
DR 6000 DR 3800 DR 2800 DR 2700 DR 1900	刻度线朝向右方	2495402 10mL
DR 5000 DR 3900	刻度线朝向用户	
DR 900	刻度线朝向用户	2401906 −25mL −20mL ◆ −10mL

(1)为了测试结果更加准确,每一批新的试剂都应该测定试剂空白值。试剂空白的测定同样按照测试步骤进行,只是把样品换成去离子水进行测试。从最后的测试结果中将试剂空白值扣除,或者调整仪器的试剂空白。

(2)测试前用1+1的盐酸和去离子水清洗所有的玻璃仪器,去除玻璃上可能带来微小正误差的污染物。

(3)加入试剂后,样品的pH值应该在3~5。

(4)如果样品中的钼酸盐含量较高(大于或等于100mg/L MoO_4^{2-}),调零后立即对样品进行读数。

(5)测试样品中的总铁含量需要对样品进行消解预处理。

---

[1] 改编自 G. Frederick Smith Chemical Co., The Iron Reagents, 3rd ed. (1980)。

表 6.4.14-2　准备的物品

名称及描述	数　量
FerroMo®1 试剂粉枕包	1 包
FerroMo®2 试剂粉枕包	1 包
混合量筒,25mL,带玻璃塞	1 个
混合量筒,50mL,带玻璃塞	1 个
比色皿(请参见"仪器详细说明")	2 个

注：订购信息请参看"消耗品和替代品信息"。

FerroMo 法（粉枕包）测试流程

（1）选择测试程序。参照"仪器详细说明"的要求插入适配器（详细介绍请参见用户手册）。

（2）样品的测定：将样品倒入 50mL 混合量筒中，液面与 50mL 刻度线平齐。

（3）向混合量筒中加入一包 Ferro-Mo®1 试剂粉枕包。盖上塞子。

（4）反复倒转量筒数次，使粉末溶解。

（5）将上述 50mL 混合量筒中的液体倒入一个 25mL 的混合量筒中,液面与 25mL 刻度线平齐。余下的液体留在测试流程（10）中使用。

（6）样品显色：向 25mL 的混合量筒中加入一包 FerroMo®2 试剂粉枕包。

（7）盖上塞子。反复倒转量筒数次，使粉末溶解。如果样品中有铁,此时溶液显蓝色。

部分不溶解的试剂粉末不会影响测试结果。

OK
03:00

（8）启动仪器定时器。计时反应 3min。

（9）计时时间结束后，将 10mL 测试流程（7）中已显色的样品倒入一个比色皿中。

（10）空白值的测定：将 10mL 测试流程（5）中剩余的液体倒入第二个比色皿中。

（11）将空白值的比色皿擦拭干净，并将它放入适配器中。

Zero

（12）按下"Zero（零）"键进行仪器调零。这时屏幕将显示：0.00mg/L Fe。

（13）将装有已显色的样品的比色皿擦拭干净，放入适配器中。

Read

（14）按下"Read（读数）"键读取铁含量，结果以 mg/L Fe 为单位。

干扰物质

表 6.4.14-3　干扰物质

干扰成分	抗干扰水平及处理方法
pH 值	加入试剂后的样品 pH 值如果小于 3 或者大于 4,可能会使形成的颜色迅速退去或者造成溶液的浊度,这种情况很可能会抑制颜色的形成干扰测试。在量筒中将样品的 pH 值调至 3～8 后,再加入试剂: (1)滴加适量的不含铁的酸液,例如 1.0N 的硫酸标准溶液①或 1.0N 的氢氧化钠标准溶液① (2)根据样品体积增加量修正测试结果。更多详细信息请参见本手册

① 订购信息请参看"可选择的试剂与仪器"。

样品的采集、保存与存储

(1) 样品采集时应使用酸液清洁过的玻璃或塑料瓶。

(2) 使用盐酸❶(浓度大约为每升水中含 2mL 盐酸)将样品的 pH 值调整至 2 或者 2 以下进行样品保存。在室温条件下,样品最长可以保存 6 个月。

(3) 如果需要测试溶解性铁离子,样品采集后立即用 0.45 μm 的滤膜或与之相当的方式过滤,再加入盐酸保存样品。

(4) 在测试分析前,使用 5N 氢氧化钠标准溶液❶将样品的 pH 值调整至 3～5,但不要大于 5,否则会形成沉淀。

(5) 根据样品体积增加量修正测试结果。

准确度检查方法

(1) 标准加入法(加标法)。

准确度检查所需的试剂与仪器设备有:铁 Voluette® 安瓿瓶标准试剂,浓度为 50mg/L Fe;混合量筒,50mL,三个;安瓿瓶开口器;TenSette® 移液枪及配套的枪头。

具体步骤如下。

① 读取测试结果后,将装有样品的比色皿(尚未加入标准物质)留在仪器中。

② 在仪器菜单中选择标准添加程序。

③ 按"OK(好)"键确认标样浓度、样品体积和加标体积的默认值。按"EDIT(编辑程序)"键可以修改这些默认值。当这些值确认好后,未加标的样品读数将显示在顶端的一行。更多详细信息请参见用户手册。

④ 打开浓度为 50mg/L Fe 的铁 Voluette® 安瓿瓶标准试剂。

⑤ 用 TenSette® 移液枪准备三个加标样。将样品倒入三个 50mL 的混合量筒❷,液面与 50mL 刻线平齐。使用 TenSette® 移液枪分别向三个量筒中依次加入 0.1mL、0.2mL 和 0.3mL 的标准物质,盖上盖子,混合均匀。

⑥ 从 0.1mL 的加标样开始,按照上述测试流程依次对三个加标样品进行测试。按"Read(读数)"键确认接受每一个加标样品的测试值。每个加标样都应该达到约 100% 的加标回收率。

⑦ 加标测试过程结束后,按"Graph(图表)"键将显示出根据加标数据计算得到的最佳拟合曲线,说明本底干扰的存在与否。按"Ideal Line(理想线条)"键将显示出样品加标与 100% 回收率的"理想线条"之间的关系。

(2) 标准溶液法。准确度检查所需的试剂与仪器设备:铁标准溶液,浓度为 1mg/L Fe 或 100mg/L Fe;容量瓶,A 级,100mL;移液管,A 级,1mL;去离子水。

具体步骤如下。

① 用浓度为 1.0mg/L 的铁标准溶液,或按照下列方法配制浓度为 1.0mg/L 的铁标准溶液。

a. 移取 1.0mL 浓度为 100mg/L 的铁标准溶液,加入到 100mL 的容量瓶中。

b. 用去离子水稀释到容量瓶的刻度线。混合均匀。每天都需要配制此标准溶液。

---

❶ 订购信息请参看"可选择的试剂与仪器"。

❷ 订购信息请参看"可选择的试剂与仪器"。

② 用此标准溶液代替样品按照上述测试流程进行测试。

③ 用当天配制的 1.0mg/L 的铁标准溶液校准标准曲线，在仪器菜单中选择标准溶液校准程序。

④ 打开标准调整界面，确认接受当前标准溶液浓度。如果使用了其他浓度的标准溶液，输入标准溶液的实际浓度，并确认用此溶液浓度校准标准曲线。

注意：具体的程序选择操作过程请参见用户操作手册。

方法精确度

表 6.4.14-4　方法精确度

程序号	标样浓度	精确度 具有 95％置信度的浓度区间	灵敏度 每 0.010Abs 吸光度改变时的浓度变化
275	1.0mg/L Fe	0.98～1.02mg/L Fe	0.01mg/L Fe

方法解释

FerroMo®1 铁试剂中包含还原剂和掩蔽剂。掩蔽剂用于消除高浓度钼酸盐引起的干扰。还原剂用于将沉淀的或悬浮态的离子（例如铁锈）还原为二价铁离子。FerroMo®2 铁试剂中包含指示剂和缓冲剂。在 pH 值为 3～5 的缓冲溶液环境下，指示剂与样品中的二价铁离子反应，使溶液呈蓝紫色。测试结果是在波长为 590nm 的可见光下读取的。

消耗品和替代品信息

表 6.4.14-5　需要用到的试剂

试剂名称及描述	数量/每次测量	单位	产品订货号
FerroMo®1 铁试剂组件（100 次测试）	—	—	2544800
（4）FerroMo®1 试剂粉枕包	1	25/pk	2543768
（2）FerroMo®2 试剂粉枕包	1	50/pk	2543866

表 6.4.14-6　需要用到的仪器

仪器名称及描述	数量/每次测量	单位	产品订货号
混合量筒，25mL，带玻璃塞	1	每次	2088640
混合量筒，50mL，带玻璃塞	1	每次	2088641

表 6.4.14-7　推荐使用的标准样品

标准样品名称及描述	单位	产品订货号
铁标准溶液，浓度为 100mg/L Fe	100mL	1417542
铁标准溶液，浓度为 1mg/L Fe	500mL	13949
铁标准溶液，10mL Voluette® 安瓿瓶，浓度为 50mg/L Fe	16/pk	1425410
去离子水	4L	27256

表 6.4.14-8　可选择的试剂与仪器

名称及描述	单位	产品订货号
容量瓶，A 级	100mL	1457442
移液管，A 级	1.00mL	1451535
氢氧化钠标准溶液，1.0N	100mL MDB	104532

名称及描述	单位	产品订货号
氢氧化钠标准溶液,5.0N	100mL MDB	245032
硫酸标准溶液,1.0N	100mL MDB	127032
盐酸,1+1	500mL	88449

6.4.15 总铁，TPTZ法[1]，方法8112（粉枕包或 AccuVac® 安瓿瓶）

测量范围
0.012～1.800mg/L Fe（光度计）；0.04～1.80mg/L Fe（比色计）。

应用范围
用于水、废水与海水中总铁的测定。

测试准备工作

表 6.4.15-1　仪器详细说明

仪器	比色皿方向	比色皿
DR 6000 DR 3800 DR 2800 DR 2700 DR 1900	刻度线朝向右方	2495402  10mL
DR 5000 DR 3900	刻度线朝向用户	
DR 900	刻度线朝向用户	2401906 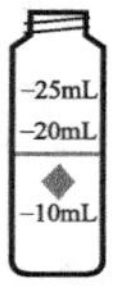 25mL 20mL 10mL

仪器	适配器	比色皿
DR 6000 DR 5000 DR 900	—	2427606  10mL
DR 3900	LZV846(A)	
DR 1900	9609900 或 9609800(C)	
DR 3800 DR 2800 DR 2700	LZV584(C)	2122800  10mL

（1）测定总铁的样品需要进行消解。

（2）测试前请先调整使用酸液保存过的样品 pH 值，用 8N 氢氧化钾溶液将样品 pH 值调整至 4～6。

---

[1] 改编自 G. Frederic Smith Chemical Co.，The Iron Reagents，3rd ed.（1980）。

（3）为了测试结果更加准确，每批新的试剂都应该测定试剂空白值。试剂空白的测定同样按照测试步骤进行，只是把样品换成了去离子水进行测试。

（4）测试前用 1+1 的盐酸❶和去离子水清洗所有的玻璃仪器，去除玻璃上可能带来微小正误差的污染物。

（5）如果样品中含有铁，加入试剂粉枕后溶液会呈蓝色。

（6）储存样品时请将 pH 值调整至 3～4，pH 值大于 5 会形成沉淀。

表 6.4.15-2　准备的物品

名 称 及 描 述	数　量
粉枕包测试	
TPTZ Iron 试剂粉枕包	2 包
比色皿,粉枕包测试用(参见"仪器详细说明")	2 个
AccuVac® 安瓿瓶测试	
低量程 TPTZ Iron 试剂 AccuVac® 安瓿瓶	1 个
烧杯,50mL	1 个
安瓿瓶塞子	1 个
比色皿,安瓿瓶测试用(参见"仪器详细说明")	1 个

注：订购信息参见"消耗品和替代品信息"。

TPTZ 法（粉枕包）测试流程

（1）选择测试程序。参照"仪器详细说明"的要求插入适配器（详细介绍请参见用户手册）。

（2）样品的测定：将样品倒入一个比色皿中，液面与 10mL 刻度线平齐。加入一包 TPTZ Iron 试剂粉枕。晃动至少 30s 使试剂粉末溶解。

（3）启动仪器定时器。计时反应 3min。计时时间内，进行步骤（4）和（5）。

（4）空白值的测定：将去离子水倒入第二个比色皿中，液面与 10mL 刻度线平齐。

（5）向步骤（4）中的空白值比色皿中加入一包 TPTZ Iron 试剂粉枕包。晃动至少 30s 使试剂粉末溶解。这就是空白值。

（6）计时时间结束后，将空白值比色皿擦拭干净，放入适配器中。

（7）按下"Zero（零）"键进行仪器调零。这时屏幕将显示:0.000mg/L Fe。

（8）将装有样品的比色皿擦拭干净，放入适配器中。按下"Read（读数）"键读取铁含量，结果以 mg/L Fe 为单位。

❶ 订购信息请参看"可选择的试剂与仪器"。

TPTZ 法（AccuVac® 安瓿瓶）测试流程

（1）选择测试程序。参照"仪器详细说明"的要求插入适配器（详细介绍请参见用户手册）。

（2）空白值的测定：将样品倒入比色皿中，液面与 10mL 刻度线平齐。

（3）样品的测定：将 TPTZ Iron 试剂 AccuVac® 安瓿瓶放入装有至少 40mL 样品的 50mL 的烧杯中，使样品充满安瓿瓶。保持安瓿瓶口浸没在样品中，直至瓶中充满样品液体。

（4）盖上盖子，迅速倒转安瓿瓶数次，以混合均匀。再用清洁的布或纸巾把瓶身上的液体和指纹擦拭干净。

（5）启动仪器定时器。计时反应 3min。

（6）计时时间结束后，将空白值比色皿擦拭干净，放入适配器中。

（7）按下"Zero（零）"键进行仪器调零。这时屏幕将显示：0.000mg/L Fe。

（8）将装有样品的安瓿瓶擦拭干净，放入适配器中。按下"Read（读数）"键读取铁含量，结果以 mg/L Fe 为单位。

干扰物质

表 6.4.15-3 中所列物质有可能对本测试产生干扰，所列浓度为抗干扰的最大浓度水平。这些物质的干扰水平是通过向 0.5mg/L 的铁标准溶液中添加干扰离子实测得到的，表中所列浓度范围内的干扰物对本测试方法不产生干扰。

表 6.4.15-3　干扰物质及建议处理方法（粉枕包法）

干扰成分	抗干扰水平及建议处理方法
镉	4.0mg/L
三价铬离子	0.25mg/L
六价铬离子	1.2mg/L
钴	0.05mg/L
铜	0.6mg/L
氰化物	2.8mg/L
锰	50.0mg/L
汞	0.4mg/L
钼	4.0mg/L
镍	1.0mg/L

干扰成分	抗干扰水平及建议处理方法
亚硝酸根离子	0.8mg/L
色度或浊度	使用粉枕包测试方法时,如果样品在没有加入 TPTZ Iron 试剂粉枕包之前就有高于空白值(去离子水中加入 TPTZ Iron 试剂的溶液)的色度或浊度,那么将此样品作为空白值
pH 值	加入的试剂后的样品 pH 值如果小于 3 或者大于 4,可能会使形成的颜色迅速退去或者造成溶液的浊度,这种情况很可能会抑制颜色的形成干扰测试。在加入试剂前先调整样品的 pH 值 (1)用 pH 试纸或者 pH 计测量样品当前的 pH 值 (2)滴加适量的不含铁的酸液,例如 1.0N 的硫酸标准溶液[①] 或 1.0N 的氢氧化钠标准溶液[①],将样品的 pH 值调整至 3～4 (3)根据样品体积增加量修正测试结果。更多详细信息请参见本水分析手册

① 订购信息请参看"可选择的试剂与仪器"。

样品的采集、保存与存储

(1) 样品采集时应使用酸液清洁过的玻璃或塑料容器。

(2) 使用硝酸(浓度大约为每升水中含 2mL 硝酸,分析纯❶)将样品的 pH 值调整至 2 或者 2 以下进行样品保存。

(3) 在室温条件下,样品最长可以保存 6 个月。

(4) 如果需要测试溶解性铁离子,样品采集后立即用 0.45 μm 的滤膜或与之相当的方式过滤,再加入硝酸保存样品。

(5) 在测试分析前,使用 5.0N 氢氧化钠标准溶液❶将样品的 pH 值调整至 3～4,但不要大于 5,否则会形成沉淀。

(6) 根据样品体积增加量修正测试结果。

准确度检查方法

(1) 粉枕包测试 标准加入法(加标法)。所需的试剂与仪器设备有:铁标准溶液,浓度为 10mg/L Fe;烧杯(3);混合量筒,50mL(3);TenSette® 移液枪及其配套的枪头。

具体步骤如下。

① 读取测试结果后,将装有样品的比色皿(尚未加入标准物质)留在仪器中。

② 在仪器菜单中选择标准添加程序。

③ 按"OK(好)"键确认标样浓度、样品体积和加标体积的默认值。按"EDIT(编辑程序)"键可以修改这些默认值。当这些值确认好后,未加标的样品读数将显示在顶端的一行。详细信息请参见用户手册。

④ 打开铁标准溶液。

⑤ 用 TenSette® 移液枪准备三个加标样。将样品倒入三个比色皿中,液面与 10mL 刻线平齐。使用 TenSette® 移液枪分别向三个比色皿中依次加入 0.1mL、0.2mL 和 0.3mL 的标准溶液,混合均匀。

⑥ 从 0.1mL 的加标样开始,按照上述 TPTZ 法(粉枕包)测试流程依次对三个加标样品进行测试。按"Read(读数)"键确认接受每一个加标样品的测试值。每个加标样都应该达到约 100% 的加标回收率。

⑦ 加标测试过程结束后,按"Graph(图表)"键将显示出根据加标数据计算得到的最佳拟

❶ 订购信息请参看"可选择的试剂与仪器"。

合曲线，说明本底干扰的存在与否。按"Ideal Line（理想线条）"键将显示出样品加标与100％回收率的"理想线条"之间的关系。

（2）AccuVac®安瓿瓶测试 标准加入法（加标法）

① 将样品倒入三个50mL的混合量筒，液面与50mL刻线平齐。使用TenSette®移液枪分别向三个量筒中依次加入0.5mL、1.0mL和1.5mL的标准溶液，盖上盖子，混合均匀。

② 分别从三个50mL混合量筒中移取40mL溶液依次加入三个50mL烧杯中。

③ 按照上述TPTZ法（AccuVac®安瓿瓶）测试流程依次对三个加标样品进行测试。

④ 按"Read（读数）"键确认接受每一个加标样品的测试值。每个加标样都应该达到约100％的加标回收率。

（3）标准溶液法。所需的试剂与仪器设备：①铁标准溶液，浓度为1mg/L Fe或100mg/L Fe；②移液管，A级，5mL；③容量瓶，A级，500mL；④去离子水。

具体步骤如下。

① 用浓度为1.0mg/L的铁标准溶液，或按照下列方法配制浓度为1.000mg/L的铁标准溶液：

a. 移取5.0mL浓度为100mg/L的铁标准溶液，加入到500mL的容量瓶中；

b. 用去离子水稀释到容量瓶的刻度线。混合均匀。每天都需要配制此标准溶液。

② 用此1.000mg/L的铁标准溶液代替样品，按照"TPTZ法（粉枕包 或 AccuVac®安瓿瓶）测试流程"进行测试。

③ 用上述步骤中配制的1.00mg/L的铁标准溶液校准标准曲线，在仪器菜单中选择标准溶液校准程序。

④ 打开标准调整界面，确认接受当前标准溶液浓度。如果使用了其他浓度的标准溶液，输入标准溶液的实际浓度，并确认用此溶液浓度校准标准曲线。混合标准样品也可以用于各种标准调整。

> **注意**：具体的程序选择操作过程请参见用户操作手册。

方法精确度

表 6.4.15-4 方法精确度

程序	标值	精确度：95％置信区间分布	灵敏度：每0.010Abs 单位变动下，浓度变动值
270	1.000mg/L Fe	0.989～1.011mg/L Fe	0.011mg/L Fe
272	1.000mg/L Fe	0.984～1.016mg/L Fe	0.012mg/L Fe

方法解释

二价铁离子（Fe^{2+}）与TPTZ Iron试剂反应使溶液呈深蓝紫色。这种指示剂中含有还原剂，用于将沉淀的或悬浮态的离子（例如铁锈）还原为Fe^{2+}。三价铁离子（Fe^{3+}）的含量可以通过总铁与Fe^{2+}的差值得到。测试结果是在波长为590nm的可见光下读取的。

消耗品和替代品信息

表 6.4.15-5 需要用到的试剂

试剂名称及描述	数量/每次测量	单位	产品订货号
TPTZ Iron 试剂粉枕包(10mL样品用) 或	1	100/pk	2608799
低量程 TPTZ Iron 试剂 AccuVac®安瓿瓶	1	25/pk	2510025

表 6.4.15-6　需要用到的仪器

设备名称及描述	数量/每次测量	单位	产品订货号
烧杯,50mL	1	每次	50041H

表 6.4.15-7　推荐使用的标准样品

标准样品名称及描述	单位	产品订货号
铁标准溶液,浓度为 100mg/L Fe	100mL	1417542
铁标准溶液,浓度为 10mg/L Fe	500mL	14049
铁标准溶液,浓度为 1mg/L Fe	500mL	13949
饮用水金属标样,低量程 Cu、Fe、Mn	500mL	2833749
饮用水金属标样,高量程 Cu、Fe、Mn	500mL	2833649
去离子水	4L	27256

表 6.4.15-8　可选择的试剂与仪器

名称及描述	产品订货号
混合量筒,50mL	189641
浓硝酸,分析纯	15249
氢氧化钠溶液,5.0N,50mL SCDB	245026
氢氧化钠标准溶液,1.0N,100mL SCDB	127032
硫酸,1.0N,100mL MDB	104532
安瓿瓶塞子,6/pk	173106
TenSette® 移液枪,量程为 0.1~1.0mL,每次	1970001
移液枪头,50/pk	2185696
容量瓶,500mL,每次	1457449
移液管,A 级,5mL,每次	1451537

6.4.16　总铁，USEPA[1]FerroVer®法[2]，方法 8008（粉枕包或 AccuVac® 安瓿瓶）

测量范围

0.02~3.00mg/L Fe。

应用范围

用于水、废水与海水中总铁的测定；测定总铁含量的样品需要消解预处理。

测试准备工作

表 6.4.16-1　仪器详细说明

仪器	比色皿方向	比色皿
DR 6000 DR 3800 DR 2800 DR 2700 DR 1900	刻度线朝向右方	2495402
DR 5000 DR 3900	刻度线朝向用户	

---

[1] USEPA 认可的废水检测方法 Federal Register，June 27，1980；45（126；43459）。

[2] 根据《水与废水标准检测方法》改编。

仪器	比色皿方向	比色皿
DR 900	刻度线朝向用户	2401906 —25mL —20mL ◆ —10mL

仪器	适配器	比色皿
DR 6000 DR 5000 DR 900	—	2427606 ◆ —10mL
DR 3900	LZV846(A)	
DR 1900	9609900 or 9609800(C)	
DR 3800 DR 2800 DR 2700	LZV584(C)	2122800 ◆ —10mL

(1) 根据 EPA 认可方法，测定总铁含量的样品需要消解预处理。用温和或者剧烈的消解方法。更多详细信息请参见本水分析手册。

(2) 为了测试结果更加准确，每一批新的试剂都应该测定试剂空白值。试剂空白的测定同样按照测试步骤进行，只是把样品换成去离子水进行测试。

(3) 测试前请先调整样品 pH 值。

(4) 对浑浊的样品，在空白值样品中加入一勺约 0.1 g 的 RoVer Rust Remover 除锈剂，晃动混合均匀。

表 6.4.16-2　准备的物品

名 称 及 描 述	数　　量
粉枕包测试	
FerroVer® Iron 试剂粉枕包	1 包
比色皿，粉枕包测试用（参见"仪器详细说明"）	2 个
AccuVac® 安瓿瓶测试	
FerroVer® Iron 试剂 AccuVac® 安瓿瓶	1 个
烧杯，50mL	1 个
安瓿瓶塞子	1 个
比色皿，安瓿瓶测试用（参见"仪器详细说明"）	1 个

注：订购信息请参看"消耗品和替代品信息"。

FerroVer® 法（粉枕包）测试流程

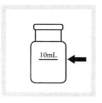

（1）选择测试程序。参照"仪器详细说明"的要求插入适配器（详细介绍请参见用户手册）。

（2）样品的测定：将样品倒入一个清洁的比色皿中，液面与10mL刻度线平齐。

（3）加入一包FerroVer® Iron 试剂粉枕包。晃动以混合均匀。

（4）启动仪器定时器。计时反应 3min。如果样品中有铁,溶液会变成橙色（如果样品中有铁锈,反应时间延长至 5min）。

（5）空白值的测定：将样品倒入第二个比色皿中,液面与10mL刻度线平齐。

（6）计时时间结束后,将空白值比色皿擦拭干净,放入适配器中。

（7）按下"Zero（零）"键进行仪器调零。这时屏幕将显示：0.00mg/L Fe。

（8）将装有样品的比色皿擦拭干净,放入适配器中。按下"Read（读数）"键读取铁含量,结果以 mg/L Fe 为单位。

FerroVer® 法（AccuVac® 安瓿瓶）测试流程

（1）选择测试程序。参照"仪器详细说明"的要求插入适配器（详细介绍请参见用户手册）。

（2）空白值的测定：将样品倒入圆形比色皿中,液面与10mL刻度线平齐。

（3）样品的测定：将 FerroVer® Iron 试剂 AccuVac® 安瓿瓶放入装有至少 40mL 样品的 50mL 的烧杯中,使样品充满安瓿瓶。保持安瓿瓶口浸没在样品中,直至瓶中充满样品液体。

（4）盖上盖子,迅速倒转安瓿瓶数次,以混合均匀。再用清洁的布或纸巾把瓶身上的液体和指纹擦拭干净。

　　少量不溶解的粉末不会影响测试结果的精确性。

（5）启动仪器定时器。计时反应3min。如果样品中有铁,溶液会变成橙色。

（6）计时时间结束后,将空白值比色皿擦拭干净,放入适配器中。

（7）按下"Zero（零）"键进行仪器调零。这时屏幕将显示：0.00mg/L Fe。

（8）将装有样品的安瓿瓶擦拭干净,放入适配器中。
　　按下"Read（读数）"键读取铁含量,结果以 mg/L Fe 为单位。

干扰物质

表 6.4.16-3　干扰物质及建议处理方法（粉枕包法）

干扰成分	抗干扰水平及建议处理方法
钙离子	以 $CaCO_3$ 计，为 10000mg/L
氯离子	185000mg/L
铜离子	不会干扰测试，因为 FerroVer® Iron 试剂中含有掩蔽剂
铁含量较高	抑制颜色的生成。稀释样品后重新测试
铁氧化物	需要温和、剧烈或用 Digesdahl 消解器进行消解预处理。消解后用氢氧化钠溶液将 pH 值调至 3～5 后再进行分析测试
镁	以 $CaCO_3$ 计，为 100000mg/L
钼酸盐	以 Mo 计，为 50mg/L
硫化物含量较高，硫离子	(1) 在通风橱或通风条件较好的环境下进行操作。在 250mL 锥形瓶中加入 100mL 样品，再加入 5mL 分析纯的盐酸①。煮沸 20min (2) 冷却。用氢氧化钠溶液①将 pH 值调整至 3～5。用去离子水将样品体积调整至 100mL (3) 用上述"FerroVer® 法（粉枕包）测试流程"或"FerroVer® 法（AccuVac® 安瓿瓶）测试流程"对上述预处理过的样品进行分析测试
浊度	(1) 在空白值样品中加入一勺约 0.1g 的 RoVer® Rust Remover 除锈剂，晃动混合均匀 (2) 用此空白值对仪器调零 (3) 如果样品仍然浑浊，在 75mL 样品中加入三勺每勺约 0.2g 的 RoVer® Rust Remover 除锈剂，放置 5min (4) 用玻璃膜过滤器①进行过滤 (5) 用所得滤液作为样品和空白值进行测试
极端 pH 值	测试前调整 pH 值至 3～5
强缓冲样品	测试前调整 pH 值至 3～5

① 订购信息请参看"可选择的试剂与仪器"。

样品的采集、保存与存储

(1) 样品采集时应使用酸液清洁过的玻璃或塑料容器。如果立即进行分析测试，不需要加酸保存。

(2) 使用硝酸（浓度大约为每升水中含 2mL 浓硝酸❶）将样品的 pH 值调整至 2 或者 2 以下进行样品保存。在室温条件下，样品最长可以保存 6 个月。

(3) 在测试分析前，使用 5.0N 氢氧化钠标准溶液将样品的 pH 值调整至 3～5。

(4) 根据样品体积增加量修正测试结果。

(5) 如果需要测试溶解性铁离子，样品采集后立即过滤，再加酸保存。

准确度检查方法

(1) 粉枕包法 标准加入法（加标法）。所需的试剂与仪器设备：铁 Voluette® 安瓿瓶标准试剂，浓度为 25mg/L；安瓿瓶开口器；TenSette® 移液枪及其配套的枪头。

① 读取测试结果后，将装有样品的比色皿（尚未加入标准物质）留在仪器中。

② 在仪器菜单中选择标准添加程序。

③ 按"OK（好）"键确认标样浓度、样品体积和加标体积的默认值。按"EDIT（编辑程序）"键可以修改这些默认值。当这些值确认好后，未加标的样品读数将显示在顶端的一行。详细信息请参见用户手册。

④ 打开铁标准试剂。

⑤ 准备一个 0.1mL 加标样：在未加标的样品中加入 0.1mL 的标准溶液。启动定时器。计时时间结束后，读数。

---

❶ 订购信息请参看"可选择的试剂与仪器"。

⑥ 准备一个 0.2mL 加标样：在 0.1mL 加标样中再加入 0.1mL 的标准溶液。启动定时器。计时时间结束后，读数。

⑦ 准备一个 0.3mL 加标样：在 0.2mL 加标样中继续加入 0.1mL 的标准溶液。启动定时器。计时时间结束后，读数。每个加标样都应该达到约 100％ 的加标回收率。

⑧ 加标测试过程结束后，按"Graph（图表）"键将显示出根据加标数据计算得到的最佳拟合曲线，说明本底干扰的存在与否。按"Ideal Line（理想线条）"键将显示出样品加标与 100％ 回收率的"理想线条"之间的关系。

（2）AccuVac® 安瓿瓶测试 标准加入法（加标法）

① 将样品倒入三个 50mL 的混合量筒中，液面与 50mL 刻线平齐。用 TenSette® 移液枪分别向三个量筒中依次加入 0.2mL、0.4mL 和 0.6mL 的标准溶液，盖上盖子，混合均匀。

② 分别从三个 50mL 混合量筒中移取 40mL 溶液依次加入三个 50mL 烧杯中。

③ 用上述"FerroVer® 法（AccuVac® 安瓿瓶）测试流程"依次对三个加标样品进行测试。

④ 按"Read（读数）"键确认接受每一个加标样品的测试值。每个加标样都应该达到约 100％ 的加标回收率。

（3）标准溶液法。所需的试剂与仪器设备：铁标准溶液，浓度为 100mg/L Fe；移液管，A级，2mL；容量瓶，A级，100mL；去离子水。

① 按照下列方法配制浓度为 2.00mg/L Fe 的铁标准溶液。

a. 移取 2.00mL 浓度为 100mg/L Fe 的铁标准溶液，加入到 100mL 的容量瓶中。

b. 用去离子水稀释到容量瓶的刻度线。混合均匀。每天都需要配制此标准溶液。

② 用此 2.00mg/L Fe 的铁标准溶液代替样品，按照"FerroVer® 法（粉枕包）测试流程"进行测试。

③ 用上述步骤中配制的 2.00mg/L Fe 的铁标准溶液校准标准曲线，在仪器菜单中选择标准溶液校准程序。

④ 打开标准调整界面，确认接受当前标准溶液浓度。如果使用了其他浓度的标准溶液，输入标准溶液的实际浓度，并确认用此溶液浓度校准标准曲线。混合标准样品也可以用于各种标准调整。

注意：具体的程序选择操作过程请参见用户操作手册。

方法精确度

表 6.4.16-4　方法精确度

程序	标值	精确度： 95％置信区间分布	灵敏度：每 0.010Abs 单位变动下，浓度变动值
265	2.00mg/L Fe	1.99～2.01mg/L Fe	0.021mg/L Fe
267	2.00mg/L Fe	1.98～2.02mg/L Fe	0.023mg/L Fe

方法解释

FerroVer® Iron 试剂将样品中所有的溶解性铁和大部分不溶解的铁都转化成为了溶解性的二价铁离子（Fe^{2+}）。Fe^{2+} 和试剂中的 1,10-邻二氮杂菲指示剂反应后使溶液呈橙色。颜色的深浅和其中铁含量成正比例关系。测试结果是在波长为 510nm 的可见光下读取的。

消耗品和替代品信息

表 6.4.16-5　需要用到的试剂

试剂名称及描述	数量/每次测量	单位	产品订货号
FerroVer® Iron 试剂粉枕包（10mL 样品用） 或	1	100/pk	2105769

试剂名称及描述	数量/每次测量	单位	产品订货号
FerroVer® Iron 试剂 AccuVac® 安瓿瓶	1	25/pk	2507025

表 6.4.16-6　需要用到的仪器（AccuVac® 安瓿瓶测试用）

设备名称及描述	数量/每次测量	单位	产品订货号
烧杯，50mL	1	每次	50041H
安瓿瓶塞子	1	6/pk	173106

表 6.4.16-7　推荐使用的标准样品

标准样品名称及描述	单位	产品订货号
铁标准溶液，浓度为 100mg/L Fe	100mL	1417542
铁标准溶液，浓度为 25mg/L Fe，10mL AccuVac® 安瓿瓶	16/pk	1425310
饮用水金属标样，低量程 Cu，Fe，Mn	500mL	2833749
饮用水金属标样，高量程 Cu，Fe，Mn	500mL	2833649
去离子水	4L	27256
TenSette® 移液枪，量程为 0.1~1.0mL	每次	1970001
与 TenSette® 移液枪 19700-01 配套的移液枪头	50/pk	2185696
与 TenSette® 移液枪 19700-01 配套的移液枪头	1000/pk	2185628
容量瓶，A 级，100mL	每次	1457442
移液管，A 级，2mL	每次	1451536

表 6.4.16-8　可选择的试剂与仪器

名称及描述	单位	产品订货号
烧杯	50mL	50041H
混合量筒	50mL	189641
浓盐酸	500mL	13449
浓硝酸	500mL	15249
氢氧化钠标准溶液，5.0N	100mL	245032
玻璃膜过滤器滤膜，47mm	100/pk	253000
玻璃膜过滤器固定架	—	234000
RoVer® Rust Remover 除锈剂	454g	30001
称量勺，0.1g	—	51100

6.4.17　微量铁（总），Ferrozine®法[1]，方法8147（Ferrozine 试剂溶液）

测量范围

1~100μg/L Fe（10cm）。

应用范围

用于超纯水。

测试准备工作

表 6.4.17-1 中列出了不同型号仪器的详细要求。使用这张详细说明表时，首先选择合适的仪器型号，然后找到对应的在测试过程中所需要的详细信息。

---

[1]　改编自 Stookey, L. L., *Anal. Chem.*, 42 (7), 779 (1970)。

表 6.4.17-1 仪器详细说明

仪器型号	适配器	比色皿
DR 6000	LZV887	2629201
DR 5000	LZY421	

（1）该测试极易由于污染产生误差。确保样品和仪器未被污染过。污染源包括：纸巾，实验室擦拭纸，硬纸板，滤纸，移液枪头，水，瓶子，瓶盖。

（2）在测试之前，小心将 Ferrozine 铁试剂从瓶中倒入清洁的滴瓶里。这个步骤将降低因瓶底残渣而引入的污染。请勿将残渣倒入滴瓶中。安全处理这些含有残渣的废液。

（3）空白和水样使用同一批次的试剂。

（4）在第一次测试前，在 2 支 20mm 消解试管上分别做一个 15-mL 记号线。用移液枪（用去离子水润洗枪头）分别移取 15mL 去离子水放进这 2 支 20mm 消解试管里。用记号笔在液面处做好记号。在测试程序里需要用到 15-mL 记号线。

（5）在第一次测试前，用 1∶1 的盐酸和去离子水清洗所有的玻璃仪器，再用去离子水充分润洗。

（6）在第一次测试前，清洗 20mm 消解试管。将清洗试剂（去离子水和铁试剂）倒入消解试管，消解 24h。储存这些消解管时，确保消解管里存有清洗试剂。

（7）每次测试都需准备新的空白对照，不要用之前的空白来做测试。

（8）该测试对吸光度的变化敏感，小于 0.001 的吸光度值变化都会影响结果。在测试前，等待 30min，让仪器稳定。将仪器设置为"连续读数"。用空气（不放置比色皿）置零。时刻观察吸光度值的变化。当吸光度值不再变化时，方可开始测试。

（9）确保适配器正确安装，无法晃动。若适配器晃动，会产生很大误差。插入或移走适配器时轻拿轻放，避免适配器发生松动。

当比色皿调换方向时，可能会产生 0.003 个单位的吸光度的变化。确保每次测试时，比色皿的朝向一致。空白和样品测试时，请使用同一个比色皿。

（10）测试时请使用通风橱。

（11）在运输过程中，Ferrozine® 铁试剂可能会因为低温而结晶或沉淀，但这不影响测试。将试剂枕包浸泡在温水中，试剂会重新溶解。

（12）请仔细阅读试剂的 MSDS，实验时使用个人防护装备。

表 6.4.17-2 准备的物品

名称及描述	数量
Ferrozine® 铁试剂溶液	0.3mL
DRB200 消解器	1
消解试管,20mm	2
滴瓶,59mL	1
移液枪,0.2-1.0 和 1.0-5.0 的枪头	少量
比色皿(请参见表 6.4.17-1)	1

注：订购信息参见"消耗品和替代品信息"。

消解流程

（1）打开 DRB200，将温度设置到 150℃。

（2）空白的准备：将 15mL 去离子水倒入一支 20mm 的消解试管中。

（3）样品的准备：将 15mL 水样倒入另一支 20mm 的消解试管中。

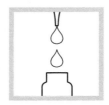

（4）用滴瓶往 2 支试管中各滴加 10 滴 Ferrozine® 铁试剂溶液。

（5）盖紧试管，上下颠倒摇晃均匀。

（6）将试管放入 DRB200 里，盖上盖子。

（7）计时消解 30min。

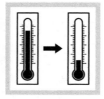

（8）消解结束后，小心取出消解试管。待温度降到室温，待测。

测试流程

（1）选择测试程序 268Total Iron, Ferrozine。参照仪器详细说明的要求插入适配器（详细介绍请参见用户手册）。

（2）将消解完成的空白倒入 10cm 比色皿中。

（3）将比色皿擦拭干净。

（4）将比色皿放进适配器里。

（5）按下"Zero（零）"键。这时屏幕将显示：0.0μg/LFe.

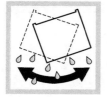

（6）将空白倒出。左右甩动比色皿将多余的液体倒出。

（7）将消解完成的水样倒入 10cm 比色皿里，请使用同一个比色皿。

（8）将比色皿擦拭干净。

（9）将比色皿放入适配器中。

（10）按下"Read（读数）"键，结果以 μg/LFe 为单位。

干扰物质

表 6.4.17-3　干扰物质

干扰成分	抗干扰水平及处理方法
强螯合剂（EDTA）	任何浓度水平下均干扰测试
钴	产生微小的正误差
铜	产生微小的正误差

准确度检查方法

(1) 标准加入法（空白加标）。所需的试剂与仪器有：

① 铁标准溶液，浓度为 1mg/L Fe；

② 0.2～1.0mL 移液枪；

③ 配套枪头。

步骤如下。

① 读取一个空白样，将装有空白的比色皿（尚未加入标准物质）留在仪器中。

② 在仪器菜单中选择标准添加程序。

③ 选择标样浓度、样品体积和加标体积的默认值。

④ 将装有空白样的比色皿放入适配器，按"ZERO（零）"键。

⑤ 准备 3 个加标空白：使用移液枪向比色皿中分别加入 0.1mL，0.2mL 和 0.3mL 的标准物质至 15mL 刻度线，混合均匀。

⑥ 从 0.1mL 的加标空白开始，按照上述样品测试步骤依次对三个加标样品进行测试。

⑦ 按"Graph（图表）"键对比测试结果与真实值。

　　注意：如果测试结果与标准值相差甚远，看看样品体积和空白加标是否正确。所选择的样品体积和空白加标要与标准添加程序菜单里的选择一致。如果结果超过可接受的限值，说明结果可能含有干扰。

(2) 标准溶液法。所需的试剂与仪器有：

① 1mg/L 铁标准溶液；

② 6.0N 盐酸溶液；

③ 500mL 容量瓶，A 级；

④ 移液管，A 级，5mL。

　　注意：具体的程序选择操作过程请参见用户操作手册。

步骤如下。

① 按照下列方法配制浓度为 $10\mu g/L$ 的铁标准溶液：

a. 向容量瓶中倒入约 300mL 去离子水。

b. 移取 1mL 6.0N 的盐酸溶液加入到此容量瓶中。

c. 再移取 5.00mL 1mg/L 的铁标准溶液，加入到此容量瓶中。

d. 用去离子水稀释到容量瓶的刻度线，摇晃瓶身以混合均匀。该标准液每次测试时需重新配制。

② 按照上述标准测试流程，对 $10\mu g/L$ 的铁标准溶液进行测试。

③ 将测得的结果对比真实值。测得结果应该约为 $10\mu g/L$。

方法精确度

表 6.4.17-4　方法精确度

程序号	标样浓度	精确度： 具有95%置信度的浓度区间	灵敏度： 每0.010Abs吸光度改变时的浓度变化
268	10μg/L Fe	9.6～10.4μg/L Fe	2.1μg/L Fe

方法解释

在 pH 值为 3.5 的缓冲溶液中，样品中痕量的铁和 Ferrozine® 铁试剂反应形成的配合物使溶液呈紫色。本方法适用于测定高纯水中痕量水平的铁。本方法可用于检测含有非水溶性铁化合物，如磁铁或氧化铁。这些铁化合物可通过消解的方法变成溶解性铁离子。测试结果是在波长为 562nm 的可见光下读取的。

消耗品和替代品信息

表 6.4.17-5　需要用到的试剂

试剂名称及描述	数量/每次测量	单位	产品订货号
Ferrozine® 铁试剂溶液	1mL	500mL	230149

表 6.4.17-6　需要用到的仪器设备

设备名称及描述	数量/每次测量	单位	产品订货号
滴瓶	59mL	6/pk	2937606
DRB200 消解器,12×13mm 和 8×20mm 孔,115V	1	每次	DRB200-04
DRB200 消解器,12×13mm 和 8×20mm 孔,230V	1	每次	DRB200-08
消解试管,20mm	2	5/pk	LZP065

表 6.4.17-7　推荐使用的标准样品与仪器

名称及描述	单位	产品订货号
铁标准溶液,浓度为 1mg/L Fe	500mL	13949
容量瓶,A 级,500mL,玻璃	每次	1457449
盐酸,1∶1,6N,500mL	每次	88449
移液枪,体积可调,0.2～1.0mL	每次	BBP078
移液枪,体积可调,1.0～5.0mL	每次	BBP065
移液枪,体积可调,包括一把 0.2～1.0mL,一把 1.0～5.0mL 以及少量配套枪头	每次	LZP320
移液枪头,与 0.2～1.0mL 移液枪配套	100/pk	BBP079
移液枪头,与 1.0～5.0mL 移液枪配套	75/pk	BBP068
移液管,A 级,5.00mL	每次	1451537
定量过滤器,安全灯泡	每次	1465100

6.4.18　钾，四苯硼盐法，方法 8049（粉枕包）

测量范围

0.1～7.0mg/L K。

应用范围

用于水、废水与海水中钾的测定。

测试准备工作

表 6.4.18-1　仪器详细说明

仪器	比色皿方向	比色皿
DR 6000 DR 3800 DR 2800 DR 2700 DR 1900	刻度线朝向右方	2495402
DR 5000 DR 3900	刻度线朝向用户	

（1）程序 905 中有钾的标准曲线；但是由于每批新的钾 3 试剂之间有存在差异的可能，为了测试结果更加准确，建议每更换一批新的试剂后重新建立标准曲线。按照"标准曲线的绘制"中的指示准备和保存新建立好的标准曲线。

（2）高色度或浑浊的样品请先过滤后再进行测试。

（3）有关防止污染和废弃物管理的信息请参见现行的化学品安全技术说明书（MSDS）。

（4）测试结束后，用肥皂和试管刷清洗比色皿。

表 6.4.18-2　准备的物品

名称及描述	数　　量
Potassium 1 试剂粉枕包	1 包
Potassium 2 试剂粉枕包	1 包
Potassium 3 试剂粉枕包	1 包
剪刀	1 把
混合量筒，25mL	1 个
容量瓶，A 级，100mL	8 个
TenSette® 移液枪，及其配套的移液枪头，量程为 0.1～1.0mL	根据需要而定
比色皿（请参见"仪器详细说明"）	2 个
去离子水	根据需要而定

注：订购信息请参看"消耗品和替代品信息"。

四苯硼盐法（粉枕包）测试流程

  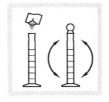  

（1）选择测试程序。参照"仪器详细说明"的要求插入适配器（详细介绍请参见用户手册）。

（2）将样品倒入 25mL 混合量筒中，液面与 25mL 刻度线平齐。

（3）加入一包 Potassium 1 试剂粉枕包。再加入一包 Potassium 2 试剂粉枕包。盖上盖子，倒转数次以混合均匀。

（4）待溶液澄清后，再加入一包 Potassium 3 试剂粉枕包。盖上盖子，倒转数次并摇晃 30s。

（5）启动仪器定时器。计时反应 3min。

（6）样品的测定：将至少 10mL 混合量筒中的溶液倒入一个方形比色皿中。

（7）空白值的测定：计时时间结束后，将 10mL 没有反应过的样品倒入第二个方形比色皿中。

（8）将测试流程（7）中空白值的比色皿擦拭干净，并将它放入适配器中。

（9）按下"Zero（零）"键进行仪器调零。这时屏幕将显示：0.0mg/L K。

（10）在仪器定时器运行结束后的 7min 内，将测试流程（6）中准备的样品比色皿擦拭干净，并将它放入适配器中。

（11）按下"Read（读数）"键读取钾含量，结果以 mg/L K 为单位。

干扰物质

表 6.4.18-3 中所列的物质都经过实际测试，在所列浓度范围以内不会对测试产生干扰。如果所含干扰物质浓度超出所列范围，请进行干扰物研究以确定在所含浓度范围内是否会对测试造成影响。

表 6.4.18-3　干扰物质

干扰成分	抗干扰水平	干扰成分	抗干扰水平
铵态氮	以 N 计，15mg/L	氯	15000mg/L
钙	以 $CaCO_3$ 计，7000mg/L	镁	以 $CaCO_3$ 计，6000mg/L

样品的采集、保存与存储

（1）样品采集时应使用酸液清洁过的塑料瓶。

（2）使用硝酸（浓度大约为每升水中含 2mL 硝酸）将样品的 pH 值调整至 2 或 2 以下进行样品保存。

（3）在室温条件下，样品最长可以保存 6 个月。

（4）在测试分析前，使用 5.0N 氢氧化钠标准溶液❶将样品的 pH 值调整至 4～5。

（5）请不要在样品瓶中使用 pH 计测试样品的 pH 值，因为 pH 计电极的填充溶液会给样品中引入钾。

（6）使用 pH 试纸或者将样品倒入另一个烧杯中测试 pH 值。

（7）根据样品体积增加量修正测试结果。

准确度检查方法——标准加入法（加标法）

所需的试剂与仪器设备有：钾 Voluette® 安瓿瓶标准试剂，浓度为 250mg/L K；安瓿瓶开瓶器；TenSette® 移液枪；混合量筒，三个。

具体步骤如下。

（1）读取测试结果后，将装有样品的比色皿（尚未加入标准物质）留在仪器中。

（2）在仪器菜单中选择标准添加程序。

（3）确认标样浓度、样品体积和加标体积的默认值后，未加标的样品读数将显示在顶端的一

---

❶ 订购信息请参看"可选择的试剂与仪器"。

行。具体的程序选择操作过程请参见用户操作手册。

（4）打开浓度为 250mg/L K 的钾 Voluette®安瓿瓶标准试剂。

（5）准备三个加标样。将样品倒入三个 25mL 的混合量筒中，液面与 25mL 刻线平齐。使用 TenSette®移液枪分别向三个量筒中依次加入 0.1mL、0.2mL 和 0.3mL 的标准物质，盖上盖子，混合均匀。

（6）从 0.1mL 的加标样开始，按照上述四苯硼盐粉枕包法测试步骤依次对三个加标样品进行测试。

（7）加标测试过程结束后，按"Graph（图表）"键将显示出根据加标数据计算得到的最佳拟合曲线，说明本底干扰的存在与否。按"Ideal Line（理想线条）"键将显示出样品加标与 100％回收率的"理想线条"之间的关系。

注意： 此检查方法流程只适用于储存程序 905，不适用于用户自建程序。

标准曲线的绘制

储存程序 905 中有此方法的标准曲线。但为了测试结果更加准确，建议每更换一批新的试剂后重新建立标准曲线。按照下列步骤配制浓度为 1mg/L、2mg/L、3mg/L、4mg/L、5mg/L、6mg/L、7mg/L 和 8mg/L 的钾标准溶液。

（1）用 TenSette®移液枪分别向八个 100mL 的 A 级容量瓶中依次加入 1.0mL、2.0mL、3.0mL、4.0mL、5.0mL、6.0mL、7.0mL 和 8.0mL 浓度为 100mg/L 的钾标准溶液。

（2）用去离子水稀释到刻度线，并混合均匀。

参见用户手册中的仪器详细说明，进入用户输入程序界面。

（1）进入用户程序界面。

（2）第一次建立钾标准曲线时，设置一个新的程序编号。

（3）给钾测试程序输入一个名称。

（4）按照下列指标进行参数设置。

- 程序类型：单波长
- 单位：mg/L
- 波长 1（nm）：650
- 浓度分辨率：0.1
- 化学计量表达形式：K
- 校准：识读标准

（5）按照下列指标进行参数设置。

- 上限：On，8.0
- 下限：On，−0.2
- 定时器 1：定时 3min
- 标准曲线公式：C＝a＋bA＞编辑＞确定

（6）在左边的一列从 0.0 开始输入标样的浓度。

（7）输入所有的标样浓度后，选择与 0.0mg/L 对应的浓度行。

（8）放入去离子水的空白值比色皿，将仪器调零。

（9）按照上述钾测试方法中的步骤，将第一个标准样品放入适配器中测试。选择与其对应的浓度行读取浓度值，并用同样的方法对每一个标样进行测试。

（10）如果曲线可取，则退出程序。为了获得最适合的标准曲线，可以重复上述步骤直至得到满意的标线。有最大的 r^2 值的标准曲线基本上可以认为是最适合的标准曲线。选择最适合的标准曲线后，退出程序。

方法精确度

表 6.4.18-4　方法精确度

程序	标值	精确度：95％置信区间分布	灵敏度：每 0.010Abs 单位变动下,浓度变动值
905	5.0mg/L K	4.7～5.3mg/L K	0.1mg/L K

方法解释

样品中的钾和四苯硼酸钠反应生成四苯硼酸钾，一种不溶于水的白色固体。此溶液的浊度和其中的含钾量成正比例关系。测试结果是在波长为650nm的可见光下读取的。

消耗品和替代品信息

表 6.4.18-5　需要用到的试剂

试剂名称及描述	数量/每次测量	单位	产品订货号
钾试剂组件(100 次测试)	—	—	2459100
钾试剂1号粉枕包	1	25/pk	1432198
钾试剂2号粉枕包	1	25/pk	1432298
钾试剂3号粉枕包	1	100/pk	1432399
去离子水	根据需要而定	4L	27256

表 6.4.18-6　需要用到的仪器

设备名称及描述	数量/每次测量	单位	产品订货号
混合量筒,25mL	1	每次	189640
容量瓶,A级,100mL	8	每次	1457442
移液枪,TenSette®,量程为 1~10mL	1	每次	1970010
与产品 19700-10 配套的移液枪头	根据需要而定	50/pk	2199796

表 6.4.18-7　推荐使用的标准样品

标准样品名称及描述	单位	产品订货号
钾标准溶液,浓度为 100mg/L K	100mL	1417442
钾标准溶液,浓度为 10mg/L K	100mL	2305842
钾标准溶液,10mLVoluette®安瓿瓶装,浓度为 50mg/L K	16/pk	1479210
Voluette®安瓿瓶开口器	每次	2196800

表 6.4.18-8　可选择的试剂与仪器

名称及描述	单位	产品订货号
硝酸,1+1	500mL	254049
氢氧化钠标准溶液,5.0N	50mL	245026
pH 试纸,测量范围为 0~14	100/pk	2601300
与移液枪 TenSette® 19700-10 [1] 配套的移液枪头	250/pk	2199725
TenSette®移液枪,量程为 0.1~1.0mL	每次	1970001
与移液枪 TenSette® 19700-10 配套的移液枪头	50/pk	2185696
与移液枪 TenSette® 19700-10 配套的移液枪头	1000/pk	2185628
带盖的样品瓶,低密度聚乙烯,250mL	12/pk	2087076
试管刷	每次	69000
Liqui-nox 无磷清洁剂	946mL	2088153

[1] 也可以适用其他量程范围的移液枪。

6.4.19　锰，PAN法[●]，方法8149（粉枕包）

低浓度测量范围

0.006~0.700mg/L Mn（低量程）。

应用范围

用于水与废水中锰的测定；测试总锰需要对样品进行消解预处理。

● 改编自 Goto, K., et al., Talanta, 24, 652-3 (1977)。

测试准备工作

表 6.4.19-1　仪器详细说明

仪器	比色皿方向	比色皿
DR 6000 DR 3800 DR 2800 DR 2700 DR 1900	刻度线朝向右方	2495402
DR 5000 DR 3900	刻度线朝向用户	
DR 900	刻度线朝向用户	2401906

（1） 测试前请用 1＋1 的硝酸和去离子水清洗所有的玻璃仪器。

（2） 测试过程中使用的碱性氰化物溶液中含有氰化物。氰化物的溶液被美国联邦政府的"资源保护和恢复法案"（RCRA）规定为危险废弃物。氰化物应该收集起来按照类型编号为 D003 的反应物进行处理处置。确保氰化物溶液储存在 pH 值大于 11 的强腐蚀性溶液中，以防止氰化氢气体的泄漏。详细的处理处置信息请参见当前的化学品安全说明书（MSDS）。

（3） 如果要测试样品的总锰，需要先进行样品消解预处理。更多详细信息请参见本水分析手册。

表 6.4.19-2　准备的物品

名　称　及　描　述	数　　量
Alkaline Cyanide 试剂溶液	12 滴
Ascorbic Acid 粉枕包	2 包
PAN 指示剂溶液,0.1%	12 滴
去离子水	10mL
比色皿（请参见"仪器详细说明"）	2 个
比色皿塞子	2 个

注：订购信息请参看"消耗品和替代品信息"。

PAN 法（粉枕包）测试流程

（1）选择测试程序。参照"仪器详细说明"的要求插入适配器（详细介绍请参见用户手册）。

（2）空白值的测定：将 10.0mL 去离子水倒入一个比色皿中。
如果要测试样品的总锰，需要先进行样品消解预处理。

（3）样品的测定：将 10.0mL 样品倒入第二个比色皿中。

（4）分别向两个比色皿中各加入一包 Ascorbic Acid 粉枕包。

（5）盖上塞子。倒转比色皿数次使粉末溶解。

（6）分别向两个比色皿中再各加入 12 滴 Alkaline Cyanide 试剂溶液，轻轻地摇晃以混合均匀。

此时，溶液应产生浑浊。此浑浊在步骤（7）后会消失。

（7）分别向两个比色皿中再各加入 12 滴 0.1% 的 PAN 指示剂溶液，轻轻地摇晃以混合均匀。

如果样品中有锰，此时样品溶液应呈橙色。

（8）启动仪器定时器。计时反应 2min。

（9）计时时间结束后，将空白值的比色皿擦拭干净，并将它放入适配器中。

（10）按下"Zero（零）"键进行仪器调零。这时屏幕将显示：0.000mg/L Mn。

（11）将装有样品的比色皿擦拭干净，放入适配器中。

（12）按下"Read（读数）"键读取锰含量，结果以 mg/L Mn 为单位。

干扰物质

以 $CaCO_3$ 计，如果样品中的硬度大于 300mg/L $CaCO_3$，在步骤（4）加入 Ascorbic Acid 粉枕包之后，再加入 10 滴酒石酸钾溶液。

表 6.4.19-3　干扰物质

干扰成分	抗干扰水平及处理方法
铝	20mg/L
镉	10mg/L
钙	以 $CaCO_3$ 计，为 1000mg/L
钴	20mg/L
铜	50mg/L
铁	25mg/L［如果样品中含有大于或等于 5mg/L 的铁，将步骤（8）中的反应计时时间调整为 10min］
铅	0.5mg/L
镁	以 $CaCO_3$ 计，为 300mg/L
镍	40mg/L
锌	15mg/L

样品的采集、保存与存储

（1）样品采集时应使用清洁的塑料容器。

（2）如果采样后不能立即进行分析测试，请使用硝酸（浓度大约为每升水中含 2mL 浓硝酸）将样品的 pH 值调整至 2 或者 2 以下以保存样品。

（3）在室温条件下，样品最长可以保存 6 个月。

（4）测试分析前，请先使用 5.0N 氢氧化钠溶液将样品的 pH 值调整至 4～5。

（5）根据样品体积增加量修正测试结果。

准确度检查方法

（1）标准加入法（加标法）。

准确度检查所需的试剂与仪器：锰 PouRite® 安瓿瓶标准试剂，浓度为 10mg/L Mn；混合量筒，三个；PouRite® 安瓿瓶开口器；TenSette® 移液枪及配套的枪头。

具体步骤如下。

① 读取测试结果后，将装有样品的比色皿（尚未加入标准物质）留在仪器中。

② 在仪器菜单中选择标准添加程序。

③ 按"OK（好）"键确认标样浓度、样品体积和加标体积的默认值。按"EDIT（编辑程序）"键可以修改这些默认值。当这些值确认好后，未加标的样品读数将显示在顶端的一行。更多详细信息请参见用户手册。

④ 打开浓度为 10mg/L Mn 的锰 PouRite® 安瓿瓶标准试剂。

⑤ 用 TenSette® 移液枪准备三个加标样。将样品倒入三个混合量筒中，液面与 10mL 刻度线平齐。使用 TenSette® 移液枪分别向三个比色皿中依次加入 0.1mL、0.2mL 和 0.3mL 的标准物质，盖上塞子，混合均匀。

⑥ 从 0.1mL 的加标样开始，按照上述测试流程依次对三个加标样品进行测试。按"Read（读数）"键确认接受每个加标样品的测试值。

⑦ 加标测试过程结束后，按"Graph（图表）"键将显示出根据加标数据计算得到的最佳拟合曲线，说明本底干扰的存在与否。按"Ideal Line（理想线条）"键将显示出样品加标与 100% 回收率的"理想线条"之间的关系。每个加标样都应该达到约 100% 的加标回收率。

（2）标准溶液法。所需的试剂与仪器设备有：锰 Voluette® 标准溶液，浓度为 250mg/L Mn；去离子水；容量瓶，A 级，1000mL；移液管，A 级，2mL；TenSette® 移液枪及配套的枪头。

具体步骤如下。

① 按照下列方法配制浓度为 0.5mg/L 的锰标准溶液。

a. 移取 2.0mL 浓度为 250mg/L 的锰标准溶液，加入到 1000mL 的容量瓶中。

b. 用去离子水稀释到容量瓶的刻度线。混合均匀。每天都需要配制此标准溶液。

② 用此标准溶液代替样品按照上述测试流程进行测试。

③ 用当天配制的 0.5mg/L 的锰标准溶液校准标准曲线，在仪器菜单中选择标准溶液校准程序。

④ 打开标准调整界面，确认接受当前标准溶液浓度。如果使用了其他浓度的标准溶液，输入标准溶液的实际浓度，并确认用此溶液浓度校准标准曲线。

注意：具体的程序选择操作过程请参见用户操作手册。

方法精确度

表 6.4.19-4　方法精确度

程序号	标样浓度	精确度 具有 95% 置信度的浓度区间	灵敏度 每 0.010Abs 吸光度改变时的浓度变化
290	0.500mg/L Mn	0.491～0.509mg/L Mn	0.006mg/L Mn

方法解释

用 PAN 法测试低浓度的锰含量是一种灵敏且快速的方法。最初加入的 Ascorbic Acid 粉枕包中含有的抗坏血酸用于将所有以氧化态形式存在的锰都还原为二价锰离子（Mn^{2+}）。然后滴加的碱性氰化物试剂是为了掩蔽可能存在的干扰离子。再加入的 PAN 指示剂和 Mn^{2+} 反应形成一种橙色的配合物。测试结果是在波长为 560nm 的可见光下读取的。

消耗品和替代品信息

表 6.4.19-5　需要用到的试剂

试剂名称及描述	数量/每次测量	单位	产品订货号
锰试剂组件,10mL样品量用(50次测试)	—	—	2651700
Alkaline Cyanide 试剂溶液	12 滴	50mL SCDB	2122326
Ascorbic Acid 粉枕包	2	100/pk	1457799
PAN 指示剂溶液,0.1%	12 滴	50mL SCDB	2122426
去离子水	10mL	4L	27256

表 6.4.19-6　需要用到的仪器

仪器名称及描述	数量/每次测量	单位	产品订货号
比色皿塞子	1	6/pk	173106

表 6.4.19-7　推荐使用的标准样品

标准样品名称及描述	单位	产品订货号
锰标准溶液,2mL PourRite® 安瓿瓶,浓度为 10mg/L Mn	20/pk	2605820
锰标准溶液,10mLVoluette® 安瓿瓶,浓度为 250mg/L Mn	16/pk	1425810
10mLVoluette® 安瓿瓶开口器	每次	2196800
2mL PourRite® 安瓿瓶开口器	每次	2484600

表 6.4.19-8　可选择的试剂与仪器

名　称　及　描　述	单位	产品订货号
混合量筒,25mL	每次	2088640
浓硝酸	500mL	15249
TenSette® 移液枪,量程为 0.1～1.0mL	每次	1970001
与移液枪 19700-01 配套的枪头	50/pk	2185696
酒石酸钾溶液	29mL	172533
5.0N 氢氧化钠溶液	100mL	245032
比色皿塞子	25/pk	173125
pH 试纸,量程范围为 0～14	100/pk	2601300
与移液枪 19700-01 配套的枪头	1000/pk	2185628
TenSette® 移液枪,量程为 1.0～10.0mL	每次	1970010
与移液枪 19700-01 配套的枪头	250/pk	2199725
与移液枪 19700-01 配套的枪头	50/pk	2199796
容量瓶,A 级,1000mL	每次	1457453
移液管,A 级,2mL	每次	1451536
2mL PourRite® 安瓿瓶开口器	每次	2484600
锰标准溶液,浓度为 10mg/L Mn,2mL PourRite® 安瓿瓶	20/pk	2112820

6.4.20　锰，USEPA[1] 高碘酸盐法[2]，方法 8034（粉枕包）

高浓度测量范围

0.1～20.0mg/L Mn（高量程）。

应用范围

用于水与废水中的溶解性锰测定。

---

[1] USEPA 认可的废水检测方法（需要消解）Federal Register, 44 (116) 34 193 (June 14, 1979)。

[2] 根据《水与废水标准检测方法》改编。

测试准备工作

表 6.4.20-1 仪器详细说明

仪器	比色皿方向	比色皿
DR 6000 DR 3800 DR 2800 DR 2700 DR 1900	刻度线朝向右方	2495402
DR 5000 DR 3900	刻度线朝向用户	
DR 900	刻度线朝向用户	2401906

(1) 废水分析测试前需要进行样品消解预处理。

(2) 如果只要测试溶解性锰，采集样品后立即过滤，再加酸保存。

(3) 为了测试结果更加准确，每一批新的试剂都应该测定试剂空白值。试剂空白的测定同样按照测试步骤进行，只是把样品换成去离子水进行测试。从最后的测试结果中将试剂空白值扣除，或者调整仪器的试剂空白。

表 6.4.20-2 准备的物品

名称及描述	数量
高量程锰试剂组件	1 套
比色皿（请参见"仪器详细说明"）	2 个

注：订购信息请参看"消耗品和替代品信息"。

高碘酸盐法（粉枕包）测试流程

（1）选择测试程序。参照"仪器详细说明"的要求插入适配器（详细介绍请参见用户手册）。

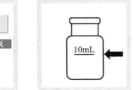

（2）样品的测定：将 10mL 样品倒入一个比色皿中。

（3）向比色皿中加入一包用于锰测试的柠檬酸盐型 Buffer 粉枕包。

（4）盖上塞子。反复倒转量筒数次以混合均匀。

（5）再向比色皿中加入一包 Sodium Periodate 粉枕包。

（6）盖上塞子。反复倒转量筒数次以混合均匀。
如果样品中有锰，此时溶液应呈紫色。

（7）启动仪器定时器。计时反应 2min。

（8）空白值的测定：将 10mL 样品倒入第二个比色皿中。

（9）计时时间结束后，将空白值的比色皿擦拭干净，并将它放入适配器中。

（10）按下"Zero（零）"键进行仪器调零。这时屏幕将显示：0.0mg/L Mn。

 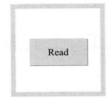

(11)在计时时间结束后的 8min 之内，装有样品的比色皿擦拭干净，放入适配器中。

(12)按下"Read（读数）"键读取锰含量，结果以 mg/L Mn 为单位。

干扰物质

表 6.4.20-3　干扰物质

干扰成分	抗干扰水平及处理方法
钙	700mg/L
氯化物	70000mg/L
铁	5mg/L
镁	100000mg/L
pH 值	强缓冲样品或极端 pH 值的样品可能会超出试剂的缓冲能力，需要对样品进行预处理

样品的采集、保存与存储

(1) 样品采集时应使用酸液清洁过的塑料瓶。请不要使用可能对锰有任何吸收的玻璃容器。

(2) 酸化保存的样品在测试分析前，请先使用 5.0mol/L 氢氧化钠溶液将样品的 pH 值调整至 4～5。

(3) 调整 pH 值时请确保 pH 值不大于 5，否则会使锰形成沉淀。

(4) 根据样品体积增加量修正测试结果。

准确度检查方法

(1) 标准加入法（加标法）。准确度检查所需的试剂与仪器有：锰 Voluette® 安瓿瓶标准试剂，浓度为 250mg/L Mn；安瓿瓶开口器；量程为 0.1～1.0mL 的 TenSette® 移液枪及配套的枪头。

具体步骤如下。

① 读取测试结果后，将装有样品的比色皿（尚未加入标准物质）留在仪器中。

② 在仪器菜单中选择标准添加程序。

③ 按"OK（好）"键确认标样浓度、样品体积和加标体积的默认值。按"EDIT（编辑程序）"键可以修改这些默认值。当这些值确认好后，未加标的样品读数将显示在顶端的一行。更多详细信息请参见用户手册。

④ 打开浓度为 250mg/L Mn 的锰 Voluette® 安瓿瓶标准试剂。

⑤ 用 TenSette® 移液枪准备三个加标样。将样品倒入三个比色皿中，液面与 10mL 刻度线平齐。使用 TenSette® 移液枪分别向三个比色皿中依次加入 0.1mL、0.2mL 和 0.3mL 的标准物质，盖上塞子，混合均匀。

⑥ 从 0.1mL 的加标样开始，按照上述测试流程依次对三个加标样品进行测试。按"Read（读数）"键确认接受每一个加标样品的测试值。

⑦ 加标测试过程结束后，按"Graph（图表）"键将显示出根据加标数据计算得到的最佳拟合曲线，说明本底干扰的存在与否。按"Ideal Line（理想线条）"键将显示出样品加标与 100% 回收率的"理想线条"之间的关系。每个加标样都应该达到约 100% 的加标回收率。

（**2**）**标准溶液法**。所需的试剂与仪器设备：锰标准溶液，浓度为 1000mg/L；去离子水；容量瓶，A 级，1000mL；移液管，A 级，10μL；量程为 0.1～1.0mL 的 TenSette® 移液枪及配套的枪头。

具体步骤如下。

① 按照下列方法配制浓度为 10.0mg/L 的锰标准溶液。

a. 移取 10.0mL 浓度为 1000mg/L 的锰标准溶液，加入到 1000mL 的容量瓶中。

b. 用去离子水稀释到容量瓶的刻度线。混合均匀。每天都需要配制此标准溶液。

② 用此标准溶液代替样品按照上述测试流程进行测试。

③ 用当天配制的 10.0mg/L 的锰标准溶液校准标准曲线，在仪器菜单中选择标准溶液校准程序。

④ 打开标准调整界面，确认接受当前标准溶液浓度。如果使用了其他浓度的标准溶液，输入标准溶液的实际浓度，并确认用此溶液浓度校准标准曲线。

注意：具体的程序选择操作过程请参见用户操作手册。

方法精确度

表 6.4.20-4　方法精确度

程序	标值	精确度：95%置信区间分布	灵敏度：每 0.010Abs 单位变动下，浓度变动值
295	10.0mg/L Mn	9.6～10.4mg/L Mn	0.1mg/L Mn

方法解释

在柠檬酸盐的缓冲作用下，样品中的锰被高碘酸钠氧化成为紫色的高锰酸钾。紫色的深浅和样品中的锰含量呈正比例关系。测试结果是在波长为 525nm 的可见光下读取的。

消耗品和替代品信息

表 6.4.20-5　需要用到的试剂

试剂名称及描述	数量/每次测量	单位	产品订货号
锰试剂组件，高量程(100 次测试)	—	—	2430000
Buffer 粉枕包，用于锰测试的柠檬酸盐型	1	100/pk	2107669
Sodium Periodate 粉枕包，用于锰测试	1	100/pk	2107769

表 6.4.20-6　需要用到的仪器

仪器名称及描述	数量/每次测量	单位	产品订货号
比色皿的橡胶塞子	1	6/pk	173106

表 6.4.20-7　推荐使用的标准样品

标准样品名称及描述	单位	产品订货号
锰标准溶液，浓度为 1000mg/L Mn	100mL	1279142
锰标准溶液，10mLVoluette® 安瓿瓶，浓度为 250mg/L Mn	16/pk	1425810
去离子水	4L	27256
10mL 安瓿瓶开口器	每次	2196800

表 6.4.20-8　可选择的试剂与仪器

名称及描述	单位	产品订货号
TenSette® 移液枪，量程为 0.1～1.0mL	每次	1970001
与移液枪 19700-01 配套的枪头	50/pk	2185696

名 称 及 描 述	单位	产品订货号
5.0N 氢氧化钠溶液	100mL	245032
pH 试纸,量程范围为 1～14	100/pk	2601300
与移液枪 19700-01 配套的枪头	1000/pk	2185628
TenSette® 移液枪,量程为 1.0～10.0mL	每次	1970010
与移液枪 19700-01 配套的枪头	250/pk	2199725
与移液枪 19700-01 配套的枪头	50/pk	2199796
容量瓶,A 级,1000mL	每次	1457453
移液管,A 级,10mL	每次	1451538
2mL PourRite® 安瓿瓶开口器	每次	2484600
锰标准溶液,浓度为 25mg/L Mn,2mL PourRite® 安瓿瓶	20/pk	2112820
锰标准溶液,浓度为 10mg/L Mn,2mL PourRite® 安瓿瓶	20/pk	2605820

6.4.21　钠,离子选择性电极直读法,方法 8359（ISE 电极）

测量范围

$10～1000mg/L Na^+$。

应用范围

用于饮用水与过程用水。

测试准备工作

表 6.4.21-1　仪器详细说明

仪表型号	电极型号
HQ30d 便携式,单通道,多参数 HQ40d 便携式,双通道,多参数 HQ430d 台式,单通道,多参数 HQ440d 台式,双通道,多参数	ISENA381 智能钠离子复合电极

（1）有关仪表的操作请参见仪表使用手册。电极的维护请参见电极使用手册。

（2）准备电极。详细信息请参见电极使用手册。

（3）当 IntelliCAL™ 智能电极连接到 HQd 主机时,主机可自动识别测量参数,并可随时待用。

（4）如果电极长时间未使用,需要活化。活化过程是将电极浸泡在 25mL 100mg/L 的钠离子标准溶液里,并且在该溶液里加入一包钠离子强度调节剂粉枕,浸泡 30min 后使用。如果电极响应时间依然过长,可将活化时间延长至 1h。

（5）初次使用之前,需要校准电极,校准过程请参考电极说明书。

（6）测量时,将标液或水样以低速匀速搅动,避免产生漩涡。

（7）探头顶端如果有气泡会引起响应时间偏慢或测量误差。轻摇电极以去除气泡。

（8）样品浓度的细微差别会影响电极稳定时间。确保电极处于良好状态。用不同的搅拌速率来测试所需稳定时间是否增长。

（9）校准时,从浓度低的标液依次往高的标液进行测量,会得到更好的校准结果。

（10）为了得到更好的结果,确保标液和水样在同一温度下进行测试［±2℃（±3.6°F）］。

（11）请仔细阅读试剂的 MSDS,使用个人防护用具。

（12）请根据当地政府要求处置废弃的试剂溶液,处置时请遵循当地环保部门,健康和危废品安全处理部门相关条例。

表 6.4.21-2　准备的物品

名称及描述	数量
钠离子强度调节剂(ISA)粉枕包	1
钠离子标准溶液,100mg/L	每次
聚丙烯烧杯,50mL	3 或 4(USEPA)
磁力搅拌子,2.2cm×0.5cm(7/8in×3/16in)	3 或 4(USEPA)
磁力搅拌器	1
装有去离子水的洗瓶	1
无毛布	1

注：订购信息参见"消耗品和替代品信息"。

样品采集

(1) 用干净的塑料瓶或玻璃瓶采集水样。

(2) 如果要将样品保存起来，留后测量，可将样品置于 6℃（43℉）以下保存 24h。

(3) 测量前让水样恢复至常温。

钠离子测试流程

（1）向烧杯中加入 25mL 水样。

（2）向水样中加入一包钠离子强度调节剂粉枕包。

（3）在烧杯里放入磁力搅拌子,置于搅拌台上,以中速搅拌。

（4）用离子强度调节剂溶液润洗电极,不要用去离子水润洗。用无毛布擦干。
　　参阅"清洗电极"来制备离子强度调节剂溶液。

（5）将电极放入烧杯里。不要让电极碰到搅拌子、瓶壁或瓶底。去除探头底部气泡。

（6）按下"Read(读数)"。仪器会显示进度条。当测试稳定时,会锁定读数。

（7）用离子强度调节剂溶液润洗电极,不要用去离子水润洗。用无毛布擦干。

校准流程

 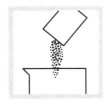   

（1）向烧杯中加入 25mL 10mg/L 的钠离子标准溶液。
　　参见配制 10mg/L 钠离子标准溶液。

（2）向标液中加入一包钠离子强度调节剂粉枕包。

（3）在烧杯里放入磁力搅拌子,置于搅拌台上,以中速搅拌。

（4）用离子强度调节剂溶液润洗电极,不要用去离子水润洗。用无毛布擦干。
　　参阅清洗电极来制备离子强度调节剂溶液。

（5）将电极放入烧杯里。不要让电极碰到搅拌子、瓶壁或瓶底。确保参比电极完全浸没在溶液下方。去除探头底部气泡。

（6）按下"Cali-brate（校准）"键，仪器显示标准值。

（7）按下"Read（读数）"键，仪器显示进度条。当测试稳定时，会锁定读数。

（8）用离子强度调节剂溶液润洗电极，不要用去离子水润洗。用无毛布擦干。

（9）重复步骤（1）～（8）测试其他标液。

（10）按下"Done（完成）"键，仪器显示校准总结。

（11）按下"Store（保存）"键接受校准结果。

配制 10mg/L 钠离子标准溶液

准备以下试剂与仪器：

① 钠离子标准溶液，100mg/L；

② 1L 容量瓶；

③ 移液枪及枪头；

④ 去离子水。

按以下步骤配制 10mg/L 钠离子标准溶液：

① 用移液枪移取 10mL 100mg/L 的钠离子标准溶液到 1L 的容量瓶中；

② 用去离子水稀释到刻度线。

干扰物质

对钠离子敏感的玻璃膜，可能对其他离子也有响应。通常而言，这会导致电极响应的电动势增加，从而造成正干扰。对其他离子的响应可以用 Nikolsky 方程进行半定量计算，用能斯特方程表示如下：

$$E = E° + [RT/(zF)]\ln(a_{Na} + K_{Nax} \times a_x)$$

式中　a_x——干扰离子的活度；

K_{Nax}——相对于硝酸根离子，电极对干扰离子的选择性系数。

如果电极接触过高浓度的干扰离子，需要将电极浸泡在 1N 的氯化钠溶液中以除去吸附在玻璃膜表面的干扰离子。钠离子选择型电极的主要干扰物质是银离子和氢离子。使用离子强度调节剂可以提高待测样品的 pH 值，从而消除氢离子的干扰。

如果样品的酸度比较高，或者缓冲能力比较强，加入离子强度调节剂后检查一下样品的 pH 值是否大于 9。如有必要，需要在制作校准曲线的标准溶液和样品溶液中加入等量的氨水以提高它们的 pH 值。钠离子选择型电极对氨的选择性系数较小，不会干扰钠离子的测定。

离子的选择性系数越小，干扰就越小。按选择性系数从大到小的顺序，主要干扰离子如下表，浓度以 mol/L 计。

表 6.4.21-3　干扰物质

干扰物质
Ag^+（>1000）
Li^+（0.01）
Ti^+（0.0002）
H^+（20）-ISA 离子强度调节剂可减少干扰
K^+（0.001）

准确度检查方法

（1）斜率检查法。使用斜率检查法来验证电极是否正常响应。

① 准备两个相差一个数量级的标液（如 1mg/L 和 10mg/L 或 10mg/L 和 100mg/L）。最低浓度为 0.2mg/L。

② 使用标准测试流程测量这两个标液的 mV 值。

③ 取两个结果的差值，理想范围为（-58±3）mV（25℃）以内。

（2）标准溶液法。使用标准溶液法来验证测试程序、试剂（ISA）和仪器是否正常。

所需的试剂与仪器有：

① 量程范围内的标液；

② 使用标准测试流程测量标液；

③ 将测得的结果与真值比较。

（3）温度检查。如果电极不带温度探头，测量标液和水样钠离子浓度的同时需要测量温度。为了得到更好的结果，确保校准时和测量水样时的温度一致［上下不超过 2℃（±3.6℉）］。

清洗电极

（1）下列情况需要清洗电极

① 当探头被污染或因储存不当而无法得到准确测量结果。

② 因探头被污染而使响应时间明显变慢。

③ 因探头被污染而使校准斜率超过可接受范围。

（2）清洗措施。对于普通的污染，可采取下列措施清洗。

① 配制离子强度调节剂清洗液。

a. 在 25mL 溶液中加入一包离子强度调节剂（ISA）粉枕。

b. 将溶液转移到洗瓶中。

② 用所配制的离子强度调节剂清洗液清洗电极，用无毛布擦干电极。

③ 将电极浸泡在哈希电极清洗液中 12~16h。

④ 用 25mL 100mg/L 含有 ISA 的钠离子标准溶液，浸泡或清洗电极 1min。

⑤ 将电极浸泡在 pH=4 的缓冲溶液中 20min，然后用去离子水清洗。

⑥ 按照电极校准流程，制作校准曲线。

方法解释

钠离子选择型电极的玻璃敏感膜对钠离子敏感，当电极敏感膜接触到溶液中的钠离子时，就会产生感应电势。这个电势值与溶液中的钠离子含量呈正比。这个电势被 pH/mV 仪表或 ISE 离子选择性仪表所测量。

消耗品和替代品信息

表 6.4.21-4　需要用到的试剂

名称及描述	单位	产品订货号
HQ30d 便携式单通道多参数测量仪	个	HQ30d53000000
HQ40d 便携式双通道多参数测量仪	个	HQ40d53000000
HQ430d 台式单通道多参数测量仪	个	HQ430D
HQ440d 台式双通道多参数测量仪	个	HQ440D
ISENa381 钠离子数字复合电极,1m 电缆	根	ISENa38101
ISENa381 钠离子数字复合电极,3m 电缆	根	ISENa38103

表 6.4.21-5　需要用到的标准液和试剂

名称及描述	单位	产品订货号
钠离子强度调节剂(ISA)粉枕包	100/pk	4451569
钠离子标准溶液,100mg/L	1000mL	2318153
钠离子标准溶液,1000mg/L	500mL	1474949

表 6.4.21-6　需要用到的仪器

名称及描述	单位	产品订货号
聚丙烯烧杯,50mL	每次	108041
洗瓶,500mL	每次	62011
聚乙烯量筒,25mL	每次	108140
TenSette™移液枪,0.1～1.0mL	每次	1970001
与 1970001 移液枪配套的枪头	50/pk	2185696
电极支架	每次	8508850
磁力搅拌子,2.2cm×0.5cm(7/8in×3/16in)	个	4531500
磁力搅拌器,120V,带电极支架	台	4530001
磁力搅拌器,230V,带电极支架	台	4530002
容量瓶,A 级,1000mL,玻璃	个	1457453

6.4.22　镍,USEPA[●] 环庚二酮二肟法[❷],方法 8037(粉枕包)

测量范围

0.02～1.8mg/L Ni。

应用范围

用于水、废水与海水中镍的测定。

测试准备工作

表 6.4.22-1　仪器详细说明

仪器	比色皿方向	比色皿
DR 6000 DR 3800 DR 2800 DR 2700 DR 1900	刻度线朝向右方	2612602
DR 5000 DR 3900	刻度线朝向用户	

● USEPA 认可的废水检测方法（样品需要消解预处理）。此方法相当于 Standard Method 3500-Ni D for wastewater。

❷ 改编自 Chemie Analytique, 36 43 (1954)。

（1）为了测试结果更加准确，每一批新的试剂都应该测定试剂空白值。试剂空白的测定同样按照测试步骤进行，只是把样品换成去离子水进行测试。从最后的测试结果中将试剂空白值扣除，或者调整仪器的试剂空白。

（2）准备一个豌豆大小的棉花球塞子。棉花球塞子的尺寸太大会阻碍液体流动性，尺寸太小会从漏斗颈末端冲走。

（3）氯仿溶液是一种按照类型分类编号为 D022 的危险废弃物。禁止将含有氯仿的废液倒入下水道。测试过程中使用的氯仿的水溶液、氯仿和漏斗颈末端的棉花塞都应该收集并适当处理处置。详细的处理处置信息请参见当前的化学品安全说明书（MSDS）。

（4）如果在强光照射的环境下（如直射的日光）使用型号为 DR 2800 和 DR 2700 的仪器，请在测试过程中用遮光罩将适配器的插槽部位遮盖起来。

表 6.4.22-2　准备的物品

名称及描述	数　　量
氯仿,分析纯	30mL
Nickel 1 试剂粉枕包	1包
Nickel 2 试剂粉枕包	1包
剪刀,用于剪开粉枕包	1包
棉球	根据需要而定
量筒,10mL	1个
量筒,500mL	1个
分液漏斗,500mL	1个
比色皿(请参见"仪器详细说明")	2个

注：订购信息请参看"消耗品和替代品信息"。

环庚二酮二肟法（粉枕包）测试流程

（1）选择测试程序。参照"仪器详细说明"的要求插入适配器（详细介绍请参见用户手册）。

（2）用 500mL 量筒取 300mL 样品，加入 500mL 的分液漏斗中。

（3）向分液漏斗中加入一包 Nickel 1 试剂粉枕包。盖上塞子，倒转数次以混合均匀。

（4）启动仪器定时器。计时反应 5min。

（5）计时时间结束后，再向分液漏斗中加入一包 Nickel 2 试剂粉枕包。盖上塞子，倒转数次以混合均匀。

（6）启动仪器定时器。再一次计时反应 5min。

（7）计时时间结束后，用 10mL 量筒量取 10mL 氯仿，加入分液漏斗中。盖上塞子，轻轻地倒转分液漏斗。当漏斗处于倒置状态时，确认漏斗颈末端不要对着人，旋转打开活塞，排出漏斗中的气体。

（8）旋转关闭活塞，再轻轻地倒转分液漏斗 30s。

（9）启动仪器定时器。第三次计时反应 5min。

在这个 5min 内，继续轻轻地倒转分液漏斗。

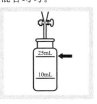

（10）样品的测定：计时时间结束后，静置等待液体分层。将豌豆大小的棉花球塞子塞进分液漏斗颈中。拔掉分液漏斗顶端的塞子，将氯仿层（下层）液体排入一个比色皿中。再把分液漏斗顶端的塞子塞上。

（11）再加入10mL氯仿重复进行测试流程（7）～（10）的操作过程2次，但不需要进行测试流程（9）的5min反应时间。

（12）盖上比色皿的塞子，倒转数次将萃取液混合均匀。由于氯仿在水中少量的溶解，最后的体积为大约25mL。

（13）空白值的测定：用10mL量筒量取10mL氯仿，加入第二个比色皿中，盖上比色皿的塞子。

（14）将空白值的比色皿擦拭干净，并将它放入适配器中。

（15）按下"Zero（零）"键进行仪器调零。这时屏幕将显示：0.00mg/L Ni。

（16）将装有样品的比色皿擦拭干净，放入适配器中。按下"Read（读数）"键读取镍含量，结果以mg/L Ni为单位。

干扰物质

在环庚二酮二肟法（粉枕包）测试方法中，钴、铜和铁对测试产生的干扰通过测试流程（3）中加入的 Nickel 1 试剂粉枕包消除了。表6.4.22-3 中所列为干扰测试的物质和抗干扰的最大水平。

表6.4.22-3 干扰物质

加入的 Nickel 1 试剂粉枕包数量	最大抗干扰浓度水平/(mg/L)		
	钴	铜	铁
1	1	10	20
2	7	16	65
3	13	22	110
4	18	28	155
5	25	35	200

如果要测试样品中悬浮态或沉淀状态的镍，则测试前需要对样品进行酸消解以消除有机物质带来的干扰。消除有机物带来的干扰或需要测试总镍，可以按照 USEPA 认可的消解方法进行样品预处理。

样品的采集、保存与存储

（1）样品采集时应使用酸液清洗过的塑料瓶。

（2）采样请使用硝酸❶（浓度大约为每升水中含5mL硝酸）将样品的 pH 值调整至2或者2以下以保存样品。在室温条件下，样品最长可以保存6个月。

（3）测试分析前，请先使用5.0N氢氧化钠标准溶液❶将样品的 pH 值调整至3～8，但 pH 值不要超过8，否则镍会因为形成沉淀而损失。

（4）根据样品体积增加量修正测试结果。

准确度检查方法

（1）标准加入法（加标法）。准确度检查所需的试剂与仪器有：镍 Voluette® 安瓿瓶标准试

---

❶ 订购信息请参看"可选择的试剂与仪器"。

剂，浓度为 300mg/L Ni；安瓿瓶开口器；TenSette® 移液枪及配套的枪头。

具体步骤如下。

① 读取测试结果后，将装有样品的比色皿（尚未加入标准物质）留在仪器中。

② 在仪器菜单中选择标准添加程序。

③ 按"OK（好）"键确认标样浓度、样品体积和加标体积的默认值。按"EDIT（编辑程序）"键可以修改这些默认值。当这些值确认好后，未加标的样品读数将显示在顶端的一行。更多详细信息请参见用户手册。

④ 打开浓度为 300mg/L Ni 的镍 Voluette® 安瓿瓶标准试剂。

⑤ 用 TenSette® 移液枪准备三个加标样。将三个 300mL 样品倒入三个分液漏斗中，用 TenSette® 移液枪分别向三个分液漏斗中依次加入 0.2mL、0.4mL 和 0.6mL 的标准物质。

⑥ 从 0.2mL 的加标样开始，按照上述测试流程依次对三个加标样品进行测试。按"Read（读数）"键确认接受每一个加标样品的测试值。

⑦ 加标测试过程结束后，按"Graph（图表）"键将显示出根据加标数据计算得到的最佳拟合曲线，说明本底干扰的存在与否。按"Ideal Line（理想线条）"键将显示出样品加标与 100% 回收率的"理想线条"之间的关系。每个加标样都应该达到约 100% 的加标回收率。

(2) 标准溶液法。所需的试剂与仪器有：10.0mL 镍标准溶液，浓度为 1000mg/L Ni；去离子水；容量瓶，A 级，500mL 和 100mL；移液管，A 级，10mL 和 50mL；洗耳球。

具体步骤如下。

① 按照下列方法配制浓度为 10.0mg/L 的镍标准溶液。

a. 移取 10.0mL 浓度为 1000mg/L 的镍标准溶液，加入到 1000mL 的容量瓶中。

b. 用去离子水稀释到容量瓶的刻度线。混合均匀。每天都需要配制此标准溶液。

② 配制浓度为 1.0mg/L 的镍标准溶液：移取 50.0mL 上述步骤（1）中配制的 10.0mg/L 的镍标准溶液，加入 500mL 的容量瓶中，用去离子水。稀释到容量瓶的刻度线。混合均匀。

③ 用此 1.0mg/L 的镍标准溶液代替样品按照上述测试流程进行测试。

④ 用当天配制的 1.0mg/L 的镍标准溶液校准标准曲线，在仪器菜单中选择标准溶液校准程序。

⑤ 打开标准调整界面，确认接受当前标准溶液浓度。如果使用了其他浓度的标准溶液，输入标准溶液的实际浓度，并确认用此溶液浓度校准标准曲线。

注意： 具体的程序选择操作过程请参见用户操作手册。

方法精确度

表 6.4.22-4　方法精确度

程序号	标样浓度	精确度 具有 95% 置信度的浓度区间	灵敏度 每 0.010Abs 吸光度改变时的浓度变化
335	1.00mg/L Ni	0.93～1.07mg/L Ni	0.02mg/L Ni

方法解释

样品中的镍离子和环庚二酮二肟发生反应生成黄色的配合物，此物质经氯仿萃取加深了颜色，以提高测试的灵敏性。在样品中加入螯合剂是为了掩蔽钴、铜和铁对测试造成的干扰。测试结果是在波长为 430nm 的可见光下读取的。

消耗品和替代品信息

表 6.4.22-5　需要用到的试剂

试剂名称及描述	数量/每次测量	单位	产品订货号
镍试剂组件(50 次测试)	—	—	2243500

试剂名称及描述	数量/每次测量	单位	产品订货号
(3)氯仿,分析纯	30mL	500mL	1445849
(2)Nickel 1 试剂粉枕包	1	25/pk	212368
(2)Nickel 2 试剂粉枕包	1	25/pk	212468

表 6.4.22-6　需要用到的仪器

仪器名称及描述	数量/每次测量	单位	产品订货号
剪刀	1	每次	96800
脱脂棉球	1	100/pk	257201
量筒,10mL	1	每次	50838
量筒,500mL	1	每次	50849
分液漏斗,500mL	1	每次	52049
漏斗环形固定圈,4in	1	每次	58001
漏斗固定架,底座尺寸为5in×8in	1	每次	56300

表 6.4.22-7　推荐使用的标准样品

标准样品名称及描述	单位	产品订货号
镍标准溶液,浓度为1000mg/L Ni(NIST)	100mL	1417642
去离子水	4L	27256

表 6.4.22-8　可选择的试剂与仪器

名　称　及　描　述	单位	产品订货号
混合量筒	25mL	189640
移液管,A 级	15mL	1451539
移液管,A 级	50mL	1451541
容量瓶,A 级	500mL	1457449
容量瓶,A 级	1000mL	1457453
容量瓶,A 级	50mL	1457441
洗耳球	每次	1465100
硝酸,1+1	500mL	254049
5.0N 氢氧化钠标准溶液	1000mL	245053

6.4.23　钼,三元配合物法,方法8169(粉枕包)

低量程测量范围

0.02~3.00mg/L Mo。

应用范围

用于锅炉水与冷却塔水中钼的测定。

测试准备工作

表 6.4.23-1　仪器详细说明

仪器	比色皿方向	比色皿
DR 6000 DR 3800 DR 2800 DR 2700 DR 1900	刻度线朝向右方	2495402
DR 5000 DR 3900	刻度线朝向用户	
DR 900	刻度线朝向用户	2401906

(1) 样品采集后立即进行分析测试。

(2) 浑浊的样品测试前需要用漏斗❶和滤纸❶过滤。

表 6.4.23-2　准备的物品

名 称 及 描 述	数 量
钼试剂组件,用于 20mL 样品量	
Molybdenum 1 试剂(低量程)钼酸盐粉枕包	1 包
Molybdenum 1 试剂溶液	0.5mL
混合量筒,25mL,带玻璃塞	1 个
比色皿(请参见"仪器详细说明")	2 个

注：订购信息请参看"消耗品和替代品信息"。

三元配合物法 (粉枕包) 测试流程

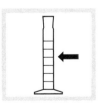

（1）选择测试程序。参照"仪器详细说明"的要求插入适配器(详细介绍请参见用户手册)。

（2）将 20mL 样品倒入 25mL 混合量筒中,液面与 20mL 刻度线平齐。

（3）向混合量筒中加入一包 Molybdenum 1 试剂(低量程)钼酸盐粉枕包。

（4）样品的测定：盖上塞子。上下摇晃量筒,使粉末完全溶解。

（5）将上述 25mL 混合量筒中的液体倒入一个比色皿中,液面与 10mL 刻度线平齐。

❶ 订购信息请参看"可选择的试剂与仪器"。

（6）样品显色：向
比色皿中加入 0.5mL
的 Molybdenum 1 试
剂溶液。

（7）摇晃比色皿，
以混合均匀。

（8）启动仪器定
时器。计时反应
2min。

（9）空白值的测
定：计时时间结束后，
将 10mL 测试流程
（4）中处理过的剩余
的样品溶液倒入第二
个比色皿中。

（10）将空白值
的比色皿擦拭干净，
并将它放入适配
器中。

（11）按下"Zero
（零）"键进行仪器调
零。这时屏幕将显
示：0.00mg/L Mo^{6+}。

（12）将装有已显
色的样品的比色皿擦
拭干净，放入适配器
中。按下"Read（读
数）"键读取钼含量，
结果以 mg/L Mo^{6+}
为单位。

干扰物质

干扰物质的测试结果是通过向浓度为 2mg/L Mo^{6+} 的钼标准溶液中加入可能引起的干扰离子，经过本方法实际测试所得的。如果所加入的干扰物质可以引起钼实测浓度与标准溶液浓度±5％的差异，则我们认为这个浓度下的此物质可以对本测试方法产生干扰。干扰物质测试结果如表 6.4.23-3～表 6.4.23-5 所示。

强缓冲样品和具有极端 pH 值的样品可能会超出试剂的缓冲容量，需要进行样品预处理。通过滴加适量的酸碱溶液（如：1.0N 的硫酸标准溶液❶或 1.0 N 的氢氧化钠标准溶液❶）将样品的 pH 值调整至 3～5。如果加入的酸碱液量较大，需要根据样品体积增加量修正测试结果。

表 6.4.23-3　产生负干扰的物质

干扰成分	抗干扰水平及处理方法
明矾	7mg/L
铝	2mg/L
氨基三亚甲基膦酸（AMP）	15mg/L
重碳酸盐	5650mg/L
硫酸氢盐	3300mg/L
硼酸盐	5250mg/L

❶ 订购信息请参看"可选择的试剂与仪器"。

干 扰 成 分	抗干扰水平及处理方法
氯化物	1400mg/L
铬	4.5mg/L[①]
铜	98mg/L
二乙基二硫代氨基甲酸盐	32mg/L
EDTA	1500mg/L
乙二醇	体积分数为 2%
铁	200mg/L
木质素磺酸盐	105mg/L
亚硝酸盐	350mg/L
正磷酸盐	4500mg/L
膦酸基羟乙酸	32mg/L
膦酸盐 HEDP	膦酸盐 HEDP 的浓度达 30mg/L 时,可能造成 10% 的正干扰;浓度高于 30mg/L 时, 钼浓度读数值又会下降(即产生负干扰)
亚硫酸盐	6500mg/L

① 2min 的反应时间结束后,立即对样品钼浓度进行读数。

表 6.4.23-4　产生正干扰的物质

干 扰 成 分	抗干扰水平及处理方法
苯并三唑	210mg/L
碳酸盐	1325mg/L
吗啉	6mg/L
膦酸盐 HEDP	样品中的膦酸盐 HEDP 的浓度在 30mg/L 以下时,正干扰会随浓度的增加而增加,直至 30mg/L 时达到最大约为 10% 的正干扰。将测试流程(12)中所得的读数值乘以 0.9 得到实际钼含量,以 mg/L Mo^{6+} 为单位
硅	600mg/L

表 6.4.23-5　非干扰的物质

干 扰 成 分	抗干扰水平及处理方法	干 扰 成 分	抗干扰水平及处理方法
酸性亚硫酸盐	9600mg/L	镍	250mg/L
钙	720mg/L	膦酸盐 PBTC	500mg/L
氯化物	7.5mg/L	硫酸盐	12800mg/L
镁	8000mg/L	锌	400mg/L
锰	1600mg/L		

样品的采集、保存与存储

（1）样品采集时应使用清洁的玻璃或塑料瓶。

（2）样品采集后须立即进行分析测试。

准确度检查方法

（1）标准加入法（加标法）。准确度检查所需的试剂与仪器设备：钼标准溶液，浓度为 1000mg/L Mo^{6+}；量筒，250mL；锥形瓶，三个；TenSette® 移液枪及配套的枪头。

具体步骤如下。

① 读取测试结果后，将装有样品的比色皿（尚未加入标准物质）留在仪器中。检查结果的化学形式。

② 在仪器菜单中选择标准添加程序。

③ 按"OK（好）"键确认标样浓度、样品体积和加标体积的默认值。按"EDIT（编辑程序）"键可以修改这些默认值。当这些值确认好后，未加标的样品读数将显示在顶端的一行。更多详细信息请参见用户手册。

④ 打开浓度为 1000mg/L Mo^{6+} 的钼标准溶液。

⑤ 用 TenSette® 移液枪准备三个加标样。用 250mL 的量筒量三份 200mL 的样品，倒入三个 250mL 的锥形瓶中。使用 TenSette® 移液枪分别向三个量筒中依次加入 0.1mL、0.2mL 和 0.3mL 的标准物质，混合均匀。

⑥ 从 0.1mL 的加标样开始，按照上述测试流程依次对三个加标样品进行测试。按"Read（读数）"键确认接受每一个加标样品的测试值。每个加标样都应该达到约 100% 的加标回收率。

⑦ 加标测试过程结束后，按"Graph（图表）"键将显示出根据加标数据计算得到的最佳拟合曲线，说明本底干扰的存在与否。按"Ideal Line（理想线条）"键将显示出样品加标与 100% 回收率的"理想线条"之间的关系。

(2)标准溶液法。准确度检查所需的试剂与仪器设备：钼标准溶液，浓度为 10.00mg/L；去离子水；容量瓶，A 级，50mL；移液管，A 级，10mL；洗耳球。

具体步骤如下。

① 按照下列方法配制浓度为 2.00mg/L 的钼标准溶液。

a. 移取 10.00mL 浓度为 10mg/L 的钼标准溶液，加入到 50mL 的容量瓶中。

b. 用去离子水稀释到容量瓶的刻度线。混合均匀。每天都需要配制此标准溶液。

② 用此标准溶液代替样品按照上述测试流程进行测试。

③ 用当天配制的 2.00mg/L 的钼标准溶液校准标准曲线，在仪器菜单中选择标准溶液校准程序。

④ 打开标准调整界面，确认接受当前标准溶液浓度。如果使用了其他浓度的标准溶液，输入标准溶液的实际浓度，并确认用此溶液浓度校准标准曲线。

注意：具体的程序选择操作过程请参见用户操作手册。

方法精确度

表 6.4.23-6　方法精确度

程序号	标样浓度	精确度 具有 95% 置信度的浓度区间	灵敏度 每 0.010Abs 吸光度改变时的浓度变化
315	2.00mg/L Mo^{6+}	1.94～2.06mg/L Mo^{6+}	0.02mg/L Mo^{6+}

方法解释

本篇的钼含量的测试方法是三元配合物法，在这个方法中，钼酸盐和指示剂在敏化剂的作用下反应产生稳定的蓝色配合物。测试结果是在波长为 610nm 的可见光下读取的。

消耗品和替代品信息

表 6.4.23-7　需要用到的试剂

试剂名称及描述	数量/每次测量	单位	产品订货号
钼试剂组件,20mL 样品量用(100 次测试)	—	—	2449400
(1)Molybdenum 1 试剂(低量程)钼酸盐粉枕包	1	100/pk	2352449
(1)Molybdenum 1 试剂溶液	0.5mL	50mL MDB	2352512

表 6.4.23-8　需要用到的仪器

仪器名称及描述	数量/每次测量	单位	产品订货号
混合量筒,25mL	1	每次	189640

表 6.4.23-9　推荐使用的标准样品

标准样品名称及描述	单位	产品订货号
钼标准溶液,浓度为 10mg/L Mo^{6+}	100mL	1418742
钼标准溶液,浓度为 1000mg/L Mo^{6+}	100mL	1418642
去离子水	4L	27256

表 6.4.23-10　可选择的试剂与仪器

名称及描述	单位	产品订货号
量筒,250mL	每次	108146
滤纸	100/pk	189457
漏斗	每次	108367
TenSette® 移液枪,量程为 0.1~1.0mL	每次	1970001
与移液枪 1970001 配套的枪头	50/pk	2185696
锥形瓶	250mL	50546
移液管,A 级	10mL	1451538
盐酸,1+1	500mL	88449
氢氧化钠标准溶液,1.0N	100mL MDB	104532
硫酸标准溶液,1.0N	100mL MDB	127032

6.4.24　钼,巯基乙酸法[●],方法 8036(粉枕包或 AccuVac® 安瓿瓶)

高量程测量范围

0.2~40.0mg/L Mo。

应用范围

用于水、废水、锅炉水与冷却水中钼的测定。

测试准备工作

表 6.4.24-1　仪器详细说明

仪器	比色皿方向	比色皿
DR 6000 DR 3800 DR 2800 DR 2700 DR 1900	刻度线朝向右方	2495402
DR 5000 DR 3900	刻度线朝向用户	
DR 900	刻度线朝向用户	2401906

---

❶ 改编自 Analytical Chemistry. 25 (9) 1363 (1953)。

续表

仪器	适配器	比色皿
DR 6000 DR 5000 DR 900	—	2427606 —10mL
DR 3900	LZV846(A)	
DR 1900	9609900 或 9609800(C)	
DR 3800 DR 2800 DR 2700	LZV584(C)	2122800 —10mL

(1) 为了测试结果更加准确，每一批新的试剂都应该测定试剂空白值。试剂空白的测定同样按照测试步骤进行，只是把样品换成去离子水进行测试。从最后的测试结果中将试剂空白值扣除，或者调整仪器的试剂空白。

(2) 浑浊的样品测试前需要用漏斗和滤纸过滤。

(3) 如果样品中含有钼，加入所有需要的试剂后，样品溶液应呈黄色。

(4) 测试前将酸化保存过的样品 pH 值调整至 7。

表 6.4.24-2 准备的物品

名称及描述	数 量
粉枕包测试	
MolyVer®1 钼试剂粉枕包	1 包
MolyVer®2 钼试剂粉枕包	1 包
MolyVer®3 钼试剂粉枕包	1 包
比色皿(请参见"仪器详细说明")	2 个
AccuVac®安瓿瓶测试	
CDTA 溶液,0.4N	4 滴
MolyVer®6 试剂 AccuVac®安瓿瓶	1 个
烧杯,50mL	1 个
比色皿(请参见"仪器详细说明")	1 个

注：订购信息请参看"消耗品和替代品信息"。

巯基乙酸法（粉枕包）测试流程

（1）选择测试程序。参照"仪器详细说明"的要求插入适配器（详细介绍请参见用户手册）。

（2）将样品倒入比色皿中，液面与10mL刻度线平齐。

（3）加入一包MolyVer®1钼试剂粉枕包。摇晃以混合均匀。

（4）再加入一包MolyVer®2钼试剂粉枕包。摇晃以混合均匀。

（5）再加入一包MolyVer®3钼试剂粉枕包。摇晃以混合均匀。

（6）启动仪器定时器。计时反应 5min。

（7）空白值的测定：计时时间结束后，向第二个比色皿中加入 10mL 样品，作为空白。

（8）将空白值的比色皿擦拭干净，并放入适配器中。

（9）按下"Zero（零）"键进行仪器调零。这时屏幕将显示：0.0mg/L Mo⁶⁺。

（10）将装有样品的比色皿擦拭干净，放入适配器中。

（11）按下"Read（读数）"键读取钼含量，结果以 mg/L Mo⁶⁺为单位。

巯基乙酸法（AccuVac® 安瓿瓶）测试流程

（1）选择测试程序。参照"仪器详细说明"的要求插入适配器（详细介绍请参见用户手册）。

（2）空白值的测定：将样品倒入比色皿中，液面与 10mL 刻度线平齐。

（3）样品的测定：将 40mL 样品加入 50mL 的烧杯中，再向烧杯中加入 4 滴 0.4 M 的 CDTA 溶液。摇晃以混合均匀。

（4）将 MolyVer® 6 试剂 AccuVac® 安瓿瓶放入测试流程（3）中的 50mL 的烧杯里，使样品充满安瓿瓶。保持安瓿瓶口浸没在样品中，直至瓶中充满样品液体。

（5）盖上塞子，迅速倒转安瓿瓶数次，以混合均匀。

（6）启动仪器定时器。计时反应 5min。

（7）计时时间结束后，将空白值比色皿擦拭干净，放入适配器中。按下"Zero（零）"键进行仪器调零。这时屏幕将显示：0.0mg/L Mo⁶⁺。

（8）将装有样品的安瓿瓶擦拭干净，放入适配器中。按下"Read(读数)"键读取钼含量，结果以 mg/L Mo⁶⁺为单位。

干扰物质

表 6.4.24-3　干扰物质

干扰成分	抗干扰水平及处理方法
铝	50mg/L
铬	1000mg/L
铜	如果样品中含有 10mg/L 或者更多的铜，会对测试结果产生正干扰。5min 的反应时间结束后，尽快对样品进行读数
铁	50mg/L
镍	50mg/L
亚硝酸盐	以 NO_2^- 计,2000mg/L 以下的亚硝酸盐带来的干扰可以通过在样品中加入一包 Sulfamic Acid 粉枕包[①]消除
强缓冲样品或极端 pH 值的样品	可能会超过试剂的缓冲容量，需要对样品进行预处理

① 订购信息请参看"可选择的试剂与仪器"。

样品的采集、保存与存储

(1) 采集样品时应使用清洁的玻璃或塑料瓶。

(2) 使用硝酸（浓度大约为每升水中含2mL硝酸）将样品的 pH 值调整至 2 或 2 以下进行样品保存。

(3) 在室温条件下，样品最长可以保存 6 个月。

(4) 在测试分析前，使用 5.0N 氢氧化钠溶液将样品的 pH 值调整至 7。

(5) 根据样品体积增加量修正测试结果。

准确度检查方法

(1) 粉枕包标准加入法（加标法）。所需的试剂与仪器设备：钼标准溶液，浓度为 1000mg/L Mo^{6+}；混合量筒，3 个；安瓿瓶开口器；量程为 0.1～1.0mL 的 TenSette® 移液枪及其配套的枪头。

具体步骤如下。

① 读取测试结果后，将装有样品的比色皿（尚未加入标准物质）留在仪器中。

② 在仪器菜单中选择标准添加程序。

③ 按"OK（好）"键确认标样浓度、样品体积和加标体积的默认值。按"EDIT（编辑程序）"键可以修改这些默认值。当这些值确认好后，未加标的样品读数将显示在顶端的一行。详细信息请参见用户手册。

④ 打开钼标准溶液。

⑤ 用 TenSette® 移液枪准备三个加标样。将样品倒入三个混合量筒中，液面与 30mL 刻度线平齐。使用 TenSette® 移液枪分别向三个混合量筒中依次加入 0.2mL、0.4mL 和 0.6mL 的标准溶液，混合均匀。

⑥ 从 0.2mL 的加标样开始，按照上述"巯基乙酸法（粉枕包）测试流程"依次对三个加标样品进行测试。按"Read（读数）"键确认接受每一个加标样品的测试值。每个加标样都应该达到约 100% 的加标回收率。

⑦ 加标测试过程结束后，按"Graph（图表）"键将显示出根据加标数据计算得到的最佳拟合曲线，说明本底干扰的存在与否。按"Ideal Line（理想线条）"键将显示出样品加标与 100% 回收率的"理想线条"之间的关系。

(2) AccuVac® 安瓿瓶测试标准加入法（加标法）

① 将样品倒入三个混合量筒中，液面与 60mL 刻度线平齐。使用 TenSette® 移液枪分别向三个量筒中依次加入 0.4mL、0.8mL 和 1.2mL 的标准溶液，盖上盖子，混合均匀。

② 分别从三个混合量筒中移取 40mL 溶液依次加入三个 50mL 烧杯中。

③ 按照上述"巯基乙酸法（AccuVac®安瓿瓶）测试流程"依次对三个加标样品进行测试。

④ 按"Read（读数）"键确认接受每一个加标样品的测试值。每个加标样都应该达到约 100％的加标回收率。

(3) 标准溶液法。所需的试剂有钼标准溶液，浓度为 10.0mg/L Mo^{6+}。

具体步骤如下。

① 按照上述"巯基乙酸法（粉枕包）测试流程"或"巯基乙酸法（AccuVac®安瓿瓶）测试流程"测试流程，对此标准溶液进行测试。

② 仪器菜单中选择标准溶液校准程序。

③ 打开标准调整界面，确认接受当前标准溶液浓度。如果使用了其他浓度的标准溶液，输入标准溶液的实际浓度，并确认用此溶液浓度校准标准曲线。

注意：具体的程序选择操作过程请参见用户操作手册。

方法精确度

表 6.4.24-4 方法精确度

程序	标值	精确度：95％置信区间分布	灵敏度：每 0.010Abs 单位变动下,浓度变动值
320	10mg/L Mo^{6+}	9.7～10.3mg/L Mo^{6+}	0.2mg/L Mo^{6+}
322	10mg/L Mo^{6+}	9.7～10.3mg/L Mo^{6+}	0.2mg/L Mo^{6+}

方法解释

向样品中加入的 MolyVer®1 钼试剂和 MolyVer®2 钼试剂起缓冲溶液的作用。MolyVer®3 钼试剂中含有的巯基乙酸和钼酸盐反应后使溶液呈黄色，颜色的深浅程度与其中的钼含量成正比例关系。测试结果是在波长为 420nm 的可见光下读取的。

消耗品和替代品信息

表 6.4.24-5 需要用到的试剂

试剂名称及描述	数量/每次测量	单位	产品订货号
钼试剂粉枕包测试组件(10mL 样品量用,100 次测试)	—	—	2604100
MolyVer®1 钼试剂粉枕包	1	100/pk	2604299
MolyVer®2 钼试剂粉枕包	1	100/pk	2604399
MolyVer®3 钼试剂粉枕包	1	100/pk	2604499
或			2522025
MolyVer®6 试剂 AccuVac®安瓿瓶	1	25/pk	2514025
CDTA 溶液,0.4mol/L	4 滴	15mL SCDB	2615436

表 6.4.24-6 需要用到的仪器（AccuVac 测试用）

仪器名称及描述	数量/每次测量	单位	产品订货号
烧杯,50mL	1	每次	50041H

表 6.4.24-7 推荐使用的标准样品

标准样品名称及描述	单位	产品订货号
钼标准溶液,浓度为 10mg/L Mo	100mL	1418742
钼标准溶液,浓度为 1000mg/L Mo	100mL	1418642
去离子水	4L	27256

表 6.4.24-8 可选择的试剂与仪器

名 称 及 描 述	单位	产品订货号
烧杯	50mL	50041H
混合量筒	50mL	189641
滤纸	100/pk	189457
漏斗	每次	108367
TenSette®移液枪,量程为 0.1～1.0mL	每次	1970001
与移液枪 1970001 配套的枪头	50/pk	2185696
Sulfamic Acid 粉枕包	100/pk	105599

6.4.25 铅，LeadTrak®快速提取法[●]，方法 8317

测量范围

$5\sim150\mu g/L$ Pb。

应用范围

用于水中铅的测定。

测试准备工作

表 6.4.25-1 仪器详细说明

仪器	比色皿方向	比色皿
DR 6000 DR 3800 DR 2800 DR 2700	刻度线朝向右方	2495402 10mL
DR 5000 DR 3900	刻度线朝向用户	

（1）为了测试结果更加准确，每一批新的试剂都应该测定试剂空白值。试剂空白的测定同样按照测试步骤进行，只是把样品换成了去离子水进行测试。从最后的测试结果中将试剂空白值扣除，或者调整仪器的试剂空白。

（2）现场分析的采样详细要求请参见"样品的采集、保存与存储"。

（3）测试过程中使用的试剂会污染比色皿，请用 $1+1$ 硝酸、LeadTrak 溶液和去离子水清洗比色皿。

表 6.4.25-2 准备的物品

名 称 及 描 述	数 量
LeadTrak ®试剂组件	1 套
聚丙烯烧杯,150mL	2 个
聚丙烯烧杯,250mL	1 个
聚丙烯量筒,25mL	1 个
聚丙烯量筒,100mL	1 个
带 0.5mL 与 1.0mL 刻度线标记的塑料滴管	1 根
比色皿(请参见"仪器详细说明")	1 个

注：订购信息请看"消耗品和替代品信息"。

● 专利号：5019516。

LeadTrak® 快速提取法测试流程

（1）选择测试程序。参照"仪器详细说明"的要求插入适配器（详细介绍请参见用户手册）。

（2）用 100mL 塑料量筒量取 100mL 样品，倒入一个 250mL 的塑料烧杯中。

（3）用 1mL 的塑料滴管向样品中滴加 0.1mL 的 pPb-1 Acid Preservative 溶液。摇晃以混合均匀。

如果在样品采集时曾按照每 100mL 样品加入 1.0mL pPb-1 Acid Preservative 溶液的配比进行样品保存的话，则请跳过测试流程（3）与（4）。

如果在样品采集时用硝酸保存样品，则测试流程（3）与（4）不可省略。

（4）启动仪器定时器。计时反应 2min。

（5）计时时间结束后，用第二根 1mL 的塑料滴管向烧杯中滴加 2.0mL 的 pPb-2 Fixer 溶液。摇晃以混合均匀。

如果是野外采样加入硝酸保存过的样品，或者是经过消解预处理的样品，可能会超出 Fixer 溶液的缓冲能力。在测试流程（5）后，检查样品的 pH 值，在进行测试流程（6）前，用 5N 的氢氧化钠溶液将样品 pH 值调整至 6.7～7.1。

（6）安装一套新的快速提取装置，把 150mL 塑料烧杯放在提取管的正下方。

快速提取管包括在 LeadTrak ®试剂组件中。每次测试都必须使用新的提取管。

（7）用去离子水将棉花浸湿，放入提取管中并推紧活塞将其压实，作为吸收垫。拔出活塞。如果棉花吸收垫跟着一起拔出来，用清洁的塑料棒把它再推回原位。

棉花吸收垫的大小尺寸应该刚好和提取管的内壁一致，恰好贴在内管壁上。

（8）将测试流程（5）中处理过的样品缓慢地倒入提取管的中心。等待样品缓慢地流过提取管。

样品通过提取管的流速应该比较缓慢（约每秒滴下两滴左右）。

将样品的液面恰好保持在棉花吸收垫的上方。

（9）当样品停止滴下后，用活塞用力挤压提取管中棉花吸收垫。将烧杯中的液体倒掉。缓慢地从提取管中拔出活塞。

将活塞拔出提取管时，棉花吸收垫应该仍然保持在提取管底部。如果棉花吸收垫跟着一起拔了出来，用清洁的塑料棒把它再推回原位。

（10）将一个 150mL 塑料烧杯放在提取管的正下方。用一个 25mL 塑料量筒量取 25mL 的 pPb-3 Eluant 溶液，倒入提取管中。

将 Eluant 溶液的液面恰好保持在棉花吸收垫的上方。

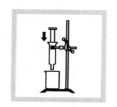

(11)让 Eluant 溶液缓慢地流过提取管滴入下方的烧杯中。

当液体停止滴下后,用活塞用力挤压提取管中棉花吸收垫。

(12)用 1mL 的塑料滴管向烧杯中滴加 1.0mL 的 pPb-4 Neutralizer 溶液。摇晃以彻底混合均匀,并立即进行步骤(13)。

(13)向烧杯中加入一包 pPb-5 指示剂粉枕包。摇晃以混合均匀。

此时,烧杯中溶液应呈棕色。

(14)将此溶液倒入一个 10mL 比色皿中,液面与 10mL 刻度线平齐。

(15)启动仪器定时器。计时反应 2min。

(16)计时时间结束后,将此比色皿擦拭干净,放入适配器中。

(17)按下"Zero(零)"键进行仪器调零。这时屏幕将显示:0μg/L Pb。

(18)将比色皿取出,加入 3 滴 pPb-6 Decolorizer 溶液。用力摇晃以混合均匀。

(19)将此比色皿擦拭干净,放入适配器中。

(20)按下"Read(读数)"键读取铅的含量,结果以 μg/L Pb 为单位。

干扰物质

表 6.4.25-3 中所列物质有可能对本测试产生干扰,所列浓度为抗干扰的最大浓度水平。这些物质的干扰水平是通过向已知浓度为 25μg/L Pb 的铅标准溶液中添加干扰离子,用本方法测试直至所得铅浓度产生±10％的偏差时的干扰离子浓度水平。如果样品中含有的干扰离子超过了表中所列的浓度水平,请用无铅水 1∶1 稀释样品后再进行测试,将测试结果乘以系数 2 得到原样品中的铅含量数值。

为了避免引入杂质造成污染,测试过程中请勿使用橡胶滴管,请用试剂组件中提供的塑料滴管。

为了避免引入杂质造成污染,测试过程中使用的所有玻璃和塑料仪器都要用酸液清洗,尤其是当前一个测试样品中铅含量很高时(请参见"仪器与样品预处理")。

在不同样品的测试过程中,提取管的活塞可以重复使用,但两次测试之间需要用无铅水冲洗干净。

表 6.4.25-3　干扰物质

干扰成分	抗干扰水平	干扰成分	抗干扰水平
铝离子	0.5mg/L	亚铁离子	2mg/L
铵离子	500mg/L	镁离子	500mg/L
钡离子	6mg/L	锰离子	0.5mg/L
钙离子	500mg/L	硝酸根离子	1000mg/L
氯离子	1000mg/L	硫酸根离子	1000mg/L
铜离子	2mg/L	锌离子	1mg/L
氟离子	10mg/L		

仪器与样品预处理

铅在环境中无处不在，所以需要采取一定措施避免引入杂质造成样品的污染，进而导致测试的不准确。为了测试的最大精确性，请遵守下列指示。

① 使用无铅水清洗仪器和稀释样品，以减小样品受到污染的可能性。可以使用蒸馏水或者去离子水。如果从商店购买蒸馏水，请先从商品上附的标签确定其含铅量为零。如果其标签没有标明其铅含量，请先用本方法测定其铅含量。

② 可以用 1mL 的 pPb-1 Acid Preservative 溶液❶来检查塑料和玻璃容器及盖子上是否含有铅。具体操作如下：在 100mL 无铅水中加入 1mL pPb-1 Acid Preservative 溶液，混合均匀，用此溶液浸泡待检查仪器 24h，用本方法测试浸泡液中的铅含量以确定使用仪器上是否含铅。

③ 测试前，用少量无铅水稀释的 0.1N 的硝酸或者 pPb-1 Acid Preservative 溶液清洗所有的玻璃仪器，再用无铅水冲洗。

④ 玻璃比色皿中的 pPb-5 指示剂可以使用几滴 pPb-1Acid Preservative 溶液或者少量无铅水稀释的硝酸清洗掉。

⑤ pH 低于 2 的硝酸或 pPb-1Acid Preservative 溶液可以防止含铅溶液中的铅沉积在容器壁上。请参见"样品的采集、保存与存储"。

样品的采集、保存与存储

(1) 样品可以从家用水管水龙头末端或者从水源处采集。

(2) 在室温条件下，样品最长可以保存 6 个月。

(3) 不同类型的样品需要不同样品处理程序。查找相关的标准，察看详细的采样要求制定采样方案。

受铅污染的家庭饮用水：家用水管水龙头末端采样

(1) 样品应在水龙头中的水静置不流动 6h 以上后再采集。

(2) 在 1L 的采样瓶中加入 10mL 的 pPb-1Acid Preservative 溶液。

(3) 确定水龙头中的水静置不流动超过 6h 后，一打开水龙头就立即用含有酸性保护剂的采样瓶采集最先流出的 1L 水。

(4) 盖上盖子，倒转数次以混合均匀。

(5) 2min 后，样品就可以进行分析测试了。此时可以跳过步骤（3）与（4），直接用 100mL 采集的样品进行步骤（5）。

受铅污染的饮用水水源：井水或者供水管网水采样

(1) 在 1L 的采样瓶中加入 10mL 的 pPb-1Acid Preservative 溶液❷。

(2) 打开水龙头让水流 3～5min，或者让水流动至水温稳定达 3min。

(3) 用含有酸性保护剂的采样瓶采集 1L 水。

(4) 盖上盖子，倒转数次以混合均匀。

(5) 2min 后，样品就可以进行分析测试了。此时可以跳过步骤（3）与（4），直接用 100mL 采集的样品进行步骤（5）。

(6) 至少要采集 1L 样品才能获得具有代表性的样品。如果采集的样品不足 1L，每 100mL pPb-1Acid Preservative 溶液处理过的样品取 1mL 作测试用。

(7) 如果在样品采集时用硝酸代替 pPb-1Acid Preservative 溶液保存样品，或者样品经过消解预处理，则可能会超出 pPb-2 Fixer 溶液❶的缓冲能力。在进行步骤（6）前，用 5N 的氢氧化钠溶液将样品 pH 值调整至 6.7～7.1。

准确度检查方法

(1) 标准加入法（加标法）。准确度检查所需的试剂与仪器：铅标准溶液，浓度为 10mg/L

---

❶ 订购信息请参看"可选择的试剂与仪器"。

❷ 订购信息请参看"可选择的试剂与仪器"。

Pb（即 $10000\mu g/L$ Pb）；TenSette®移液枪及配套的枪头。

具体步骤如下。

① 读取测试结果后，将装有样品的比色皿（尚未加入标准物质）留在仪器中。

② 在仪器菜单中选择标准添加程序。

③ 按"OK（好）"键确认标样浓度、样品体积和加标体积的默认值。按"EDIT（编辑程序）"键可以修改这些默认值。当这些值确认好后，未加标的样品读数将显示在顶端的一行。更多详细信息请参见用户手册。

④ 打开浓度为 10mg/L Pb 的铅标准溶液。

⑤ 用 TenSette®移液枪准备三个加标样。用塑料量筒量取三份 100mL 样品，倒入三个塑料烧杯中。用 TenSette®移液枪分别向三个烧杯中依次加入 0.1mL、0.2mL 和 0.3mL 的标准物质。混合均匀。

⑥ 从 0.1mL 的加标样开始，按照上述"快速提取法测试流程"依次对三个加标样品进行测试。按"Read（读数）"键确认接受每一个加标样品的测试值。

⑦ 加标测试过程结束后，按"Graph（图表）"键将显示出根据加标数据计算得到的最佳拟合曲线，说明本底干扰的存在与否。按"Ideal Line（理想线条）"键将显示出样品加标与 100% 回收率的"理想线条"之间的关系。每个加标样都应该达到约 100% 的加标回收率。

（2）标准溶液法。 所需的试剂与仪器设备：铅标准溶液，浓度为 1000mg/L Pb 或 铅 Voluette®安瓿瓶标准试剂，浓度为 50mg/L Pb；无铅水或去离子水；容量瓶，A 级，100mL 或塑料容量瓶，100mL；移液管，A 级，1.0mL；TenSette®移液枪及配套的枪头。

具体步骤如下。

① 按照下列方法配制浓度为 10mg/L 的铅标准溶液。a. 移取 1.0mL 浓度为 1000mg/L 的铅标准溶液，加入到 100mL 的容量瓶中。b. 用 TenSette®移液枪移取 0.2mL 浓硝酸加入容量瓶中。c. 用无铅去离子水稀释到容量瓶的刻度线。d. 移取 10.00mL 此溶液加入一个 1L 的塑料容量瓶中。e. 向塑料容量瓶中加入 2.0mL 浓硝酸。f. 用无铅去离子水稀释到容量瓶的刻度线。g. 每次测试前都需要配制此标准溶液。

或按照下列方法配制浓度为 $100\mu g/L$ 的铅标准溶液。

a. 用 TenSette®移液枪移取 0.2mL 浓度为 50mg/L 的铅 Voluette®安瓿瓶标准试剂，加入到 100mL 的塑料容量瓶中。

b. 用无铅去离子水稀释到容量瓶的刻度线。每次测试前都需要配制此标准溶液。

② 用此铅标准溶液代替样品按照上述"快速提取法测试流程"进行测试。

③ 用当天配制铅标准溶液校准标准曲线，在仪器菜单中选择标准溶液校准程序。

④ 打开标准调整界面，确认接受当前标准溶液浓度。如果使用了其他浓度的标准溶液，输入标准溶液的实际浓度，并确认用此溶液浓度校准标准曲线。

注意： 具体的程序选择操作过程请参见用户操作手册。

方法精确度

表 6.4.25-4　方法精确度

程序	标值	精确度：95%置信区间分布	灵敏度：每 0.010Abs 单位变动下，浓度变动值
283	$50\mu g/L$ Pb^{2+}	$45\sim55\mu g/L$ Pb^{2+}	$4\mu g/L$ Pb^{2+}

方法解释

饮用水中的铅在酸化后转化为在酸液中可溶解的铅，如二价铅离子（Pb^{2+}），首先通过提取管被快速浓缩富集，然后被洗提液从提取管中提取出来。最后加入指示剂显色，颜色的深浅和含量成正比例关系。测试结果是在波长为 477nm 的可见光下读取的。

消耗品和替代品信息

表 6.4.25-5　需要用到的试剂

试剂名称及描述	数量/每次测量	单位	产品订货号
LeadTrak ® 试剂组件	1	20/pk	2375000

表 6.4.25-6　需要用到的仪器

仪器名称及描述	数量/每次测量	单位	产品订货号
聚丙烯烧杯,150mL	2	每次	108044
聚丙烯烧杯,250mL	1	每次	108046
聚丙烯量筒,25mL	1	每次	108140
聚丙烯量筒,100mL	1	每次	108142
带 0.5mL 与 1.0mL 刻度线标记的塑料滴管	1	20/pk	2124720

表 6.4.25-7　推荐使用的标准样品与仪器

名称及描述	单位	产品订货号
聚丙烯容量瓶,1000mL	每次	2099553
聚丙烯容量瓶,100mL	每次	2099542
铅标准溶液,浓度为 1000mg/L Pb	100mL	1279642
铅 Voluette ® 安瓿瓶标准试剂,10mL,浓度为 50mg/L Pb	16/pk	1426210
铅标准溶液,浓度为 10mg/L Pb	25mL	2374820
硝酸,分析纯	500mL	15249
TenSette® 移液枪,量程为 0.1~1.0mL	每次	1970001
与移液枪 1970001 配套的枪头	50/pk	2185696
与移液枪 1970001 配套的枪头	1000/pk	2185628
移液管,A 级,1.00mL	每次	1451535
洗耳球	每次	1465100
移液管,A 级,10.00mL	每次	1451538
去离子水	4L	27256

表 6.4.25-8　可选择的试剂与仪器

名称及描述	单位	产品订货号
pPb-1 Acid Preservative 溶液	236mL	2368531
pPb-2 Fixer 溶液	43mL	2368655
5.0N 氢氧化钠溶液	1L	245053

6.4.26　锌，USEPA[1]Zincon 锌试剂法[2]，方法 8009（粉枕包）

测量范围

0.01~3.00mg/L Zn[3]。

应用范围

用于水与废水中锌的测定。测试样品中的总锌含量需要对样品进行消解预处理（请参见"消解"）。

---

[1] USEPA 认可的废水检测方法 3500 Zn B：Federal Register，45（105）36166（May 29，1980）。

[2] 根据《水与废水标准检测方法》改编。

[3] 型号为 DR2400 和 DR2500 的仪器测量范围为 0.01~2.00mg/L。

测试准备工作

表 6.4.26-1　仪器详细说明

仪器	比色皿方向	比色皿
DR 6000 DR 3800 DR 2800 DR 2700 DR 1900	刻度线朝向右方	2495402 10mL
DR 5000 DR 3900	刻度线朝向用户	
DR 900	刻度线朝向用户	2401906 -25mL -20mL -10mL

（1） 测试过程中，混合量筒的盖子只能使用玻璃的。

（2） 测试前用 1＋1 的盐酸❶和去离子水清洗所有的玻璃仪器，去除玻璃的污染物。

（3） 在测试流程步骤（6）时，请使用塑料滴管。橡胶滴管可能会污染试剂。

（4） ZincoVer®5 试剂中含有氰化钾。氰化物的溶液被美国联邦政府的《资源保护和恢复法案》（RCRA）规定为危险废弃物。氰化物应该收集起来按照类型编号为 D003 的反应物进行处理处置。确保氰化物溶液储存在 pH 值大于 11 的强腐蚀性溶液中，以防止氰化氢气体的泄漏。详细的处理处置信息请参见当前的化学品安全说明书（MSDS）。

（5） 本方法测试过程中不可以使用倾倒池模块。

表 6.4.26-2　准备的物品

名 称 及 描 述	数 量
环己酮	0.5mL
ZincoVer®5 试剂粉枕包	1包
混合量筒，25mL，带玻璃塞	1个
比色皿（请参见"仪器详细说明"）	2个

注：订购信息请看看"消耗品和替代品信息"。

Zincon 锌试剂法（粉枕包）测试流程

（1）选择测试程序。参照"仪器详细说明"的要求插入适配器（详细介绍请参见用户手册）。

（2）将 20mL 样品倒入一个 25mL 的混合量筒中。

（3）向混合量筒中加入一包 ZincoVer®5 试剂粉枕包。盖上塞子。

（4）反复倒转量筒数次，直至粉末完全溶解。如果试剂末颗粒不完全溶解，会造成读数的不稳定。
此时样品的颜色应该呈橙色。如果样品呈棕色或蓝色，说明样品中的锌含量过高或者样品中有干扰离子。稀释样品后再重复测试过程。

（5）空白值的测定：将 10mL 测试流程（4）中得到的溶液倒入一个比色皿中。

---

❶ 订购信息请参考"可选择的试剂与仪器"。

（6）样品的测定：用塑料滴管向 25mL 的混合量筒中剩余的溶液中滴加 0.5mL 的环己酮。

（7）启动仪器定时器。计时反应 30s。反应期间，盖上混合量筒的塞子，猛烈摇晃混合量筒使其中样品反应完全。

此时，根据样品中锌含量的不同，溶液会呈微橙红色、棕色或蓝色。

（8）启动仪器定时器。计时反应 3min。在计时期间，完成步骤（9）。

（9）将步骤（8）中的溶液倒入第二个比色皿中，液面与 10mL 刻度线平齐。

（10）计时时间结束后，将空白值的比色皿擦拭干净，并将它放入适配器中。

（11）按下"Zero（零）"键进行仪器调零。这时屏幕将显示：0.00mg/L Zn。

（12）将步骤（9）中装有样品的比色皿擦拭干净，放入适配器中。按下"Read（读数）"键读取锌含量，结果以 mg/L Zn 为单位。

干扰物质

表 6.4.26-3 干扰物质

干扰成分	抗干扰水平及处理方法
铝	6mg/L
镉	0.5mg/L
铜	5mg/L
三价铁	7mg/L
锰	5mg/L
镍	5mg/L
有机物	样品中高含量的有机物可能对测试造成干扰。用温和的消解方法对样品进行预处理
强缓冲样品或极端 pH 值的样品	可能超出试剂的缓冲容量，需要对样品进行预处理。调节 pH 值至 4～5
氨基三亚甲基膦酸（AMP）	样品中含有 AMP 可能会对测试产生负干扰。消解样品以消除这种干扰（参照"方法 8190"中总磷加热板消解的步骤进行） 注意：确认用氢氧化钠溶液将样品消解液的 pH 值调至 4～5 后再分析测试锌含量。样品体积变化后请确认样品的 pH 值仍然在此范围内

样品的采集、保存与存储

（1）样品采集时应使用酸液清洁过的玻璃或塑料瓶。

（2）如果采样后不能立即进行分析测试，请使用硝酸（浓度大约为每升水中含 2mL 硝酸）

将样品的 pH 值调整至 2 或者 2 以下进行样品保存。

（3）在室温条件下，样品最长可以保存 6 个月。

（4）在测试分析前，使用 5.0mol/L 氢氧化钠溶液将样品的 pH 值调整至 4～5，但不要大于 5，否则会使锌形成沉淀。

（5）根据样品体积增加量修正测试结果。

准确度检查方法

（1）标准加入法（加标法）。准确度检查所需的试剂与仪器设备有：锌 Voluette® 安瓿瓶标准试剂，浓度为 50mg/L Zn；安瓿瓶开口器；量程为 0.1～1.0mL 的 TenSette® 移液枪及配套的枪头；混合量筒，25mL。

具体步骤如下。

① 读取测试结果后，将装有样品的比色皿（尚未加入标准物质）留在仪器中。

② 在仪器菜单中选择标准添加程序。

③ 按"OK（好）"键确认标样浓度、样品体积和加标体积的默认值。按"EDIT（编辑程序）"键可以修改这些默认值。当这些值确认好后，未加标的样品读数将显示在顶端的一行。更多详细信息请参见用户手册。

④ 打开浓度为 50mg/L Zn 的锌 Voluette® 安瓿瓶标准试剂。

⑤ 用 TenSette® 移液枪备三个加标样。将样品倒入三个 25mL 的混合量筒，液面与 20mL 刻线平齐。使用 TenSette® 移液枪分别向三个量筒中依次加入 0.1mL、0.2mL 和 0.3mL 的标准物质，盖上盖子，混合均匀。

⑥ 从 0.1mL 的加标样开始，按照上述测试流程依次对三个加标样品进行测试。按"Read（读数）"键确认接受每一个加标样品的测试值。每个加标样都应该达到约 100% 的加标回收率。

⑦ 加标测试过程结束后，按"Graph（图表）"键将显示出根据加标数据计算得到的最佳拟合曲线，说明本底干扰的存在与否。按"Ideal Line（理想线条）"键将显示出样品加标与 100% 回收率的"理想线条"之间的关系。

（2）标准溶液法。所需的试剂与仪器设备有：锌标准溶液，浓度为 100mg/L Zn；容量瓶，A 级，1000mL；移液管，A 级，10.00mL。

具体步骤如下。

① 按照下列方法配制浓度为 1.00mg/L 的锌标准溶液：

a. 移取 10.00mL 浓度为 100mg/L 的锌标准溶液，加入到 1000mL 的容量瓶中；

b. 用去离子水稀释到容量瓶的刻度线。混合均匀。每天都需要配制此标准溶液。

② 用此标准溶液代替样品按照上述测试流程进行测试。

③ 用当天配制的 1.00mg/L 的锌标准溶液校准标准曲线，在仪器菜单中选择标准溶液校准程序。

④ 打开标准调整界面，确认接受当前标准溶液浓度。如果使用了其他浓度的标准溶液，输入标准溶液的实际浓度，并确认用此溶液浓度校准标准曲线。

> **注意：** 具体的程序选择操作过程请参见用户操作手册。

消解

测试样品中的总锌含量时需要对样品进行消解预处理。消解过程用来保证所有含锌化合物都将转化为锌的单一形态以测量。按照下列步骤进行样品消解。

> **注意：** 以下步骤是 USEPA 认可的温和消解过程。更多详细信息请参见本水分析手册。

（1）如果之前的预处理过程中没有加入硝酸，在 1L 样品中加入 5mL 浓硝酸（请使用玻璃血清移液管和洗耳球）。如果样品在采集时就加过酸了，在 1L 样品中加入 3mL 浓硝酸。

（2）将 100mL 酸化过的样品加入一个 250mL 锥形瓶中。

（3）加入 5mL 浓度为 $1+1$ 的盐酸❶。

（4）在 95℃（即 203℉）的加热板上加热样品 15min。加热过程中确保样品不沸腾。

（5）冷却后过滤消解液，去除其中不溶解的残渣。

（6）用 5.0N 的氢氧化钠溶液将样品消解液的 pH 值调至 4～5。操作过程请参见"样品的采集、保存与存储"。

（7）将此消解液用去离子水转移至 100mL 的容量瓶中，确保冲洗液也倒入容量瓶中，用去离子水定容至刻度线。

方法精确度

表 6.4.26-4　方法精确度

程序	标值	精确度： 95%置信区间分布	灵敏度：每 0.010Abs 单位变动下,浓度变动值
780	1.00mg/L Zn	0.97～1.03mg/L Zn	0.013mg/L Zn

方法解释

样品中的锌和其他金属与氰化物形成配合物。加入的环己酮选择性地把锌从氰化物的配合物中分离出来。分离出来的锌和 Zincon 指示剂（2-carboxy-2′-hydroxy-5′-sulfoformazyl benzene）结合会使溶液呈蓝色。这种蓝色会被过量的棕色指示剂掩盖掉。蓝色的深浅和样品中的锌含量呈正比例关系。测试结果是在波长为 620nm 的可见光下读取的。

消耗品和替代品信息

表 6.4.26-5　需要用到的试剂

试剂名称及描述	数量/每次测量	单位	产品订货号
锌试剂组件(20mL 样品量用)	—	—	2429300
环己酮	0.5mL	100mL MDB	1403332
ZincoVer®5 试剂粉枕包	1	100/pk	2106669

表 6.4.26-6　需要用到的仪器

仪器名称及描述	数量/每次测量	单位	产品订货号
混合量筒,25mL,带玻璃塞	1	每次	2088640

表 6.4.26-7　推荐使用的标准样品

标准样品名称及描述	单位	产品订货号
去离子水	4L	27256
锌标准溶液,浓度为 100mg/L Zn	100mL	237842
铁标准溶液,10mL Voluette® 安瓿瓶,浓度为 25mg/L Zn	16/pk	1424610
锌标准溶液,浓度为 1000mg/L Zn	100mL	1417742

表 6.4.26-8　可选择的试剂与仪器

名　称　及　描　述	单位	产品订货号
锥形瓶,250mL	每次	50546
加热板,120V	每次	1206701
加热板,240V	每次	1206702
6.0N 盐酸,1+1	500mL	88449

---

❶ 订购信息请参看"可选择的试剂与仪器"。

名称及描述	单位	产品订货号
浓硝酸,分析纯	500mL	15249
5.0N 氢氧化钠溶液	50mL SCDB	245026
TenSette® 移液枪,量程为 0.1～1.0mL	每次	1970001
与移液枪配套的枪头	50/pk	2185696
安瓿瓶开口器	每次	2196800
移液管,A 级,10mL	每次	1451538
容量瓶,A 级,1000mL	每次	1457453

6.5　有机污染物

6.5.1　酚,USEPA[●] 4-氨基安替吡啉法[❷],方法 8047

测量范围

0.002～0.200mg/L。

应用范围

用于水与废水中酚的测定。

测试准备工作

表 6.5.1-1　仪器详细说明

仪器	比色皿方向	比色皿
DR 6000 DR 3800 DR 2800 DR 2700 DR 1900	刻度线朝向右方	2612602 25mL 10mL
DR 5000 DR 3900	刻度线朝向用户	

（1）为了防止样品中的酚被氧化,在采样后 4h 内完成分析测试过程。

（2）试剂的溅出会影响测试的准确性,并且对皮肤和其他物体有毒。

（3）Phenol 2 试剂粉枕包中含有铁氰化钾。氯仿和氰化物溶液被美国联邦政府的《资源保护和恢复法案》（RCRA）规定为危险废弃物。氯仿溶液按照类型的分类编号为 D022,氰化物为 D001。禁止将含有此类物质的废液倒入下水道。测试过程中使用的氯仿溶液、分液漏斗颈末端的棉花塞都应该收集并适当处理处置。确保氰化物溶液储存在 pH 值大于 11 的强腐蚀性溶液中,以防止氰化氢气体的泄漏。详细的处理处置信息请参见当前的化学品安全说明书（MSDS）。

（4）如果在强光照射的环境下（如直射的日光）使用仪器,请在测试过程中用遮光罩将适配器的插槽部位遮盖起来。

---

❶ USEPA 认可的废水检测方法（样品需要蒸馏预处理）。此方法相当于 USEPA method 420.1 for wastewater。

❷ 根据《水与废水标准检测方法》改编。

表 6.5.1-2　准备的物品

名　称　及　描　述	数　　量
氯仿,分析纯	60mL
剪刀,用于剪开粉枕包	1 把
棉球	1 包
量筒,50mL	1 个
量筒,500mL	1 个
分液漏斗,500mL	2 个
Hardness 1 Buffer 溶液,pH 值为 10.1	10mL
Phenol 2 试剂粉枕包	2 包
Phenol 试剂粉枕包	2 包
移液管,A 级,5mL	1 根
漏斗环形固定圈,4in	2 个
比色皿(请参见"仪器详细说明")	1 个
环形固定圈的支架,底座尺寸为 5in×8in	1 个
去离子水	300mL

注：订购信息请参看"消耗品和替代品信息"。

4-氨基安替吡啉法测试流程

（1）选择测试程序。参照"仪器详细说明"的要求插入适配器(详细介绍请参见用户手册)。

（2）用 500mL 量筒量取 300mL 去离子水。

（3）空白值的测定:将去离子水倒入500mL 的分液漏斗中。

（4）用 500mL 量筒量取 300mL 样品。

（5）样品的测定:将 300mL 样品倒入第二个分液漏斗中。

（6）分别向两个分液漏斗中各加入5mL 的 Hardness 1 Buffer 溶液。盖上塞子,摇晃以混合均匀。

（7）再分别向两个分液漏斗中各加入一包 Phenol 试剂粉枕包。盖上塞子,摇晃至粉末溶解。

（8）再分别向两个分液漏斗中各加入一包 Phenol 2 试剂粉枕包。盖上塞子,摇晃至粉末溶解。

（9）分别向两个分液漏斗中各加入30mL 的氯仿。盖上塞子。

（10）轻轻地倒转两个分液漏斗。当漏斗处于倒置状态时,确认漏斗颈末端不要对着人,旋转打开活塞,排出漏斗中的气体。然后分别剧烈地摇晃两个分液漏斗 30s(需要时排出其中的气体)。

（11）将漏斗固定放置在漏斗架上，打开漏斗上端的塞子，静置等待液体分层，让氯仿层沉到漏斗底部。

如果样品中含有酚，此时，氯仿层的颜色应该是黄色到琥珀黄色。

注意：由于氯仿易挥发，会导致读数偏高，故请确保测试流程（12）~（16）的操作熟练迅速。

（12）分别把两个豌豆大小的棉花塞塞进两个分液漏斗颈末端。

拔掉分液漏斗顶端的塞子，将氯仿层（下层）液体通过棉花塞滤去溶液中的颗粒物，将萃取液排入一个比色皿中。氯仿萃取液体积大约为25mL。

（13）将两个分液漏斗里的萃取液分别排入两个比色皿中（一个是空白值，另一个是样品）。

盖上比色皿塞子。

水相层中也含有氯仿，有毒，请适当地对废液进行处理处置。

（14）将装有空白值的比色皿擦拭干净，并将它放入适配器中。

（15）按下"Zero（零）"键进行仪器调零。这时屏幕将显示：0.00mg/L 酚。

（16）将装有样品的比色皿擦拭干净，放入适配器中。按下"Read（读数）"键读取酚含量，结果以 mg/L 酚为单位。

干扰物质

表6.5.1-3　干扰物质

干扰成分	抗干扰水平及处理方法
pH 值	为了测试的准确性，样品的 pH 值需要调整至3~11.5
氧化还原试剂	可能对测试产生干扰。对样品进行蒸馏预处理（参见下文的预处理步骤"样品蒸馏"）
硫化物或悬浮颗粒物	需要对样品进行蒸馏或者按照下面的步骤进行预处理 （1）用 500mL 的量筒取 350mL 样品，倒入一个 500mL 锥形瓶中 （2）向锥形瓶中加入一包 Sulfide Inhibitor 试剂粉枕包①，摇晃以混合均匀 （3）用漏斗和滤纸①过滤此溶液，取 300mL 滤液从步骤（4）开始进行分析测试

① 请参见"蒸馏需要用到的试剂及仪器"。

样品的采集、保存与存储

样品采集 4h 内测得的结果是最可靠的。如果不能在采样后立即进行测试，请按照下面的指示保存样品。

（1） 用清洁的塑料容器采集 500mL 样品，加入两包 Copper Sulfate 粉枕包。

（2） 用 10％的磷酸将样品的 pH 值调整至 4 或者 4 以下以保存样品。在温度为 4℃ （即 39℉） 或者更低的保存条件下，样品可以在采集后 24h 内进行分析测试。

准确度检查方法——标准溶液法

注意： 1. 具体的程序选择操作过程请参见用户操作手册。

2. 为了测试的准确性，每次使用新的一批试剂前都应用标准溶液检查准确度。

准确度检查所需的试剂与仪器有：酚，分析纯；去离子水；容量瓶，A级，1000mL；容量瓶，A级，500mL；移液管，A级；TenSette® 移液枪及配套的枪头。

（1） 按照下列方法配制浓度为1000mg/L的酚标准溶液储备液。①称取1g的分析纯酚。②将称好的酚加入1000mL的容量瓶中。③用煮沸并冷却后的去离子水将酚稀释到容量瓶的刻度线。

（2） 按照下列方法配制浓度为10mg/L的酚标准溶液。①移取10.0mL浓度为1000mg/L的酚标准溶液储备液，加入到500mL的容量瓶中。②用去离子水稀释到容量瓶的刻度线。

（3） 按照下列方法配制浓度为0.200mg/L的酚标准溶液。①移取10.0mL浓度为10mg/L的酚标准溶液，加入到500mL的容量瓶中。②用去离子水稀释到容量瓶的刻度线。

（4） 用此0.200mg/L的酚标准溶液代替样品，按照上述测试流程进行测试。

（5） 用0.200mg/L的酚标准溶液校准标准曲线，在仪器菜单中选择标准溶液校准程序。

（6） 打开标准调整界面，确认接受当前标准溶液浓度。如果使用了其他浓度的标准溶液，输入标准溶液的实际浓度，并确认用此溶液浓度校准标准曲线。

样品蒸馏

以下所描述的样品蒸馏预处理是为了消除干扰物质对测试的影响。样品的pH值在3～11.5时，测试的结果最可靠。预处理步骤参见上文中的"干扰物质"。

（1） 参照《蒸馏仪器手册》中的装置图将通用蒸馏仪器组件❶安装好。用一个500mL的锥形瓶收集蒸馏液。如果有需要可以用升降台将锥形瓶垫高。

（2） 向锥形瓶中加入一个搅拌子。

（3） 用一个清洁的500mL量筒量取300mL水样，倒入蒸馏锥形瓶中。

（4） 为了证明方法的准确性，可以加入0.200mg/L的酚标准溶液进行准确度检查（请参见上文中的"准确度检查方法"）。

（5） 使用血清移液管向蒸馏锥形瓶中加入1mL的Methyl Orange值试剂。

（6） 打开磁力搅拌器，将搅拌控制调节到第5挡。

（7） 逐滴滴加10%磷酸溶液，直至指示剂从黄色变为橙色。

（8） 加入一包Copper Sulfate粉枕包，摇晃使粉末溶解（如果采集样品时已经用Copper Sulfate粉枕包保存样品，跳过此步骤）。盖上蒸馏锥形瓶塞子。

（9） 打开冷却水，调整至冷凝器中流速稳定。将加热控制调节到第10挡。

（10） 等锥形瓶中收集至275mL的蒸馏液，关闭加热开关。

（11） 用25mL量筒量取25mL去离子水，倒入蒸馏锥形瓶中。

（12） 打开加热开关，加热至再收集25mL蒸馏液。

（13） 用一个清洁的量筒重新量取蒸馏液，确保收集到了300mL的蒸馏液，以供分析测试用。

方法精确度

表 6.5.1-4　方法精确度

程序	标值	精确度： 95%置信区间分布	灵敏度：每0.010Abs 单位变动下，浓度变动值
470	0.100mg/L 酚	0.093～0.107mg/L 酚	0.002mg/L 酚

方法解释

4-氨基安替吡啉法可以测定所有邻位取代和间位取代的酚类。这类酚类在铁氰化钾的存在下

---

❶ 参见"蒸馏需要用到的试剂及仪器"。

与 4-氨基安替吡啉反应生成一种有颜色的安替吡啉染料。这种染料被氯仿从水相中萃取到有机相中，然后在波长为 460nm 的可见光下读取测试结果。这种测试方法的灵敏度根据不同的酚类化合物而不同。因为水样中有可能含有很多种类的酚类化合物，测试结果以苯酚的含量表示。

消耗品和替代品信息

表 6.5.1-5　需要用到的试剂

试剂名称及描述	数量/每次测量	单位	产品订货号
酚试剂组件(100 次测试)	—		2243900
（2）氯仿,分析纯	60mL	4L	1445817
（3）Hardness 1 Buffer 溶液,pH 值为 10.1	10mL	500mL	42449
（2）Phenol 2 试剂粉枕包	2	100/pk	183699
（2）Phenol 试剂粉枕包	2	100/pk	87299
去离子水	300mL	4L	27256

表 6.5.1-6　需要用到的仪器

仪器名称及描述	数量/每次测量	单位	产品订货号
剪刀	1	每次	96800
脱脂棉球	1	100/pk	257201
量筒,50mL	1	每次	50841
量筒,500mL	1	每次	50849
分液漏斗,500mL	2	每次	52049
移液管,A 级,5.00mL	1	每次	1451537
漏斗环形固定圈,4in	2	每次	58001
漏斗固定架,底座尺寸为 5in×8in	2	每次	56300

表 6.5.1-7　蒸馏需要用到的试剂及仪器

仪器名称及描述	单位	产品订货号
分析天平,最大称量 80g,115V	每次	2936701
Copper Sulfate 粉枕包	50/pk	1481866
蒸馏加热器及其支架,115V	每次	2274400
蒸馏加热器及其支架,230V	每次	2274402
通用蒸馏仪器组件	每次	2274402
滤纸,12.5cm	100/pk	189457
锥形瓶,500mL	每次	50549
漏斗	每次	108367
Methyl Orange 指示剂,0.5g/L	100mL MDB	14832
酚,分析纯	113 g	75814
磷酸,10%	100mL MDB	1476932
Sulfide Inhibitor 试剂粉枕包	100/pk	241899
pH 试纸,量程范围为 0～14	100/pk	2601300
无汞环保温度计,量程范围为−10～225℃	1	2635700
TenSette® 移液枪,量程范围为 1.0～10.0mL	每次	1970010
与移液枪 19700-10 配套的枪头	250/pk	2199725
与移液枪 19700-10 配套的枪头	50/pk	2199796
称量纸,76mm×76mm	500/pk	1473800
护目镜	每次	2550700
化学试剂防护手套,9～9.5in①	1 双	2410104
烧杯,A 级	1 L	1457453
烧杯,A 级	500mL	1457449

① 可根据需要订购其他尺码。

注：1in＝25.4mm。

6.5.2　甲醛，MBTH法[1]，方法8110（粉枕包）

测量范围

$3\sim500\mu g/L\ CH_2O$。

应用范围

用于水中甲醛的测定。

测试准备工作

表 6.5.2-1　仪器详细说明

仪器	比色皿方向	比色皿
DR 6000 DR 3800 DR 2800 DR 2700 DR 1900	刻度线朝向右方	2495402 10mL
DR 5000 DR 3900	刻度线朝向用户	

（1）采样后请立即分析测试。不要进行样品保存。

（2）测试前用铬酸洗液[2]清洗所有玻璃仪器，去除痕量污染物。

（3）准确计时和样品温度对本测试的影响非常大。样品的温度应保持在 $25℃\pm1℃$，测试过程必须完全遵守流程中的计时指示。有条件的话，建议使用温度控制水浴以获得更好的准确性。

（4）蒸馏碱性高锰酸钾溶液（4g氢氧化钠、2g高锰酸钾溶于500mL配制而成）得到不含甲醛的蒸馏水。最初蒸馏出来的50～100mL蒸馏液应倒掉，不能使用。

（5）本测试过程中不可以使用倾倒池模块。

表 6.5.2-2　准备的物品

名 称 及 描 述	数量	名 称 及 描 述	数量
低量程甲醛显色剂溶液	5mL	血清移液管,5mL	1 根
MBTH 粉枕包	2 包	吸耳球	1 个
混合量筒,50mL	2 个	比色皿(请参见"仪器详细说明")	2 个

注：订购信息请看看"消耗品和替代品信息"。

MBTH 法 （粉枕包） 测试流程

（1）选择测试程序。参照"仪器详细说明"的要求插入适配器（详细介绍请参见用户手册）。

（2）样品的测定：精确地量取 25mL 样品，倒入一个混合量筒中。

（3）空白值的测定：精确地量取 25mL 无甲醛水，倒入第二个混合量筒中。

（4）向装有无甲醛水的空白值混合量筒中加入一包 MBTH 粉枕包。盖上塞子。

（5）启动仪器定时器。计时反应 17min。
当仪器定时器一启动，就立即进行步骤（6）。

---

❶ 改编自 Matthews，T. G. and Howell，T. C.，Journal of the Air Pollution Control Association，31（11）1181-1184（1981）。

❷ 订购信息请参看"可选择的试剂与仪器"。

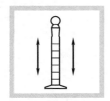   

（6）步骤（5）的计时反应一开始，马上猛烈地上下摇晃装空白值的混合量筒20s。

此步骤在计时开始时立即开始操作，不要等到计时结束后再进行。

（7）当仪器定时器显示"15：00"时，向装有样品的混合量筒中加入一包MBTH粉枕包。盖上塞子。

（8）猛烈地上下摇晃装有样品的混合量筒20s。

（9）当仪器定时器显示"10：00"时，向装有样品的混合量筒中加入2.5mL的低量程甲醛显色剂溶液。

（10）盖上塞子，倒转量筒数次以混合均匀。

（11）当仪器定时器马上就要显示"2：00"时，立即将空白值量筒中的液体倒入比色皿中，至少要倒入10mL。倒入时要缓慢，以防在比色皿壁上形成小气泡。如果产生了小气泡，轻轻地晃动比色皿将气泡赶走。

（12）立即将装有空白值的比色皿擦拭干净，放入适配器中。

（13）当仪器定时器显示"2：00"时，按下"Zero（零）"键进行仪器调零。这时屏幕将显示：0μg/L CH₂O。

（14）将装有样品量筒中的液体倒入第二个比色皿中，至少要倒入10mL。

（15）将比色皿擦拭干净，放入适配器中。

（16）当计时时间结束后，按下"Read（读数）"键读取锰含量，结果以 μg/L CH₂O 为单位。

干扰物质

表 6.5.2-3 干扰物质

干扰成分	抗干扰水平	干扰成分	抗干扰水平
醋酸盐	1000mg/L	三价铁离子	12mg/L
乙醛（及其他醛类）	任何浓度水平都对测试产生正干扰	铅	100mg/L
氨氮（以 N 计）	10mg/L	锰	500mg/L
苯胺	10mg/L	汞	70mg/L
重碳酸盐	1000mg/L	吗啉	0.36mg/L
钙	3500mg/L	硝酸盐	1000mg/L
碳酸盐	500mg/L	亚硝酸盐	8mg/L
氯化物	5000mg/L	苯酚	1050mg/L
铜	1.6mg/L	磷酸盐	200mg/L
环己胺	250mg/L	硅	40mg/L
氨基乙醇	33mg/L	硫酸盐	10000mg/L
乙二胺	1.5mg/L	尿素	1000mg/L
葡萄糖	1000mg/L	锌	1000mg/L
氨基乙酸	1000mg/L		

准确度检查方法

准确度检查所需的试剂与仪器有：甲醛 Voluette® 安瓿瓶标准试剂，浓度为 4000mg/L CH₂O；TenSette® 移液枪及配套的枪头；容量瓶，A 级，100mL；混合量筒❶，50mL，三个。

（1）标准加入法（加标法）

① 读取测试结果后，将装有样品的比色皿（尚未加入标准物质）留在仪器中。

② 在仪器菜单中选择标准添加程序。

③ 按"OK（好）"键确认标样浓度、样品体积和加标体积的默认值。按"EDIT（编辑程序）"键可以修改这些默认值。当这些值确认好后，未加标的样品读数将显示在顶端的一行。更多详细信息请参见用户手册。

④ 打开浓度为 4000mg/L CH₂O 的甲醛 Voluette® 安瓿瓶标准试剂瓶。

⑤ 用 TenSette® 移液枪移取 0.2mL 甲醛标准试剂，加入一个 100mL 的 A 级容量瓶中，用无甲醛水稀释至刻度线，混合均匀。每天都需要配制此标准溶液。这是接下来要使用的浓度为 8000μg/L（即 8mg/L）的甲醛标准溶液。

⑥ 用 TenSette® 移液枪准备三个加标样。将样品倒入三个 50mL 混合量筒❶中，液面与 25mL 刻度线平齐。使用 TenSette® 移液枪分别向三个比色皿中依次加入 0.1mL、0.2mL 和 0.3mL 的浓度为 8000μg/L 的甲醛标准溶液，盖上塞子，混合均匀。

⑦ 从 0.1mL 的加标样开始，按照上述测试流程依次对三个加标样品进行测试。按"Read（读数）"键确认接受每一个加标样品的测试值。

⑧ 加标测试过程结束后，按"Graph（图表）"键将显示出根据加标数据计算得到的最佳拟合曲线，说明本底干扰的存在与否。按"Ideal Line（理想线条）"键将显示出样品加标与 100% 回收率的"理想线条"之间的关系。每个加标样都应该达到约 100% 的加标回收率。

（2）标准溶液法

① 按照下列方法配制浓度为 320μg/L CH₂O 的甲醛标准溶液：移取 1.0mL 浓度为 8000μg/L（即 8mg/L）的甲醛标准溶液，加入一个 50mL 的混合量筒中。无甲醛水稀释至刻度线，混合均匀。

② 直接用这个溶液代替样品，按照上述测试流程进行测试。校准标准曲线，在仪器菜单中选择标准溶液校准程序。

③ 打开标准调整界面，确认接受当前标准溶液浓度。如果使用了其他浓度的标准溶液，输入标准溶液的实际浓度，并确认用此溶液浓度校准标准曲线。

方法精确度

表 6.5.2-4　方法精确度

程序	标值	精确度：95% 置信区间分布	灵敏度：每 0.010Abs 单位变动下,浓度变动值
200	320μg/L CH₂O	312～328μg/L CH₂O	3μg/L CH₂O

方法解释

甲醛与 MBTH（3-甲基-2-苯并噻唑酮腙）反应后使溶液呈蓝色，蓝色的深浅和样品中甲醛的含量成正比例关系。测试结果是在波长为 630nm 的可见光下读取的。

消耗品和替代品信息

表 6.5.2-5　需要用到的试剂

试剂名称及描述	数量/每次测量	单位	产品订货号
甲醛试剂组件,（100 次测试）	—	—	2257700
低量程甲醛显色剂溶液	5mL	500mL	2257249
MBTH 粉枕包	2	100/pk	2257169

❶ 订购信息请参看"可选择的试剂与仪器"。

表 6.5.2-6 需要用到的仪器

仪器名称及描述	数量/每次测量	单位	产品订货号
混合量筒,50mL	2	每次	189641
血清移液管,5mL	1	每次	53237
洗耳球	1	每次	1465100

表 6.5.2-7 推荐使用的标准样品

标准样品名称及描述	单位	产品订货号
甲醛标准溶液,10mL Voluette®安瓿瓶,浓度为 4000mg/L	16/pk	2257310

表 6.5.2-8 可选择的试剂与仪器

名 称 及 描 述	单位	产品订货号
铬酸洗液	500mL	123349
高锰酸钾	454g	16801H
氢氧化钠,分析纯	500g	18734
容量瓶,A 级,100mL	每次	1457442
TenSette®移液枪,量程为 0.1～1.0mL	每次	1970001
与移液枪 19700-01 配套的枪头	50/pk	2185696
安瓿瓶开口器	每次	2196800

6.5.3 氰尿酸，浊度法，方法 8139（粉枕包）

测量范围

5～50mg/L（光度计）；7～55mg/L（比色计）。

应用范围

用于水中氰尿酸的测定。

测试准备工作

表 6.5.3-1 仪器详细说明

仪器	比色皿方向	比色皿
DR 3800 DR 2800 DR 2700 DR 1900	刻度线朝向右方	2495402 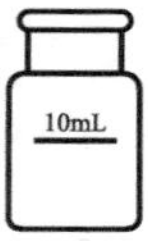
DR 3900	刻度线朝向用户	
DR 900	刻度线朝向用户	2401906 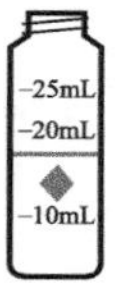

（1）如果样品浑浊，请在测试前先用漏斗和滤纸过滤样品。

（2）测试结束后请立即用肥皂、水和试管刷清洗比色皿，以免试剂在比色皿内壁形成一层膜。

（3）本测试过程中不可以使用倾倒池模块。

表 6.5.3-2　准备的物品

名称及描述	数　量
方形玻璃混合瓶	1 个
Cyanuric Acid 2 试剂粉枕包	1 包
比色皿（参见"仪器详细说明"）	2 个

注：订购信息参见"消耗品和替代品信息"。

浊度法（粉枕包）测试流程

（1）选择测试程序。参照"仪器详细说明"的要求插入适配器（详细介绍请参见用户手册）。

（2）将 25mL 样品倒入方形玻璃混合瓶中。对于型号为 DR/2400 与 DR/2500 的仪器，可以直接将 25mL 样品加入测试流程（3）和（8）中使用的比色皿中。

（3）样品的测定：加入一包 Cyanuric Acid 2 试剂粉枕包，摇晃以混合均匀。

如果样品中有氰尿酸，此时溶液应该出现白色浑浊。

（4）启动仪器定时器。计时反应 3min。

（5）空白值的测定：将方形玻璃混合瓶中的样品倒入一个比色皿中，液面与 10mL 刻度线平齐。

（6）将空白值的比色皿擦拭干净，放入适配器中。

按下"Zero（零）"键进行仪器调零。这时屏幕将显示：0mg/L 氰尿酸。

（7）计时时间结束后，将方形玻璃混合瓶中的样品倒入第二个比色皿中，液面与 10mL 刻度线平齐（此步骤仅针对型号为 DR 2800 与 DR 2700 的仪器）。

（8）计时时间结束后的 7min 内，将装有样品的比色皿擦拭干净，放入适配器中。

按下"Read（读数）"键读取氰尿酸的含量，结果以 mg/L 氰尿酸 为单位。

样品的采集、保存与存储

（1） 样品采集时应使用清洁的塑料或者玻璃瓶。

（2） 采样后 24h 内必须进行分析测试。

准确度检查方法——标准溶液法

注意：具体的程序选择操作过程请参见用户操作手册。

（1） 按照以下步骤配制浓度为 1000mg/L 的氰尿酸溶液：称量 1.000g 氰尿酸，将其溶解于 1L 去离子水中。氰尿酸难溶于水，可能需要几小时才能够完全溶解。此溶液可以稳定地保存几周。

（2） 配制浓度为 30mg/L 的氰尿酸溶液：移取 3.00mL 上一步骤中浓度为 1000mg/L 的氰尿酸溶液，加入到 100mL 容量瓶中，用去离子水稀释到容量瓶的刻度线。混合均匀。每天都需要配制此标准溶液。按上述测试流程测试此溶液，应该得到的读数为 30mg/L 氰尿酸。

（3） 用此 30mg/L 氰尿酸溶液校准标准曲线，在仪器菜单中选择标准溶液校准程序。

（4） 打开标准调整界面，确认接受当前标准溶液浓度。如果使用了其他浓度的标准溶液，输入标准溶液的实际浓度，并确认用此溶液浓度校准标准曲线。

方法精确度

表 6.5.3-3　方法精确度

程序	标值	精确度：95%置信区间分布	灵敏度：每0.010Abs单位变动下，浓度变动值
170	10mg/L 氰尿酸	7～13mg/L 氰尿酸	0.3mg/L 氰尿酸(10mg/L 和 30mg/L)；0.4mg/L 氰尿酸(50mg/L)

方法解释

本测试中，氰尿酸的测定采用的是浊度法。Cyanuric Acid 2 试剂和样品中的氰尿酸反应生成沉淀，呈悬浮状态。而浊度的大小就直接反映了产生沉淀物质的多少，即浊度与样品中的氰尿酸含量成正比例关系。测试结果是在波长为 480nm 的可见光下读取的。

消耗品和替代品信息

表 6.5.3-4　需要用到的试剂

试剂名称及描述	数量/每次测量	单位	产品订货号
Cyanuric Acid 2 试剂粉枕包	1	50/pk	246066

表 6.5.3-5　需要用到的仪器

仪器名称及描述	数量/每次测量	单位	产品订货号
方形玻璃混合瓶，带 25mL 刻度线	1	每次	1704200

表 6.5.3-6　推荐使用的标准样品

标准样品名称及描述	单位	产品订货号
氰尿酸	25g	712924
去离子水	4L	27256

表 6.5.3-7　可选择的试剂与仪器

名称及描述	单位	产品订货号
天平，600g × 0.01g，115V	每次	2937201
滤纸，漏斗过滤用	10/pk	189457
容量瓶，100mL	每次	2636642
容量瓶，A 级，1000mL	每次	2636653
漏斗	每次	108367
Liqui-nox 无磷清洁剂	1L	2088153
TenSette® 移液枪，量程为 1.0～10.0mL	每次	1970010
移液管，A 级，3mL	每次	1451503
洗耳球	每次	1465100
试管刷	每次	69000

6.5.4　阴离子表面活性剂，结晶紫法[1]，方法 8028

测量范围

0.002～0.275mg/L 阴离子表面活性剂（LAS）（光度计）；0.020～0.300mg/L 阴离子表面

---

[1] 改编自 Analytical Chemistry，38，791（1966）。

活性剂（LAS）（比色计）。

应用范围

用于水、废水与海水中阴离子表面活性剂的测定。

测试准备工作

表 6.5.4-1　仪器详细说明

仪器	比色皿方向	比色皿
DR 6000 DR 3800 DR 2800 DR 2700 DR 1900	刻度线朝向右方	2612602 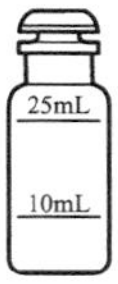
DR 5000 DR 3900	刻度线朝向用户	
DR 900	刻度线朝向用户	2401906 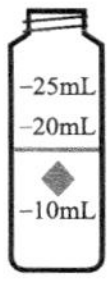

（1）在通风条件良好的环境下使用苯。

（2）苯被美国联邦政府的《资源保护和恢复法案》（RCRA）规定为危险废弃物。苯按照类型的分类编号为 D018。测试过程中使用过的含苯废液都应该用溶剂收集并适当处理处置。详细的处理处置信息请参见当前的化学品安全说明书（MSDS）。

（3）为了防止比色皿中含有小水滴，请使用干燥清洁的比色皿，并将最初倒入的几毫升苯倒掉。另外，将液体从一个比色皿倒入另一个比色皿时可以使用漏斗。

（4）过度地摇晃会形成乳状液，这样会减慢液体分层的速度。如果已经形成了乳状液，将大部分水层中的液体移取出去，用一根清洁的 Teflon®聚四氟乙烯涂层棒或者其他惰性材料的棒子轻轻地搅动分液漏斗中的液体。

（5）试剂的溅出会影响测试的准确性，并且对皮肤和其他物体有毒。

（6）可以使用丙酮清洗玻璃仪器上残留的苯。

（7）为了测试结果更加准确，每批新的试剂都应该测定试剂空白值。试剂空白的测定同样按照测试步骤进行，只是把样品换成去离子水进行测试。从最后的测试结果中将试剂空白值扣除，或者调整仪器的试剂空白。

（8）如果在强光照射的环境下（如直射的日光）使用仪器，请在测试过程中用遮光罩将适配器的插槽部位遮盖起来。

（9）本测试过程中不可以使用倾倒池模块。

表 6.5.4-2　准备的物品

名 称 及 描 述	数　　量
苯,分析纯	55mL
硫酸盐缓冲溶液	10mL
Detergent 试剂粉枕包	1 包
剪刀,用于剪开粉枕包	1 包
量筒,25mL	1 个
量筒,50mL	1 个
量筒,500mL	1 个
分液漏斗,500mL	1 个

名 称 及 描 述	数 量
比色皿（请参见"仪器详细说明"）	2个
漏斗环形固定圈,4in	1个
环形固定圈的支架,底座尺寸为 5in×8in	1个

注：订购信息请参看"消耗品和替代品信息"。

结晶紫法测试流程

（1）选择测试程序。参照"仪器详细说明"的要求插入适配器（详细介绍请参见用户手册）。

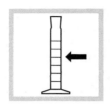

（2）用清洁的500mL量筒取300mL样品。

（3）将300mL样品倒入500mL的分液漏斗中。

（4）向分液漏斗中加入10mL硫酸盐缓冲溶液,盖上塞子,摇晃5s以混合均匀。

（5）向分液漏斗中加入一包Detergent试剂粉枕包。

（6）盖上塞子,摇晃至粉末完全溶解。粉末会缓慢地完全溶解在样品中。

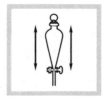

（7）再向分液漏斗中加入30mL苯。盖上塞子,轻轻地摇晃分液漏斗1min。

（8）将分液漏斗固定放置在漏斗架上。

（9）启动仪器定时器,计时反应30min。

（10）计时时间结束后,拔掉分液漏斗顶端的塞子,静置等待液体分层,让水溶液层沉到漏斗底部,打开颈管活塞,让下层溶液流入下方的烧杯中。

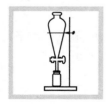

（11）样品的测定：让上层的苯有机溶液层流入一个清洁的25mL比色皿中。盖上比色皿塞子。
分光光度计测量前请不要过滤苯有机溶液层,过滤会使溶液的蓝色退去。

（12）空白值的测定：将10mL苯倒入第二个比色皿中,液面与10mL刻度线平齐。盖上比色皿塞子。

（13）将装有空白值的比色皿擦拭干净,并将它放入适配器中。

（14）按下"Zero（零）"键进行仪器调零。这时屏幕将显示：0.000mg/L LAS。

（15）将装有样品的比色皿擦拭干净,放入适配器中。

（16）按下"Read（读数）"键读取阴离子表面活性剂含量，结果以 mg/L LAS 为单位。

干扰物质

表 6.5.4-3　干扰物质

干扰成分	抗干扰水平
氯化物	高含量的氯离子,如盐水和海水中的大量氯离子,会使测试结果偏低
高锰酸根离子	任何浓度水平均会对测试产生干扰
高碘酸根离子	任何浓度水平均会对测试产生干扰

样品的采集、保存与存储

(1) 用清洁的塑料或玻璃容器采集样品。

(2) 样品采集后应尽快进行分析测试。

(3) 在冷却至 4℃（即 39℉）或者更低的温度条件下，样品最长可以保存 24h。

(4) 分析测试前，请将样品先加热至室温。

准确度检查方法

(1) 标准溶液法。准确度检查所需的试剂与仪器：表面活性剂 Voluette ®安瓿瓶标准试剂，浓度为 60mg/L LAS；安瓿瓶开口器；TenSette®移液枪及配套的枪头，量程范围为 0.1～1.0mL。

具体步骤如下。

① 读取测试结果后，将装有样品的比色皿（尚未加入标准物质）留在仪器中。

② 在仪器菜单中选择标准添加程序。

③ 按"OK（好）"键确认标样浓度、样品体积和加标体积的默认值。按"EDIT（编辑程序）"键可以修改这些默认值。当这些值确认好后，未加标的样品读数将显示在顶端的一行。更多详细信息请参见用户手册。

④ 打开浓度为 60mg/L LAS 的表面活性剂 Voluette ®安瓿瓶标准试剂。

⑤ 按照下列步骤用 TenSette®移液枪准备三个加标样：量取三个 300mL 样品倒入三个烧杯中，用 TenSette®移液枪分别向三个烧杯中依次加入 0.1mL、0.2mL 和 0.3mL 的标准物质。混合均匀。

⑥ 从 0.1mL 的加标样开始，按照上述"结晶紫法测试流程"依次对三个加标样品进行测试。按"Read（读数）"键确认接受每一个加标样品的测试值。

⑦ 加标测试过程结束后，按"Graph（图表）"键将显示出根据加标数据计算得到的最佳拟合曲线，说明本底干扰的存在与否。按"Ideal Line（理想线条）"键将显示出样品加标与 100%回收率的"理想线条"之间的关系。每个加标样都应该达到约 100%的加标回收率。

(2) 标准溶液法。所需的试剂与仪器设备有：表面活性剂 Voluette ®安瓿瓶标准试剂，浓度为 60mg/L LAS；容量瓶，A 级，1000mL；移液管，A 级，3mL。

具体步骤如下。

① 按照下列方法配制浓度为 0.180mg/L LAS 的标准溶液。a. 移取 3.0mL 浓度为 60mg/L LAS 的表面活性剂标准试剂，加入一个 1000mL 的容量瓶中。b. 用去离子水稀释到容量瓶的刻度线。混合均匀。每天都需要配制此标准溶液。

② 用此 0.180mg/L LAS 的标准溶液代替样品，按照上述"结晶紫法测试流程"进行测试。

③ 用 0.180mg/L LAS 的标准溶液校准标准曲线，在仪器菜单中选择标准溶液校准程序。

④ 打开标准调整界面，确认接受当前标准溶液浓度。如果使用了其他浓度的标准溶液，输入标准溶液的实际浓度，并确认用此溶液浓度校准标准曲线。

方法精确度

表 6.5.4-4　方法精确度

程序	标值	精确度： 95％置信区间分布	灵敏度：每 0.010Abs 单位变动下，浓度变动值
710	0.180mg/L LAS	0.172～0.188mg/L LAS	0.002mg/L LAS

方法解释

表面活性剂 ABS（烃基苯磺酸盐，alkyl benzene sulfonate）或 LAS（直链烷基苯磺酸盐，linear alkylate sulfonate），都是采用结晶紫法测定的。结晶紫染色剂与表面活性剂结合，形成离子络合物，被萃取到苯中。测试结果是在波长为 605nm 的可见光下读取的。

消耗品和替代品信息

表 6.5.4-5　需要用到的试剂

试剂名称及描述	数量/每次测量	单位	产品订货号
Detergent 试剂组件	—	—	2446800
苯，分析纯	40mL	4L	1444017
硫酸盐缓冲溶液	10mL	500mL	45249
Detergent 试剂粉枕包	1	25/pk	100868

表 6.5.4-6　需要用到的仪器

仪器名称及描述	数量/每次测量	单位	产品订货号
剪刀，用于剪开粉枕包	1	每次	96800
量筒，25mL	1	每次	50840
量筒，50mL	1	每次	50841
量筒，500mL	1	每次	50841
分液漏斗，500mL	1	每次	52049
漏斗环形固定圈，4in	1	每次	58001
漏斗固定架，底座尺寸为 5in×8in	1	每次	56300

表 6.5.4-7　推荐使用的标准样品

标样名称及描述	单位	产品订货号
表面活性剂 Voluette® 安瓿瓶标准试剂，10mL，浓度为 60mg/L LAS	16/pk	1427110

表 6.5.4-8　可选择的试剂及仪器

名称及描述	单位	产品订货号
丙酮，分析纯	500mL	1442949
烧杯，600mL	每次	50052
容量瓶，A 级，1000mL	每次	1457453
洗耳球	每次	1465100
TenSette® 移液枪，量程范围为 0.1～1.0mL	每次	1970001
与移液枪 19700-01 配套的枪头	50/pk	2185696
移液管，A 级，3.00mL	每次	1451503

6.6　其他

6.6.1　一氯胺；自由氨，靛青法[1]，方法 10200（粉枕包）

测量范围

0.01～0.50mg/L NH_3-N；0.04～4.50mg/L Cl_2。

---

[1] U. S. 专利号：6315950。

应用范围

用于同时测定氯胺化处理水中的自由氨和一氯胺。

测试准备工作

表 6.6.1-1 仪器详细说明

仪器	适配器	比色皿方向	比色皿
DR 6000	—	方向标记与适配器的指示箭头一致	4864302
DR 5000	A23618	方向标记指向用户	
DR 3900	LZV846(A)	方向标记背向用户	
DR 1900	9609900 或 9609800(C)	方向标记与适配器的指示箭头一致	
DR 900	—	方向标记指向用户	
DR 3800 DR 2800 DR 2700	LZV585(B)	1cm 光程方向与适配器的指示箭头一致	5940506

(1) 为了测试结果更加准确，每批新的试剂都应该测定试剂空白值。试剂空白的测定同样按照测试步骤进行，只是把样品换成去离子水进行测试。从最后的测试结果中将试剂空白值扣除，或者调整仪器的试剂空白。

(2) 如果在强光照射的环境下（如直射的日光）使用仪器，请在测试过程中用遮光罩将适配器的插槽部位遮盖起来。

表 6.6.1-2 准备的物品

名 称 及 描 述	数 量
Free Ammonia 试剂溶液	1 滴
Monochlor F 试剂粉枕包	2 包
比色皿（请参见"仪器详细说明"）	2 个

注：订购信息请参看"消耗品和替代品信息"。

靛青法（粉枕包）测试流程

 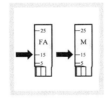   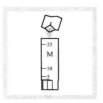

（1）选择一氯胺的测试程序。参照"仪器详细说明"的要求插入适配器（详细介绍请参见用户手册）。

（2）将样品倒入两个 1cm 比色皿中，两个液面均与 10mL 刻度线平齐。

　　在一个比色皿上贴上"自由氨"标签，另一个比色皿上贴上"一氯胺"标签。

（3）将一氯胺比色皿擦拭干净，放入适配器中。

　　比色皿放置方向请参见"仪器详细说明"。

（4）按下"Zero（零）"键进行仪器调零。这时屏幕将显示：0.00mg/L Cl$_2$。

（5）将比色皿从适配器中取出，加入一包 Monochlor F 试剂粉枕包，用于测试一氯胺。

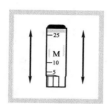

（6）盖上塞子，上下摇晃 20s 使粉末溶解。

如果样品中含有一氯胺，此时溶液应该呈绿色。

（7）在"自由氨"的比色皿中加入 1 滴自由氨试剂溶液，用于测试自由氨。

（8）将自由氨试剂溶液瓶盖紧以保持溶液的稳定性和试剂不变质。

（9）盖上塞子，倒转"自由氨"的比色皿，摇晃混合均匀。

如果摇晃反应后溶液变浑浊，重新处理样品再测试一次。请参见"干扰物质"。

（10）启动仪器定时器。计时反应 5min。

样品的显色时间随样品的温度不同而改变。为了测试的准确性，请让样品有充分的时间反应以显色。请参见表 6.6.1-4。

（11）计时时间结束后，将"一氯胺"比色皿擦拭干净，放入适配器中。

（12）按下"Read（读数）"键读取一氯胺的含量，结果以 mg/L Cl$_2$ 计。

（13）选择自由氨的测试程序。

如果屏幕键盘锁处于开启状态，屏幕上将显示"是否保存数据？"选择"YES 保存"键或者"NO 不保存"键。

（14）此时"一氯胺"比色皿仍然留在适配器中，按下"Zero（零）"键进行仪器调零。这时屏幕将显示：0.00mg/L NH$_3$-N。

再取出"一氯胺"比色皿。

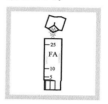

（15）向"自由氨"比色皿中加入一包 Monochlor F 试剂粉枕包，用于测试自由氨。

加入 Monochlor F 试剂粉枕包前，请先确认测试流程（10）中的反应时间已经结束。

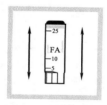

（16）盖上塞子，上下摇晃 20s 使粉末溶解。

如果样品中含有一氯胺或者氨氮，此时溶液应该呈绿色。

（17）启动仪器定时器。计时反应 5min。

如果样品温度低于 18℃，反应时间需要延长。请参见表 6.6.1-4。

（18）计时时间结束后，将"自由氨"比色皿擦拭干净，放入适配器中。

（19）按下"Read（读数）"键读取自由氨的含量，结果以 NH$_3$-N 计。

干扰物质

　　经氯胺化工艺处理后的饮用水中含有氯消毒的残留物质，本方法用于测定其中的总余氯。消毒剂余氯已经消失了的样品和有需氯量的样品中，氨的测试结果会比较低。故配制无消毒剂余氯的空白值和氨氮标准样品时，必须使用高纯水。

　　表 6.6.1-3 中所列的物质在低于所列最大抗干扰浓度水平以下时，不会干扰自由氨的测试。

表 6.6.1-3　非干扰物质

干扰成分	最大抗干扰浓度水平	干扰成分	最大抗干扰浓度水平
铝	0.2mg/L	亚硝酸盐	以 NO_2^--N 计，为 1mg/L
氯化物	以 Cl 计，为 1200mg/L	磷酸盐	以 PO_4^{3-} 计，为 2mg/L
铜	以 Cu 计，为 1mg/L	硅	以 SiO_2 计，为 100mg/L
铁	以 Fe 计，为 0.3mg/L	硫酸盐	以 $CaCO_3$ 计，为 1600mg/L
锰	以 Mn 计，为 0.05mg/L	锌	以 Zn 计，为 5mg/L
硝酸盐	以 NO_3^--N 计，为 10mg/L		

如果样品中有较高含量的总硬度和碱度，在加入自由氨试剂溶液后，样品可能会变浑浊。如果在第一次反应计时时间结束后，样品变浑浊了，那么自由氨的测试样品必须按照以下步骤进行预处理：

注意：一氯胺的测试样品不需要进行预处理。

(1) 向"自由氨"比色皿中加入 10mL 样品。
(2) 向样品中加入一包 Hardness Treatment 试剂粉枕包。
(3) 盖上比色皿塞子，倒转比色皿混合使粉末溶解。
(4) 打开比色皿塞子。
(5) 用此预处理的样品作为测试流程（2）中的自由氨测试的样品，继续进行分析测试。

样品的显色时间

样品的温度对于本测试的结果影响非常大。本测试的两个计时反应时间的长度是相同的，并且都取决于样品的温度。流程中所列出的显色计时反应时间是默认样品温度为 18～20℃（即 64～68℉）时的显色时间。根据实际样品温度在表 6.6.1-4 中查找显色反应时间，在测试过程中使用合适的计时反应时间。

表 6.6.1-4　样品的显色

样品温度/℃	样品温度/℉	显色时间/min	样品温度/℃	样品温度/℉	显色时间/min
5	41	10	16	61	6
7	45	9	18	64	5
9	47	8	20	68	5
10	50	8	23	73	2.5
12	54	7	25	77	2
14	57	7	>25	>77	2

样品的采集、保存与存储

(1) 样品采集时应使用清洁的玻璃瓶。
(2) 采样后立即进行分析测试得到的结果是最可靠的。

准确度检查方法（一氯胺，程序号 66）——**标准溶液法**

准确度检查所需的试剂与仪器有：Buffer 粉枕包，pH 值为 8.3；氨氮标准溶液，浓度为 100mg/L NH_3-N；氯溶液安瓿试剂，浓度为 50～70mg/L；容量瓶，A 级，100mL；TenSette® 移液枪，量程范围为 0.1～1.0mL；不含有机物的水。

注意：由于此准确度检查过程中的标准溶液将用很强的缓冲溶液进行处理，所以这个准确度检查方法不适用于自由氨的测试准确度检查用。

在准确度检查开始前，先按照下列方法配制浓度为 4.5mg/L（以 Cl_2 计）的一氯胺标准溶液。

（1） 向一个清洁的 100mL 的 A 级容量瓶中加入约 50mL 的不含有机物的水，再加入一包 Buffer 粉枕包，pH 值为 8.3，摇晃瓶身使粉末溶解。

（2） 用一根 A 级移液管移取 2.00mL 浓度为 100mg/L NH_3-N 的氨氮标准溶液，加入上述容量瓶中。

（3） 用不含有机物的水稀释至刻度线，盖紧盖子，摇晃瓶身以混合均匀。这个就是浓度为 2.00mg/L 的氨氮标准缓冲溶液。

（4） 移取 50.00mL 浓度为 2.00mg/L 的氨氮标准缓冲溶液，加入到一个清洁的 100mL 烧杯中。再加入一个搅拌子。

（5） 打开浓度为 50～70mg/L 的氯溶液安瓿试剂，注意记录下这一瓶标样中实际自由态氯离子的含量。

（6） 用下式计算要向氨氮标准缓冲溶液中加入氯溶液安瓿试剂的量：

$$氯溶液安瓿试剂(mL) = \frac{455}{自由氯浓度}$$

（7） 打开氯溶液安瓿瓶，用一根玻璃 Mohr 移液管按照上面计算出来的体积量取氯溶液，缓慢地加入氨氮标准溶液中，打开磁力搅拌器，调至中速。

（8） 加入氯溶液后，溶液保持中速搅拌 1min。

（9） 将此溶液转移至清洁的 A 级 100mL 容量瓶中，冲洗液也倒入容量瓶中。用不含有机物的水稀释至刻度线，盖紧盖子，摇晃瓶身以混合均匀。这就是浓度为 4.5mg/L Cl_2 的一氯胺标准溶液。

（10） 在溶液配制好后 1h 之内使用。用上述低量程范围一氯胺测试流程分析测试此标准溶液。

（11） 浓度为 4.5mg/L Cl_2 的一氯胺标准溶液校准标准曲线，在仪器菜单中选择标准添加程序。

（12） 打开标准调整界面，确认接受当前标准溶液浓度。如果使用了其他浓度的标准溶液，输入标准溶液的实际浓度，并确认用此溶液浓度校准标准曲线。

准确度检查方法（自由氨，程序号 388）

准确度检查所需的试剂与仪器有：氨氮标准溶液，浓度为 10mg/L NH_3-N；塑料容量瓶，100mL，带塞子；混合量筒，50mL，三个；量程为 0.1～1.0mL 的 TenSette® 移液枪及配套的枪头；去离子水。

当需要稀释样品或者配制标准溶液时，需要用到稀释水。稀释水必须不含氨氮、氯和需氯量。这种稀释水最方便的来源就是通过活性炭和离子交换树脂过滤的比电阻为 18MΩ/cm 的超纯水。

（1） 标准加入法（加标法）

① 读取测试结果后，将装有样品的比色皿（尚未加入标准物质）留在仪器中。检查结果的化学形式。

② 在仪器菜单中选择标准添加程序。

③ 按"OK（好）"键确认标样浓度、样品体积和加标体积的默认值。按"EDIT（编辑程序）"键可以修改这些默认值。当这些值确认好后，未加标的样品读数将显示在顶端的一行。更多详细信息请参见用户手册。

④ 准备三个加标样。用 50mL 量筒量取三份 50mL 样品，倒入三个混合量筒中。

⑤ 用 TenSette® 移液枪分别向三个混合量筒中依次加入 0.3mL、0.6mL 和 1.0mL 浓度为 10mg/L NH_3-N 的氨氮标准溶液。混合均匀。

⑥ 从 0.3mL 的加标样开始，按照上述测试流程依次对三个加标样品进行测试。按"Read（读数）"键确认接受每一个加标样品的测试值。每个加标样都应该达到约 100% 的加标回收率。

⑦ 加标测试过程结束后，按"Graph（图表）"键将显示出根据加标数据计算得到的最佳拟合曲线，说明本底干扰的存在与否。按"Ideal Line（理想线条）"键将显示出样品加标与100％回收率的"理想线条"之间的关系。

（2）标准溶液法

① 按照下列方法配制浓度为 0.20mg/L 的氨氮标准溶液：移取 2.00mL 浓度为 10mg/L NH₃-N 的氨氮标准溶液，加入到一个 100mL 容量瓶中，稀释至刻度线；或用 TenSette® 移液枪移取 0.4mL 浓度为 50mg/L NH₃-N 氨氮标准溶液，加入到一个 100mL 容量瓶中，稀释至刻度线。按照上述测试流程对此标准溶液进行测试。

② 在仪器菜单中选择标准溶液校准程序。

③ 打开标准调整界面，确认接受当前标准溶液浓度。如果使用了其他浓度的标准溶液，输入标准溶液的实际浓度，并确认用此溶液浓度校准标准曲线。

方法精确度

表 6.6.1-5　方法精确度

程序	标值	精确度：95％置信区间分布	灵敏度：每 0.010Abs 单位变动下，浓度变动值
66	2.60mg/L Cl₂	2.58～2.62mg/L Cl₂	0.04mg/L Cl₂
389	0.20mg/L NH₃-N	0.19～0.21mg/L NH₃-N	0.01mg/L NH₃-N

方法解释

一氯胺（NH₂Cl）和自由氨（NH₃和NH₄⁺）可以同时存在于同一个水样中。加入的次氯酸盐和自由氨结合后会生成更多的一氯胺。在铁氰酸盐催化剂的作用下，样品中的一氯胺与取代苯酚反应，生成一种亚胺配合的中间产物。这种中间产物与过量的取代苯酚发生反应就会生成靛酚，使溶液变成绿色的，绿色的深浅和样品中的一氯胺含量成正比例关系。自由氨就是根据次氯酸盐加入前后的颜色差异，测量两次吸光度值计算出来的。测试结果是在波长为 655nm 的可见光下读取的。

消耗品和替代品信息

表 6.6.1-6　需要用到的试剂

试剂名称及描述	数量/每次测量	单位	产品订货号
自由氨试剂组件，包括： （1）2802299,（1）2877336	—	50/pk	2879700
自由氨试剂溶液	1 滴	4mL SCDB	2877336
Monochlor F 试剂粉枕包	2	100/pk	2802299

表 6.6.1-7　推荐使用的标准样品与试剂

名称及描述	单位	产品订货号
Buffer 粉枕包，pH 值为 8.3	25/pk	89868
氯溶液 Voluette® 安瓿瓶	16/pk	1426810
氯标准溶液 Voluette® 安瓿瓶试剂，10mL，浓度为 50～75mg/L	20/pk	1426820
氯标准溶液 Voluette® 安瓿瓶试剂，2mL，浓度为 25～30mg/L	20/pk	2630020
Hardness Treatment 试剂粉枕包（1 包/次测试）	50/pk	2882346
氨氮标准溶液，浓度为 10mg/L NH₃-N	500mL	15349
氨氮安瓿瓶标准溶液，10mL，浓度为 50mg/L NH₃-N	16/pk	1479110
氨氮标准溶液，浓度为 100mg/L NH₃-N	500mL	2406549
PourRite® 安瓿瓶开口器，2mL 安瓿瓶用	每次	248460
Voluette® 安瓿瓶开口器，10mL 安瓿瓶用	每次	2196800

表 6.6.1-8　可选择的试剂与仪器

名 称 及 描 述	单位	产品订货号
聚丙烯烧杯,100mL	每次	108042
玻璃烧杯,100mL	每次	50042H
混合量筒,50mL	每次	2088641
容量瓶,A 级,100mL	每次	1457442
自由氨试剂组件	250/pk	2879701
一氯胺/自由氨校验套件	每次	2507500
洗耳球	每次	1465100
TenSette® 移液枪,测量范围为 0.1~1.0mL	每次	1970001
与移液枪 1970001 配套的枪头	50/pk	2185696
与移液枪 1970001 配套的枪头	1000/pk	2185628
Mohr 玻璃移液管,10mL	每次	2093438
移液管,A 级,2.0mL	每次	1451536
移液管,A 级,50.00mL	每次	1451541
剪刀	每次	2883100
搅拌子	每次	2095352
磁力搅拌器	每次	2881200
温度计,测量范围为 -10~110℃	每次	187701

6.6.2　需氯量，DPD 试剂法[1]，方法 10223

应用范围

用于测定饮用水的需氯量和加氯量。可以建立需氯量常数，建立源水水质的历史背景数据。用于测定管网水的需氯量。

测试准备工作

特别注意：测试开始前，请阅读"测试条件探索"和所有的测试步骤。

（1）设计一个详细的测定需氯量的方案，包括一组样品的数量、样品量、氯添加剂量的浓度和接触时间。

（2）对所有的采样瓶、测试瓶和实验仪器进行预处理，使其不含有需氯量。请参见"分析仪器的处理方法"。

（3）测试开始前，让样品有足够的时间稳定到测定方案中所设定的测试温度下。

表 6.6.2-1　准备的物品

名 称 及 描 述	数 量
DPD Free Chlorine 试剂,聚丙烯瓶,10mL 或 25mL	根据用量而定
氯定量溶液安瓿瓶	根据用量而定
带盖测试瓶	6
测试瓶标签	6
pH 计	1
温度计	1
TenSette® 移液枪及配套的枪头,测量范围为 0.1~1.0mL	1
磁力搅拌器	1
磁力搅拌子	6
1in 方形比色皿,或 1cm/10mL 比色皿	2
分光光度计或色度计	1

注：订购信息请参看"消耗品和替代品信息"。

---

[1] 根据《水与废水标准检测方法》Section 2350 改编。

DPD 试剂法测试流程

（1）完成"需氯量的测定方案"。

测量并记录待测样品的温度和 pH 值。

（2）准备 6 个不含需氯量的容积为 118mL 的测试瓶。用样品润洗后，向六个瓶中各加入约 100mL 的待测样品。

在瓶身上贴上编号为 1～6 的标签。

（3）用镊子或钳子向每个测试瓶中放入一个磁力搅拌子。将编号为 1 的测试瓶放在磁力搅拌器上，轻轻地搅拌，使样品的液体表面可见一个小旋涡。

不要用手接触磁力搅拌子。手的接触会增加样品的需氯量。

（4）打开一瓶氯定量溶液安瓿瓶。在 1 号瓶搅拌过程中，用 TenSette® 移液枪向其中加入 0.1mL 的氯定量溶液。加入时将移液枪头浸没在液面以下，加入的溶液会迅速分散在样品中。加入时必须持续搅拌，以防氯定量溶液停留在局部，造成局部的浓度过高。

（5）关闭磁力搅拌器。将测试瓶取下后，向其中倒入样品，直至样品溢流出瓶口。盖上盖子，倒转瓶身数次以混合均匀。将测试瓶放在阴暗处或用铝箔包起来，记录起始时间。

每加入 0.1mL 的氯定量溶液会为样品增加大约 1.0mg/L Cl_2 的氯。

Repeat steps 4-6

Method 8021
or
Method 10069

（6）计算实际的氯添加量。请参见"余氯加入量计算"中的公式和例子。

可以根据样品中估计的有机物含量和接触时间适当增加或减少加入的氯定量溶液的剂量。

（7）对编号为 2～6 的测试瓶重复进行测试流程（2）～（6）。逐瓶增加 0.1mL 的氯定量溶液。参见"余氯标准溶液加入增加量"和"准备开始测试"。如果预计的接触时间小于 30min，可以每隔一段时间添加余氯标准溶液。进行每一瓶余氯分析测试的时间要刚好对应其预计的接触时间。

（8）当样品的接触时间结束后，用 DPD Free Chlorine 试剂分析测试样品中的自由氯。如果余氯低于 2.0mg/L Cl_2，请用方法 8021 分析测试，如果余氯高于 2.0mg/L Cl_2，请用方法 10069 分析测试。请参照其方法中的测试流程进行分光光度法或比色法的测试。

（9）用每一个测试瓶中最初的氯加入量减去测试流程（8）中测得的每一瓶余氯含量，公式如下：

需氯量(mg/L Cl_2)＝氯加入量（mg/L）－余氯测定量（mg/L）❶。

按照测试最初制定的测定方案，记录下样品的需氯量。

例：在 20℃ 和 pH 值为 8.1 的样品中，氯加入量为 6.0mg/L 的 2h 氯消耗量为 4.1mg/L 氯。

（10）计算为达到目标余氯浓度所需的加氯量，公式如下：

加氯量(Cl_2)＝需氯量(Cl_2)＋目标余氯浓度(Cl_2)

按照测试最初制定的测定方案，记录下样品的需氯量。

例：20℃ 和 pH 值为 8.1 的样品，要在接触 2h 后达到 1.1mg/L 的余氯量，则需要加入的氯用量(Cl_2)为 3.0mg/L。

氯加入量计算

用下式计算测试流程（6）中向每个测试瓶中加入的氯定量溶液的氯加入量。

$$Cl_2(mg/L) = \frac{0.1mL(加入体积) \times 认可的安瓿瓶浓度值(mg/L\ Cl_2)}{125mL}$$

---

❶ 有些测试瓶中会检测不到余氯含量，这是因为样品的需氯量超过了氯加入量。用可以检测出余氯含量的测试瓶的值来计算需氯量。请参见"需氯量测试结果"。

例：$\qquad$ $Cl_2(mg/L) = \dfrac{0.1 \times 认可的安瓿瓶浓度值\,1250}{125} = 1.0\,mg/L$

余氯标准溶液加入增加量

使用浓度为 1250mg/L 氯定量溶液时，根据氯定量溶液的逐瓶增加量计算样品中的氯加入量。

表 6.6.2-2　余氯标准溶液加入量对照

测试瓶编号	氯定量溶液的加入体积/mL	加入后样品中氯浓度/(mg/L Cl₂)	测试瓶编号	氯定量溶液的加入体积/mL	加入后样品中氯浓度/(mg/L Cl₂)
1	0.1	1.0	4	0.4	4.0
2	0.2	2.0	5	0.5	5.0
3	0.3	3.0	6	0.6	6.0

需氯量测试结果

按照以下标准，选择条件最适合的测试瓶样品计算需氯量。

(1) 测得余氯含量比余氯加入量少（至少 0.03mg/L[❶]）。

(2) 测得的余氯含量高于 0.03mg/L[❶]。

(3) 氯的每次添加量最接近实际测试的浓度范围。

标准（1）和（2）是为了保证余氯和需氯量大于余氯测定方法——DPD 方法的检出限。如果没有一个测试瓶样品满足所有的 3 个标准，调整氯的每次添加量，重新进行测试。

需氯量的测定方案

制定需氯量的测定方案应包含很多指标，这些指标和测试计划需要详细地说明和记录下来，以保证测试条件和数据结果的重现性。这些数据对于水处理工艺的描述和优化是非常有用的。需氯量的测定方案的制订应包含的指标如下所述。

(1) 描述和建立水域系统的历史背景数据。需氯量的背景数据可以用于水质问题的事故检查上，为新的职工提供水质的背景信息，在水质变化的监测方面提供支持。测试应包含的指标有：水质标准数据，温度、水的 pH 值、加氯比例和氯接触时间；其他的用以重复分析测试条件的具体细节。

(2) 描述未经净化的源水进水水质的需氯量。建立测试需氯量的数据以判断水源的变化、气候的季节性变化。测试应包含的指标有：源水的描述、采样位置、采样时间、特殊的或者不寻常的天气情况；补充进行的测试，如 TOC、浊度、UV-254 等，另外还有标准温度、水的 pH 值、加氯比例和氯接触时间。

(3) 跟踪描述水经过处理单元后需氯量的减少过程。需氯量的数据可以用于建立处理工艺的背景信息，监测处理效果的变化、水的季节性温度变化和需氯量的变化情况。测试应包含的指标有：具体的采样位置；处理工艺的运行情况和流速。

准备开始测试

测试开始前，首先要确定待测水样的需氯量含量的数量级以及测定余氯所用的方法。

首次使用该方法的用户，或者用该方法评估一个新的水样的时候，应该先做一个初选的预测试，用来大概估计待测水样需氯量的含量水平，再完成整个正式的测试过程。

(1) 在 125mL 水样中分别加入 0.5mL 和 1.0mL 的氯定量溶液。

(2) 等待测试方案中的接触时间后，测试水样中的余氯含量。

(3) 用余氯含量来确定需氯量测试方案中的氯加入量。通常，用高量程 DPD 氯测试方法（方法 10069）测定源水水样或估计余氯含量高于 2.0mg/L 的水样，用低量程 DPD 氯测试方法

---

❶ 方法 8021 的 DPD 法测定余氯的最低检出限为 $1.412 \times 0.02\,mg/L$。

（方法 8021）测定低需氯量的水，如经过处理的水或估计余氯含量低于 2.0mg/L 的水样。

需氯量的测定方法的修改

需氯量的测试是条件性指标的测试。测试的条件是由测试者决定的，可以根据不同样品的具体测试目的或者处理工艺来修改测试条件。根据实际情况和估计的需氯量来进行需氯量的测试。当接触时间、温度、样品 pH 值和氯含量变化时，采用基本的实验方案。如果需要，可以在测定方案中制定的接触时间接触后测定样品中的总氯和一氯胺。

如果需要修改测试方法，请按照以下指示。

(1) 采用较大样品量测试时用低浓度的氯定量溶液。低浓度需氯量测定时可以使用容积为 237mL 的测试瓶（使样品溢流出瓶口，实际样品量为 250mL）。每加入 0.1mL 的氯定量溶液会使样品中的氯含量增加大约 0.5mg/L，将"氯加入量计算"，公式中的 125mL 换为 250mL。较低浓度的氯定量溶液，浓度为 50～75mg/L Cl_2，也可以用于低浓度需氯量的测定。

(2) 高浓度需氯量的水样需采用逐瓶添加量较大的氯定量溶液。在步骤（4）～（7）中采用氯定量溶液加入量为 0.2mL、0.4mL、0.6mL 等。

(3) 在接触时间中，请将透明无色的玻璃瓶用铝箔包裹好或将测试瓶置于阴暗处以防光线照射。

(4) 样品的 pH 值可以通过加入固定量的 pH 缓冲溶液来修正和标准化。用不含有机物的水作为试剂空白值。在这个试剂空白中加入相同量的 pH 缓冲溶液，再加入已知量的氯定量溶液，用此样品作为空白进行分析测试。加入足够的 pH 缓冲溶液以达到指定的 pH 值。这个空白值用于测试可能由 pH 缓冲溶液引起的需氯量。如果空白值中含有需氯量，应将样品的测试值减去空白值的需氯量，得到样品的实际需氯量。

(5) 如果样品温度和分析环境的温度相差较大，而样品又需要较长的接触时间时，需要进行温度控制，可以使用冰箱、水浴或者孵化器。控制和记录温度的变化非常重要，这些信息对于需氯量测试的重现和今后的样品测试的重复非常重要。

分析仪器的处理方法

测试中使用的玻璃仪器不可含有需氯量。用稀释过的氯漂白溶液（在 1L 水中加入 0.5mL 漂白剂）清洗实验仪器。另外一种方法是：在每个 125mL 的测试瓶中加入 2.0mL 的氯定量溶液，再加入去离子水使其溢流出瓶口，将测试瓶这样浸泡至少 1h。浸泡后，用大量不含需氯量的水冲洗测试瓶。

样品的采集与存储

颗粒物含量较少的新鲜样品采集后立即测试能够获得更可靠的结果。样品在 4℃的条件下最长可以保存 24h。测试前应将样品加热至室温。

方法解释

水样的需氯量是指水样中加入的已知量的氯和经过一段预先确定的接触时间后水中的余氯量的差值。测定需氯量时，可在一组水样中加入不同剂量的氯，经一定接触时间后，测定水中的余氯含量，从而确定满足需氯要求的剂量。需氯量是氯含量、水样温度、接触时间和样品 pH 值的函数。

需氯量（氯用量）是指在预先确定的样品 pH 值和温度下，经过一段特定的接触时间后需要达到一定的余氯含量，所需要加入的氯的量。

需氯量是由一系列复杂的反应产生的。氯与水中溶解性的或者悬浮的有机物质反应，生成稳定的氯化有机物，如三卤甲烷、卤乙酸或其他的氯化有机物。其中有些化合物（三卤甲烷）属于消毒副产物（DBPs），并且被《消毒/消毒副产物法规》（Disinfection/Disinfection By-Products Rule）所管制；其他的氯化有机物会使水有味道和气味。按照一般的规律，需氯量越低，消毒副产物（DBPs）的含量就越低，引起的味道和气味就越小。氯也可被无机还原剂还原而减少，如亚铁离子、二价锰、亚硝酸根、硫化物和亚硫酸根。水样中的氨也会消耗氯而生成氯胺。

水样的物理化学性质显著地影响水样的需氯量。在 10℃ 和 20℃ 的条件下测试的结果是有较大差异的，所以样品的温度、pH 值和氯加入量都必须准确地测量和记录。用一种源水的需氯量来推测另一种水样的需氯量是较困难的。需氯量的测试需要根据测试目的直接对水样进行测试。这样才能够为建立需氯量常数提供有效的信息，为历史数据提供有用的数据，为测定需氯量的重现性和可重复性提供有意义的信息。

消耗品和替代品信息

表 6.6.2-3　需要用到的试剂

试剂名称及描述	产品订货号
DPD Free Chlorine 试剂粉枕包,10mL	2105569
或	
DPD Free Chlorine 试剂粉枕包,25mL	1407099
氯定量溶液安瓿瓶,浓度为 1190～1310mg/L Cl₂,10mL 安瓿瓶装,16/pk	2504810

表 6.6.2-4　需要用到的仪器

仪器样品名称及描述	产品订货号
测试瓶,琥珀玻璃,118mL,6/pk	714424
测试瓶盖,黑色,聚四氟乙烯,12/pk	2401812

表 6.6.2-5　可选择的试剂与仪器

名　称　及　描　述	单位	产品订货号
安瓿瓶开口器	每次	2196800
测试瓶,琥珀玻璃,237mL	6/pk	714441
测试瓶,琥珀玻璃,1000mL	6/pk	714463
缓冲试剂粉枕包,pH 值为 6.86	15/pk	1409895
缓冲试剂粉枕包,pH 值为 8.00	15/pk	1407995
缓冲试剂粉枕包,pH 值为 8.3	15/pk	89868
缓冲溶液,pH 值为 7.0,不含需氯量	500mL	2155353
与 714441 配套的测试瓶盖	6/pk	2166706
与 714463 配套的测试瓶盖	6/pk	2371026
氯标准溶液安瓿瓶,浓度为 50～75mg/L Cl₂,10mL 安瓿瓶装	16/pk	1426810
DPD 自由氯的安瓿瓶	25/pk	2502025
DPD 自由氯 SwifTest 试剂分配器	每次	2802300
DPD 总氯试剂粉枕包	25mL	1406499
DPD 总氯试剂	10mL	2105969
DPD 总氯 SwifTest 试剂分配器	每次	2802400
塑料量筒	100mL	108142
孵化器,型号为 205,110V,温度范围为 0～40℃	每次	2616200
测试瓶标签,聚乙烯纸,尺寸为 1.5in×3in	120/pk	2091502
Monochlor F 试剂粉枕包	10mL	2802299
Sension 2 便携式 pH/ISE 计,带有电极	每次	5172510
氢氧化钠标准溶液,0.100N	500mL	19153
标准方法手册	每次	2270800
聚四氟乙烯表面的搅拌子,尺寸为 2.22cm×0.48cm	每次	4531500
磁力搅拌器,120V,尺寸为 4.25in× 4.25in	每次	2881200
硫酸标准溶液,0.100N	500mL	20253

6.6.3　二氧化氯，DPD 法[1]，方法 10126（粉枕包或 AccuVac® 安瓿瓶）

测量范围

0.04～5.00mg/L ClO₂。

应用范围

用于水与废水中二氧化氯的测定。USEPA 认可的饮用水检测方法[2]。

---

[1] 根据《水与废水标准检测方法》改编。

[2] 本方法等同于 Standard Methods, 18 ed. , 4500 ClO₂ D。

测试准备工作

表 6.6.3-1　仪器详细说明

仪器	比色皿方向	比色皿
DR 6000 DR 3800 DR 2800 DR 2700 DR 1900	刻度线朝向右方	2495402 10mL
DR 5000 DR 3900	刻度线朝向用户	
DR 900	刻度线朝向用户	2401906 —25mL —20mL —10mL

仪器	适配器	比色皿
DR 6000 DR 5000 DR 900	—	2427606 —10mL
DR 3900	LZV846(A)	
DR 1900	9609900 or 9609800(C)	
DR 3800 DR 2800 DR 2700	LZV584(C)	2122800 —10mL

(1) 二氧化氯不稳定并且易挥发。采样后请立即进行分析测试。详细信息参见"样品的采集、保存与存储"。

(2) 为了测试结果更加准确，每批新的试剂都应该测定试剂空白值。试剂空白的测定同样按照测试步骤进行，只是把样品换成去离子水进行测试。从最后的测试结果中将试剂空白值扣除，或者调整仪器的试剂空白。

(3) 如果样品中有二氧化氯，在样品中加入 DPD Free Chlorine 粉枕包后，溶液应呈粉红色。

(4) 如果样品中的二氧化氯含量超出了本测试方法的测量范围上限，溶液颜色会退去或者样品会变成黄色。用无需氯量的高纯水稀释样品后再测试。稀释过程可能会损失一部分二氧化氯。将测试读数结果乘以稀释倍数得到实际二氧化氯含量。

表 6.6.3-2　准备的物品

名 称 及 描 述	数　量
粉枕包测试	
DPD Free Chlorine 粉枕包,10mL	1 包
Glycine 试剂	4 滴
比色皿(请参见"仪器详细说明")	2 个
比色皿塞子	2 个
AccuVac® 安瓿瓶测试	
DPD Free Chlorine 试剂 AccuVac® 安瓿瓶	1 份
Glycine 试剂	16 滴

名称及描述	数　　量
烧杯,50mL	1个
比色皿(请参见"仪器详细说明")	1个
比色皿塞子	1个

注:订购信息请看"消耗品和替代品信息"。

DPD 法（粉枕包）测试流程

（1）选择测试程序。参照"仪器详细说明"的要求插入适配器（详细介绍请参见用户手册）。

（2）空白值的测定:将样品倒入比色皿中,液面与10mL刻度线平齐。盖上塞子。

（3）样品的测定:再将10mL样品倒入第二个比色皿中,液面与10mL刻度线平齐。盖上塞子。

（4）将第一个比色皿擦拭干净,并将它放入适配器中,作为空白值。

（5）按下"Zero（零）"键进行仪器调零。这时屏幕将显示:0.00mg/L ClO_2。

（6）向装有样品的第二个比色皿中加入4滴Glycine试剂。摇晃以混合均匀。

（7）再向装有样品的第二个比色皿中加入一包DPD Free Chlorine 粉枕包,摇晃20s以混合均匀。

（8）静止等待30s,使未溶解的粉末沉淀到底部。立即进行测试流程（9）。

（9）在加入DPD Free Chlorine粉枕包后的1min内,将此比色皿擦拭干净,放入适配器中。

（10）按下"Read（读数）"键读取二氧化氯含量,结果以mg/L ClO_2为单位。

DPD 法（AccuVac® 安瓿瓶）测试流程

（1）选择测试程序。参照"仪器详细说明"的要求插入适配器（详细介绍请参见用户手册）。

（2）空白值的测定:将样品倒入圆形比色皿中,液面与10mL刻度线平齐。

（3）将此比色皿擦拭干净,放入适配器中。

按下"Zero（零）"键进行仪器调零。这时屏幕将显示:0.00mg/L ClO_2。

（4）样品的测定:将40mL样品加入50mL的烧杯中。

向烧杯中加入16滴Glycine试剂溶液。轻轻地摇晃以混合均匀。

（5）将DPD Free Chlorine试剂Accu-Vac®安瓿瓶放入测试流程（4）中的50mL的烧杯里,使样品充满安瓿瓶。保持安瓿瓶口浸没在样品中,直至瓶中充满样品液体。

（6）盖上塞子，迅速倒转安瓿瓶数次，以混合均匀。静止等待30s，使未溶解的粉末沉淀到底部。

（7）在安瓿瓶中加入样品后的1min内，将安瓿瓶擦拭干净，放入适配器中。

（8）按下"Read（读数）"键读取二氧化氯含量，结果以mg/L ClO_2 为单位。

干扰物质

表6.6.3-3　干扰物质

干扰成分	抗干扰水平及处理方法
酸度	以 $CaCO_3$ 计，为150mg/L。如果样品中含有高于150mg/L $CaCO_3$ 的酸度，可能显色会不明显或者显现的颜色很快就会退去。用1N的氢氧化钠溶液①将样品的pH值调整至6～7。先用某体积的样品测试需要加入多少氢氧化钠溶液，根据结果计算测试所需样品中需要多少氢氧化钠溶液。根据样品体积增加量修正测试结果
碱度	以 $CaCO_3$ 计，为250mg/L。如果样品中含有高于250mg/L $CaCO_3$ 的碱度，可能显色会不明显或者显现的颜色很快就会退去。用1N的硫酸①将样品的pH值调整至6～7。先用某体积的样品测试需要加入多少氢氧化钠溶液，根据结果计算测试所需样品中需要多少氢氧化钠溶液。根据样品体积增加量修正测试结果
溴，Br_2	任何浓度水平均会对测试产生干扰
氯，Cl_2	高于6mg/L时会对测试产生干扰。加入含有氨基乙酸的Glycine试剂可以消除此干扰
有机氯胺	可能会对测试产生干扰
絮凝剂	此方法可以承受大部分高浓度絮凝剂的干扰，但是如果样品中含有氯，抗干扰水平会降低。请参见此表中的"金属离子"一栏。如果样品中有0.6mg/L Cl_2 的氯，硫酸铝的最大抗干扰水平为500mg/L，氯化亚铁的最大抗干扰水平为200mg/L
硬度	以 $CaCO_3$ 计，最高可承受1000mg/L的硬度
碘，I_2	任何浓度水平均会对测试产生干扰
氧化态锰（四价锰、七价锰）或氧化态铬（六价铬）	任何浓度水平的氧化态锰（四价锰、七价锰）均会对测试产生干扰。大于2mg/L的氧化态铬（六价铬）会对测试产生干扰。可用下列步骤消除此干扰： （1）将样品的pH值调整至6～7 （2）在25mL样品中滴加3滴碘化钾溶液①（30g/L） （3）混合均匀，静置等待1min。 （4）再加入3滴亚砷酸钠溶液①②（5g/L），混合均匀 （5）取10mL上述预处理过的水样进行分析测试 （6）用未处理样品的测试结果中减去此预处理样品的测试结果，即可得到实际水样中的二氧化氯含量
金属离子	样品中的各种金属离子会与氨基乙酸结合，从而对测试产生干扰。样品中如果含有氯，金属离子的干扰会受到抑制。如果样品中有0.6mg/L的氯，铜的最大抗干扰水平为10mg/L，镍的最大抗干扰水平为50mg/L。其他的金属离子也会对测试产生干扰，干扰水平取决于它们与氨基乙酸的结合能力。它们与氨基乙酸结合的越多，与样品中的 Cl_2 反应的氨基乙酸就越少。如果有需要，可以加入更多的氨基乙酸以消除这种干扰

干扰成分	抗干扰水平及处理方法
一氯胺	会使读数逐渐增加。如果样品中含有 3mg/L 的一氯胺,加入试剂后 1min 内读数,所得读数值会比实际二氧化氯含量高不到 0.1mg/L
臭氧	高于 1.5mg/L 时会对测试产生干扰
过氧化氢	可能会对测试产生干扰
极端 pH 值的样品	将样品的 pH 值调整至 6~7
强缓冲样品	将样品的 pH 值调整至 6~7

① 订购信息请参看"可选择的试剂与仪器"。

② 用于消除测试干扰的预处理溶液亚砷酸钠被美国联邦政府的《资源保护和恢复法案》(RCRA)规定为危险废弃物,按照类型的分类编号为 D004。详细的处理处置信息请参见当前的化学品安全说明书(MSDS)。

样品的采集、保存与存储

(1) 样品采集后应立即进行二氧化氯的分析测试。

(2) 二氧化氯是一种强氧化性物质,在天然水体中不稳定。它会迅速与各种无机化合物发生反应,但它氧化有机化合物的速度相对较慢。很多因素,如反应物浓度、光线、pH 值、温度和盐度等,都会影响二氧化氯在水中的降解。

(3) 请不要使用塑料容器,因为这样的容器有较大的二氧化氯需要量。

(4) 玻璃采样瓶在采样前需要清洗去除任何可能存在的氯和二氧化氯需要量,请将采样瓶浸泡在稀释的漂白剂溶液中(大约 1L 去离子水中含有 1mL 漂白剂)至少 1h。再用去离子水或蒸馏水冲洗。如果采样容器在采样后已经用去离子水或蒸馏水冲洗过了,那么下一次采样使用之前只需要常规清洗就可以了。

(5) 二氧化氯测试中一种常见的误差就是由采集的样品不具有代表性造成的。如果是从水龙头中接取样品,先让水持续流出至少 5min,以保证此样品具有代表性。让水龙头中的水充满采样瓶并溢出,此时仍然保持水龙头开着,让水溢出流几分钟,再盖上采样瓶的盖子,使采样瓶中装满水样没有顶部的空间(空气)。如果是用比色皿采集样品,用水样多次润洗比色皿后,小心地将样品加到 10mL 刻度线位置,立即进行二氧化氯的测定。

准确度检查方法——标准溶液法

配制二氧化氯标准溶液非常困难并且危险。另外,这些标准溶液易挥发并且易发生爆炸!只有经过培训的化学实验员才能用适当的保护措施和预防手段配制标准溶液。厂商不建议用户自行配制二氧化氯标准溶液。如果确实需要配制标准溶液,参见"Standard Methods for the Examination of Water and Wastewater",Part 4500-ClO$_2$ Chlorine Dioxide,在标题为"二氧化氯溶液的储存"和"二氧化氯标准溶液"的内容中。配制浓度为 500mg/L 的二氧化氯标准溶液。

方法精确度

表 6.6.3-4　方法精确度

程序	标值	精确度: 95%置信区间分布	灵敏度:每 0.010Abs 单位变动下,浓度变动值
76	3.00mg/L ClO$_2$	2.89~3.11mg/L ClO$_2$	0.04mg/L ClO$_2$
77	3.00mg/L ClO$_2$	2.91~3.09mg/L ClO$_2$	0.04mg/L ClO$_2$

方法解释

二氧化氯(ClO$_2$)与 DPD(N,N-二乙基对苯二胺)反应,二氧化氯将被还原为亚氯酸盐(ClO$_2^-$),只表现出二氧化氯有效氯的 1/5,此时溶液将呈粉红色,颜色的深浅和样品中二氧化氯的含量成正比例关系。如果水样中含有多种氯化合物,会对测试产生干扰,要消除这种干扰,需要在加入 DPD 试剂前,加入氨基乙酸以掩蔽水样中的自由氯。本测试的 pH 值条件下,氨基乙酸与自由氯立即反应生成氯氨基乙酸，但对二氧化氯无影响。测试结果是在波长为 530nm 的可见光下读取的。

消耗品和替代品信息

表 6.6.3-5　需要用到的试剂

试剂名称及描述	数量/每次测量	单位	产品订货号
二氧化氯 DPD/Glycine 试剂组件（100 次测试）	—	—	2770900
（1）DPD Free Chlorine 粉枕包，10mL	1	100/pk	2105569
（1）Glycine 试剂	4 滴	29mL	2762133
或			
二氧化氯 DPD/Glycine AccuVac® 安瓿瓶试剂组件（25 次测试）			2771000
（1）DPD Free Chlorine 试剂 AccuVac® 安瓿瓶	1	25/pk	2771000
（1）Glycine 试剂	16 滴	29mL	2762133

有 6.6.3-6　需要用到的仪器（粉枕包测试）

名 称 及 描 述	数量/每次测量	单位	产品订货号
比色皿塞子	2	6/pk	173106

表 6.6.3-7　需要用到的仪器（安瓿瓶测试）

名 称 及 描 述	数量/每次测量	单位	产品订货号
安瓿瓶揿钮	1	每次	2405200
烧杯，50mL	1	每次	50041H
比色皿塞子	1	6/pk	173106

表 6.6.3-8　推荐使用的标准样品

标准样品名称及描述	单位	产品订货号
氯标准溶液，浓度为 50～75mg/L，10mL AccuVac® 安瓿瓶	16/pk	1426810
10mL AccuVac® 安瓿瓶开口器	每次	2196800
不含有机物的水	500mL	2641549

表 6.6.3-9　可选择的试剂与仪器

名 称 及 描 述	单位	产品订货号
AccuVac® 安瓿瓶，用于空白值样品	25/pk	2677925
DPD Free Chlorine 试剂粉枕包，10mL	1000/pk	2105528
DPD Free Chlorine 试剂粉枕包，10mL	300/pk	2105503
碘化钾溶液，30g/L，100mL	每次	34332
2mL PourRite® 安瓿瓶开口器	每次	2484600
亚砷酸钠，5g/L，100mL	每次	104732
氢氧化钠，1N，100mL	每次	104532
比色皿塞子	25/pk	173125
硫酸，1N，100mL	每次	127032

6.6.4　二氧化氯，氯酚红法[●]，方法 8065（粉枕包）

低浓度测量范围

$0.01\sim1.00mg/L\ ClO_2$。

应用范围

用于水与废水中二氧化氯的测定。

测试准备工作

表 6.6.4-1　仪器详细说明

仪器	比色皿方向	比色皿
DR 6000 DR 3800 DR 2800 DR 2700 DR 1900	刻度线朝向右方	2495402 10mL
DR 5000 DR 3900	刻度线朝向用户	

(1) 二氧化氯不稳定并且易挥发。采样后请立即进行分析测试。

(2) 为了测试结果更加准确，请在同一温度下测试样品的每一部分。

(3) 可以使用 TenSette® 移液枪移取 Chlorine Dioxide 1 试剂和 Chlorine Dioxide 3 试剂。

表 6.6.4-2　准备的物品

名 称 及 描 述	数量	名 称 及 描 述	数量
Chlorine Dioxide 1 试剂	2mL	混合量筒,50mL	2 个
Chlorine Dioxide 2 试剂	2mL	移液管,A 级,1mL	3 个
Chlorine Dioxide 3 试剂	2mL	洗耳球	1 个
Dechlorinating 试剂粉枕包	1 包	比色皿(请参见"仪器详细说明")	2 个

注：订购信息请看"消耗品和替代品信息"。

氯酚红法（粉枕包）测试流程

 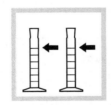 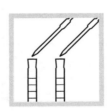  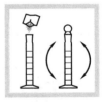

（1）选择测试程序。参照"仪器详细说明"的要求插入适配器（详细介绍请参见用户手册）。

（2）将样品倒入两个 50mL 混合量筒中，液面均与 50mL 刻度线平齐。

（3）用洗耳球和移液管分别向两个混合量筒中各加入 1.0mL 的 Chlorine Dioxide 1 试剂。盖上塞子。

（4）反复倒转量筒数次以混合均匀。

（5）空白值的测定：向其中一个混合量筒中加入一包 Dechlorinating 试剂粉枕包（这个量筒作为空白值准备）。

盖上塞子。反复倒转量筒数次至粉末溶解。

另一个没有加入 Dechlorinating 试剂粉枕包的量筒作为样品准备。

● 改编自 Harp，Klein and Schoonover，Jour. Amer. Water Works Assn.，73387~73388（1981）。

（6）用移液管精确量取两份 1.00mL 的 Chlorine Dioxide 2 试剂，分别加入两个混合量筒中。盖上塞子。

（7）反复倒转量筒数次以混合均匀。

（8）用洗耳球和移液管分别向两个混合量筒中各加入 1.0mL 的 Chlorine Dioxide 3 试剂。盖上塞子。

（9）反复倒转量筒数次以混合均匀。

（10）将两个混合量筒中的液体分别倒入两个比色皿中。

（11）装有空白值的比色皿擦拭干净，放入适配器中。

按下"Zero（零）"键进行仪器调零。这时屏幕将显示：0.00mg/L ClO_2。

（12）装有样品的比色皿擦拭干净，放入适配器中。

按下"Read（读数）"键读取二氧化氯含量，结果以 mg/L ClO_2 为单位。

干扰物质

表 6.6.4-3　干扰物质

干扰成分	抗干扰水平及处理方法
酸性或碱性较高的水样	测试时加入 2.0mL 的 Chlorine Dioxide 1 试剂和 2.0mL 的 Chlorine Dioxide 3 试剂
次氯酸根离子	5.5mg/L
亚氯酸根离子	6mg/L
氯酸根离子	6mg/L
重铬酸根离子	3.6mg/L
三价铁离子	5mg/L
硬度	1000mg/L
臭氧	0.5mg/L
浊度	1000NTU

样品的采集、保存与存储

（1）样品采集后应立即进行二氧化氯的分析测试。

（2）二氧化氯是一种强氧化性物质，在天然水体中不稳定。它会迅速与各种无机化合物发生反应，但它氧化有机化合物的速度相对较慢。很多因素，如反应物浓度、光线、pH 值、温度和盐度等，都会影响二氧化氯在水中的降解。

（3）请不要使用塑料容器，因为这样的容器有较大的二氧化氯需要量。

（4）玻璃采样瓶在采样前需要清洗去除任何可能存在的氯和二氧化氯需要量，请将采样瓶浸泡在稀释的漂白剂溶液中（大约 1L 去离子水中含有 1mL 漂白剂）至少 1h。再用去离子水或蒸馏水冲洗。如果采样容器在采样后已经用去离子水或蒸馏水冲洗过了，那么下一次采样使用之前只需要常规清洗就可以了。

(5) 二氧化氯测试中一种常见的误差就是由采集的样品不具有代表性造成的。如果是从水龙头中接取样品，先让水持续流出至少 5min，以保证此样品具有代表性。让水龙头中的水充满采样瓶并溢出，此时仍然保持水龙头开着，让水溢出流几分钟，再盖上采样瓶的盖子，使采样瓶中装满水样没有顶部的空间（空气）。

准确度检查方法——标准溶液法

配制二氧化氯标准溶液非常困难并且危险。另外，这些标准溶液易挥发并且易发生爆炸！只有经过培训的化学实验员才能用适当的保护措施和预防手段配制标准溶液。厂商不建议用户自行配制二氧化氯标准溶液。如果确实需要配制标准溶液，参见"Standard Methods for the Examination of Water and Wastewater"，Part 4500-ClO_2 Chlorine Dioxide，在标题为"二氧化氯溶液的储存"和"二氧化氯标准溶液"的内容中。配制浓度为 0.50mg/L 的二氧化氯标准溶液。

方法精确度

表 6.6.4-4　方法精确度

程序	标值	精确度： 95%置信区间分布	灵敏度：每 0.010Abs 单位变动下，浓度变动值
72	0.53mg/L ClO_2	0.50～0.55mg/L ClO_2	0.01mg/L ClO_2

方法解释

在 pH 值为 5.2 的条件下，二氧化氯（ClO_2）与氯酚红结合可以生成一种没有颜色的配合物。所以，从氯酚红颜色退去的效果中就可以看出样品中二氧化氯含量的多少，即颜色退去的越多，说明样品中含二氧化氯的量越多。这个测试方法针对二氧化氯，而对其他活性氯或中度氧化性物质没有作用。测试结果是在波长为 575nm 的可见光下读取的。

消耗品和替代品信息

表 6.6.4-5　需要用到的试剂

试剂名称及描述	数量/每次测量	单位	产品订货号
二氧化氯试剂组件，(100 次测试)	—	每次	2242300
(2)Chlorine Dioxide 1 试剂	2mL	100mL	2070042
(2)Chlorine Dioxide 2 试剂	2mL	100mL	2070142
(2)Chlorine Dioxide 3 试剂	2mL	100mL	2070242
(1)Dechlorinating 试剂粉枕包	1	100/pk	1436369

表 6.6.4-6　需要用到的仪器

仪器名称及描述	数量/每次测量	单位	产品订货号
混合量筒，50mL	2	每次	189641
移液管，A 级，1.00mL	3	每次	1451535
洗耳球	1	每次	1465100

表 6.6.4-7　可选择的试剂与仪器

名称及描述	单位	产品订货号
TenSette® 移液枪，量程为 0.1～1.0mL	每次	1970001
与移液枪 19700-01 配套的枪头	50/pk	2185696
与移液枪 1970001 配套的枪头①	1000/pk	2185628
pH 试纸，测量范围为 pH 值 0～14	100/pk	2601300

① 可根据用户需要选择其他型号或尺寸的仪器。

6.6.5　二氧化氯，直读法，方法 8345

测量范围

1～50mg/L ClO_2

应用范围

用于水与废水中二氧化氯的测定。

测试准备工作

表 6.6.5-1　仪器详细说明

仪器	比色皿方向	比色皿
DR 6000 DR 3800 DR 2800 DR 2700 DR 1900	刻度线朝向右方	2495402
DR 5000 DR 3900	刻度线朝向用户	
DR 900	刻度线朝向用户	2401906

（1） 二氧化氯不稳定并且易挥发。采样后请立即进行分析测试。

（2） 测试过程中，请使用手套和防护目镜。

表 6.6.5-2　准备的物品

名称及描述	数　　量
去离子水	10mL
比色皿（请参见"仪器详细说明"）	2 个

注：订购信息请参看"消耗品和替代品信息"。

直读法测试流程

（1）选择测试程序。参照"仪器详细说明"的要求插入适配器（详细介绍请参见用户手册）。

（2）空白值的测定：将去离子水倒入一个比色皿中，液面与 10mL 刻度线平齐。

（3）装有去离子水的比色皿擦拭干净，放入适配器中。

（4）按下"Zero（零）"键进行仪器调零。这时屏幕将显示：0.0mg/L ClO_2。

（5）样品的测定：向第二个比色皿中加入 10mL 水样，液面与刻度线平齐。

（6）装有样品的比色皿擦拭干净，放入适配器中。

（7）按下"Read（读数）"键读取二氧化氯含量，结果以 mg/L ClO_2 为单位。

样品的采集、保存与存储

（1） 样品采集后应立即进行二氧化氯的分析测试。

（2） 二氧化氯是一种强氧化性物质，在天然水体中不稳定。它会迅速与各种无机化合物发生反应，但它氧化有机化合物的速度相对较慢。很多因素，如反应物浓度、光线、pH 值、温度和盐度等，都会影响二氧化氯在水中的降解。

（3） 请不要使用塑料容器，因为这样的容器有较大的二氧化氯需要量。

（4） 玻璃采样瓶在采样前需要清洗去除任何可能存在的氯和二氧化氯需要量，请将采样瓶浸泡在稀释的漂白剂溶液中（大约 1L 去离子水中含有 1mL 漂白剂）至少 1h。再用去离子水或蒸馏水冲洗。如果采样容器在采样后已经用去离子水或蒸馏水冲洗过了，那么下一次采样使用之前只需要常规清洗就可以了。

（5） 二氧化氯测试中一种常见的误差就是由采集的样品不具有代表性造成的。如果是从水龙头中接取样品，先让水持续流出至少 5min，以保证此样品具有代表性。让水龙头中的水充满采样瓶并溢出，此时仍然保持水龙头开着，让水溢出流几分钟，再盖上采样瓶的盖子，使采样瓶中装满水样没有顶部的空间（空气）。如果是用比色皿采集样品，用水样多次润洗比色皿后，小心地将样品加到 10mL 刻度线位置，立即进行二氧化氯的测定。

准确度检查方法——标准溶液法

配制二氧化氯标准溶液非常困难并且危险。另外，这些标准溶液易挥发并且易发生爆炸！只有经过培训的化学实验员才能用适当的保护措施和预防手段配制标准溶液。厂商不建议用户自行配制二氧化氯标准溶液。如果确实需要配制标准溶液，参见《水与废水标准检测方法》Part 4500-ClO_2 Chlorine Dioxide，在标题为"二氧化氯溶液的储存"和"二氧化氯标准溶液"的内容中。配制浓度为 25.0mg/L 的二氧化氯标准溶液。

方法精确度

表 6.6.5-3　方法精确度

程序号	标样浓度	精确度 具有 95％置信度的浓度区间	灵敏度 每 0.010Abs 吸光度改变时的浓度变化
75	43mg/L ClO_2	41～45mg/L ClO_2	0.3mg/L ClO_2

方法解释

二氧化氯（ClO_2）是一种黄色的气体，水溶液中的二氧化氯可以直接用分光光度计测量吸收值。测试结果是在波长为 360nm 的可见光下读取的。

消耗品和替代品信息

表 6.6.5-4　需要用到的试剂

试剂名称及描述	数量/每次测量	单　位	产品订货号
去离子水	10mL	4L	27256

表 6.6.5-5　可选择的仪器

名称及描述	单　位	产品订货号
防腐蚀手套，尺寸为 9～9.5①	一双	2410104
防护目镜	每次	2550700

① 可根据用户需要选择其他尺寸的手套。

6.6.6　二氧化氯，直读法，方法 8138

测量范围

5～1000mg/L ClO_2。

应用范围

用于水与废水中二氯化氯的测定。

测试准备工作

表 6.6.6-1　仪器详细说明

仪器	比色皿方向	比色皿
DR 6000 DR 3800 DR 2800 DR 2700 DR 1900	刻度线朝向右方	2495402
DR 5000 DR 3900	刻度线朝向用户	

（1） 二氧化氯不稳定并且易挥发。采样后请立即进行分析测试。

（2） 请使用手套和防护目镜。

表 6.6.6-2　准备的物品

名称及描述	数　　量
去离子水	10mL
比色皿（参见"仪器详细说明"）	2

注：订购信息参见"消耗品和替代品信息"。

直读法测试流程

（1）选择测试程序。参照"仪器详细说明"的要求插入适配器（详细介绍请参见用户手册）。

（2）空白值的测定：将去离子水倒入一个比色皿中，液面与10mL刻度线平齐。

（3）装有去离子水的比色皿擦拭干净，放入适配器中。

（4）按下"Zero（零）"键进行仪器调零。这时屏幕将显示：0mg/L ClO_2。

（5）样品的测定：向第二个比色皿中加入 10mL 水样，液面与刻度线平齐。

（6）装有样品的比色皿擦拭干净，放入适配器中。

（7）按下"Read（读数）"键读取二氧化氯含量，结果以mg/L ClO_2 为单位。

干扰物质

由于本方法采用直读法测试，尚无干扰物质。

样品的采集、保存与存储

（1） 样品采集后应立即进行二氧化氯的分析测试。

（2） 二氧化氯是一种强氧化性物质，在天然水体中不稳定。它会迅速与各种无机化合物发生反应，但它氧化有机化合物的速度相对较慢。很多因素，如反应物浓度、光线、pH 值、温度和盐度等，都会影响二氧化氯在水中的降解。

（3） 请不要使用塑料容器，因为这样的容器有较大的二氧化氯需要量。

（4） 玻璃采样瓶在采样前需要清洗去除任何可能存在的氯和二氧化氯需要量，请将采样瓶浸泡在稀释的漂白剂溶液中（大约 1L 去离子水中含有 1mL 漂白剂）至少 1h。再用去离子水或蒸馏水冲洗。如果采样容器在采样后已经用去离子水或蒸馏水冲洗过了，那么下一次采样使用之前只需要常规清洗就可以了。

（5） 二氧化氯测试中一种常见的误差就是由采集的样品不具有代表性造成的。如果是从水龙头中接取样品，先让水持续流出至少 5min，以保证此样品具有代表性。让水龙头中的水充满采样瓶并溢出，此时仍然保持水龙头开着，让水溢出流几分钟，再盖上采样瓶的盖子，使采样瓶中装满水样没有顶部的空间（空气）。如果是用比色皿采集样品，用水样多次润洗比色皿后，小心地将样品加到 10mL 刻度线位置，立即进行二氧化氯的测定。

准确度检查方法——标准溶液法

配制二氧化氯标准溶液非常困难并且危险。另外，这些标准溶液易挥发并且易发生爆炸！只有经过培训的化学实验人员才能用适当的保护措施和预防手段配制标准溶液。厂商不建议用户自行配制二氧化氯标准溶液。如果确实需要配制标准溶液，请参见《水与废水标准检测方法》Part 4500-ClO₂ Chlorine Dioxide，在标题为"二氧化氯溶液的储存"和"二氧化氯标准溶液"的内容中。配制浓度为 500mg/L 的二氧化氯标准溶液。

方法精确度

表 6.6.6-3　方法精确度

程序号	标样浓度	精确度 具有 95% 置信度的浓度区间	灵敏度 每 0.010 Abs 吸光度改变时的浓度变化
75	469mg/L ClO₂	459～479mg/L ClO₂	5mg/L ClO₂

方法解释

二氧化氯（ClO_2）是一种黄色的气体，水溶液中的二氧化氯可以直接用分光光度计测量吸收值。测试结果是在波长为 445nm 的可见光下读取的。

消耗品和替代品信息

表 6.6.6-4　需要用到的试剂

试剂名称及描述	数量/每次测量	单　位	产品订货号
去离子水	10mL	4L	27256

表 6.6.6-5　可选择的仪器

名　称　及　描　述	单　位	产品订货号
防腐蚀手套，尺寸为 9～9.5①	一双	2410104
防护目镜	每次	2550700

① 可根据用户需要选择其他尺寸的手套。

6.6.7　钙镁硬度，钙镁试剂法，方法 8030

测量范围

钙镁硬度 0.05～4.00mg/L $CaCO_3$。

应用范围

用于水、废水与海水中钙镁硬度的测定。

测试准备工作

表 6.6.7-1　仪器详细说明

仪器	比色皿方向	比色皿
DR 6000 DR 3800 DR 2800 DR 2700 DR 1900	刻度线朝向右方	2495402
DR 5000 DR 3900	刻度线朝向用户	
DR 900	刻度线朝向用户	2401906

(1) 为了镁硬度测试的准确性，请将样品的温度保持在 $21\sim29℃$（即 $70\sim84℉$）。

(2) 本测试会检测出任何可能在残留在混合量筒、滴管或比色皿上的钙镁污染物。为了得到准确的测试结果，重复测试直至测试结果稳定。

(3) 以 mg/L 为单位的总硬度值等于以 $mg/L\ CaCO_3$ 为单位的钙硬度值加上以 $mg/L\ CaCO_3$ 为单位的镁硬度值。

(4) 前一次测试残留在仪器中痕量的 EDTA 或 EGTA 会造成测试结果的错误，故测试前请彻底清洗比色皿等仪器。

表 6.6.7-2　准备的物品

名　称　及　描　述	数　　量	名　称　及　描　述	数　　量
钙镁测试用 Alkali Solution	1mL	混合量筒，100mL	1 个
钙镁测试用 指示剂溶液	1mL	带 0.5mL 和 1.0mL 刻度线的滴管	2 根
EDTA 溶液，1M	1 滴	比色皿（参见"仪器详细说明"）	3 个
EGTA 溶液	1 滴		

注：订购信息参见"消耗品和替代品信息"。

钙镁试剂法测试流程

（1）选择镁硬度测试程序。参照"仪器详细说明"的要求插入适配器（详细介绍请参见用户手册）。

（2）将 100mL 样品倒入一个 100mL 混合量筒中。

（3）用一个带有 1.0mL 刻度线的滴管向量筒中滴加 1.0mL 的钙镁指示剂溶液。

（4）盖上量筒的盖子，倒转几次以混合均匀。

（5）用一个带有 1.0mL 刻度线的滴管向量筒中滴加 1.0mL 的钙镁测试用 Alkali Solution。

（6）盖上量筒的盖子,倒转几次以混合均匀。

（7）将量筒中的液体倒入三个10mL比色皿中,液面均与10mL刻度线平齐。

（8）空白值的测试:向第一个比色皿中滴加1滴1mol/L的EDTA溶液,此比色皿作为空白值。

（9）摇晃比色皿以混合均匀。

（10）镁硬度测试样品:向第二个比色皿中滴加1滴EGTA溶液。

（11）摇晃比色皿以混合均匀。

（12）将空白值比色皿(第一个比色皿)擦拭干净,放入适配器中。

（13）按下"Zero(零)"键进行仪器调零。此时屏幕将显示:镁硬度0.00mg/L $CaCO_3$。

（14）将"镁硬度测试样品"(第二个)比色皿擦拭干净,放入适配器中。

（15）按下"Read(读数)"键读取镁硬度含量,结果以mg/L $CaCO_3$为单位。

这个测试的是样品中的镁硬度,但以$CaCO_3$计。

（16）暂时不要将第二个比色皿从仪器中取出。在进行步骤（17）前,先记录和保存好镁硬度的测试结果。

（17）按"EXIT（退出）"键退出镁硬度测试程序。

选择钙硬度测试程序。

（18）按下"Zero（零）"键进行仪器调零。此时屏幕将显示:钙硬度0.00mg/L $CaCO_3$。

从仪器中取出第二个比色皿。

（19）钙硬度测试样品:将第三个比色皿擦拭干净,放入适配器中。

（20）按下"Read（读数）"键读取钙硬度含量,结果以mg/L $CaCO_3$为单位。

这个测试的是样品中的钙硬度,以$CaCO_3$计。

干扰物质

表 6.6.7-3　干扰物质

干扰成分	抗干扰水平及处理方法
三价铬离子	0.25mg/L
铜离子	0.75mg/L
EDTA	以$CaCO_3$计,为0.2mg/L
EDTA或EGTA	残留在仪器中痕量的EDTA或EGTA会造成测试结果的错误,故测试前请彻底清洗比色皿等仪器
亚铁离子	1.4mg/L
三价铁离子	2.0mg/L

干扰成分	抗干扰水平及处理方法
二价锰离子	0.20mg/L
锌离子	0.050mg/L
Ca>1.0mg/L； Mg>0.25mg/L	如果样品中的钙硬度高于1.0mg/L或者镁硬度高于0.25mg/L，为了测试的准确性，用去离子水稀释样品，再测试一次。如果均低于所列浓度，则不需要再测试一次

样品的采集、保存与存储

（1）采集样品时应使用酸液清洗过的塑料瓶。

（2）用硝酸（浓度大约为每升水中含5mL浓硝酸）将样品的pH值调整至2或2以下进行样品保存。

（3）在温度为4℃的保存条件下，样品最长可以保存6个月。

（4）在测试分析前，使用5.0N氢氧化钠标准溶液❶将样品的pH值调整至3～8。

（5）根据样品体积增加量修正测试结果。

方法精确度

表 6.6.7-4　方法精确度

程序	标值	精确度： 95%置信区间分布	灵敏度：每0.010Abs 单位变动下，浓度变动值
220	2.00mg/L Ca	1.90～2.10mg/L Ca	0.05mg/L Ca
225	2.00mg/L Mg	1.92～2.08mg/L Mg	0.05mg/L Mg

方法解释

用分光光度计法测硬度弥补了传统的滴定测试法的缺陷，分光光度计法可以检测出浓度很低的钙镁硬度。由此，表6.6.7-3中所列出的金属物质会干扰传统的滴定法的测试，但是样品稀释到分光光度计法的干扰物干扰水平以下时，就可以准确地进行测试了。方法中的显色指示剂是钙镁试剂，在强碱性环境下呈蓝紫色，与游离态钙镁反应后会变成红色。用EGTA螯合剂和钙反应，破坏由钙与指示剂形成的红色；再用EDTA螯合剂与钙镁反应，破坏由钙镁与指示剂形成的红色——测量不同反应阶段的溶液红色深浅，通过颜色深浅与含量成正比例的关系，就可以由此测定出溶液中钙镁的含量。测试结果是在波长为522nm的可见光下读取的。

消耗品和替代品信息

表 6.6.7-5　需要用到的试剂

试剂名称及描述	数量/每次测量	单　位	产品订货号
硬度试剂组件(100次测试)	—	—	2319900
钙镁测试用 Alkali Solution	1mL	100mL MDB	2241732
钙镁测试用指示剂溶液	1mL	100mL MDB	2241832
EDTA 溶液，1mol/L	1 滴	50mL SCDB	2241926
EGTA 溶液	1 滴	50mL SCDB	2229726

表 6.6.7-6　需要用到的仪器

仪器名称及描述	数量/每次测量	单　位	产品订货号
混合量筒，100mL	1	每次	189642
带0.5mL和1.0mL刻度线的滴管	2	20/pk	2124720

---

❶ 订购信息请参看"可选择的试剂与仪器"。

表 6.6.7-7　可选择的试剂与仪器

名 称 及 描 述	单 位	产品订货号
硝酸,分析纯	500mL	15249
氢氧化钠标准溶液,5.0N	10mL MDB	245032
pH 试纸,测量范围为 0～14	100/pk	2601300

6.6.8　钙镁硬度，偶氮氯膦法，方法 8374（溶液枕包）

测量范围

钙镁硬度 8～1000μg/L CaCO₃。

钙镁硬度 $8\sim1000\mu g/L$ CaCO$_3$。

应用范围

用于锅炉水与超纯水钙镁硬度的测定。

测试准备工作

表 6.6.8-1　仪器详细说明

仪器	适配器	比色皿
DR6000	LZV902.99.00020	2410212
DR 5000	A23618	
DR 3900,DR 3800	—	
DR 2800	LZV585(B)	
DR 1900		

(1) 为了镁硬度测试的准确性，请将样品的温度保持在 21～29℃（即 70～84℉）。

(2) 本测试会检测出任何可能在残留在滴管或比色皿上的钙镁污染物。为了得到准确的测试结果，重复测试直至测试结果稳定。

(3) 如果样品中钙镁硬度的含量超过了 750 μg/L，为了测试的准确性，请将样品 1∶1 稀释后再进行测试。用超纯水（不含醛类的水）稀释样品。将测试结果乘以 2 得到样品中实际钙镁硬度值。

(4) 在知道样品中只含有钙或镁其中一种硬度的情况下，可以用其他的化学形式作为单位，测试本身是不能够区分这两种形式的硬度的。

(5) 测试流程（4）中加入的溶液枕包可以用 1mL 的偶氮氯膦溶液代替。

(6) 在本测试过程中，使用专用的塑料容器。

(7) 以 mg/L 为单位的总硬度值等于以 mg/L CaCO₃ 为单位的钙硬度值加上以 mg/L CaCO₃ 为单位的镁硬度值。

表 6.6.8-2　准备的物品

名 称 及 描 述	数 量	名 称 及 描 述	数 量
ULR Hardness 试剂组件	1 套	剪刀,用于剪开粉枕包	1 把
Chlorophosphonazo 指示剂溶液枕包	1 包	比色皿(参见"仪器详细说明")	1 个
CDTA 溶液	1 滴		

注：订购信息参见"消耗品和替代品信息"。

偶氮氯膦法（溶液枕包）测试流程

（1）选择测试程序。参照"仪器详细说明"的要求插入适配器（详细介绍请参见用户手册）。

（2）用待测样品润洗塑料比色皿和比色皿塞子三遍。

注意：放置比色皿塞子的时候，不要使比色皿塞子的下表面接触到任何物体的表面以防止污染。

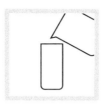

（3）向塑料比色皿中加入 25mL 待测样品。

（4）向比色皿中加入一包 Chlorophospho-nazo 溶液枕包。

溶液枕包中可能会残留一些溶液，这不会影响测试结果。

（5）盖上比色皿塞子。摇晃以混合均匀。

（6）将比色皿擦拭干净，放入适配器中。

（7）按下"Zero（零）"键进行仪器调零。这时屏幕将显示：0μg/L CaCO₃。

（8）取出比色皿，加入 1 滴超低量程硬度测试用的 CDTA 试剂溶液。

在 1～2min 内完成步骤（10）～（11）。

（9）盖上比色皿塞子。摇晃以混合均匀。

（10）装比色皿擦拭干净，放入适配器中。

（11）按下"Read（读数）"键读取钙镁硬度含量，结果以 μg/L CaCO₃ 为单位。

干扰物质

表 6.6.8-3 中所列的物质对本测试产生干扰，所列浓度为抗干扰的最大浓度水平。这些物质的干扰水平是向以 CaCO₃ 计、硬度范围为 0～500μg/L、硬度已知的溶液中添加干扰离子，用本方法测试直至所得硬度读数值产生±10％的偏差，此时干扰离子的浓度即为抗干扰的最大浓度水平。在此硬度范围下，测试了多种超纯水中的阴阳离子。

表 6.6.8-3 干扰物质

干扰成分	抗干扰水平及处理方法	干扰成分	抗干扰水平及处理方法
铝离子	高于 150μg/L 时，产生负干扰	硝酸根离子	高于 250μg/L 时，产生正干扰
铵离子	低于 1000μg/L 时，对测试无干扰	钾离子	低于 1000μg/L 时，对测试无干扰
铜离子	高于 250μg/L 时，产生正干扰	硅	高于 1000μg/L 时，产生正干扰
甲醛	低于 47000μg/L 时，对测试无干扰	钠离子	高于 79000μg/L 时，产生负干扰

样品的采集、保存与存储

(1) 样品采集时不要使用玻璃容器。

(2) 采集样品时应使用清洁的塑料容器，最好使用螺口瓶。

(3) 用待测水样多次润洗采样瓶后，再采集样品。

(4) 采样后将采样瓶封口，以防转移过程中被污染。

(5) 尽快进行分析测试。

准确度检查方法

准确度检查所需的试剂与仪器有：氯化钙标准溶液，以 CaCO$_3$ 计，浓度为 50mg/L（即 50000μg/L）；TenSette® 移液枪及配套的枪头。

(1) 标准加入法（加标法）

① 按照下列方法配制浓度为 20mg/L（即 20000μg/L）CaCO$_3$ 的标准溶液：移取 20mL 浓度为 50mg/L CaCO$_3$ 的氯化钙标准溶液，加入到一个 50mL 的塑料容量瓶中。用超纯水稀释到容量瓶的刻度线。混合均匀。

② 读取测试结果后，将装有样品的比色皿（尚未加入标准物质）留在仪器中。

③ 在仪器菜单中选择标准添加程序。

④ 按"OK（好）"键确认样品体积的默认值（25mL）。

⑤ 用 TenSette® 移液枪准备三个加标样。将样品倒入三个比色皿中，液面与 25mL 刻度线平齐。使用 TenSette® 移液枪分别向三个比色皿中依次加入 0.1mL、0.2mL 和 0.3mL 刚配制好的浓度为 20mg/L（即 20000μg/L）CaCO$_3$ 的标准溶液，盖上塞子，混合均匀。

⑥ 从 0.1mL 的加标样开始，按照上述测试流程依次对三个加标样品进行测试。按"Read（读数）"键确认接受每一个加标样品的测试值。

⑦ 加标测试过程结束后，按"Graph（图表）"键将显示出根据加标数据计算得到的最佳拟合曲线，说明本底干扰的存在与否。按"Ideal Line（理想线条）"键将显示出样品加标与 100% 回收率的"理想线条"之间的关系。每个加标样都应该达到约 100% 的加标回收率。

(2) 标准溶液法

① 用浓度为 0.50mg/L（即 500μg/L）CaCO$_3$ 的氯化钙标准溶液代替样品按照上述测试流程进行测试。

② 在仪器菜单中选择标准溶液校准程序。

③ 打开标准调整界面，确认接受当前标准溶液浓度。如果使用了其他浓度的标准溶液，输入标准溶液的实际浓度，并确认用此溶液浓度校准标准曲线。

注意：具体的程序选择操作过程请参见用户操作手册。

方法精确度

表 6.6.8-4　方法精确度

程序号	标样浓度	精确度 具有 95% 置信度的浓度区间	灵敏度 每 0.010Abs 吸光度改变时的浓度变化
228	500μg/L	478～522mg/L	8μg/L Ca

方法解释

钙镁与等量的偶氮氯膦Ⅲ指示剂反应，生成的有颜色的配合物在波长为 669nm 的可见光下有很强的吸收值。1 滴 CDTA 试剂会破坏这种配合物，使颜色退去。颜色的深浅变化与样品中钙镁含量（以 CaCO$_3$ 计）是成正比例关系的。测试结果是在波长为 669nm 的可见光下读取的。

消耗品和替代品信息

表 6.6.8-5　需要用到的试剂

试剂名称及描述	数量/每次测量	单　位	产品订货号
超低量程硬度测试组件(100 次测试)	—	—	2603100
(1)2589599	—	—	—
(1)2589636	—	—	—
(1)2410201	—	—	—
(1)2410202	—	—	—
或			
超低量程硬度测试组件(500 次测试)	—	—	2603101
(1)2589549	—	—	—
(2)2589636	—	—	—
(1)2410201	—	—	—
(1)2410202	—	—	—
Chlorophosphonazo 指示剂溶液	1	100/pk	2589599
CDTA 溶液	1 滴	10mL SCDB	2589636

表 6.6.8-6　需要用到的仪器

仪器名称及描述	数量/每次测量	单　位	产品订货号
剪刀	1	每次	2369400

表 6.6.8-7　推荐使用的标准样品

标准样品名称及描述	单　位	产品订货号
氯化钙标准溶液,以 $CaCO_3$ 计,浓度为 50mg/L	946mL	2127716
氯化钙标准溶液,以 $CaCO_3$ 计,浓度为 $500\mu g/L$	946mL	2058016
Chlorophosphonazo 指示剂溶液	500mL	2589549

表 6.6.8-8　可选择的试剂与仪器

名称及描述	单　位	产品订货号
TenSette® 移液枪,量程为 $0.1\sim1.0mL$	每次	1970001
与移液枪 19700-01 配套的枪头	50/pk	2185696
移液管,A 级,20mL	每次	1451520
聚丙烯容量瓶,50mL	每次	1406041
洗耳球	每次	1465100

6.6.9　总硬度,偶氮氯膦-流通池法（方法8374）,流通池

超低量程测量范围

钙镁硬度 $4\sim1000\mu g/L$ $CaCO_3$。

应用范围

用于锅炉水与超纯水总硬度的测定。

测试准备工作

表 6.6.9-1　仪器详细说明

仪器	比色皿方向	流通池	适配器
DR 6000		LQV157.99.20002	—
DR 3800		5940400	LZV585(B)
DR 2800	光通路朝向右方	5940400	LZV585(B)
DR 2700		5940400	LZV585(B)
DR 1900		LZV899	—

仪器	比色皿方向	流通池	适配器
DR 5000 DR 3900	光通路朝向用户	LZV479 LQV157.99.10002	—

（1） 测试前请参照"实验仪器的处理"中的详细说明，清洗所有的实验仪器和流通池模块。

（2） 为了镁硬度测试的准确性，请将样品的温度保持在 $21 \sim 29℃$（即 $70 \sim 84℉$）。

（3） 本测试会检测出任何可能残留在混合量筒、滴管或比色皿上的钙镁污染物。为了得到准确的测试结果，重复测试直至测试结果稳定。

（4） 当流通池模块暂时不再使用时，将一个小烧杯倒置放在玻璃漏斗上方，以防流通池被污染。

（5） 如果样品中钙镁硬度的含量超过了 $750\mu g/L$，为了测试的准确性，请将样品 1∶1 稀释后再进行测试。用超纯水（不含醛类的水）稀释样品。将测试结果乘以 2 得到样品中实际钙镁硬度值。

（6） 在知道样品中只含有钙或镁其中一种硬度的情况下，可以用其他的化学形式作为单位，测试本身是不能够区分这两种形式的硬度的。

（7） 流通池模块的安装方法请参见用户手册。

（8） 本测试请使用专用的塑料仪器。

（9） 在光照强烈的环境下（如阳光直射）使用型号为 DR 2800 或 DR 2700 的仪器进行测试读数时，请将遮光罩罩在适配器模块上方。

（10） 以 mg/L 为单位的总硬度值等于以 mg/L $CaCO_3$ 为单位的钙硬度值加上以 mg/L $CaCO_3$ 为单位的镁硬度值。

表 6.6.9-2　准备的物品

名称及描述	数量	名称及描述	数量
Chlorophosphonazo 指示剂溶液	1mL	固定容积的 Repipet Jr. 分配器,2.0mL	1
用于超低量程硬度测试的 CDTA 试剂	1 滴	PMP 无菌惰性材料的带盖锥形瓶,125mL	1
超纯水	根据用量而定	流通池模块(参见"仪器详细说明")	1
聚乙烯量筒,50mL	1		

注：订购信息参见"消耗品和替代品信息"。

偶氮氯膦法（流通池）测试流程

（1）选择测试程序。参照"仪器详细说明"的要求插入适配器（详细介绍请参见用户手册）。

（2）用 50mL 超纯水冲洗流通池模块。

（3）将样品倒入一个清洁的 125mL 塑料锥形瓶中，让样品溢流出瓶口。

如果条件允许，请直接用此锥形瓶采集样品。

（4）用样品润洗清洁的 50mL 塑料量筒三遍。

（5）将锥形瓶中的样品倒入润洗过的 50mL 量筒中，液面与刻度线平齐。将锥形瓶中剩余的样品倒掉。

（6）再将量筒中的50mL样品倒回这个锥形瓶中。

（7）用 Repipet Jr. 分配器向样品中加入 2.0mL 的 Chlorophosphonazo 指示剂溶液。摇晃以混合均匀。

（8）将大约一半的上述溶液（25mL）倒入流通池模块中。

用清洁干燥的25mL 塑料量筒量取此样品。

（9）溶液流动停止后，按下"Zero（零）"键进行仪器调零。这时屏幕将显示：0μg/L CaCO₃。

（10）向锥形瓶中剩余的大约25mL溶液中加入 1 滴用于超低量程硬度测试的 CDTA 试剂。摇晃以混合均匀。

在 1～2min 内完成测试流程（11）～（12）。

（11）将锥形瓶中的溶液倒入流通池模块中。

（12）按下"Read（读数）"键读取钙镁硬度含量，结果以 μg/L CaCO₃为单位。

（13）测试结束后，请立即用装有超纯水的洗瓶冲洗流通池模块，至少用 75mL 超纯水冲洗。冲洗后用盖子盖好。

干扰物质

表 6.6.9-3　干扰物质

干扰成分	抗干扰水平及处理方法	干扰成分	抗干扰水平及处理方法
铝离子	高于 150μg/L 时，产生负干扰	钾离子	低于 1000μg/L 时，对测试无干扰
铵离子	低于 1000μg/L 时，对测试无干扰	硅	高于 1000μg/L 时，产生正干扰
铜离子	高于 250μg/L 时，产生正干扰	钠离子	高于 79000μg/L 时，产生负干扰
甲醛	低于 47000μg/L 时，对测试无干扰		

实验仪器的处理

测试中使用的所有容器都需要彻底清洗以去除痕量的钙镁硬度。如果有条件，所有的采样、保存和分析过程都必须使用塑料容器。用常规方法清洗容器后，再用超纯水（不含醛类的水）冲洗。用超纯水将 Chlorophosphonazo 试剂稀释 25 倍后，充满并浸泡容器至少 10min，再用超纯水将容器冲洗干净。将容器密封盖紧，作为超低浓度硬度测试的专用塑料仪器。如果每次使用后都清洗、盖紧密封，只需要定期地浸泡容器即可。用同样的 Chlorophosphonazo 溶液充满流通池模块并浸泡几分钟后，再用超纯水冲洗。

放置 Repipet Jr. 分配器时，请避免 Chlorophosphonazo 试剂瓶的污染。用洗瓶和大量的超纯水冲洗分配器的进液管和内瓶盖。将分配器的进液管放进装有超纯水的烧杯中，按压活塞 10～15 次以冲洗分配器的内部（为了测试的准确性，可以在烧杯中的冲洗水中加入少量的试剂）。再将分配器的进液管从水中取出，按压活塞至管中液体被全部排出。

样品的采集、保存与存储

（1）样品采集时不要使用玻璃容器。

（2）采集样品时应使用清洁的塑料容器，最好使用螺口瓶。

（3）用待测水样多次润洗采样瓶后，再采集样品。

（4）采样后将采样瓶封口，以防转移过程中被污染。

（5）尽快进行分析测试。

准确度检查方法

准确度检查所需的试剂与仪器有：氯化钙标准溶液，以 $CaCO_3$ 计，浓度为 50mg/L（即 $50000\mu g/L$）；TenSette®移液枪及配套的枪头。

（1）标准加入法（加标法）

① 按照下列方法配制浓度为 20mg/L（即 $20000\mu g/L$）$CaCO_3$ 的标准溶液：移取 20mL 浓度为 50mg/L $CaCO_3$ 的氯化钙标准溶液，加入到一个 50mL 的塑料容量瓶中。用超纯水稀释到容量瓶的刻度线。混合均匀。

② 读取测试结果后，将装有样品的比色皿（尚未加入标准物质）留在仪器中。

③ 在仪器菜单中选择标准添加程序。

④ 按"OK（好）"键确认标样浓度、样品体积和加标体积的默认值。按"EDIT（编辑程序）"键可以修改这些默认值。当这些值确认好后，未加标的样品读数将显示在顶端的一行。更多详细信息请参见用户手册。

⑤ 用 TenSette®移液枪准备三个加标样。准备三个 50mL 的样品，使用 TenSette®移液枪分别向三个样品中依次加入 0.2mL、0.4mL 和 0.6mL 刚配制好的浓度为 20mg/L（即 $20000\mu g/L$）$CaCO_3$ 的标准溶液，盖上塞子，混合均匀。

⑥ 从 0.2mL 的加标样开始，按照上述测试流程依次对三个加标样品进行测试。按"Read（读数）"键确认接受每一个加标样品的测试值。

⑦ 加标测试过程结束后，按"Graph（图表）"键将显示出根据加标数据计算得到的最佳拟合曲线，说明本底干扰的存在与否。按"Ideal Line（理想线条）"键将显示出样品加标与 100％回收率的"理想线条"之间的关系。每个加标样都应该达到约 100％的加标回收率。

（2）标准溶液法

① 用浓度为 0.50mg/L（即 $500\mu g/L$）$CaCO_3$ 的氯化钙标准溶液代替样品按照上述测试流程进行测试。

② 在仪器菜单中选择标准溶液校准程序。

③ 打开标准调整界面，确认接受当前标准溶液浓度。如果使用了其他浓度的标准溶液，输入标准溶液的实际浓度，并确认用此溶液浓度校准标准曲线。

注意：具体的程序选择操作过程请参见用户操作手册。

方法精确度

表 6.6.9-4　方法精确度

程序号	标样浓度	精确度 具有 95％置信度的浓度区间	灵敏度 每 0.010Abs 吸光度改变时的浓度变化
227	0.500mg/L Ca	$495\sim505\mu g/L$	$8\mu g/L$ Ca

方法解释

钙镁与等量的偶氮氯膦Ⅲ指示剂反应，生成的有颜色的配合物在波长为 669nm 的可见光下有很强的吸收值。1 滴 CDTA 试剂会破坏这种配合物，使颜色退去。颜色的深浅变化与样品中钙镁含量（以 $CaCO_3$ 计）是成正比例关系的。测试结果是在波长为 669nm 的可见光下读取的。

消耗品和替代品信息

表 6.6.9-5　需要用到的试剂

试剂名称及描述	数量/每次测量	单 位	产品订货号
Chlorophosphonazo 指示剂溶液	2mL	500mL	2589549
用于超低量程硬度测试的 CDTA 试剂	1 滴	10mL SCDB	2589636

表 6.6.9-6　需要用到的仪器

仪器名称及描述	数量/每次测量	单 位	产品订货号
聚乙烯量筒,50mL	1	每次	108141
固定容积的 Repipet Jr. 分配器,2.0mL	1	每次	2230701
PMP 无菌惰性材料的带盖锥形瓶,125mL	1	每次	2089843

表 6.6.9-7　推荐使用的标准样品

标准样品名称及描述	单 位	产品订货号
氯化钙标准溶液,以 $CaCO_3$ 计,浓度为 50mg/L	946mL	2127716
氯化钙标准溶液,以 $CaCO_3$ 计,浓度为 0.50mg/L	946mL	2058016
超纯水(不含醛类的水)	500mL	2594649

表 6.6.9-8　可选择的试剂与仪器

名称及描述	单 位	产品订货号
TenSette® 移液枪,量程为 0.1~1.0mL	每次	1970001
与移液枪 19700-01 配套的枪头	50/pk	2185696
移液管,A 级,20mL	每次	1451520
聚丙烯容量瓶,50mL	每次	1406041
洗耳球	每次	1465100

6.6.10　总硬度,EDTA 数字滴定器法,方法 8213(数字滴定器)

测量范围

$10\sim4000mg/L\ CaCO_3$。

应用范围

用于水、废水与海水总硬度的测定。

测试准备工作

(1) ManVer 2 硬度指示剂粉枕包可以用以下试剂代替：4 称量勺（1 勺约 0.1g）的 Hardness 2 指示剂溶液或 1 称量勺的 ManVer 2 硬度指示剂粉末。

(2) 硬度单位换算公式：gpg(克/加仑)$CaCO_3$＝mg/L $CaCO_3$×0.058；德国度(G. d. h.)＝mg/L $CaCO_3$×0.056；总硬度 mg/L Ca＝总硬度 mg/L $CaCO_3$×0.40。

(3) 总硬度 mg/L $CaCO_3$＝总硬度 mg/L Ca＋总硬度 mg/L Mg。

(4) 为了搅拌方便,请使用 TitraStir® 磁力搅拌器❶。

---

❶ 订购信息请参看"可选择的试剂与仪器。"

表 6.6.10-1 准备的物品

名称及描述	数量	名称及描述	数量
ManVer 2 硬度指示剂粉枕包	1包	数字滴定器的输液管	1根
Hardness 1 Buffer 溶液	2mL	量筒	1个
EDTA 滴定试剂管(参见表 6.6.10-2 或表 6.6.10-3)	1管	锥形瓶,250mL	1个
数字滴定器	1个		

注：订购信息请看"消耗品和替代品信息"。

总硬度 EDTA 法（数字滴定器）测试流程

（1）请根据表 6.6.10-2 或表 6.6.10-3 选择合适的样品体积和滴定试剂管。

（2）给滴定试剂管插上一根清洁的输液管，并把 EDTA 滴定试剂管装入数字滴定器中。

（3）拿放数字滴定器时请保持滴定试剂管的针头朝上。转动滴定器上的旋钮，推出几滴滴定剂。将计数器调至零，并把针头擦拭干净。

（4）根据表 6.6.10-2 或表 6.6.10-3 上选择的样品量，用量筒或者移液管移取至一个清洁的 250mL 锥形瓶中。

如果样品量小于 100mL，用去离子水稀释至约 100mL。

（5）如果样品量等于 100mL，在锥形瓶中加入 2mL 的 8N 氢氧化钾标准溶液。如果样品量小于或等于 50mL，在锥形瓶中加入 1mL 的 8N 氢氧化钾标准溶液。摇晃以混合均匀。

（6）加入一包 ManVer 2 硬度指示剂粉枕包，摇晃瓶身以混合均匀。

（7）将输液管放入溶液中并摇晃瓶身。转动滴定器上的旋钮，向溶液中滴入滴定剂。继续摇晃瓶身并持续滴入滴定剂直至溶液从红色变为纯蓝色。

此时，记下数字滴定器计数器上的数值。

（8）利用从表 6.6.10-2 或表 6.6.10-3 上查得的浓度换算系数，按照下式计算得到浓度：

计数器上的数值× 浓度换算系数＝总硬度 mg/L（或 G. d. h.）$CaCO_3$。

例如：50mL 的样品进行滴定，使用 0.800mol/L 的 EDTA 滴定试剂管，到达滴定终点时计数器上显示的数值为 250。则此样品中的总硬度为 $250 \times 2.0 = 500mg/L$ $CaCO_3$（或如果使用 0.714mol/L 的 EDTA 滴定试剂管，总硬度为 $250 \times 0.1 = 25mg/L$ G. d. h.）。

表 6.6.10-2　量程详细说明

表 6.6.10-2　量程详细说明

量程/(mg/L CaCO₃)	样品体积/mL	滴定试剂管/(mol/L EDTA)	浓度换算系数
10～40	100	0.0800	0.1
40～160	25	0.0800	0.4
100～400	100	0.800	1.0
200～800	50	0.800	2.5
500～2000	20	0.800	5.0
1000～4000	10	0.800	10.0

表 6.6.10-3　量程详细说明

量程/G. d. h. CaCO₃	样品体积/mL	滴定试剂管/(mol/L EDTA)	浓度换算系数
1～4	100	0.1428	0.01
4～16	25	0.1428	0.04
10～40	50	0.714	0.1
25～100	20	0.714	0.25
>100	10	0.714	0.5

干扰物质

注意：氰化钾是有毒物质。加入氢氧化钾后再加入氰化钾。请遵守当地的危险废物处理处置规定，对含有氰化物的废液等进行适当的处理处置。

干扰本测试的物质，指会抑制滴定终点溶液变色的物质。稀释样品至干扰物质的最大干扰水平以下就可以消除这些物质对测试的干扰。如果有未知的干扰物质，则减少样品量，将样品稀释至 100mL 再进行测试。表 6.6.10-4 中所列的物质均会对本测试产生干扰。

表 6.6.10-4　干扰物质

干扰成分	抗干扰水平及处理方法
酸度	本测试可以承受 10000mg/L 的酸度
碱度	本测试可以承受 10000mg/L 的碱度，并且可以直接对海水进行测试
铝	高于 0.20mg/L 的铝会对测试产生干扰。在加入缓冲溶液后加入 0.5g 的氰化钾可以消除高至 1mg/L 铝造成的干扰
钡	测试结果中包含有钡硬度值，但是在天然水体中很少检测到钡
钴	任何浓度水平下均对测试产生干扰。在加入氢氧化钾溶液后加入 0.5g 的氰化钾可以消除高至 20mg/L 钴造成的干扰
铜	高于 0.1mg/L 的铜会对测试产生干扰。在加入氢氧化钾溶液后加入 0.5g 的氰化钾可以消除高至 100mg/L 铜造成的干扰
铁	高于 8mg/L 的铁会使滴定终点的颜色变化为从橙红色变为绿色。高至 20mg/L 的铁不会对测试结果的准确性产生影响
锰	高于 5mg/L 的锰会对测试产生干扰
镍	高于 0.5mg/L 的镍会对测试产生干扰。在加入氢氧化钾溶液后加入 0.5g 的氰化钾可以消除高至 200mg/L 镍造成的干扰
正磷酸盐	会使滴定终点的变色速度变慢，只要形成的正磷酸钙在滴定过程中能够重新溶解，就不会影响测试结果

干扰成分	抗干扰水平及处理方法
多磷酸盐	直接影响测试,样品中不可以含有多磷酸盐
多价金属离子	虽然没有钙镁常见,但其他的多价金属离子也能够造成水样硬度并且被本方法测定包含在测试结果中
氯化钠	氯化钠饱和溶液的滴定终点不明显
锶	测试结果中包含有锶硬度值,但是在天然水体中很少检测到锶
锌	高于5mg/L的锌会对测试产生干扰。在加入氢氧化钾溶液后加入0.5g的氰化钾可以消除高至100mg/L锌造成的干扰
强缓冲样品或具有极端pH值的样品	可能会超出试剂的缓冲能力,测试前请先调整样品的pH值(请参见"样品的采集、保存与存储")

加入一包CDTA Magnesium Salt粉枕包可以消除表6.6.10-5中所列的干扰水平下干扰物质对测试的影响。如果有1种以上的干扰物质高于表中所列的干扰水平,再加入一包CDTA Magnesium Salt粉枕包。

表6.6.10-5　加入CDTA粉枕包的干扰水平

干扰成分	抗干扰水平/(mg/L)	干扰成分	抗干扰水平/(mg/L)
铝	50	锰	200
钴	200	镍	400
铜	100	锌	300
铁	100		

加入一包CDTA Magnesium Salt粉枕包后所测得的硬度值中包含了干扰离子所造成的硬度。如果这种干扰离子的浓度是已知的,就可以对测试结果进行修正,得到只有钙镁贡献的硬度值。修正过程如下:1mg/L金属干扰离子所贡献的硬度值列于表6.6.10-6中。将样品中的金属干扰离子浓度mg/L值乘以碳酸钙硬度转换系数得到干扰离子贡献的硬度值,从测试流程步骤(8)中得到的总硬度中减去算出的干扰离子贡献的硬度值,就得到了只由钙镁贡献的硬度值。

表6.6.10-6　硬度转换系数

干扰成分	碳酸钙硬度转换系数/(mg/L CaCO$_3$)	干扰成分	碳酸钙硬度转换系数/(mg/L CaCO$_3$)
铝	3.710	锰	1.822
钡	0.719	镍	1.705
钴	1.698	锶	1.142
铜	1.575	锌	1.531
铁	1.792		

样品的采集、保存与存储

（1）使用塑料或玻璃的采样瓶。采样瓶应先用清洁剂和自来水清洗。

（2）再用1+1的硝酸和去离子水冲洗采样瓶。

（3）采样后如果不能立即进行分析测试,请按照以下方法保存样品:按照每升样品加入

1.5mL 硝酸的比例加入硝酸混合均匀，将样品的 pH 值调整至 2 或 2 以下进行样品保存。测试样品的 pH 值以确保 pH 值小于或等于 2。如果需要，再按每次增量 0.5mL 的硝酸往样品中加。充分混合均匀并且每次加入硝酸后就测试样品的 pH 值，直至 pH 值小于或等于 2。

(4) 将样品保存在温度为 4℃（即 39℉）的环境下，样品至少可以保存 7 天。

(5) 在测试分析前，将样品加热至室温，使用 5.0N 氢氧化钠溶液将样品的 pH 值调整至 7 左右。

(6) 充分混合均匀。如果加入的硝酸量较大，根据样品体积（样品保存的硝酸量和调节 pH 值的氢氧化钠量）的增加量修正测试结果。用总体积（样品体积＋硝酸体积＋氢氧化钠体积）除以样品体积得到修正系数，将测试读数结果乘以此修正系数，得到样品中的实际硬度值。

准确度检查方法

采用标准加入法可以确定样品中是否有干扰成分并且可以确认分析方法是否可靠。

(1) 标准加入法（加标法）。所需的试剂与仪器设备有：硬度 Voluette® 安瓿瓶标准溶液，浓度为 10000mg/L CaCO₃；安瓿瓶开口器；TenSette® 移液枪及其配套的枪头，量程为 0.1～1.0mL。

具体步骤如下。

① 打开浓度为 10000mg/L CaCO₃ 的硬度 Voluette® 安瓿瓶标准溶液。

② 用 TenSette® 移液枪移取 0.1mL 标准物质，加入滴定完的样品中。摇晃以混合均匀。

③ 按照测试方法流程将此加标样滴定至终点。抄下到达滴定终点时数字滴定器计数器上的读数。

④ 对此样品重复操作步骤②和③。

⑤ 加标样中每增加一个 0.1mL 的标准物质，使用 0.800mol/L EDTA 滴定试剂管进行滴定到达滴定终点时数字滴定器计数器上的读数将会增加 10 左右；使用 0.0800mol/L EDTA 滴定试剂管进行滴定到达滴定终点时数字滴定器计数器上的读数将会增加 100 左右；使用 0.714mol/L EDTA 滴定试剂管进行滴定到达滴定终点时数字滴定器计数器上的读数将会增加 11 左右；使用 0.1428mol/L EDTA 滴定试剂管进行滴定到达滴定终点时数字滴定器计数器上的读数将会增加 56 左右。

如果计数器上的读数增加量比上述对应值大或者小，问题可能是由用户的测试方法、干扰物质（请参见"干扰物质"）或者试剂的污染或仪器故障所造成的。

(2) 标准溶液法。完成以下测试以确认试剂和用户的测试方法是可靠的。

准确度检查需要氯化钙标准溶液，浓度为 1000mg/L CaCO₃。

具体步骤如下。

① 移取 20.0mL 浓度为 1000mg/L CaCO₃ 的氯化钙标准溶液，加入到锥形瓶中，用去离子水稀释至大约 100mL，充分混合均匀。

② 加入 Hardness 1 Buffer 溶液和 ManVer 2 硬度指示剂粉枕包，摇晃以混合均匀。

③ 用滴定试剂管将此标准溶液滴定至终点，计算结果。结果应该接近 1000mg/L CaCO₃ 或 55.9 G. d. h. CaCO₃。

方法解释

在总硬度的测试过程中，水样首先被缓冲溶液（一种有机胺和它的盐）调节至 pH 值为 10.1。然后加入一种有机染料——钙镁试剂作为测试的指示剂。这种指示剂和钙镁离子反应使溶液呈红色。

EDTA 作为滴定剂。滴定加入的 EDTA 将与样品中所有的游离态钙镁离子发生配合反应。到达滴定终点时，EDTA 将反应掉所有在指示剂下显色的游离态钙镁离子，则溶液中没有游离态钙镁离子，所以溶液从红色变为蓝色。

消耗品和替代品信息

表 6.6.10-7　需要用到的试剂

试剂名称及描述	数量/每次测量	单 位	产品订货号
量程范围为 10～160mg/L 的试剂组件(大约 100 次测试)			2448000
(1)ManVer 2 硬度指示剂粉枕包	1	100/pk	85199
(1)Hardness 1 Buffer 溶液	1mL	100mL MDB	42432
(1)EDTA 滴定试剂管,0.0800mol/L	根据需要而定	每次	1436401
量程范围为 100～4000mg/L 的试剂组件(大约 100 次测试)			2448100
(1)ManVer 2 硬度指示剂粉枕包	1	100/pk	85199
(1)Hardness 1 Buffer 溶液	1mL	100mL MDB	42432
量程范围为 1～16 G.d.h. 的试剂组件(大约 100 次测试)			2447800
(1)ManVer 2 硬度指示剂粉枕包	1	100/pk	85199
(1)Hardness 1 Buffer 溶液	1mL	100mL MDB	42432
(1)EDTA 滴定试剂管,0.1428mol/L	根据需要而定	每次	1496001
量程范围为 10～100+G.d.h. 的试剂组件(大约 100 次测试)			2447900
(1)ManVer 2 硬度指示剂粉枕包	1	100/pk	85199
(1)Hardness 1 Buffer 溶液	1mL	100mL MDB	42432
(1)EDTA 滴定试剂管,0.714mol/L	根据需要而定	每次	1495901
(1)EDTA 滴定试剂管,0.800mol/L	根据需要而定	每次	1439901

表 6.6.10-8　需要用到的仪器

设备名称及描述	数量/每次测量	单 位	产品订货号
数字滴定器	1	每次	1690001
有刻度的锥形瓶,250mL	1	每次	50546
量筒,根据量程范围选择一个或多个			
10mL	1	每次	50838
25mL	1	每次	50840
50mL	1	每次	50841
100mL	1	每次	50842

表 6.6.10-9　推荐使用的标准样品

标准样品名称及描述	单 位	产品订货号
氯化钙标准溶液,浓度为 1000mg/L $CaCO_3$	1L	12153
硬度 Voluette® 安瓿瓶标准溶液,10mL,浓度为 10000mg/L $CaCO_3$	16/pk	218710

表 6.6.10-10　可选择的试剂与仪器

名称及描述	单 位	产品订货号
CDTA Magnesium Salt 粉枕包	100/pk	1408099
ManVer 2 硬度指示剂粉枕包	113g	28014
镁标准溶液,浓度为 10g/L $CaCO_3$	29mL	102233
Hardness 2 指示剂溶液	100mL	42532
HexaVer Hardness 滴定剂,0.020N	1L	74053
氢氧化钠标准溶液,5N	50mL	245026
硝酸,分析纯	500mL	15249
硝酸溶液,1+1	500mL	254049
氰化钾	125g	76714
磁力搅拌子,28.6mm×7.9mm	每次	2095352
TenSette® 移液枪,量程为 0.1～1.0mL	每次	1970001

名称及描述	单 位	产品订货号
TitraStir 磁力搅拌器,115V	每次	1940000
TitraStir 磁力搅拌器,230V	每次	1940010
去离子水	500mL	27249
移液枪头	50/pk	2185696
移液管,A 级,10mL	每次	1451538
移液管,A 级,20mL	每次	1451520
洗耳球	每次	1465100
输液管 180°弯头	5/pk	1720500
TenSette® 移液枪,量程为 0.1~1.0mL	每次	1970001
称量勺,1g	每次	51000
称量勺,0.5g	每次	90700
称量勺,0.1g	每次	51100
与移液枪 1970010 配套的枪头	50/pk	2199796
带盖采样瓶,低密度聚乙烯,250mL	12/pk	2087076

6.6.11　联胺，p-二甲氨基苯甲醛法[●]，方法 8141（试剂溶液或 AccuVac®安瓿瓶）

测量范围

$4\sim600\mu g/L\ N_2H_4$（光度计）；$10\sim500\mu g/L\ N_2H_4$（比色计）。

应用范围

用于锅炉水/锅炉补充水中联胺的测定。

测试准备工作

表 6.6.11-1　仪器详细说明

仪器	比色皿方向	比色皿
DR 6000 DR 3800 DR 2800 DR 2700 DR 1900	刻度线朝向右方	2495402
DR 5000 DR 3900	刻度线朝向用户	
DR 900	刻度线朝向用户	2401906

(1) 样品不能保存，采样后请立即进行分析测试。

(2) 样品温度应维持在 $21℃\pm4℃$（即 $70℉\pm7℉$）。

(3) 如果样品中含有联胺，加入 HydraVer®2 联胺试剂后，样品应该呈黄色。空白值的样品应该也有淡黄色。

---

❶ 改编自 ASTM Manual of Industrial Water，D1385-78，376（1979）。

注意：测试完成后的样品 pH 值将小于 2，这样的溶液被美国联邦政府的《资源保护和恢复法案》（The Resource Conservation and Recovery Act，Federal RCRA）规定为强腐蚀性溶液，按照类型的分类编号为 0002。详细的处理处置信息请参见当前的化学品安全说明书（Material Safety Data Sheet，MSDS）。

表 6.6.11-2　准备的物品

名称及描述	数量	名称及描述	数量
试剂溶液测试		AccuVac®安瓿瓶测试	
HydraVer 2 试剂溶液	1mL	HydraVer 2 试剂 AccuVac®安瓿瓶	2 个
去离子水	10mL	去离子水	40mL
量筒,25mL	1 个	烧杯,50mL	1 个
		安瓿瓶塞子	2 个

注：订购信息请参看"消耗品和替代品信息"。

p-二甲氨基苯甲醛法（试剂溶液）测试流程

（1）选择测试程序。参照"仪器详细说明"的要求插入适配器（详细介绍请参见用户手册）。

（2）空白值的测定：用量筒量取 10mL 去离子水，倒入比色皿中。

（3）样品的测定：用量筒量取 10mL 样品，倒入第二个比色皿中。

（4）分别向两个比色皿中各加入 0.5mL HydraVer 2 试剂溶液。摇晃以混合均匀。

（5）启动仪器定时器，计时反应 12min。

在此计时过程中，完成测试流程（6）~（8）。

（6）将第一个装有去离子水的空白值比色皿擦拭干净，并将它放入适配器中。

（7）按下"Zero（零）"键进行仪器调零。这时屏幕将显示：$0\mu g/L\ N_2H_4$。

（8）将第二个装有样品的比色皿擦拭干净，放入适配器中。

计时时间结束后，立即按下"Read（读数）"键读取联胺含量，结果以 $\mu g/L\ N_2H_4$ 为单位。

p-二甲氨基苯甲醛法（AccuVac®安瓿瓶）测试流程

（1）选择测试程序。参照"仪器详细说明"的要求插入适配器（详细介绍请参见用户手册）。

（2）样品的测定：将 40mL 样品加入 50mL 的烧杯中。

将 HydraVer 2 试剂 AccuVac® 安瓿瓶倒放入烧杯里，使样品充满安瓿瓶。保持安瓿瓶口浸没在样品中，直至瓶中充满样品液体。盖上塞子，混合均匀。

（3）启动仪器定时器，计时反应 12min。

在此计时过程中，完成测试流程（5）~（7）。

（4）空白值的测定：将 40mL 去离子水加入 50mL 的烧杯中。

将一个空的 AccuVac® 安瓿瓶倒放入烧杯里，使去离子水充满安瓿瓶。保持安瓿瓶口浸没在样品中，直至瓶中充满去离子水。盖上塞子，混合均匀。

（5）将装有去离子水的空白值 AccuVac® 安瓿瓶擦拭干净，放入适配器中。

（6）按下"Zero（零）"键进行仪器调零。这时屏幕将显示：$0\mu g/L\ N_2H_4$。

（7）将装有样品的 AccuVac® 安瓿瓶擦拭干净，放入适配器中。

计时时间结束后，立即按下"Read（读数）"键读取联胺含量，结果以 $\mu g/L\ N_2H_4$ 为单位。

干扰物质

表 6.6.11-3 干扰物质

干扰成分	抗干扰水平及处理方法
氨	10mg/L 以下不会对测试产生干扰。但大于 20mg/L 时会产生 20% 的正干扰
高色度或浊度的样品	配制空白值样品：按照去离子水与漂白剂 1:1 配制混合物，用此混合物溶液氧化联胺来配制空白值——在装有 25mL 样品的混合量筒中滴加 1 滴此混合物溶液，盖上塞子，倒转数次以混合均匀。在步骤（2）中，用此溶液代替去离子水，作为空白值进行测试
吗啉	10mg/L 以下不会对测试产生干扰

样品的采集、保存与存储

（1） 采集样品时，样品要完全充满玻璃或塑料瓶，并且瓶口要盖紧。

（2） 尽可能避免剧烈的振荡或晃动，不要使样品暴露在空气中。

（3） 样品采集后应立即进行分析测试，不能够保存以供以后测试联胺用。

准确度检查方法——标准溶液法

注意：具体的程序选择操作过程请参见用户操作手册。

(1) 按照下列方法配制浓度为 25mg/L 的标准溶液储备液：将 0.1016g 硫酸联胺用无氧去离子水溶解并稀释至 1000mL 容量瓶中。每天都需要配制此标准溶液储备液。

(2) 配制浓度为 0.25mg/L（即 250μg/L）的联胺标准溶液：用 A 级玻璃移液管移取 10.00mL 浓度为 25mg/L 的标准溶液储备液，加入 10.00mL 容量瓶中，用无氧去离子水稀释至刻度线。配制此溶液后，立即用上述"p-二甲氨基苯甲醛法（试剂溶液或 AccuVac® 安瓿瓶）测试流程"对此标准溶液进行测试。

(3) 用当天配制的浓度为 0.25mg/L（即 250μg/L）的联胺标准溶液校准标准曲线，在仪器菜单中选择标准溶液校准程序。

(4) 打开标准调整界面，确认接受当前标准溶液浓度。如果使用了其他浓度的标准溶液，输入标准溶液的实际浓度，并确认用此溶液浓度校准标准曲线。

方法精确度

表 6.6.11-4　方法精确度

程序	标值	精确度：95％置信区间分布	灵敏度：每 0.010Abs 单位变动下，浓度变动值
231	250μg/L N_2H_4	247～253μg/L N_2H_4	4μg/L N_2H_4
232	250μg/L N_2H_4	246～254μg/L N_2H_4	4μg/L N_2H_4

方法解释

样品中的联胺与 HydraVer 2 试剂中的 p-二甲氨基苯甲醛反应，使溶液呈黄色，颜色的深浅和样品中联胺的含量成正比例关系。测试结果是在波长为 455nm 的可见光下读取的。

消耗品和替代品信息

表 6.6.11-5　需要用到的试剂

试剂名称及描述	数量/每次测量	单　位	产品订货号
HydraVer® 2 联胺试剂 或	1mL	100mL MDB	179032
HydraVer 2 联胺试剂 AccuVac® 安瓿瓶	2	25/pk	2524025
去离子水	10～40mL	4L	27256

表 6.6.11-6　需要用到的仪器（试剂溶液测试）

名称及描述	数量/每次测量	单　位	产品订货号
量筒,25mL	1	每次	50840

表 6.6.11-7　可选择的仪器（安瓿瓶测试）

名称及描述	数量/每次测量	单　位	产品订货号
烧杯,50mL	1	每次	50041H
安瓿瓶塞子	2	6/pk	173106

表 6.6.11-8　推荐使用的标准样品

标准样品名称及描述	单　位	产品订货号
硫酸联胺,分析纯	100g	74226

表 6.6.11-9　可选择的试剂与仪器

名称及描述	单　位	产品订货号
混合量筒	每次	189640
容量瓶,A 级	1000mL	1457453
移液管,A 级	10mL	1451538
洗耳球	每次	1465100
AccuVac®安瓿瓶开口器	每次	2405200

6.6.12　氧化还原电位（ORP），电化学直读法，方法 10228（ORP 电极）

测量范围

－2000～2000mV。

应用范围

用于饮用水、废水与过程用水。

测试准备工作

表 6.6.12-1　仪器详细说明

主机	电极
HQ11d 便携式,单通道,pH/ORP HQ30d 便携式,单通道,多参数 HQ40d 便携式,双通道,多参数 HQ411d 台式,单通道,pH/ORP HQ430d 台式,单通道,多参数 HQ440d 台式,双通道,多参数	数字智能电极 MTC101 数字智能电极 MTC301(可填充)

（1） 仪器设置和操作请参考说明书。电极维护和储存请参考电极说明书。

（2） 初次使用之前,需要准备电极,准备过程请参考电极说明书。

（3） 当 IntelliCAL™智能电极连接到 HQd 主机时,主机可自动识别测量参数,并可随时待用。

（4） 不要稀释 ORP/氧化还原标液或水样。校准时使用新的 ORP 标准溶液。

（5） ZoBell's ORP 标液的氧化还原电位与温度有关。HQd 的校准曲线温度范围为 0～30℃（32～86℉）。Light's ORP 标液需要在 25℃（77℉）下读取浓度。自定义的 ORP 校准溶液浓度值和温度是用户自行选择的。

（6） 为了大大减少测定还原样品时的稳定时间,在初次使用电极之前将铂金盘放入此还原样品中 3～10min。

（7） 立即分析水样。不可以将样品保存起来留后测量。

（8） 探头顶端如果有气泡会引起响应时间偏慢或测量误差。轻摇电极以去除气泡。

（9） 请仔细阅读试剂的 MSDS,使用个人防护用具。

（10） 请根据当地政府要求处置废弃的试剂溶液,处置时请遵循当地环保部门,健康和危废品安全处理部门相关条例。

表 6.6.12-2　准备的物品

名称及描述	数量
ORP 标准溶液	25mL
烧杯(实验室测试)	1
装有去离子水的洗瓶	1
无毛布	1

注：订购信息参见"消耗品和替代品信息。"

水样采集

（1） 立即分析水样。不可以将样品保存起来留后测量。

（2） 用干净的塑料瓶或玻璃瓶采集水样。

ORP 电化学直读法测试流程

 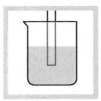  

（1）用去离子水先润洗电极，再用无毛布擦干。

（2）实验室测试：将电极放入存有水样的烧杯里。不要让电极碰到瓶壁或瓶底。去除气泡。缓慢或中速搅拌样品。

野外测试：将电极放入水样。上下移动以去除气泡。确保温度电极完全浸没在水样以下。

（3）按下"Read（读数）"。仪器会显示进度条。当测试稳定时，会锁定读数。

（4）当读数稳定后，储存或记录此 mV 值和温度值。

标准氢电极（SHE）换算方法

在某些分析测试中，习惯将氧化还原（redox）电位转化为标准氢电极（SHE）电位。

（1） 选择与测定溶液温度相对应的值。请参见表 6.6.12-3。

（2） 替换掉下面公式中的电极电位值（C），并计算出标准氢电极电位 E_{SHE}。

$$E_{SHE} = E_O + C$$

式中　E_{SHE}——样品的标准氢电极（SHE）电位；

　　　E_O——ORP 电极读数得到的电极电位值；

　　　C——转化为标准氢电极（SHE）的参比电极电位。

表 6.6.12-3 中列出了不同温度下的标准氢电极（SHE）转化的参数。

表 6.6.12-3　参比电极电位

温度	电极电位
10℃（50℉）	221mV（C）
15℃（59℉）	216mV（C）
20℃（68℉）	213mV（C）
25℃（77℉）	208mV（C）
30℃（86℉）	204mV（C）
35℃（95℉）	200mV（C）
40℃（104℉）	196mV（C）

干扰物质

很多因素限制了溶液中 ORP 的测量。这些因素包括不可逆反应、电极中毒、多价氧化还原电对的存在、微小的交换电流和惰性氧化还原电对。实际测试的 ORP 值与根据氧化还原电对计算所得的 ORP 值有相关性。由于这些因素，针对不同的应用范围，在描述 ORP 值时，需要具体说明清楚。

准确度检查方法

只有当找不到其他任何其他测试故障的原因后，再检查电极。

（1）标准溶液检查法——操作 A

使用 1 种或 2 种标液来验证测试程序和仪器是否良好。

所需的试剂与仪器有：

① 安瓿瓶装 Light's ORP 标准溶液或 25mL 其他 ORP 标准溶液；

② 烧杯，50mL。

步骤如下。

① 将标准液倒入烧杯中。

② 迅速将电极放入烧杯里。

③ 使用标准测试流程测量溶液的 ORP 值。

④ 对比测量结果与真值。如果使用 Light's ORP 标液，结果约为 475 ± 10mV。

　　注意：此电位值为电对 $Fe^{2+/3+}$ 的标准还原电位与参比电极电位的差值。Fe^{2+} 与 Fe^{3+} 溶液浓度均为 0.01M。

（2）标准溶液检查法——操作 B

危险
化学品暴露危险。铁氰化钾和亚铁氰化钾有毒。确保含氰化物的液体的 pH 值保持在 11 以上，避免释放出氰化氢气体。根据当地法律处置废弃的试剂溶液。

使用任意一种标液来验证测试程序和仪器是否良好。

所需的试剂与仪器有：

① 亚铁氰化钾，4.64g；

② 铁氰化钾，3.3g；

③ 氟化钾，3.39g；

④ 容量瓶，100mL，玻璃（2 个）；

⑤ 烧杯，150mL（2 个）；

⑥ 去离子水，200mL。

具体步骤如下。

① 按照下列步骤，配制溶液 A（0.1N 亚铁氰化钾和 0.05N 铁氰化钾）：

a. 将下列物质称量好后放入 100mL 容量瓶里：

• 4.22g 试剂纯级的 $K_4Fe(CN)_6 \cdot 3H_2O$；

• 1.65g 试剂纯级的 $K_3Fe(CN)_6$。

b. 加入 50mL 去离子水，摇晃使药品粉末溶解。

c. 用去离子水稀释至刻度线。

② 按照下列步骤，配制溶液 B（0.01N 亚铁氰化钾、0.05N 铁氰化钾和 0.36N 氟化钾）：

a. 将下列物质称量好后放入 100mL 容量瓶里：

• 0.42g 试剂纯级的 $K_4Fe(CN)_6 \cdot 3H_2O$；

• 1.65g 试剂纯级的 $K_3Fe(CN)_6$；

• 3.39g 试剂纯级的 $KF \cdot 2H_2O$。

b. 加入 50mL 去离子水，摇晃使药品粉末溶解。

c. 用去离子水稀释至刻度线。

③ 将溶液 A 转移到一个 150mL 的烧杯中。

④ 使用标准测试流程测量溶液 A。读数应为 234mV 左右。

⑤ 再将溶液 B 转移到一个 150mL 的烧杯中。

⑥ 用去离子水将电极冲洗干净后，用无毛布擦拭干净。

⑦ 使用标准测试流程测量溶液 B。读数应该比溶液 A 的高 66mV 左右。

⑧ 用去离子水将电极冲洗干净后，用无毛布擦拭干净保存。

清洗电极

下列情况需要清洗电极。

(1) 当探头被污染或因储存不当而无法得到准确测量结果。

(2) 因探头被污染而使响应时间明显变慢。

(3) 因探头被污染而使校准斜率超过可接受范围。

对于普通的污染，可采取下列措施清洗。

(1) 用去离子水清洗电极。用无毛布擦干。

(2) 如果电极被较脏的污染物附着，用软布擦拭电极以去除污染物。

(3) 将电极在去离子水里浸泡 1min。

方法解释

氧化还原电位是用于测量溶液中电子的活跃程度的，是用惰性指示电极和参比电极测量的。惰性指示电极和参比电极电势差就等于系统中的氧化还原电位。铂用来作为指示原件，铂指示电极和银/氯化银参比电极测量电势差。

消耗品和替代品信息

表 6.6.12-4　需要用到的仪器和电极

描述	单位	产品订货号
HQ11d 便携式单通道 pH/ORP 测量仪	个	HQ11d53000000
HQ30d 便携式单通道多参数测量仪	个	HQ30d53000000
HQ40d 便携式双通道多参数测量仪	个	HQ40d53000000
HQ411d 台式单通道 pH/ORP 测量仪	个	HQ411D
HQ430d 台式单通道多参数测量仪	个	HQ430D
HQ440d 台式双通道多参数测量仪	个	HQ440D
ORP 凝胶电极,标准,1m 电缆	根	MTC10101
ORP 凝胶电极,标准,3m 电缆	根	MTC10103
ORP 凝胶电极,坚固,5m 电缆	根	MTC10105
ORP 凝胶电极,坚固,10m 电缆	根	MTC10110
ORP 凝胶电极,坚固,15m 电缆	根	MTC10115
ORP 凝胶电极,坚固,30m 电缆	根	MTC10130
ORP 可填充电极,标准,1m 电缆	根	MTC30101
ORP 可填充电极,标准,3m 电缆	根	MTC30103

表 6.6.12-5　可选择的试剂和仪器

描述	单位	产品订货号
聚丙烯烧杯,50mL	个	108041
聚丙烯烧杯,100mL	个	108042
聚丙烯烧杯,150mL	个	108044
聚丙烯烧杯,250mL	个	108046
聚丙烯烧杯,400mL	个	108048
聚丙烯烧杯,600mL	个	108052

描述	单位	产品订货号
容量瓶，A 级，100mL	个	1457442
Light ORP 标准溶液，安瓿瓶装，20mL	20/pk	2612520
ORP 标准溶液，200mV	500mL	25M2A1001-115
ORP 标准溶液，600mV	500mL	25M2A1002-115
电极支架	个	8508850

6.6.13 除氧剂，铁氧化法，方法8140（粉枕包）

测量范围

5～600μg/L 碳酰肼；3～450μg/L 二乙基羟胺（DEHA）；9～1000μg/L 对苯二酚；13～1500μg/L 异-抗坏血酸［ISA］；15～1000μg/L 甲乙酮肟［MEKO］。

应用范围

用于测定锅炉给水或冷凝水中的残留除氧剂（阻蚀剂）。

测试准备工作

表 6.6.13-1　仪器详细说明

仪器	比色皿方向	比色皿
DR 6000 DR 3800 DR 2800 DR 2700	刻度线朝向右方	2495402 10mL
DR 5000 DR 3900	刻度线朝向用户	
DR 900	刻度线朝向用户	2401906 —25mL —20mL ◆ —10mL

（1）采样后请立即分析测试。不要进行样品保存。

（2）样品的温度应保持在 25℃±3℃（即 77℉±5℉）。

（3）用 1+1 的盐酸浸泡所有玻璃仪器。再用去离子水反复冲洗数次。这样可以去除残留在玻璃上的铁，以免造成读数结果偏高。

（4）如果样品中含有干扰物质——亚铁离子，则需要测定其含量，从测试结果中减去亚铁离子的含量。测定过程如下：重复本测试流程，但不要加入 DEHA 2 试剂。选择下列程序做亚铁离子的校正：选项＞更多＞试剂空白＞开。这样显示出的读数就是亚铁离子的含量。

表 6.6.13-2　准备的物品

名称及描述	数量	名称及描述	数量
带 25mL 刻度线的混合玻璃瓶	2 个	带 0.5mL 和 1.0mL 刻度线的滴管	1 根
DEHA 1 试剂粉枕包	2 包	6.0 N 的盐酸，1+1	根据用量而定
DEHA 2 试剂溶液	1mL	1in,10mL 比色皿（请参见"仪器详细说明"）	2 个
去离子水	25mL		

注：订购信息请参看"消耗品和替代品信息"。

铁氧化法（粉枕包）除氧剂测试流程

（1）选择测试程序。参照"仪器详细说明"的要求插入适配器（详细介绍请参见用户手册）。

（2）样品的测定：将 25mL 样品倒入一个混合玻璃瓶中，液面与 25mL 刻度线平齐。

当测试室温下与氧反应迅速的除氧剂时，请盖上瓶盖。

（3）空白值的测定：将 25mL 去离子水倒入第二个混合玻璃瓶中，液面与 25mL 刻度线平齐。

（4）分别向两个混合玻璃瓶中各加入一包 DEHA 1 试剂粉枕包。摇晃以混合均匀。

（5）分别向两个混合玻璃瓶中各加入 0.5mL DEHA 2 试剂溶液。摇晃以混合均匀。将两个玻璃瓶放置在阴暗处。

如果样品中有除氧剂，此时溶液应该呈紫色。

（6）启动仪器定时器。计时反应 10min（如果测试的是对苯二酚，此处只需计时反应 2min）。

反应期间，请将两个玻璃瓶放置在阴暗处。

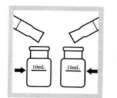

（7）计时时间结束后，将玻璃瓶中的空白值和样品分别转移至两个比色皿中，液面与 10mL 刻度线平齐。

（8）液体转移至比色皿后，立即将装有空白值的比色皿擦拭干净，放入适配器中。盖上遮光罩。

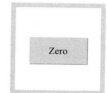

（9）按下"Zero（零）"键进行仪器调零。为了测试结果更加准确，计时结束后立即读数。

（10）立即将装有样品的比色皿擦拭干净，放入适配器中。

（11）按下"Read（读数）"键读取除氧剂含量，结果以 $\mu g/L$ 为单位。

干扰物质

能够还原三价铁离子的物质都会对测试产生干扰。强配位化合物也会对测试产生干扰。

表 6.6.13-3　干扰物质

干扰成分	抗干扰水平
硼酸盐（以硼酸钠计）	500mg/L
钴	0.025mg/L
铜	8.0mg/L
亚铁离子	任何浓度水平下均会对测试产生干扰 注意：测定亚铁离子的含量并从测试结果中减去（请参见"测试准备工作"）
硬度（以碳酸钙计）	1000mg/L
光线	光线会对测试产生干扰。显色反应期间，请将玻璃瓶放置在阴暗处
木素磺化盐	0.05mg/L
锰	0.8mg/L

干 扰 成 分	抗干扰水平
钼	80mg/L
镍	0.8mg/L
磷酸盐	10mg/L
膦酸盐	10mg/L
硫酸盐	1000mg/L
温度	样品温度低于22℃(即72℉)或高于28℃(即82℉)会影响测试的准确性
锌	50mg/L

样品的采集、保存与存储

(1) 采集样品时应使用清洁、干燥的塑料或玻璃容器。

(2) 采样时请不要剧烈振荡、摇晃样品,不要将样品暴露在阳光下。

(3) 采样前先用水样反复润洗采样瓶数次。

(4) 让样品从采样瓶中溢出然后盖上盖子,不要在采样瓶中留有顶部空间(空气)。

(5) 用处理过的样品反复润洗比色皿数次后,再小心地加入10mL处理过的样品,至10mL刻度线。立即进行分析测试。

方法精确度

表 6.6.13-4 方法精确度

程序	标值	精确度: 95%置信区间分布	灵敏度:每0.010Abs 单位变动下,浓度变动值
180	299μg/L	295~303μg/L	4μg/L
181	226μg/L	223~229μg/L	3μg/L
182	600μg/L	591~609μg/L	8μg/L
183	886μg/L	873~899μg/L	12μg/L
184	976μg/L	962~990μg/L	14μg/L

方法解释

样品中的二乙基羟胺(DEHA)或其他的除氧剂与DEHA 2试剂溶液中的三价铁离子发生反应,将其还原为亚铁离子,则此时溶液亚铁离子的量与样品中含有除氧剂的量相当。此溶液中的亚铁离子与DEHA 1试剂反应后,使溶液呈紫色,颜色的深浅与亚铁离子含量成正比例关系,也即与除氧剂的量成正比例关系。测试结果是在波长为562nm的可见光下读取的。本方法中所用试剂与所有的除氧剂均发生反应,不能分辨出样品中含有哪一种或哪几种除氧剂。

消耗品和替代品信息

表 6.6.13-5 需要用到的试剂

试剂名称及描述	数量/每次测量	单 位	产品订货号
除氧剂试剂组件	—	—	2446600
(2)DEHA 1试剂粉枕包	2	100/pk	2167969
(1)DEHA 2试剂溶液	1mL	100mL	2168042

试剂名称及描述	数量/每次测量	单　　位	产品订货号
6.0N 的盐酸,1+1	根据用量而定	500mL	88449
去离子水	25mL	4L	27256

表 6.6.13-6　需要用到的仪器

仪器名称及描述	数量/每次测量	单　　位	产品订货号
带 25mL 刻度线的混合玻璃瓶	2	每次	1704200
带 0.5mL 和 1.0mL 刻度线的滴管	1	20/pk	2124720

表 6.6.13-7　可选择的仪器

名称及描述	单　　位	产品订货号
无水银的环保温度计,测量范围为－10～225℃	1 支	2635700

6.6.14　臭氧,靛青法,方法 8311（AccuVac®安瓿瓶）

测量范围

低量程 $0.01～0.25mg/L\ O_3$；中量程 $0.01～0.75mg/L\ O_3$；高量程 $0.01～1.50mg/L\ O_3$。

应用范围

用于水中臭氧的测定。

测试准备工作

表 6.6.14-1　仪器详细说明

仪器	适配器
DR 6000 DR 5000 DR 900	—
DR 3900	LZV846(A)
DR 3800 DR 2800 DR 2700	LZV584(C)
DR 1900	9609900 或 9609800(C)

(1) 样品不能保存,采样后请立即进行分析测试。

(2) 用水龙头中的水或者去离子水作为空白值,它们不含臭氧。

(3) 空白值和样品的测试顺序在这个测试方法流程中和一般测试方法中的是颠倒的。

表 6.6.14-2　准备的物品

名称及描述	数　　量
选择适合量程范围的臭氧 AccuVac®安瓿瓶试剂	
0～0.25mg/L	2 份
0～0.75mg/L	2 份
0～1.50mg/L	2 份
聚丙烯烧杯,50mL	1 个
无臭氧水	根据用量而定

注: 订购信息请参看"消耗品和替代品信息"。

靛青法（AccuVac®安瓿瓶）测试流程

（1）根据量程选择合适的测试程序。参照"仪器详细说明"的要求插入适配器（详细介绍请参见用户手册）。

（2）空白值的测定：将 40mL 无臭氧水加入 50mL 的烧杯中。

（3）样品的测定：轻轻地将 40mL 样品加入第二个 50mL 的烧杯中。

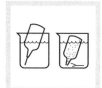

（4）将一个臭氧 AccuVac® 安瓿瓶试剂倒放入第一个装有无臭氧水的烧杯里，使水充满安瓿瓶，这个作为空白值。

将第二个臭氧 AccuVac® 安瓿瓶试剂倒放入第二个装有样品的烧杯里，使样品充满安瓿瓶。

保持安瓿瓶口浸没在样品中，直至瓶中充满液体。

（5）盖上塞子，迅速倒转瓶身数次，摇晃以混合均匀。

如果样品中含有臭氧，试剂溶液原本的蓝色应该被漂去。

（6）将装有样品的 AccuVac® 安瓿瓶身上的指纹或其他污渍用布擦拭干净，放入适配器中。

（7）按下"Zero（零）"键进行仪器调零。这时屏幕将显示：0.00mg/L O₃。

（8）将装有无臭氧水的空白值 Accu-Vac® 安瓿瓶擦拭干净，放入适配器中。

按下"Read（读数）"键读取臭氧含量，结果以 mg/L O₃ 为单位。

样品的采集、保存与存储

采样时最重要的事项是阻止臭氧从样品中逸出。样品要轻轻地采集并立即进行分析测试。加热、搅动或摇晃样品都会造成臭氧的损失。样品采集后，如果不是非常需要，不要将样品从一个容器中转移到另一个容器中。

靛青试剂的稳定性

靛青试剂对光敏感，所以 AccuVac® 安瓿瓶要一直保存在黑暗的环境下。但是靛青溶液在加入了样品后，会在室内的光线下缓慢地分解。空白安瓿瓶可以在当天的测试过程中重复使用。

方法精确度

表 6.6.14-3　方法精确度

程序号	标样浓度	精确度 具有 95%置信度的浓度区间	灵敏度 每 0.010Abs 吸光度改变时的浓度变化
454	0.15mg/L	0.14～0.16mg/L O₃	0.01mg/L O₃
455	0.45mg/L	0.43～0.47mg/L O₃	0.01mg/L O₃
456	1.00mg/L	0.97～1.03mg/L O₃	0.01mg/L O₃

方法解释

安瓿瓶在充满样品后，其中的试剂调节 pH 值为 2.5。此时，靛青试剂立即和臭氧进行定量反应。呈蓝色的靛青被样品中的臭氧漂白退色，臭氧的含量越高，漂白得到的颜色就越浅，符合定量关系。安瓿瓶中还含有可以消除氯干扰的试剂。本测试过程中不需要任何样品的转移过程，因此，采样过程中不存在臭氧的损失。测试结果是在波长为 600nm 的可见光下读取的。

消耗品和替代品信息

表 6.6.14-4　需要用到的试剂

试剂名称及描述	数量/每次测量	单　位	产品订货号
根据量程范围选择一个或多个臭氧 AccuVac® 安瓿瓶试剂			
0～0.25mg/L	2	25/pk	2516025
0～0.75mg/L	2	25/pk	2517025
0～1.50mg/L	2	25/pk	2518025

表 6.6.14-5　可选择的仪器（安瓿瓶测试）

名称及描述	单　位	产品订货号
聚丙烯烧杯,50mL	每次	108041

表 6.6.14-6　可选择的试剂与仪器

名称及描述	单　位	产品订货号
去矿物质水	4L	27256
臭氧校验套件	0～0.75mg/L	2708000
安瓿瓶塞子	6/pk	173106

6.6.15　挥发性酸，脂化法[❶]，方法 10240（TNTplus 872）

测量范围

50～2500mg/L CH_3COOH（乙酸计）。

应用范围

适用于消化污泥、活性污泥、工艺用水和食品。

测试准备工作

表 6.6.15-1　仪器详细说明

仪器	适配器	遮光罩
DR 6000,DR 5000	—	—
DR 3900	—	LZV849
DR 3800,DR 2800	—	LZV646
DR 1900	9609900 或 9609800(A)	—

(1) DR 3900、DR 3800 和 DR 2800：在分析前将遮光栅装入比色池。

(2) 仔细阅读试剂包装上的安全建议和保质期。

(3) 推荐的分析时样品和试剂温度是 15～25℃。

(4) 推荐的样品 pH 范围是 3～9。

(5) 如果样品中含有颗粒物（工艺用水或活性污泥），使用 $0.45\mu m$ 滤纸过滤除去。

(6) 消化污泥要使用离心机，6000r/min 下离心 10min。为了防止挥发性酸的降解导致测试结果偏低，采样到分析的时间要尽可能短（<15min）。

(7) 为了保证测试结果的一致性，要保证每个样品之间的预处理及分析时间相同。

---

❶ 改编自 The Analyst，87，949（1962）。

(8) 推荐的试剂保存温度是 $15 \sim 25$℃。

(9) 当 TNTplus 管放入测试腔后，测试方法可以在分光光度计的主界面下激活。

表 6.6.15-2　准备的物品

名称及描述	数　量
挥发酸 TNT872 试剂	
遮光栅（仅 DR2800 需要）	1
移取 0.2mL 样品的移液枪	1
移取 0.4mL 样品的移液枪	1
移液枪头	根据情况而定
DRB200 消解器（如果是 16mm 孔，需要 16mm 转 13mm 转换器）	1

注：订购信息请参看"消耗品和替代品信息"。

挥发性酸脂化法测试流程

（1）打开 DRB 200，加热到 100℃。

（2）移取 0.4mL Solution A 到一根测试管中。

（3）移取 0.4mL 样品到测试管中。

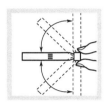

（4）盖上盖子，将液体混合均匀。

（5）将测试管放入 DRB 200，盖好盖子。

（6）反应 10min。

（7）时间到后，取出试管，在试管架上冷却到室温(15～25℃)。

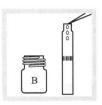

（8）移取 0.4mL Solution B 到测试管中。

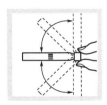

（9）盖好盖子，混合均匀。

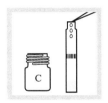

（10）移取 0.4mL Solution C 到测试管中。

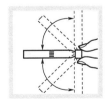

（11）盖好盖子，混合均匀。

（12）移取 0.4mL Solution D 到测试管中。

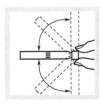

（13）盖好盖子，混合均匀

（14）等待 3min。

（15）时间到后，擦干净试管外壁并放入测试腔。仪器会自动读取条形码，读数会显示在屏幕上，以 mg/L CH_3COOH 表示。

干扰物质

表 6.6.15-3　干扰物质及抗干扰限值

干 扰 成 分	最高抗干扰限值/(mg/L)	干 扰 成 分	最高抗干扰限值/(mg/L)
乙醛 CH_3CHO	50	铅离子	50
丙酮 $CO(CH_3)_2$	50	镁离子	1000
铝离子	50	锰离子(Mn^{2+})	50
铵离子	250	钼离子	50
镉离子	50	镍离子	10
钙离子	1000	亚硝酸根离子	50
碳酸根离子	50	钾离子	1000
氯离子	2000	硅(SiO_2)	50
三价铬离子	50	钠离子	1000
六价铬离子	5	硫酸根离子	2000
钴离子	50	硫化物(S^{2-})	50
铜离子	50	亚硫酸根离子	50
甲醛 CH_2O	50	锡离子	50
碘离子	50	锌离子	25
铁离子(Fe^{2+}、Fe^{3+})	5		

样品的采集、保存与存储

(1) 使用干净的塑料或玻璃瓶采集样品。样品瓶要充满并盖上盖子密封。

(2) 不要过度地搅动样品，也不要将样品长时间暴露在空气中。为了测试准确，样品采集后要尽快分析。

(3) 在4℃冰箱中样品可以保存24h。分析前要将样品加热至室温。

准确度检查方法

标准溶液法　所需的试剂与仪器设备：

① 挥发性酸标准溶液安瓿瓶，62500mg/L（以乙酸计）；

② 安瓿瓶开瓶器；

③ TenSette® 移液枪及其配套的枪头；

④ 500mL 容量瓶；

⑤ 去离子水。

a. 配制 500mg/L 挥发性酸标准溶液

• 移取 0.4mL 62500mg/L（以乙酸计）挥发性酸标准溶液到一个干净的 500mL 容量瓶中。

• 用去离子水定容到 500mL，混合均匀。

b. 使用以上配制的标准溶液代替样品进行分析，得到的结果的误差应该在 ±10%。

方法解释

挥发性酸与二元醇在酸性条件下反应，生成脂肪酸酯。这种酯类被三价铁所还原，生成红色物质。该物质可用分光光度计在 497nm 下进行分析。

消耗品和替代品信息

表 6.6.15-4　需要用到的试剂

试剂名称及描述	数量/每次测量	单位	产品订货号
挥发性脂肪酸 TNT872 试剂套件	1	25/pk	TNT872

表 6.6.15-5　需要用到的仪器（AccuVac®安瓿瓶测试用）

设备名称及描述	数量/每次测量	单位	产品订货号
DBR 200 消解器,220V,15×16nm	1	每次	LTV082.52.40001
DRB200 转换适配器,16mm 转 13mm	根据情况	5/pk	2895805
试管架	1	每次	1864100
遮光栅(DR2800 用)	1	每次	LZV646
移液管,0.2~1.0mL	1	每次	BBP078
移液枪头,BBP078 用	根据情况	100/pk	BBP079

表 6.6.15-6　推荐使用的标准样品

标准样品名称及描述	单位	产品订货号
挥发性酸标准溶液安瓿瓶,62500mg/L(以乙酸计),10mL	16/pk	1427010

表 6.6.15-7　可选择的试剂与仪器

名称及描述	单位	产品订货号
安瓿瓶开瓶器	每次	2196800
500mL 容量瓶	每次	1457449
过滤膜,0.45μm,25mm 直径	100/pk	2514101

下面的表格是各国饮用水和 FDA 瓶装水的标准限值对比。

各国饮用水和 FDA 瓶装饮用水标准限值

参数	USEPA[①]	加拿大[②]	欧盟[③]	日本[④]	世界卫生组织	FDA 瓶装水	中国[⑤]
铝	0.05~0.2mg/L	—	0.2mg/L	0.2mg/L	0.2mg/L	—	0.2mg/L
氨氮	—	—	0.5mg/L	—	1.5mg/L	—	0.5mg/L
锑	0.006mg/L	—	0.01mg/L	0.002mg/L	0.005mg/L	—	0.005mg/L
砷	0.05mg/L	0.025mg/L	0.05mg/L	0.01mg/L	0.01mg/L	0.05mg/L	0.01mg/L
钡	2.0mg/L	1.0mg/L	—	—	0.7mg/L	2.0mg/L	0.7mg/L
硼	—	5.0mg/L	1.0mg/L	0.2mg/L	0.3mg/L	—	0.5mg/L
镉	0.005mg/L	0.005mg/L	0.005mg/L	0.01mg/L	0.003mg/L	0.005mg/L	0.005mg/L
氯离子	250mg/L	250mg/L	250mg/L	200mg/L	250mg/L	—	250mg/L
铬	0.1mg/L	0.05mg/L	0.05mg/L	0.05mg/L	0.05mg/L	0.1mg/L	0.05mg/L
总大肠杆菌/100mL	≤％阳性	0	0 或 MPN≤1	0	0	≤1MF	不得检出
大肠埃希菌/100mL	0	0	0	0	0	—	不得检出
色度	15cu	15cu	20mg Pt-Co/L	5cu	15cu	<15cu	15cu
铜	1.3mg/L	1.0mg/L	2.0mg/L	1.0mg/L	1~2mg/L	1.0mg/L	1.0mg/L
氰化物	0.2mg/L	0.2mg/L	0.05mg/L	0.01mg/L	0.07mg/L	—	0.05mg/L
氟化物	2.0~4.0mg/L	1.5mg/L	0.7~1.5mg/L	0.8mg/L	1.5mg/L	—	1.0mg/L
硬度	—	—	50mg/L	300mg/L	—	—	450mg/L
铁	0.3mg/L	0.3mg/L	0.2mg/L	0.3mg/L	0.3mg/L	—	0.3mg/L
铅	0.015mg/L	0.01mg/L	0.01mg/L	0.05mg/L	0.01mg/L	0.005mg/L	0.01mg/L
锰	0.05mg/L	0.05mg/L	0.05mg/L	0.01~0.05mg/L	0.1~0.5mg/L	—	0.1mg/L
汞	0.002mg/L	0.001mg/L	0.001mg/L	0.0005mg/L	0.001mg/L	0.002mg/L	0.001mg/L
钼	—	—	—	0.07mg/L	0.07mg/L	—	0.07mg/L
镍	0.1mg/L	—	0.02mg/L	0.01mg/L	0.02mg/L	—	0.02mg/L
总硝氮/亚硝氮	10.0mg/L	—	—	10.0mg/L	—	10.0mg/L	—
硝氮	10.0mg/L	10.0mg/L	50mg/L	10mg/L	50mg/L	—	10mg/L
亚硝氮	1mg/L	3.2mg/L	0.1mg/L	10mg/L	3mg/L	1mg/L	1mg/L
气味	3 TON[⑥]		12℃时 2 倍稀释 25℃时 3 倍稀释	3 TON			无异臭、异味
pH 值	6.5~8.5	6.5~8.5	6.5~9.5	5.8~8.6	6.5~8.5		6.5~8.5
磷	—	—	5mg/L	—	—	—	—

参数	USEPA[①]	加拿大[②]	欧盟[③]	日本[④]	世界卫生组织	FDA 瓶装水	中国[⑤]
酚	—	0.002mg/L	0.5μg/L C_6H_5OH	0.005mg/L	—	—	0.002mg/L
钾	—	—	12mg/L	—	—	—	—
硒	0.05mg/L	0.01mg/L	0.01mg/L	0.01mg/L	0.01mg/L	0.05mg/L	0.01mg/L
二氧化硅	—	—	10mg/L	—	—	—	—
银	0.1mg/L	0.05mg/L	0.01mg/L	—	—	—	0.05mg/L
钠	—	—	75～150mg/L	200mg/L	200mg/L	—	200mg/L
总溶解性固体	500mg/L	500mg/L	—	500mg/L	1000mg/L	—	1000mg/L
硫酸盐	250mg/L	500mg/L	250mg/L	—	250mg/L	—	250mg/L
浊度	0.5～5NTU	1NTU	4JTU	1～2units	5NTU	＜5NTU	1NTU
锌	5mg/L	5.0mg/L	—	1.0mg/L	3.0mg/L	—	1.0mg/L

① 数据摘自 USEPA 饮用水限值。

② 数据摘自加拿大健康署。

③ 数据摘自欧盟环境立法委员会。

④ 数据摘自日本厚生劳动省。

⑤ 数据摘自中国《生活饮用水卫生标准》。

⑥ Threshold Odor Number，嗅阈值。

USEPA 认可

美国环境保护署（USEPA）规定了水体中某种成分的最高污染限值，同时也规定了分析这些成分的特殊方法。有时候 USEPA 会自行开发这些方法。但大多数情况下，USEPA 会评估由企业、专业组织和下列公共组织开发的方法：

- 美国公共卫生协会（American Public Health Association）；
- 美国用水工程协会（American Water Works Association）；
- 国际水环境组织联盟（Water Environmental Federation）；
- 美国检测与材料学会（American Society for Testing and Materials）；
- 美国地质调查局（United States Geological Survey）；
- 政府分析化学师协会（Association of Official Analytical Chemists）。

当这个方法符合 USEPA 的标准，那么就会被认可（Approved）。所有被 USEPA 认可的方法都会被引用在《联邦公报》中，并符合联邦法规的要求。采用 USEPA 认可的方法得到的数据，可用于上报 USEPA 或其他权威机构。

USEPA 接受

很多分析方法等同于 USEPA 认可的方法。尽管有一些小的修改，但 USEPA 经过检查之后接受了该方法，也可用于数据的上报。这些方法不会出现在《联邦公报》中，但会被 USEPA 等同方法所参考。

酸度：数字滴定器法

应用范围：用于水、废水和海水的酸度的测定

酸度是水中和强碱至某一特定 pH 值的能力的定量表示，也是水腐蚀性的指标。弱有机酸（如乙酸、丹宁酸）和强无机酸（包括硫酸、盐酸）都会引起酸度。然而，无污染的水体中最常见的酸度来源是二氧化碳，以碳酸的形式存在。

酸度可根据滴定终点的 pH 值来分类。由无机酸所引起的酸度，一般 pH 值小于 4.5。某些金属盐，尤其是三价铁离子和铝离子在水中会水解，也会增加酸度。

《水与废水标准检测方法》（简称《标准方法》）建议确定无机酸时用氢氧化钠滴定至 pH 值为 3.7。滴定至 pH 值为 8.3 来确定总酸度。

确定酸度时通常用甲基橙作为 pH 值滴定终点的有色指示剂。因为甲基橙在 pH 值为 3.7 时会从红色变为橙色，滴定的结果定义为甲基橙酸度。在哈希的测试流程中用溴酚蓝指示剂代替甲基橙，因为甲基橙的颜色变化很难察觉；而溴酚蓝指示剂的滴定终点颜色变化明显，从黄色变为蓝紫色。

总酸度包括无机酸、弱有机酸和二氧化碳（以碳酸形式存在）。用酚酞指示剂滴定至 pH 值为 8.3 确定的酸度相当于将碳酸中和为碳酸氢盐。由于二氧化碳是天然水体的酸度最主要的来源，在大多数情况下，酚酞酸度就等于总酸度。检测酸度时都可以用 pH 计来确定滴定终点。甲基橙酸度和酚酞酸度则是描述结果的术语。酸度的结果用 mg/L $CaCO_3$ 表示。

化学反应式

甲基橙酸度

$$2NaOH + H_2SO_4 \longrightarrow Na_2SO_4 + 2H_2O$$

$$NaOH + HCl \longrightarrow NaCl + H_2O$$

酚酞酸度

$$NaOH + H_2CO_3 \longrightarrow NaHCO_3 + H_2O$$

$$NaOH + HC_2H_3O_2 \longrightarrow NaC_2H_3O_2 + H_2O$$

酚酞指示剂化学结构式

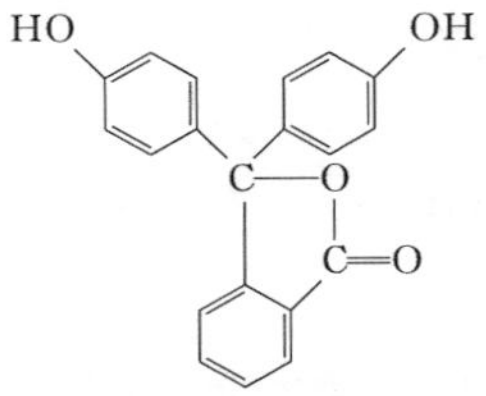

无色 pH＜8.3 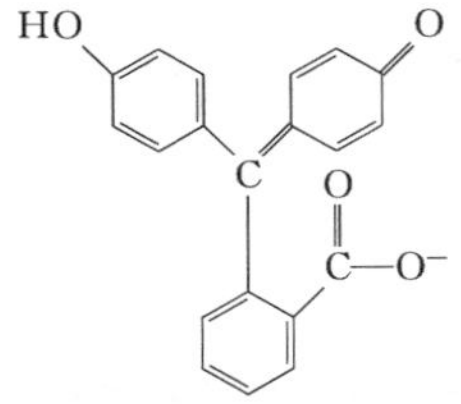　　　　　　　　粉红色 pH＞8.3

溴酚蓝指示剂化学结构式

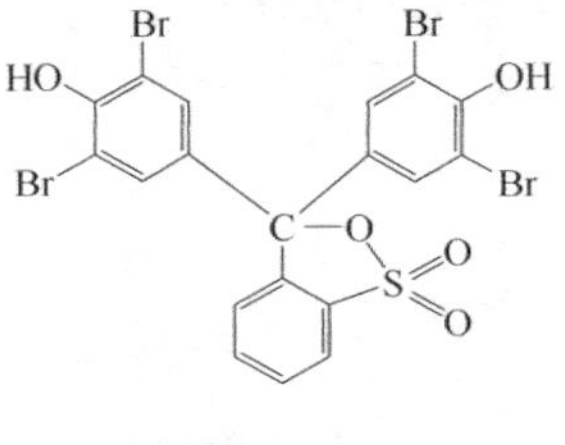

黄色 pH＝3 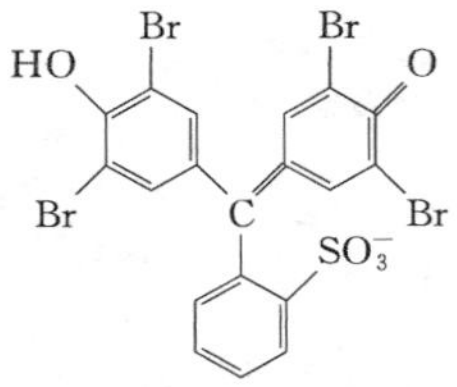　　　　　　　　蓝紫色 pH＝4.6

碱度：数字滴定器法

应用范围：用于水、废水和海水碱度的测定。

简介

　　碱度是衡量水中和酸的能力的指标。水的碱度主要是由于碳酸氢盐、碳酸盐、氢氧根离子的存在而产生的。弱酸盐如硼酸盐、硅酸盐、磷酸盐，也会对碱度产生影响。在受污染或厌氧条件下的水体中，某些有机酸盐对碱度也有贡献，但它们的作用通常可忽略不计。碳酸氢盐是碱的主要形式。当藻类活度较高或在某些工业水和废水中，如锅炉用水中，碳酸盐和氢氧根离子对碱度的作用也很重要。

　　在处理饮用水和废水的过程中，碱度是很重要的。在凝聚作用和石灰-苏打软化水的过程中碱有 pH 缓冲剂的作用。碱度是污水处理中的重要参数，如厌氧分解（在该条件下碳酸氢盐、总碱和其他微量组分对碱度均有贡献，同时也要考虑挥发性酸盐）。

　　碱度有两种表示方法：酚酞碱度和总碱度。两种碱度都可以通过用标准硫酸溶液滴定至 pH 终点（通过指示剂颜色变化判断，也可使用 pH 计来确定 pH 值）来确定。

　　滴定至 pH 值为 8.3 确定的碱度是酚酞碱度，包括所有的氢氧化物和一半的碳酸盐。滴定至 pH 值为 4.9、4.6、4.5 或 4.3（取决于二氧化碳的浓度）所确定的碱度是总碱度。总碱度包括所有的碳酸氢盐、碳酸盐和氢氧化物。

　　下面是对组分不同或碱浓度不同的水样测试总碱度时的滴定终点：

样　品	滴定终点
碱浓度约为 30mg/L	pH 4.9
碱浓度约为 150mg/L	pH 4.6
碱浓度约为 500mg/L	pH 4.3
已知或怀疑有硅酸盐、磷酸盐存在	pH 4.5
工业废水或复杂体系	pH 4.5
例行检查或自动分析	pH 4.5

化学反应式

硫酸（也可使用盐酸）与 3 种形式的碱反应，将它们转变为碳酸或水。若有氢氧化物存在，则反应生成水：

$$2OH^- + H_2SO_4 \longrightarrow 2H_2O + SO_4^{2-}$$

上述反应通常在 pH 值为 10 的条件下完成。酚酞碱度则滴定至 pH 值为 8.3，相当于将碳酸盐转变为碳酸氢盐：

$$2CO_3^{2-} + H_2SO_4 \longrightarrow 2HCO_3^- + SO_4^{2-}$$

若有氢氧化物存在，滴定至 pH 值为 8.3 表明碱度等于所有氢氧化物加上一半的碳酸盐。继续滴定至 pH 值为 4.5 则将所有的碳酸盐和碳酸氢盐转变为碳酸，这一值定义为总碱度。

$$2HCO_3^- + H_2SO_4 \longrightarrow 2H_2CO_3 + SO_4^{2-}$$

传统使用的指示剂是甲基橙，因此总碱度也就是甲基橙碱度。哈希测试流程使用混合指示剂溴甲酚绿-甲基红指示剂，其终点颜色变化更加明显。滴定终点时混合指示剂经历颜色的变化，从蓝色变为粉红色。当确定滴定终点 pH4.9、pH4.6、pH4.3 时，需要使用 pH 计。

甲基红化学结构式

（红色）pH 4.8　　　　　　　　（黄色）pH 6.0

溴甲酚绿化学结构式

（蓝色）pH 5.5　　　　　　　　（黄色）pH 3.8

铝：铝试剂法

应用范围：用于水中铝含量的测定。

简介

铝是地球上含量最丰富的金属元素，岩石、土壤和黏土中的铝通过与自然水体的接触而使水中含有铝。使用明矾作为絮凝剂的净水系统也会在处理过的水中引入铝，尽管控制较好的处理工艺能够使出水中的铝含量降低到 $20\sim50\mu g/L$ 的低水平。

铝试剂法是最古老和记录最详尽的用于检测水中铝含量的方法之一。本测试方法中的 AluVer 3™ 铝试剂以粉枕包的形式包装，有较好的稳定性。

化学反应

AluVer 是一种结合了 pH 缓冲剂的铝试剂。AluVer 3 与样品中的铝结合使溶液呈现微红色，颜色的深浅程度与其中的铝含量成正比例关系。

在加入 AluVer 3 前加入抗坏血酸是为了消除铁离子对测试所带来的干扰。为了建立空白值，加入 AluVer 3 试剂后，将样品分为等量的两份。在代表空白值的那一份样品中加入 Bleaching 3 试剂是为了去除由铝反应形成的配合物的颜色。

化学反应式如下。

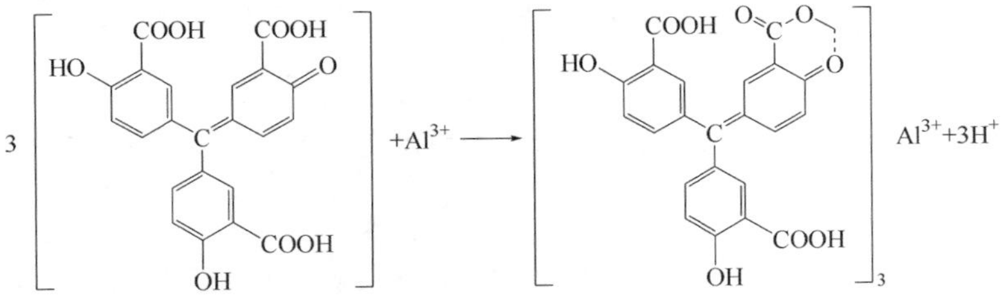

Aurintricarboxylic acid
金精三羧酸

钡：浊度法

应用范围：用于水、废水、油田用水与海水

简介

钡元素在自然界中的含量相对较为丰富，但通常水中却只有痕量的钡。饮用水中的钡平均含量为 $0.05mg/L$，但在某些自然水体中钡含量可以高达 $0.9mg/L$。钡含量高于 $1mg/L$ 的水不适宜饮用并且很有可能是受到了工业废水的污染。钡及其化合物被广泛用于制造颜料、毒鼠药、烟花和橡胶制品，除此之外，医疗诊断中 X 射线透射时使用的钡餐，甚至在油井钻探过程中的增重剂中都含有钡。

化学反应

水样中的钡与加入的硫酸盐反应会产生硫酸钡沉淀，通过测试硫酸钡的量来测定钡含量。产生的沉淀颗粒物会在 BariVer™ 4 试剂的胶体作用下呈悬浮状态。使用分光光度计或色度计测试此胶体悬浮液的浊度就可以确定钡含量。悬浊液中硫酸钡白色颗粒形成的浊度与样品中的钡含量成正比例关系。哈希的测试过程中使用硫酸钠作为产生沉淀的硫酸盐，即 BariVer 4 试剂粉枕包中的药品。这种使用 BariVer 4 试剂的方法对于测试盐水中的钡尤其有效，因为盐度过高的水中钡与硫酸盐共同存在于溶液中，简单地加入更多的硫酸盐无法导致沉淀物生成。

$$Ba^{2+} + SO_4^{2-} \longrightarrow BaSO_4$$

二氧化碳：数字滴定器法

应用范围：用于水和海水中二氧化碳含量的测定。

简介

在所有的地表水中都存在二氧化碳，浓度通常小于 $10mg/L$，但是，在地下水中浓度就较高。溶解在水中的二氧化碳对人体没有任何危害。通常在软化水工序的最后阶段用溶解的二氧化碳来再次使水碳酸化，或者碳酸化饮料。含高浓度二氧化碳的水有腐蚀性，并且会杀害鱼类。

分析二氧化碳的方法与分析酸度相似。以酚酞为指示剂，用氢氧化钠标准溶液滴定水样至终点。一般认为水样中不存在强的无机酸或者可忽略不计。在采样、混匀样品过程中必须小心，尽量减少二氧化碳从水样中逸出。

化学反应

氢氧化钠与二氧化碳（以碳酸的形式）的反应通常分两步进行：第一步从碳酸转变为碳酸氢盐，然后是生成碳酸盐。

由于碳酸转变为碳酸氢盐这一反应是在 pH 值 8.3 的条件下完成的，可以用酚酞作为滴定时的指示剂。氢氧化钠滴定试剂必须是高质量的且不含有碳酸钠。

$$CO_2 + H_2O \longrightarrow H_2CO_3 （碳酸）$$

$$H_2CO_3 + NaOH \longrightarrow NaHCO_3 + H_2O$$
$$NaHCO_3 + NaOH \longrightarrow Na_2CO_3 + H_2O$$

化学需氧量：重铬酸钾反应器消解法

应用范围：用于废水中化学需氧量的测定。

简介

化学需氧量（COD，重铬酸盐法）的定义是在 50% 的硫酸溶液中重铬酸钾氧化污水中的有机物所需的氧量。

通常加入银的化合物作为催化剂促进某些有机物的氧化，也会加入汞的化合物减少氯离子的干扰。最终产物是二氧化碳、水和不同价态的铬离子。

当氧化过程完成后，可以通过滴定分析和比色法确定所消耗的重铬酸盐的量。被还原的铬（三价铬离子）及没有参加反应的重铬酸盐的量都可确定。若选择确定后者，化验员必须知道所加入的重铬酸盐精确的量。

化学反应式

在硫酸溶液中重铬酸钾氧化有机物的过程中，有机物的大部分碳转化为二氧化碳，所有的氢转化为水。其他元素也可能被氧化。

化学需氧量（COD）的结果通常是用在氧化有机物的过程中所消耗氧的量来表示。在邻苯二甲酸氢钾氧化的过程中，氧气是主要的氧化剂，发生如下反应：

$$KC_8H_5O_4 + 7.5O_2 \longrightarrow 8CO_2 + 2H_2O + KOH$$

7.5 个分子的氧气消耗 1 个分子的邻苯二甲酸氢钾（KHP）。按质量计算，理论上每毫克 KHP 需消耗 $1.175\,mg\ O_2$。

有滴定分析和比色两种方法来确定某一特定价态铬的量。两种方法之间有一点不同。

测试过程中通过滴定来确定剩余 Cr^{6+} 的量，有两种滴定的方法，都必须知道最初 Cr^{6+} 精确的量。因为必须从 Cr^{6+} 最初的量中减去 Cr^{6+} 最终剩余的量，才能得知被还原为 Cr^{3+} 的量。这个差值被用来计算 COD。Cr^{6+} 最初的量可通过计算得出（通过配制的重铬酸钾标准溶液），或在单项分析前对本体溶液进行测试。

以亚铁菲咯啉离子为指示剂，使用硫酸亚铁铵直接滴定来确定重铬酸盐最终的量。试剂中亚铁离子与铬离子反应如下：

$$3Fe^{2+} + Cr^{6+} \longrightarrow 3Fe^{3+} + Cr^{3+}$$

1,10-菲咯啉与 Fe^{2+} 结合有强烈的颜色，但与 Fe^{3+} 结合则没有颜色。当 Cr^{6+} 被还原为 Cr^{3+}，指示剂与 Fe^{2+} 反应生成亚铁菲咯啉复合物，溶液明显地从蓝绿色变为棕黄色，即为滴定终点。也可用电位法确定滴定终点。

比色分析法相对于滴定法来说有几个优点。比色分析法更快速简单，也不需要额外的试剂。使用反应器消解法时，在消解过程中可检查消解小管，当确定不再有氧化反应发生时，即可停止消解，这样可以缩短消解的时间。当使用反应器消解法时，将分光光度计设置在短波段 420nm 或 365nm，或长波段 620nm。短波段检测剩余的 Cr^{6+} 的量，长波段检测生成的 Cr^{3+} 的量。

氯化物：硝酸汞，硝酸银，硫氰酸汞法

应用范围：用于水和废水中氯化物的测定。

简介

饮用水和废水中都存在氯化物，通常以金属盐的形式存在。当饮用水中有钠存在时，氯化物的浓度超过 250mg/L 就会有咸味。如果是以氯化钙、氯化镁的形式存在，则当氯化物的浓度超过 1000mg/L 时会有咸味。

氯化物是人们日常饮食所必需的，并通过消化系统，因此也是原始污水的一个重要组分。在软水剂中大量地使用沸石也是导致污水中存在氯化物的重要原因。

尽管高浓度的氯化物对金属管道有腐蚀作用，对植物也有害，但氯化物含量高的水对人体并没有毒性。饮用水中允许的氯化物最高浓度是 250mg/L，这是因为超过此浓度会有咸味，并不表示对人体有危害。

化学反应式

(1) 硝酸汞法。硝酸汞有选择性地与样品中所有氯化物发生反应，生成氯化汞和硝酸根离子。当样品中所有的氯化物都反应完，多余的汞离子与二苯卡巴腙反应，生成紫色的复合物，指示滴定终点。哈希方法使用含有指示剂和缓冲液的二苯卡巴腙试剂粉枕包，以确保试剂的稳定性并方便客户使用。

$$Hg(NO_3)_2 + 2Cl^- \longrightarrow HgCl_2 + 2NO_3^-$$

(2) 硝酸银法。在氯化物测试中，以铬酸钾为指示剂，使用硝酸银滴定。硝酸银首先与样品中的氯化物反应，生成不溶性的白色氯化银沉淀，当所有的氯化物都被沉淀后，硝酸银再与铬酸盐结合生成橙色的铬酸银沉淀，指示滴定终点。氯化物 2 指示剂粉枕包包括铬酸钾指示剂和缓冲溶液。

$$AgNO_3 + K_2CrO_4 + Cl^- \longrightarrow AgCl + NO_3^- + K_2CrO_4$$
$$2AgNO_3 + K_2CrO_4 \longrightarrow Ag_2CrO_4(橙色) + 2KNO_3$$

(3) 硫氰酸汞法。硫氰酸汞比色法涉及的反应包括：样品中的氯化物与硫氰酸汞反应，生成氯化汞和游离的硫氰酸根离子。如果有三价铁离子存在，硫氰酸根离子与其反应，生成深色的硫氰酸铁复合物，其浓度与样品中氯化物的含量成正比。本测试方法需要配置两种试剂，硫氰酸汞溶液和三价铁离子溶液。

$$Hg(SCN)_2(硫氰酸汞) + 2Cl^- \longrightarrow HgCl_2 + 2SCN^-$$
$$Fe^{3+} + 3SCN^- \longrightarrow Fe(SCN)_3(橙红色)$$

余氯，总氯：DPD 法

应用范围：用于水、废水和海水中余氯、总氯的测定。

简介

氯是饮用水、废水处理中常用的消毒剂。早在 19 世纪，氯就在工业上用于去除废水中的气味。到 19 世纪中期，开始使用氯对水进行消毒。氯的工业用途包括漂白纸浆，控制冷却塔用水中的公害生物。

向水中加入氯气后有盐酸和次氯酸生成，起消毒和漂白作用的是次氯酸。

$$Cl_2 + H_2O \longrightarrow HCl + HOCl(次氯酸)$$

受温度、pH 值、有机氮、氨氮等因素的影响，水中的氯也会以其他形式存在，包括次氯酸根离子（OCl^-）和氯胺。水中以次氯酸或次氯酸盐形式存在的氯定义为自由余氯。氯胺包括一氯胺（NH_2Cl）、二氯胺（$NHCl_2$）、三氯化氮（NCl_3），则定义为结合有效氯。总氯是自由余氯与结合有效氯之和。

检测余氯、结合有效氯、总氯的方法有电流滴定法、比色 DPD 法、滴定 DPD 法和碘量滴定法。比色 DPD 法所需仪器少，容易操作，成本低廉，适用于野外检测，因此是最常用的检测方法。DPD（N,N-二乙基-p-苯二胺）被氯氧化，使溶液呈洋红色。颜色的深浅程度与其中的氯含量成正比。DPD 反应与其他氧化剂，如溴、二氧化氯、过氧化氢、碘、臭氧和高锰酸盐的反应相似。

化学反应式

(1) 余氯。次氯酸和次氯酸盐氧化 DPD，导致溶液变为洋红色。该反应发生在特定的 pH 条件下。对硬度高但还没有沉淀产生的样品，可使用含有 DPD 和缓冲剂的 DPD 余氯试剂粉枕包来检测。

（2）总氯。向反应液中加入碘化钾来确定结合有效氯和总氯的量。氯胺将碘化物氧化为单质碘。释放出的单质碘与 DPD 反应，使溶液呈洋红色。哈希公司的 DPD 总氯试剂粉枕包含有 DPD、碘化钾和缓冲剂。

DPD 化学反应式如下。

无色　　　　　　　　　　　　　红色

二氧化氯：DPD 法与氯酚红法

应用范围：用于水与废水中二氧化氯的测定。

简介

二氧化氯（ClO_2）是一种深黄色的气体，在很多工业生产过程中，常将其作为漂白剂在现场制备使用，如纸浆和纸张的制造过程。在废水处理领域，ClO_2 的应用越来越多。ClO_2 消毒的优点在于：使用氯气消毒，氯气会与某些有机物反应产生三卤甲烷（THMs），而二氧化氯却不会。哈希测试方法中采用了两种比色法针对低浓度范围 ClO_2 的测定。哈希测试方法中还有适用于高浓度范围 ClO_2 测定的方法——直接测量黄色二氧化氯溶液的吸光度值。

DPD 法是 N,N-二乙基对苯二胺（DPD）法的延伸，用于测定自由氯和总氯。氨基乙酸用于消除氯化合物对测试的干扰。

氯酚红（CPR）法是针对二氧化氯反应的测定方法。

化学反应

（1）DPD 法。ClO_2 与 DPD（N,N-二乙基对苯二胺）指示剂反应［只表现出 ClO_2 有效氯的 $1/5$，ClO_2 被还原为亚氯酸盐（ClO_2^-）］，此时溶液呈粉红色。颜色的深浅和样品中 ClO_2 的含量成正比例关系。如果水样中含有多种氯化合物，会对测试产生干扰，要消除这种干扰，需要在加入 DPD 试剂前，加入氨基乙酸以掩蔽水样中的氯，氯与氨基乙酸立即反应生成氯氨基乙酸，在本测试的 pH 值条件下，对 ClO_2 的测定就没有干扰了。

（2）氯酚红法。氯酚红（CPR）指示剂和二氧化氯反应，产生独特的颜色变化；这个测试方法针对二氧化氯，而对其他活性氯或中度氧化性物质，如次氯酸盐、亚氯酸盐、铬酸盐、高锰酸盐、三价铁离子或低浓度的氯胺等没有作用。1mol 的 CPR 与 2mol 的二氧化氯反应生成一种没有颜色的配合物，使波长为 570nm 的可见光下读取的吸光度值降低。CPR 的变色范围大约从 0.6mg/L 开始就呈线性变化，大约 1.0mg/L 就可以检测出来。CPR 法测二氧化氯的方法重现性较高。此方法目前尚未有明确的化学反应历程，但最后会生成一种离子对配合物。

氯酚红（CPR）指示剂与二氧化氯的反应对 pH 值非常灵敏，分光光度计法建议使用的样品 pH 值为 7.0。但哈希的研究者认为此反应的最佳 pH 值为 5.2。哈希的研究者还发现，用缓冲溶液将第一步反应后的溶液 pH 值调整至 10 左右，测试的灵敏度将提高。本方法中使用的试剂保存在三种溶液中：试剂 1 是用于将样品 pH 值调整至 5.2 的缓冲试剂；试剂 2 是 CPR 指示剂，在 pH 值调整后加入；试剂 3 是 pH 值为 10 的缓冲溶液，在加入 CPR 后加入可以提高测试的灵敏性。用于分光光度计校准的空白和标准样品都是通过向 50mL 的样品加入除氯剂配制而成的。

黄色（酸性环境下）　　　　　　红色（背景色）

氯酚红的结构

铬：总铬与六价铬法

应用范围：用于水与废水中铬的测定。

简介

　　铬在水体中以六价铬（铬酸盐）或三价铬的形式存在，但是在饮用水中很少检测到三价铬的存在。六价铬通过金属电镀槽废水和工业冷却塔的冷却水进入供水系统。工业冷却水中添加铬酸盐可以有效地抑制金属腐蚀。在市政饮用水供给上，铬由于被怀疑具有致癌性而被认为是有害的污染物质。如果饮用水中含有高于 $3\mu g/L$ 的铬，就可以认为此水受到了工业废水的污染。如果浓度大于 $50\mu g/L$ 的话，就有充分的理由拒绝此供水系统提供的饮用水。

化学反应

　　（1）六价铬。 六价铬是用名为 1,5-二苯碳酰二肼法测定的，此方法只使用了一种名为 ChromaVer 3™铬试剂的干燥粉末。这种试剂中结合了酸性缓冲试剂和 1,5-二苯碳酰二肼，当其与样品中的六价铬反应时会使溶液呈紫色。本方法适用于淡水与废水样品。颜色的深浅程度与样品中的六价铬含量成正比例关系。

　　六价铬化学反应式如下。

1,5-二苯碳酰二肼

　　（2）总铬。 在测定总铬的过程中，样品在强碱性的环境下和次溴酸盐一起被加热到沸点，三价铬被氧化成了六价铬。铬 1 号试剂粉末提供了这样的氧化环境。

　　当氧化过程完成后，过量的次溴酸盐被后加入的铬 2 号试剂粉末反应完全。然后，再加入结合了酸性缓冲试剂和 1,5-二苯碳酰二肼的 ChromaVer 3 试剂，此时溶液呈紫色。颜色的深浅程度与样品中的总铬含量成正比例关系。三价铬含量可以通过用碱性次溴酸盐氧化法测得的总铬含量减去用二苯碳酰二肼分光光度法测得的六价铬的含量得到。

$$2Cr^{3+} + 3OBr^{-} + 10OH^{-} \longrightarrow 2CrO_4^{2-} + 3Br^{-} + 5H_2O$$

钴：PAN 法

应用范围：用于水中钴的测定。

简介

　　钴在合金的制取中非常重要，因为一定量的钴能够显著地提高合金的强度和抗蚀性。钴矿常常与镍、银、铅、铜和铁矿石共生，因此钴往往是其他矿石冶炼过程的副产品。在工业废水中，钴通常出现在铁、镍和钴合金的腐蚀产物中，但是在自然界水体中很少检测到钴。

钴对水体中生物的毒性大小会根据水体的 pH 值、生物体的种类和协同作用而改变。对人类而言，钴被认为是相对无毒性的元素。长期以来，低含量钴的检测由于仪器设备——主要是原子吸收的成本过高和耗时长等原因而受到限制。比较起来，钴可以用一种相对简单的方法定量测定——用分光光度计进行比色法测定。这种方法的准确度和精密度与原子吸收的测量结果不相上下。1-(2-吡啶偶氮)-2-萘酚法（PAN 法）的灵敏度可以达到 0.1mg/L Co。相对来说，这种方法干扰较少，并且不需要其余的特殊处理就可以同时检测其中的镍含量。

化学反应

使用表面活性剂后，PAN 在水中呈悬浮状态，这样使其可以和水样中的金属发生反应生成金属-PAN 配合物。加入配位试剂可以破坏 PAN 与金属（除了金属钴、镍和铁）之间的螯合作用。加入邻苯二甲酸-磷酸盐试剂调节 pH 值的同时，此试剂可以掩蔽高达 10mg/L 的铁离子，并且有利于提高显色物质——钴和镍的 PAN 配合物的生成速率。

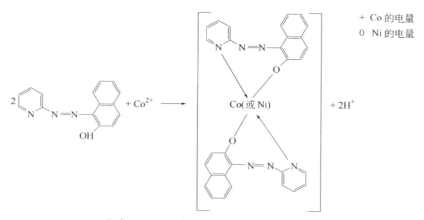

生成 Co-PAN 或 Ni-PAN 配合物的反应式

钴和 PAN 的金属配合物（Co-PAN）在 560nm 和 620nm 波长处有着相同的吸光度值；但是镍和 PAN 的金属配合物（Ni-PAN）在 620nm 波长处的吸光度值为零。由于这样的吸光度波长差异性，在 620nm 波长处检测钴的含量将不会受到镍的干扰。因此，利用相同的样品在 560nm 和 620nm 波长处吸光度值的差值可以检测镍的含量。

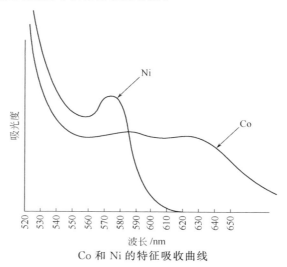

Co 和 Ni 的特征吸收曲线

铜：双喹啉法、卟啉法与浴铜灵法

应用范围：用于水、废水与海水中铜的测定。

简介

　　虽然铜在地壳组成中只占 0.007％，但它是一个非常重要的元素。在自然界的矿石中，铜以单质和化合物两种形式存在。在自然水体、废水和工业废水中都有铜的存在，在工业废水中铜以可溶性铜盐或附着在悬浮颗粒物上的铜化合物形式存在。水中的铜可以分为不溶于水的、可溶解的（自由离子和配合物）和总铜。不溶于水的铜包括沉淀物，如硫化铜和氢氧化铜。所有可溶于水的都是可溶解性铜，包括亚铜离子（Cu^+）、铜离子（Cu^{2+}）和铜的配合物如 Cu-EDTA。

　　饮用水中的铜含量通常很低。铜对人体健康没有很大的威胁，但是含量大于 1mg/L 的铜会使水中带有苦味，并且大量口服会导致呕吐并可能最终导致肝脏损害。铜盐，如硫酸铜（$CuSO_4$），可以用于控制藻类生长，但同时也对鱼类和野生动物有毒害作用。

　　哈希的简便的铜测试方法利用一系列试剂来满足各种量程和存在形式的铜的测试。哈希的测试方法主要使用双喹啉法和卟啉法。

　　下表列出了所有使用的铜试剂及其对应的测试范围。

铜试剂和应用范围

试　　剂	所测铜的存在形式		应 用 范 围
	无预处理	消　解	
CuVer 1 试剂™①	自由离子	总铜	水、废水
CuVer 2 试剂™	总溶解性铜	总铜	
Free Copper 试剂	自由离子	总铜	硬水、废水、海水
Porphyrin 试剂	自由离子	总铜	含量极低的水、废水与海水

　　① CuVer 是哈希公司的注册商标。

化学反应

　　（1）双喹啉法。 本方法通过铜与 2,2-联喹啉-4,4-二羧酸（二喹啉甲酸，BCA）的反应测定铜的含量。

　　双喹啉与亚铜离子（Cu^+）反应生成一种紫色配合物。而铜离子（Cu^{2+}）不与双喹啉发生反应。所以铜离子（Cu^{2+}）首先要被还原为亚铜离子（Cu^+）才能测定。CuVer 1 试剂中就在双喹啉试剂中结合了缓冲剂和还原剂，使得铜离子（Cu^{2+}）和亚铜离子（Cu^+）能够同时测定。如果用本方法测定总可回收铜，样品需要首先经过消解预处理，将所有形式的铜（包括不可溶性的铜和配合物形式的铜）都转化为自由离子态的铜。

　　配合物形式的铜，如 Cu-EDTA 配合物，可直接与 CuVer 2 试剂™反应。不需要进行样品消解，并且高硬度不会干扰测试。这样测试出的结果是总溶解性铜（自由离子态和配合物形式的铜）。如果使用 CuVer 1 试剂，样品需要消解，并且较高的硬度会干扰测试结果。

　　亚铜离子（Cu^+）与二喹啉甲酸（bicinchoninic acid）的反应式如下。

　　使用自由铜离子试剂粉枕包可以检测出自由态铜的含量，除去了配合物形式的铜。此粉枕包中含有双喹啉，一种还原剂和消除钙镁干扰的抑制剂。测试结果中的铜是自由态的铜。而配合物形式的铜可以通过加入次硫酸钠试剂，重复分析过程测定，把两次测试的结果相减从而得到。

　　（2）卟啉法。 卟啉法测铜是非常灵敏的测试方法，可以用于测定范围为 0～150μg/L 的自由态铜离子［亚铜离子（Cu⁺）和铜离子（Cu²⁺）］和总可回收铜（需要消解预处理）。也正是因为此测试非常灵敏，要得到铜背景值足够低可以作为空白值的水样非常困难。因此卟啉法将样品分成等量的两份，作为空白值的那一份样品用掩蔽剂处理，通过配合掩蔽掉所有自由态铜离子；然后加入卟啉试剂，一种缓冲剂和还原剂。通过这样的方法，不需要使用不含铜的空白样品也可以得到空白值。将卟啉试剂加入作为样品测试的那一份样品中后，卟啉就会与其中的自由态铜离子反应。

由卟啉与其他金属离子反应引起的干扰可以通过将样品分成等量的两份的方法来消除，因为这些干扰可以被这样得到的空白值抵消掉。卟啉与铜离子（Cu²⁺）的反应速度比较慢，但一种特殊的卟啉分子和缓冲剂的加入可以使得自由铜离子的反应在几秒钟之内完成。然后需要加入还原剂把过量的卟啉反应掉，不然会对测试产生其他的干扰。由于在波长 425nm 下具有强烈的吸收，采用色度计或分光光度计检测的这个方法具有很高的灵敏度。但是，视觉上并没有明显的颜色产生。

最终生成的铜-卟啉配合物分子式如下。

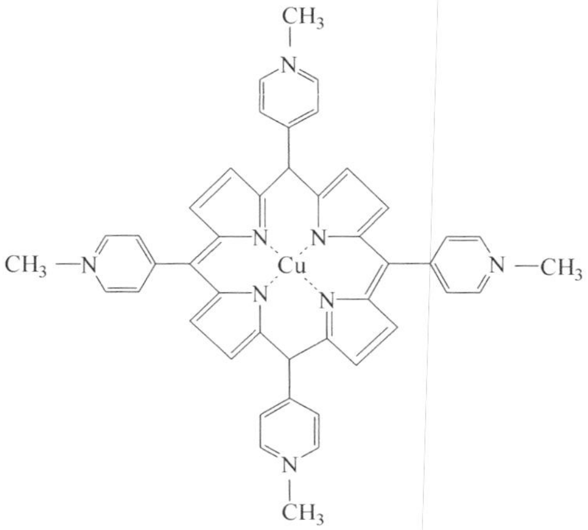

氰化物：吡啶-吡唑啉酮法

应用范围：用于水、废水和海水中氰化物的测定。

简介

氰化物有剧毒，主要存在于工业废水中。氰化物主要来自于金属净洗、电镀浴、气体洗涤、煤气厂、炼焦炉及其他化学处理过程所产生的工业废物。天然水体中不含有氰化物，若有氰化物存在则表明受到工业污染源的污染。对含氰废水采取恰当的中和或氯碱化处理将大大降低氰化物浓度，使其低于有毒水平。

化学反应式

氰化物测试涉及以下 4 步反应。

（1）
$$2CN^- + Cl_2 \longrightarrow 2CNCl$$

氰化物与氯反应生成氯化氰（CNCl）；CyaniVer™ 3 试剂提供氯。

（2）

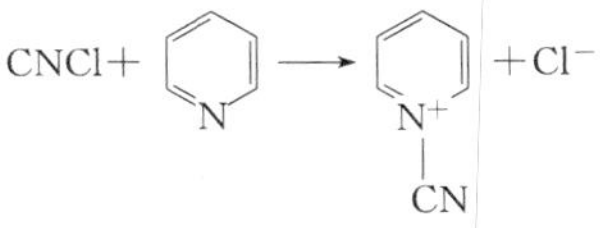

加入吡啶后生成中间产物腈；CyaniVe 4 试剂提供吡啶。多余的氯也在这一步被破坏。

（3）

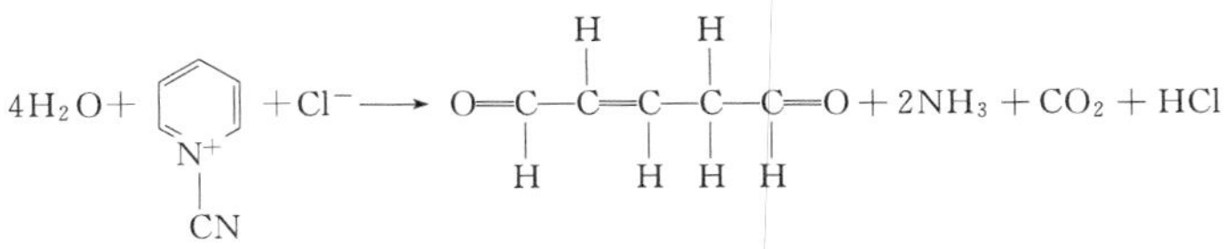

腈水解为戊烯二醛；前一步骤中加入的 CyaniVe 4 试剂提供反应所需试剂。

（4）

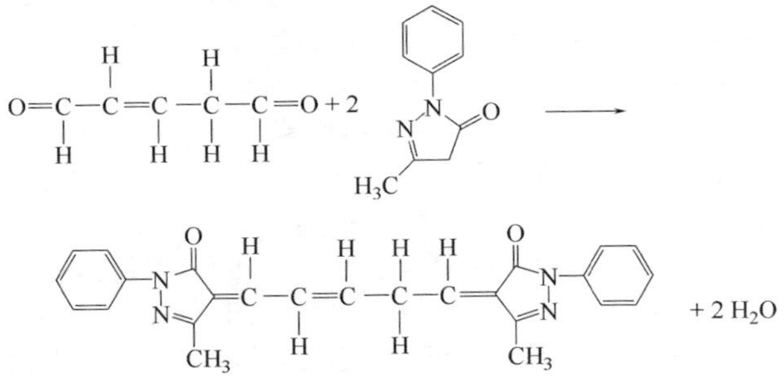

最后加入含有过量吡唑啉酮的 CyaniVe 5 试剂，与戊烯二醛反应产生蓝色。颜色的深浅与样品中氰化物的量成正比。

甲醛：MBTH 法

应用范围：用于水中甲醛的测定。

简介

甲醛常用于纺织工业中的织品处理、金属镀膜中的电镀槽，也可作为生物组织的防腐剂、透析分离的消毒剂、反渗透水处理设备中等。

MBTH 比色法对低量程范围下的乙醛测定很灵敏，对甲醛最灵敏。

化学反应

MBTH 法。在含有甲醛的样品中加入过量的 MBTH（3-甲基-2-苯并噻唑酮腙），触发了一系列的反应：首先，MBTH 和甲醛反应生成一种二氮六环①；接下来，过量的 MBTH 被加入的显色溶液氧化②；被氧化的 MBTH 和二氮六环反应生成一种呈鲜艳蓝色的物质③。蓝色的深浅和原本的样品中甲醛的含量成正比例关系。

MBTH 用 MBTH 粉枕包包装。用于氧化过量 MBTH 的液体试剂保存在低量程范围甲醛测试显色溶液中。

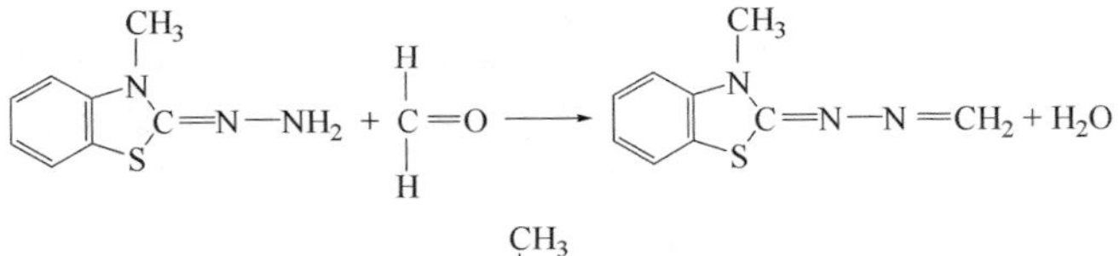

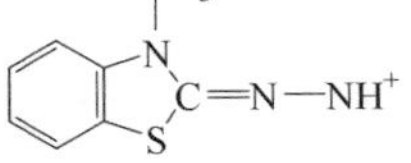

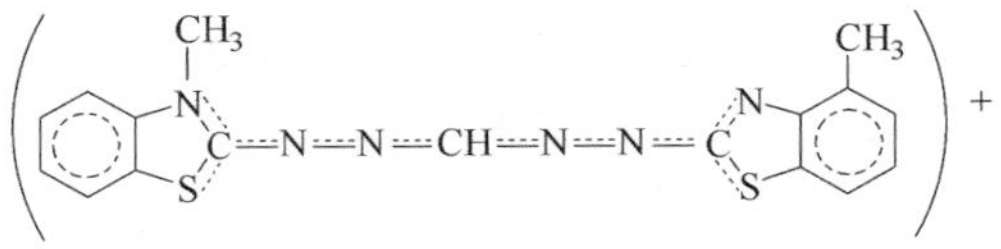

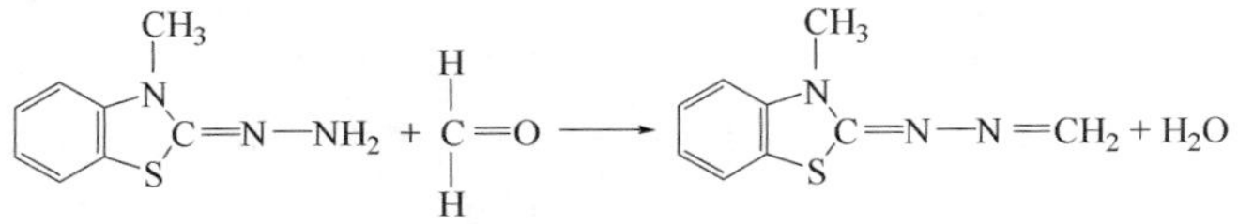

MBTH 法的化学反应式

氟化物：SPANDS，SPANDS 2，离子选择性电极法

应用范围：用于水和海水中氟化物的测定。

简介

　　氟化物存在于某些地表水中，在公共饮用水供水系统中氟化物的含量一般为 1mg/L 以防止蛀牙，但是，过量的氟化物也会导致牙釉质变色，即通常所说的氟斑牙。因此，美国环境保护署（USEPA）根据《安全饮水法》规定了饮用水中允许的氟化物含量。

化学反应式

　　（1）SPADNS 法。氟化物的分析涉及氟化物与暗红色的锆染色剂的反应。氟化物与部分锆相结合形成无色的具有漂白效果的锆-氟化合物。通过反应中颜色变淡的程度来准确检测氟化物的具体含量。SPADNS 比色法由于具有较快的反应速率和较高的试剂稳定性，从而在氟化物的检测中被广泛使用。

　　SPADNS 法的化学反应式如下。

（红色）　　　　　　　　　　　　　　　　　（无色）

　　（2）SPADNS 法 2。亚砷酸钠在 SPADNS 法中作为还原剂，用以防止饮用水中通常含有的氯和其他氧化剂对实验结果造成干扰。SPADNS 法 2 用无毒的专用还原剂来取代原始 SPADNS 方法中的亚砷酸钠，可得到相同的结果和测试准确性。该方法中其他的化学试剂与 SPADNS 法相同。

分析方法

　　离子选择性电极法。离子选择性电极法需要用到哈希的 Sension™ 离子计以及由银/氯化银作为参比电极、氟作为标准电极的电极系统。当实验所测得的电势超过氟化镧晶体的电极时，就完成了氟化物的测定，且电势与样品中氟化物的浓度成正比。仪表需根据标准氟化物的预期浓度范围进行校准，从而能够直接从仪表上读出浓度值。另外，在实验中还需要添加总离子强度缓冲剂（TISAB）来消除干扰，调整 pH 值以达到最佳实验条件，加入足量的氯化钠以掩蔽离子强度的变化。总离子强度缓冲剂（TISAB）中包含用于螯合 Al^{3+} 和 Fe^{3+} 等金属干扰离子的 1,2-环己烷二胺四乙酸钠（CDTA）及其他络合剂和缓冲剂。

硬度：EDTA 滴定法和钙镁试剂比色法

应用范围：用于水、废水、海水硬度的测定。

简介

　　水体的硬度是由水中溶解的矿物质，包括 Ca^{2+}、Fe^{2+}、Sr^{2+}、Zn^{2+} 和 Mn^{2+} 等二价阳离子产生的。通常情况下，水体中只有钙镁离子的浓度比较高，因此硬度的测定主要指的是水中钙镁离子浓度的测定。同时也需要考虑到其他阳离子对于水体硬度的影响。

滴定法

　　滴定法通过加入指示剂来快速滴定测得水体的硬度。通过选择合适的 pH 值，总硬度（钙离子和镁离子）以及各自的硬度都可以通过滴定法来测得。传统法测硬度需要通过加入铵缓冲溶液

将 pH 值调节到 10.1，此外还需加入铬黑 T 指示剂 [1-(1-羟基-2-萘偶氨-6-硝基-萘酚-4-磺酸钠)]，然后用 Na_2EDTA 溶液（乙二胺四乙酸二钠盐）滴定。

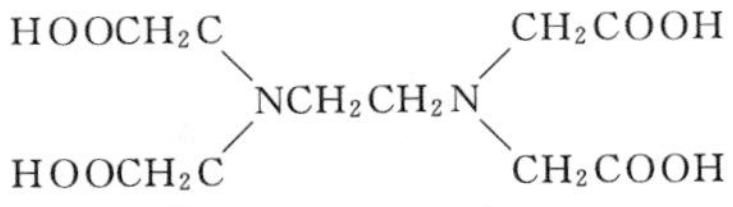

EDTA 分子式

除了铬黑 T 指示剂外，钙镁 1-(1-羟基-4-甲基-2-苯基)-2-萘酚-4 磺酸等其他指示剂具有更好的稳定性、响应时间以及滴定终点。哈希公司在总硬度测定的实验中所采用的正是这种指示剂。

比色法

比色法常用于测定低浓度硬度的水体。因此在滴定法中某些金属对于测定结果的影响会由于稀释作用而可以忽略。在此法中需要使用到钙镁试剂，两种螯合剂 EGTA 和 EDTA。

化学反应式

(1) 总硬度。下面将介绍包括数字式滴定仪在内的各种滴定方法。TitraVer™ 法滴定硬度（0.020N EDTA）使用最为广泛，其他几种方法则用于滴定高硬度样品。HexaVer™ 法中采用 CDTA（环己烷二胺四乙酸二钠盐）作为螯合剂，具有更为明显的滴定终点以及比 TitraVer 法具有更好的抗铁离子干扰能力。

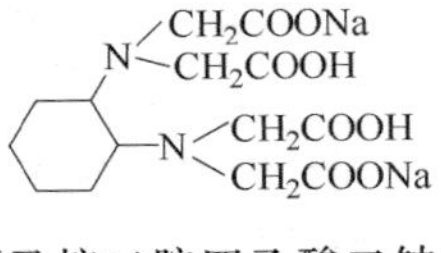

CDTA（环己烷二胺四乙酸二钠盐）分子式

钙镁试剂法同样也可以用于 ManVer™ 和 UniVer™ 等一些特殊滴定法中。ManVer 法中加入钙镁试剂用于增加实验的稳定性和屏蔽干扰。水样中的金属离子，例如铜离子和铁离子等可以通过加入 CDTA 来安全有效地去除或者屏蔽。氰化物虽然也可以用于去除干扰，但考虑到其对环境和健康的威胁，一般应避免使用。

镁与钙镁试剂间的反应如下。

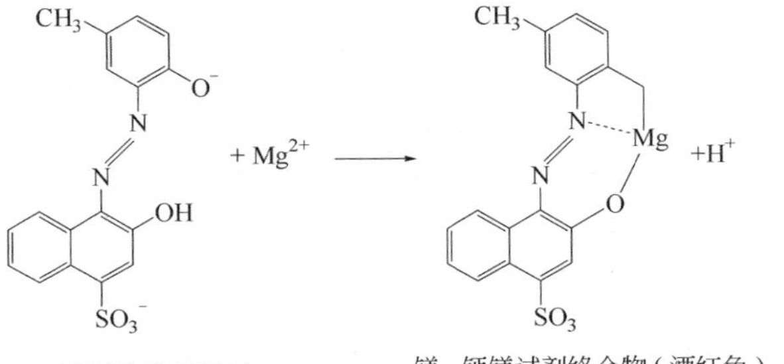

钙镁试剂（蓝色）　　　　镁-钙镁试剂络合物（酒红色）

钙镁试剂的反应与 pH 值有关，实验发现 pH＝10.1 时是最佳的反应条件。过去常常使用铵-氨水作为缓冲溶液，但是这个方法会产生严重的气味。因此哈希公司在滴定中采用安全稳定，具有较小气味的硬度缓冲剂 I（2-氨基-2-甲基-1-丙醇）作为替代品。

在硬度测定实验中，首先需要调节 pH 值，然后加入用于抑制 Mg^{2+} 和 Ca^{2+} 的钙镁试剂。在一定的 pH 值条件下，钙与钙镁试剂形成较不稳定的络合物。然后用 TitraVer 法（EDTA 试剂）或者 HexaVer 法（CDTA 试剂）滴定。试剂首先与钙离子络合然后是镁离子，当颜色从酒红色转变成蓝色时，说明水样中的钙镁离子已经反应完全。

镁离子与 EDTA 反应生成的化合物

实验所得硬度的单位是 mg $CaCO_3/L$。EDTA 与 Ca^{2+} 和 Mg^{2+} 反应的用量是 1∶1 的比例。

（2）钙离子硬度。测定钙离子硬度与测定总硬度的过程十分类似。传统滴定方法中需要加入红紫酸铵或者铬蓝黑 R 作为 EDTA 的滴定指示剂。哈希公司研发出了 CalVerⅡ钙指示剂作为替代品。CalVerⅡ（羟基萘酚蓝色）较上述两种产品更敏感以及在滴定终点时具有更明显的颜色变化的优点。

CalVerⅡ钙指示剂会与钙离子结合形成红紫罗兰色的络合物，当加入 EDTA 使得钙离子全部反应后颜色转变为纯蓝色。然后随着溶液的 pH 值上升到 13 以上，镁离子发生沉淀得到去除。为了使得在滴定终点时的颜色变化更为明显，可以加入数滴镁标准溶液。虽然由于 pH 值上升会导致加入的镁发生沉淀现象，但是由于加入的少量镁离子会优先与染色剂反应形成螯合物，因此造成的误差可以忽略不计。

在加入 CalVerⅡ之前需要加入氢氧化钾以及氰化钾来调节 pH 值和屏蔽金属元素的干扰。

钙离子硬度和总硬度可以用同一份水样依次测定。在测定了钙离子硬度之后，首先加入硫磺酸来降低样品的 pH 值，然后再加入硬度缓冲剂Ⅰ和 ManVerⅡ，最后用 EDTA 试剂滴定即可。

> **注**：如果在测定钙离子硬度的过程中加入了氰化钾以屏蔽金属离子的干扰，那么禁止使用上述方法测定总硬度。因为硫磺酸的加入会反应释放出致命的氧化物气体！

（3）比色法。首先加入钙镁试剂以防止在高 pH 值情况下钙镁离子发生沉淀，接着加入缓冲剂将溶液的 pH 值调整到 12.5。然后将溶液分成三等份。

在第一份样品中加入 EDTA 以破坏镁-钙镁试剂络合物，此样品作为分光光度计测定中的空白样。

在第二份样品中加入 EGTA 或者乙二醇双（2-氨基乙基）四乙酸，用于选择性螯合钙离子，那么在接下来的实验中所测得的吸光度将仅仅是由于镁离子络合物产生的吸光度。实验所得结果表示的是相当于 mg $CaCO_3/L$ 硬度的镁离子的浓度。实验之后需要将分光光度计调零。

第三份样品测得的吸光度（不含任何螯合掩蔽剂）表示的是相当于 mg $CaCO_3/L$ 硬度的钙离子的浓度。在测定完第二份样品之后需要先调零以消除镁离子引入的误差才能进行第三份样品的测定。

EGTA 分子式

联胺：p-二甲氨基苯甲醛法

应用范围：用于水与锅炉水中联胺的测定。

简介

联胺是一种除氧剂，常用在发电厂或其他工厂里的高压锅炉里，作为管道和配件等金属腐蚀除锈剂。本测试方法是改良过的 p-二甲氨基苯甲醛法，多种测试需要用到的溶液都被预制在一个试剂包中稳定保存，即 HydraVer™2 Hydrazine 试剂。这个方法很灵敏而且操作简单。这个方法主要用于测定锅炉补充水中少量的联胺，一般没有干扰物。

化学反应

在酸性环境下，联胺与 HydraVer 2 试剂中的 p-二甲氨基苯甲醛反应，形成黄色的二氮六环配合物。反应后 $10\sim15$min 后显色稳定，规律符合比尔定律，即颜色的深浅和样品中联胺的含量成正比例关系。

$$p\text{-二甲氨基苯甲醛} \qquad 联胺 \qquad 二氮六环配合物（在溶液中呈黄色）$$

p-二甲氨基苯甲醛法反应式

铅：LeadTrak™快速提取法

应用范围：用于水与废水中铅的测定。

简介

在地下水中很少检测到超出痕量水平的铅，其平均含量大约为 $10\mu g/L$。地表水中的铅含量比较低，因为铅和很多其他物质会形成沉淀。饮用水系统中的铅往往是维修用测深铅锤、铅焊接接合处和铅制管件等的锈蚀造成的。

铅及其化合物是有毒的，长期每天摄取量超过 300mg，它们就会在骨质结构中积累。当累积到一定程度后，会对人体造成严重的永久性的大脑损伤，抽搐甚至死亡。铅的毒性引起了大家对铅污染环境的关注，国家出台了降低消费品中铅含量的有关规定。

化学反应

LeadTrak™快速提取法测定饮用水中可溶性的铅离子（Pb^{2+}）。方法测试过程中，首先将样品酸化，使所有的铅离子保持在溶液中，防止其由于沉淀或者容器壁的吸收而造成损失，导致测试结果的不准确。加入配合剂和缓冲剂，使铅离子转化成为一种可以被纤维素介质截流保持的状态，留在提取管中。而其他的干扰离子，如铁离子、铜离子和锌离子则穿过提取管被去除掉了。

然后，再用硝酸溶液淋洗提取管，将铅离子提取出来。硝酸洗提液和中和剂——meso-四（N-甲基-4-吡啶基）卟啉反应，生成一种颜色较淡的配合物。在波长 477nm 处测量这个溶液的吸收值。然后向此溶液中加入 EDTA，EDTA 会和铅反应，从而破坏铅和卟啉的配合物，在此情况下再测量一次溶液的吸收值，铅含量就可以通过两次读数的差值得到。

钼，钼酸盐：巯基乙酸法与三元配合物法

应用范围：用于水中钼、钼酸盐的测定。

简介

钼的盐类（如钼酸盐）通常作为阻蚀剂用于冷却水系统中。测试水中以钼酸盐（MoO_4^{2-}）形式存在的钼含量的方法有很多种，其中最常用的方法之一就是巯基乙酸法。哈希的测试流程改进和简化了这个长期被人们广为应用的测试方法。

化学反应

（1）巯基乙酸。MolyVer™（巯基乙酸）法共使用三种试剂。首先，加入 MolyVer 1 试剂粉枕包，其中含有调节 pH 值的缓冲成分，除此之外，还有螯合掩蔽其他干扰物质的作用。

本方法测试的是六价钼离子（Mo^{6+}）形态的钼含量，如果测试值偏低，可能是由于 Mo^{6+} 被还原为五价钼离子（Mo^{5+}）所造成的。而加入的 MolyVer 2 试剂粉末就是为了防止 Mo^{6+} 还原的。最后，MolyVer 3 试剂粉枕包中含有的巯基乙酸与 Mo^{6+} 反应产生特征的黄色。在测量范围内，显现的颜色和溶液的浓度符合比尔定律。

$$MoO_4^{2-} \ + \ 2HSCH_2COOH \ + \ 2H^+ \longrightarrow$$

钼酸盐　　　　　巯基乙酸

$$\begin{array}{c} O \\ \parallel \\ CH_2-S-Mo-S-CH_2 \\ | \quad\quad | \quad\quad | \\ HO-C=O \quad O \quad O=C-OH \end{array} \ + \ 2H_2O$$

巯基乙酸法的化学反应式

（2）三元配合物法。本篇的三元配合物法测试钼含量的范围为 0～3mg/L，共使用两种试剂。首先，样品中的钼与 Molybdenum 1 试剂中的显色指示剂、pH 缓冲剂和还原剂发生反应。其中，还原剂消除了锅炉水和冷却水系统中常见污染物——铁对测试的干扰，显色指示剂和钼结合形成了一种有颜色的二元配合物。根据钼含量的多少，此二元配合物的颜色可能为灰黄色至铁锈橙色。

接下来，Molybdenum 2 试剂将与二元配合物结合形成一种鲜艳的蓝色的三元配合物，这种蓝色的深浅和钼含量成正比例关系。产生的蓝色加在了原本黄色的背景颜色上，所以人眼视觉感受到的颜色是黄绿色。这种颜色对应的钼浓度范围为 0mg/L Mo（黄色）～3mg/L Mo（深绿色）。

$$MoO_4^{2-} + Molybdenum\ 1\ 试剂 \xrightarrow{} \begin{array}{c}指示剂\text{-}钼\\二元配合物\end{array} \xrightarrow{Molybdenum\ 2\ 试剂溶液} \begin{array}{c}指示剂\text{-}钼\text{-}\\Molybdenum\ 2\ 试剂\\三元配合物\end{array}$$

| 样品中含有：
钼酸盐形式的钼 | 粉枕包中含有：
• pH 缓冲剂
• 还原剂
• 显色指示剂 | 较淡的颜色：
黄—橙色 | 黄—绿色 |

三元配合物形成过程

镍：环庚二酮二肟法与 PAN 法

应用范围：用于水中镍的测定。

简介

镍在天然水体中很少存在，但是在工业废水中却经常出现。含镍废液来自电镀工艺电解槽废水、镍钴合金不锈钢的腐蚀产物等。镍一般被认为对人体没有毒害。镍对水生生物的毒性大小会根据物种、环境 pH 值、协同作用和其他的影响因素而改变。有迹象表明，0.5～1.0mg/L 的镍盐对某些植物有毒害作用。

哈希测试镍含量的方法有两种：环庚二酮二肟法与 PAN 法。被广泛应用的环庚二酮二肟指示剂在哈希测试方法中，保存在干燥、稳定的试剂粉枕包中。另一种粉枕包中含有消除其他金属离子干扰的掩蔽剂。环庚二酮二肟与镍结合产生的黄色配合物经氯仿萃取后进行测量。

PAN 法是一种灵敏的测试镍和钴的方法，检测水平低至 1mg/L。这个方法很特殊，不需要萃取或浓缩，就可以用同一个样品、同一个分光光度仪，同时测量样品中镍和钴的含量。

化学反应

（1）环庚二酮二肟法。镍与环庚二酮二肟发生反应生成黄色的配合物，此物质经氯仿萃取与水溶液分层后加深了颜色，提高了色度测试的灵敏性。加入螯合剂是为了掩蔽钴、铜和铁对测试造成的干扰。

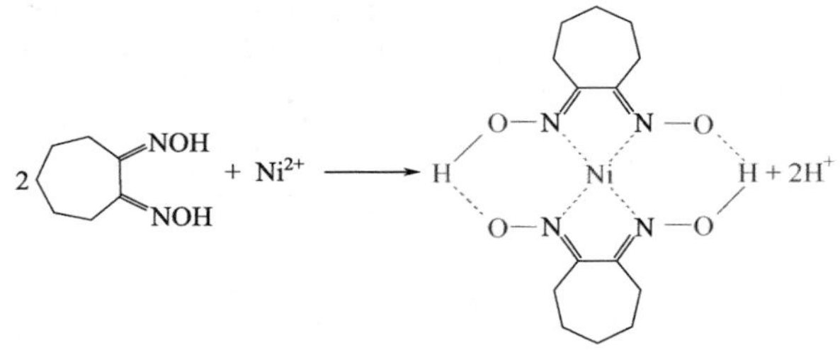

环庚二酮二肟法测镍的化学反应式

(2) PAN 法。本方法可以用同一个样品同时测量镍和钴的含量，故 PAN 法测镍的原理在 PAN 法测钴的原理中已有详细的叙述。

硝酸盐：镉还原法

应用范围：用于水和废水中硝酸盐的测定。

简介

硝酸盐是氮最完全的氧化状态，也是水体中常见的。硝酸盐生成细菌在有氧条件下将亚硝酸盐转化为硝酸盐。闪电直接将大气中大量的氮气（N_2）转化为硝酸盐。许多颗粒状的含氮商品肥料也有硝酸盐。

水中高浓度的硝酸盐表明在稳定化的最后阶段或流经施过肥料的农田的水中含有生物废物。富含氮的流出物排放到水体中会因导致藻类过量繁殖而降低水质。饮用水中若存在过量的硝酸盐会导致婴儿高铁血红蛋白血症（蓝婴儿症）。因此，USEPA 根据《安全饮用水法》规定了饮用水中硝酸盐的最高浓度。

高量程测试使用两种分析方法。NitraVer™5 高量程测试法是在镉还原法的基础上改进的，用龙胆酸代替 1-萘胺。所有需要用到的试剂都制成一包稳定的粉末。

铬变酸高量程法涉及硝酸盐在强酸介质中与铬变酸的反应。最终反应的混合物装在一个带盖的 TNT 试管中。

低量程测试法也是在镉还原法的基础上改进的，并使用十分敏感的铬变酸指示剂。两种检测方法的结果都包括硝酸盐和亚硝酸盐。

化学反应式

(1) 高量程——NitraVer 5 试剂。在 NitraVer5 高量程测试中，金属镉还原硝酸盐（NO_3^-）为亚硝酸盐（NO_2^-）。然后，亚硝酸根在酸性介质中与对氨基苯磺酸反应生成中间产物重氮盐。重氮盐再与龙胆酸结合，生成琥珀色的复合物。复合物颜色的深度与水样中硝酸盐的浓度成正比。

$$NO_3^- + Cd + 2H^+ \longrightarrow NO_2^- + Cd^{2+} + H_2O$$

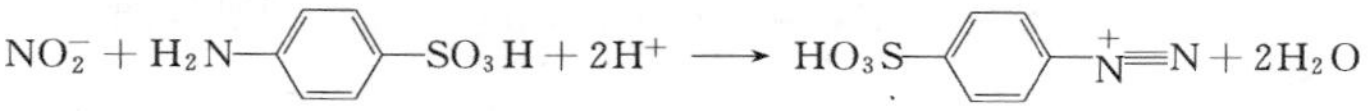

对氨基苯磺酸　　　　重氮盐

(2) 高量程——铬变酸法。在铬变酸法中将样品加到装有硫酸的 TNT 试管中。用此样品/硫酸的混合物调零分光光度计。铬变酸作为 NitraVer X 试剂 B 加入。2mol 的硝酸盐与 1mol 的铬变酸反应生成黄色的产物，其最大吸收峰在 410nm。

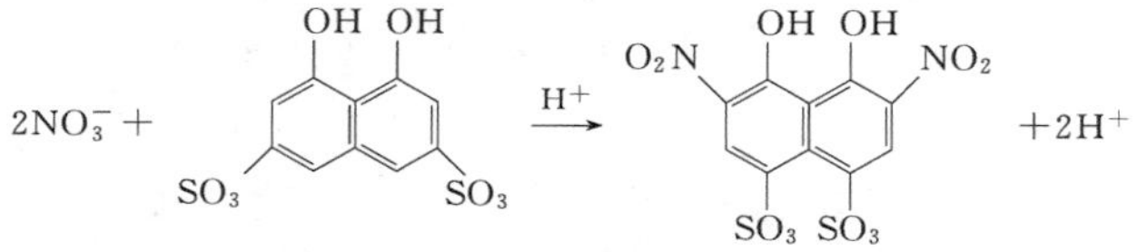

硝酸盐　　铬变酸　　　　黄色

（3）低量程。在低量程硝酸盐检测中，使用金属镉将硝酸盐还原为亚硝酸盐。NitraVer 6 试剂粉枕包提供镉。与高量程中的反应一样，亚硝酸根离子与对氨基苯磺酸反应生成中间产物重氮盐。重氮盐再与铬变酸反应，生成橙红色的复合物。复合物颜色的深度与水样中硝酸盐的浓度成正比。在低量程测试中，NitraVer 3 试剂粉枕包提供对氨基苯磺酸和铬变酸。

重氮盐　　　　　龙胆酸　　　　　　　　　琥珀色物质

重氮盐　　　　　铬变酸　　　　　　　　　橙红色物质

亚硝酸盐：硫酸亚铁重氮化法

应用范围：用于水和废水中亚硝酸盐的测定。

简介

亚硝酸盐是含氮有机物在生物分解过程中的中间状态。亚硝酸盐生成细菌在有氧条件下将氨转化为亚硝酸盐。在有氧条件下，硝酸盐在细菌的还原作用下也可转化为亚硝酸盐。亚硝酸盐通常在工业用水和冷却塔中作为防蚀剂。食品工业也将亚硝酸盐作为防腐剂。

由于亚硝酸盐易于氧化为硝酸盐，地表水中不含有亚硝酸盐。若有大量亚硝酸盐存在，则表明水样中有部分降解的有机废物。饮用水中亚硝酸盐的含量一般不超过 $0.1mg/L$。

高量程测试是在经典的使用硫酸亚铁的棕色环试验的基础上改进的。通过控制样品 pH 值将样品中的亚硝酸盐还原为一氧化氮，一氧化氮再与指示剂反应，溶液从绿色转变为棕色。本测试所得结果不包括硝酸盐。所有需要用到的试剂都制成一包粉枕包：NitraVer 2 亚硝酸盐试剂粉枕包。还有一特制的试剂防止颜色生成并防止常见的干扰离子造成沉淀。

低量程测试法使用铬变酸和对氨基苯磺酸为指示剂，NitraVer 3 亚硝酸盐试剂粉枕包中含有指示剂和缓冲剂。本测试方法对低浓度的亚硝酸盐敏感。

化学反应式

（1）高量程——硫酸亚铁法。在酸性介质中，硫酸亚铁将亚硝酸盐（NO_2^-）中的氮还原为一氧化氮（NO）。亚铁离子再与一氧化氮结合生成棕色的复合物。复合物颜色的深度与水样中亚硝酸盐的浓度成正比。所生成的颜色遵循比尔定律。

$$2Fe^{2+}+4H^++2NO_2^- \longrightarrow 2Fe^{3+}+2NO+2H_2O$$
$$NO+FeSO_4 \longrightarrow FeSO_4 \cdot NO$$

（2）低量程——重氮化法。在低量程亚硝酸盐检测中，亚硝酸根离子与对氨基苯磺酸反应生成中间产物重氮盐。重氮盐再与铬变酸反应，生成橙红色的复合物。该复合物的量与存在的亚硝酸盐的浓度成正比。通过检测颜色的强度可得知水样中亚硝酸盐精确的量。

对氨基苯磺酸

铬变酸

氨氮：纳氏试剂法与水杨酸法

应用范围：用于水、废水与海水中氨氮的测定。

简介

　　氨是微生物降解动植物蛋白质的产物，可以直接被植物利用以合成蛋白质。氨和氨的化合物可以直接用作肥料。

　　地表水中如果检出了氨氮，通常说明地表水被生活污水污染了。地下水中如果检出了氨氮，通常是由于微生物造成的。哈希采用了两种测试氨氮的方法：纳氏试剂法与水杨酸法。

化学反应

　　（1）纳氏试剂法。 在测定氨氮的过程中，纳氏试剂（K_2HgI_4）和样品中的氨氮在强碱性环境下反应，生成一种黄色的物质。黄色的深浅和样品中的氨氮浓度成正比例关系。反应式如下：

$$2K_2HgI_4 + NH_3 + 3KOH \longrightarrow Hg_2OINH_2 + 7KI + 2H_2O$$

　　（2）水杨酸法。 水杨酸法是一种最常见的方法——酚蓝法（Phenate Method）的变形，但水杨酸法的优点是不需要使用汞盐和苯酚。这种方法对于测定低浓度测量范围的氨氮非常有效。虽然测定过程包含很多的反应，但最终形成绿色的溶液可用于比色测定。所有的试剂被整合在便捷的粉枕包中：水杨酸试剂粉枕包和碱性氰酸盐粉枕包，或者是粉枕包和 TNT 试剂管中。

　　氨的化合物最初与次氯酸盐反应生成一氯胺；一氯胺与水杨酸盐反应生成 5-氨基水杨酸。反应式如下：

$$NH_3 + OCl^- \longrightarrow NH_2Cl + OH^-$$

　　在硝普盐或 $Fe(CN)_5NO_2^-$（也被称为亚硝基铁氰酸盐）的催化作用下，5-氨基水杨酸盐被氧化成为水杨酸靛酯（indosalicylate），一种蓝色的化合物。蓝色在呈黄色的溶液（过量的硝普盐试剂）中显绿色。颜色的深浅和样品中的氨氮浓度成正比例关系。

　　indosalicylate 的化学结构式如下。

总氮：三氯化钛还原法与过硫酸盐氧化法

应用范围：用于水、废水与海水中总氮的测定。

简介

　　总氮测试用于测定水处理过程中的污泥进水总氮负荷，和处理厂的污水总处理效率。评估含氮量水平可以监控处理过程、调整氮还原的效率以控制整个处理厂的效率。

　　三氯化钛还原法（总无机氮）

　　三价钛离子可以将硝酸盐和亚硝酸盐还原为氨。离心去除固体物质后，氨与氯反应生成一氯胺。一氯胺与水杨酸盐反应生成 5-氨基水杨酸盐。在亚硝基铁氰化钠催化剂的作用下，5-氨基水杨酸盐被氧化成为一种蓝色的化合物。蓝色在呈黄色的过量试剂中使溶液显绿色，和水杨酸法测定氨氮的过程一样（请参见"氨氮方法解释"）。

　　过硫酸盐氧化法

　　碱性的过硫酸盐消解过程把所有形式的氮都转化成为硝酸盐。消解结束后加入的偏亚硫酸氢钠用于去除卤素类氧化物质。然后在强酸性环境下，硝酸盐与变色酸硝化反应后能够在很多位点形成一种联苯环形，生成多种硝化产物。这种硝化产物的吸光度值是在波长为 410nm 的可见光下读取的。

变色酸的结构及可硝化反应的结合位点示意

总凯氏氮：过氧化氢消解法

应用范围：用于水与废水中总凯氏氮的测定。

简介

本测试方法用于测定凯氏氮，也被称为天然蛋白质，是用于测定样品中氨氮和有机氮的总和的，只包含少部分的亚硝酸盐氮和硝酸盐氮。样品的消解预处理是用于将碳的氧化物转化为二氧化碳，并且把所有有机氮（氨基酸、蛋白质、多肽）转化为氨氮。传统的消解方法使用硫酸和多种金属催化剂及盐类的组合。长达至少 2h 的消解过程之后，在消解液中加入氢氧化钠进行蒸馏，使氨氮被硼酸或者缓冲溶液吸收。再用返滴定法或纳氏试剂比色法测定其中的氨氮。整个试剂准备、消解、蒸馏和测试过程长达几个小时。

哈希的 Digesdahl® 消解器和过氧化氢消解法可以根据样品的性质在 15min 以内完成凯氏氮测试过程。首先，样品在浓硫酸中焦化，然后在反应混合物中加入 50% 的过氧化氢溶液，将含碳的物质氧化，把有机氮转化为硫酸氢铵。用一种简单的氨基酸举例，在与氨基乙酸的反应过程中：

$$NH_2CH_2COOH + 2H_2O_2 + H_2SO_4 \longrightarrow NH_4HSO_4 + CO_2 + 2H_2O$$
　　　氨基乙酸

Digesdahl® 消解器简介

Digesdahl® 消解器装置中包括一个分馏柱。过氧化氢缓慢地滴加入下方装有反应混合物的烧瓶中。反应温度维持在硫酸的沸点温度左右（300℃，572℉）。反应物中的水蒸气在分馏柱中上升，在这里二氧化硫和水被吸收器去除。过氧化氢蒸气在分馏柱中冷凝再回到反应混合物中。

需要注意的是，这个消解过程中没有使用任何金属催化剂或盐类。这样的消解液不需要中间的蒸馏步骤就可以进行最终的纳氏试剂法测定。这个消解液还可以用于分析测定钙、镁、锰、钾、磷和锌。更多有关纳氏试剂法的信息请参见"氨氮测试方法"。

总有机碳：直接法

应用范围：用于水和废水中总有机碳的测定。

简介

在饮用水处理过程中，总有机碳（TOC）测试是十分重要的，它可以用来指示可能产生的消毒剂副产物的量。在废水检测中 TOC 指标可以代替 COD，并运用在生活污水预处理标准、废水排放限制及工业过程用水等方面。

TOC 比色法检测样品中不挥发的有机碳的总量。方法是在一套封闭的玻璃装置❶中进行消解，样品中的碳被过硫酸盐氧化为二氧化碳，二氧化碳被有颜色的 pH 指示剂吸收，转变为碳酸，导致的颜色变化与样品中碳的浓度呈正比。

---

❶ 美国专利 6368870。

化学反应式

通过使用缓冲液将样品的 pH 值调节至 2，并充分搅拌 10min 以去除无机碳。

$$总有机碳＝总碳－无机碳$$

向直径为 16mm、装有酸消解试剂的消解小管中加入适量体积经过处理的样品和过硫酸钾。打开一直径为 9mm、装有 TOC 指示剂的封闭玻璃小管，并放入到酸消解管中。再拧紧螺旋帽使整套装置封闭，并在 $103\sim105℃$（$217\sim221℉$）消解 2h。

在过硫酸盐存在的情况下，随着温度和压强的升高，样品中的有机碳被氧化为二氧化碳。例如，对于含有甲酸盐的样品，在其过硫酸盐消解过程中发生以下化学反应：

$$S_2O_8^{2-}+HCOO^-\longrightarrow HSO_4^-+SO_4^{2-}+CO_2$$

生成的二氧化碳逸出并被装有 pH 指示剂的水溶液吸收，被吸收的 CO_2 根据以下反应生成碳酸：

$$CO_2+H_2O\longrightarrow 2H^++CO_3^{2-}$$

pH 指示剂在吸收 CO_2 之前，以其去质子化的形式也就是基本形式（D^-）存在。随着吸收的 CO_2 量的增加，氢离子的浓度也会提高，导致质子化形式的指示剂量增加：

$$D^-（颜色 A）+H^+\longrightarrow DH（颜色 B）$$

样品中碳的浓度与颜色的变化［无论是颜色 A 的变化（ΔD^-）或者颜色 B 的变化（ΔDH）或者颜色总的变化（$\Delta D^-+\Delta DH$）］都呈正比。

溶解氧：叠氮化钠修正法和发光检测（LDO）法

应用范围：用于水、废水和海水中溶解氧的测定。

简介

溶解氧测试是判断天然水体水质的重要指标之一。水体中废弃物的氧化，水体对于鱼类以及其他生物的适宜度和水体自净的过程都可以通过水中溶解氧来判断或估计。在好氧污水处理系统中，避免恶臭气味的散发，最大处理效率和废水处理的稳定性都需要有充足的溶解氧来维持。只有做到对溶解氧的日常监测才能保证对污水处理过程的充分控制。

充足的溶解氧是保证水中动植物存活的必要条件。一般而言，水体中 $4\sim5mg/L$ 的溶解氧是水中生物能否长期生存的临界值。而为了保证水体中充足的鱼群数量，水中的溶解氧应该保证在 $8\sim15mg/L$ 的范围。

溶解氧的浓度随着水深、污泥浓度、温度、水体清澈度以及流速的变化而变化。因此单一的水质样品往往难以准确地反映整个水体中的溶解氧情况。

化学反应式

（1）叠氮化钠修正法。 在反应中，Mn^{2+}（二价锰）与溶解氧首先在碱性条件下反应生成 Mn^{4+}（四价锰）的氢氧化物絮状体。①接着加入叠氮化物从而达到抑制硝酸盐生成的目的（硝酸盐会与碘化物发生反应）。然后进入到酸化阶段，此时 Mn^{4+} 絮状物和碘化物反应生成 Mn^{2+} 和游离态的碘 I_3（I_2+I^-），其中的碘液形成棕色的上清液。最后加入氧化酚砷或者硫代硫酸盐滴定至无色即为反应的终点（在这过程中可以加入淀粉指示剂让滴定终点为暗蓝色至无色，以方便判定）。②通过滴定剂的用量可以计算得出样品中的溶解氧。

$$2Mn^{2+}O_2+4OH^-\longrightarrow 2MnO(OH)_2$$

$$MnO(OH)_2+6I^-+6H^+\longrightarrow Mn^{2+}+2I_3^-+3H_2O$$

$$2H_2O+I_3^-+\bigcirc\!\!\!-As=O\longrightarrow 2HI+I^-+\bigcirc\!\!\!-\overset{OH}{\underset{OH}{As}}=O$$

（2）发光检测法（LDO）。 LED 灯发出的光源提供能量来激发荧光材料，荧光传感器程序则监测从传感器发射到水界面上形成的反射光的光特性。由于水中溶解氧的存在会使得反射光时间缩短，因此可以通过测定不同的发光时间来换算出溶解氧的浓度。

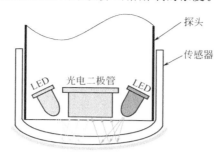

（3）溶解氧。水中溶解氧饱和度表列出了在不同温度和大气压下水中溶解氧的饱和度。表中的数据是在实验室的纯水条件下测定的，因此对于特定环境下地表水中氧气的含量只是起到一个大致估计的作用。

水中溶解氧饱和浓度　　　　　　　　　　单位：mg/L

温　　　度		气压/mmHg							
		775	760	750	725	700	675	650	625
		英寸(in)							
°F	℃	30.51	29.92	29.53	28.45	27.56	26.57	25.59	24.61
32.0	0	14.9	14.6	14.4	13.9	13.5	12.9	12.5	12.0
33.8	1	14.5	14.2	14.1	13.6	13.1	12.6	12.2	11.7
35.6	2	14.1	13.8	13.7	13.2	12.9	12.3	11.8	11.4
37.4	3	13.8	13.5	13.3	12.9	12.4	12.0	11.5	11.1
39.2	4	13.4	13.1	13.0	12.5	12.1	11.7	11.2	10.8
41.0	5	13.2	12.8	12.6	12.2	11.8	11.4	10.9	10.5
42.8	6	12.7	12.4	12.3	11.9	11.5	11.1	10.7	10.3
44.6	7	12.4	12.1	12.0	11.6	11.2	10.8	10.4	10.0
46.4	8	12.1	11.8	11.7	11.3	10.9	10.5	10.1	9.8
48.2	9	11.8	11.6	11.5	11.1	10.7	10.3	9.9	9.5
50.0	10	11.6	11.3	11.2	10.8	10.4	10.1	9.7	9.3
51.8	11	11.3	11.0	10.9	10.6	10.2	9.8	9.5	9.1
53.6	12	11.1	10.8	10.7	10.3	10.0	9.6	9.2	8.9
55.4	13	10.8	10.5	10.5	10.1	9.8	9.4	9.1	8.7
57.2	14	10.6	10.3	10.2	9.9	9.5	9.2	8.9	8.5
59.0	15	10.4	10.1	10.0	9.7	9.3	9.0	8.7	8.3
60.8	16	10.1	9.9	9.8	9.5	9.1	8.8	8.5	8.1
62.6	17	9.9	9.7	9.6	9.3	9.0	8.6	8.3	8.0
64.4	18	9.7	9.5	9.4	9.1	8.8	8.4	8.1	7.8
66.2	19	9.5	9.3	9.2	8.9	8.6	8.3	8.0	7.6
68.0	20	9.3	9.1	9.1	8.7	8.4	8.1	7.8	7.5
69.8	21	9.2	8.9	8.9	8.6	8.3	8.0	7.7	7.4
71.6	22	9.0	8.7	8.7	8.4	8.1	7.8	7.5	7.2

温　　度		气压/mmHg							
		775	760	750	725	700	675	650	625
		英寸(in)							
°F	℃	30.51	29.92	29.53	28.45	27.56	26.57	25.59	24.61
73.4	23	8.8	8.6	8.5	8.2	8.0	7.7	7.4	7.1
75.2	24	8.7	8.4	8.4	8.1	7.8	7.5	7.2	7.0
77.0	25	8.5	8.3	8.3	8.0	7.7	7.4	7.1	6.8
78.8	26	8.4	8.1	8.1	7.8	7.6	7.3	7.0	6.7
80.6	27	8.2	8.0	8.0	7.7	7.4	7.1	6.9	6.6
82.4	28	8.1	7.8	7.8	7.6	7.3	7.0	6.7	6.5
84.2	29	7.9	7.7	7.7	7.4	7.2	6.9	6.6	6.4
86.0	30	7.8	7.6	7.6	7.3	7.0	6.8	6.5	6.2
87.8	31	7.7	7.4	7.4	7.2	6.9	6.7	6.4	6.1
89.6	32	7.6	7.3	7.3	7.0	6.8	6.6	6.3	6.0
91.4	33	7.4	7.2	7.2	6.9	6.7	6.4	6.2	5.9
93.2	34	7.3	7.1	7.1	6.8	6.6	6.3	6.1	5.8
95.0	35	7.2	7.0	7.0	6.7	6.5	6.2	6.0	5.7
96.8	36	7.1	6.8	6.9	6.6	6.4	6.1	5.9	5.6
98.6	37	7.0	6.7	6.7	6.5	6.3	6.0	5.8	5.6
100.4	38	6.9	6.6	6.6	6.2	5.9	5.7	5.5	
102.2	39	6.8	6.5	6.5	6.3	6.1	5.8	5.6	5.4
104.0	40	6.7	6.4	6.4	6.2	6.0	5.7	5.5	5.3
105.8	41	6.6	6.3	6.3	6.1	5.9	5.6	5.4	5.2
107.6	42	6.5	6.2	6.2	6.0	5.8	5.6	5.3	5.1
109.4	43	6.4	6.1	6.1	5.9	5.7	5.5	5.2	5.0
111.2	44	6.3	6.0	6.0	5.8	5.6	5.4	5.2	4.9
113.0	45	6.2	5.9	5.9	5.7	5.5	5.3	5.1	4.8
114.8	46	6.1	5.9	5.9	5.6	5.4	5.2	5.4	4.8
116.6	47	6.0	5.7	5.8	5.6	5.3	5.1	4.8	4.7
118.4	48	5.9	5.7	5.7	5.5	5.3	5.0	4.8	4.6
120.2	49	5.8	5.6	5.6	5.4	5.2	5.0	4.7	4.5
122.0	50	5.7	5.5	5.5	5.3	5.1	4.9	4.7	4.4

注：1mmHg=133.32Pa，1in=25.4mm。

除氧剂：（DEHA）铁氧化法

应用范围：用于水中除氧剂的测定。

简介

二乙基羟胺（DEHA）被用作锅炉中除去锈蚀的除氧剂。它也用于照片底片、磁带等含硅化合物的产品中。用于检测二乙基羟胺（DEHA）浓度的分析方法由于其复杂的过程，无法在野外现场检测。哈希开发了一种相对简单、实用的测试方法，既可以在实验室中检测，也可以做成工具箱便于在野外进行测试。

N，N-二乙基羟胺（DEHA）的化学式

化学反应

二乙基羟胺（DEHA）与等物质的量的铁离子（Fe^{3+}）发生反应，将其还原为亚铁离子（Fe^{2+}）。然后用 FerroZine™亚铁离子指示剂法测定亚铁离子的含量。

pH 值为 2.9～3.0 的缓冲条件是最佳的显色 pH 条件。保持样品温度为 25℃（即77℉），在阴暗处反应 10min 是测试的最佳反应条件。本测试中，需要用到的化学品包装在两种试剂中，一种是含有缓冲剂和 FerroZine 指示剂的 DEHA 1 试剂粉枕包，另一种是含有 Fe^{3+} 的液体 DEHA 2 试剂。FerroZine 指示剂与 Fe^{2+} 反应定量的原理可以在 FerroZine 法测铁的方法解释中查找。

本方法还可以通过浓度转换系数，用于测定其他的除氧剂，例如对苯二酚、异抗坏血酸、甲乙酮肟和碳酰肼等。

臭氧：靛青法[1]

应用范围：用于水中臭氧的测定。

简介

臭氧（O_3）是一种强氧化剂，越来越多地被人们用于水的消毒中。自 18 世纪末，荷兰首次使用臭氧进行饮用水消毒以来，现在臭氧消毒已经广泛应用于自来水厂、污水处理厂、游泳池、温泉、瓶装饮用水及饮料生产厂等各行各业中。臭氧可以迅速地消毒和杀灭细菌，破坏有机物的结构，可以将水中铁锰盐类转化为不溶的铁锰氧化物，以沉淀或过滤的方式从水中去除。臭氧反应最主要的副产物是氧气、水和二氧化碳。为了环境安全，没有反应完全的和剩余的臭氧应该严格监管起来。

化学反应

臭氧与靛青三磺酸盐（靛青染色剂）发生反应后，溶液的颜色退去。颜色的深浅变化和臭氧的量呈正比例关系，即颜色退去得越浅，含有的臭氧就越多，用色度计或分光光度计在波长为600nm 的可见光下读取溶液变色前后的吸光度值，就可以计算出臭氧含量了。所使用的试剂已经经过处理，可以使测试不受任何可能存在的氯残留物质的干扰。

根据经验，在采样过程中臭氧的损失是造成分析错误最常见的原因。将样品从一个容器中转移到另一个容器的过程中，臭氧就被释放出来了，这样测试出来的臭氧就是偏低的错误结果。用抽真空的 AccuVac™安瓿瓶直接在水流处采样，只需几秒钟。随水流流入安瓿瓶的臭氧就被收集在瓶中，释放出来后立即和靛青试剂发生反应。瓶中的试剂在混合了样品后形成的缓冲溶液 pH 值为 2.5。然后安瓿瓶就直接放入分光光度计中测量读数，避免了样品之间的交叉污染。

测定臭氧的 AccuVac™安瓿瓶有三种浓度量程范围：低量程 0～0.25mg/L O_3，中量程 0～0.75mg/L O_3，高量程 0～1.50mg/L O_3。低量程是十分必要的，因为低浓度的臭氧只能使靛青染色剂稍微退色，在本底颜色蓝色较深的情况下，这种微小的颜色变浅很难被检测到，尤其是在高量程范围的安瓿瓶试剂中。

---

[1] 改编自 Analytical Aspects of Ozone Treatment of Water and Wastewater；Lewis Publishers：Chelsea，Michigan，1986；第 153～156 页。

中、低量程范围的安瓿瓶试剂的本底颜色就较浅，这样微小的颜色变浅就容易被检测到，故测试的准确度也提高到 0.01mg/L 的水平。方法的化学反应式如下：

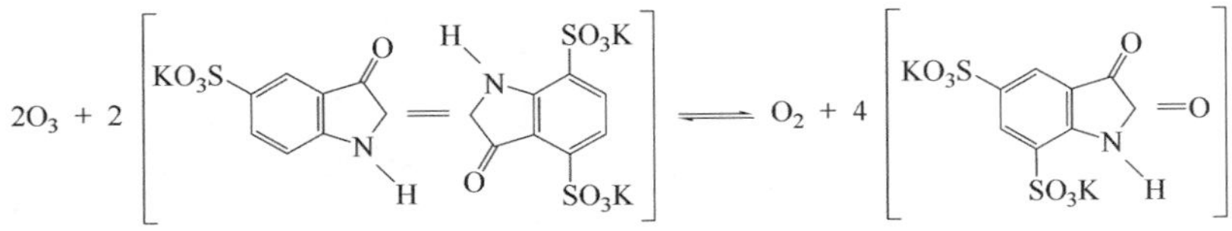

臭氧　　靛蓝三磺酸钾　　靛红磺酸钾

靛青法测定臭氧的化学反应式

酚：4-氨基安替吡啉法

应用范围：用于水、废水与海水中酚的测定。

简介

苯酚是石油精炼厂、焦炭厂和其他一些化学品制造厂的废水成分之一。天然水中通常含有低于 1μg/L 的苯酚，但某些地区高达 20μg/L。浓度水平为 10～100μg/L 的苯酚可以通过气味和味道察觉出来。如果源水中含有 1μg/L 的苯酚，经过饮用水氯处理后，会引起令人不悦的味道。

化学反应

在 pH 值为 10.0 的缓冲条件下，加入的 4-氨基安替吡啉可以和苯酚及所有取代酚（对位取代酚除外）发生反应，生成的配合物在铁氰酸根离子的存在下呈琥珀黄色。这种颜色通过氯仿萃取后加深了。测量颜色的深浅变化就可以定量计算出样品中酚的含量了。

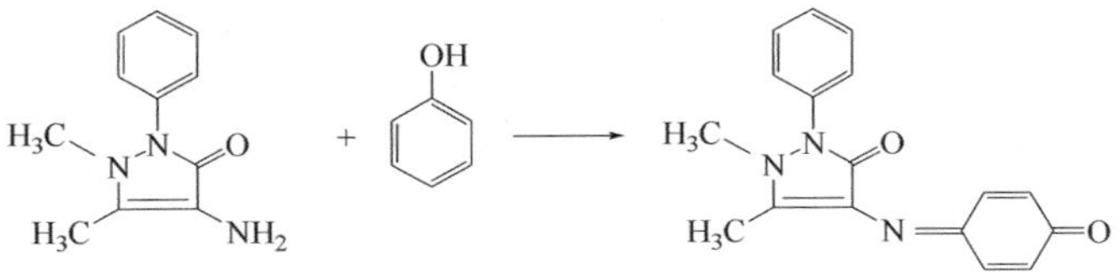

4-氨基安替吡啉　　苯酚

4-氨基安替吡啉法反应式

有机膦：紫外光化学氧化法

应用范围：水中有机膦的测定。

简介

有机膦是一种化学添加剂，通常在工业水处理过程中作为阻垢剂、缓蚀剂、螯合掩蔽剂、污泥调理剂、反絮凝剂、分散剂、晶体成长改良剂等。有机膦主要用作锅炉用水和冷却塔用水中的阻垢剂及缓蚀剂。有机膦以酸或盐的形式存在，并以浓缩溶液的形式在市场上出售。

以前对有机膦的检测十分困难，耗时较长且有许多干扰。现在，使用紫外（UV）光化学氧化法，该法涉及有机膦的光化学氧化反应，再通过传统的比色分析（抗坏血酸）法测定释放出的正磷酸盐的浓度。紫外（UV）光化学氧化法快速、使用方便、干扰较少，且在野外和实验室均可使用。

化学反应式

膦酸是形式为 $R—PO_3H_2$ 的有机复合物，以下是两种常用的化学处理剂的结构式，括号中表示的是膦酸基。有机膦是在氢离子离子化作用下所产生的相应的阴离子。

$$\begin{array}{ll}
\text{CH}_2-(\text{PO}_3\text{H}_2) & (\text{PO}_3\text{H}_2) \\
| & | \\
\text{N}-\text{CH}_2-(\text{PO}_3\text{H}_2) & \text{CH}_3-\text{C}-\text{OH} \\
| & | \\
\text{CH}_2-(\text{PO}_3\text{H}_2) & (\text{PO}_3\text{H}_2)
\end{array}$$

两种常见的有机膦化学结构式

这些复合物被氧化后分解，释放出有机复合磷酸盐——正磷酸盐。在不加热、不使用腐蚀剂的情况下，将紫外辐射和氧共同作用可以快速地释放出正磷酸盐。当光化学氧化在没有酸存在的条件下进行，聚磷酸盐不会发生显著的解聚或水解，因此该方法检测的是有机磷酸盐。加入少量的过硫酸钾可确定反应后剩余的氧。在富氧环境下，紫外光会加速催化氧化膦酸盐的 C—P 键。

$$\text{UV} \longrightarrow -\text{C}-\text{PO}_3\text{H}_2 \longrightarrow -\text{C}- + \text{H}_3\text{PO}_4$$

再使用比色分析（抗坏血酸）法来确定生成的正磷酸盐。PhosVer™3 试剂粉枕包里包含检测正磷酸盐的抗坏血酸法所需要用到的试剂。磷的方法解释中阐述了如何使用 PhosVer™3 试剂检测正磷酸盐。

磷：氨基酸、抗坏血酸和钼钒法

应用范围：用于水、废水和海水中磷的测定。

简介

在自然水体和废水中几乎所有的磷只以磷酸盐的形式存在。磷酸盐可通过农业径流、生物和工业废料等方式进入水体。在市政和工业污水处理过程中添加磷酸盐可以起到控制腐蚀的作用。同时，对于大多数动植物而言，适量的磷酸盐是必要的。但当水体中存在过量磷酸盐时会引起水体富营养化，特别在水体同时含有大量氨源时更易于引发这一现象。

磷可以被归类为正磷酸盐、磷酸盐或浓缩有机结合磷酸盐。凝聚态磷酸盐是由脱水的正磷酸盐自由基形成的。它包括偏磷酸盐、焦磷酸盐和多磷酸盐。正磷酸盐是唯一一种能被直接测定的磷酸盐形式，其他的磷酸盐形式都要求在预处理中转换为正磷酸盐以便于分析。当无预处理操作时，通过测定活性磷进行磷酸盐分析，活性磷是衡量正磷酸盐的一个指标，值得一提的是一小部分缩聚磷酸盐可能在测定试验中被水解。

哈希公司可提供大、小量程活性磷的测定。大量程的测定采用氨基酸法或者钼钒法。钼钒法采用单一试剂，并且比氨基酸法具有更快的反应速度。同时，这两种方法适用范围广泛，不易受到干扰。小量程的测定可采用抗坏血酸法。

测定凝聚态磷酸盐和正磷酸盐可先使用硫酸酸水解，再在合适的条件范围内进行活性磷测定。同时，此方法会将少量的浓缩有机结合磷酸盐一同水解。测试的结果将以可酸水解磷的含量表示。总磷（正磷酸盐、磷酸盐和浓缩有机结合磷酸盐）可通过过硫酸盐酸氧化后，再测定活性磷含量得到。而浓缩有机结合磷酸盐的含量只需将总磷减去可酸水解磷的含量即可得知。

化学反应式

（1）预处理步骤。测定可酸水解磷和总磷的预处理反应方程式列举如下：

$$\begin{array}{c}
\text{O} \\
\| \\
\text{R}-\text{O}-\text{P}-\text{O}-\text{R}' + \text{K}_2\text{S}_2\text{O}_8 + \text{H}_2\text{SO}_4 \longrightarrow \text{H}_3\text{PO}_4 + 2\text{K}^+ + 3\text{SO}_4^{2-} + \text{有机残体} \\
| \\
\text{OH}
\end{array}$$

过硫酸钾氧化浓缩有机结合磷酸盐实例（R 和 R′代表各种有机基团）

（2）氨基酸法和抗坏血酸法。抗坏血酸法（小量程）或者氨基酸法（大量程）测定活性磷均需要两个步骤。第一步包括在酸性条件下正磷酸盐和钼酸盐反应，生成一种黄色的磷钼酸复合物。

$$12MoO_3 + H_2PO_4^- \longrightarrow (H_2PMo_{12}O_{40})^-$$

接着磷钼酸复合物会与氨基酸或者抗坏血酸反应而减少,并产生一种特殊的钼蓝物。不同结构的钼蓝物在相关文献中均有介绍,如 Killeffer, D. H 的《钼的混合物——它们的化学和技术》(Interscience 出版社,1952)。

抗坏血酸法中所用到的试剂均包括在 PhosVer™ 3 Reagent Powder Pillows 中。而氨基酸法所涉及的试剂都包含在《氨基酸试剂溶液》和《钼试剂溶液》中。

(3)钼钒法。在酸性介质中活性磷结合钼酸盐形成一种磷钼酸复合物。钼钒试剂中所含有的钒再与复合物反应,生成钒钼磷酸。反应最终呈黄色,且颜色的深浅与活性磷的浓度成正比。复合物可能的一个化学式为 $[PO_4 \cdot VO_3 \cdot 16MoO_3]^{4-}$,确切的结构式尚不清楚。

钾:四苯基盐法

应用范围: 用于水与废水中钾的测定。

简介

钾是自然界含量最丰富的元素之一,在很多矿石中都有存在。土壤中含有大约 $1\% \sim 4\%$ 的钾。饮用水中的钾含量通常低于 $20mg/L$;有时,海水中可能含有超过 $100mg/L$ 的钾。最关注钾元素测定的领域是医药和农业,因为钾对于植物和动物是非常重要的矿质元素。钾盐,尤其是钾碱,常用作肥料。

采用四苯基盐法测定水中的钾是一种精确、迅速和成本低廉的方法。在反应过程中,生成的沉淀物造成溶液浊度的增加。所有测试需要的三种试剂都以粉枕包的形式包装以确保试剂的稳定、使用的方便和测试的精确。

化学反应

钾与四苯硼酸钠反应生成四苯硼酸钾,一种不溶于水的白色沉淀。此沉淀物在低含钾量的试样中保持悬浊状态,造成溶液浊度的增加。

钾与四苯基酸钠的化学反应式如下。

$$NaB(C_6H_5)_4 + K^+ \longrightarrow KB(C_6H_5)_4 \downarrow + Na^+$$

Potassium 3 试剂粉枕包中含有四苯基酸钠。铵盐和钙镁离子会干扰沉淀物的形成,而加入 Potassium 1 试剂粉枕包和 Potassium 2 试剂粉枕包可以消除这些干扰。

pH 值

简介

pH 值是用来表述溶液中氢离子活度的数值,它的定义是:

$$pH = -\lg a^{H+}$$

其中 a^{H+} 指的是氢离子的活度。事实上,当 pH 值等于 0 时,溶液中氢离子的浓度是 pH 值为 14 时的 1×10^{14} 倍。同时,这也表示 pH 值等于 14 时溶液中氢氧根离子的浓度是 pH 值为 0 时的 1×10^{14} 倍。当氢离子浓度和氢氧根离子浓度相等时(即溶液为中性),此时 pH 值等于 7。pH 值在 $0 \sim 7$ 之间称为酸性,pH 值在 $7 \sim 14$ 之间称为碱性。需要牢记的是,当 pH 值变化 1(例如从 6 变至 7)意味着氢离子浓度有 10 倍的变化。

pH 值测定中常用到的 pH 计是由一个玻璃电极和一个参比电极组成一个完整的电极系统。玻璃电极的两种不同溶液之间用对 pH 值变化敏感的玻璃薄膜隔开,薄膜外侧装有待测溶液,内侧则装有 pH 值已知的溶液。在内侧溶液的玻璃膜上存在着一个固定不变的电势。同样的,在外侧溶液的玻璃膜上也存在着一个在温度恒定的情况下随着 pH 值变化而线性变化的电势,每单位 pH 值的变化所引起的电势的变化称为电势坡度。

参比电极由于与样品溶液接触具有固定的电势，因此在恒温下任何电势的变化都是由于样品溶液中 pH 值的变化而引起的。玻璃电极和参比电极可以分开，也可以并在一起称为复合式电极；具体可见铂复合式电极图。

温度对于 pH 值的测定主要与以下三个方面有关，所使用的参比电极、玻璃电极中已知溶液的 pH 值以及待测溶液的 pH 值。在某一特定 pH 值下，温度对于电极系统的电势没有影响，这一 pH 值称为等电势点。除此之外，在某一 pH 值水平下，系统的电势值为 0V，称为零电势点。不论是等电势点还是零电势点，都根据选用的电极不同而不同。哈希公司的产品中电极系统的等电点和零电势点都是 pH＝7 时，在这个 pH 值下温度对绝大多数的影响最小。

常规电极设计工艺

常规参比电极的多孔交界处的材料一般为陶瓷或者光纤构成。长时间使用之后，交界处会被氯化银或者污染物堵塞，导致参比电极的电势发生大幅度的变化并且可能引起样品溶液回流到交界面处污染或者稀释参比溶液。此外，特定的污染物可能会被引入交界处造成交界处的阻塞和表面粗糙，导致例如液体流动的不精确、不稳定、噪声等一系列问题，影响 pH 值测定的精度。传统材料构筑的多孔交界面的状况随着使用时间的增加而恶化。见图 1。

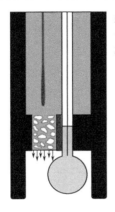 新的时候：当崭新的时候，多孔交界面允许电解液平稳地流过。

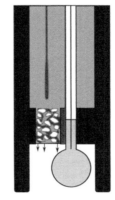 使用后：经过一段时间的使用之后，即使只使用了几天，多孔交界面就被阻塞，引起反应速度的变慢和不稳定以及测量结果精确度的下降。

图 1 传统复合式电极

铂系列电极设计工艺

铂系列电极通过使用一种会不断自我更新的液体材料来作为多孔交界面，也被称作自由扩散交界面 (FDJ) 来解决这一堵塞问题，见图 2。由于没有传统工艺中的陶瓷和光纤会堵塞交界面，因此电极的使用寿命得到延长。对比可以发现，拥有自由交界面的电极比传统电极具有更快更稳定的响应时间（见图 3）。另外从图 4 可以看出，使用铂电极的 pH 计能取得更精确的数据。

图 5 则表明了铂系列电极相对于传统电极具有更好的实验可重复性。

自由流动交界面不会堵塞，因此也不会随着使用时间的变化而导致测量的速度、精度和稳定性的变化。

在去离子水样品的测试中，铂电极给出的实验数据在整个 1min 内保持平稳，而对应的传统电极数据响应则较为缓慢和波动。

由图 3 可以看出，通过传统电极获得的去离子水样品的 pH 值的初始读数并不准确，而且当加入了 50mg 纯氯化钾之后 pH 值下降了 3.6，而用铂电极测得的 pH 值在这两方面有了显著的改进。

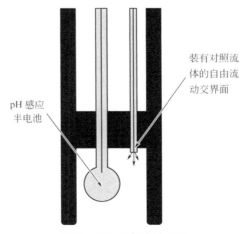

pH 感应半电池

装有对照流体的自由流动交界面

图 2 铂系列复合式电极

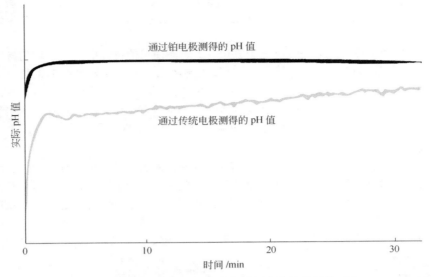

图 3　铂电极与传统电极的响应时间和电极偏移的对比

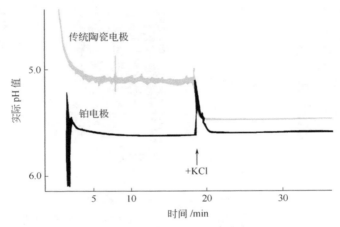

图 4　铂电极与传统电极的精确度对比

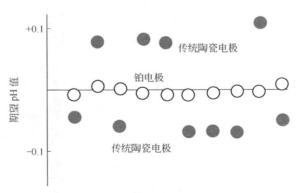

图 5　铂电极与传统电极的重复性对比

注：铂电极的各次实验所得的数据基本一致（白色的数据点），而传统电极每次
实验间的偏差较大（灰色的数据点）

硅：硅钼杂多酸法与硅钼蓝法

应用范围：用于水与废水中硅的测定。

简介

硅是自然界中含量第二丰富的元素。由此，不难理解大部分水体中都含有硅的化合物，通常以二氧化硅（SiO_2）或硅酸盐（SiO_4^{4-} 和 SiO_3^{2-}）的形式出现。水中的硅含量一般不超过 $30mg/L$，但也有超过 $100mg/L$ 的；盐水和海水中的含硅量有可能超过 $1000mg/L$。

在水中投加二氧化硅（SiO_2）和硅酸盐（SiO_4^{4-} 和 SiO_3^{2-}）有不少用处，如净水器、清洁剂和阻蚀剂。但是，工业水中的硅也会导致一些严重的问题，主要是对锅炉和涡轮机的用水。高温和高压会导致硅在锅炉管道和热交换器上沉积。这些玻璃状的沉积物会降低热交换器的效率，并导致热交换器过早破坏。在蒸汽涡轮机桨叶上的硅沉积物会降低涡轮机的效率，并且会造成被迫停工清洗处理。在高压设备中，硅含量必须控制在 $0.005mg/L$ 以下。

在需要对脱矿质剂进行监控时，测定水中的硅很有帮助。硅的测定用来判断脱矿质剂是否运行灵敏（当脱矿质剂的交换能力耗尽后，首先将检测到杂质物质的途径之一就是硅的测定）。

硅的分析方法包括用于高量程测试范围的硅钼杂多酸法和用于低量程测试范围的硅钼蓝法。硅钼蓝法是硅钼杂多酸法的延伸，提高了硅钼杂多酸法的灵敏度。

化学反应

高量程与低量程测试范围

硅钼杂多酸法中，硅和磷酸盐在酸性环境下与钼酸盐反应，生成黄色的硅钼杂多酸配合物和磷钼杂多酸配合物。柠檬酸的加入可以破坏含磷配合物，而只留下显黄色的含硅化合物以定量测定。含硅量高，留下的黄色就较深，可以直接用分光光度计测量吸光度值。对于含硅量低的样品，则可以再加入氨基萘酚磺酸还原剂，将浅黄色转变为硅钼蓝的深蓝色，此颜色的深浅与样品的含硅量成正比；用色度计或分光光度计测量颜色的深浅就可以为硅的测定提供精确的方法。有些结构的硅化合物（通常为聚合物）与钼酸铵不发生反应，则需要用碳酸氢钠消解样品，以将其转化为可以与钼酸铵发生反应的物质。

硅酸与水的化合的反应式如下。

$$H_2SiO_3 + 3H_2O \longrightarrow H_8SiO_6$$

水合硅酸与钼酸铵在酸性条件下反应生成硅钼杂多酸的反应式如下。

$$H_8SiO_6 + 12(NH_4)_2MoO_4 + 12H_2SO_4 \longrightarrow H_8[Si(Mo_2O_7)_6] + 12(NH_4)_2SO_4 + 12H_2O$$

在低浓度测量中，硅钼杂多酸将被氨基萘酚磺酸还原为蓝色的硅钼蓝。

硫酸盐：浊度法

应用范围：用于水、海水和油田用水中硫酸盐的测定。

简介

在天然水体中硫酸盐的浓度不一。矿坑水及工业废水中通常含有大量的由于黄铁矿氧化剂使用硫酸而产生的硫酸盐。

由于硫酸盐有泻药的作用，美国环境保护局（USEPA）根据《安全饮用水法》规定了次级最大污染水平。硫酸镁的味觉阈限是 $400 \sim 600mg/L$，硫酸钙是 $250 \sim 800mg/L$。生产用水和家庭供水中的硫酸盐既有利也有害。在酿酒工业中，硫酸盐有利于产生特定的味道。在家庭供水系统中，低浓度硫酸盐不会对铜质的零件造成腐蚀，但是当浓度高于 $200mg/L$ 时却会增加铅质管道上铅的溶解。

在油田用水中（当几种不同用途的水混合时）测定硫酸盐的量是十分重要的。高浓度硫酸盐加上钡离子、钙离子、锶离子会形成不溶物。

硫酸盐测试流程是在硫酸钡浊度法的基础上改进的。若有硫酸盐存在，加入 SulfaVer™4 硫酸盐试剂（干燥的粉末状试剂）后会产生乳白色的沉淀。溶液的浊度与样品中硫酸盐含量呈正比。

化学反应式

通过硫酸盐与氯化钡的定量沉淀反应来确定硫酸盐的量。由于生成的细碎的硫化钡沉淀与水样中硫酸盐的浓度成正比，可通过测定光度的方法来精确地确定硫酸盐的量，化学反应式如下。

$$Ba^{2+} + SO_4^{2-} \longrightarrow BaSO_4 \downarrow$$

浊度：散射光法

简介和定义

浊度是一种质量特性，也是衡量水质的重要指标，它是由固体阻碍了水样中光的透射而引起的。浊度可以理解为衡量水体相对清澈度的指标，同时也能反映出水体中存在的分散、悬浮固体；不溶于水的粒子，如淤泥、黏土、藻类和其他微生物；有机质和其他细微颗粒物。浊度不能直接测定水体中悬浮微粒含量，但可以通过将光照射在粒子上的散射效应进行测量。

由于水的用途不同，因而能允许含有的悬浮固体含量变化范围也很大。例如：工业冷却水能够允许含有相对较高的悬浮颗粒物，而不会引起很大的问题。然而，在现代高压锅炉中所使用的水必须是基本无杂质的。同时，饮用水中的固体会滋生有害的微生物，也会降低氯的杀毒效用，从而危害身体健康。对于所有的供水而言，高浓度的悬浮液是不能为人们的审美观念所接受的，同时，也会对化学和生物实验造成干扰。

光散射的原理

简而言之，浊度是由光和水中的悬浮微粒相互作用而表现出的光学特性。当直射光束透过绝对纯净的水时，光路不会改变。但即使是纯净液体中的分子也会使光在一定角度上发生散射。因此，没有一种溶液的浊度为零。而在含有悬浮固体的样品中，溶液阻碍光透射的方式和其中颗粒的大小、形状和组成有关，同时还和入射光的波长相关。

颗粒与入射光相互作用 1min 后吸收其光能，然后颗粒犹如点光源般向四周辐射能量。这个全方位的辐射构成了入射光的散射光。而散射光的空间分布又决定于粒径与入射光波长的比值。当粒径比入射光波长小得多时，会呈现出一个前后几乎对称的光散射分布（见图 1）。

图 1　粒径与光波长的影响效应（小颗粒）

注：尺寸为小于 1/10 的光波长散射对称

当粒径相对于波长增加时，会引起颗粒不同位置的散射形成干扰图形，并附加在光的前进方向上。这样会导致前方的散射光比其他方向的散射光具有更强的亮度（见图 2 和图 3）。另外，越小的颗粒散射短波长（蓝光）具有更强的亮度，而散射长波长（红光）则不明显。相反的，越大的粒子相对于短波长而言，更易于散射长波长的光束。

颗粒的形状和折射率也同样影响着散射的分布和强度。圆形的颗粒比卷曲或杆状的颗粒具有更大的前后散射比。折射率是用于衡量光从一种介质例如悬浮液，进入新介质而使光路改变的程度。而要发生散射现象，颗粒的散射率必须和样品液体的散射率不同。并且，随着悬浮颗粒和悬浮液间折射率差异的增加，散射强度也随之增加。

悬浮固体和样品液体的颜色对于散射光的测定非常重要。一个有色的物质只对特定的可见光

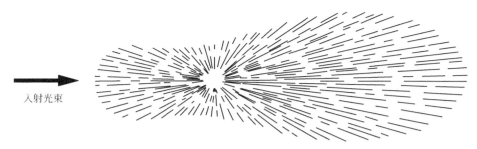

图 2 　粒径与光波长的影响效应（大颗粒）

注：尺寸大约为 1/4 的光波长；散射集中在光前进方向

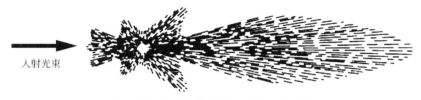

图 3 　粒径与光波长的影响效应（大颗粒）

注：尺寸比光的波长大；散射极大的集中在光前进方向；在更大的角度内形成散射光强的极大和极小值

频率进行吸收，与此同时也改变了透射光和散射光的性质，从而防止某一部分的散射光进入检测系统。

　　若颗粒浓度增加，光散射程度也会加强。但如果散射光碰撞到越来越多的颗粒时，就会发生多重散射，并伴随着光吸收量的增加。而当颗粒浓度超过某一特定值时，散射光和透射光的检测水平会迅速下降，此时即可标记出浊度测试的上限值。减少样品中的光路长度，可以减少光源和光检测器间颗粒的数量，以及提高浊度的检测上限。

仪器简介

　　该仪器的光学系统通常包括光源、若干透镜、用于聚光的光圈以及 90°散射光探测器。而可选的组件包括：向前散射光探测器、透射光探测器和向后散射光探测器。这些可选组件的添加可以有效降低颜色、杂散光、灯光和光学变异等的不良影响（见图 4）。

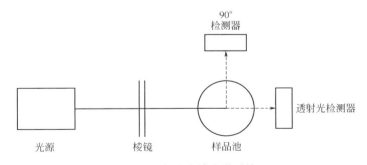

图 4 　一般浊度计光学系统

福尔马肼标准液

标准品的化学定义是指从原料到最终使用都遵循一定标准而得到的产品。

　　福尔马肼的配制必须满足规范要求。其具体流程为：准确称量 5.000g 的硫酸肼和 50.0g 的四氮六甲环，并将二者溶于 1L 蒸馏水中。将其静置在 25℃（77℉）的环境下 48h 后，溶液呈白色浑浊液。同时，还必须保证溶液的可重复性，两次平行样间的误差不能超过 1%。这样的溶液浊度相当于 4000NTU。而其他的浊度标准液需按照福尔马肼进行配制。

　　由于白光在福尔马肼聚合物中具有散射的统计重现性，因而仪器可使用传统的钨丝灯的白光进行高精度的校准和重现实验。又因为福尔马肼标准液中颗粒形状和大小的随机性，故对于任何品牌和型号的浊度计，散射实验都具有重现性。

锌：锌试剂法

应用范围： 用于水与废水中锌的测定。

简介

在大部分供水系统中，锌的平均浓度约为 1mg/L，但在某些地区有可能高至 50mg/L。很多天然水体中都有锌的存在，其中很大部分可能是来自镀锌铁制品的锈蚀和黄铜制品的表面处理。工业废水也是锌的一个重要来源；高浓度的锌表示铅和镉的浓度可能也很高，它们是镀锌工艺中常见的杂质。

锌在人体的新陈代谢中起着不可或缺的重要作用，它对正常的生长过程是必需的。水中高浓度的锌会刺激胃部，但这种影响是暂时的。在饮用水中，高于 5mg/L 的锌被认为对生理没有毒害作用，但会使水的口感变苦，同时，如果是在碱性的饮用水中，会造成水呈乳白色。

在 ZincoVer® 法测试锌浓度的过程中，使用了 2-羧基-2′-羟基-5′-磺苯甲肤的干燥粉末作为指示剂（通常被称为 Zincon 指示剂）。这个测试方法被 USEPA 的国家污染物排放削减系统（National Pollutant Discharge Elimination System）所认可。本方法基于不同的测试要求需要判断样品是否需要先消解预处理，没有特殊的测试要求则不需要样品消解。

化学反应

在锌的分析测试过程中，向 pH 值为 9 的样品缓冲溶液中加入氰化物，使其与样品中的锌和其他金属反应形成配合物。①加入的环己酮选择性地把锌从氰化物的配合物中分离了出来；②使分离出来的锌和 Zincon 指示剂发生反应；③使溶液呈蓝色，此蓝色的深浅和样品中的锌含量呈正比。测量此颜色的强度就可以测定出锌的浓度。

化学反应式如下。

Zincon 指示剂（橙色）　　　　　　　（蓝色）